제5판

환경법연습

김 홍 균

弘 文 社

제 5 판 머리말

여기까지만이라고 하면서 정말 여기까지 왔다. 이 책의 고객은 수험자일 가능성이 많을 것이다. 그 동안 변호사 시험이 12차례 치러지면서 나올 만한 문제는 다 나왔다는 생각이 든다. 시험문제는 반복되는 경향이 뚜렷하고 쉬운 문제로 대체되면서 공부 좀 한 사람이라면 예상문제(좀 더 정확히는 관련 법)까지도 충분히 예상할 수 있게 되었다. 이러한 나름의 분석이 맞다면 더 이상 책을 개정할 필요성도 없어졌다고 할 수 있다. 그럼에도 불구하고 이번 개정판에서도 지난 번과 마찬가지로 그 동안 출제된 시험문제(변호사시험, 법전원협의회 주관 모의시험 등)를 다 담는 것을 원칙으로 하였다. 이는 나의 완벽주의에 가까운 결벽증에 기인하는 바가 가장 크지만 독자들의 불안감을 조금이라도 덜어주려고 하는 강박증도 무시할 수 없다. 그 결과 책의 두께가 제법 두꺼워졌다. 지금 생각해 보니 오히려 독자들이 그 양에 놀라 제풀에 나자빠지지나 않을까 걱정이 들기도 한다. 그러나 사랑하는 독자들이여! 두려워하거나 슬퍼하지 않았으면 좋겠다. 현명하게 이 책을 이용하면 될 터이다. 중복되는 문제에 대한 반복연습용이라고 보면 어떨까. 반복연습은 문제에 대한 두려움을 없애주고, 답안 작성을 크게 도울 것이다. 그 결과는 기다리는 고득점일 테고. 이 책은 과락을 면하기 위한 책이 아니라 고득점을 위한 책이라는 것을 명심할 일이다.

이 책이 나온 지도 10년 정도가 지났다. 그 동안 내 신상에 큰 변화가 있었다. 단연코 그 첫 번째는 오랫동안 정들었던 학교를 떠나 로펌으로 이동한 것이다. 그래서 요즘도 새로운 환경에 적응을 하고 있는 중이다. 대표적인 것이 강의와 논문쓰기를 접은 것이다. 변호사시험 출제와 특강은 엄두도 내지 못하고 있다. 그 연속선에서 이 책이 계속 출간될 수 있을지는 장담할 수 없다. 올 겨울은 유난히 눈이 많이 내리는 듯하다. 눈이 우리를 짜증나게 만들기도 하지만 감동과 낭만을 선사하기도 한다. 며칠 전에는 40여년만의 기록적인 폭설이 내렸다. 이때 나는 생각지 않게 자전거 라이딩을 하게 되었고, 덕분에 최고의 감동적인 순간을 맛보았다. 시험을 준비하는 독자들도 지금은 짜증이 나겠지만 시험에 합격하는 감동적인 순간을 맛보기를 기원한다. Good Luck!

2024년 2월

명덕재에서 저자

제 4 판 머리말

변호사시험, 모의시험, 중간 · 기말시험 등 많은 시험이 출제되면서 어떤 식으로든 이를 반영할 필요가 생겼다. 그 시험들 중에는 기존 문제와 중복되거나 유사한 문제가 많았다. 이번 개정판에서는 가능한 한 모든 시험문제를 담도록 하되, 중복되는 문제를 과감히 삭제하였다. 유사한 문제는 삭제, 변형, 문구 수정 · 보완 등을 거쳐 추가하였다. 이제는 문제 풀(pool)이 상당히 많아지면서 더 이상 책을 개정할 이유가 없어 보인다.

이 책을 보는 독자들은 대개 수험자일 것이다. 그래서 고무적인 말을 하고 싶다. 그 동안 70개 정도에 육박하는 환경부 소관 법률 중 많은 부분이 개정되었는데, 정작 변호사시험 범위에 해당하는 법률에 대한 개정이 거의 없다는 것이다. 기껏해야 휘발성유기화합물 배출시설에 대한 조업정지명령과 과징금 부과(「대기환경보전법」 제44조)가 신설되고, 폐기물 처리에 대한 조치명령 대상자가 확대되고(「폐기물관리법」 제48조), 대기환경규제지역 지정제도(구 「대기환경보전법」 제18조 이하)가 폐지된 정도이다. 무엇보다도 중요한 것은 환경법이 가성비 높은, 블루오션이 되고 있는 징후가 뚜렷하다는 것이다. 실무에서 환경법을 전문으로 하는 사람에 대한 수요가 눈에 띄게 증가하고 있다는 점이 이를 증거하고 있다.

세월이 속절없이 흘러 이 책이 나온 지도 벌서 7년 정도가 되었다. 책을 쓰는 동안에는 어김없는 고민과 스트레스가 찾아 왔다. 이제는 이들을 “느티나무 가지에 빨래처럼 몽땅 내걸고 싶다.” 지난해에는 연구년이 찾아와 생각지 않게 많이 걷고, 자전거 타기를 하는 호사를 누렸다. 그때 정방향이나 역방향이나 총량은 같은데, 나중이 꽃길이면 더 행복하다는 것을 분명히 알게 되었다. 이 책을 보는 독자들도 지금은 험한 길을 걷지만 시험에 합격하여 꽃길을 걸었으면 좋겠다.

2021년 여름

명덕재에서 著者

제 3 판 머리말

나는 만만하다는 말을 좋아한다. 내가 비비고 들어갈 여지가 있으니까. 환경법이 그렇다. 수험자들도 그랬으면 좋겠다.

아무래도 내게는 대충 살지 못하는 습성이 있는 모양이다. 이번 문제집 수정 · 보완에는 마지막이라는 생각을 갖고 몇 가지 욕심을 내어 보았다. 그러다 보니 책이 생각보다 두꺼워졌다. 책을 손보면서 그 동안 변호사시험, 법학전문대학원협의회 주관 모의고사, 교내 중간 · 기말시험 등 많은 시험이 있었다는 것을 새삼 알게 되었다. 이번 책에서는 이들 문제들을 가능한 한 빠짐없이 추가하려고 하였다. 개정판에서는 미처 다루지 않았던 참조판례, 주의사항 등 수험생의 입장에서 직접적으로 도움이 될 만한 것도 보탰다.

그 동안 벌써 8차례에 걸쳐 변호사시험이 출제되면서 문제 유형, 범위 등이 많이 알려졌다. 최근에는 평범한 문제, 예상한 문제, 기출문제와 유사한 문제가 나오는 경향이 뚜렷해졌다. 수험자들도 (가)답안을 눈 가는대로 한 번 읽어보고, 제목만이라도 체크해보면 금방 수긍할 것이다. 내 입장에서는 불만이지만 수험자의 입장에서는 환영할 만하다. 책이 좋으니까 꼭 읽어야 한다는 말은 하지 않겠다. 다만 선택과목으로 환경법을 선택하기를 잘했다는 말을 해주고 싶다. 최근 법조인 중에 환경법을 전문으로 하는, 혹은 하려는 사람들이 눈에 띄게 늘고 있음을 본다. 로스쿨에서 환경법을 수강하지 않은 사람, 시험 과목으로 환경법을 선택하지 않은 사람이 졸업 후에 환경법 실무를 할 기회와 용기를 쉽게 가질 수 있을까. 환경법을 간절히 원하였든 마지못해 선택하였든 Happy Ending이 되기를 빈다.

김한수, 박동호, 서가임, 허선화. 이들의 이름을 기억하려고 한다. 내 환경법 수업을 누구보다도 열심히 수강하였고, 무엇보다도 이 책을 내는 데 궂은일을 마다하지 않았기 때문이다. 이들은 지금은 변호사이지만 몇 개월 전만 해도 독자들처럼 수험자의 입장이었다. 자신을 가두지 말고 거듭 나거라.

2019년 봄에
명덕재에서 著者

제 2 판 머리말

최근 제5회 변호사시험이 치러졌다. 법학전문대학원협의회 주관 모의고사도 매년 수차례 치러졌다. 결국 개정판에서는 이들을 추가하느라고 책이 두꺼워졌다. 이제 문제의 양은 제법 많아졌다. 그러나 문제의 질적 수준은 다소 떨어지고 있다는 느낌이 없지 않다. 최근 들어서는 폭넓은 사고를 요구하는 사례형 문제가 부쩍 줄고, 기술적이고 단편적인 지식 그리고 관련 법조문을 기계적으로 묻는 문제가 자주 출제되는 것을 본다. 아쉬운 마음이 든다. 그러나 이는 오히려 수험자의 입장에서는 반가운 소식이 될 수 있다. 과락을 면할 가능성이 높아졌기 때문이다. 문제는 고득점이다.

결벽증에 가깝게 기출문제를 다 다루려고 하였다. 이는 문제의 패턴을 익혀 보라는 의미가 있다. 문제는 반복되는 경향이 뚜렷하고 그 답도 매우 전형적이다. 그러나 여기에 함정이 있다. 골키퍼에게는 자신이 기다리는 볼이 안 온다는 말이 있듯이 문제에는 약간의 변형과 반전이 있게 마련이다. 평범한 문제가 답안 쓰기가 더 어렵다. 내게 쉬운 문제는 다른 사람에게도 쉬운 법이니까. 그 해결은 가능한 많은 문제를 풀어 보는 것이 아닐까! 이 책은 면과락이 아니라 문제의 그 고득점을 위해 지루한 지면을 채우고 있다고 보면 된다. 반복연습은 고득점을 가능하게 할 것이다.

수험자의 입장에서 답안을 정리하는 것이 쉽지는 않았다. 양이 많아져 문제 일부를 삭제하는 지경에 이르러서는 아쉬운 마음도 들었다. 지금은 한여름 밤의 책 쓰기가 부질없는 짓이 되는 것은 아닐까 걱정이 든다. 최근 가끔 들었던 유행가 가사 한 소절, “사랑했던 그 사람을 말없이 돌려보내고 원점으로 돌아서는 이 마음 그대는 몰라.” 시험공부를 포함해서 우리가 하는 일이 원점으로 돌아가지 않았으면 좋겠다.

2016년 여름

명덕재에서 著者

머 리 말

문제집을 만드는 것에 대해 망설임이 있었다. 환경법 관련 문제집이 시중에 한권도 없다는 것이 그 망설임을 약간 누그러뜨렸다. 시험도 인생과 비슷한 구석이 있어 운과 기술이 많이 작용하는 것 같다. 종종 많이 알고는 있지만 답안 작성이 엉망이어서 시험 결과가 만족스럽지 못한 학생들을 보고 안타깝게 생각하였다. 이것이 문제집을 만들기로 한 중요한 동기이다. 답안 쓰는 기술을 알려주고 급기야 내가 가지고 있는 운도 덜어주고 싶다는 생각, 나는 어느덧 합리화를 하고 있다.

변호사시험에 선택과목으로 환경법이 포함되어 벌써 3번의 시험이 치러졌다. 환경법! 크게 어렵지 않은 과목이다. 범위가 우선 한정되어 있다. 9개 법률로 제한되어 있고, 나올 내용도 예상이 가능한 부분이 많다. 두려워할 이유가 없다. 그렇다면 담는 기술이 문제다.

책을 만들면서 몇 가지 신경을 쓴 것이 있다. 우선 그동안 기출문제를 다 담으려고 하였다. 출제 경향과 공부 방향을 알기 위해서이다. 양의 차이는 있을지라도 9개 법률 모두를 다루었다. 최악의 경우를 대비하기 위해서이다. 문제가 중복되는 것은 크게 개의치 않았다. 이는 반복 훈련을 위한 것으로 이해해 주었으면 한다. 특히 토양환경보전법 관련 문제는 2014. 3. 24. 개정 법률[2015. 3. 25. 시행]을 반영하였다. 개정에 따라 곧 삭제될 부분이 출제될 가능성은 낮다고 보았기 때문이다.

이 책을 엮는 데에는 박대영, 박민수, 송오근, 윤종우, 정한결 군의 도움이 컸다. 그들에게 고맙다는 말을 하고 싶다. 지금은 변호사, 법무관 등으로 있지만 바로 몇 개월 전 수험자로서 마음 졸이며 환경법 시험을 보았던 사람들이다. 말하자면 이 책은 그들의 생생한 경험과 노하우를 담고 있다고 할 수 있다. 또한 기꺼이 표지그림을 그려준 강수돌 교수님께 깊은 감사의 마음을 전한다.

사람은 원래 고독하다. 오죽하면 “가끔은 하나님도 외로워서 눈물을 흘리신다”는 시 구절도 있지 않은가. 특히 시험을 앞두고 있는 경우에는 더욱 그러할 것이다. 나도 시험을 수차례 보았던 사람으로서 그들에게 다정한 말을 건네고 싶다. Good Luck!

2014년 8월
명덕재에서 著者

차 례

1

환경기준의 성격

사 례

2011년 소음진동측정망 운영결과에 따르면 도로변 주거지역의 환경정책기본법상 소음환경기준 달성률은 주간 45%, 야간 70% 정도로 나타나고 있다. 환경기준을 달성하지 못하는 이러한 상황은 수년간에 걸쳐 개선되고 있지 않다. 주거지역 인근의 주민은 도로변 지역에 적용되는 환경기준이 시골의 2차선 국도 옆이건 도시의 8차선 고속도로 옆이건 도로 자체의 다양한 특성을 고려하지 않고 같은 것은 심히 부당하다고 생각하고 있다. 또한 환경기준이 달성되지 않고, 또한 개선이 이루어지지 않는 상황을 방치하고 있는 점은 국가의 부작위에 의한 위법행위라고 생각하고 소송의 제기를 검토하고 있다.

문 1. 이러한 경우 예상되는 법적 쟁점과 전망은 어떠한가?

해 설

문 1. 이러한 경우 예상되는 법적 쟁점과 전망은 어떠한가?

I. 문제의 소재

사안에서 환경정책기본법상 환경기준이 취소소송의 대상이 되는지, 지역주민에게 원고적격이 인정되는지 여부 및 환경기준 위반에 대하여 부작위위법확인 소송이 가능한지, 국가배상청구가 가능한지가 문제될 수 있는데, 이를 위해서는 환경기준의 성격, 법적 효과 등을 검토할 필요가 있다.

Ⅱ. 환경기준의 성격

환경기준은 환경행정상의 목표를 나타내는 지표에 불과하고 직접 국민의 구체적인 권리·의무를 규정하는 법규로서의 성질을 갖지는 않는다고 이해된다. 이에 따르면 환경기준은 환경기준의 유지를 위하여 정부에 대한 구속력이 있을 뿐이고, 일반국민을 수범자로 하지 아니하고, 국민에 대하여 직접적인 구속력을 갖지 못한다. 이러한 점에서 국민(사업자)에게 규제기준으로 작용하는 배출허용기준과 구별된다.

Ⅲ. 취소소송

지역주민은 환경기준의 개정과 함께 기존 환경기준의 취소를 생각해 볼 수 있는데, 이 경우 처분성, 원고적격이 인정되어야 한다.

1. 처분성

항고소송의 대상은 처분성을 가져야 한다. 행정소송법은 '처분등'을 "행정청이 행하는 구체적 사실에 관한 법집행으로서의 공권력의 행사 또는 그 거부와 그 밖에 이에 준하는 행정작용 및 행정심판에 대한 재결"이라고 정의하고 있다(제2조 제1항 제1호). 이때의 처분성은 국민의 구체적인 권리·의무에 직접적 변동을 초래하는 행위로 볼 것인바, 환경기준은 단순한 행정상의 지표에 불과하다. 환경기준은 행정상 달성 목표 및 지침으로서 국민의 권리·의무에 직접적으로 일정한 법적 효력을 갖지 않으므로 항고소송의 대상이 되는 처분성을 갖지 않는다.

2. 원고적격

(1) 근거 규정

행정소송법 제12조는 "취소소송은 처분 등의 취소를 구할 법률상 이익이 있는 자가 제기할 수 있다"라고 규정하고 있으므로, 항고소송에 있어서 소를 제기할 수 있는 자격(원고적격)이 인정되기 위하여는 위 규정상의 "법률상 이익이 있는 자"이어야 한다.

(2) 법률상 이익이 있는 자

판례는 법률상 이익의 개념에 관하여 "당해 처분의 근거법규 및 관련법규에 의하여 보호되는 개별적·직접적·구체적 이익이 있는 경우를 말하고, 다만 공익보호의 결과로 국민 일반이 공통적으로 가지는 일반적·간접적·추상적 이익과 같이 사실적·경제적 이해관계를 가지는데 불과한 경우는 여기에 포함되지 아니한다"고 판시해 옴으로써, 이른바 '법률상 이익구제설'을 취하고 있다. 판례는 처분의 근거가 되는 법규의 보호목적을 기준으로 하여 처분의 근거법규(근거법규가 다른 법규를 인용함으로 인하여 근거법규가 된 경우까지를 아울러 포함) 및 관련법규(당해 처분의 행정목적을 달성하기 위한 일련의 단계적인 관련처분들의 근거법규)가 공익보호뿐만 아니라 개인의 이익도 보호하고 있다고 판단되는 경우(사익보호성)에 원고적격이 있는 것으로 보고 있다.

근거규정인 환경기준은 공익의 보호를 목적으로 할 뿐, 국민 개인의 개별적, 직접적, 구체적 이익을 보호를 목적으로 하지 않기 때문에 주민의 취소소송에 대한 원고적격은 인정되지 않는다.

3. 사안에의 적용

환경기준은 개인의 권리 내지 법률상 이익을 개별적이고 구체적으로 규제하지 않는다는 점에서 그 처분성이 부인되며, 개인의 개별적 · 직접적 · 구체적 이익을 보호를 목적으로 하지 않기 때문에 주민의 원고적격도 어려울 것이다.

Ⅲ. 부작위위법확인소송

1. 의 의

행정소송법 제4조 제3호에 규정된 부작위위법확인의 소는 행정청이 당사자의 법규상 또는 조리상의 권리에 기한 신청에 대하여 상당한 기간 내에 처분을 하여야 할 법률상 응답의무가 있음에도 불구하고 이를 하지 아니하는 경우 부작위가 위법하다는 것을 확인함으로써 소극적 위법상태를 제거하는 것을 목적으로 한다.

2. 소송요건

부작위위법확인소송의 대상은 '부작위'로서 이는 행정청이 당사자의 신청에 대하여 상당한 기간 내에 일정한 처분을 하여야 할 법률상 의무가 있음에도 불구하고 이를 하지 아니하는 것을 말한다(행정소송법 제2조 제1항 제2호).

결국 부작위위법확인소송이 인정되기 위해서는 ① 신청인에게 법규상 또는 조리상 신청권이 있을 것(판례), ② 행정청에 일정한 처분을 할 법률상 의무가 있을 것, ③ 상당한 기간이 경과하였을 것, ④ 행정청이 아무런 처분도 하지 않을 것이 요구된다.

3. 사안에의 적용

사안에서 문제가 될 수 있는 것은 신청권이 있는지, 국가의 작위의무가 인정되는지이다. 환경기준은 단순한 행정상의 지침으로서 환경기준의 준수에 대한 지역주민의 법률상 신청권과 환경기준을 달성하여야 할 국가의 작위의무는 인정되기 어렵다. 조리상의 신청권 및 작위의무가 있는지는 논란이 있을 수 있다. 소음환경기준이 인근 주민들이 가지는 생활상 이익을 직접적이고 구체적으로 보호하기 위한 것이 아니고, 환경기준의 개정을 요구할 수 있는 법규상 신청권이 있다고 볼 근거가 없다. 목전의 상황이 매우 중대하고 긴박하거나(긴박성) 그로 인하여 중대한 법익이 침해될 우려가 있어(중대성) 재량권이 0으로 수축되는 경우 국민은 행정청에 대해 그 행위발동을 요구할 조리상 신청권 및 작위의무가 있다고 볼 여지가 있으나 사안에서 도로의 물리적·외형적 흠결로 인하여 지역주민의 생명, 신체 및 재산에 대해 중대하고 급박한 위험이 발생한다고 보기 어려워 이를 인정하기는 어려워 보인다.

Ⅳ. 국가배상

1. 요　　건

국가배상법 제2조는 국가 또는 지방자치단체로 하여금 공무원이 그 직무를 집행함에 당하여 고의 또는 과실로 법령에 위반하여 타인에게 손해를 가한 때 그 손해를 배상하도록 하고 있다. 이에 따르면 국가배상이 인정되기 위해서는 ① 공무원, ② 직무집행, ③ 고의 또는 과실, ④ 법령 위반이라는 요건을 충족되어야 한다. 사안의 경우 ① 내지 ③ 요건은 쉽게 인정될 수 있을 것이다. 사안은 환경기준이 달성되지 않고, 국가가 환경개선이 이루어지지 않는 상황을 방치하고 있으므로 국가가 작위의무를 위반한 것인지, 즉 위법성이 크게 다투어질 수 있다.

2. 작위의무의 존재

(1) 작위의무의 존부

행정권의 발동이 기속행위인 경우 공무원에게는 행정권을 발동하여야 할 작위의무가 있고 따라서 공무원의 부작위는 곧 위법이 된다. 그러나 재량행위의 경우에는 공무원에게 행정권 발동 여부를 결정할 재량이 있으므로 공무원의 작위의무를 바로 인정할 수 없고 부작위가 바로 위법이라 할 수 없다.

(2) 재량권 0으로의 수축 법리

예외적인 상황에서는 재량이 수축, 소멸하여 행정의 자유가 의무로 되는 경우가 있을 수 있다는 것이 학설, 판례의 경향인데, 이러한 이론을 흔히 ‘재량권의 0으로의 수축이론’이라고 한다. 예외적인 상황으로는 ① 사람의 생명, 신체 및 재산 등에 중대하고 급박한 위험이 존재하고, ② 그러한 위험이 행정권의 발동에 의해 제거될 수 있는 것으로 판단되며, ③ 피해자의 개인적인 노력으로는 권익침해의 방지가 충분하게 이루어질 수 없다고 인정되는 경우 등이 들어지고 있다. 이에 더하여 결과의 예견가능성 · 회피가능성도 작위의무의 요소로 고려될 수 있다. 위와 같은 요건을 충족하여 공무원에게 작위의무가 발생하면 재량행위라 하더라도 부작위는 위법한 것이 된다.

3. 직무상 의무의 사익보호성

판례는 상당인과관계설의 입장에서 사익보호성을 요구한다. 즉, 공무원이 고의 또는 과실로 그에게 부과된 직무상 의무를 위반하였을 경우라고 하더라도 국가는 그러한 직무상의 의무 위반과 피해자가 입은 손해 사이에 상당인과관계가 인정되는 범위 내에서만 배상책임을 지는 것이고, 이 경우 상당인과관계가 인정되기 위하여는 공무원에게 부과된 직무상 의무의 내용이 단순히 공공 일반의 이익을 위한 것이거나 행정기관 내부의 질서를 규율하기 위한 것이 아니고 전적으로 또는 부수적으로 사회구성원 개인의 안전과 이익을 보호하기 위하여 설정된 것이어야 한다.

대법원은 낙동강 물 사건(대법원 2001. 10. 23. 선고 99다36280 판결)에서 환경기준은 "국민 일반의 건강을 보호하여 공공 일반의 전체적인 이익을 도모하기 위한 것이지, 국민 개개인의 안전과 이익을 직접적으로 보호하기 위한 규정이 아니다"라고 판시하여 환경기준의 사익보호성을 부인하고 국가배상청구를 기각한 바 있다.

4. 사안에의 적용

사안의 경우 지역주민의 생명, 신체에 대한 급박한 위험이 발생하였다고 볼 수 없어, 재량권이 0으로 수축한다고 보기 어려워 보인다. 또한 판례에 따르면 국가의 환경기준 준수의무 위반에 의하여 사익보호성이 인정되지 않아 국가배상청구가 인용될 수 없을 것이다.

V. 결　　론

결국 국가의 환경기준의 미준수에 대한 주민들의 취소소송, 부작위위법확인소송 및 국가배상소송은 인용되기 어려워 보인다.

※ 주의사항

답안 쓰는 순서는 문제의 소재(쟁점) → 관련 법조문 → 판례(또는 학설) → 적용 → 결론

2

환경기준과 국가배상

사 례

甲 등은 A시가 공급하는 수돗물을 음용하는 시민이다. A시는 ○○리에 취수장을 설치하여 한강 원수를 취수하여 정수처리 과정을 거친 후 시내 급수지역에 수돗물을 공급하였다. 한강 하천수 취수장의 수질은 상수원수 III급에 미달하고 있었다. 정수처리 과정 중 전(前)오존처리, 후(後)오존처리, 입상활성탄여과지통과 등의 과정을 거쳐 정수처리하는 것을 고도정수처리라 하고, 위 과정들을 거치지 아니하고, 전(前)염소, 후(後)염소처리를 하는 것을 일반정수처리라 한다. A시는 고도정수처리가 아닌 일반정수처리 후 수돗물을 생산·공급하였다. 공급된 수돗물은 관련된 법령에 따른 음용수 기준에 적합하고 몸에 해로운 물질은 포함되어 있지 않았다. 2017년 여름 경 ○○공단의 乙전자는 페놀원액을 공급하는 파이프의 누수로 인해 페놀을 한강으로 방류하였다. A시는 페놀원액의 유입사실을 모르고 정수장에 염소 투입량을 늘려 염소와 페놀이 반응하여 클로로페놀이 발생하였으며, 그 결과 수돗물에서 심각한 악취가 발생하였다. 이 물을 마신 甲 등은 구토와 두통 증상을 호소하였다.

甲 등은 국가가 한강 원수의 수질을 고도정수처리를 하지 않으면 공업용수로서도 사용할 수 없는 상수원수 III급(보통) 이상의 수질로 유지하지 못하여 환경정책기본법령이 규정하는 환경기준상의 상수원수 수질기준을 위배하여 자신들에게 마실 물로서 적합한 양질의 물을 적정하게 관리하지 못하였다고 주장하고 있다. 나아가 A시가 상수원수 III급도 전처리등을 거친 고도의 정수처리 후 수돗물로 사용하여야 함에도 일반정수처리하여 수돗물로 공급하였다고 주장하고 있다. 한편, 甲 등은 乙전자에게 보상을 요구하였으나 乙전자는 페놀의 배출이 얼마 되지 않으며, 페놀이 인체에 미친 영향은 미미할 뿐이며 다른 오염원이 존재할 가능성이 있다고 주장하면서 실질적인 보상에 응하고 있지 않다. 이러한 사안에서 다음의 질문에 답하시오.

문 1. 甲 등의 주장에 기초하여 甲 등이 국가와 A시를 상대로 손해배상책임을 물을 수 있는지 검토하시오.

참조조문

환경기준(환경정책기본법 시행령 제2조 관련)

* 비고(하천의 생활환경기준)

1. 등급별 수질 및 수생태계 상태
   가. Ia(매우 좋음): 용존산소(溶存酸素)가 풍부하고 오염물질이 없는 청정상태의 생태계로 여과·살균 등 간단한 정수처리 후 생활용수로 사용할 수 있음.
   나. Ib(좋음): 용존산소가 많은 편이고 오염물질이 거의 없는 청정상태에 근접한 생태계로 여과·침전·살균 등 일반적인 정수처리 후 생활용수로 사용할 수 있음.
   다. II(약간 좋음): 약간의 오염물질은 있으나 용존산소가 많은 상태의 다소 좋은 생태계로 여과·침전·살균 등 일반적인 정수처리 후 생활용수 또는 수영용수로 사용할 수 있음.
   라. III(보통): 보통의 오염물질로 인하여 용존산소가 소모되는 일반 생태계로 여과, 침전, 활성탄 투입, 살균 등 고도의 정수처리 후 생활용수로 이용하거나 일반적 정수처리 후 공업용수로 사용할 수 있음.
   마. IV(약간 나쁨): 상당량의 오염물질로 인하여 용존산소가 소모되는 생태계로 농업용수로 사용하거나 여과, 침전, 활성탄 투입, 살균 등 고도의 정수처리 후 공업용수로 사용할 수 있음.
   바. V(나쁨): 다량의 오염물질로 인하여 용존산소가 소모되는 생태계로 산책 등 국민의 일상생활에 불쾌감을 주지 않으며, 활성탄 투입, 역삼투압 공법 등 특수한 정수처리 후 공업용수로 사용할 수 있음.
   사. VI(매우 나쁨): 용존산소가 거의 없는 오염된 물로 물고기가 살기 어려움.

해 설

문 1. 甲 등의 주장에 기초하여 甲 등이 국가와 A시를 상대로 손해배상책임을 물을 수 있는지 검토하시오.

I. 문제의 소재

국가와 A시에게 상수원수의 수질을 환경기준에 따라 유지하지 않았다는 이유로 부작위로 인한 국가배상책임이 인정되는지 여부가 문제되는바, 특히 부작위의 위법성 요건과 관련하여 국가와 A시의 작위의무 및 그 사익보호성을 검토할 필요가 있다.

Ⅱ. 국가배상책임

1. 요 건

국가배상법 제2조는 국가 또는 지방자치단체로 하여금 공무원이 그 직무를 집행함에 당하여 고의 또는 과실로 법령에 위반하여 타인에게 손해를 가한 때 그 손해를 배상하도록 하고 있다. 이에 따르면 국가배상이 인정되기 위해서는 ① 공무원, ② 직무집행, ③ 고의 또는 과실, ④ 법령 위반이라는 요건을 충족되어야 한다. 사안의 경우 ① 내지 ③ 요건은 쉽게 인정될 수 있을 것이다. 문제는 국가와 A시가 환경기준을 위배 또는 고도의 정수처리를 하지 않아 피해가 발생한 사안에서 적정한 조치를 취하지 않은 경우 행정청의 작위의무를 위반한 것인지, 즉 위법성이 크게 다투어질 수 있다. 행정청의 의무가 명시적이지 않고 행정청이 적극적인 행위를 하지 않았기 때문이다.

2. 작위의무의 존재

국가배상법 제2조에 의해 국가 또는 지방자치단체 소속 공무원이 법령에서 정한 직무상의 의무에 위반하여 국민에게 손해를 가한 경우 국가 또는 지방자치단체가 배상책임을 부담한다. 환경기준은 국가 또는 지방자치단체를 수범자로 하므로, 국가와 A시의 환경정책기본법 시행령 제2조 [별표 1]에 따른 상수원수 수질기준 유지의무 자체는 일응 인정될 수 있다.

3. 직무상 의무의 사익보호성

판례는 상당인과관계설의 입장에서 사익보호성을 요구한다. 즉, 공무원이 고의 또는 과실로 그에게 부과된 직무상 의무를 위반하였을 경우라고 하더라도 국가는 그러한 직무상의 의무 위반과 피해자가 입은 손해 사이에 상당인과관계가 인정되는 범위 내에서만 배상책임을 지는 것이고, 이 경우 상당인과관계가 인정되기 위하여는 공무원에게 부과된 직무상 의무의 내용이 단순히 공공 일반의 이익을 위한 것이거나 행정기관 내부의 질서를 규율하기 위한 것이 아니고 전적으로 또는 부수적으로 사회구성원 개인의 안전과 이익을 보호하기 위하여 설정된 것이어야 한다.

국가 등에게 환경정책기본법 시행령 제2조 [별표 1] 상수원수 수질기준에 따라 상수원수의 수질을 유지하여야 할 의무를 부과하고 있는 규정은 공공 일반의 전체적인 이익을 도모하기 위한 것이지, 국민 개개인의 안전과 이익을 직접적으로 보호하기 위한 것이 아니라는 판례의 태도(낙동강 물 사건)를 고려할 때 사익보호성이 인정되기 어렵다.

Ⅲ. 사안에의 적용

1. 국가에 대하여

상수원수의 수질을 환경기준에 따라 유지하도록 규정하고 있는 환경정책기본법령의 취지 · 목적 · 내용과 그 법령에 따라 국가가 부담하는 의무의 성질 등을 고려할 때, 국가 등에게 일정한 기준에 따라 상수원수의 수질을 유지하여야 할 의무를 부과하고 있는 법령의 규정은 국민에게 양질의 수돗물이 공급되게 함으로써 국민 일반의 건강을 보호하여 공공 일반의 전체적인 이익을 도모하기 위한 것이지, 국민 개개인의 안전과 이익을 직접적으로 보호하기 위한 규정이 아니므로, 국민에게 공급된 수돗물의 상수원의 수질이 수질기준에 미달한 경우가 있고, 이로 말미암아 국민이 법령에 정하여진 수질기준에 미달한 상수원수로 생산된 수돗물을 마심으로써 건강상의 위해 발생에 대한 염려 등에 따른 정신적 고통을 받았다고 하더라도, 이러한 사정만으로는 국가가 국민에게 손해배상책임을 부담하지 아니한다.

2. A시에 대하여

상수원수 II급(약간 좋음)에 미달하는 상수원수는 고도의 정수처리 후 사용하여야 한다는 환경정책기본법령상의 의무 역시 위에서 본 수질기준 유지의무와 같은 성질의 것이므로, 지방자치단체가 상수원수의 수질기준에 미달하는 하천수를 취수하거나 상수원수 III급(보통) 이하의 하천수를 취수하여 고도의 정수처리가 아닌 일반적 정수처리 후 수돗물을 생산 · 공급하였다고 하더라도, 그렇게 공급된 수돗물이 음용수 기준에 적합하고 몸에 해로운 물질이 포함되어 있지 아니한 이상, A시에게 국가배상책임이 성립하지 않으며 A시의 위와 같은 수돗물 생산 · 공급행위가 국민에 대한 불법행위가 되지 아니한다.

Ⅳ. 결 론

결국 국가와 A시 모두 국가배상책임을 인정하기 어려울 것이다.

참조판례

낙동강 물 사건: 대법원 2001. 10. 23. 선고 99다36280 판결(판례 [1])

※ 주의사항

직무상 의무의 사익보호성이 무엇인지 이해하고 판례에서 어떻게 표현하는지 알아 둘 것.

3

환경오염의 피해에 대한 무과실책임

사 례

甲 회사는 乙 소유의 건물 및 그 대지 인근에 있는 토지 위에 지하 3층, 지상 8층 규모의 판매 및 업무시설을 신축하였다. 빌딩 신축 공사의 시공사인 丙은 부지에서 가로 62m, 세로 84m, 깊이 16m의 지하 터파기 및 흙막이 공사를 하였다. 빌딩 부지의 경계로부터 乙의 건물은 약 5.7m의 거리를 두고 위치하여 있는데, 위 지하 터파기 및 흙막이 공사의 영향으로 인근 토지에 지반침하 현상이 발생하였고 이로 인하여 乙 소유의 건물에는 대지 지반의 부동침하, 건물 변위(기울어짐), 균열 등의 피해가 발생하였다. 乙은 사업장에서 발생되는 소음·진동으로 인하여 위 피해가 발생하였다고 주장하고 있다. 이에 대해 甲은 乙의 건물이 노후하여 공사 이전에도 벽체에 균열이 생기는 등 하자가 있었고 또 가벼운 진동과 충격에도 쉽게 파손되었다고 주장하고 있다. 丙은 사전에 공사현장의 지반에 대한 지질조사와 인접건물의 현황에 대한 사전조사를 충분히 하여 공사 중에 발생할 충격, 진동, 지반침하 등에 대한 충분한 대책을 마련한 다음에 공사를 진행하였다고 주장하고 있다. 이러한 사안에 대하여 다음의 질문에 답하시오.

문 1. 乙이 환경정책기본법에 따라 손해배상을 청구할 수 있는지 그 법적 근거를 들어 설명하고, 예상되는 쟁점과 그 전망에 대하여 서술하시오.

문 2. 1문의 법적 기초에 따른 손해배상과 민법 제750조에 기초한 손해배상과의 관계를 논하시오.

문 3. 소음·진동의 정도가 환경정책기본법과 소음·진동관리법 등에 의하여 허용된 기준치 이내일 경우 이러한 사실이 소송 결과에 미치는 영향을 설명하시오.

해 설

문 1. 乙이 환경정책기본법에 따라 손해배상을 청구할 수 있는지 그 법적 근거를 들어 설명하고, 예상되는 쟁점과 그 전망에 대하여 서술하시오.

Ⅰ. 문제의 소재

대지 지반의 부동침하, 건물 변위(기울어짐), 균열 등의 피해에 대하여 사업시행자인 甲과 시공사인 丙에 대하여 환경정책기본법 제44조 제1항에 따른 원인자 무과실책임 규정을 적용할 수 있는지가 문제된다.

Ⅱ. 환경정책기본법 제44조의 원인자의 무과실책임

동법 제44조 제1항은 "환경오염 또는 환경훼손으로 피해가 발생한 경우에는 해당 환경오염 또는 환경훼손의 원인자가 그 피해를 배상하여야 한다"고 규정하고 있다.

1. 요 건

(1) 원인자

책임주체는 환경오염 또는 환경훼손의 '원인자'이다. '원인자'는 자기의 행위 또는 사업활동으로 환경오염 또는 환경훼손의 원인을 발생시킨 자이다(제7조). 무과실책임을 지는 '원인자'에 대한 별도의 개념규정을 두고 있지 않아 구체적인 경우에는 논란이 있을 수 있으나 판례는 "자기의 행위 또는 사업활동을 위하여 자기의 영향을 받는 사람의 행위나 물건으로 환경오염을 야기한 자"라는 입장을 취하고 있다(대법원 2017. 2. 15. 선고 2015다23321 판결). 사안의 경우 건물 신축 사업주체인 甲과 시공사인 丙은 모두 터파기를 통한 지반침하 등 환경오염의 원인을 발생시킨 자이므로 원인자에 해당한다고 할 수 있다.

(2) 환경피해

환경정책기본법에서는 '환경오염피해'에 대한 별도의 개념 정의가 없기 때문에 환경피해의 확정이 어려울 수 있다. 환경정책기본법에서 구체적으로 열거하고 있는 환경오염 내용은 예시적인 의미를 가질 뿐이며, 해석에 따라 그 범위는 크게 확대될 수 있다. 환경정책기본법 제3조 제4호는 '환경오염'을 "사업활동 및 그 밖의 사람의 활동에 의하여 발생하는 대기오염, 수질오염, 토양오염, 해양오염, 방사능오염, 소음·진동, 악취, 일조방해 등으로서 사람의 건강이나 환경에 피해를 주는 상태"라고 정의하고 있는바, 사안의 경우 소음 · 진동이 발생하였으므로 환경오염에 해당한다. 다만 소음 · 진동으로 '인하여' 피해가 발생하였는지 여부는 인과관계의 문제와 관련 있는데, 이는 별도의 검토가 요구된다.

2. 구체적 효력

구성요건과 효과의 비구체성, 환경정책기본법이 민법의 특별법으로서의 성격을 갖지 않는다는 점 등을 근거로 위 환경정책기본법 제44조 제1항(원인자의 무과실책임)의 구체적 효력을 부인하는 견해와 해당 규정의 연혁을 살펴볼 때 책임주체와 범위 등이 확대되어 온 점, 구체성이 떨어지는 요건에 대한 해석은 판례나 학설을 통해 해결할 수 있다는 점, 개별 환경법에 환경오염피해와 관련한 어떠한 책임 및 구제 규정이 없는 상황에서는 위 규정의 구체적 효력을 쉽게 부인하여서는 안 된다는 점 등을 고려할 때 그 구체적 효력이 인정된다는 견해가 대립한다. '사업자'를 책임주체로 한 무과실책임규정인 구 환경정책기본법 제31조 제1항의 구체적 효력을 인정한 판례(대법원 2001. 2. 9. 선고 99다55434 판결)가 있으며, 최근 현행 제44조 제1항의 구체적 효력을 인정하고 있는 판례(대법원 2017. 2. 15. 선고 2015다23321 판결, 대법원 2018. 9. 13. 선고 2016다35802 판결)가 있어 주목을 받고 있다.

3. 사안에의 적용

사안에서 건축주인 甲과 시공사인 丙은 모두 터파기를 통한 지반침하 등의 결과를 야기한 원인자로 볼 수 있으며, 소음 · 진동으로 인한 대지 지반의 부동침하, 건물 변위(기울어짐), 균열 등의 환경피해가 발생하였다고 할 수 있다. 환경정책기본법 제44조 무과실책임 규정의 구체적 효력이 인정되므로 乙은 이 규정의 적용을 주장함으로써, 甲, 丙의 고의 · 과실을 입증하지 않아도 될 것이다.

Ⅲ. 인과관계

乙이 터파기 흙막이 공사로 인하여 소음 및 진동이 발생하였고 위 소음 및 진동으로 인하여 건물의 기울임 및 균열의 피해가 발생하였다는 점을 입증하면 甲과 丙의 건물공사와 환경피해에 대한 인과관계가 인정될 수 있다. 한편, 甲과 丙은 책임을 면하기 위해서 건물의 노후 등을 입증함으로써 이를 배척해야 할 것이다.

Ⅳ. 위법성

1. 수인한도론

무과실책임 규정이 적용되는 경우에도 배상책임을 인정하기 위해서는 수인한도론에 입각한 위법성이 요구되는지 여부에 대하여 부정하는 견해도 있으나, 환경정책기본법 제44조는 원인자의 무과실책임만을 규정하고 있을 뿐 위법성 판단에 대하여는 이를 면제하는 것으로 볼 수 없으며, 위 무과실책임은 민법상의 일반불법행위의 특별관계에 있다는 점에서 위법성의 판단기준인 수인한도론에 입각한 검토가 필요하다. 판례는 환경침해를 원인으로 한 불법행위 손해배상청구 사안에서 무과실책임 규정 적용 여부와 관련 없이 "사회통념상 수인한도를 넘은 경우에는 위법행위로 평가될 수"있다고 판시하여 위법성 판단에 수인한도를 적용하고 있다(대법원 2001. 2. 9. 선고 99다55434 판결).

2. 판단기준

판례는 피해가 사회통념상 수인한도를 넘었는지 여부는 피해의 정도, 피해이익의 성질 및 그에 대한 사회적 평가, 가해행위의 성질 및 공공성, 지역성, 토지이용의 선후관계, 가해방지 및 피해회피의 가능성, 공법적 규제의 위반여부, 교섭경과 등 모든 사정을 종합적으로 고려하여 판단하여야 한다고 판시한다.

3. 사안에의 적용

乙의 건물이 노후하여 공사 이전에도 벽체에 균열이 생기는 등 하자가 있었는지 여하, 丙은 사전에 공사현장의 지반에 대한 지질조사와 인접건물의 현황에 대한 사전조사를 충분히 하여 공사 중에 발생할 충격, 진동, 지반침하 등에 대한 충분한 대책을 마련한 다음에 공사를 진행하였는지 여하는 수인한도를 판단함에 있어 한 요소가 될 것이다. 그러나 乙의 건물이 이미 존재한 후에 甲과 丙이 건물공사를 시작한 점, 건물에 기울임 및 균열이라는 회복하기 힘든 손해가 발생한 점, 피해발생 후 이에 대한 보상의 조치가 이루어지지 않은 점 등을 종합적으로 고려할 때 乙이 입은 손해는 수인한도를 넘는 것이어서 그 위법성이 인정된다고 봄이 상당하다. 한편, 공법상 기준인 환경정책기본법상의 환경기준이나 소음 · 진동관리법상의 배출허용기준의 준수 여부가 수인한도 판단의 중요한 요소가 될 수 있을 것이다.

Ⅴ. 공동불법행위

1. 공동불법행위책임

환경정책기본법 제44조 제2항은 원인자가 2인 이상인 경우 누구에 의하여 환경침해가 발생하였는지 알 수 없는 경우에 모든 원인자는 연대하여 책임을 진다고 규정하고 있다. 환경정책기본법상의 공동불법행위책임의 성격은 부진정연대책임이며 공동불법행위자 간 내부적 분담부분에 관하여는 각자 오염물질 배출정도(관여도)에 따라 부담한다.

2. 사안에의 적용

사안에서 건축주인 甲과 시공사인 丙의 행위가 결합하여 환경피해가 발생하였고, 甲과 丙 중 어느 한 주체의 행위로 인하여 피해가 발생하였는지 명확하지 아니한 경우에 乙은 환경정책기본법 제44조 제2항의 공동불법행위책임을 통하여 甲과 丙 모두에게 손해배상책임을 물을 수 있고, 甲과 丙은 환경피해에 기여하지 않았음을 입증함으로써 책임을 면할 수 있다.

Ⅵ. 전 망

환경정책기본법 제44조 무과실책임의 구체적 효력이 인정될 경우 乙은 甲과 丙에 대하여 연대하여 무과실의 손해배상책임을 물을 수 있을 것이다. 무과실책임의 구체적 효력이 인정되지 아니할 경우에는 乙은 甲과 丙의 과실을 입증함으로써 민법 제750조에 따른 불법행위책임을 물을 수 있을 것이다. 어느 경우에나 인과관계의 입증이 소송 승패를 좌우하는 요소가 될 가능성이 많다.

문 2. 1문의 법적 기초에 따른 손해배상과 민법 제750조에 기초한 손해배상과의 관계를 논하시오.

Ⅰ. 문제의 소제

환경정책기본법의 규정이 민법 제750조에 대한 특별규정으로 양자는 법조경합 관계로 볼 수 있는지 또는 대등한 관계에서 청구권 경합의 관계로 볼 수 있는지가 문제된다.

Ⅱ. 학설 및 판례

1. 법조경합설

동일한 사실이 수개의 법규가 정하는 요건을 충족하는 경우 그 중 특별법적 지위에 있는 법규가 적용되는바(법조경합설), 환경정책기본법 제44조 규정은 민법의 특별 규정으로서 원인자에 해당할 경우 환경정책기본법(무과실책임)이 적용되고 민법 제750조는 적용이 배제된다는 견해이다. 대법원은 환경정책기본법에 의하여 손해배상을 주장하지 않았다고 하더라도 민법에 우선하여 환경정책기본법을 적용하여야 한다고 판시하고 있다 (대법원 2008. 9. 11. 선고 2006다50338 판결).

2. 청구권경합설

청구권경합설은 환경정책기본법 제44조 제1항 원인자 무과실책임과 민법 제750조의 일반불법행위책임은 대등한 관계로 청구권경합관계에 있어 피해자인 원고가 자신의 이해에 따라 선택적으로 청구할 수 있다고 본다.

Ⅲ. 결　　론

환경정책기본법상의 원인자 조항은 불법행위에 관한 민법 규정에 대한 특별 규정이라고 보아야 하므로 환경정책기본법상의 무과실책임 조항은 불법행위에 관한 민법 제750조에 우선하여 적용되어야 할 것이다. 판례도 이러한 견해를 취하는 것으로 보인다. 나아가 피해자가 주장하지 않았음에도 환경정책기본법에 의해 손배배상을 인정하는 것은 가해자가 전혀 예상하지 못한 법률적 관점에 기한 예상 외의 재판으로서 당사자에게 물의의 타격을 가할 수 있으므로 법원은 석명권을 행사하여야 할 것이다.

문 3. 소음 · 진동의 정도가 환경정책기본법과 소음 · 진동관리법 등에 의하여 허용된 기준치 이내일 경우 이러한 사실이 소송 결과에 미치는 영향을 설명하시오.

Ⅰ. 쟁　　점

공법상 기준인 환경정책기본법과 소음 · 진동관리법상의 허용된 기준의 준수가 민사 책임 중 위법성(수인한도) 판단에 어떠한 영향을 미치는지 문제가 된다.

Ⅱ. 공사법 2원론

공법상의 기준은 민사책임인 손해배상청구나 유지청구소송에서 가해행위의 위법성이나 구체적인 피해 정도를 판단하는 중요한 요소로 작용한다. 물론 공법상의 기준은 실체법상 일반 국민의 사법상 권리의무를 발생시키는 효력 규정이 아닌 정책과 규제 등을 위한 기준이므로, 그 기준의 위반이 곧바로 위법한 것으로 되지는 아니하나 민사법상 위반 여부를 판단하는 중요한 하나의 기준이 될 수 있다. 실제로 환경기준 및 배출허용기준은 수인한도를 판단하는 중요한 요소가 된다.

그러나 공법상 기준은 사법상 보호되는 이익을 보호하기 위한 최소한의 기준으로 그 달성은 최소한의 환경피해에 대한 책임의 기준을 규정한데 지나지 않고, 이를 준수하였다고 하더라도 환경피해에 대한 사법상 책임이 인정될 수 있다. 실제로 판례는 공법적 규제에 의하여 확보하고자 하는 이익은 원래 사법상 보호되는 이익을 공법적인 면에서도 가능한 한 보증하려는 것으로서 특별한 사정이 없는 한 사법상 보호되는 이익을 보호하기 위한 '최소한도의 기준'으로 봄이 상당하기 때문에 공법적 규제에 형식적으로 적합하다고 하더라도 현실적인 침해의 정도가 현저하게 커 사회통념상 수인한도를 넘은 경우에는 위법행위로 평가될 수 있다.

Ⅲ. 결 론

소음 · 진동의 정도가 환경정책기본법과 소음 · 진동관리법 등에 의하여 허용된 기준치 이내라고 하더라도 이는 공법상 기준일 뿐이며, 민사상 손해배상책임에 있어 행위의 위법성을 판단하는 요소 중 하나로 작용하는 것이다. 따라서 이러한 기준을 준수하였다 하여도 피해가 사회통념상 수인한도를 넘는 경우에는 민사상 손해배상책임이 인정될 수 있다.

참조판례

대전고법 2006. 7. 12. 선고 2005나8802 판결

※ 주의사항

1. 원인자를 단정하지 말고 관련 법조문, 판례 등을 통해 분석한 후 결론을 도출 할 것.
2. 지반의 부동침하 등이 환경피해라고 비약하지 말고 환경정책기본법 제3조 제4호에 따른 환경오염(소음 · 진동)으로 인한 피해이므로 환경피해라고 결론을 내릴 것.

4

환경정책기본법상 원인자의 무과실책임

사　례

甲 공장을 비롯하여 여러 인근 공장들에서 배출되는 주요 오염물질은 아황산가스와 불화수소가스이다. 이들은 다른 유해물질과 함께 직접 생육중인 농작물에 작용하거나 농업용수 내지 토양을 오염시킴으로써 간접적으로 농작물에 피해를 주며, 특히 불화수소가스는 농작물이 접촉하면 그 잎을 고사시켜서 농작물에 치명적인 피해를 가하는 것이다. 甲 공장 등 인근의 농민인 乙은 甲 공장 등에서 배출되는 유해가스로 인하여 농작물이 극심한 피해를 입었는데, 甲 등 공장이 가동되기 전에 비해 통상 30% 정도의 수확밖에 얻지 못하였으며, 그 중 일부 토지에 대하여는 위 오염물질 때문에 수확량이 영농비에도 훨씬 미달함에 따라 경작을 포기할 수밖에 없어 전혀 경작조차 하지 못하였다. 이러한 사안에 대하여 다음의 질문에 답하시오.

문 1. 乙이 甲 공장 등을 상대로 손해배상을 물을 수 있다면 그 법적 권원 내지 근거는 무엇인지 그 요건을 들어가며 답하시오.

문 2. 乙의 농작물이 고사하게 된 직접 원인은 마침 불어닥친 한파로 인한 동해이고 甲 공장 등에서 배출된 아황산가스로 인한 것은 아니지만 위 아황산가스는 농작물이 한파에 의하여 쉽사리 동해를 입게 된 원인이 되었다고 인정될 경우 甲 등이 다툴 수 있는 쟁점을 정리하고 그 결과를 전망하시오.

해　설

문 1. 乙이 甲 공장 등을 상대로 손해배상을 물을 수 있다면 그 법적 권원 내지 근거는 무엇인지 그 요건을 들어가며 답하시오.

Ⅰ. 문제의 소재

농작물 피해자인 乙이 환경정책기본법 제44조 제1항의 원인자 무과실 책임 규정을 근거로 손해배상청구가 가능한지 및 불가능한 경우 민법 제750조에 따른 일반 불법행위를 근거로 손해배상청구가 가능한지가 문제된다.

Ⅱ. 고의 · 과실

1. 환경정책기본법 제44조의 원인자의 무과실책임

동법 제44조 제1항은 "환경오염 또는 환경훼손으로 피해가 발생한 경우에는 해당 환경오염 또는 환경훼손의 원인자가 그 피해를 배상하여야 한다"고 규정하고 있다.

(1) 요　　건

(가) 원인자

책임주체는 환경오염 또는 환경훼손의 '원인자'이다. '원인자'는 자기의 행위 또는 사업활동으로 환경오염 또는 환경훼손의 원인을 발생시킨 자이다(제7조). 무과실책임을 지는 '원인자'에 대한 별도의 개념규정을 두고 있지 않아 구체적인 경우에는 논란이 있을 수 있다. 판례는 "자기의 행위 또는 사업활동을 위하여 자기의 영향을 받는 사람의 행위나 물건으로 환경오염을 야기한 자"라는 입장을 취하고 있다(대법원 2017. 2. 15. 선고 2015다23321 판결). 사안의 경우에는 甲 공장이 乙이 입은 농작물 고사 등의 원인인 아황산가스 및 불산화수소를 배출하였으므로 원인자임을 쉽게 인정할 수 있다.

(나) 환경피해

환경정책기본법에서는 '환경오염피해'에 대한 별도의 개념 정의가 없기 때문에 환경피해의 확정이 어려울 수 있다. 환경정책기본법에서 구체적으로 열거하고 있는 환경오염 내용은 예시적인 의미를 가질 뿐이며, 해석에 따라 그 범위는 크게 확대될 수 있다. 환경정책기본법 제3조 제4호는 '환경오염'을 "사업활동 및 그 밖의 사람의 활동에 의하여 발생하는 대기오염, 수질오염, 토양오염, 해양오염, 방사능오염, 소음 · 진동, 악취, 일조방해 등으로서 사람의 건강이나 환경에 피해를 주는 상태"라고 정의하고 있는바, 사안의 경우 유해가스 배출에 기인하여 대기오염 또는 토양오염으로 발생한 농작물 고사 및 수확량 감소는 환경피해에 해당한다. 다만 甲 공장 등에서 배출된 유해가스로 인하여 피해가 발생하였는지 여부는 인과관계의 문제와 관련있는데, 이는 별도의 검토가 요구된다.

(2) 구체적 효력

구성요건과 효과의 비구체성, 환경정책기본법이 민법의 특별법으로서의 성격을 갖지 않는다는 점 등을 근거로 위 환경정책기본법 제44조 제1항(원인자의 무과실책임)의 구체적 효력을 부인하는 견해와 해당 규정의 연혁을 살펴볼 때 책임주체와 범위 등이 확대되어 온 점, 구체성이 떨어지는 요건에 대한 해석은 판례나 학설을 통해 해결할 수 있다는 점, 개별 환경법에 환경오염피해와 관련한 어떠한 책임 및 구제 규정이 없는 상황에서는 위 규정의 구체적 효력을 쉽게 부인하여서는 안 된다는 점 등을 고려할 때 그 구체적 효력이 인정된다는 견해가 대립한다. '사업자'를 책임주체로 한 무과실책임규정인 구 환경정책기본법 제31조 제1항의 구체적 효력을 인정한 판례(대법원 2001. 2. 9. 선고 99다55434 판결)가 있으며, 최근 현행 제44조 제1항의 구체적 효력을 인정하고 있는 판례(대법원 2017. 2. 15. 선고 2015다23321 판결, 대법원 2018. 9. 13. 선고 2016다35802 판결)가 있어 주목을 받고 있다.

(3) 민법 제750조와의 관계

본조와 민법 제750조와의 관계에 대하여, 판례는 환경정책기본법 제44조 제1항이 민법의 불법행위 규정에 대한 특별규정이라고 보면서(법조경합) 환경오염으로 인하여 손해를 입은 자가 환경정책기본법에 의하여 손해배상을 주장하지 않았다고 하더라도 법원은 민법에 우선하여 환경정책기본법을 적용하여야 한다는 입장을 취하고 있다(대법원 2008. 9. 11. 선고 2006다50338 판결).

(4) 소 결

결국, 환경정책기본법상 제44조 제1항 원인자의 무과실 책임규정의 구체적 효력이 인정되므로, 甲은 乙의 고의 · 과실에 대한 입증이 없어도 손해배상책임을 물을 수 있다.

2. 보론: 시설책임

2014. 12. 31. 제정된 「환경오염피해 배상책임 및 구제에 관한 법률」은 시설의 설치 · 운영과 관련하여 환경오염피해가 발생한 때에는 해당 시설의 사업자가 그 피해를 배상하여야 한다고 규정함으로써(제6조 제1항), 무과실책임을 인정하고 있다. 적용대상시설은 대기오염물질배출시설, 폐수배출시설, 폐기물처리시설, 토양오염관리대상시설, 소음 · 진동배출시설 등 10개 시설이다. 그 결과 사안에서 환경오염피해가 甲 공장 등의 대기오염물질배출시설로 발생한 것으로 추인되는바, 甲 공장 등은 동법에 따른 무과실배상책임을 부담할 수 있다.

Ⅲ. 위법성

1. 수인한도론

무과실책임이 인정되는 경우 배상책임을 인정하기 위해서는 위법성이 요구되는지에 대하여 부정하는 견해가 있으나, 환경정책기본법 제44조는 원인자의 무과실책임만을 규정하고 있을 뿐 위법성을 면제하는 것으로 볼 수 없으며, 위 무과실책임은 민법상의 일반불법행위의 특별관계에 있다는 점에서 무과실책임 규정이 적용된다 하여도 불법행위에 대한 위법성의 판단기준인 수인한도론에 입각한 검토가 필요하다. 판례는 환경 침해를 원인으로 한 불법행위 손해배상청구 사안에서 무과실책임 규정 적용 여부과 관련 없이 "사회통념상 수인한도를 넘은 경우에는 위법행위로 평가될 수" 있다고 판시하여 위법성 판단에 수인한도를 적용하고 있다(대법원 2001. 2. 9. 선고 99다55434 판결).

2. 판단기준

판례는 사회통념상 수인한도를 넘었는지 여부는 피해의 정도, 피해이익의 성질 및 그에 대한 사회적 평가, 가해행위의 성질 및 공공성, 지역성, 토지이용의 선후관계, 가해방지 및 피해회피의 가능성, 공법적 규제의 위반 여부, 교섭경과 등 모든 사정을 종합적으로 고려하여 판단하여야 한다고 판시한다.

3. 사안에의 적용

사안에서 수인한도를 판단할 기타 요소들이 구체적으로 제시되지는 아니하였으나 공장 가동 전에 비하여 농작물 피해가 70%에 달할 정도로 피해의 정도가 크고, 乙이 이전에 토지를 소유 및 경작하고 있는 과정에서 甲 등의 공장에서 유해물질을 배출한 것으로 보이며, 또한 환경피해에 대한 위법성을 부정할 만한 공공적 요소나 방지조치, 교섭 등의 행위가 보이지 아니하므로 피해가 수인한도를 넘는다고 할 수 있다.

Ⅳ. 인과관계

1. 인과관계 입증의 어려움

원칙적으로 원고인 乙이 甲 공장의 가해행위와 자신의 손해 사이에 인과관계가 있다는 점을 입증하여야 한다. 증인, 전문가 의견, 현지조사, 감정, 관련 문헌 조사, 재현실험결과, 양 당사자의 진술 등을 종합하여 인과관계 여부를 입증할 수는 있겠으나, 이러한 인과관계를 자연과학적으로 증명하는 것은 극히 곤란하거나 불가능한 경우가 많고 환경오염의 피해자에게 인과관계의 입증 책임을 전적으로 부여한다면 결국 구제 기회는 없는 것과 다름없어 사회 형평의 관념에 적합하다고 볼 수 없다.

2. 개연성이론

판례는 환경피해에 따른 손해배상책임 사안에 있어서 개연성이론을 적용함으로써 입증책임을 완화하고 있다. 이에 따르면 피해자가 ① 오염물질이 배출되었다는 점, ② 오염물질이 피해자에게 도달하였다는 점, ③ 피해가 발생하였다는 점을 입증하면, 가해자가 반증으로서 ① 배출물질에 피해 원인물질이 포함되지 않았다는 점, ② 원인물질이 포함되었다하더라도 안전농도 범위 내라는 점을 입증하거나, 간접반증으로서 피해에 전적으로 다른 원인이 작용하였다는 점을 입증하지 않는 한 인과관계가 증명된 것으로 본다.

3. 사안에의 적용

판례가 취하는 개연성이론에 따라 피해자 乙은 甲 공장으로부터 오염물질인 아황산가스와 불화수소가스가 배출되었고 이에 따라 농작물이 고사하였다는 점을 입증하면 인과관계가 인정된다. 甲은 반증으로 배출가스에 아황산가스 및 불화수소가스가 포함되지 아니하였다는 점이나 포함되어 있다 하여도 안전농도 이내라는 점을 입증하거나 간접반증으로 전혀 다른 원인에 의하여 乙의 농작물 고사가 발생하였다는 점을 입증하면 인과관계를 부정할 수 있다.

4. 보론: 인과관계추정

2014. 12. 31. 제정된 「환경오염피해 배상책임 및 구제에 관한 법률」은 입증책임 완화 차원에서 인과관계추정 방식을 택하고 있다. 즉 “시설이 환경오염피해 발생의 원인을 제공한 것으로 볼 만한 상당한 개연성이 있는 때에는 그 시설로 인하여 환경오염피해가 발생한 것으로 추정한다(제9조 제1항).” 상당한 개연성이 있는지의 여부는 시설의 가동과정, 사용된 설비, 투입되거나 배출된 물질의 종류와 농도, 기상조건, 피해발생의 시간과 장소, 피해의 양상과 그 밖에 피해발생에 영향을 준 사정 등을 고려하여 판단한다(동조 제2항). 이에 따라 주민들은 배출된 유해가스(아황산가스, 불화수소가스)와 농도 등을 입증함으로써, 인과관계를 쉽게 인정받을 수 있을 것이다.

V. 공동불법행위

1. 공동불법행위책임

환경정책기본법 제44조 제2항은 원인자가 2인 이상인 경우 누구에 의하여 환경침해가 발생하였는지 알 수 없는 경우에 모든 원인자는 연대하여 책임을 진다고 규정하고 있다. 환경정책기본법상의 공동불법행위책임의 성격은 부진정연대책임이며 공동불법행위자 간 내부적 분담부분에 관하여는 각자 오염물질 배출정도(관여도)에 따라 부담한다.

2. 사안에의 적용

甲 공장으로서는 주변의 다른 공장에서도 유사한 오염물질이 배출되었다는 점을 주장하여 손해배상책임의 주된 원인이 자신에 있다는 점을 부정하려고 할 것이나 위에서 검토한 공동불법행위책임에 따라 자신이 농작물 고사에 원인이 되는 오염물질인 아황산가스 등을 전혀 배출하지 아니하였다거나 다른 공장에서 발생한 오염물질이 전적으로 위 환경피해의 원인이 되었다는 점을 입증하지 못하는 한 손해배상책임이 부정될 수 없을 것이다.

Ⅵ. 결 론

甲 공장 등은 환경정책기본법 제44조 제1항의 무과실책임에 따른 배상책임을 질 수 있다.

문 2. 乙의 농작물이 고사하게 된 직접 원인은 마침 불어닥친 한파로 인한 동해이고 甲 공장 등에서 배출된 아황산가스로 인한 것은 아니지만 위 아황산가스는 농작물이 한파에 의하여 쉽사리 동해를 입게 된 원인이 되었다고 인정될 경우 甲 등이 다툴 수 있는 쟁점을 정리하고 그 결과를 전망하시오.

I. 문제의 소재

乙의 농작물의 고사에 대한 원인이 甲의 아황산가스 배출에 의한 것이 아니라 한파에 기인하는 경우에 그 자연력에 의한 부분을 주장하여 손해배상책임을 면할 수 있는지가 문제된다.

Ⅱ. 인과관계의 부인

앞에서 검토한 바와 같이 乙이 甲의 공장에서 아황산가스가 배출되었고 자신의 농장에 위 가스가 도달하였으며, 이에 농작물이 고사하였다는 사실을 입증하면 인과관계가 일응 증명된다. 이에 甲은 간접반증으로 전혀 다른 원인인 한파에 의하여 乙의 피해가 발생하였다고 주장하고, 이 사실이 입증된다면 인과관계가 복멸되어 손해배상책임이 면책될 수 있다.

Ⅲ. 자연력의 기여분 제한

대법원은 손해가 자연력과 가해자의 과실행위가 경합되어 발생된 경우 가해자의 배상범위는 손해의 공평한 부담이라는 견지에서 손해발생에 대하여 자연력이 기여하였다고 인정되는 부분을 공제한 나머지 부분으로 제한하여야 함이 상당하다고 판시하고 있다(대법원 2003. 6. 27. 선고 2001다734 판결).

Ⅳ. 결 론

사안에서 乙의 농작물의 고사라는 환경피해의 주요한 원인이 한파에 있다고 한다면 그 기여분을 甲의 책임에서 제외하는 것이 타당할 것이다.

참조판례

1. 대법원 2017. 2. 15. 선고 2015다23321 판결(판례 [3])
2. 대법원 2018. 9. 13. 선고 2016다35802 판결(판례 [4])
3. 자연력 기여분의 제한: 대법원 2003. 6. 27. 선고 2001다734 판결(판례 [51])

※ 주의사항

"甲 공장 등", "산업단지", "인근에는 ○○ 정밀 등 사업장이 다수" 등의 표현이 등장할 경우에는 공동불법행위책임을 염두에 둘 것.

5

환경정책기본법 제44조와 토양환경보전법 제10조의3

사 례

甲은 경기도 양평읍 ○○에서 사업장 부지 내에 지하관정을 설치하고, 지하수를 이용하여 된장, 고추장 등의 식품을 제조·판매하고 있다. 乙은 폐기물 수집·운반 및 중간처분업 허가를 받아 일반폐기물을 처리하기 위한 건류식 소각시설과 지정폐기물을 처리하기 위한 고온열분해시설을 설치·운영하고 있다. 乙은 폐합성수지와 휘발성유기화물(VOC) 등이 포함된 폐합성수지를 소각로에 투입하다가 화재를 발생하였다. 화재사건을 진압하기 위하여 현장에 출동한 소방관계자는 소화수 및 포소화제를 사용하였다. 이로 인한 폐기물 침출수로 인하여 甲의 부지 및 지하수가 토양오염물질인 시안, 불소화합물 등으로 오염되었다. 그 결과 지하수를 이용할 수 없게 되어 식품을 제조할 수 없게 되었다. 乙은 화재 발생 전에 수차례 폐유기용제, 폐유 등을 허용용량 이상으로 다량보관하고 보관시설이 아닌 장소에 보관하였다는 이유로 관할 행정청으로부터 여러 번의 행정처분을 받은 사실이 있다. 乙은 화재로 다량 보관 중인 폐기물이 전량 소실될 경우 주변지역에 악취오염 등 대형 환경오염사고가 우려되어 현장에 출당한 소방관계자와 협의하여 포소화제 등을 사용하게 된 사실은 인정하나 포소화제 등이 토양오염을 일으키는 지에 대하여 전혀 알지 못하였기 때문에 토양오염 및 지하수 오염에 책임을 질 수 없다고 주장하고 있다.

문 1. 甲이 乙에 대하여 환경정책기본법에 기초하여 책임을 물을 수 있는지 논하시오.

문 2. 甲이 乙에 대하여 토양환경보전법에 근거하여 책임을 물을 수 있는지 답하고, 1문의 구제방법과의 차이 및 관계를 논하시오.

해 설

문 1. 甲이 乙에 대하여 환경정책기본법에 기초하여 책임을 지는지 논하시오.

I. 문제의 소재

乙의 행위에 따라 甲은 식품 제조를 할 수 없는 등의 재산적 피해가 발생한바, 이러한 피해에 대하여 甲에게 환경정책기본법 제44조 제1항에 따른 무과실책임을 물을 수 있는지가 문제된다.

Ⅱ. 환경정책기본법 제44조의 원인자의 무과실책임

동법 제44조 제1항은 "환경오염 또는 환경훼손으로 피해가 발생한 경우에는 해당 환경오염 또는 환경훼손의 원인자가 그 피해를 배상하여야 한다"고 규정하고 있다.

1. 요 건

(1) 원인자

책임주체는 환경오염 또는 환경훼손의 '원인자'이다. '원인자'는 자기의 행위 또는 사업활동으로 환경오염 또는 환경훼손의 원인을 발생시킨 자이다(제7조). 무과실책임을 지는 '원인자'에 대한 별도의 개념규정을 두고 있지 않아 구체적인 경우에는 논란이 있을 수 있으나 판례는 "자기의 행위 또는 사업활동을 위하여 자기의 영향을 받는 사람의 행위나 물건으로 환경오염을 야기한 자"라는 입장을 취하고 있다(대법원 2017. 2. 15. 선고 2015다23321 판결). 사안의 경우 乙은 甲의 부지 및 지하수의 오염 원인을 발생시킨 자이므로 원인자에 해당한다.

(2) 환경피해

환경정책기본법에서는 '환경오염피해'에 대한 별도의 개념 정의가 없기 때문에 환경피해의 확정이 어려울 수 있다. 환경정책기본법에서 구체적으로 열거하고 있는 환경오염 내용은 예시적인 의미를 가질 뿐이며, 해석에 따라 그 범위는 크게 확대될 수 있다. 환경정책기본법 제3조 제4호는 '환경오염'을 "사업활동 및 그 밖의 사람의 활동에 의하여 발생하는 대기오염, 수질오염, 토양오염, 해양오염, 방사능오염, 소음 · 진동, 악취, 일조방해 등으로서 사람의 건강이나 환경에 피해를 주는 상태"라고 정의하고 있는바, 사안의 경우 지하수오염, 토양오염이 발생하였으므로 환경오염에 해당하며, 그로 인하여 발생한 재산적 피해는 환경피해에 해당한다.

2. 구체적 효력

구성요건과 효과의 비구체성, 환경정책기본법이 민법의 특별법으로서의 성격을 갖지 않는다는 점 등을 근거로 위 환경정책기본법 제44조 제1항(원인자의 무과실책임)의 구체적 효력을 부인하는 견해와 해당 규정의 연혁을 살펴볼 때 책임주체와 범위 등이 확대되어 온 점, 구체성이 떨어지는 요건에 대한 해석은 판례나 학설을 통해 해결할 수 있다는 점, 개별 환경법에 환경오염피해와 관련한 어떠한 책임 및 구제 규정이 없는 상황에서는 위 규정의 구체적 효력을 쉽게 부인하여서는 안 된다는 점 등을 고려할 때 그 구체적 효력이 인정된다는 견해가 대립한다. '사업자'를 책임주체로 한 무과실책임규정인 구 환경정책기본법 제31조 제1항의 구체적 효력을 인정한 판례(대법원 2001. 2. 9. 선고 99다55434 판결)가 있으며, 최근 현행 제44조 제1항의 구체적 효력을 인정하고 있는 판례(대법원 2017. 2. 15. 선고 2015다23321 판결, 대법원 2018. 9. 13. 선고 2016다35802 판결)가 있어 주목을 받고 있다.

3. 사안에의 적용

환경정책기본법 제44조 제1항의 구체적 효력이 인정될 경우 乙이 폐기물처리업을 영위하면서 휘발성유기화물(VOC) 등이 포함된 폐합성수지를 소각로에 투입하다가 화재를 발생시켜 이를 진압하는 과정에서 유해물질이 배출되어 그 침출수로 인하여 지하수 및 토양이 오염되어 甲의 사업에 지장을 초래하는 환경피해를 입힌바, 乙은 위 피해의 원인자로서 환경정책기본법 제44조 제1항의 무과실책임 규정이 적용되어 손해배상책임이 인정된다.

문 2. 甲이 乙을 상대로 토양환경보전법에 근거하여 책임을 물을 수 있는지를 답하고, 1문의 구제방법과의 차이 및 관계를 논하시오

I. 문제의 소재

甲이 乙을 상대로 유해물질의 배출로 인한 토양오염피해에 대하여 토양환경보전법 제10조의3에 따른 무과실책임을 물을 수 있는지와 이 규정과 환경정책기본법 제44조 제1항의 무과실책임간의 관계가 문제된다.

Ⅱ. 토양환경보전법 제10조의3에 따른 무과실책임

1. 관련 규정

토양환경보전법은 "토양오염으로 인하여 피해가 발생한 경우 그 오염을 발생시킨 자는 그 피해를 배상하고 오염된 토양을 정화하는 등의 조치를 하여야 한다"고 규정함으로써(제10조의3 제1항 본문), 토양오염의 피해에 대한 무과실책임을 인정하고 있다. 동법 제10조의4(오염토양의 정화책임)가 공법상의 책임을 규정하고 있다면 제10조의3은 사법상의 책임을 규정하고 있다고 이해된다.

2. 요　건

(1) 오염을 발생시킨 자

책임주체는 토양오염을 발생시킨 자(원인자)이다. 동법은 무과실책임을 지는 '원인자'에 대한 별도의 개념규정을 두고 있지 않아 구체적인 경우에는 논란이 있을 수 있으나 사안의 경우 乙이 화재를 발생시켜 이를 진압하는 과정에서 토양오염물질이 배출되어 그 침출수로 인하여 토양이 오염되었으므로 乙을 토양오염을 발생시킨 자로 보는 데에는 무리가 없을 것이다.

(2) 토양오염피해

'토양오염'이란 사업활동이나 그 밖의 사람의 활동에 의하여 토양이 오염되는 것으로서 사람의 건강·재산이나 환경에 피해를 주는 상태를 말한다(제2조 제1호). 토양오염은 동법이 '토양오염물질'을 "토양오염의 원인이 되는 물질로서 환경부령으로 정하는 것을 말한다"고 정의하고 있음(제2조 제2호)에 비추어 토양오염은 토양오염물질로 인한 오염으로 이해된다. 사안에서 토양오염물질인 시안 등으로 토양오염이 이루어졌고 그로 인해 식품 제조를 할 수 없는 재산적 피해가 발생하였으므로 토양오염피해도 인정할 수 있다.

3. 책임의 내용

토양환경보전법 제10조의3 제1항은 손해배상과 오염된 토양의 정화를 그 책임으로 인정하고 있다. 이는 원인자의 과실 여부를 떠나 인정되는 무과실책임이다.

4. 사안에의 적용

乙이 화재를 발생시켜 이를 진압하는 과정에서 토양오염물질인 시안 등이 배출되어 토양이 오염되고 그로 인하여 甲이 식품 제조를 할 수 없는 재산적 피해(토양오염피해)가 발생하였으므로 乙은 그 피해의 원인자로서 토양환경보전법 제10조3 제1항에 따라 손해배상 및 오염된 토양의 정화책임을 부담하게 된다.

Ⅲ. 환경정책기본법상 원인자의 무과실책임 규정과의 관계

토양환경보전법은 환경오염의 피해 원인을 '토양오염'에 국한하고, '토양오염물질'을 한정하고 있다. 토양오염은 환경정책기본법 제44조상 환경오염의 한 유형이기 때문에 토양환경보전법상 무과실책임 규정의 구제범위는 환경정책기본법상 원인자의 무과실책임 규정의 구제범위보다 제한적이라고 할 수 있다. 결국 피해자는 입증부담을 덜기 위하여 토양환경보전법 제10조의3 제1항이 적용될 수 있는 경우에도 이 규정에 의하지 않고 구제범위가 보다 넓은 환경정책기본법 제44조에 기한 책임을 물을 가능성이 있다. 반면 토양환경보전법 제10조의3은 피해자로 하여금 손해배상책임뿐만 아니라 정화책임도 물을 수 있도록 하기 때문에 정화를 위한 구제수단으로 배상책임만 규정한 환경정책기본법에 비하여 유리한 측면이 있다. 결론적으로 토양환경보전법 규정이 환경정책기본법 규정에 대하여 특별관계에 있다고 보기는 어렵다(청구권경합). 사안에서 甲은 실질적인 구제범위가 넓은 환경정책기본법 제44조 규정을 선택하여 원인자에게 무과실책임을 물을 가능성이 많아 보인다. 다만 토양의 정화조치를 구하기 위하여 토양환경보전법 제10조의3에 따른 책임을 추궁할 수도 있을 것이다.

※ 주의사항

환경정책기본법 제44조와 민법 750조는 법조경합, 환경정책기본법 제44조와 토양환경보전법 제10조의3은 청구권경합의 관계.

6

철도소음과 원인자의 무과실책임

(법전원협의회 2018년도 제1차 변호사시험 모의시험)

사 례

甲은 2000년부터 한우 농장을 경영해왔다. 그 후 한국철도시설공단(이하 "시설공단")이 농장 주변지역에 철도를 건설, 1일 24회 정도 열차가 통행하고 있다. 시설공단은 철로의 건설·관리를 맡고 있다. 한국철도공사(이하 "철도공사")는 여객·화물 운송을 맡고 있는데, 최근 들어 운행 지연으로 승객들로부터 클레임이 수차례 제기되자 내부규정상의 운영최고속도를 종종 초과해 운행하곤 하였다. 철도 개설 이후 위 농장에서 사육 중인 한우들에 유·사산, 성장 지연 등의 피해가 발생하였다. 농장과 철로 사이의 직선거리는 62.5m에 불과한데 소음·진동 방지를 위한 방지대책은 전혀 없다. 위 농장에서 24시간 동안 소음 및 진동을 측정한 결과, 최대소음도는 63.8~81.8dB(A), 5분 등가소음도는 51.0~67.7dB(A)였고, 최대진동도는 39.5~67.2dB(V)이었다. 그리고 항공기가 통과하면서 발생한 소음·진동이 20% 정도 영향을 미친 것으로 나타났다. 甲은 한우 피해가 계속 발생하자 사육중인 한우를 모두 처분하고 농장을 폐업한 후 위 철도공사와 시설공단을 상대로 각각 손해배상을 청구하고자 한다.

그런데 철도공사는 적법한 철도운행을 했으므로 책임이 없거나 피해발생에의 기여를 한도로 책임이 제한되어야 한다고 주장한다. 시설공단은 자신은 소음·진동의 발생원인자가 아니므로 책임이 없다고 주장한다.

「환경정책기본법」상의 소음환경기준은 항공기소음, 철도소음 및 건설작업 소음에는 적용되지 않는다(법 시행령 "별표 중 '2. 소음' 중 비고 3"). 또 「소음·진동관리법」은 "항공기소음과 관련하여서는 소음한도기준(법 제39조 및 같은 법 시행령 제9조)을 정하고 있으나, 철도소음과 관련하여서는 철도차량 자체에 대한 소음기준을 정하도록 권고하고(법 제45조의2) 있을 뿐이다." 한편 환경부 산하 중앙환경분쟁조정위원회는 '철도 소음·진동으로 인한 가축피해 평가방법 및 배상액 산정기준'을 다음과 같이 정하고 있다.

가축 피해 현황	평가방법	피해인정기준
폐사, 유·사산, 부상 등	최대음압(LAmax)	- 소음: 60dB(A) - 진동: 57dB(V) (0.02cm/sec)
성장 지연, 수태율 저하, 산자수 감소, 생산성 저하 등	5분 등가음압(LAeq, 5min)	

문 1. 甲의 한국철도공사에 대한 손해배상청구소송에서 각 쟁점과 승소가능성을 검토하시오.

문 2. 甲의 한국철도시설공단에 대한 손해배상청구소송에서 각 쟁점과 승소가능성을 검토하시오.

해 설

문 1. 甲의 한국철도공사에 대한 손해배상청구소송에서 각 쟁점과 승소가능성을 검토하시오.

Ⅰ. 문제의 소재

甲의 피해에 대한 한국철도공사를 상대로 손해배상을 청구하려는 경우, 그 요건과 관련하여 ① 환경정책기본법 제44조 무과실책임 규정이 적용되는지, ② 위법성과 관련하여 수인한도론, ③ 인과관계와 관련하여 개연성이론 인정 여부가 문제된다.

Ⅱ. 고의·과실

1. 환경정책기본법 제44조의 무과실책임

환경정책기본법 제44조 제1항은 "환경오염 또는 환경훼손으로 피해가 발생한 경우에는 해당 환경오염 또는 환경훼손의 원인자가 그 피해를 배상하여야 한다"고 규정하여 환경오염 피해에 대한 무과실책임을 규정하고 있다.

2. 요 건

(1) 환경오염피해

환경정책기본법에서는 '환경오염피해'에 대한 별도의 개념 정의가 없기 때문에 환경피해의 확정이 어려울 수 있다. 환경정책기본법에서 구체적으로 열거하고 있는 환경오염 내용은 예시적인 의미를 가질 뿐이며, 해석에 따라 그 범위는 크게 확대될 수 있다. 환경정책기본법 제3조 제4호는 '환경오염'을 "사업활동 및 그 밖의 사람의 활동에 의하여 발생하는 대기오염, 수질오염, 토양오염, 해양오염, 방사능오염, 소음·진동, 악취, 일조방해 등으로서 사람의 건강이나 환경에 피해를 주는 상태"라고 정의하고 있는 바, 사안의 경우, 철도 운행에 따른 소음·진동으로 인해 인근 농장에서 사육 중인 한우들에 유·사산, 성장지연 등의 피해가 발생하였으므로 일응 환경오염피해가 인정된다. 나아가 환경오염과 피해 사이에 인과관계가 인정되어야 하는데, 이는 별도로 검토한다.

(2) 원인자

책임주체는 환경오염 또는 환경훼손의 '원인자'이다. '원인자'는 자기의 행위 또는 사업활동으로 환경오염 또는 환경훼손의 원인을 발생시킨 자이다(동법 제7조). 무과실책임을 지는 '원인자'에 대한 별도의 개념규정을 두고 있지 않아 구체적인 경우에는 논란이 있을 수 있으나 판례는 "자기의 행위 또는 사업활동을 위하여 자기의 영향을 받는 사람의 행위나 물건으로 환경오염을 야기한 자"라는 입장을 취하고 있다(대법원 2017. 2. 15. 선고 2015다23321 판결). 사안의 경우, 한국철도공사는 철도운행 과정에서 한우 피해의 원인이 된 소음·진동을 배출하였으므로 원인자 지위가 인정된다.

3. 구체적 효력

구성요건과 효과의 비구체성, 환경정책기본법이 민법의 특별법으로서의 성격을 갖지 않는다는 점 등을 근거로 위 환경정책기본법 제44조 제1항(원인자의 무과실책임)의 구체적 효력을 부인하는 견해와 해당 규정의 연혁을 살펴볼 때 책임주체와 범위 등이 확대되어 온 점, 구체성이 떨어지는 요건에 대한 해석은 판례나 학설을 통해 해결할 수 있다는 점, 개별 환경법에 환경오염피해와 관련한 어떠한 책임 및 구제 규정이 없는 상황에서는 위 규정의 구체적 효력을 쉽게 부인하여서는 안 된다는 점 등을 고려할 때 그 구체적 효력이 인정된다는 견해가 대립한다. '사업자'를 책임주체로 한 무과실책임규정인 구 환경정책기본법 제31조 제1항의 구체적 효력을 인정한 판례(대법원 2001. 2. 9. 선고 99다55434 판결)가 있으며, 최근 현행 제44조 제1항의 구체적 효력을 인정하고 있는 판례(대법원 2017. 2. 15. 선고 2015다23321 판결, 대법원 2018. 9. 13. 선고 2016다35802 판결)

가 있어 주목을 받고 있다.

4. 민법 제750조와의 관계

본조와 민법 제750조와의 관계에 대하여, 판례는 환경정책기본법 제44조 제1항이 민법의 불법행위 규정에 대한 특별규정이라고 보면서(법조경합) 환경오염으로 인하여 손해를 입은 자가 환경정책기본법에 의하여 손해배상을 주장하지 않았다고 하더라도 법원은 민법에 우선하여 환경정책기본법을 적용하여야 한다는 입장을 취하고 있다(대법원 2008. 9. 11. 선고 2006다50338 판결).

5. 사안에의 적용

사안에서 한국철도공사는 소음·진동을 배출하여 피해를 유발한 원인자로서 환경정책기본법 제44조 제1항 원인자의 무과실 책임규정에 따라 고의 또는 과실을 불문하고 甲에게 그 피해를 배상할 책임이 있다.

Ⅲ. 위법성

1. 수인한도론

손해배상이 이루어지기 위해서는 가해행위가 위법한 것이어야 하는데, 위법성의 판단기준에 대하여 판례는 수인한도론을 제시하는 바, 사회통념상 수인한도를 넘었는지는 피해의 정도, 피해이익의 성질 및 그에 대한 사회적 평가, 가해행위의 성질 및 공공성, 지역성, 토지이용의 선후관계, 가해방지 및 피해회피의 가능성, 공법적 규제의 위반 여부, 교섭경과 등 모든 사정을 종합적으로 고려하여 판단해야 한다고 본다.

무과실책임이 인정되는 경우 배상책임을 인정하기 위해서 위법성이 요구되는지에 대하여 부정하는 견해도 있으나, 판례는 환경 침해를 원인으로 한 불법행위 손해배상청구 사안에서 무과실책임 규정 적용 여부와 관련 없이 사회통념상 수인한도를 넘은 경우에는 위법행위로 평가될 수 있다고 판시하여 위법성 판단에 수인한도를 적용하고 있다(대법원 2001. 2. 9. 선고 99다55434 판결).

2. 사안에의 적용

한우 피해가 계속 발생함으로 인하여 甲이 농장을 폐업할 정도로 손해의 정도가 큰 점, 甲의 농장 경영 이후에 철로가 개설된 점, 철도로부터 발생한 소음·진동의 정도가 공법상 규제기준에 해당하는 중앙환경분쟁조정위원회의 가축 피해 평가기준을 초과한 점, 철도공사는 내부규정상 운영최고속도를 종종 초과해 철도를 운행해온 점, 철도공사의 가해방지 · 피해회피 조치가 전혀 이루어지지 않고 보상과 관련한 교섭과정에도 소극적인 점 등을 종합적으로 고려할 때 한국철도공사의 철도운행 과정에서의 소음 · 진동 배출행위는 사회통념상 수인한도를 넘는 것으로서 위법하다고 할 것이다.

Ⅳ. 인과관계

1. 인과관계 입증의 어려움

원칙적으로 인과관계는 피해자가 입증하여야 하나, 증거의 구조적 편재가 심화된 현대소송에서 피해자에게 입증 책임을 전적으로 부여하는 것은 사회 형평의 관념에 부적법하다. 사법상 구제를 사실상 거부하는 결과가 될 우려가 있는 반면 가해기업은 기술적 · 경제적으로 피해자보다 원인조사가 용이한 경우가 많고 그 원인을 은폐할 염려가 있기 때문이다. 이에 따라 판례는 개연성이론 또는 역학적 인과관계를 인정함으로써 입증책임을 완화하고 있다.

2. 개연성이론

판례는 피해자가 ① 오염물질이 배출되었고, ② 오염물질이 피해자에게 도달하였으며, ③ 피해가 발생하였다는 점을 입증하면, 가해자가 반증으로서 ① 배출물질에 피해 원인물질이 포함되지 않았다는 점, ② 원인물질이 포함되었다 하더라도 안전농도 범위 내라는 범을 입증하거나, 간접반증으로서 피해에 전적으로 다른 원인이 작용하였다는 점을 입증하지 않는 한 인과관계가 증명된 것으로 본다(대법원 1984. 6. 12. 선고 81다558 판결).

3. 사안에의 적용

개연성이론에 따라 피해자 甲은 철도공사가 운행하는 철도로부터 소음 · 진동이 발생하였고 이에 따라 한우 피해가 발생하였다는 점을 입증하면 인과관계가 인정된다. 철도공사는 반증으로 철도 운행에 있어 소음 · 진동이 발생하지 않았다는 점이나 발생하였더라도 안전한 정도 이내라는 점을 입증하여 인과관계를 부정할 수 있으나 현실적으로 불가능할 것이다. 또한 간접반증으로 전혀 다른 원인(항공기 소음)에 의하여 甲의 한우 피해가 발생하였다는 점을 입증하면 인과관계를 부정할 수 있을 것이다.

Ⅴ. 공동불법행위책임

1. 공동불법행위책임

환경정책기본법 제44조 제2항은 원인자가 2인 이상인 경우 누구에 의하여 환경침해가 발생하였는지 알 수 없는 경우에 모든 원인자는 연대하여 책임을 진다고 규정하고 있다. 환경정책기본법상의 공동불법행위책임의 성격은 부진정연대책임이며 공동불법행위자 간 내부적 분담부분에 관하여는 각자 오염물질 배출 정도(관여도)에 따라 부담한다.

2. 사안에의 적용

사안에서 한국철도공사가 철도를 운행해온 행위는, 한국철도시설공단의 철로 건설 · 관리 행위(경우에 따라 항공기 소음 배출도 포함될 수 있을 것이다)와 객관적으로 관련공동하고 있다고 할 수 있으므로, 철도공사와 시설공단은 공동불법행위책임을 부담하며 피해발생에의 각 기여도를 불문하고 피해자 甲은 각자에 대하여 손해 전액의 배상을 청구할 수 있다.

Ⅵ. 결 론

甲이 한국철도공사의 소음 · 진동 배출로 농장 피해가 발생한 사실을 인정할 수 있는바, 한국철도공사는 환경정책기본법 제44조에 따른 무과실책임에 따라 甲에 대하여 이를 배상할 책임이 있다.

문 2. 甲의 한국철도시설공단에 대한 손해배상청구소송에서 각 쟁점과 승소가능성을 검토하시오.

Ⅰ. 문제의 소재

甲의 한우 피해와 관련하여 한국철도시설공단의 환경정책기본법 제44조의 원인자 해당성 여부 및 민법 제758조의 공작물책임 성립 여하가 문제된다.

Ⅱ. 환경정책기본법 제44조의 원인자책임

앞에서 본 바와 같이 환경정책기본법 제44조 제1항의 원인자와 관련해서 판례는

"자기의 행위 또는 사업활동을 위하여 자기의 영향을 받는 사람의 행위나 물건으로 환경오염을 야기한 자"라는 입장을 취하고 있다(대법원 2017. 2. 15. 선고 2015다23321 판결). 한국철도시설공단은 甲의 한우 피해의 원인이 된 소음 · 진동이 발생하는 철로의 건설 · 관리를 하는 자이므로 동조항에서 정한 원인자에 해당하고, 동법에 따른 손해배상책임이 있다.

Ⅲ. 민법 제758조 공작물책임

1. 공작물의 설치 · 보존상의 하자

철도를 포함한 공작물을 설치하고 보존하는 자는 그 설치 또는 보존의 하자로 인하여 피해가 발생한 경우 민법 제758조 제1항에 따라 이를 배상할 의무가 있다. '공작물의 설치 또는 보존의 하자'와 관련해서 법원은 물적 하자뿐만 아니라 '기능적 하자(내지 작용상 하자)'를 포함하는 개념으로 이해하고 있으며, 나아가 수인한도론을 '기능적 하자 판단의 영역'으로 끌어들이고 있다. 즉 판례는 "영조물의 설치 · 관리상의 하자라 함은 영조물의 설치 및 관리에 불완전한 점이 있어 이 때문에 영조물 자체가 통상 갖추어야 할 (객관적) 안전성을 갖추지 못한 상태에 있는 것을 말하는 것이다"면서 "여기서 안전성을 갖추지 못한 상태, 즉 타인에게 위해를 끼칠 위험성이 있는 상태라 함은 당해 영조물을 구성하는 물적 시설 그 자체에 있는 물리적 · 외형적 흠결이나 불비로 인하여 그 이용자에게 위해를 끼칠 위험성이 있는 경우뿐만 아니라 그 영조물이 공공의 목적에 이용됨에 있어 그 이용상태 및 정도가 일정한 한도를 초과하여 제3자에게 사회통념상 참을 수 없는 피해를 입히는 경우까지 포함된다고 할 것이고, 사회통념상 참을 수 없는 피해인지 여부는 그 공작물의 공공성, 피해의 내용 및 정도, 이를 방지하기 위하여 노력한 내용 등을 종합적으로 고려하여 판단하여야 한다"고 판시하고 있다.

2. 사안에의 적용

한우 피해가 계속 발생함으로 인하여 甲이 농장을 폐업할 정도로 손해의 정도가 큰 점, 甲의 농장 경영 이후에 철로가 개설된 점, 철도로부터 발생한 소음 · 진동의 정도가 공법상 규제기준에 해당하는 중앙환경분쟁조정위원회의 가축 피해 평가기준을 초과한 점, 시설공단의 가해방지 · 피해회피 조치가 전혀 이루어지지 않고 보상과 관련한 교섭과정에도 소극적인 점 등을 종합적으로 고려할 때 철도의 이용상태 및 정도가 사회통념상 수인한도를 초과하여 甲에게 피해를 입힌다고 할 수 있으므로 철도의 설치 또는 보존 · 관리의 하자가 인정된다.

따라서 철로의 설치·관리자인 시설공단은 철로 건설 후에도 이를 관리하면서 열차 운행으로 인하여 수인한도를 넘는 소음·진동 피해가 발생하지 않도록 하여야 할 주의의무가 있음에도 이러한 주의의무를 다하지 않아 철로를 통한 열차 운행으로 인해 수인한도를 넘는 피해가 발생하였으므로, 민법 제758조 제1항에 따라 그 손해를 배상할 책임이 있다.

Ⅳ. 공동불법행위책임

1문 V.에서 본 바와 같은 이유로 한국철도시설공단은 한국철도공사와 함께 공동불법행위책임을 부담한다.

Ⅴ. 결 론

한국철도시설공단은 甲의 한우 피해에 대하여 환경정책기본법 제44조의 원인자로서 무과실책임을 질 뿐만 아니라 민법 제758조의 공작물책임을 부담한다.

참조판례

대법원 2017. 2. 15. 선고 2015다23321 판결(판례 [3])

※ 주의사항

1. 공동불법행위책임은 놓치기 쉬운 쟁점.
2. 환경정책기본법 제44조의 무과실책임과 민법 제758조의 관계(법조경합 또는 청구권경합)를 논할 경우 가점이 있을 수 있음.

7

총량적·누적적 영향평가

(법전원협의회 2017년도 1차 변호사시험 모의시험)

사 례

재단법인 A공원은 2014. 10. 15. 경기도 광주시 일원 임야 200,000㎡에 사설 법인묘지설치허가를 경기도지사에게 신청하였다. 경기도지사는 2015. 12. 20. A공원에 대하여 장사 등에 관한 법률에 따라 위 임야에 법인묘지설치허가를 하였다.

그 후 2015. 12. 25. A공원은 경기도지사에게 위 법인묘지설치허가지역에 연접한 광주시 소재 임야 70,000㎡에 봉안시설(납골당)설치신고를 하였고 경기도지사는 같은 법률에 따라 이를 수리하였다.

수년전 생태전문가들의 생태계현황조사에 따르면, 광주시 일대 숲에서 천연기념동물인 흑비둘기, 크낙새의 서식처가 다수 발견되었고 천연기념식물인 모감주나무, 희귀식물인 왕벚나무 자생지 군락이 산재해 있는 것이 확인되었다. A공원은 위 각 사업이 환경영향평가법상 평가대상사업에 해당하지 않는다고 판단하고 환경영향평가를 받지 않았다.

甲은 위 묘지설치허가 및 봉안시설설치신고 사업지역에서 불과 300m 떨어진 광주시 소재 자연부락에 살고 있고, 乙은 위 각 사업지역에서 500m 떨어진 광주시 소재 농공단지의 업체에 근무하고 있다. 丙은 위 각 사업지역으로부터 약 10km 떨어진 성남시 분당구에 살고 있다.

자연환경 평가항목(동·식물상 등)이 환경영향평가대상에 포함되는 경우는 평가대상사업예정지역으로부터 5km 이내의 공간적 범위로 하고, 봉안시설설치신고수리는 처분성이 있는 것으로 전제한다.

문 1. A공원의 법인묘지설치사업과 봉안시설설치사업이 환경영향평가대상사업에 해당하는지에 대하여 검토하시오.

문 2. 甲, 乙, 丙이 경기도지사의 봉안시설설치 신고수리에 대하여 소송을 제기할 수 있는 자격이 있는지에 대하여 검토하시오.

문 3. 소송이 제기된 경우 경기도지사의 봉안시설설치 신고수리의 효력에 대하여 검토하시오.

별표 3 **환경영향평가의 대상 사업 및 범위(환경영향평가법 시행령 제31조 제2항)**

12. 산지의 개발사업	가. 「산지관리법」 제2조 제1호에 따른 산지에서 시행되는 다음의 어느 하나에 해당하는 사업 1) 「장사 등에 관한 법률」 제2조 제7호 · 제9호에 따른 묘지 또는 봉안시설의 설치사업 중 사업면적이 25만제곱미터 이상인 사업	가) 시 · 도지사 또는 시장 · 군수 · 구청장이 설치하는 경우: 「장사 등에 관한 법률」 제13조에 따른 설치 · 조성 전 나) 그 밖의 자가 사설묘지 및 사설봉안시설을 설치하는 경우: 「장사 등에 관한 법률」 제14조 또는 제15조에 따른 허가 또는 신고 전

비 고

4. 다음 각 목의 어느 하나에 해당하는 사업은 그 사업 전체에 대하여 환경영향평가를 하여야 한다. 다만, 위 표 제17호마목의 골재채취예정지 및 준공된 선형사업은 다음 각 목의 사업에서 제외한다.
 가. 같은 사업자가 동일 영향권역에서 같은 종류의 사업을 하는 경우로서 각 사업 규모의 합이 평가 대상규모에 이른 경우
 나. 사업의 승인 등을 할 당시에 평가대상사업에 해당되나 평가 대상규모 미만이어서 환경영향평가를 하지 않은 사업이 동일 영향권역에서 사업계획의 변경으로 그 사업규모가 평가 대상규모에 이르거나, 그 사업규모와 신규로 승인 등이 된 사업규모(사업자가 같은 경우만 해당한다)의 합이 평가 대상규모에 이른 경우

해 설

문 1. A공원의 법인묘지설치사업과 봉안시설설치사업이 환경영향평가대상사업에 해당하는지에 대하여 검토하시오.

I. 문제의 소재

사안에서 법인묘지설치허가와 봉안시설설치신고 사업지역은 각각 250,000㎡에 미달하는바, 각 사업이 환경영향평가대상사업에 해당하는지 여부, 연접지역인 두 사업면적을 합하면 누적 총면적이 270,000㎡이므로 총량적으로 환경영향평가대상사업에 해당할 수 있는지 여부가 쟁점이다.

Ⅱ. 적용 법규

환경영향평가법 제22조 및 시행령 31조 제2항 그리고 관련 [별표 3]에 따르면 산지의 개발사업으로서 "「장사 등에 관한 법률」 제2조 제7호 · 제9호에 따른 묘지 또는 봉안시설의 설치사업 중 사업면적이 25만제곱미터 이상인 사업"을 환경영향평가 대상사업이다. 또한 같은 [별표 3] 비고 제4항 가목에 따르면 같은 사업자가 동일 영향권역에서 같은 종류의 사업을 하는 경우로서 각 사업 규모의 합이 평가 대상규모에 이른 경우 그 사업 전체에 대하여 환경영향평가를 하여야 한다.

Ⅲ. 사안에의 적용

묘지 또는 봉안시설의 설치사업의 경우 사업면적이 250,000㎡ 이상일 경우 환경영향평가를 받아야 한다. 그렇기 때문에 법인묘지설치사업 및 봉안시설설치사업의 규모는 각각 200,000㎡, 70,000㎡로서 개별적으로는 환경영향평가 대상이 아니다. 그러나 판례의 취지와 개정 시행령의 내용에 비추어 사안에서 사업자가 A공원으로서 같은 사업자에 해당하고 A공원의 법인묘지설치사업과 동일 영향권역 내에서 신규로 신고된 봉안시설설치사업의 합이 250,000㎡를 초과하므로 봉안시설설치사업을 하는 경우 사업 전체에 대하여 총량적 · 누적적으로 환경영향평가를 하여야 한다.

문 2. 甲, 乙, 丙이 경기도지사의 봉안시설설치 신고수리에 대하여 소송을 제기할 수 있는 자격이 있는지에 대하여 검토하시오.

I. 문제의 소재

환경영향평가 대상사업의 승인처분에 대한 취소소송에 있어서 원고적격의 인정기준이 문제된다.

Ⅱ. 원고적격

1. 근거 규정

행정소송법 제12조은 "취소소송은 처분 등의 취소를 구할 법률상 이익이 있는 자가 제기할 수 있다"라고 규정하고 있으므로, 항고소송에 있어서 소를 제기할 수 있는 자격(원고적격)이 인정되기 위하여는 위 규정상의 "법률상 이익이 있는 자"이어야 한다.

2. 법률상 이익이 있는 자

행정소송법 제12조에서 말하는 '법률상 이익'이 '법이 실체법적으로 보호하고 있는 이익'만을 의미한다는 법률상 이익구제설, '법이 보호할 가치가 있는 이익'을 의미한다는 보호가치 이익구제설이 대립하고 있다. 더 나아가 '법률상 이익'에서 말하는 '법률'이 단지 실체요건법규만을 의미하는 것인지, 아니면 절차요건 법규 또는 헌법상의 환경권 또는 환경이익을 포함하는지에 대하여도 다툼이 계속되고 있다.

판례는 법률상 이익의 개념에 관하여 "당해 처분의 근거법규 및 관련법규에 의하여 보호되는 개별적 · 직접적 · 구체적 이익이 있는 경우를 말하고, 다만 공익보호의 결과로 국민 일반이 공통적으로 가지는 일반적 · 간접적 · 추상적 이익과 같이 사실적 · 경제적 이해관계를 가지는데 불과한 경우는 여기에 포함되지 아니한다"고 판시해 옴으로써, 이른바 '법률상 이익구제설'을 취하고 있다. 판례는 처분의 근거가 되는 법규의 보호목적을 기준으로 하여 처분의 근거법규(근거법규가 다른 법규를 인용함으로 인하여 근거법규가 된 경우까지를 아울러 포함) 및 관련법규(당해 처분의 행정목적을 달성하기 위한 일련의 단계적인 관련처분들의 근거법규)가 공익보호뿐만 아니라 개인의 이익도 보호하고 있다고 판단되는 경우(사익보호성)에 원고적격이 있는 것으로 보고 있는데, 그 결과 공익보호의 결과로 국민일반이 공통적으로 가지는 추상적 · 평균적 · 일반적인 이익과 같은 것은 여기에서 말하는 법률상 이익에 포함되지 않게 된다.

3. 환경영향평가 대상지역과 원고적격

판례는 환경영향평가법을 개발사업승인처분의 근거법규로 보고, 환경영향평가 대상지역 안의 주민에게 처분의 취소를 구할 원고적격을 인정하고 있다. 특히 법원은 새만금 사건에서 환경영향평가 대상지역 안의 주민들에 대하여는 특단의 사정이 없는 한 환경상의 이익에 대한 침해 또는 침해우려가 있는 것으로 사실상 '추정'된다면서 원고적격을 쉽게 인정하는 경향이 있다. 그러나 단지 그 영향권 내의 건물 · 토지를 소유하거나 환경상 이익을 일시적으로 향유하는 데 그치는 사람은 환경상의 이익에 대한 침해 또는 침해우려가 있는 것으로 추정되지 않는다(제주 풍력발전소 사건). 한편, 원고적격을 인정함에 있어서 환경영향평가 대상지역의 안팎을 칼로 자르듯이 획일적으로 구분하여 환경영향평가 대상지역 안의 주민에게만 원고적격을 인정하고 그 밖에 거주하는 주민에게는 원고적격을 인정하지 않는 것은 부당한 결과를 초래할 수 있다. 따라서 비록 환경영향평가 대상지역 밖에 거주하더라도 직접적이고 중대한 환경피해를 입을 것이 예상된다는 점을 주장 · 입증하는 자에게는 원고적격을 인정하여야 할 것이다. 법원은 이러한 입장을 확인하고 있다. 즉 새만금 사건에서 대법원은 "환경영향평가 대상지역 밖의 주민이라 할지라도 처분으로 인하여 그 처분 전과 비교하여 수인한도를 넘는 환경피해를 받거나 받을 우려가 있는 경우에는, 처분으로 인하여 환경상 이익에 대한 침해 또는 침해우려가 있다는 것을 입증함으로써 그 처분 등의 무효확인을 구할 원고적격을 인정받을 수 있다"는 취지로 판시하였다.

4. 환경영향평가 대상지역이 설정되지 아니한 경우

환경영향평가 대상지역 안의 주민에게 환경상의 이익에 대한 침해 또는 침해우려가 있는 것으로 사실상 추정해 주는 것은 환경영향평가 대상지역 안의 주민들이 직접적이고 중대한 환경피해를 입을 가능성이 높다는 점을 고려하여 입증의 부담을 덜어주기 위한 것이라고 이해된다. 그런데, 법령해석의 착오 또는 토막치기 등 환경영향평가 시행자의 위법 · 부당한 행위가 개재되어 환경영향평가 자체가 실시되지 않은 경우에 인근 주민들에게 입증의 부담을 환경영향평가가 실시된 경우보다 오히려 무겁게 하는 것은 불합리하다. 따라서 해당 사업이 환경영향평가 대상사업임에도 불구하고 환경영향평가가 실시되지 아니한 경우에는, 인근 주민들은 환경영향평가가 실시되었다면 자신들이 환경영향평가 대상지역 안의 주민들에 해당되었을 것이라면서 원고적격이 있다고 주장할 수 있으며, 법원은 여러 가지 사정을 종합 검토하여 인근 주민들이 환경영향평가 대상지역 안의 주민들에 해당하고, 나아가 원고적격이 인정된다고 판단하는 것이 타당할 것이다. 판례도 같은 입장을 취하는 것으로 이해된다(대법원 2006. 12. 22. 선고 2006두14001).

Ⅲ. 사안에의 적용

1. 甲

甲은 환경영향평가 대상지역 내의 주민으로서 환경상 이익에 대한 침해 또는 침해우려가 사실상 추정되므로 원고적격이 인정된다.

2. 乙

乙은 단순히 공간적으로 영향권 내 사업장 근무자로서 환경상 이익을 향유하지 않거나 환경상 이익을 계속적으로 향유하고 있다고 인정하기 어렵다는 점에서 원고적격이 부정될 수 있다(다만, 환경상 이익의 침해의 인정 범위에 대한 입장 차에 따라 원고적격이 인정될 여지도 있을 것이다).

3. 丙의 경우

丙은 사업예정지역(5km)으로부터 훨씬 떨어진 지역 주민으로서 환경상 이익에 대한 침해 또는 침해우려가 사실상 추정되지 않으므로 원칙상 원고적격이 인정되지 않는다. 다만, 환경상 이익에 대한 침해 또는 침해우려에 대한 주장 · 입증 여하에 따라 달라질 수 있는바, 처분 전과 비교하여 수인한도를 초과하는 환경피해의 존재를 주장 · 입증함으로써, 원고적격이 인정될 여지도 있다.

문 3. 소송이 제기된 경우 경기도지사의 봉안시설설치 신고수리의 효력에 대하여 검토하시오.

Ⅰ. 문제의 소재

사안에서 A공원의 후속 봉안시설설치신고사업에 대한 환경영향평가의 부존재가 봉안시설설치 신고수리처분의 무효사유에 해당하는지가 문제되는바, 환경영향평가법상 환경영향평가를 실시하여야 할 사업에 대하여 환경영향평가를 거치지 아니하였음에도 승인 등 처분을 한 경우, 그 하자가 행정처분의 당연무효사유에 해당하는지 여부에 대한 검토가 필요하다.

Ⅱ. 처분의 효력

판례는 기본적으로 환경부장관과의 협의를 거친 이상, 그 환경영향평가의 부실 정도가 환경영향평가제도를 둔 입법 취지를 달성할 수 없을 정도로 심히 부실하다는 등의 특별한 사정이 없는 한, 그 부실은 당해 승인 등 처분에 재량권 일탈 · 남용의 위법이 있는지 여부를 판단하는 하나의 요소로 됨에 그칠 뿐, 그 부실로 인하여 당연히 당해 승인 등 처분이 위법하게 되는 것은 아니라는 입장이다(용화온천 사건; 대법원 2001.7.27. 선고 99두2970 판결 등 참조).

그러나 "환경영향평가를 거쳐야 할 대상사업에 대하여 환경영향평가를 거치지 아니하였음에도 불구하고 승인 등 처분이 이루어진다면, 사전에 환경영향평가를 함에 있어 평가대상지역 주민들의 의견을 수렴하고 그 결과를 토대로 하여 환경부장관과의 협의내용을 사업계획에 미리 반영시키는 것 자체가 원천적으로 봉쇄되는바, 이렇게 되면 환경파괴를 미연에 방지하고 쾌적한 환경을 유지 · 조성하기 위하여 환경영향평가제도를 둔 입법 취지를 달성할 수 없게 되는 결과를 초래할 뿐만 아니라 환경영향평가대상지역 안의 주민들의 직접적이고 개별적인 이익을 근본적으로 침해하게 되므로, 이러한 행정처분의 하자는 법규의 중요한 부분을 위반한 중대한 것이고 객관적으로도 명백한 것이라고 하지 않을 수 없어, 이와 같은 행정처분은 당연무효이다"라고 판시한 바 있다(대법원 2006. 6. 30. 선고 2005두14363판결).

Ⅲ. 사안에의 적용

문 1.에서 검토한 바와 같이 A공원의 봉안시설설치신고사업은 환경영향평가 대상사업임에도 불구하고 환경영향평가를 실시하지 아니한 하자가 있다. 그 하자는 중대하고 명백하다고 볼 수 있어 신고를 수리한 처분은 당연 무효가 될 것이다.

참조판례

대법원 2006. 12. 22. 선고 2006두14001 판결(판례 [6])

8

재협의 등

(법전원협의회 2021년도 제3차 변호사시험 모의시험)

사 례

A시 산하 도시공사(이하 도시공사)는 전원주택 단지 건설을 위하여 「택지개발촉진법」 제7조 제1항에 따른 택지개발사업의 일환으로 A시 일원에 사업면적 27만㎡의 택지개발사업을 추진하기로 결정하였다. 이후 환경영향평가절차 없이 사업승인을 신청하여 2019. 10 택지개발사업 실시계획을 승인받았다. 도시공사는 택지개발사업 시행 중 전원주택에 대한 실수요자들의 반응이 폭발적이자 해당 택지개발사업 연접 지역에 5만㎡ 택지를 추가하는 내용으로 계획을 변경하여 2020. 10. 환경영향평가절차 없이 실시계획 변경승인을 받았다.

해당 택지개발사업지 인근에 거주하는 A시 시민 甲, A시가 아닌 B시에서 거주하고 있으나 A시에서 주택임대사업주로 등록하여 환경영향권역 내에서 임대사업을 운영하는 B시 시민 乙 그리고 C시에 거주하나 A시로 출퇴근하며 A시 내에서 식당을 운영하는 C시 시민 丙은 도시공사가 택지개발사업에 대해 환경영향평가를 하지 않은 것을 이유로 A시 시장을 상대로 해당 실시계획 승인처분 취소 소송을 제기하였다. 이에 대하여 A시 시장은 2019년 택지개발사업실시계획 및 2020년 변경계획 모두 환경영향평가 대상사업에 해당하지 않고, 원고 甲, 乙, 丙 모두 해당 승인처분의 당사자도 또한 환경영향평가권역 내 주민도 아니어서 취소소송의 원고적격이 없다고 주장한다.

문 1. 주2019년 택지개발사업 실시계획 및 2020년 변경계획이 환경영향평가 대상에 해당하는지 검토하시오.

문 2. 甲, 乙, 丙이 2020년 변경계획 승인처분을 다툴 수 있는 원고적격이 있는지에 대하여 검토하시오.

문 3. 도시공사가 2020년 변경계획에 대해 환경영향평가를 실시하기로 결정하였다고 가정한다. 2021년 10월 현재 환경영향평가가 진행 중이며 환경부장관과 협의는 완료되었다. 그러나 도시공사는 사업 분양이 성공적이자 사업 규모를 추가 변경하고자 한다. 현재 도시공사는 추가 사업 규모를 협의 내용이 반영된 사업 규모(32만㎡)의 1) 10% 미만, 2) 10% 이상~30% 미만, 3) 30% 이상 등 세 가지 방안 중 결정하려고 한다. 각각의 방안에 필요한 환경영향평가 상의 절차는 무엇인지 제시하시오.

※ 동 택지개발사업은 소규모환경영향평가 대상으로 지정되지 않음.

참조조문

1. **환경영향평가법 시행령 [별표 3]** (환경영향평가 대상사업의 구체적인 종류, 범위 및 협의 요청시기)은 도시의 개발사업으로서 "택지개발촉진법 제7조 제1항에 따른 택지개발사업 중 사업면적이 30만㎡ 이상인 사업"을 환경영향평가 대상사업으로 규정하고 있다.
2. **환경영향평가법 시행령 [별표 3]** (환경영향평가 대상사업의 구체적인 종류, 범위 및 협의 요청시기) 비고 제4항은 다음과 같이 규정하고 있다.

   다음 각 목의 어느 하나에 해당하는 사업은 그 사업 전체에 대하여 환경영향평가를 하여야 한다.

   가. 같은 사업자가 동일 영향권역에서 같은 종류의 사업을 하는 경우로서 각 사업 규모의 합이 평가 대상규모에 이른 경우(위 표 제17호 마목의 골재채취예정지는 제외하고, 위 표 제3호 다목 및 라목의 송전선로건설사업, 제5호의 도로건설사업, 제7호의 철도건설사업의 경우에는 준공된 사업은 제외한다.)

   나. 사업의 승인등을 할 당시에 평가대상사업에 해당되나 평가 대상규모 미만이어서 환경영향평가를 하지 않은 사업이 동일 영향권역에서 사업계획의 변경으로 그 사업규모가 평가 대상규모에 이르거나, 그 사업규모와 신규로 승인등이 된 사업규모(사업자가 같은 경우만 해당한다)의 합이 평가 대상규모에 이른 경우

   다. 해당 사업의 승인등이 이루어진 후 위 표의 개정으로 새로 환경영향평가대상사업에 해당하게 된 사업이 다음의 어느 하나에 해당하는 경우

   1) 위 표의 개정 당시 평가 대상규모 미만인 사업이 동일 영향권역에서 사업계획의 변경 또는 신규 승인등으로 사업규모가 평가 대상규모에 이르거나 해당 사업의 규모와 신규로 승인등이 되는 사업의 규모와의 합이 환경영향평가 대상규모 이상이 되는 경우

   2) 위 표의 개정 당시에 새로 추가된 환경영향평가대상사업의 평가 대상규모

이상인 사업이 동일 영향권역에서 사업계획의 변경 또는 신규 승인등으로 해당 사업의 승인등을 받을 당시보다 15퍼센트 이상 그 규모가 증가되거나 증가되는 사업의 규모가 평가 대상규모 이상인 경우

해 설

문 1. 2019년 **택지개발사업** 실시계획 및 2020년 **변경계획이 환경영향평가 대상에 해당**하는지 검토하시오.

Ⅰ. 문제의 소재

사업계획 변경으로 인해 사업규모가 평가대상 규모에 이른 경우 환경영향평가 대상사업인지 여부가 문제된다.

Ⅱ. 총량적·누적적 영향평가

1. 적용 법규

환경영향평가법 제22조 및 시행령 31조 그리고 관련 [별표 3]에 따르면 도시의 개발사업으로서 "택지개발촉진법 제7조 제1항에 따른 택지개발사업 중 사업면적이 30만 ㎡ 이상인 사업"을 환경영향평가 대상사업으로 규정하고 있다. 또한 같은 [별표 3] 비고 제4항 나목에 따르면 사업의 승인 등을 할 당시에 평가대상사업에 해당되나 평가 대상규모 미만이어서 환경영향평가를 하지 않은 사업이 동일 영향권역에서 사업계획의 변경으로 그 사업규모가 평가 대상규모에 이르거나, 그 사업규모와 신규로 승인 등이 된 사업규모의 합이 평가 대상규모에 이른 경우 그 사업 전체에 대하여 환경영향평가를 하여야 한다.

2. 관련 판례

대법원은 사전환경성검토 대상면적 미만으로 이미 허가를 받은 개발사업지역과 연접한 지역에 추가로 개발사업을 하고자 하는 경우(연접개발)의 사전환경성검토협의 대상사업 해당 여부와 관련하여 사업주체가 동일인인 경우에 한정하여 이를 적용한다면 그 규범적 실효성이 크게 떨어질 것으로 예상되는 점 등을 이유로 기존 개발사업과 추가 개발사업 사이에 그 사업주체나 사업시기가 동일한 경우에 한정하여 적용된다고 해석할

근거가 없다고 판시하였다(대법원 2006. 12. 22. 선고 2006두14001 판결). 이 판례는 사전환경성검토(현행 전략환경영향평가)와 관련된 것이지만 환경영향평가에도 적용된다고 할 수 있다. 이러한 판례에 따를 경우 개별단위사업은 환경영향평가 대상사업이 아니라 하더라도 각 사업이 한 곳에 집중하게 되면 총량적 · 누적적으로 그 지역의 환경용량을 초과하여 환경에 악영향을 줄 우려가 있는 경우에 사업주체가 동일인인 경우뿐만 아니라 사업주체를 달리하거나 사업시기를 달리하는 경우에도 후행사업의 사업자는 환경영향평가를 실시하여야 한다.

그러나 이러한 판례의 결론에 대해서는 약간의 수정이 필요하다. 사안에서 법원은 사업주체를 달리하는 경우에도 그 적용이 있다고 하였으나 2015. 12. 30. 개정 시행령에서 "사업자가 같은 경우만 해당한다"는 문구가 추가됨으로써(비고 제4항 나목 참조), 사업주체가 다른 경우에는 그 적용이 없다고 해야 할 것이기 때문이다.

Ⅲ. 사안에의 적용

본 사안에서 2019년 사업계획은 27만㎡로 법정 환경영향평가대상사업인 30만㎡ 이하로 환경영향평가 대상이 아니다. 그러나 2020년 변경계획은 원 계획 사업부지에 연접하여 5만㎡가 추가되어 동일 영향권 내에 있을 뿐 아니라 추가된 변경계획으로 인해 전체 사업규모의 합이 32만㎡이 되어 환경영향평가대상사업인 30만㎡ 이상을 초과한다. 따라서 2020년 변경계획으로 인한 전체 32만㎡ 개발사업 전체에 대하여 환경영향평가를 하여야 한다.

Ⅳ. 결　　론

도시공사는 2020년 변경계획으로 인한 전체 32만㎡ 개발사업 전체에 대하여 환경영향평가를 하여야 한다.

문 2. 甲, 乙, 丙이 2020년 변경계획 승인처분을 다툴 수 있는 원고적격이 있는지에 대하여 검토하시오.

Ⅰ. 문제의 소재

개변경계획 승인처분에 대한 취소소송에 있어서 원고적격의 인정기준이 문제된다.

Ⅱ. 원고적격

1. 근거 규정

행정소송법 제12조은 "취소소송은 처분 등의 취소를 구할 법률상 이익이 있는 자가 제기할 수 있다"라고 규정하고 있으므로, 항고소송에 있어서 소를 제기할 수 있는 자격(원고적격)이 인정되기 위하여는 위 규정상의 "법률상 이익이 있는 자"이어야 한다.

2. 법률상 이익이 있는 자

행정소송법 제12조에서 말하는 '법률상 이익'이 '법이 실체법적으로 보호하고 있는 이익'만을 의미한다는 법률상 이익구제설, '법이 보호할 가치가 있는 이익'을 의미한다는 보호가치 이익구제설이 대립하고 있다. 더 나아가 '법률상 이익'에서 말하는 '법률'이 단지 실체요건법규만을 의미하는 것인지, 아니면 절차요건 법규 또는 헌법상의 환경권 또는 환경이익을 포함하는지에 대하여도 다툼이 계속되고 있다.

판례는 법률상 이익의 개념에 관하여 "당해 처분의 근거법규 및 관련법규에 의하여 보호되는 개별적 · 직접적 · 구체적 이익이 있는 경우를 말하고, 다만 공익보호의 결과로 국민 일반이 공통적으로 가지는 일반적 · 간접적 · 추상적 이익과 같이 사실적 · 경제적 이해관계를 가지는 데 불과한 경우는 여기에 포함되지 아니한다"고 판시해 옴으로써, 이른바 '법률상 이익구제설'을 취하고 있다. 판례는 처분의 근거가 되는 법규의 보호목적을 기준으로 하여 처분의 근거법규(근거법규가 다른 법규를 인용함으로 인하여 근거법규가 된 경우까지를 아울러 포함) 및 관련법규(당해 처분의 행정목적을 달성하기 위한 일련의 단계적인 관련처분들의 근거법규)가 공익보호뿐만 아니라 개인의 이익도 보호하고 있다고 판단되는 경우(사익보호성)에 원고적격이 있는 것으로 보고 있는데, 그 결과 공익보호의 결과로 국민일반이 공통적으로 가지는 추상적 · 평균적 · 일반적인 이익과 같은 것은 여기에서 말하는 법률상 이익에 포함되지 않게 된다.

3. 환경영향평가 대상지역과 원고적격

판례에 따르면 택지개발촉진법뿐만 아니라 환경영향평가법도 승인처분의 근거법규가 될 수 있다. 나아가 법원은 환경영향평가 대상지역 안의 주민에게 처분의 취소를 구할 원고적격을 인정하고 있다. 특히 법원은 새만금 사건에서 환경영향평가 대상지역 안의 주민들에 대하여는 특단의 사정이 없는 한 환경상의 이익에 대한 침해 또는 침해우려가 있는 것으로 사실상 '추정'된다면서 원고적격을 쉽게 인정하는 경향이 있다. 그러나 단지 그 영향권 내의 건물 · 토지를 소유하거나 환경상 이익을 일시적으로 향유하는데 그치는 사람은 환경상의 이익에 대한 침해 또는 침해우려가 있는 것으로 추정되지 않는다(제주 풍력발전소 사건). 한편, 원고적격을 인정함에 있어서 환경영향평가 대상지역의 안팎을 칼로 자르듯이 획일적으로 구분하여 환경영향평가 대상지역 안의 주민에게만 원고적격을 인정하고 그 밖에 거주하는 주민에게는 원고적격을 인정하지 않는 것은 부당한 결과를 초래할 수 있다. 따라서 비록 환경영향평가 대상지역 밖에 거주하더라도 직접적이고 중대한 환경피해를 입을 것이 예상된다는 점을 주장 · 입증하는 자에게는 원고적격을 인정하여야 할 것이다. 법원은 이러한 입장을 확인하고 있다. 즉 새만금 사건에서 대법원은 "환경영향평가 대상지역 밖의 주민이라 할지라도 처분으로 인하여 그 처분 전과 비교하여 수인한도를 넘는 환경피해를 받거나 받을 우려가 있는 경우에는, 처분으로 인하여 환경상 이익에 대한 침해 또는 침해우려가 있다는 것을 입증함으로써 그 처분 등의 무효확인을 구할 원고적격을 인정받을 수 있다"는 취지로 판시하였다.

Ⅲ 사안에의 적용

1. 甲

甲은 A시 시민으로서 택지개발사업지 인근에 거주하고 있으나 환경영향권역 내에 거주하는지는 명확하지 않다. 따라서 환경영향권역 내에 거주하거나 그렇지 않더라고 해당 개발사업으로 인하여 환경상 이익에 대한 침해 또는 침해우려를 입증하는 경우 원고적격이 인정될 수 있을 것이다.

2. 乙

판례에 따르면 B시 시민 乙은 A시에서 주택임대사업주로 등록하여 임대사업을 운영하고 있는 자로서 영향권 내의 건물 및 토지를 소유함에 그치는 자에 불과하므로 원고적격이 인정되지 않을 것이다.

3. 丙

C시 시민 丙은 A시로 출퇴근하며 식당을 운영하는 자이다. 판례에 따르면 C는 환경상 이익을 누리지 않거나 환경상의 이익을 일시적으로 향유하는 자에 불과하기 때문에 원고적격이 인정되지 않을 것이다(그러나 丙은 자신이 운영하는 식당에서 하루 종일 생활하는 등의 이유로 환경상 이익의 침해 또는 침해우려가 있음을 주장하는 경우 원고적격이 인정될 소지도 있다).

문 3. 도시공사가 2020년 변경계획에 대해 환경영향평가를 실시하기로 결정하였다고 가정한다. 2021년 10월 현재 환경영향평가가 진행 중이며 환경부장관과 협의는 완료되었다. 그러나 도시공사는 사업 분양이 성공적이자 사업 규모를 추가 변경하고자 한다. 현재 도시공사는 추가 사업 규모를 협의 내용이 반영된 사업 규모(32만㎡)의 1) 10% 미만, 2) 10% 이상~30% 미만, 3) 30% 이상 등 세 가지 방안 중 결정하려고 한다. 각각의 방안에 필요한 환경영향평가 상의 절차는 무엇인지 제시하시오.

Ⅰ. 문제의 소재

협의한 사업계획 규모를 일정 규모 이상으로 변경하는 경우, 환경영향평가법상 필요한 행정절차에 대한 검토가 필요하다.

Ⅱ. 적용 법규

환경영향평가법에서는 사업면적이 30% 이상 증가하는 경우 재협의(제32조, 시행령 제54조 제2항 제1호)를, 10% 이상이 증가하는 경우 변경협의를 하도록 규정하고 있다(제33조, 시행령 제55조 제2호 가목). 재협의는 환경부장관과의 새로운 협의를 진행하여야 하며, 이 경우 환경영향평가법에 따라 주민의견 수렴 등을 새롭게 진행하여야 한다(제32조 제1항). 변경협의는 사업계획변경에 따른 보전방안을 마련하여 변경되는 사업계획에 반영하고 승인기관장의 검토를 받아야 한다(제33조 제2항). 단 10% 이하가 변경되는 경우에는 변경협의 절차를 받지 않아도 되어 사업계획변경을 제출하는 것으로 절차가 마무리된다.

Ⅲ. 사안에의 적용

도시공사는 사업면적이 30% 이상 추가하는 경우 환경부장관에게 재협의를 요청하여야 한다. 10-30% 추가하는 경우에는 사업계획변경에 따른 환경보전방안을 마련하여 변경되는 사업계획에 반영하고, 환경보전방안에 대하여 승인기관장(A시 시장)의 검토를 받아야 한다. 10% 이하 추가하는 경우에는 환경보전방안에 대한 승인기관의 검토가 요구되지 않는다.

9

전략환경영향평가와 재협의

(법전원협의회 2018년도 제1차 변호사시험 모의시험)

사 례

A시는 제4차산업혁명에 대응하고 지역경제를 활성화시키기 위하여 『산업입지 및 개발에 관한 법률』 제2조 제9호에 따라 사업면적 20만m² 규모로 자율주행자동차 산업단지를 조성하는 내용의 자율주행자동차 산업단지 개발기본계획(이하 '개발기본계획')에 대한 전략환경영향평가서 초안을 공고·공람한 후 주민의 의견을 수렴하고자 한다.

주민들은 이 단지 부지를 확보하기 위해서는 습지를 매립해야 하고, 습지를 매립할 경우에는 생태계에 악영향을 미칠 수 있다고 주장하고 있다. 또한 주민들은 해당 부지가 주민들의 거주지 및 경작하고 있는 논밭과 매우 가깝게 위치하고 있어 향후 산업단지가 설치되면 오염물질로 인해 건강은 물론 작물피해가 발생할 수 있다고 우려한다. 이에 甲을 비롯한 주민 40여명은 공청회 개최를 요구하였다. 그러나 A시는 공청회를 열지 않고 설명회 개최 후 환경부장관과의 협의를 거쳐 개발기본계획을 확정·고시하였다(이 개발기본계획은 처분성이 있음을 전제로 한다).

해당 사업부지는 농지와 습지가 혼재되어 있는 지역으로 주민들은 습지와 연결된 청정환경에서 유기농 농사와 함께 수경식물을 재배하고 있다. 또한 습지 인근에는 철새도래지가 있어 관광지로도 이름이 알려져 있으며, 조류보호단체인 '철새지킴이'가 정기적으로 철새교실 및 철새먹이주기 등의 보호활동을 펼치고 있다.

한편, 주민 乙과 환경단체 '자연지킴이'는 해당 지역이 환경적·생태적으로 가치가 큰 지역임에도 불구하고 도래하는 철새종의 상당부분이 평가에서 누락되어 있고, 철새 도래에 대한 계절별 시뮬레이션도 이루어지지 않는 등 전략환경영향평가가 부실하게 실시되었다고 주장하고 있다. 乙은 전략환경영향평가지역 내에 거주하면서 농업에 종사하고 있는 주민으로서 오랫동안 해당지역에서 철새도래지 안내원으로도 활동하면서 철새연구를 해오고 있다.

문 1. 주민 甲 등은 A시의 개발기본계획 확정·고시에 대하여 의견수렴절차상 하자가 있다고 주장하면서 해당 개발기본계획의 취소를 구하는 소를 제기하였다. 소의 인용가능성을 검토하시오.

문 2. 주민 乙과 환경단체 '자연지킴이'는 전략환경영향평가의 부실을 이유로 개발기본계획의 취소를 구하는 소를 제기하고자 한다. 주민 乙 그리고 환경단체 '자연지킴이'의 원고적격과 개발기본계획의 적법성에 대해서 검토하시오.

문 3. A시는 개발기본계획을 확정·고시한 후, 산업과 연구의 연계성 확보를 위하여 기존 계획에 8만m^2 규모의 배후연구단지 건립계획을 추가하려고 한다. 이 때 A시는 환경영향평가법상 어떠한 조치를 취해야 하는지를 검토하고, 만약 해당 조치를 취하지 않았을 경우, 면적 추가로 새롭게 변경되어 확정·고시한 개발기본계획의 효력을 설명하시오.

참조조문

1. **환경영향평가법 시행령 [별표 3]** (환경영향평가 대상사업의 구체적인 종류, 범위 및 협의 요청시기)

 2. 산업입지 및 산업단지의 조성사업
 「산업입지 및 개발에 관한 법률」 제2조제9호에 따른 산업단지 개발사업 또는 같은 조 제11호에 따른 산업단지 재생사업 중 사업면적이 15만제곱미터 이상인 사업

2. **산업입지 및 개발에 관한 법률**

 · 제2조 제9호: "산업단지개발사업"이란 산업단지를 조성하기 위하여 시행하는 다음 각 목의 사업을 말한다. 가. 제7호의2에 따른 시설의 용지조성사업 및 건축사업

 · 제2조 제7호의2: "산업시설용지"란 공장, 지식산업 관련 시설, 문화산업 관련 시설, 정보통신산업 관련 시설, 재활용산업 관련 시설, 자원비축시설, 물류시설, 교육·연구시설 및 그밖에 대통령령으로 정하는 시설의 용지를 말한다.

해 설

문 1. 주민 甲 등은 A시의 개발기본계획 확정·고시에 대하여 의견수렴절차상 하자가 있다고 주장하면서 해당 개발기본계획의 취소를 구하는 소를 제기하였다. 소의 인용가능성을 검토하시오.

I. 문제의 소재

주민 40여명이 공청회 개최를 요구하였음에도 공청회를 개최하지 않고 설명회로 대체한 것이 해당 개발기존계획(처분)의 위법성에 어떠한 영향을 미치는지에 대한 검토가 필요하다.

Ⅱ. 공청회의 미개최

환경영향평가법 시행령 제16조 제1항 제1호는 주민 30명 이상이 공청회 개최를 요구한 경우 공청회를 개최하여야 한다고 정하고 있다. 또한 동 시행령 제18조는 공청회의 생략 사유를, 공청회가 주민 등의 개최 방해 등의 사유로 2회 이상 개최되지 못하거나 개최되었더라도 정상적으로 진행되지 못한 경우로 제한하고 있다.

사안의 경우 주민 40명이 공청회 개최를 요구하였고, 특별한 공청회 생략사유가 존재하지 않으므로 공청회를 필요적으로 개최하여야 함에도 설명회로 대체한 상황에 해당한다.

Ⅲ. 절차적 하자

1. 절차적 하자의 의미

절차적 하자란 환경영향평가법에 규정된 환경영향평가의 절차적 규정을 지키지 않은 경우로서, 협의를 얻지 않은 경우, 주민들의 의견수렴절차를 거치지 않은 경우(환경영향평가법 제25조), 공청회를 요구했는데 설명회로 대체한 경우(동법 제25조 제4항, 제13조 제1항), 환경영향평가서 제출기간을 준수하지 않은 경우 등이 포함된다.

2. 절차적 하자와 처분의 위법성

절차상의 하자가 실체적 하자의 유무와 관계없이 독립된 위법사유가 될 수 있는지는 논란이 되고 있다. 행정절차상의 하자가 독립된 위법 사유가 된다는 것이 판례와 다수설의 입장이며, 중요도에 따라 무효 또는 취소사유로 보고 있다. 주민의 의견제출절차 등을 거치도록 법에서 요구하고 있는 것은 사업시행에 있어서 지역주민 등 다수 이해관계인의 의사를 반영하고 그들 상호간의 이익을 합리적으로 조정함으로써 주민의 권리에 대한 부당한 침해를 방지하고 행정의 민주화와 신뢰를 확보하는 데 그 취지가 있다고 할 것이다. 결국 환경영향평가절차의 준수는 내용의 적정성을 담보함으로써, 환경피해의 사전예방 내지 최소화를 가능케 하므로 그 절차가 갖는 중요성을 쉽게 무시해서는 안 될 것이다. 그러한즉 일단 그 절차에 하자가 있는 경우에는 법의 목적과 평가제도를 두게 된 취지 등에 비추어 그 절차에 관한 규정은 엄격하게 준수되어야 한다는 점을 고려하여 처분의 위법성이 적극적으로 인정되어야 할 것이다.

판례 역시 주민 의견수렴절차를 거치지 아니한 채 이루어진 사업계획승인처분의 위법성을 인정하는 판시를 한 바 있다(대법원 2011. 11. 10. 선고 2010두22832 판결 참조).

Ⅳ. 사안에의 적용

사안의 경우 주민 40여명이 공청회 개최를 요구하였음에도 공청회를 개최하지 않고 설명회로 대체한 것은, 법령상 규정된 절차를 거치지 않은 것이므로 경미한 절차위반이라고 보기는 어려우며 따라서 취소사유에 해당한다(무효사유에 해당한다는 견해가 있을 수 있음). 전략환경영향평가절차가 강행규정의 성질을 가진다는 점에서 단순한 절차 흠결로 취급하는 것은 타당하지 않을 것이다.

문 2. 주민 乙과 환경단체 '자연지킴이'는 전략환경영향평가의 부실을 이유로 개발기본계획의 취소를 구하는 소를 제기하고자 한다. 주민 乙 그리고 환경단체 '자연지킴이'의 원고적격과 개발기본계획의 적법성에 대해서 검토하시오.

Ⅰ. 문제의 소재

개발기본계획(처분)의 취소소송에 있어서 환경단체 등의 원고적격 인정 여부, 전략환경영향평가상의 실체적 하자와 처분의 위법성 여부가 문제된다.

Ⅱ. 원고적격

1. 근거 규정

행정소송법 제12조는 "취소소송은 처분 등의 취소를 구할 법률상 이익이 있는 자가 제기할 수 있다"라고 규정하고 있으므로, 항고소송에 있어서 소를 제기할 수 있는 자격(원고적격)이 인정되기 위하여는 위 규정상의 "법률상 이익이 있는 자"이어야 한다.

2. 법률상 이익이 있는 자

행정소송법 제12조에서 말하는 '법률상 이익'이 '법이 실체법적으로 보호하고 있는 이익'만을 의미한다는 법률상 이익구제설, '법이 보호할 가치가 있는 이익'을 의미한다는 보호가치 이익구제설이 대립하고 있다. 더 나아가 '법률상 이익'에서 말하는 '법률'이 단지 실체요건법규만을 의미하는 것인지, 아니면 절차요건 법규 또는 헌법상의 환경권 또는 환경이익을 포함하는지에 대하여도 다툼이 계속되고 있다.

판례는 법률상 이익의 개념에 관하여 "당해 처분의 근거법규 및 관련법규에 의하여 보호되는 개별적 · 직접적 · 구체적 이익이 있는 경우를 말하고, 다만 공익보호의 결과로 국민 일반이 공통적으로 가지는 일반적 · 간접적 · 추상적 이익과 같이 사실적 · 경제적 이해관계를 가지는데 불과한 경우는 여기에 포함되지 아니한다"고 판시해 옴으로써, 이른바 '법률상 이익구제설'을 취하고 있다. 판례는 처분의 근거가 되는 법규의 보호목적을 기준으로 하여 처분의 근거법규(근거법규가 다른 법규를 인용함으로 인하여 근거법규가 된 경우까지를 아울러 포함) 및 관련법규(당해 처분의 행정목적을 달성하기 위한 일련의 단계적인 관련처분들의 근거법규)가 공익보호뿐만 아니라 개인의 이익도 보호하고 있다고 판단되는 경우(사익보호성)에 원고적격이 있는 것으로 보고 있는데, 그 결과 공익보호의 결과로 국민일반이 공통적으로 가지는 추상적 · 평균적 · 일반적인 이익과 같은 것은 여기에서 말하는 법률상 이익에 포함되지 않게 된다.

3. 환경영향평가 대상지역과 원고적격

판례는 환경영향평가법을 처분의 근거법규로 보고, 환경영향평가 대상지역 안의 주민에게 처분의 취소를 구할 원고적격을 인정하고 있다. 특히 법원은 새만금 사건에서 환경영향평가 대상지역 안의 주민들에 대하여는 특단의 사정이 없는 한 환경상의 이익에 대한 침해 또는 침해우려가 있는 것으로 사실상 '추정'된다면서 원고적격을 쉽게 인정하는 경향이 있다. 그러나 단지 그 영향권 내의 건물 · 토지를 소유하거나 환경상 이익을 일시적으로 향유하는 데 그치는 사람은 환경상의 이익에 대한 침해 또는 침해우려가 있는 것으로 추정되지 않는다(제주 풍력발전소 사건). 한편, 원고적격을 인정함에 있어서 환경영향평가 대상지역의 안팎을 칼로 자르듯이 획일적으로 구분하여 환경영향평가 대상지역 안의 주민에게만 원고적격을 인정하고 그 밖에 거주하는 주민에게는 원고적격을 인정하지 않는 것은 부당한 결과를 초래할 수 있다. 따라서 비록 환경영향평가 대상지역 밖에 거주하더라도 직접적이고 중대한 환경피해를 입을 것이 예상된다는 점을 주장 · 입증하는 자에게는 원고적격을 인정하여야 할 것이다. 법원은 이러한 입장을 확인하고 있다. 즉 새만금 사건에서 대법원은 "환경영향평가 대상지역 밖의 주민이라 할지라도 처분으로 인하여 그 처분 전과 비교하여 수인한도를 넘는 환경피해를 받거나 받을 우려가 있는 경우에는, 처분으로 인하여 환경상 이익에 대한 침해 또는 침해우려가 있다는 것을 입증함으로써 그 처분 등의 무효확인을 구할 원고적격을 인정받을 수 있다"는 취지로 판시하였다.

4. 사안에의 적용

(1) 乙

주민 乙은 전략환경영향평가 대상지역 내의 주민으로서 환경상 이익에 대한 침해 또는 침해우려가 사실상 추정되며, 오랫동안 해당 지역에서 철새도래지 안내원으로 활동하면서 철새연구를 해오고 있다는 점에서 환경상 이익을 계속적으로 향유하고 있으므로 원고적격이 인정된다.

(2) 환경단체 '철새지킴이'

우리나라 항고소송 체제는 주관소송체제로서 처분으로 개별적 · 직접적 · 구체적 이익이 침해된 자에 한하여 소송을 제기할 수 있는 원고적격을 인정하고 있다. 법원은 환경운동단체에게 공익적 목적만을 위해 소를 제기할 법률상 이익을 인정할 수 없다면서 원고적격을 부인하고 있다. 예컨대, 이른바 '남대천양수발전소 사건'에서 대법원은 환경영향평가 대상지역 밖의 자연을 찾아 즐기거나 연구 · 보전하려는 산악인, 생물학자, 생태연구가, 사진가, 일반시민, 환경보호단체 등이 발전소건설사업승인처분과 관련하여 갖고 있는 환경상 이익은 단순히 환경공익 보호의 결과로 국민 일반이 공통적으로 가지게 되는 추상적 · 평균적 · 일반적인 이익에 그치는 이익이라는 취지로 판시한 바 있다.

환경단체에게 일정한 기준에 따라 원고적격을 부여하는 단체소송제도가 도입되는 등 별도의 입법적인 조치가 행하여지지 않는 이상, 이들에게 공익적 목적만을 위해 소를 제기할 법률상 이익을 인정할 수 없을 것이다.

Ⅲ. 실체적 하자

1. 실체적(내용적) 하자의 의미

대상 계획을 수립하려는 행정기관이 장이 부동의 협의의견을 무시한다거나 협의내용을 제대로 반영하지 않고 개발기본계획을 수립한 경우나 평가서가 허위, 부실하게 작성된 경우에 있어서 전략환경영향평가에 실체적 하자가 있다고 할 수 있다.

2. 실체적 하자와 처분의 위법성

대법원은 "환경영향평가법령에서 정한 환경영향평가를 거쳐야 할 대상사업에 대하여 그러한 환경영향평가를 거치지 아니하였음에도 승인 등 처분을 하였다면 그 처분은 위법하다 할 것이나, 그러한 절차를 거쳤다면, 비록 그 환경영향평가의 내용이 다소 부실하다 하더라도, 그 부실의 정도가 환경영향평가제도를 둔 입법 취지를 달성할 수 없을 정도이어서 환경영향평가를 하지 아니한 것과 다를 바 없는 정도의 것이 아닌 이상, 그 부실은 당해 승인 등 처분에 재량권 일탈·남용의 위법이 있는지 여부를 판단하는 하나의 요소로 됨에 그칠 뿐, 그 부실로 인하여 당연히 당해 승인 등 처분이 위법하게 되는 것이 아니"라고 판시하였다.

3. 사안에의 적용

사안의 경우 도래하는 철새종의 상당부분을 평가에서 누락하였으며, 철새에 대한 계절별 시뮬레이션을 하지 않는 등으로 부실하게 전략환경영향평가가 실시되었더라도, 그 부실의 정도가 전략환경영향평가제도를 둔 입법취지를 달성할 수 없을 정도에 이르지 아니한 경우이므로 개발기본계획이 위법하다 볼 수는 없을 것이다. 부실의 정도가 전략환경영향평가제도를 둔 입법 취지를 달성할 수 없을 정도에 이르지 아니한 경우라면 처분에 재량권 일탈·남용의 위법이 있는지 판단해 보아야 할 것인바, 사안의 사실관계만으로는 재량권 일탈·남용도 쉽게 인정되지 않을 것으로 보인다.

문 3. **A시는 개발기본계획을 확정·고시한 후, 산업과 연구의 연계성 확보를 위하여 기존 계획에 8만m² 규모의 배후연구단지 건립계획을 추가하려고 한다. 이 때 A시는 환경영향평가법상 어떠한 조치를 취해야 하는지를 검토하고, 만약 해당 조치를 취하지 않았을 경우, 면적 추가로 새롭게 변경되어 확정·고시한 개발기본계획의 효력을 설명하시오.**

Ⅰ. 문제의 소재

사안에서 추가 건립계획상 연구단지의 부지는 8만㎡로서 이로써 전체 사업부지는 기존 20만㎡에서 28만㎡로 증가하였는바, 이는 사업규모가 30퍼센트 이상 증가한 경우에 해당한다. 따라서 추가변경된 개발기본계획과 관련하여 환경영향평가법상 재협의 대상에 해당하는지 여부 및 재협의 없이 변경된 개발기본계획의 효력이 문제된다.

Ⅱ. 재협의

이미 협의한 개발기본계획을 변경하는 경우로서, 개발계획기본 대상지역을 대통령령으로 정하는 일정규모 이상으로 증가시키는 경우에는 전략환경영향평가를 다시 하여야 한다(환경영향평가법 제20조 제1항 제2호). 또한 동법 시행령 제28조 제1항 제1호는 전략영향평가를 다시 하여야 하는 경우로서 동법 제18조(협의 내용의 통보기간 등)에 따라 협의 내용에 반영된 규모보다 30퍼센트 이상 증가하는 경우를 들고 있다.

Ⅲ. 사안에의 적용

사안에서 8만㎡ 상당의 연구단지의 부지 건립계획을 추가함으로써 전체 사업부지는 기존 20만㎡에서 28만㎡로 증가하여 사업규모가 30퍼센트 이상 증가한 경우에 해당하므로, 환경영향평가법상 전략환경영향평가 재협의가 필요하다.

"환경영향평가를 거쳐야 할 대상사업에 대하여 환경영향평가를 거치지 아니하였음에도 불구하고 승인 등 처분이 이루어진다면 (…) 이러한 행정처분의 하자는 법규의 중요한 부분을 위반한 중대한 것이고 객관적으로도 명백한 것이라고 하지 않을 수 없어, 이와 같은 행정처분은 당연무효이다"라고 판시한 판례(대법원 2006. 6. 30. 선고 2005두14363 판결)에 비추어 재협의 대상임에도 이를 실시하지 않고 새로이 면적을 추가하여 변경한 개발기본계획은 당연무효라고 할 것이다.

참조판례

새만금 사건: 대법원 2006. 3. 16. 선고 2006두330 전원합의체 판결(판례 [9])

※ 주의사항

판례는 환경영향평가 대상지역 안인지 바깥인지에 따라 원고적격 문제와 관련하여 '사실상 추정', '수인한도' 등 표현을 사용하고 있음.

10

환경운동단체의 원고적격과 환경영향평가의 하자

(법전원협의회 2012년도 제2차 변호사시험 모의시험)

사 례

甲 주식회사는 A도의 국립공원지역 일원에 지상송전선로(400㎸, 20㎞)를 설치하는 사업을 시행하고자 지식경제부장관에게 전원개발실시계획에 대한 승인을 신청하였다. 이에 지식경제부장관은 甲 주식회사의 송전선로 신청안은 다른 대안에 비해 비용 절감의 효과가 있고 낙후지역으로의 전기 공급을 위해 송전선로를 설치할 필요성도 인정된다고 보아 실시계획을 승인(이하 '이 사건 처분'이라 한다)하였다. 그런데 甲 주식회사가 설치하고자 하는 지상송전선로의 일부는 희귀 조류의 서식지로서 자연환경보전법상 생태경관보전지역으로 지정되어 있는 지역을 관통하게 될 예정이고, 위 사업은 환경영향평가의 대상이 되는 사업이기도 하다. 그럼에도 甲 주식회사가 제출한 환경영향평가서에는 희귀 조류의 서식지에 대한 분석이 포함되어 있지 않고 다수 주민이 요구한 공청회도 실시하지 않는 등 부실한 것이었고, 지식경제부장관 또한 자연환경보전법 제28조에 따른 생태경관보전지역에서의 개발 사업에 관한 환경부장관과의 협의를 거치지도 않았다. 한편 乙은 송전선로 인근 사유지를 임차하여 소와 말의 방목지로 사용하고 있는 사람으로서 이 사건 처분에 따라 송전선로를 설치하게 되면 전자파 등의 위험으로 방목에 지장이 초래될 수 있음을 우려하는 사람이고, B도의 주민인 丙은 전국적 규모 조류보호 환경단체의 대표이다. 乙과 丙은 행정소송을 제기하여 이 사건 처분의 취소를 구하고자 한다.

문 1. (1) 乙과 丙에게는 이 사건 처분의 위법을 다툴 법률상 이익이 인정될 수 있는가? 귀하는 乙과 丙의 변호사로서 판례의 취지에 비추어 원고적격의 인정 여부에 대해 어떤 고려요소가 있을 수 있는지 법률적 판단을 해보시오.

(2) 환경소송과 관련하여 환경운동단체에게 원고적격을 별도의 입법으로 인정할 필요가 있다는 입법론이 제기되어 왔다. 그 필요성에 대해 평가해 보시오.

문 2. 이 사건 처분이 위법한지 여부에 대해 다툼이 있을 만한 법적 쟁점을 나열하고 그 당부를 판단해 보시오.

참조조문

전원개발촉진법 제5조 (전원개발사업실시계획의 승인)

① 전원개발사업자는 전원개발사업의 실시계획을 작성하여 지식경제부장관의 승인을 얻어야 한다.

해 설

문 1. (1) 乙과 丙에게는 이 사건 처분의 위법을 다툴 법률상 이익이 인정될 수 있는가? 귀하는 乙과 丙의 변호사로서 판례의 취지에 비추어 원고적격의 인정 여부에 대해 어떤 고려요소가 있을 수 있는지 법률적 판단을 해보시오.

I. 문제의 소재

乙과 丙에게 개발사업 인·허가에 대하여 행정소송법상 취소소송으로 다툴 수 있는 원고적격을 인정할 수 있는지 여부와 환경단체 등에 원고적격을 확대하는 방안 등을 검토할 필요가 있다.

Ⅱ. 원고적격

1. 근거 규정

행정소송법 제12조은 "취소소송은 처분 등의 취소를 구할 법률상 이익이 있는 자가 제기할 수 있다"라고 규정하고 있으므로, 항고소송에 있어서 소를 제기할 수 있는 자격(원고적격)이 인정되기 위하여는 위 규정상의 "법률상 이익이 있는 자"이어야 한다.

2. 법률상 이익이 있는 자

행정소송법 제12조에서 말하는 '법률상 이익'이 '법이 실체법적으로 보호하고 있는 이익'만을 의미한다는 법률상 이익구제설, '법이 보호할 가치가 있는 이익'을 의미한다는 보호가치 이익구제설이 대립하고 있다. 더 나아가 '법률상 이익'에서 말하는 '법률'이 단지 실체요건법규만을 의미하는 것인지, 아니면 절차요건 법규 또는 헌법상의 환경권 또는 환경이익을 포함하는지에 대하여도 다툼이 계속되고 있다.

판례는 법률상 이익의 개념에 관하여 "당해 처분의 근거법규 및 관련법규에 의하여 보호되는 개별적·직접적·구체적 이익이 있는 경우를 말하고, 다만 공익보호의 결과로 국민 일반이 공통적으로 가지는 일반적·간접적·추상적 이익과 같이 사실적·경제적 이해관계를 가지는데 불과한 경우는 여기에 포함되지 아니한다"고 판시해 옴으로써, 이른바 '법률상 이익구제설'을 취하고 있다. 판례는 처분의 근거가 되는 법규의 보호목적을 기준으로 하여 처분의 근거법규(근거법규가 다른 법규를 인용함으로 인하여 근거법규가 된 경우까지를 아울러 포함) 및 관련법규(당해 처분의 행정목적을 달성하기 위한 일련의 단계적인 관련처분들의 근거법규)가 공익보호뿐만 아니라 개인의 이익도 보호하고 있다고 판단되는 경우(사익보호성)에 원고적격이 있는 것으로 보고 있는데, 그 결과 공익보호의 결과로 국민일반이 공통적으로 가지는 추상적·평균적·일반적인 이익과 같은 것은 여기에서 말하는 법률상 이익에 포함되지 않게 된다.

3. 환경영향평가 대상지역과 원고적격

판례는 환경영향평가법을 개발사업승인처분의 근거법규로 보고, 환경영향평가 대상지역 안의 주민에게 처분의 취소를 구할 원고적격을 인정하고 있다. 특히 법원은 새만금 사건에서 환경영향평가 대상지역 안의 주민들에 대하여는 특단의 사정이 없는 한 환경상의 이익에 대한 침해 또는 침해우려가 있는 것으로 사실상 '추정'된다면서 원고적격을 쉽게 인정하는 경향이 있다. 그러나 단지 그 영향권 내의 건물·토지를 소유하거나 환경상 이익을 일시적으로 향유하는 데 그치는 사람은 환경상의 이익에 대한 침해 또는 침해우려가 있는 것으로 추정되지 않는다(제주 풍력발전소 사건). 한편, 원고적격을 인정함에 있어서 환경영향평가 대상지역의 안팎을 칼로 자르듯이 획일적으로 구분하여 환경영향평가 대상지역 안의 주민에게만 원고적격을 인정하고 그 밖에 거주하는 주민에게는 원고적격을 인정하지 않는 것은 부당한 결과를 초래할 수 있다. 따라서 비록 환경영향평가 대상지역 밖에 거주하더라도 직접적이고 중대한 환경피해를 입을 것이 예상된다는 점을 주장·입증하는 자에게는 원고적격을 인정하여야 할 것이다. 법원은 이러한 입장을 확인하고 있다. 즉 새만금 사건에서 대법원은 "환경영향평가 대상지역 밖의 주민이라 할지라도 처분으로 인하여 그 처분 전과 비교하여 수인한도를 넘는 환경피해를 받거나 받을 우려가 있는 경우에는, 처분으로 인하여 환경상 이익에 대한 침해 또는 침해우려가 있다는 것을 입증함으로써 그 처분 등의 무효확인을 구할 원고적격을 인정받을 수 있다"는 취지로 판시하였다.

Ⅲ. 사안에의 적용

1. 乙

사안에서 방목지가 환경영향평가 대상지역 내에 있는지가 분명하지 아니한데, 대상지역 내일 경우에는 乙은 전자파 등으로 방목에 지장이 초래될 것이 사실상 '추정'되므로 원고적격이 쉽게 인정될 것이다(임차기간이 단기간일 경우에는 환경상 이익을 일시적으로 향유하는 데 그치는 것으로 보아 원고적격이 부인될 수 있음). 그러나 대상지역 밖일 경우에는 乙은 전자파로 인해 가축이 피해를 입을 우려가 있다는 점에 대해 주장 · 입증함으로써, 원고적격을 인정받을 수 있을 것이다.

2. 丙

B도의 주민인 丙은 전국적 규모 조류보호 환경단체의 대표이다. 환경단체가 해당 승인처분에 대하여 개별적, 직접적, 구체적 이익이 있다고 할 수 없으며, 丙이 환경영향평가 대상지역내에 거주하는 주민도 아니므로 원고적격은 인정되지 않는다.

문 1. (2) **환경소송과 관련하여 환경운동단체에게 원고적격을 별도의 입법으로 인정할 필요가 있다는 입법론이 제기되어 왔다. 그 필요성에 대해 평가해 보시오.**

Ⅰ. 문제의 소재

판례가 환경단체의 원고적격을 부인하고 있는 상황에서 환경보호라는 목적을 보다 충실히 달성하기 위한 단체소송이 가능할 수 있는지와 그 필요성이 문제된다.

Ⅱ. 환경운동단체에 원고적격이 인정되지 않는 이유와 그 문제점

우리나라 항고소송 체제는 주관소송체제로서 처분으로 개별적 · 직접적 · 구체적 이익이 침해된 자에 한하여 소송을 제기할 수 있는 원고적격을 인정하고 있다. 법원은 환경운동단체에게 공익적 목적만을 위해 소를 제기할 법률상 이익을 인정할 수 없다면서 원고적격을 부인하고 있다. 예컨대, 이른바 '남대천양수발전소 사건'에서 대법원은 환경영향평가 대상지역 밖의 자연을 찾아 즐기거나 연구 · 보전하려는 산악인, 생물학자, 생태연구가, 사진가, 일반시민, 환경보호단체 등이 발전소건설사업승인처분과 관련하여 갖고 있는 환경상 이익은 단순히 환경공익 보호의 결과로 국민 일반이 공통적으로 가지게 되는 추상적 · 평균적 · 일반적인 이익에 그치는 이익이라는 취지로 판시한 바 있다.

환경운동단체에 원고적격을 부여하는 단체소송제도가 도입되는 등 별도의 입법적 조치가 행하여지지 않는 이상, 여기에 공익적 목적만을 위해 소를 제기할 법률상 이익을 인정할 수 없을 것이다.

환경운동단체가 관심을 갖는 환경상 이익은 재산적 이익이나 신체적 이익과는 다르게 일반적 이익이거나 집단적, 공익적 이익인 경우가 많으며, 환경운동단체가 개별적 · 직접적 · 구체적으로 그 이익을 침해받았다고 인정받기 어려운 경우가 많다. 특히 사람이 살지 않는 곳이나 사안에서와 같이 사람이 거의 살고 있지 않는 환경보전지역에서 환경문제(예컨대 생태계 파괴, 자연자원 자체의 피해)가 발생한 경우에는 환경상 이익을 침해당한 자가 없으므로 사실상 소송을 통해 문제를 시정할 방법이 없다는 문제가 발생하게 된다.

Ⅲ. 해결방안

이러한 문제점을 해결하기 위하여 환경단체의 원고적격을 인정하는 방안이 제시될 수 있다. 환경분쟁조정법 제26조는 각 호의 요건을 모두 갖춘 환경단체는 중대한 자연생태계 파괴로 인한 피해가 발생하였거나 발생할 위험이 현저한 경우에는 위원회의 허가를 받아 분쟁 당사자를 대리하여 위원회에 조정을 신청할 수 있도록 규정하고 있다. 이와 같이 환경단체에 부여된 조정신청권은 환경분쟁조정제도의 전문성과 실효성을 제고하기 위한 것이나, 분쟁당사자로부터의 대리권 수여가 없는 경우에는 의미가 없게 되며, 환경단체에 원고적격을 인정하고 있지 않는 상황에서는 본질적으로 한계가 있을 수 밖에 없다. 소비자보호법에 따라 일정한 경우 소비자단체가 단체소송을 제기할 수 있으며, 미국, 독일과 같은 타 국가에서는 환경단체의 원고적격을 인정하거나 환경문제에 대한 단체소송을 인정하고 있다. 이러한 입법례를 참고하여 단체소송제도를 도입하는 등 환경운동단체에 원고적격을 인정해 주는 입법적 노력이 요구된다.

문 2. 이 사건 처분이 위법한지 여부에 대해 다툼이 있을 만한 법적 쟁점을 나열하고 그 당부를 판단해 보시오.

I. 문제의 소재

환경영향평가상의 실체적·절차적 하자가 승인처분에 어떠한 영향을 미칠지에 대하여 검토하여야 한다.

Ⅱ. 실체적 하자

1. 실체적(내용적) 하자의 의미

승인기관의 장이 부동의 협의의견을 무시한다거나 협의내용을 제대로 반영하지 않고 사업승인을 한 경우나 평가서가 허위, 부실하게 작성된 경우에 있어서 환경영향평가에 실체적 하자가 있다고 할 수 있다.

2. 실체적 하자와 처분의 위법성

대법원은 환경영향평가법령에서 정한 환경영향평가를 거쳐야 할 대상사업에 대하여 그러한 환경영향평가를 거치지 아니하였음에도 승인 등 처분을 하였다면 그 처분은 위법하다 할 것이나, 그러한 절차를 거쳤다면, 비록 그 환경영향평가의 내용이 다소 부실하다 하더라도, 그 부실의 정도가 환경영향평가제도를 둔 입법 취지를 달성할 수 없을 정도이어서 환경영향평가를 하지 아니한 것과 다를 바 없는 정도의 것이 아닌 이상, 그 부실은 당해 승인 등 처분에 재량권 일탈·남용의 위법이 있는지 여부를 판단하는 하나의 요소로 됨에 그칠 뿐, 그 부실로 인하여 당연히 당해 승인 등 처분이 위법하게 되는 것이 아니라고 판시하였다.

3. 사안에의 적용

甲주식회사가 제출한 환경영향평가서에는 희귀 조류의 서식지에 대한 분석이 포함되어 있지 않았는데, 앞서 판례의 태도를 통하여 보면 이는 환경영향평가제도를 둔 입법취지를 달성할 수 없을 정도로 심히 부실한 것으로 볼 수 없어 이 사유를 가지고 승인처분이 위법하다고 볼 수는 없을 것이다. 부실의 정도가 환경영향평가제도를 둔 입법취지를 달성할 수 없을 정도에 이르지 아니한 경우라면 처분에 재량권 일탈·남용의 위법이 있는지 판단해 보아야 할 것인바, 사안의 사실관계만으로는 재량권 일탈·남용도 쉽게 인정되지 않을 것으로 보인다.

Ⅲ. 절차적 하자

1. 절차적 하자의 의미

절차적 하자란 환경영향평가법에 규정된 환경영향평가의 절차적 규정을 지키지 아니한 경우, 즉, 협의를 얻지 않은 경우, 주민들의 의견수렴절차를 거치지 아니한 경우(환경영향평가법 제25조), 공청회를 요구하였는데, 설명회로 대체한 경우(동법 제25조 제2항, 제13조 제1항, 시행령 제16조 제1항 제1호 또는 제40조 제1호), 영향평가서 제출기간을 준수하지 아니한 경우 등이 포함된다.

2. 절차적 하자와 처분의 위법성

환경영향평가법의 목적과 취지에 비추어 볼 때 절차가 갖는 중요성은 쉽게 무시해서는 안 될 것이다. 따라서 절차적인 부분에 있어서의 하자가 인정된다면 처분의 위법성이 적극적으로 인정되어야 한다. 다만, 단순한 절차상의 흠결이나 미비의 경우에는 처분의 하자로까지 인정될 수는 없다.

3. 사안에의 적용

사안에서 사업자는 다수 주민이 요구한 공청회도 실시하지 않았고, 승인기관인 지식경제부장관 또한 자연환경보전법 제28조에 따른 생태경관보전지역에서의 개발 사업에 관한 환경부장관과의 협의를 거치지도 않았다. 이는 환경영향평가에 있어 절차상 하자에 해당한다. 환경영향평가법에 따르면 사업자는 다수(30명 이상) 주민이 요구하면 공청회를 반드시 개최하여야 하고(제13조 제1항), 자연환경보전법에 따르면 생태경관보전지역에서의 개발사업에 관하여는 환경부장관과의 협의를 반드시 거쳐야 한다(제28조). 이러한 절차를 거치지 아니한 것은 단순한 절차상의 흠결이나 미비라고 할 수 없다. 따라서 이러한 하자가 있음에도 불구하고 이루어진 승인처분에도 절차상의 하자가 존재한다.

Ⅳ. 결　　론

사안에서 환경영향평가의 실체적 하자를 이유로 승인처분이 위법하다고 할 수는 없으나, 공청회를 개최하지 아니하고 협의를 거치지 아니하는 등의 절차적 하자로 인하여 이 사건 승인처분은 위법하다.

11

전략환경영향평가와 처분의 위법성

(법전원협의회 2013년도 제2차 변호사시험 모의시험)

사 례

甲은 A시에 소재한 약 149,000㎡의 부지에 산업단지를 조성하려고 한다. 이 부지 인근에 위치한 소라천(지방2급하천)은 낙동강(국가하천)으로 흘러들어가 합류하게 되는데, 이 합류지점 인근 낙동강 상류와 하류에는 각각 청록취수장과 하늘취수장이 존재하고 있다. 이 산업단지 부지로부터 청록취수장은 약 2.4㎞, 하늘취수장은 약 2.7㎞ 지점 떨어져 있다. 甲이 산업단지 계획을 수립하고 승인신청을 하자 A시는 전략환경영향평가서를 작성하여 제출하도록 한 후, 환경부장관과 협의를 하였다. 전략환경영향평가협의를 위해 제출된 평가서는 소라천이 낙동강과 만나는 합류지점의 하류에 위치한 하늘취수장을 주요보호 대상 시설물로 기재하고 여기에 미치는 영향을 주로 분석하였고 청록취수장에 대하여는 분석하지 아니하였다. 그리고 甲은 전략환경영향평가 대상지역 주민들의 의견수렴을 하였으나 그 과정에서 반대의견을 가진 일부 주민들의 참여가 배제되었다. 환경부장관은 청록취수장에 미치는 영향을 보완하도록 하였고 이에 甲은 전략환경영향평가서의 내용을 보완하여 제출하였다. A시가 환경부장관에 대하여 다시 협의를 요청하자 환경부장관은 청록취수장에 대하여 미치는 환경영향에 대한 조사가 여전히 미진하며, 甲이 계획하고 있는 공장설립으로 인하여 이들 취수장에 수질오염을 유발할 우려가 있다는 점을 이유로 공장설립은 바람직하지 않다는 의견을 제시하였다. 이와 같이 환경부장관이 부동의 의견을 제시하자 A시 시장은 협의내용을 반영하지 않겠다고 환경부장관에게 통보하고 해당 부지에 산업단지계획승인처분을 하였다.

乙은 A시로부터 약 200㎞ 떨어진 다른 도시에 거주하는 자로서 甲의 사업부지 경계 부근에 부동산을 소유하고 있다. 丙은 청록취수장으로부터 취수하여 생산된 수돗물을 공급받아 이용하는 자로서 사업부지로부터 50㎞ 떨어진 다른 도시에 거주하는 자이다.

丁은 하늘취수장으로부터 취수하여 생산된 수돗물을 공급받아 이용하는 A시의 주민이다.

문 1. 乙, 丙, 丁이 甲에 대한 산업단지계획승인처분에 대하여 행정소송을 통해 다툴 경우, 원고적격을 갖추고 있는지 여부를 논하시오.

문 2. 전략환경영향평가절차와 관련하여 산업단지계획승인처분의 위법 여부를 논하시오.

문 3. 당사자적격을 갖춘 원고가 위 산업단지계획승인처분에 대하여 단지조성 공사를 막기 위해 효력정지신청을 제기한다면 그 결과는 어떠할 것인지에 대하여 논하시오.

해 설

문 1. 乙, 丙, 丁이 甲에 대한 산업단지계획승인처분에 대하여 행정소송을 통해 다툴 경우, 원고적격을 갖추고 있는지 여부를 논하시오.

Ⅰ. 문제의 소재

산업단지계획승인처분을 다투기 위하여 취소소송이 제기될 경우 인근 주민, 전략환경영향평가 대상지역으로부터 멀리 떨어져 있는 자 등에게 원고적격이 인정되는지 문제가 된다.

Ⅱ. 원고적격

1. 근거 규정

행정소송법 제12조은 “취소소송은 처분 등의 취소를 구할 법률상 이익이 있는 자가 제기할 수 있다”라고 규정하고 있으므로, 항고소송에 있어서 소를 제기할 수 있는 자격(원고적격)이 인정되기 위하여는 위 규정상의 “법률상 이익이 있는 자”이어야 한다.

2. 법률상 이익이 있는 자

행정소송법 제12조에서 말하는 ‘법률상 이익’이 ‘법이 실체법적으로 보호하고 있는 이익’만을 의미한다는 법률상 이익구제설, ‘법이 보호할 가치가 있는 이익’을 의미한다는 보호가치 이익구제설이 대립하고 있다. 더 나아가 ‘법률상 이익’에서 말하는 ‘법률’이 단지 실체요건법규만을 의미하는 것인지, 아니면 절차요건 법규 또는 헌법상의 환경권 또는 환경이익을 포함하는지에 대하여도 다툼이 계속되고 있다.

판례는 법률상 이익의 개념에 관하여 "당해 처분의 근거법규 및 관련법규에 의하여 보호되는 개별적 · 직접적 · 구체적 이익이 있는 경우를 말하고, 다만 공익보호의 결과로 국민 일반이 공통적으로 가지는 일반적 · 간접적 · 추상적 이익과 같이 사실적 · 경제적 이해관계를 가지는 데 불과한 경우는 여기에 포함되지 아니한다"고 판시해 옴으로써, 이른바 '법률상 이익구제설'을 취하고 있다. 판례는 처분의 근거가 되는 법규의 보호목적을 기준으로 하여 처분의 근거법규(근거법규가 다른 법규를 인용함으로 인하여 근거법규가 된 경우까지를 아울러 포함) 및 관련법규(당해 처분의 행정목적을 달성하기 위한 일련의 단계적인 관련처분들의 근거법규)가 공익보호뿐만 아니라 개인의 이익도 보호하고 있다고 판단되는 경우(사익보호성)에 원고적격이 있는 것으로 보고 있는데, 그 결과 공익보호의 결과로 국민일반이 공통적으로 가지는 추상적 · 평균적 · 일반적인 이익과 같은 것은 여기에서 말하는 법률상 이익에 포함되지 않게 된다.

3. 전략환경영향평가 대상지역과 원고적격

판례는 환경영향평가법을 개발사업승인처분의 근거법규로 보고, 환경영향평가 대상지역 안의 주민에게 처분의 취소를 구할 원고적격을 인정하고 있다. 특히 법원은 새만금 사건에서 환경영향평가 대상지역 안의 주민들에 대하여는 특단의 사정이 없는 한 환경상의 이익에 대한 침해 또는 침해우려가 있는 것으로 사실상 '추정'된다면서 원고적격을 쉽게 인정하는 경향이 있다. 그러나 단지 그 영향권 내의 건물 · 토지를 소유하거나 환경상 이익을 일시적으로 향유하는 데 그치는 사람은 환경상의 이익에 대한 침해 또는 침해우려가 있는 것으로 추정되지 않는다. 한편, 원고적격을 인정함에 있어서 환경영향평가 대상지역의 안팎을 칼로 자르듯이 획일적으로 구분하여 환경영향평가 대상지역 안의 주민에게만 원고적격을 인정하고 그 밖에 거주하는 주민에게는 원고적격을 인정하지 않는 것은 부당한 결과를 초래할 수 있다. 따라서 비록 환경영향평가 대상지역 밖에 거주하더라도 직접적이고 중대한 환경피해를 입을 것이 예상된다는 점을 주장 · 입증하는 자에게는 원고적격을 인정하여야 할 것이다. 법원은 이러한 입장을 확인하고 있다. 즉 새만금 사건에서 대법원은 "환경영향평가 대상지역 밖의 주민이라 할지라도 처분으로 인하여 그 처분 전과 비교하여 수인한도를 넘는 환경피해를 받거나 받을 우려가 있는 경우에는, 처분으로 인하여 환경상 이익에 대한 침해 또는 침해우려가 있다는 것을 입증함으로써 그 처분 등의 무효확인을 구할 원고적격을 인정받을 수 있다"는 취지로 판시하였다.

Ⅲ. 사안에의 적용

1. 乙

사안에서 乙이 소유한 토지는 대상사업부지 경계상에 위치하고 있다고 한 점에 비춰 볼 때 환경영향평가 대상지역에 해당하나, 乙은 그 해당 지역에 거주하지 않는 부재지주이다. 乙의 경우, 대상지역 인근에 거주하지는 않더라도, 해당 토지에서 농작물을 경작하거나 영업을 하는 등 환경상 이익을 현실적으로 향유하고 있다면, 원고적격이 인정될 수 있다. 그러나 부재지주로서 토지를 소유하는 데 그치는 경우에는 원고적격이 부정된다.

2. 丙

丙은 A시가 아닌 사업부지로부터 50㎞ 떨어진 타 도시에 거주하여 전략환경영향평가 대상지역 밖에 거주하고 있는 것으로 보이나, 사업부지로부터 불과 2.4㎞ 떨어져 있는 청록취수장에서 취수하는 수돗물을 공급받고 있다. 청록취수장은 소라천이 낙동강으로 합류하는 지점으로부터 낙동강상류에 입지하고 있으므로 낙동강에 유입된 甲의 공장폐수가 직접 흘러들지 않을 가능성이 있다. 그러나 취수장이 대상사업부지와 상당히 가까운 곳에 위치해 있으므로 합류지점으로부터도 그리 멀지 않은 곳에 있을 것으로 보이고 하류의 물이 상승하는 경우 역류하여 청록취수장까지 폐수가 흘러들 가능성도 있다. 전략환경영향평가 협의를 한 환경부장관은 이 사건 산업단지조성이 청록취수장에 미치는 영향 등을 이유로 '이 사건 요청지를 대상부지로 하는 공장설립은 바람직하지 않다'는 협의의견을 제시한 바 있다. 그러므로 청록취수장은 공장설립계획의 수립이나 사업의 시행으로 영향을 받게 되는 지역에 위치한다고 볼 수도 있다.

비록 丙이 전략환경영향평가 대상지역에 거주하지는 않으나, 청록취수장으로부터 수돗물을 공급받는 주민들이 가지게 되는 수돗물의 수질악화 등으로 인한 환경상 이익의 침해나 침해 우려는 그 거주 지역에 불구하고 그 수돗물을 공급하는 취수시설이 입게 되는 수질오염 등의 피해나 피해 우려와 동일하게 평가될 수 있다고 할 것이다(물금취수장 사건 참조). 따라서 청록취수장에서 취수된 물을 수돗물로 공급받는 丙은 이 사건 승인 처분의 근거법규에 의하여 개별적 · 직접적 · 구체적으로 보호되는 환경상 이익, 즉 법률상 보호되는 이익이 침해되거나 침해될 우려가 있는 주민으로서 원고적격이 인정될 수 있다.

3. 丁

丁은 대상지역 인근에 위치해 하늘취수장으로부터 취수하여 생산된 수돗물을 공급받아 이용하는 A시의 주민이다. 丁은 산업단지계획의 수립이나 사업의 시행으로 영향을 받게 되는 지역으로서 환경영향을 과학적으로 예측 · 분석한 자료에 따라 그 범위가 설정된 지역으로 행정청이 결정한 환경영향평가 대상지역에 포함되어 있을 것으로 보여 환경영향평가법상 법률상 보호이익을 향유하고 있다고 볼 수 있을 것이다. 또한 丁은 하늘취수장으로부터 수돗물을 공급받고 있는 자로서 대상부지의 공장폐수가 직접 유입될 가능성이 상당하므로 설령 전략환경영향평가 대상지역 밖에 거주하는 경우라 하더라도, 해당 처분으로 인하여 그 처분 전과 비교하여 수인한도를 넘는 환경피해를 받거나 받을 우려가 있는 경우라고 할 수 있다.

문 2. 전략환경영향평가절차와 관련하여 산업단지계획승인처분의 위법 여부를 논하시오.

I. 문제의 소재

전략환경영향평가에 있어서 하자가 존재하는 경우 이러한 하자가 승인처분에 어떠한 영향을 미치는지가 문제된다.

Ⅱ. 실체적 하자

1. 실체적(내용적) 하자의 의미

승인기관의 장이 부동의 협의의견을 무시한다거나 협의내용을 제대로 반영하지 않고 사업승인을 한 경우나 평가서가 허위, 부실하게 작성된 경우에 있어서 환경영향평가에 실체적 하자가 있다고 할 수 있다.

2. 실체적 하자와 처분의 위법성

대법원은 환경영향평가법령에서 정한 환경영향평가를 거쳐야 할 대상사업에 대하여 그러한 환경영향평가를 거치지 아니하였음에도 승인 등 처분을 하였다면 그 처분은 위법하다 할 것이나, 그러한 절차를 거쳤다면, 비록 그 환경영향평가의 내용이 다소 부실하다 하더라도, 그 부실의 정도가 환경영향평가제도를 둔 입법 취지를 달성할 수 없을 정도이어서 환경영향평가를 하지 아니한 것과 다를 바 없는 정도의 것이 아닌 이상, 그 부실은 당해 승인 등 처분에 재량권 일탈 · 남용의 위법이 있는지 여부를 판단하는 하나의 요소로 됨에 그칠 뿐, 그 부실로 인하여 당연히 당해 승인 등 처분이 위법하게 되는 것이 아니라고 판시하였다. 같은 맥락에서 "환경부장관과의 협의를 거친 이상, 환경영향평가서의 내용이 환경영향평가제도를 둔 입법 취지를 달성할 수 없을 정도로 심히 부실하다는 등의 특별한 사정이 없는 한 처분청이 환경부장관의 환경영향평가에 대한 의견에 반하는 처분을 하였다고 하여 그 처분이 위법하다고 할 수는 없다"고 판시한바 있다.

3. 사안에의 적용

판례에 따를 경우 환경부장관과의 협의를 거친 이상, 특별한 사정이 없는 한, 환경부장관의 (부동의) 의견을 반영하지 않았다고 하여 그 자체로서 승인처분이 위법하다고 할 수는 없을 것이다. 또한 전략환경영향평가서가 청록취수장에 미치는 영향을 제대로 분석하지 않았다고 하더라도 환경영향평가제도를 둔 입법취지를 달성할 수 없을 정도로 심히 부실한 것으로는 볼 수 없어 그 자체로 승인처분이 위법하다고 할 수는 없다는 결론에 도달할 가능성이 많다.

부실의 정도가 환경영향평가제도를 둔 입법 취지를 달성할 수 없을 정도에 이르지 아니한 경우이므로 처분에 재량권 일탈 · 남용의 위법이 있는지 판단해 보아야 할 것이다. 환경을 보전할 필요성 못지않게 국민경제의 균형있는 발전을 위하여 개발사업을 추진할 필요성 또한 부인할 수 없는 것이므로, 개발사업을 추진할 것인지 여부는 해당 사업으로 얻을 수 있는 국민경제적인 가치와 이로 인하여 훼손되는 환경의 가치를 비교하여 결정하여야 할 의무가 행정청에 있다. 개발 전과 비교하여 사회통념상 수인한도를 넘는 생활이익의 침해를 초래할 우려가 있는데도 불구하고 행정청이 이러한 환경적 위해 발생을 충분히 고려하지 아니한 채 개발사업을 승인하였다면 재량권을 일탈 또는 남용한 행위로 볼 수도 있을 것이다.

Ⅲ. 절차적 하자

1. 절차적 하자의 의미

절차적 하자란 환경영향평가법에 규정된 환경영향평가의 절차적 규정을 지키지 아니한 경우, 즉, 협의를 얻지 않은 경우, 주민들의 의견수렴절차를 거치지 아니한 경우(환경영향평가법 제25조), 공청회를 요구하였는데, 설명회로 대체한 경우(동법 제25조 제4항, 제13조 제1항), 평가서 제출기간을 준수하지 아니한 경우 등이 포함된다.

2. 절차적 하자와 처분의 위법성

환경영향평가법의 목적과 취지에 비추어 볼 때 절차가 갖는 중요성은 쉽게 무시해서는 안 될 것이다. 따라서 절차적인 부분에 있어서의 하자가 인정된다면 처분의 위법성이 적극적으로 인정되어야 한다. 다만, 단순한 절차상의 흠결이나 미비의 경우에는 처분의 하자로까지 인정될 수는 없다.

3. 사안에의 적용

전략환경영향평가 대상지역 주민들의 의견수렴 절차와 관련해서 환경영향평가법 제13조 1항 단서와 시행령 제16조 제1항은 주민의 의견수렴을 거쳐야 하며, 다수(30인 이상) 주민들이 요구할 경우에는 공청회를 열어야 하는 등의 절차를 규정하고 있다. 이러한 절차적 규정은 강행규정이고 의견수렴에 있어 반대주민들을 배제한 하자는 이러한 절차적 규정을 위반한 것으로 위법하다고 할 수 있다(여기에 대해 주민들의 참여가 일부 배제된 사안의 경우 단순한 절차상의 흠결이나 미비의 경우로 승인처분의 하자로까지 인정될 수는 없다는 견해가 있을 수 있음).

Ⅳ. 결 론

환경부장관의 협의를 반영하지 않고 환경영향평가의 내용이 다소 부실한 부분만을 가지고는 승인처분이 위법하다고 할 수는 없다. 그러나 그 부실이 승인처분의 하자로 귀결되지 아니할 정도라도 승인처분을 한 승인기관의 재량권 일탈, 남용이 인정될 경우에는 처분이 위법성이 인정될 여지도 있다. 한편, 공청회가 실질적으로 이루어지지 않은 것과 다를 바 없을 정도로 이루어졌다면 절차적 하자를 이유로 승인처분이 위법할 수 있다.

문 3. **당사자적격을 갖춘 원고가 위 산업단지계획승인처분에 대하여 단지조성 공사를 막기 위해 효력정지신청을 제기한다면 그 결과는 어떠할 것인지에 대하여 논하시오.**

Ⅰ. 문제의 소재

단지조성사업의 진행을 막기 위해 가구제로서 행정소송법상 집행정지 신청이 가능할지가 문제된다.

Ⅱ. 집행정지

1. 의 의

본안판결의 실효성을 확보하고 권리구제를 도모하기 위한 가구제제도의 하나로서, 행정쟁송법은 행정처분 등에 불복하여 항고쟁송이나 항고소송을 제기한 원고를 위하여 당해 처분 등의 효력이나 그 집행 또는 절차의 속행을 정지케 함으로써 본안 판결이 있을 때까지 마치 당해 처분 등이 없었던 것과 같은 상태를 형성하는 집행정지를 인정하고 있다(행정소송법 제23조 제1항).

2. 요 건

집행정지가 인정되기 위해서는 적극적으로 ① 본안이 계속 중일 것, ② 처분 등이 존재할 것, ③ 회복하기 어려운 손해를 예방하기 위한 것일 것, ④ 긴급한 필요가 있을 것, 소극적으로 ⑤ 집행정지가 공공복리에 중대한 영향을 미칠 우려가 없을 것, ⑥ 본안청구가 이유 없음이 명백하지 않을 것이라는 요건이 필요하다.

3. 사안에의 적용

사안에서 공사가 진행되는 경우 지속적인 지역주민의 건강상의 피해가 발생할 가능성이 있으며 사후 복구도 힘들다는 점에서 회복하기 어려운 손해가 발생하고 있고, 그 긴급성이 인정될 수 있으며, 전략환경영향평가의 하자가 존재하여 본안에서 패소할 것이 명백한 사안도 아니어서 집행정지가 인용될 가능성이 있다.

참조판례

물금취수장 사건: 대법원 2010. 4. 15. 선고 2007두16127 판결(판례 [43])

12

환경영향평가의 하자와 구제 (1)

(법무부 2010년도 변호사시험 문제유형)

사 례

甲은 민간투자사업으로 X-Y고속도로를 건설하는 사업시행자로서, 2007. 9. 15. 건설교통부에 고속도로 건설사업제안서를 제출하고 2010. 3. 16. 기획재정부 민간투자사업심의위원회 심의를 거쳐 2010. 3. 19. 실시협약 체결 및 사업시행자 지정을 받았다. 이후 2010. 8. 11. 국토교통부 장관은 X-Y고속도로건설사업의 실시계획 승인처분을 하였다. 甲은 2010. 8. 12. 고속도로 공사 착공에 들어갔으며, 동 고속도로는 2015년에 완공될 예정이다. 甲은 실시계획 승인처분을 받기 전에 약 4개월에 걸쳐 환경영향평가 절차를 마무리하였다. 그런데 고속도로건설예정지에는 乙을 비롯한 마을주민들이 운영하는 자연생태마을이 있다. 이 마을은 주변에 울창한 산림과 희귀한 야생동식물 서식지가 있고, 우렁이농법 등을 통한 친환경농산물의 생산·판매, 아름다운 자연경관을 바탕으로 한 다양한 농촌체험 등으로 많은 방문객을 유치하여 전국적으로도 인지도가 높고 다른 농촌지역보다 많은 소득을 올리고 있다.

고속도로가 건설되면 노선이 마을 한가운데를 지나게 되어 오랫동안 피땀 흘려 가꾸어온 자연생태마을과 마을공동체가 사라지고, 주변의 아름다운 자연경관이 파괴되므로 乙을 비롯한 마을주민들은 고속도로 건설을 반대하고 있다. 뿐만 아니라 환경영향평가 대상지역 밖에 거주하는 丙, 환경단체 丁 등도 고속도로 건설을 반대하고 있다. 乙을 비롯한 마을주민 등은 X-Y고속도로건설사업에 대한 환경영향평가가 잘못되었다고 주장하고 있다. 즉, ① 이 지역은 4계절의 식생이 다른 곳보다 뚜렷하게 나타나는 곳인데 환경영향평가를 4개월만에 마쳤다는 것은 환경영향평가가 충분하게 이루어지지 못했다는 것을 의미한다. ② 사업자측의 잘못된 정보제공으로 인하여 주민들의 합리적 의사결정이 이루어지지 못하였고, 사업을 반대하는 주민들의 설명회 참석을 저지하여 제대로 된 의견수렴이 이루어지지 못하였다. ③ 사업지에는 환경영향평가서에 없는 것으로 되어 있는 1급 멸종위기 야생동식물인 광릉요강

꽃 군락이 존재하고 있다. ④ 고속도로건설로 인해 자연생태마을과 마을공동체가 사라질 가능성이 있음에도 마을을 우회하는 노선을 검토하는 대체안이 없다. 이러한 점들을 들어 환경영향평가가 부실하게 이루어진 것이라고 주장한다.

그러나 사업시행자 甲은 본 사업에 대한 환경영향평가는 현행 환경영향평가법령에 따른 절차대로 진행이 되었고, 또한 환경영향평가서의 작성도 국내 최고의 환경영향평가업체 戊가 수행하였기 때문에 별 문제는 없다고 주장하고 있다. 이와 같은 사례를 토대로 하여 다음 물음에 답하시오.

문 1. 행정소송을 제기하는 경우 누가 누구를 상대로, 무엇을 대상으로, 어떠한 유형의 소송을 제기할 수 있는가?

문 2. 환경영향평가의 하자와 관련하여 주장할 수 있는 내용은 어떠한 것이 있으며, 이러한 환경영향평가의 하자는 사업계획승인처분에 어떠한 영향을 미치는가?

문 3. 공사중지를 요구하는 민사소송을 제기하는 경우 환경영향평가의 하자는 해당 소송에서 어떻게 고려될 수 있는가?

해 설

문 1. 행정소송을 제기하는 경우 누가 누구를 상대로, 무엇을 대상으로, 어떠한 유형의 소송을 제기할 수 있는가?

I. 문제의 소재

환경영향평가가 부실하게 이루어졌고 환경부장관의 협의가 이루어지지 아니한 환경영향평가와 이를 기초로 실시계획 승인처분이 이루어진 사안에서 지역주민인 乙과 환경영향평가 대상지역 밖에 거주하는 丙, 환경단체 丁 등이 국토교통부 장관의 실시계획 승인처분 및 협의 자체에 대하여 하자를 원인으로 하는 취소소송이 가능한지, 각 주체들에 원고적격이 있는지 여부가 문제된다. 또한 본안 이전의 가구제로서 위 처분의 효력을 정지시키는 집행정지 신청이 가능한지 여부도 문제가 될 수 있다.

Ⅱ. 소송의 유형

1. 취소소송의 제기

행정소송법 제4조 제1호는 항고소송의 한 형태로 행정청의 위법한 처분 등을 취소 또는 변경하는 취소소송을 규정하고 있다. 사안과 같이 환경영향평가의 절차적(설명회가 제대로 이루어지지 아니한 부분), 실체적(내용상) 하자가 있는 경우에 그 하자는 승인처분의 위법성에 영향을 미치는 하자로서 취소소송의 형태로 그 하자에 근거하여 이루어진 위법한 승인처분 등의 취소, 변경을 구하는 행정소송을 국토교통부장관을 상대로 제기할 수 있다.

2. 무효확인소송의 제기

행정소송법 제4조 제2호에서 규정하는 무효확인소송의 경우 처분의 하자가 중대, 명백하여 무효라고 인정될 경우에 제기할 수 있다. 환경영향평가대상임에도 불구하고 환경영향평가가 이루어지지 아니한 경우에 승인처분은 무효라고 할 것이다. 문제는 환경영향평가가 부실하게 이루어진 경우이다. 판례는 "환경부장관과의 협의를 거친 이상, 환경영향평가서의 내용이 환경영향평가제도를 둔 입법 취지를 달성할 수 없을 정도로 심히 부실하다는 등의 특별한 사정이 없는 한 처분청이 환경부장관의 환경영향평가에 대한 의견에 반하는 처분을 하였다고 하여 그 처분이 위법하다고 할 수는 없다"고 판시하고 있다. 이러한 판례에 따를 경우 승인처분에 대한 무효확인소송이 인용될 가능성은 많지 않아 보인다.

Ⅲ. 원고적격

1. 근거 규정

행정소송법 제12조은 "취소소송은 처분 등의 취소를 구할 법률상 이익이 있는 자가 제기할 수 있다"라고 규정하고 있으므로, 항고소송에 있어서 소를 제기할 수 있는 자격(원고적격)이 인정되기 위하여는 위 규정상의 "법률상 이익이 있는 자"이어야 한다.

2. 법률상 이익이 있는 자

행정소송법 제12조에서 말하는 '법률상 이익'이 '법이 실체법적으로 보호하고 있는 이익'만을 의미한다는 법률상 이익구제설, '법이 보호할 가치가 있는 이익'을 의미한다는 보호가치 이익구제설이 대립하고 있다. 더 나아가 '법률상 이익'에서 말하는 '법률'이 단지 실체요건법규만을 의미하는 것인지, 아니면 절차요건 법규 또는 헌법상의 환경권 또는 환경이익을 포함하는지에 대하여도 다툼이 계속되고 있다.

판례는 법률상 이익의 개념에 관하여 "당해 처분의 근거법규 및 관련법규에 의하여 보호되는 개별적 · 직접적 · 구체적 이익이 있는 경우를 말하고, 다만 공익보호의 결과로 국민 일반이 공통적으로 가지는 일반적 · 간접적 · 추상적 이익과 같이 사실적 · 경제적 이해관계를 가지는데 불과한 경우는 여기에 포함되지 아니한다"고 판시해 옴으로써, 이른바 '법률상 이익구제설'을 취하고 있다. 판례는 처분의 근거가 되는 법규의 보호목적을 기준으로 하여 처분의 근거법규(근거법규가 다른 법규를 인용함으로 인하여 근거법규가 된 경우까지를 아울러 포함) 및 관련법규(당해 처분의 행정목적을 달성하기 위한 일련의 단계적인 관련처분들의 근거법규)가 공익보호뿐만 아니라 개인의 이익도 보호하고 있다고 판단되는 경우(사익보호성)에 원고적격이 있는 것으로 보고 있는데, 그 결과 공익보호의 결과로 국민일반이 공통적으로 가지는 추상적, 평균적, 일반적인 이익과 같은 것은 여기에서 말하는 법률상 이익에 포함되지 않게 된다.

3. 환경영향평가 대상지역과 원고적격

판례는 환경영향평가법을 개발사업승인처분의 근거법규로 보고, 환경영향평가 대상지역 안의 주민에게 처분의 취소를 구할 원고적격을 인정하고 있다. 특히 법원은 새만금 사건에서 환경영향평가 대상지역 안의 주민들에 대하여는 특단의 사정이 없는 한 환경상의 이익에 대한 침해 또는 침해우려가 있는 것으로 사실상 '추정'된다면서 원고적격을 쉽게 인정하는 경향이 있다. 그러나 단지 그 영향권 내의 건물 · 토지를 소유하거나 환경상 이익을 일시적으로 향유하는 데 그치는 사람은 환경상의 이익에 대한 침해 또는 침해우려가 있는 것으로 추정되지 않는다(제주 풍력발전소 사건). 한편, 원고적격을 인정함에 있어서 환경영향평가 대상지역의 안팎을 칼로 자르듯이 획일적으로 구분하여 환경영향평가 대상지역 안의 주민에게만 원고적격을 인정하고 그 밖에 거주하는 주민에게는 원고적격을 인정하지 않는 것은 부당한 결과를 초래할 수 있다. 따라서 비록 환경영향평가 대상지역 밖에 거주하더라도 직접적이고 중대한 환경피해를 입을 것이 예상된다는 점을 주장 · 입증하는 자에게는 원고적격을 인정하여야 할 것이다. 법원은 이러한 입장을 확인하고 있다. 즉 새만금 사건에서 대법원은 "환경영향평가 대상지역 밖의 주민이라 할지라도 처분으로 인하여 그 처분 전과 비교하여 수인한도를 넘는 환경피해를 받거나 받을 우려가 있는 경우에는, 처분으로 인하여 환경상 이익에 대한 침해 또는 침해우려가 있다는 것을 입증함으로써 그 처분 등의 무효확인을 구할 원고적격을 인정받을 수 있다"는 취지로 판시하였다.

4. 사안에의 적용

(1) 乙

환경영향평가 대상지역에 거주하는 주민인 甲에 대하여는 특단의 사정이 없는 한 환경상 이익에 대한 침해 또는 침해 우려가 있는 것으로 추정할 수 있고 이는 법률상 보호되는 이익에 해당한다고 해석함이 상당하다. 결국 乙은 원고적격이 인정될 가능성이 많다.

(2) 丙

丙은 환경영향평가 대상지역 밖에 거주하는 주민으로 원고적격이 원칙적으로 부인될 것이다. 그러나 새만금 사건에 비추어 볼 때 처분으로 인하여 환경상 이익에 대한 수인한도를 넘는 침해 또는 침해우려가 있다는 것을 입증할 경우 원고적격이 인정될 수도 있다.

(3) 丁

환경단체인 丁은 승인처분과 관련하여 개별적으로 보호되는 이익을 침해당한 것이라 보기 어렵기 때문에 원고적격이 부인될 것이다.

Ⅳ. 취소소송의 대상

1. 실시계획승인처분

행정소송법 제4조 제1호는 취소소송의 대상에 대하여 처분 등이라 규정하고 있어 승인기관인 국토교통부장관의 실시계획승인처분에 대하여 취소소송이 가능하다.

2. 환경부장관의 협의

환경부장관의 협의가 처분에 해당한다는 견해에 따르면 협의 자체의 하자 대하여도 취소소송을 제기할 수 있을 것이다. 협의와 관련하여 동의까지를 요구하지는 않는다고 하더라도 단순히 자문을 구하라거나 협조요청을 구하라는 의미는 아닌 점, 그 의견을 따라 처분을 하라는 의미가 강한 공권력의 행사라는 점, 쌍방간의 의사의 조정이 아닌 환경부장관의 일방적인 심사라는 점, 사실상 승인의 요건으로 작용한다는 점 등에 비추어서 행정쟁송의 대상이 되는 처분이라고 볼 여지가 있다는 긍정설이 있으나 우리 대법원은 환경부장관과의 협의를 거친 이상, 환경영향평가서의 내용이 환경영향평가제도를 둔 입법 취지를 달성할 수 없을 정도로 심히 부실하다는 등의 특별한 사정이 없는 한 처분청이 환경부장관의 환경영향평가에 대한 의견에 반하는 처분을 하였다고 하여 그 처분이 위법하다고 할 수는 없다고 판시하고 있어 협의 자체가 독립된 처분으로 볼 수 없으며 협의가 이루어진 이상 그 자체의 하자를 근거로 실시계획승인처분의 하자로도 볼 수 없다는 입장을 취하고 있다.

3. 통　　보

환경부장관이 승인기관의 장에 한 협의 내용의 통보와 승인기관의 장이 사업자에게 한 협의 내용의 통보는 논란이 있으나 관념의 통지, 사실상의 통지가 아닌 법적 효과를 발생하는 행정행위에 해당한다고 볼 수 있다면 처분성이 인정될 수 있을 것이다.

Ⅴ. 결　　론

사안에서 국토교통부장관의 실시계획승인처분에 대한 취소소송이 가능하며 乙은 원고적격이 있다. 丙의 경우 환경상 이익에 대한 침해 또는 침해우려가 있다는 것을 적극 입증함으로써 원고적격이 인정될 수 있으나 환경단체인 丁은 원고적격이 인정될 수 없을 것이다.

문 2. **환경영향평가의 하자와 관련하여 주장할 수 있는 내용은 어떠한 것이 있으며, 이러한 환경영향평가의 하자는 사업계획승인처분에 어떠한 영향을 미치는가?**

Ⅰ. 문제의 소재

환경영향평가상 하자는 크게 실체적(내용적) 하자와 절차적 하자로 분류할 수 있는데, 그 하자가 승인처분의 위법성에 어떠한 영향을 미치는 여하가 문제가 된다.

Ⅱ. 실체적 하자

1. 실체적(내용적) 하자의 의미

승인기관의 장이 부동의 협의의견을 무시한다거나 협의내용을 제대로 반영하지 않고 사업승인을 한 경우나 평가서가 허위, 부실하게 작성된 경우에 있어서 환경영향평가에 실체적 하자가 있다고 할 수 있다.

2. 실체적 하자와 처분의 위법성

대법원은 환경영향평가법령에서 정한 환경영향평가를 거쳐야 할 대상사업에 대하여 그러한 환경영향평가를 거치지 아니하였음에도 승인 등 처분을 하였다면 그 처분은 위법하다 할 것이나, 그러한 절차를 거쳤다면, 비록 그 환경영향평가의 내용이 다소 부실하다 하더라도, 그 부실의 정도가 환경영향평가제도를 둔 입법 취지를 달성할 수 없을 정도이어서 환경영향평가를 하지 아니한 것과 다를 바 없는 정도의 것이 아닌 이상, 그 부실은 당해 승인 등 처분에 재량권 일탈 · 남용의 위법이 있는지 여부를 판단하는 하나의 요소로 됨에 그칠 뿐, 그 부실로 인하여 당연히 당해 승인 등 처분이 위법하게 되는 것이 아니라고 판시하였다.

3. 사안에의 적용

사안에서 원고들의 주장 중 ①, ③, ④항은 그 입증은 별론으로 하고 실체적 하자에 해당한다. 이러한 사유는 판례의 태도와 경향에 비추어 그 부실의 정도가 환경영향평가제도를 둔 입법 취지를 달성할 수 없을 정도로 심히 부실하다고 판단할 수 없을 것이고 그 결과 실시계획승인처분의 위법성이 쉽게 인정되지 않을 것이다. 그렇다면 부실의 정도가 환경영향평가제도를 둔 입법 취지를 달성할 수 없을 정도에 이르지 아니한 경우이므로 처분에 재량권 일탈 · 남용의 위법이 있는지 판단해 보아야 할 것인바, 사안의 사실관계만으로는 재량권 일탈 · 남용도 쉽게 인정되지 않을 것으로 보인다.

Ⅲ. 절차적 하자

1. 절차적 하자의 의미

절차적 하자란 환경영향평가법에 규정된 환경영향평가의 절차적 규정을 지키지 아니한 경우, 즉, 협의를 얻지 않은 경우, 주민들의 의견수렴절차를 거치지 아니한 경우(환경영향평가법 제25조), 공청회를 요구하였는데, 설명회로 대체한 경우(동법 제25조 제4항, 제13조 제1항), 영향평가서 제출기간을 준수하지 아니한 경우 등이 포함된다.

2. 절차적 하자와 처분의 위법성

환경영향평가법의 목적과 취지에 비추어 볼 때 절차가 갖는 중요성은 쉽게 무시해서는 안 될 것이다. 따라서 절차적인 부분에 있어서의 하자가 인정된다면 처분의 위법성이 적극적으로 인정되어야 한다. 다만, 단순한 절차상의 흠결이나 미비의 경우에는 처분의 하자로까지 인정될 수는 없다.

3. 사안에의 적용

사안에서 원고들의 주장 ②는 절차적 하자를 구성한다. 절차적 하자가 있는 경우에 실시계획승인처분의 하자로 인정될 수 있다는 입장에 따르면, 사업자가 주민들의 설명회 참석을 적극적으로 저지하고 잘못된 정보제공을 통해 주민들의 의견수렴에 지장을 미쳤다면 이는 단순한 절차의 미비나 흠결로 볼 수 없다. 따라서 실시계획승인처분의 위법성이 인정된다. 그러나 법원이 단순한 절차상의 흠결이나 미비로 볼 가능성도 있다.

문 3. 공사중지를 요구하는 민사소송을 제기하는 경우 환경영향평가의 하자는 해당 소송에서 어떻게 고려될 수 있는가?

Ⅰ. 문제의 소재

민사상 유지청구를 제기하는 경우 환경영향평가의 하자가 위법성 판단에 어떻게 작용하는지 문제된다.

Ⅱ. 유지청구

1. 의 의

유지청구란 환경상의 가해행위가 계속됨으로 인하여 손해가 발생하고 있거나 발생할 우려가 있는 경우에 손해를 제거하거나 예방하기 위하여 가해행위의 소극적 · 적극적 중지를 요구하는 내용의 청구를 의미한다.

2. 요 건

유지청구를 하기 위해서는 ① 피해의 성질과 정도에 비추어 금전적 평가가 곤란할 것, ② 금전보상만으로는 피해회복이 어려울 것, ③ 피해가 일시적인 것이 아니라 계속적으로 중대하고 명백하게 부당한 것일 것, ④ 피해가 수인한도를 초과할 것(위법성) 등이 그 요건으로 요구된다.

Ⅲ. 수인한도 판단요소로서 환경영향평가의 하자

유지청구의 경우에도 위법성의 판단이 요구되고 위법성 여부의 기준으로 판례가 제시하는 수인한도론이 적용될 것이다. 판례는 피해가 사회통념상 수인한도를 넘었는지 여부는 피해의 정도, 피해이익의 성질 및 그에 대한 사회적 평가, 가해행위의 성질 및 공공성, 지역성, 토지이용의 선후관계, 가해방지 및 피해회피의 가능성, 공법적 규제의 위반 여부, 교섭경과 등 모든 사정을 종합적으로 고려하여 판단하여야 한다고 판시한다. 환경영향평가의 실체적 · 절차적 하자도 피해의 수인한도를 판단하는 요소가 될 수 있다.

※ 주의사항

환경영향평가의 하자에 대한 구제수단으로는 행정소송 외에 민사소송, 집행정지 등이 있음.

13

환경영향평가의 하자와 구제 (2)

사 례

한국도시철도공단 甲은 가－나 구간 30㎞에 대한 복선전철화사업을 시행하기 위하여 실시설계를 마치고, 국토교통부장관 乙에게 환경영향평가서를 제출하면서 환경부장관에게 협의를 요청한 데 이어 사업을 승인해 달라는 신청을 하였다. 환경부장관은 협의 요청에 대하여 우기 시 지하수위의 변화가 예상되므로 공사 시 적절한 지하수 유출 저감대책 또는 차수공법을 검토하여야 한다면서 조건부 동의 의견을 주었는바, 국토교통부장관은 공사 시점이 봄으로 강우량이 적은 기간에 해당하고, 현장에서 터파기로 인한 지반의 침하나 지하수위 변화량은 크지 않을 것이라면서 협의내용을 반영하지 않겠다고 통보하면서 사업을 승인하고 고시하였다. 이러한 상태에서 한국도시철도공단은 복선전철화사업 건설공사에 착수하였다. 원고들의 변호인은 소송을 통해 환경문제를 사회화하고, 최소한 환경친화적인 사업을 기하고자 가능한 많은 원고들을 규합하였는데, 여기에는 사업구역 내에 주택을 소유한 자, 사업에 의해 그 소유 토지가 편입되는 사람뿐만 아니라 환경영향평가 대상지역 밖에 거주하는 일부 주민 등이 포함되어 있다.

원고들은 법에 위반하여 사전공사를 시행하였으며 위 사업 철도가 통과하게 되면 환경기준을 초과하는 심각한 대기오염 및 소음·진동이 발생할 있다고 주장하고 있다. 환경영향평가 과정에서는 복선전철의 지하화에 대해서는 일체 검토되지 아니하였다고 주장하고 있다. 이러한 사안에서 다음의 질문에 답하시오.

문 1. 원고들은 甲, 乙에 대하여 어떠한 법적 구제수단을 취할 수 있는지를 밝히고 쟁점과 그 전망에 대하여 서술하시오.

문 2. 원고들의 주장이 사실이라고 할 경우 앞서 甲, 乙에 대한 구제수단에서 어떠한 법적 의미를 갖는지 논하라.

해 설

문 1. 원고들은 甲, 乙에 대하여 어떠한 법적 구제수단을 취할 수 있는지를 밝히고 쟁점과 그 전망에 대하여 서술하시오.

I. 문제의 소재

대체안이 검토되지 않는 등 부실하게 이루어진 환경영향평가에 기초한 국토교통부장관의 승인처분에 대하여 취소소송이 가능한지 나아가 사업자인 甲에 대하여 공사금지를 내용으로 하는 유지청구가 가능한지 문제된다.

Ⅱ. 甲에 대한 청구(민사소송)

1. 유지청구

유지청구란 환경상의 가해행위가 계속됨으로 인하여 손해가 발생하고 있거나 발생할 우려가 있는 경우에 손해를 제거하거나 예방하기 위하여 가해행위의 소극적, 적극적 중지를 요구하는 내용의 청구를 의미한다.

2. 유지청구의 요건

유지청구를 위하여는 ① 피해의 성질과 정도에 비추어 금전적 평가가 곤란할 것, ② 금전보상만으로는 피해회복이 어려울 것, ③ 피해가 일시적인 것이 아니라 계속적으로 중대하고 명백하게 부당한 것일 것, ④ 피해가 수인한도를 초과할 것(위법성) 등이 그 요건으로 요구된다.

Ⅲ. 수인한도 판단요소로서 환경영향평가의 하자

유지청구의 경우에도 위법성의 판단이 요구되고 위법성 여부의 기준으로 판례가 제시하는 수인한도론이 적용될 것이다. 판례는 피해가 사회통념상 수인한도를 넘었는지 여부는 피해의 정도, 피해이익의 성질 및 그에 대한 사회적 평가, 가해행위의 성질 및 공공성, 지역성, 토지이용의 선후관계, 가해방지 및 피해회피의 가능성, 공법적 규제의 위반여부, 교섭경과 등 모든 사정을 종합적으로 고려하여 판단하여야 한다고 판시한다. 대체안의 미검토 등 환경영향평가의 부실도 피해의 수인한도를 판단하는 요소가 될 수 있다.

4. 사안에의 적용

사안에서 공사가 시작되어 토지가 편입되거나 분진 등의 대기오염과 소음, 진동에 의한 건강상의 피해가 발생하는 경우 이러한 건강상의 침해에 대하여 금전적 평가가 용이하지 아니하며, 공사가 더 진행되기 이전에 미리 적극적으로 정지하는 것이 보다 바람직할 것으로 생각된다. 특히 대체안의 검토도 이루어지지 않는 등 부실하게 이루어진 환경영향평가에 기인하여 내려진 처분에 의해 공사가 이루어진 점, 대기오염 및 소음·진동이 환경기준을 초과한 점, 그 방지조치가 제대로 이루어지지 아니한 점, 환경부장관의 의견이 충분히 반영되지 아니하고 사업이 시작된 점 등을 고려할 때 수인한도를 넘는 피해가 발생하고 있다고 할 수 있다. 따라서 유지청구는 인용될 수 있다.

Ⅲ. 乙에 대한 청구(행정소송)

1. 소송의 유형

(1) 취소소송의 제기

행정소송법 제4조 제1호는 항고소송의 한 형태로 행정청의 위법한 처분 등을 취소 또는 변경하는 취소소송을 규정하고 있다. 사안과 같이 대체안의 미검토라는 환경영향평가의 실체적(내용상) 하자가 있는 경우에 그 하자는 승인처분의 위법성에 영향을 미치는 하자로서 취소소송의 형태로 그 하자에 근거하여 이루어진 위법한 승인처분 등의 취소를 구하는 행정소송을 국토교통부장관을 상대로 제기할 수 있다.

(2) 무효확인소송의 제기

행정소송법 제4조 제2호에서 규정하는 무효확인소송의 경우 처분의 하자가 중대, 명백하여 무효라고 인정될 경우에 제기할 수 있다. 사안의 경우는 환경영향평가가 부실하게 이루어진 경우이다. 판례는 "환경부장관과의 협의를 거친 이상, 환경영향평가서의 내용이 환경영향평가제도를 둔 입법 취지를 달성할 수 없을 정도로 심히 부실하다는 등의 특별한 사정이 없는 한 처분청이 환경부장관의 환경영향평가에 대한 의견에 반하는 처분을 하였다고 하여 그 처분이 위법하다고 할 수는 없다"고 판시하고 있다. 이러한 판례에 따를 경우 승인처분에 대한 무효확인소송이 인용될 가능성은 많지 않아 보인다.

2. 원고적격

(1) 근거 규정

행정소송법 제12조은 "취소소송은 처분 등의 취소를 구할 법률상 이익이 있는 자가 제기할 수 있다"라고 규정하고 있으므로, 항고소송에 있어서 소를 제기할 수 있는 자격(원고적격)이 인정되기 위하여는 위 규정상의 "법률상 이익이 있는 자"이어야 한다.

(2) 법률상 이익이 있는 자

행정소송법 제12조에서 말하는 '법률상 이익'이 '법이 실체법적으로 보호하고 있는 이익'만을 의미한다는 법률상 이익구제설, '법이 보호할 가치가 있는 이익'을 의미한다는 보호가치 이익구제설이 대립하고 있다. 더 나아가 '법률상 이익'에서 말하는 '법률'이 단지 실체요건법규만을 의미하는 것인지, 아니면 절차요건 법규 또는 헌법상의 환경권 또는 환경이익을 포함하는지에 대하여도 다툼이 계속되고 있다.

판례는 법률상 이익의 개념에 관하여 "당해 처분의 근거법규 및 관련법규에 의하여 보호되는 개별적 · 직접적 · 구체적 이익이 있는 경우를 말하고, 다만 공익보호의 결과로 국민 일반이 공통적으로 가지는 일반적 · 간접적 · 추상적 이익과 같이 사실적 · 경제적 이해관계를 가지는데 불과한 경우는 여기에 포함되지 아니한다"고 판시해 옴으로써, 이른바 '법률상 이익구제설'을 취하고 있다. 판례는 처분의 근거가 되는 법규의 보호목적을 기준으로 하여 처분의 근거법규(근거법규가 다른 법규를 인용함으로 인하여 근거법규가 된 경우까지를 아울러 포함) 및 관련법규(당해 처분의 행정목적을 달성하기 위한 일련의 단계적인 관련처분들의 근거법규)가 공익보호뿐만 아니라 개인의 이익도 보호하고 있다고 판단되는 경우(사익보호성)에 원고적격이 있는 것으로 보고 있는데, 그 결과 공익보호의 결과로 국민일반이 공통적으로 가지는 추상적, 평균적, 일반적인 이익과 같은 것은 여기에서 말하는 법률상 이익에 포함되지 않게 된다.

(3) 환경영향평가 대상지역과 원고적격

판례는 환경영향평가법을 개발사업승인처분의 근거법규로 보고, 환경영향평가 대상지역 안의 주민에게 처분의 취소를 구할 원고적격을 인정하고 있다. 특히 법원은 새만금 사건에서 환경영향평가 대상지역 안의 주민들에 대하여는 특단의 사정이 없는 한 환경상의 이익에 대한 침해 또는 침해우려가 있는 것으로 사실상 '추정'된다면서 원고적격을 쉽게 인정하는 경향이 있다. 그러나 단지 그 영향권 내의 건물 · 토지를 소유하거나 환경상 이익을 일시적으로 향유하는 데 그치는 사람은 환경상의 이익에 대한 침해 또는 침해우려가 있는 것으로 추정되지 않는다(제주 풍력발전소 사건). 한편, 원고적격을 인정함에 있어서 환경영향평가 대상지역의 안팎을 칼로 자르듯이 획일적으로 구분하여 환경영향평가 대상지역 안의 주민에게만 원고적격을 인정하고 그 밖에 거주하는 주민에게는 원고적격을 인정하지 않는 것은 부당한 결과를 초래할 수 있다. 따라서 비록 환경영향평가 대상지역 밖에 거주하더라도 직접적이고 중대한 환경피해를 입을 것이 예상된다는 점을 주장 · 입증하는 자에게는 원고적격을 인정하여야 할 것이다. 법원은 이러한 입장을 확인하고 있다. 즉 새만금 사건에서 대법원은 "환경영향평가 대상지역 밖의 주민이라 할지라도 처분으로 인하여 그 처분 전과 비교하여 수인한도를 넘는 환경피해를 받거나 받을 우려가 있는 경우에는, 처분으로 인하여 환경상 이익에 대한 침해 또는 침해우려가 있다는 것을 입증함으로써 그 처분 등의 무효확인을 구할 원고적격을 인정받을 수 있다"는 취지로 판시하였다.

(4) 사안에의 적용

사업구역 내에 주택을 소유한 자나 사업에 의해 그 소유 토지가 편입되는 사람의 경우 특단의 사정이 없는 한 환경상 이익에 대한 침해 또는 침해 우려가 있는 것으로 추정할 수 있어 원고적격이 인정된다. 다만 사안에서 사실관계가 분명치 아니하나 주택을 소유한 자가 단지 그 영향권 내의 건물 · 토지를 소유하는 데 그치는 경우에는 환경상의 이익에 대한 침해 또는 침해우려가 있는 것으로 추정되지 않아 원고적격이 부인될 여지도 있다. 한편, 환경영향평가 대상지역 밖에 거주하는 주민은 원고적격이 원칙적으로 부인될 것이다. 그러나 새만금 사건에 비추어 볼 때 처분으로 인하여 환경상 이익에 대한 수인한도를 넘는 침해 또는 침해우려가 있다는 것을 입증할 경우 원고적격이 인정될 수도 있을 것이다.

Ⅳ. 집행정지

1. 의　　의

본안판결의 실효성을 확보하고 권리구제를 도모하기 위한 가구제제도의 하나로서, 행정쟁송법은 행정처분 등에 불복하여 항고쟁송이나 항고소송을 제기한 원고를 위하여 당해 처분 등의 효력이나 그 집행 또는 절차의 속행을 정지케 함으로써 본안 판결이 있을 때까지 마치 당해 처분 등이 없었던 것과 같은 상태를 형성하는 집행정지를 인정하고 있다(행정소송법 제23조 제1항).

2. 요　　건

집행정지가 인정되기 위해서는 적극적으로 ① 본안이 계속 중일 것, ② 처분 등이 존재할 것, ③ 회복하기 어려운 손해를 예방하기 위한 것일 것, ④ 긴급한 필요가 있을 것, 소극적으로 ⑤ 집행정지가 공공복리에 중대한 영향을 미칠 우려가 없을 것, ⑥ 본안청구가 이유 없음이 명백하지 않을 것이라는 요건이 필요하다.

3. 사안에의 적용

사안에서 공사가 진행되는 경우 지속적인 지역주민의 건강상의 피해가 발생할 가능성이 있으며 사후 복구도 힘들다는 점에서 회복하기 어려운 손해가 발생하고 있고, 그 긴급성이 인정될 수 있으며, 환경영향평가의 하자가 존재하여 본안에서 패소할 것이 명백한 사안도 아니어서 집행정지가 인용될 가능성이 있다.

Ⅴ. 결　　론

사안에서 민사소송으로 甲에 대하여 유지청구와 乙에 대하여 행정소송으로 승인처분에 대한 취소소송과 집행정지신청이 가능하다.

문 2. 원고들의 주장이 사실이라고 할 경우 앞서 甲, 乙에 대한 구제수단에서 어떠한 법적 의미를 갖는지 논하라.

Ⅰ. 문제의 소재

대체안이 검토되지 아니하는 등 부실하게 이루어진 환경영향평가가 민사소송 및 행정소송에 어떻게 영향을 미치는지 문제된다.

Ⅱ. 민사소송에서의 의미

1. 대체안의 미검토

환경영향평가법은 환경영향평가항목 등의 결정 대상 중의 하나로 환경보전방안의 대안을 들고, 평가서에는 당해 사업으로 인하여 불가피하게 발생하는 환경 악영향, 그 저감방안, 대안 설정 및 평가 등을 포함하도록 하고 있으나(시행령 제46조, 제34조 제1항 제6호) 구체적인 대안 설정의 범위, 방법 등은 마련되어 있지 않다. 대안의 제시는 합리적(rational)이고 실행가능한 모든 대안에 대하여 구체적으로 이루어져야 한다. 현실적으로는 사안에서와 같이 대안제시가 아예 없거나 형식적인 대안제시에 그치는 경우는 환경영향평가의 부실 내지 형해화(形骸化)를 의미한다. 법원은 대안을 검토하지 않은 것을 크게 문제삼지 않고 있다.

2. 사전공사 시행

환경영향평가법은 협의 절차가 끝나기 전에 환경영향평가 대상사업의 공사를 하여서는 아니 된다고 규정하고 있다(제34조 제1항). 협의 절차가 완료되는 시점이 언제를 말하는지 문제될 수 있는데, 법원은 승인기관의 장이 협의 내용을 반영하지 않겠다고 통보함으로써, 협의 절차가 끝나는 것으로 보고 있다(부산고법 2007. 6. 29. 선고 2006누5540 판결). 이러한 판례에 따르면 사안과 같이 환경부장관의 협의의견이 반영되지 않고 한국도시철도공단이 복선전철화사업 건설공사에 착수하였더라도 사전공사 시행 금지규정을 위반한 것이 아니다.

3. 사안에의 적용

민사소송(유지청구)이 인용되기 위해서는 위법성이 요구되고 위법성 여부의 기준으로 판례는 수인한도론을 적용하고 있다. 앞에서 본 바와 같이 환경영향평가의 부실은 수인한도를 판단하는 한 요소가 된다. 한국도시철도공단이 사전공사 시행 금지 규정을 위반하지 않았지만 환경부장관의 의견이 충분히 반영되지 아니한 점 또한 수인한도를 판단하는 한 요소로 작용할 수 있다.

Ⅲ. 행정소송에서의 의미

1. 실체적(내용적) 하자

(1) 대체안의 미검토

승인기관의 장이 부동의 협의의견을 무시한다거나 협의내용을 제대로 반영하지 않고 사업승인을 한 경우나 평가서가 허위, 부실하게 작성된 경우에 있어서 환경영향평가에 실체적 하자가 있다고 할 수 있다. 대체안의 검토가 이루어지지 않은 것은 평가서가 부실하게 작성된 경우라고 할 수 있어서 환경영향평가에 실체적 하자가 있다고 할 수 있다.

(2) 실체적 하자와 처분의 위법성

대법원은 환경영향평가법령에서 정한 환경영향평가를 거쳐야 할 대상사업에 대하여 그러한 환경영향평가를 거치지 아니하였음에도 승인 등 처분을 하였다면 그 처분은 위법하다 할 것이나, 그러한 절차를 거쳤다면, 비록 그 환경영향평가의 내용이 다소 부실하다 하더라도, 그 부실의 정도가 환경영향평가제도를 둔 입법 취지를 달성할 수 없을 정도이어서 환경영향평가를 하지 아니한 것과 다를 바 없는 정도의 것이 아닌 이상, 그 부실은 당해 승인 등 처분에 재량권 일탈 · 남용의 위법이 있는지 여부를 판단하는 하나의 요소로 됨에 그칠 뿐, 그 부실로 인하여 당연히 당해 승인 등 처분이 위법하게 되는 것이 아니라고 판시하였다.

(3) 사안에의 적용

대체안(지하화)이 일체 검토되지 않은 경우 판례의 태도와 경향에 비추어 그 부실의 정도가 환경영향평가제도를 둔 입법 취지를 달성할 수 없을 정도로 심히 부실하다고 판단할 수 없을 것이고 그 결과 실시계획승인처분의 위법성이 쉽게 인정되지 않을 것이다. 그렇다면 부실의 정도가 환경영향평가제도를 둔 입법 취지를 달성할 수 없을 정도에 이르지 아니한 경우이므로 처분에 재량권 일탈 · 남용의 위법이 있는지 판단해 보아야 할 것인바, 사안의 사실관계만으로는 재량권 일탈 · 남용도 쉽게 인정되지 않을 것으로 보인다(대체안을 일체 검토하지 않은 부실이 환경영향평가제도를 둔 입법 취지를 달성할 수 없을 정도로 크거나 처분에 재량권 일탈 · 남용이 있다는 근거로 처분이 위법성을 인정하는 견해도 있을 수 있음).

2. 절차적 하자

앞서 본 바와 같이 판례에 따르면 국토교통부장관은 협의내용을 반영하지 않겠다고 통보하면서 사업을 승인하고 한국도시철도공단이 복선전철화사업 건설공사에 착수한 사안의 경우 사전공사 시행 금지규정을 위반한 것이 아니다. 그 결과 원고들의 주장은 절차적 하자를 구성하지 아니한다. 설사 사전공사 시행 금지규정을 위반하였다고 하더라도 판례에 다르면 승인기관의 장이 한 사업 승인의 처분이 위법하게 된다고는 볼 수 없다(대법원 2014. 3. 13. 선고 2012두1006 판결).

Ⅳ. 결 론

환경영향평가서에 대체안이 검토되지 아니한 하자는 민사소송에서는 수인한도 판단의 한 요소가 될 수 있으며, 승인처분을 다투는 취소소송에서는 그 실체적 하자로서 그 하자가 당연히 처분의 위법성으로 귀결되지는 않는다.

참조판례

사전공사 시행과 처분의 효력: 대법원 2014. 3. 13. 선고 2012두1006 판결(판례 [8])

14

환경영향평가의 하자와 구제 (3)

(2015년도 제4회 변호사시험)

사 례

甲은 A군 B면 일대 토지에 「산업집적활성화 및 공장설립에 관한 법률」에 따라 공장을 설립하고자 관할 군수 乙에게 공장설립 사업계획의 승인을 신청하였다. 甲이 설립하려는 공장 예정지 주변의 하천수는 인근 하천을 통해 강에 합류하게 되는데, 강과 합류하는 지점 부근에는 인근 주민의 상수원인 C취수장이 위치하고 있다. 甲이 설립하려는 공장은 환경영향평가의 대상인바, 이에 따라 甲이 제출한 환경영향평가서는 공장설립으로 인해 C취수장에 미치는 수질오염의 영향을 실제보다 과소평가하고 있으며, 주민의 의견수렴 절차 또한 甲의 사업에 찬성하는 주민들을 중심으로 이루어지는 등 부실한 것이었다. 그러나 乙은 甲이 제출한 환경영향평가서의 적정성 및 부실 여부 등에 대한 충분한 검토 없이 환경영향평가 결과를 그대로 수용하여 사업계획을 승인하였다.

甲에 대한 공장설립 사업계획의 승인에 반대하는 丙과 丁은 모두 C취수장으로부터 수돗물을 공급받는 자인바, 丙은 환경영향평가 대상지역 내에 토지를 소유하고 경작을 하는 자이나, 丁은 甲의 사업부지에서 20여 킬로미터 이상 떨어진, 영향권과는 무관한 지역에 거주하면서 C취수장에서 취수하여 생산된 수돗물을 이용하는 자이다.

문 1. 丙과 丁이 위 공장설립 사업계획의 승인처분에 대하여 취소소송을 제기하는 경우, 취소소송과 관련된 법적 쟁점에 대해 검토하시오.

문 2. 丙은 乙에게 환경영향평가의 부실을 이유로 甲으로 하여금 환경영향평가를 다시 하도록 명령할 것을 요구하였으나 거부되었다. 丙은 乙의 거부에 대하여 취소소송으로 다툴 수 있는가?

문 3. 甲이 공사에 착수하자 丙과 丁은 환경상의 피해를 이유로 甲에 대한 공사중지를 청구하려 한다. 청구의 인용가능성에 대해 검토하시오.

참조조문

산업집적활성화 및 공장설립에 관한 법률 제8조 (공장입지의 기준)
산업통상자원부장관은 관계 중앙행정기관의 장과 협의하여 다음 각 호의 사항에 관한 공장입지의 기준(이하 "입지기준"이라 한다)을 정하여 고시하여야 한다. 이를 변경한 경우에도 또한 같다.

1. 「국토의 계획 및 이용에 관한 법률」 등 대통령령으로 정하는 법령에서 용도지역별로 허용 또는 제한되는 공장의 업종·규모 및 범위 등에 관한 사항
2. 제조업종별 공장부지면적에 대한 대통령령으로 정하는 공장건축물등(이하 "공장건축물등"이라 한다)의 면적의 비율(이하 "기준공장면적률"이라 한다)과 그 적용 대상
3. 제조업종별 환경오염 방지에 관한 사항
4. 환경오염을 일으킬 수 있는 공장의 입지 제한에 관한 사항

국토의 계획 및 이용에 관한 법률 시행령 [별표 1의2] 개발행위허가기준(제56조 관련)

검토분야	허가기준
라. 주변지역과의 관계	(2) 개발행위로 인하여 당해 지역 및 그 주변지역에 대기오염·수질오염·토질오염·소음·진동·분진 등에 의한 환경오염·생태계파괴·위해발생 등이 발생할 우려가 없을 것. 다만, 환경오염·생태계파괴·위해발생 등의 방지가 가능하여 환경오염의 방지, 위해의 방지, 조경, 녹지의 조성, 완충지대의 설치 등을 허가의 조건으로 붙이는 경우에는 그러하지 아니하다.

해 설

문 1. 丙과 丁이 위 공장설립 사업계획의 승인처분에 대하여 취소소송을 제기하는 경우, 취소소송과 관련된 법적 쟁점에 대해 검토하시오.

Ⅰ. 문제의 소재

환경영향평가가 부실하게 이루어졌고 이를 기초로 사업계획 승인처분이 이루어진 사안에서 환경영향평가 대상지역 토지 소유자인 丙과 환경영향평가 대상지역 밖에 거주하는 丁 등이 군수의 사업계획 승인처분에 대하여 하자를 원인으로 하는 취소소송이 가능한지, 이들에게 원고적격이 있는지 여부가 문제된다. 또한 환경영향평가상 하자가 승인처분에 어떠한 영향을 미칠지에 대하여 검토하여야 한다.

Ⅱ. 원고적격

1. 근거 규정

행정소송법 제12조은 "취소소송은 처분 등의 취소를 구할 법률상 이익이 있는 자가 제기할 수 있다"라고 규정하고 있으므로, 항고소송에 있어서 소를 제기할 수 있는 자격(원고적격)이 인정되기 위하여는 위 규정상의 "법률상 이익이 있는 자"이어야 한다.

2. 법률상 이익이 있는 자

행정소송법 제12조에서 말하는 '법률상 이익'이 '법이 실체법적으로 보호하고 있는 이익'만을 의미한다는 법률상 이익구제설, '법이 보호할 가치가 있는 이익'을 의미한다는 보호가치 이익구제설이 대립하고 있다. 더 나아가 '법률상 이익'에서 말하는 '법률'이 단지 실체요건법규만을 의미하는 것인지, 아니면 절차요건 법규 또는 헌법상의 환경권 또는 환경이익을 포함하는지에 대하여도 다툼이 계속되고 있다.

판례는 법률상 이익의 개념에 관하여 "당해 처분의 근거법규 및 관련법규에 의하여 보호되는 개별적 · 직접적 · 구체적 이익이 있는 경우를 말하고, 다만 공익보호의 결과로 국민 일반이 공통적으로 가지는 일반적 · 간접적 · 추상적 이익과 같이 사실적 · 경제적 이해관계를 가지는데 불과한 경우는 여기에 포함되지 아니한다"고 판시해 옴으로써, 이른바 '법률상 이익구제설'을 취하고 있다. 판례는 처분의 근거가 되는 법규의 보호목적을 기준으로 하여 처분의 근거법규(근거법규가 다른 법규를 인용함으로 인하여 근거법규가 된 경우까지를 아울러 포함) 및 관련법규(당해 처분의 행정목적을 달성하기 위한 일련의 단계적인 관련처분들의 근거법규)가 공익보호뿐만 아니라 개인의 이익도 보호하고 있다고 판단되는 경우(사익보호성)에 원고적격이 있는 것으로 보고 있는데, 그 결과 공익보호의 결과로 국민일반이 공통적으로 가지는 추상적 · 평균적 · 일반적인 이익과 같은 것은 여기에서 말하는 법률상 이익에 포함되지 않게 된다.

3. 환경영향평가 대상지역과 원고적격

판례는 환경영향평가법을 개발사업승인처분의 근거법규로 보고, 환경영향평가 대상지역 안의 주민에게 처분의 취소를 구할 원고적격을 인정하고 있다. 특히 법원은 새만금 사건에서 환경영향평가 대상지역 안의 주민들에 대하여는 특단의 사정이 없는 한 환경상의 이익에 대한 침해 또는 침해우려가 있는 것으로 사실상 '추정'된다면서 원고적격을 쉽게 인정하는 경향이 있다. 그러나 단지 그 영향권 내의 건물 · 토지를 소유하거나 환경상 이익을 일시적으로 향유하는 데 그치는 사람은 환경상의 이익에 대한 침해 또는 침해우려가 있는 것으로 추정되지 않는다. 한편, 원고적격을 인정함에 있어서 환경영향평가 대상지역의 안팎을 칼로 자르듯이 획일적으로 구분하여 환경영향평가 대상지역 안의 주민에게만 원고적격을 인정하고 그 밖에 거주하는 주민에게는 원고적격을 인정하지 않는 것은 부당한 결과를 초래할 수 있다. 따라서 비록 환경영향평가 대상지역 밖에 거주하더라도 직접적이고 중대한 환경피해를 입을 것이 예상된다는 점을 주장 · 입증하는 자에게는 원고적격을 인정하여야 할 것이다. 법원은 이러한 입장을 확인하고 있다. 즉 새만금 사건에서 대법원은 "환경영향평가 대상지역 밖의 주민이라 할지라도 처분으로 인하여 그 처분 전과 비교하여 수인한도를 넘는 환경피해를 받거나 받을 우려가 있는 경우에는, 처분으로 인하여 환경상 이익에 대한 침해 또는 침해우려가 있다는 것을 입증함으로써 그 처분 등의 무효확인을 구할 원고적격을 인정받을 수 있다"는 취지로 판시하였다.

4. 사안에의 적용

(1) 丙

환경영향평가 대상지역에 토지를 소유하고 경작하는 丙에 대하여는 특단의 사정이 없는 한 환경상 이익에 대한 침해 또는 침해 우려가 있는 것으로 추정할 수 있고 이는 법률상 보호되는 이익에 해당한다고 해석함이 상당하다. 결국 丙은 원고적격이 인정될 가능성이 많다.

(2) 丁

丁이 사업부지에서 20여 킬로미터 이상 떨어진, 영향권과 무관한 지역에 거주한다는 점에 비추어 환경영향평가 대상지역 밖에 거주하는 주민으로 보이므로 丁의 원고적격은 원칙적으로 부인될 것이다. 그러나 새만금 사건에 비추어 볼 때 처분으로 인하여 환경상 이익에 대한 수인한도를 넘는 침해 또는 침해우려가 있다는 것을 입증할 경우 원고적격이 인정될 수도 있다.

Ⅲ. 환경영향평가상 하자와 처분의 위법성

환경영향평가상의 하자는 편의상 실체적 하자와 절차적 하자로 구분할 수 있으나 이를 엄격히 구분하기 어려운 측면이 있으며, 법원은 이를 크게 구분하지 아니하고 판단하고 있다.

1. 실체적(내용적) 하자와 처분의 위법성

평가서가 허위, 부실하게 작성된 경우에 있어서 환경영향평가에 실체적 하자가 있다고 할 수 있다. 대법원은 환경영향평가법령에서 정한 환경영향평가를 거쳐야 할 대상사업에 대하여 그러한 환경영향평가를 거치지 아니하였음에도 승인 등 처분을 하였다면 그 처분은 위법하다 할 것이나, 그러한 절차를 거쳤다면, 비록 그 환경영향평가의 내용이 다소 부실하다 하더라도, 그 부실의 정도가 환경영향평가제도를 둔 입법 취지를 달성할 수 없을 정도이어서 환경영향평가를 하지 아니한 것과 다를 바 없는 정도의 것이 아닌 이상, 그 부실은 당해 승인 등 처분에 재량권 일탈·남용의 위법이 있는지 여부를 판단하는 하나의 요소로 됨에 그칠 뿐, 그 부실로 인하여 당연히 당해 승인 등 처분이 위법하게 되는 것이 아니라고 판시하였다.

甲이 제출한 환경영향평가서에는 공장설립으로 인해 C취수장에 미치는 수질오염의 영향이 과소평가되어 있는데, 앞서 판례의 태도를 통하여 보면 이는 환경영향평가제도를 둔 입법취지를 달성할 수 없을 정도로 심히 부실한 것으로 볼 수 없어 이 사유를 가지고 승인처분이 위법하다고 볼 수는 없을 것이다.

2. 절차적 하자와 처분의 위법성

환경영향평가법의 목적과 취지에 비추어 볼 때 절차가 갖는 중요성은 쉽게 무시해서는 안 될 것이다. 따라서 절차적인 부분에 있어서의 하자가 인정된다면 처분의 위법성이 적극적으로 인정되어야 한다. 다만, 단순한 절차상의 흠결이나 미비의 경우에는 처분의 하자로까지 인정될 수는 없다. 사안에서 주민의 의견수렴 절차가 甲의 사업에 찬성하는 주민들을 중심으로 이루어졌는바, 이는 단순한 절차상의 흠결이나 미비라고 할 수 있을 것이다.

3. 재량권 일탈, 남용의 여지

부실의 정도가 환경영향평가제도를 둔 입법 취지를 달성할 수 없을 정도에 이르지 아니한 경우라면 처분에 재량권 일탈·남용의 위법이 있는지 판단해 보아야 할 것인바, 사안의 사실관계만으로는 재량권 일탈·남용도 쉽게 인정되지 않을 것으로 보인다.

환경을 보전할 필요성 못지않게 국민경제의 발전을 위하여 공장설립을 추진할 필요성 또한 부인할 수 없는 것이므로, 공장설립을 추진할 것인지 여부는 해당 사업으로 얻을 수 있는 국민경제적인 가치와 이로 인하여 훼손되는 환경의 가치(취수장 수질오염)를 비교하여 결정하여야 할 의무가 행정청에 있다. 개발 전과 비교하여 사회통념상 수인한도를 넘는 생활이익의 침해를 초래할 우려가 있는데도 불구하고 행정청이 이러한 환경적 위해 발생을 충분히 고려하지 아니한 채 공장 설립을 승인하였다면 재량권을 일탈 또는 남용한 행위로 볼 수도 있을 것이다.

Ⅳ. 결 론

사안에서 丙은 공장설립 사업계획의 승인처분에 대하여 군수 乙을 상대로 취소소송을 제기할 수 있을 것이나, 부실한 환경영향평가에 기초한 처분의 위법성을 인정받기 어려울 것이다.

문 2. 丙은 乙에게 환경영향평가의 부실을 이유로 甲으로 하여금 환경영향평가를 다시 하도록 명령할 것을 요구하였으나 거부되었다. 丙은 乙의 거부에 대하여 취소소송으로 다툴 수 있는가?

Ⅰ. 문제의 소재

군수 乙의 거부행위가 항고소송의 대상인 거부처분으로 볼 수 있는지가 문제된다. 특히 사안에서는 丙에게 법령상 · 조리상 신청권이 존재하는지가 문제된다. 즉 丙에게 행정개입청구권이 인정되는지가 문제되고 이를 판단하기 위해 행정권을 발동할 재량이 0으로 수축되는지를 검토할 필요가 있다.

Ⅱ. 거부처분의 성립요건

거부행위가 처분성을 갖기 위한 요건으로는 ① 신청의 내용이 공권력의 행사일 것, ② 신청인에게 법령상 · 조리상 신청권이 있을 것, ③ 거부로 인하여 국민의 권리나 법적 이익에 직접 영향을 미치는 것일 것이 요구된다.

丙이 신청한 감독권의 발동이 공권력의 행사라는 점, 감독권 발동의 거부가 丙의 환경상 · 건강상 이익에 직접 영향을 미친다는 점은 쉽게 인정된다. 그렇다면 丙에게 감독권한의 발동을 요구할 수 있는 신청권이 인정되는지 여하가 군수 乙의 거부행위의 처분성을 인정하는 관건이 될 것이다.

Ⅲ. 사안에의 적용

환경영향평가법상 환경영향평가가 부실하다는 이유로 승인기관의 장이 사업자로 하여금 환경영향평가를 다시 하도록 하는 근거 규정은 없다. 말하자면 군수 乙이 환경영향평가의 부실을 이유로 환경영향평가를 다시 하도록 할 것인지 여하는 재량이라고 할 수 있다. 이러한 점을 고려할 때 丙의 감독권한의 발동을 요구할 수 있는 신청권은 부인될 가능성이 많다. 또한 환경영향평가의 내용이 다소 부실하다 하더라도, 그 부실의 정도가 환경영향평가제도를 둔 입법 취지를 달성할 수 없을 정도이어서 환경영향평가를 하지 아니한 것과 다를 바 없는 정도의 것이 아닌 이상, 그 부실로 인하여 당연히 당해 승인 등 처분이 위법하게 되는 것이 아니라는 판례의 입장도 이를 뒷받침한다(그러나 환경영향평가가 부실함에도 승인기관의 장이 사업자로 하여금 환경영향평가를 다시 하도록 명령하지 않을 경우에는 환경이 파괴될 뿐만 아니라 국민에게 회복 불가능할 정도로 중대하고 급박한 환경적 · 생태적 · 경제적 위험성을 초래할 것이 예상된다는 점, 피해를 입을 위험이 높은 개인으로서는 행정권의 발동으로 그 위험이 해소될 수 있는데, 이를 거부하는 행위는 실질적으로 개인의 건강상 이익을 침해하는 결과에 이를 수 있는 점, 군수 乙의 재량권은 0으로 수축하여 작위의무가 인정될 수 있다는 점 등의 여러 사정에 비추어 丙에게 행정권의 발동과 관련한 조리상의 신청권이 있다는 견해가 있을 수 있다).

Ⅳ. 결　　론

환경영향평가의 부실을 이유로 환경영향평가를 다시 하도록 할 것인지 여하는 군수 乙의 재량행위인 점, 부실한 평가만으로는 독자적 위법사유 인정되지 않는다는 점 등의 사정에 비추어 볼 때 丙의 감독권한의 발동을 요구할 수 있는 신청권은 부인될 가능성이 많다. 결국 丙의 거부처분취소의 소는 부적법하다고 할 수 있다.

문 3. 甲이 공사에 착수하자 丙과 丁은 환경상의 피해를 이유로 甲에 대한 공사중지를 청구하려 한다. 청구의 인용가능성에 대해 검토하시오.

Ⅰ. 문제의 소재

丙, 丁이 입는 피해는 금전배상만으로 회복이 어려우며, 향후 환경피해가 없도록 하기 위해서는 甲의 공사가 중지되어야 한다. 따라서 환경피해의 구제라는 측면에서 손해배상청구보다 더 적극적인 대응방법인 유지청구에 대하여 검토할 필요가 있다.

Ⅱ. 유지청구

1. 법적 권원

유지청구의 법적 근거로는 물권적청구권, 상린권, 불법행위, 인격권, 환경권 등 견해의 대립이 심하다. 위 각 견해들은 각자 일면의 근거를 가지고 있는 것이 사실이지만, 어떠한 것도 명쾌한 근거를 제시하고 있지 않다. 판례는 물권적청구권설의 입장을 취하고 있다고 이해된다. 즉 "어느 토지나 건물의 소유자가 종전부터 향유하고 있던 쾌적한 환경이 그에게 하나의 생활 이익으로서의 가치를 가지고 있다고 객관적으로 인정된다면 법적인 보호의 대상이 될 수 있는 것이라 할 것이므로, 인접 대지에 위치한 소음배출시설에서 소음이 발생함으로써 생활이익이 침해되고 그 침해가 사회통념상 일반적으로 수인할 정도를 넘어선다고 인정되는 경우에는 위 토지 등의 소유자는 그 소유권에 기하여 그 방해의 제거나 예방을 위하여 필요한 청구를 할 수 있다"는 것이다.

한편, 민법 제750조에 따른 불법행위의 효과로써 유지청구를 할 수 있다는 견해도 있다. 최근에는 인격권 내지 환경권을 유력한 근거로 하는 견해가 확산되고 있다. 특히 환경권의 구체적 권리성을 인정하는 입장은 헌법이나 환경정책기본법에 명문규정을 두고 있다는 점, 현재 60개 정도의 환경관계법이 존재하고 있다는 점, 환경권의 제한 법리로 작용하는 "법령의 규정취지와 조리"의 합리적 해석이 가능하다는 점 등을 그 논거로 들고 있다. 최근 환경권을 소유권과 함께 공사중지와 금지를 청구할 권리의 한 근거로 들고 있는 판례(대법원 2008. 9. 28. 선고 2006다49284 판결)도 주목된다.

그러나 여기에 대해서는 과연 인격권 내지 환경권을 사법상의 구체적인 권리로 볼 수 있느냐 하는 반대론이 만만치 않은 실정이다. 판례는 "환경권은 명문의 법률규정이나 관계 법령의 규정 취지 및 조리에 비추어 권리의 주체, 대상, 내용, 행사 방법 등이 구체적으로 정립될 수 있어야만 인정되는 것이므로, 사법상의 권리로서의 환경권을 인정하는 명문의 규정이 없는데도 환경권에 기하여 직접 방해배제청구권을 인정할 수 없다"라고 판시함으로써 환경권을 사법상의 구체적 권리로 볼 수 없다는 입장을 분명히 하고 있다.

2. 요 건

유지청구를 하기 위해서는 ① 피해의 성질과 정도에 비추어 금전적 평가가 곤란할 것, ② 금전보상만으로는 피해회복이 어려울 것, ③ 피해가 일시적인 것이 아니라 계속적으로 중대하고 명백하게 부당한 것일 것, ④ 피해가 수인한도를 초과할 것(위법성) 등

이 그 요건으로 요구된다.

3. 사안에의 적용

丙과 丁은 소유권, 불법행위, 환경권, 인격권 등에 근거하여 유지청구가 가능할 것이다. 이들이 입는 피해는 취수장의 수질오염에 따른 수돗물 오염피해로서 이는 손해액의 금전적 평가가 곤란하고, 금전배상만으로는 피해가 보상된다고 보기 어렵고, 금전적 평가가 불가능하다고 볼 수는 없으나 경우에 따라서는 금전보상만으로는 피해회복이 어려울 수 있다. 또한 공장이 설립될 경우 지속적으로 폐수가 배출되어 피해도 계속될 가능성이 높다. 문제는 위법성(수인한도) 요건을 충족하는지에 달려있다.

판례는 피해가 사회통념상 수인한도를 넘었는지 여부는 피해의 정도, 피해이익의 성질 및 그에 대한 사회적 평가, 가해행위의 성질 및 공공성, 지역성, 토지이용의 선후관계, 가해방지 및 피해회피의 가능성, 공법적 규제의 위반 여부, 교섭경과 등 모든 사정을 종합적으로 고려하여 판단하여야 한다고 판시한다.

피해가 경미한 점, 공장 설립의 공익성이 인정되는 점, 환경영향평가의 하자가 경미한 점 등을 종합적으로 고려할 때 丙과 丁이 입은 손해는 수인한도를 넘지 않는 것으로 그 위법성이 인정되지 않는다고 볼 수 있다(이와 달리 공장의 공공성과 사회적 가치를 가볍게 볼 수 없다고 하더라도 수돗물 오염피해로 인한 생명 · 신체에 대한 위해가 심각할 수 있는 점, 환경영향평가의 부실이 인정되는 점, 甲이 피해의 방지를 위한 조치 및 피해 회복을 위한 교섭을 하지 않은 것으로 보인다는 점 등을 종합적으로 고려할 때 丙과 丁이 입은 손해는 수인한도를 넘는 것이어서 그 위법성이 인정된다고 보는 견해가 있을 수 있다).

Ⅲ. 결 론

피해가 경미한 점, 공장 설립의 공익성이 인정되는 점, 환경영향평가의 하자가 경미한 점 등을 종합적으로 고려할 때 丙과 丁이 입은 손해는 수인한도 내로 그 위법성이 인정되지 않는다고 봄이 상당하다(다만 인정된다고 할 경우 丙과 丁 중 사업지에 가까이 거주하는 丙의 경우 丁보다 상대적으로 위법성 요건을 충족하는 것이 쉬울 것으로 보인다). 결국 丙, 丁의 공사중지청구는 인용되지 않을 가능성이 높다.

※ 주의사항

환경영향평가서가 심히 부실하지 않은 경우에는 재량권의 일탈 · 남용이 있는지 검토 요망.

15

환경영향평가의 하자 (1)

사 례

甲은 2013. 12. 30. 전라남도지사에게 총면적 13,000제곱미터, 규모 11만 KW의 풍력발전소 개발사업시행승인을 신청하였고, 전라남도지사는 2014. 1. 10. 해당 개발사업의 시행을 승인하였다. 위 풍력발전소설치예정부지로부터 500m 정도 떨어진 곳에서 거주하는 乙, 35m 정도 떨어져 있는 나대지를 소유하고 있는 丙, 3km 정도 떨어져 있는 곳에서 농작물을 경작하고 있는 丁, 서울에 거주하면서 풍력발전소설치예정부지 바로 인근에 위치한 A산의 풍경과 경관이 좋아 거의 매달 A산을 등반해오고 있는 산악인 戊, A산에 서식하고 있는 반달가슴곰(멸종위기야생동식물 I급) 己, 반달가슴곰 보호를 위한 시민단체 更 등은 위 풍력발전소 건설에 반대하고 있다.

위 승인처분 당시 사업예정부지는 관리지역으로만 지정되어 있을 뿐, 그 세부용도지역이 정해져 있지 않았고, 이와 같이 세부용도지역이 정해지지 않은 경우에 어떻게 해석하여야 할 것인지에 대한 기준이 마련되어 있지 않은 상태에서, 전라남도지사는 해당 부지가 계획관리지역에 해당한다고 판단하고 그에 대한 환경영향평가절차를 거치지 않았는데, 후에 이 지역을 생산관리지역으로 해석하여야 옳다는 기준이 나왔다. 乙, 丙, 丁, 戊, 己, 更 등은 甲이 환경영향평가서 작성 및 그에 따른 협의절차를 거쳤어야 함에도 불구하고, 이를 거치지 않았음을 이유로 처분의 위법성을 주장하고 있고, 甲은 위 사업이 환경영향평가 대상사업이 아니라고 주장하고 있다. 이러한 사안에서 다음의 질문에 답하시오.

문 1. 乙, 丙, 丁, 戊, 己, 更에게 승인처분을 다툴 원고적격이 있는지 여부를 각각 논하시오(만약 원고적격 유무를 단정하기가 곤란한 자가 있다면, 그 자가 원고적격을 인정받기 위한 요건을 쓰시오).

※ 통상적으로 환경영향평가는 대상사업부지로부터 2㎞ 이내까지를 대상지역으로 하는 것으로 가정한다.

※ 戊는 헌법상 환경권에 근거하여 원고적격이 있다고 주장하고 있다.

문 2. 승인처분의 위법성에 대하여 논하시오.

해 설

문 1. 乙, 丙, 丁, 戊, 己, 更에게 승인처분을 다툴 원고적격이 있는지 여부를 각각 논하시오(만약 원고적격 유무를 단정하기가 곤란한 자가 있다면, 그 자가 원고적격을 인정받기 위한 요건을 쓰시오).

Ⅰ. 문제의 소재

환경영향평가 대상사업임에도 불구하고 환경영향평가를 받지 아니하고 이루어진 승인처분의 하자를 다투기 위하여 소송이 제기될 수 있다. 이때, 무효소송이 가능한지, 환경영향평가 대상지역이 설정되지 아니한 경우 인근 주민들에게 원고적격이 인정되는지 문제가 된다.

Ⅱ. 원고적격

1. 근거 규정

행정소송법 제12조은 "취소소송은 처분 등의 취소를 구할 법률상 이익이 있는 자가 제기할 수 있다"라고 규정하고 있으므로, 항고소송에 있어서 소를 제기할 수 있는 자격(원고적격)이 인정되기 위하여는 위 규정상의 "법률상 이익이 있는 자"이어야 한다.

2. 법률상 이익이 있는 자

행정소송법 제12조에서 말하는 '법률상 이익'이 '법이 실체법적으로 보호하고 있는 이익'만을 의미한다는 법률상 이익구제설, '법이 보호할 가치가 있는 이익'을 의미한다는 보호가치 이익구제설이 대립하고 있다. 더 나아가 '법률상 이익'에서 말하는 '법률'이 단지 실체요건법규만을 의미하는 것인지, 아니면 절차요건 법규 또는 헌법상의 환경권 또는 환경이익을 포함하는지에 대하여도 다툼이 계속되고 있다.

판례는 법률상 이익의 개념에 관하여 “당해 처분의 근거법규 및 관련법규에 의하여 보호되는 개별적 · 직접적 · 구체적 이익이 있는 경우를 말하고, 다만 공익보호의 결과로 국민 일반이 공통적으로 가지는 일반적 · 간접적 · 추상적 이익과 같이 사실적 · 경제적 이해관계를 가지는데 불과한 경우는 여기에 포함되지 아니한다”고 판시해 옴으로써, 이른바 ‘법률상 이익구제설’을 취하고 있다. 판례는 처분의 근거가 되는 법규의 보호목적을 기준으로 하여 처분의 근거법규(근거법규가 다른 법규를 인용함으로 인하여 근거법규가 된 경우까지를 아울러 포함) 및 관련법규(당해 처분의 행정목적을 달성하기 위한 일련의 단계적인 관련처분들의 근거법규)가 공익보호뿐만 아니라 개인의 이익도 보호하고 있다고 판단되는 경우(사익보호성)에 원고적격이 있는 것으로 보고 있는데, 그 결과 공익보호의 결과로 국민일반이 공통적으로 가지는 추상적 · 평균적 · 일반적인 이익과 같은 것은 여기에서 말하는 법률상 이익에 포함되지 않게 된다.

3. 환경영향평가 대상지역과 원고적격

판례는 환경영향평가법을 개발사업승인처분의 근거법규로 보고, 환경영향평가 대상지역 안의 주민에게 처분의 취소를 구할 원고적격을 인정하고 있다. 특히 법원은 새만금 사건에서 환경영향평가 대상지역 안의 주민들에 대하여는 특단의 사정이 없는 한 환경상의 이익에 대한 침해 또는 침해우려가 있는 것으로 사실상 ‘추정’된다면서 원고적격을 쉽게 인정하는 경향이 있다. 그러나 단지 그 영향권 내의 건물 · 토지를 소유하거나 환경상 이익을 일시적으로 향유하는 데 그치는 사람은 환경상의 이익에 대한 침해 또는 침해우려가 있는 것으로 추정되지 않는다(제주 풍력발전소 사건). 한편, 원고적격을 인정함에 있어서 환경영향평가 대상지역의 안팎을 칼로 자르듯이 획일적으로 구분하여 환경영향평가 대상지역 안의 주민에게만 원고적격을 인정하고 그 밖에 거주하는 주민에게는 원고적격을 인정하지 않는 것은 부당한 결과를 초래할 수 있다. 따라서 비록 환경영향평가 대상지역 밖에 거주하더라도 직접적이고 중대한 환경피해를 입을 것이 예상된다는 점을 주장 · 입증하는 자에게는 원고적격을 인정하여야 할 것이다. 법원은 이러한 입장을 확인하고 있다. 즉 새만금 사건에서 대법원은 “환경영향평가 대상지역 밖의 주민이라 할지라도 처분으로 인하여 그 처분 전과 비교하여 수인한도를 넘는 환경피해를 받거나 받을 우려가 있는 경우에는, 처분으로 인하여 환경상 이익에 대한 침해 또는 침해우려가 있다는 것을 입증함으로써 그 처분 등의 무효확인을 구할 원고적격을 인정받을 수 있다”는 취지로 판시하였다.

4. 환경영향평가 대상지역이 설정되지 아니한 경우

환경영향평가 대상지역 안의 주민에게 환경상의 이익에 대한 침해 또는 침해우려가 있는 것으로 사실상 추정해 주는 것은 환경영향평가 대상지역 안의 주민들이 직접적이고 중대한 환경피해를 입을 가능성이 높다는 점을 고려하여 입증의 부담을 덜어주기 위한 것이라고 이해된다. 그런데, 법령해석의 착오 또는 토막치기 등 환경영향평가 시행자의 위법·부당한 행위가 개재되어 환경영향평가 자체가 실시되지 않은 경우에 인근 주민들에게 입증의 부담을 환경영향평가가 실시된 경우보다 오히려 무겁게 하는 것은 불합리하다. 따라서 해당 사업이 환경영향평가 대상사업임에도 불구하고 환경영향평가가 실시되지 아니한 경우에는, 인근 주민들은 환경영향평가가 실시되었다면 자신들이 환경영향평가 대상지역 안의 주민들에 해당되었을 것이라면서 원고적격이 있다고 주장할 수 있으며, 법원은 여러 가지 사정을 종합 검토하여 인근 주민들이 환경영향평가 대상지역 안의 주민들에 해당하고, 나아가 원고적격이 인정된다고 판단하는 것이 타당할 것이다. 판례도 같은 입장을 취하는 것으로 이해된다(대법원 2006. 12. 22. 선고 2006두14001).

Ⅲ. 사안에의 적용

1. 乙

환경영향평가가 실시되었다면 乙의 거주 지역이 환경영향평가 대상지역 내에 포함될 개연성이 충분하다고 보이는 바, 주민인 乙에 대하여는 그 환경상 이익에 대한 침해 또는 침해 우려가 있는 것으로 추정할 수 있고 이는 법률상 보호되는 이익에 해당한다고 해석함이 상당하다. 결국 甲은 원고적격이 인정될 가능성이 많다.

2. 丙

판례의 태도에 따르면 환경상 이익에 대한 침해 또는 침해 우려가 있는 것으로 사실상 추정되어 원고적격이 인정되는 사람에는 환경상 침해를 받으리라고 예상되는 영향권 내의 주민들을 비롯하여 그 영향권 내에서 농작물을 경작하는 등 현실적으로 환경상 이익을 향유하는 사람도 포함된다. 그러나 단지 그 영향권 내의 건물·토지를 소유하는 사람은 포함되지 않는다. 따라서 풍력발전소설치예정부지로부터 35m 정도 떨어져 있는 나대지를 소유하고 있는 丙은 원고적격이 부정될 것이다.

3. 丁

환경영향평가 (예상)대상지역 내라면 그 안의 토지에서 농작물을 경작하는 사람도 현실적으로 환경상 이익을 향유하는 사람으로 볼 수 있다. 그러나 예정부지로부터 3㎞ 떨어져 있으므로 영향권 밖의 주민으로 보아야 하고 이 경우에는 당해 처분으로 인하여 처분 전과 비교하여 수인한도를 넘는 환경피해를 받거나 받을 우려가 있다는 자신의 환경상 이익에 대한 침해 또는 침해 우려가 있음을 입증하여야 원고적격을 인정받을 수 있다.

4. 戊

戊는 (예상)대상지역으로부터 떨어진 곳에 거주하면서 환경영향평가 대상지역에 존재하는 A산에 자주 등반하는 산악인으로 대상지역내 거주하는 주민이 아니기 때문에 원고적격을 인정받기 어려울 것이다. 또한 戊는 환경상 이익을 일시적으로 향유하는 데 그치는 사람이라고 할 수 있는바, 판례에 따르면 환경상의 이익에 대한 침해 또는 침해 우려가 있는 것으로 추정되지 않으므로 원고적격을 인정받기 어려울 것이다. 한편 판례에 따르면 헌법 제35조 제1항의 환경권 규정만으로는 그 권리의 주체, 대상, 내용, 행사방법 등이 구체적으로 정립되었다고 볼 수 없으므로, 대상지역 밖의 주민이 헌법상의 환경권에 근거하여 처분의 취소를 구할 원고적격이 인정된다고 볼 수 없다.

5. 己

반달가슴곰 己는 동물로서 소송에 있어서 권리능력을 인정할 수 없어 원고적격을 인정할 수 없다. 이른바 도롱뇽 사건에서 법원은 자연물인 도롱뇽 또는 그를 포함한 자연 그 자체에 대하여는 현행법의 해석상 그 당사자능력을 인정할 만한 근거를 찾을 수 없다면서 가처분 신청을 각하한 바 있다(이 사건은 가처분사건으로 원고적격이 문제되지는 않지만 결국 권리능력이 없어 소송 당사자능력이 없다는 것이므로 이 사건이 행정소송으로 비화할 경우 원고적격이 부정된다는 결론에 도달하게 될 것이다).

6. 更

시민단체 更은 승인처분과 관련하여 갖는 환경상 이익은 단순히 환경공익 보호의 결과로 국민 일반이 공통적으로 가지게 되는 추상적 · 평균적 · 일반적인 이익에 그치는 이익이므로 원고적격을 부여하는 단체소송제도가 도입되는 등 별도의 입법적인 조치가 행하여지지 않는 이상, 更에게 공익적 목적만을 위해 소를 제기할 법률상 이익을 인정할 수 없다.

문 2. 승인처분의 위법성에 대하여 논하시오.

I. 문제의 소재

환경영향평가 대상사업임에도 불구하지 아니한 경우 승인처분이 무효가 되는지 문제된다.

Ⅱ. 환경영향평가 대상사업

환경영향평가법 시행령 [별표 3](환경영향평가 대상사업의 구체적인 종류, 범위 및 협의 요청시기)의 제3항 다목 1)에 따르면 발전시설용량이 10만킬로와트 이상인 풍력발전소의 경우 환경영향평가를 실시하여야 한다. 사안의 경우 11만킬로와트의 풍력발전소 개발사업이므로 환경영향평가 대상사업에 해당한다.

Ⅲ. 환경영향평가가 이루어지지 아니한 경우 처분의 하자

환경영향평가를 거쳐야 할 대상사업에 대하여 환경영향평가를 거치지 아니하였음에도 불구하고 승인 등 처분이 이루어진다면, 사전에 환경영향평가를 함에 있어 평가대상지역 주민들의 의견을 수렴하고 그 결과를 토대로 하여 환경부장관과의 협의내용을 사업계획에 미리 반영시키는 절차 자체가 원천적으로 봉쇄되는 바, 이렇게 되면 환경영향평가제도를 규정한 입법취지를 전혀 달성할 수 없게 되고 이는 환경영향평가 대상지역 내에 거주하는 주민들의 개별적, 직접적, 구체적 이익을 근본적으로 침해하게 된다. 이러한 처분의 하자는 법규의 중요한 부분을 위반한 중대한 하자가 있는 것이다고 볼 수 있다. 그러나 해당 법률관계나 사실관계에 대하여 그 법률의 규정을 적용할 수 없다는 법리가 명백히 밝혀지지 아니하여 그 해석에 다툼의 여지가 있는 때에는 행정관청이 이를 잘못 해석하여 행정처분을 하였더라도 이는 그 처분 요건사실을 오인한 것에 불과하여 그 하자가 명백하다고 할 수 없다고 하는 것이 판례의 입장으로 이에 따르면 하자는 중대하나 명백하지 아니하여 당연 무효는 아니며 취소사유에 그친다.

Ⅳ. 사안에의 적용

사안에서 甲의 풍력발전소건설사업은 환경영향평가 대상사업으로 환경영향평가가 이루어지지 아니하였다면 승인처분의 하자가 중대하다고 할 수 있다. 그러나 사안의 경우와 같이 환경영향평가가 이루어 지지 못한 것이 법률의 규정에 대한 해석에 다툼의 여지가 있어 행정관청의 이에 대한 잘못된 해석에 기인하였다면 그 하자가 명백하다 볼 수 없어 당연무효는 아니다. 다만 취소사유에는 해당할 것이다.

참조판례

1. 제주 풍력발전소 사건: 대법원 2009. 9. 24. 선고 2009두2825 판결(판례 [10])
2. 도롱뇽 사건(1심): 울산지법 2004. 4. 8. 선고 2003카합982 판결(판례 [45])
3. 대법원 2006. 12. 22. 선고 2006두14001 판결(판례 [11])

※ 주의사항

1. 환경영향평가 대상지역 내 주민은 환경피해가 사실상 추정(대상지역 밖의 주민은 수인한도를 넘는 환경피해를 입증해야 함).
2. 제주 풍력발전소 사건은 환경피해의 추정을 깨는 경우를 제시하고 있는바, 그 논거의 핵심은 '환경상 이익'의 침해 여부라고 할 수 있음.

16

환경영향평가의 하자 (2)

(법전원협의회 2014년도 제1차 변호사시험 모의시험)

사 례

甲 회사는 A시에 액화석유가스(LNG)를 주연료로 하는 복합화력발전소를 건설, 운영하려고 한다. 甲 회사는 환경영향평가서 초안을 작성하여 2011. 5. A시 지역주민들을 상대로 환경영향평가 설명회를 개최한 후, 2011. 12. 주무관청에 발전사업허가신청을 하여 허가를 받았다. 이어서 2012. 2. 환경영향평가 협의완료를 마치고 주무관청에 공사계획인가신청을 하여 인가를 받았다. 이에 지역주민 乙 및 환경단체 소속 회원 丙은 위 발전소에 배출되는 온배수와 이산화탄소 등 대기오염물질은 인근 해양생태계 및 천연기념물이자 멸종위기동물 2급에 속하는 검은머리물떼새의 서식지에 부정적 영향을 미칠 것이라며, 주무관청을 상대로 공사계획인가처분의 취소를 구하는 소를 제기하였다. 법원이 사건을 심리한 결과 다음과 같은 사실이 인정되었다.

가. A시와 B군은 '은(銀)강' 하구를 사이에 두고 남북으로 위치하여 있는데 이 사건 발전소는 A시에 위치하고 있다. 동 발전소는 일과식 냉각방식(Once-Through Cooling System)을 채택하여 해양생태계에 부정적 영향을 미칠 우려가 있는 다량의 온배수를 위 강 하구에 배출하고 있다. 발전소 사업부지에서 강 건너편 B군까지의 최단거리는 2㎞ 이내이고, 원고 乙은 B군 주민으로서 사업지역에서 30㎞ 정도 떨어진 곳에서 거주하며 '강 하구'와 동 사업지역에서 10㎞ 정도 떨어진 '인근 해역'에서 어업활동을 하고 있다. 원고 丙은 B군에 인접한 C시에 거주하며 '자연과 새들의 친구'라는 환경단체에서 활동하고 있고, 오래 전부터 검은머리물떼새 서식지(동 서식지는 발전소 부지에서 4㎞ 정도 떨어져 있다)를 자주 찾아 새를 관찰·연구하며, 또 검은머리물떼새를 관찰하기 위하여 이곳을 찾는 내·외국인들에 대한 안내, 학생들의 교육, 자연보호 및 감시활동 등을 벌여 오고 있다.

나. B군 주민들은 이 사건 발전소에 배출되는 온배수 및 이산화탄소 등 대기오염물질은 자신들이 어업활동을 하는 강하구와 주변해역의 자연생태계 및 건강 등에 악영향을 미칠 것을 우려하고 있고 이에 주민 중 70여명은 사업자에게 환경영향평가초안에 대하여 주민들의 의견을 듣는 공청회를 개최하여 줄 것을 요청하였다. 그런데 사업자는 사업지역은 A시이므로 A시

주민들의 의견만 수렴하면 충분하다고 보면서도 B군 주민들의 집단행동을 우려하여 "의견수렴을 하되 그 방법은 공청회가 아니라 설명회로 하겠다"고 주민들에게 통보하였다. 그러자 주민들은 설명회에 의해서는 주민의견이 제대로 수렴될 수 없다며 사업자가 개최하는 설명회에 참석하지 않았다.

다. 이 사건 환경영향평가서에는 발전소의 운영이 검은머리물떼새 서식지에 미치는 영향에 관한 평가가 누락되었다. 그런데 소송과정에서 사업자에 의하여 별도로 이루어진 영향조사에서 발전소의 운영이 검은머리물떼새의 서식지에 미치는 영향은 그리 크지 않은 것으로 나타났다.

라. 사업자가 작성한 환경영향평가서상의 평가항목과 평가대상지역은 다음과 같다.

[환경영향평가 항목별 평가대상지역 및 예측범위]

<table>
<tr><th colspan="2" rowspan="2">항 목＼구 분</th><th colspan="2">예측범위</th><th rowspan="2">설 정 내 용</th></tr>
<tr><th>공간적 범위</th><th>시간적 범위</th></tr>
<tr><td rowspan="4">자연환경</td><td rowspan="2">동식물상(육상)</td><td rowspan="2">사업예정지역 및 인접영향지역</td><td>공사 시</td><td>사업예정지역을 포함한 주변지역</td></tr>
<tr><td>운영 시</td><td>사업예정지역 5km 범위</td></tr>
<tr><td>동식물상(해양)</td><td>사업예정지역 전면 해역 및 주변 해역</td><td>공사 시
운영 시</td><td>사업예정지역 전면 해역 및 주변해역(온배수 확산지역*)</td></tr>
<tr><td>해양환경</td><td>사업예정지역 전면 해역 및 주변 해역</td><td>공사 시
운영 시</td><td>사업예정지역 전면 해역 및 주변해역(온배수 확산지역)</td></tr>
<tr><td rowspan="2">생활환경</td><td>대기질</td><td>사업예정지역 및 주변영향지역</td><td>공사 시
운영 시</td><td>사업예정지역 중심 반경 20km 범위</td></tr>
<tr><td>수질</td><td>사업예정지역 주변수계</td><td>운영 시</td><td>사업예정지역 주변 인근수계</td></tr>
</table>

* 온배수 확산지역: 온배수 확산지역은 계절과 조석에 따라 변화하는데, 주변 수온을 1℃ 이상 초과하여 온배수가 확산되는 면적을 기준으로 하는 경우 온배수는 동계 대조기에 가장 멀리까지 퍼져 서해까지 이르고, 그 면적은 강 하구 중 상당 부분을 포함하게 될 것으로 예측.

문 1. 원고들에게 이 사건 소를 제기할 원고적격이 인정되는가.

문 2. 환경영향평가와 관련하여 이 사건 처분에는 어떠한 하자가 있는지 또 그것이 이 사건 인가처분에 어떠한 영향을 미치는지 설명하시오.

해 설

문 1. 원고들에게 이 사건 소를 제기할 원고적격이 인정되는가.

Ⅰ. 문제의 소재

주민 乙과 환경단체 소속 회원 丙에게 개발사업 허가에 대하여 행정소송법상 취소소송으로 다툴 수 있는 원고적격을 인정할 수 있는지 검토하여야 한다.

Ⅱ. 원고적격

1. 근거 규정

행정소송법 제12조은 "취소소송은 처분 등의 취소를 구할 법률상 이익이 있는 자가 제기할 수 있다"라고 규정하고 있으므로, 항고소송에 있어서 소를 제기할 수 있는 자격(원고적격)이 인정되기 위하여는 위 규정상의 "법률상 이익이 있는 자"이어야 한다.

2. 법률상 이익이 있는 자

행정소송법 제12조에서 말하는 '법률상 이익'이 '법이 실체법적으로 보호하고 있는 이익'만을 의미한다는 법률상 이익구제설, '법이 보호할 가치가 있는 이익'을 의미한다는 보호가치 이익구제설이 대립하고 있다. 더 나아가 '법률상 이익'에서 말하는 '법률'이 단지 실체요건법규만을 의미하는 것인지, 아니면 절차요건 법규 또는 헌법상의 환경권 또는 환경이익을 포함하는지에 대하여도 다툼이 계속되고 있다.

판례는 법률상 이익의 개념에 관하여 "당해 처분의 근거법규 및 관련법규에 의하여 보호되는 개별적·직접적·구체적 이익이 있는 경우를 말하고, 다만 공익보호의 결과로 국민 일반이 공통적으로 가지는 일반적·간접적·추상적 이익과 같이 사실적·경제적 이해관계를 가지는 데 불과한 경우는 여기에 포함되지 아니한다"고 판시해 옴으로써, 이른바 '법률상 이익구제설'을 취하고 있다. 판례는 처분의 근거가 되는 법규의 보호목적을 기준으로 하여 처분의 근거법규(근거법규가 다른 법규를 인용함으로 인하여 근거법규가 된 경우까지를 아울러 포함) 및 관련법규(당해 처분의 행정목적을 달성하기 위한 일련의 단계적인 관련처분들의 근거법규)가 공익보호뿐만 아니라 개인의 이익도 보호하고 있다고 판단되는 경우(사익보호성)에 원고적격이 있는 것으로 보고 있는데, 그 결과 공익보호의 결과로 국민일반이 공통적으로 가지는 추상적·평균적·일반적인 이익과 같은 것은 여기에서 말하는 법률상 이익에 포함되지 않게 된다.

3. 환경영향평가 대상지역과 원고적격

판례는 환경영향평가법을 개발사업승인처분의 근거법규로 보고, 환경영향평가 대상지역 안의 주민에게 처분의 취소를 구할 원고적격을 인정하고 있다. 특히 법원은 새만금 사건에서 환경영향평가 대상지역 안의 주민들에 대하여는 특단의 사정이 없는 한 환경상의 이익에 대한 침해 또는 침해우려가 있는 것으로 사실상 '추정'된다면서 원고적격을 쉽게 인정하는 경향이 있다. 그러나 단지 그 영향권 내의 건물 · 토지를 소유하거나 환경상 이익을 일시적으로 향유하는 데 그치는 사람은 환경상의 이익에 대한 침해 또는 침해우려가 있는 것으로 추정되지 않는다(제주 풍력발전소 사건). 한편, 원고적격을 인정함에 있어서 환경영향평가 대상지역의 안팎을 칼로 자르듯이 획일적으로 구분하여 환경영향평가 대상지역 안의 주민에게만 원고적격을 인정하고 그 밖에 거주하는 주민에게는 원고적격을 인정하지 않는 것은 부당한 결과를 초래할 수 있다. 따라서 비록 환경영향평가 대상지역 밖에 거주하더라도 직접적이고 중대한 환경피해를 입을 것이 예상된다는 점을 주장 · 입증하는 자에게는 원고적격을 인정하여야 할 것이다. 법원은 이러한 입장을 확인하고 있다. 즉 새만금 사건에서 대법원은 "환경영향평가 대상지역 밖의 주민이라 할지라도 처분으로 인하여 그 처분 전과 비교하여 수인한도를 넘는 환경피해를 받거나 받을 우려가 있는 경우에는, 처분으로 인하여 환경상 이익에 대한 침해 또는 침해우려가 있다는 것을 입증함으로써 그 처분 등의 무효확인을 구할 원고적격을 인정받을 수 있다"는 취지로 판시하였다.

Ⅲ. 사안에의 적용

1. 乙

乙이 이 사건 환경영향평가 대상지역 내의 주민인지 여부가 분명하지 아니한데, 대상지역 안일 경우에는 乙은 온배수, 대기오염물질 등으로 환경상 이익에 대한 침해 또는 침해 우려가 있는 것으로 사실상 '추정'되므로 원고적격이 쉽게 인정될 것이다. 대상지역 밖의 주민이라고 하더라도 사업 영향권(온배수 확산지역) 내에서 어업활동을 하고 있으므로 현실적으로 환경상 이익을 향유하고 있기 때문에 원고적격이 인정된다.

2. 丙

丙은 환경영향평가 대상지역 밖의 주민이다. 그런데 검은머리물떼새의 서식지는 발전소 부지에서 4㎞ 정도 떨어져 있어 환경영향평가 대상지역 안에 있다(육상 동식물상의 환경영향평가 대상지역은 사업예정지역으로부터 5㎞ 범위이다). 따라서 丙은 환경상 침해를 받으리라고 예상되는 영향권 내에서 현실적으로 환경상 이익을 향유하고 있다는 점을 주장, 입증함으로써 원고적격을 인정받을 수 있을 것이다. 물떼새의 서식지는 발전소 운영으로부터 영향을 받는 영향권 내에 있으며, 丙은 영향권 내에 있는 물떼새의 서식지를 자주 찾아 새의 관찰, 연구, 새를 관찰하기 위하여 서식지를 찾는 내 · 외국인들에 대한 안내, 학생들의 교육, 자연보호 및 감시활동 등을 벌여 오는 등의 방법으로 현실적으로 환경이익을 향유하고 있는 사람이라고 볼 여지가 있다(이에 반해 환경단체의 회원이 해당 공사계획인가처분에 대하여 근거법규 및 관련법규에 의하여 보호되는 개별적 · 직접적 · 구체적 이익이 있다고 할 수 없으며, 丙이 환경영향평가 대상지역 내에 거주하는 주민도 아니므로 원고적격은 인정되지 않는다는 견해가 있을 수 있다). 한편, 丙은 이 사건 사업이 검은머리물떼새의 월동에 악영향을 끼칠 수 있다는 등 주장하면서 환경권을 근거로 이 사건 공사계획인가처분을 다투는 것을 생각해 볼 수 있으나 환경권의 구체적 효력을 부인하는 판례에 따를 경우 원고적격이 부인될 가능성이 높다.

문 2. 환경영향평가와 관련하여 이 사건 처분에는 어떠한 하자가 있는지 또 그것이 이 사건 인가처분에 어떠한 영향을 미치는지 설명하시오.

I. 문제의 소재

환경영향평가서의 부실과 공청회 미개최가 공사계획인가처분에 어떠한 영향을 미칠지에 대하여 검토하여야 한다.

Ⅱ. 절차적 하자

1. 주민의견수렴 절차상의 하자

(1) 관련 규정

사업자는 제24조에 따라 결정된 환경영향평가항목 등에 따라 환경영향평가서 초안을 작성하여 주민 등의 의견을 수렴하여야 한다(제25조 제1항). 원칙적으로 사업자는 주민의견의 수렴을 위하여 설명회나 공청회, 그 밖의 다른 의견수렴방법을 선택하여 실시할 수 있으며, 반드시 공청회를 개최하여야 하는 것은 아니다. 그러나 대통령령으로 정하는 범위(30명 이상)의 주민의 요구가 있으면 반드시 공청회를 개최하여야 한다(시행령 제40조 제1항).

(2) 절차적 하자

乙을 포함한 지역주민(이들 B군 주민들은 발전소에서 배출되는 온배수 및 대기오염물질로 인하여 어업활동 및 건강에 악영향을 받을 것이 예상되는 지역주민들임) 70여명이 공청회를 개최하여 줄 것을 요청하였으므로 사업자인 甲 회사는 시행령 제40조에 따라 공청회를 열어 주민의견을 수렴하여야 한다. 그러나 甲 회사는 사업지역이 A시라는 이유만으로 B군 주민들의 의견을 듣지 않았으며, 그 후 설명회 방식으로 의견수렴을 하겠다고 일방적으로 통보함으로써 결국 B군 주민들로부터 환경영향평가초안에 관하여 주민의견수렴 절차를 거치지 않았는바(시행령 제19조에 따른 공청회를 생략할 수 있는 정당한 사유도 없음), 이는 환경영향평가상의 절차상 하자를 구성한다.

2. 절차적 하자와 처분의 위법성

환경영향평가법의 목적과 취지에 비추어 볼 때 절차가 갖는 중요성은 쉽게 무시해서는 안 될 것이다. 따라서 절차적인 부분에 있어서의 하자가 인정된다면 처분의 위법성이 적극적으로 인정되어야 한다. 다만, 단순한 절차상의 흠결이나 미비의 경우에는 처분의 하자로까지 인정될 수는 없다.

3. 사안에의 적용

사안에서 사업자는 다수 주민이 요구한 공청회도 실시하지 않았는바, 이는 환경영향평가에 있어 절차상 하자에 해당한다. 환경영향평가법에 따르면 사업자는 다수(30명 이상) 주민이 요구하면 공청회를 반드시 개최하여야 한다. 이러한 공청회 절차는 인가처분을 함에 있어 요구되는 필요 절차를 구성하게 되어 그 절차상의 하자는 이 사건 인가처분의 절차적 하자에 직접 영향을 미치게 된다. 이러한 절차를 거치지 아니한 것은 단순한 절차상의 흠결이나 미비라고 할 수 없다. 따라서 이러한 하자가 있음에도 불구하고 이루어진 인가처분에도 절차상의 하자가 존재한다고 할 수 있다.

Ⅲ. 실체적 하자

1. 실체적(내용적) 하자의 의미

승인기관의 장이 부동의 협의의견을 무시한다거나 협의내용을 제대로 반영하지 않고 사업승인을 한 경우나 평가서가 허위, 부실하게 작성된 경우에 있어서 환경영향평가에 실체적 하자가 있다고 할 수 있다.

2. 실체적 하자와 처분의 위법성

대법원은 환경영향평가법령에서 정한 환경영향평가를 거쳐야 할 대상사업에 대하여 그러한 환경영향평가를 거치지 아니하였음에도 승인 등 처분을 하였다면 그 처분은 위법하다 할 것이나, 그러한 절차를 거쳤다면, 비록 그 환경영향평가의 내용이 다소 부실하다 하더라도, 그 부실의 정도가 환경영향평가제도를 둔 입법 취지를 달성할 수 없을 정도이어서 환경영향평가를 하지 아니한 것과 다를 바 없는 정도의 것이 아닌 이상, 그 부실은 당해 승인 등 처분에 재량권 일탈 · 남용의 위법이 있는지 여부를 판단하는 하나의 요소로 됨에 그칠 뿐, 그 부실로 인하여 당연히 당해 승인 등 처분이 위법하게 되는 것이 아니라고 판시하였다.

3. 사안에의 적용

소송과정에서 사업자에 의하여 별도로 이루어진 영향조사에서 발전소의 운영이 검은머리물떼새의 서식지에 미치는 영향은 그리 크지 않은 것으로 나타난 점에 비추어 그 부실의 정도가 환경영향평가제도를 둔 입법 취지를 달성할 수 없을 정도이어서 환경영향평가를 하지 아니한 것과 다를 바 없는 정도의 것이 아닌 것으로 볼 수 없을 것이고 따라서 서식지에 미치는 영향에 관한 평가 누락이 당연히 해당 인가처분이 위법하게 되는 것이 아니라 할 것이다. 부실의 정도가 환경영향평가제도를 둔 입법 취지를 달성할 수 없을 정도에 이르지 아니한 경우라면 처분에 재량권 일탈 · 남용의 위법이 있는지 판단해 보아야 할 것인바, 사안의 사실관계만으로는 재량권 일탈 · 남용도 쉽게 인정되지 않을 것으로 보인다.

Ⅳ. 결 론

사안에서 환경영향평가의 실체적 하자를 이유로 승인처분이 위법하다고 할 수는 없으나, 공청회를 개최하지 아니한 절차적 하자로 인하여 이 사건 인가처분은 위법하다.

참조판례

1. 명지대교 사건: 부산고법 2006. 6. 19. 선고 2006라64 결정
2. 용화온천 사건: 대법원 2001. 7. 27. 선고 99두2970 판결
3. 정비창 사건: 대법원 2001. 6. 29. 선고 99두9902 판결(판례 [12])
4. 납골당 사건: 대법원 2004. 12. 9. 선고 2003두12073 판결

17

환경영향평가의 하자 (3)

(법전원협의회 2014년도 제2차 변호사시험 모의시험)

사 례

수도권 인근의 A시는 폐기물을 주변 시의 폐기물처리장에 위탁처리하여 왔다. 그러나 A시의 경제개발로 인해 인구가 점차 늘어나고 이에 따른 폐기물이 증가하자, A시는 2012년 위탁처리가 아닌 자체 처리를 위한 계획을 수립하였다. 폐기물관리법에 따라 A시가 작성한 계획은 일일 처리량 90톤의 중간처분시설에 해당하는 시립 쓰레기 소각장 및 재활용센터 등의 건설을 포함하고 있다. 해당 소각장은 스토커(stoker) 방식으로 폐기물 연소 후 나온 가스를 최종적으로 굴뚝 바로 아래에서 섭씨 900도 정도로 재가열하여 다이옥신의 발생 가능성을 완벽하게 차단하도록 설계된 방식이다(다이옥신은 섭씨 700도 정도에서 분해됨). 해당 건설계획은 2013년 전략환경영향평가를 하였으며, 주민의견수렴 절차 및 환경부 장관과의 협의 등을 포함한 모든 절차는 적법하게 진행되었다.

동 쓰레기 소각장 설치사업 승인 후 공사 기초작업이 진행되기 전, A시는 기존 계획과는 달리 소각장의 일일 처리량을 100톤으로 늘리고 처리방식 역시 기존 스토커 방식에서 열용융 방식으로 변경하였다. 해당 설계변경에 따르면 쓰레기 투입구조가 위에서 아래를 향해 직선으로 투하하는 방식으로, 쓰레기 투입구를 통해 일정정도 유독가스 및 다이옥신이 새어나오는 것을 완벽하게 방지하기 어렵다. 이에 대해 시민단체 및 시의회 의원들의 문제제기가 있자 시에서는 투입구 문을 이중으로 설치해서 교대로 열고 닫아 다이옥신 등 유독가스의 방출 가능성은 없다고 반박하였으나, 전문가들의 의견에 따르면 문과 문 사이의 공간에 들어온 가스는 외부유출을 막을 길이 없는 구조로 평가되었다.

A시는 소각장 처리량 변경 후 별도의 환경영향평가를 진행하였으나, 환경영향평가서 초안에 따르면 다이옥신에 대한 평가 및 저감방식 등이 전혀 언급되어 있지 않다. 이에 A시 주민 50여명이 연서하여 공청회를 요청하였다. 그러나 A시는 1년 전 전략환경영향평가에서 공청회를 개최하였으므로 또 다른 공청회가 필요 없다는 이유로 거부하였다. 지역 환경단체 회원인

甲과 乙은 동 소각장 운영방식 변경 및 주민의견수렴 등의 절차 미비를 이유로 동 사업의 승인처분취소소송을 제기하였다. 甲은 A시에 거주하나 乙은 A시에 바로 인접한 B시에 거주하고 있다.

문 1. 위 승인처분취소소송에서 甲과 乙의 원고적격에 대해 검토하시오.

문 2. 전략환경영향평가절차에서 개최한 공청회와는 별도로 해당 환경영향평가절차에서 다시 공청회를 개최하여야 하는지에 대하여 검토하시오.

문 3. 위 승인처분취소소송을 담당하는 변호사의 입장에서 해당 환경영향평가의 하자에 대해 어떤 주장을 할 수 있는지를 검토하시오.

※ 환경영향평가법 시행령에 따르면 환경영향평가 대상사업이 되는 폐기물소각장의 최소 사업규모는 일일 처리량 100톤 이상이다.

※ 동 사안에 있어 전략환경영향평가 변경협의 문제는 논외로 한다.

해 설

문 1. 위 승인처분취소소송에서 甲과 乙의 원고적격에 대해 검토하시오.

Ⅰ. 문제의 소재

乙과 丙에게 개발사업 인 · 허가에 대하여 행정소송법상 취소소송으로 다툴 수 있는 원고적격을 인정할 수 있는지 여부와 환경단체 등에 원고적격을 확대하는 방안 등을 검토할 필요가 있다.

Ⅱ. 원고적격

1. 근거 규정

행정소송법 제12조은 "취소소송은 처분 등의 취소를 구할 법률상 이익이 있는 자가 제기할 수 있다"라고 규정하고 있으므로, 항고소송에 있어서 소를 제기할 수 있는 자격(원고적격)이 인정되기 위하여는 위 규정상의 "법률상 이익이 있는 자"이어야 한다.

2. 법률상 이익이 있는 자

행정소송법 제12조에서 말하는 '법률상 이익'이 '법이 실체법적으로 보호하고 있는 이익'만을 의미한다는 법률상 이익구제설, '법이 보호할 가치가 있는 이익'을 의미한다는 보호가치 이익구제설이 대립하고 있다. 더 나아가 '법률상 이익'에서 말하는 '법률'이 단지 실체요건법규만을 의미하는 것인지, 아니면 절차요건 법규 또는 헌법상의 환경권 또는 환경이익을 포함하는지에 대하여도 다툼이 계속되고 있다.

판례는 법률상 이익의 개념에 관하여 "당해 처분의 근거법규 및 관련법규에 의하여 보호되는 개별적 · 직접적 · 구체적 이익이 있는 경우를 말하고, 다만 공익보호의 결과로 국민 일반이 공통적으로 가지는 일반적 · 간접적 · 추상적 이익과 같이 사실적 · 경제적 이해관계를 가지는데 불과한 경우는 여기에 포함되지 아니한다"고 판시해 옴으로써, 이른바 '법률상 이익구제설'을 취하고 있다. 판례는 처분의 근거가 되는 법규의 보호목적을 기준으로 하여 처분의 근거법규(근거법규가 다른 법규를 인용함으로 인하여 근거법규가 된 경우까지를 아울러 포함) 및 관련법규(당해 처분의 행정목적을 달성하기 위한 일련의 단계적인 관련처분들의 근거법규)가 공익보호뿐만 아니라 개인의 이익도 보호하고 있다고 판단되는 경우(사익보호성)에 원고적격이 있는 것으로 보고 있는데, 그 결과 공익보호의 결과로 국민일반이 공통적으로 가지는 추상적 · 평균적 · 일반적인 이익과 같은 것은 여기에서 말하는 법률상 이익에 포함되지 않게 된다.

3. 환경영향평가 대상지역과 원고적격

판례는 환경영향평가법을 개발사업승인처분의 근거법규로 보고, 환경영향평가 대상지역 안의 주민에게 처분의 취소를 구할 원고적격을 인정하고 있다. 특히 법원은 새만금 사건에서 환경영향평가 대상지역 안의 주민들에 대하여는 특단의 사정이 없는 한 환경상의 이익에 대한 침해 또는 침해우려가 있는 것으로 사실상 '추정'된다면서 원고적격을 쉽게 인정하는 경향이 있다. 그러나 단지 그 영향권 내의 건물 · 토지를 소유하거나 환경상 이익을 일시적으로 향유하는 데 그치는 사람은 환경상의 이익에 대한 침해 또는 침해우려가 있는 것으로 추정되지 않는다. 한편, 원고적격을 인정함에 있어서 환경영향평가 대상지역의 안팎을 칼로 자르듯이 획일적으로 구분하여 환경영향평가 대상지역 안의 주민에게만 원고적격을 인정하고 그 밖에 거주하는 주민에게는 원고적격을 인정하지 않는 것은 부당한 결과를 초래할 수 있다. 따라서 비록 환경영향평가 대상지역 밖에 거주하더라도 직접적이고 중대한 환경피해를 입을 것이 예상된다는 점을 주장 · 입증하는 자에게는 원고적격을 인정하여야 할 것이다. 법원은 이러한 입장을 확인하고 있다. 즉 새만금 사건에서 대법원은 "환경영향평가 대상지역 밖의 주민이라 할지라도 처분으로 인하여 그 처분 전과 비교하여 수인한도를 넘는 환경피해를 받거나 받을 우려가 있는 경우에는, 처분으로 인하여 환경상 이익에 대한 침해 또는 침해우려가 있다는 것을 입증함으로써 그 처분 등의 무효확인을 구할 원고적격을 인정받을 수 있다"는 취지로 판시하였다.

Ⅲ. 사안에의 적용

1. 甲

갑은 환경영향평가 대상지역 내에 거주하는 자이므로 소각장 설치·운영에 따라 발생하는 유독가스 및 다이옥신 등으로 환경상·건강상 침해가 초래될 것이 사실상 '추정'되므로 원고적격이 쉽게 인정될 것이다.

2. 乙

乙은 대상지역 밖에 거주하는 자이므로 소각장 설치사업승인처분으로 인하여 환경상 이익에 대한 침해 또는 침해우려가 있다는 것을 입증함으로써, 원고적격을 인정받을 수 있을 것이다.

문 2. 전략환경영향평가절차에서 개최한 공청회와는 별도로 해당 환경영향평가절차에서 다시 공청회를 개최하여야 하는지에 대하여 검토하시오.

Ⅰ. 문제의 소재

사안에서 공청회가 개최되지도 않았는데, 이것이 환경영향평가법상의 주민의견 수렴절차 규정을 위반하는지에 대하여 검토하여야 한다.

Ⅱ. 주민의견수렴 절차 관련 규정을 위반하는지 여하

1. 관련 규정

사업자는 제24조에 따라 결정된 환경영향평가항목등에 따라 환경영향평가서 초안을 작성하여 주민 등의 의견을 수렴하여야 한다(제25조 제1항). 원칙적으로 사업자는 주민의견의 수렴을 위하여 설명회나 공청회, 그 밖의 다른 의견수렴방법을 선택하여 실시할 수 있으며, 반드시 공청회를 개최하여야 하는 것은 아니다. 그러나 대통령령으로 정하는 범위(30명 이상)의 주민의 요구가 있으면 반드시 공청회를 개최하여야 한다(시행령 제40조 제1항). 그러나 동법은 개발기본계획의 수립단계에서 전략환경영향평가서 초안의 작성 및 의견수렴절차를 거친 경우로서 일정한 요건에 모두 해당하는 경우 협의기관의 장과의 협의를 거쳐 환경영향평가서 초안의 작성 및 의견수렴절차를 거치지 아니할 수 있도록 하고 있다(제25조 제4항). 일정한 요건에 해당하는 경우란 ① 전략환경영향평가서의 협의 내용을 통보받은 날부터 3년이 지나지 아니한 경우; ② 협의 내용보다 사업규모가 30퍼센트 이상 증가되지 아니한 경우; ③ 협의 내용보다 사업규모가 제22조 제2항에 따라 대통령령으로 정하는 환경영향평가 대상사업의 최소 사업규모 이상 증가되지 아니한 경우; ④ 폐기물소각시설, 폐기물매립시설, 하수종말처리시설, 폐수종말처리시설 등 주민의 생활환경에 미치는 영향이 큰 시설의 입지가 추가되지 아니한 경우에 모두 해당하는 경우를 말한다.

2. 사안에의 적용

사안의 경우 의견수렴절차를 거치지 아니할 수 있도록 한 경우 중 ①, ②는 적용되지 않으나 전략환경영향평가서 초안의 작성 및 의견 수렴 절차를 거친 후 소각장의 일일 처리량을 100톤으로 늘리는 경우이므로(지문에서 언급하고 있는 바와 같이 환경영향평가법 시행령에 따르면 환경영향평가 대상사업이 되는 폐기물소각장의 최소 사업규모는 일일 처리량 100톤 이상임) ③이 적용되어 의견수렴 절차를 생략할 수 없다.

나아가 사안에서 소각장 처리량 변경 후 협의기관의 장과의 협의를 거쳤는지가 분명치 않으나 환경영향평가 절차에서 의견수렴 절차를 생략하고자 할 때는 협의기관의 장과의 협의를 거쳐야 함에도 불구하고 협의를 거치지 않고 임의로 절차를 생략하였다면 동법 제25조 제4항을 위반한 것이다.

문 3. **위 승인처분취소소송을 담당하는 변호사의 입장에서 해당 환경영향평가의 하자에 대해 어떤 주장을 할 수 있는지를 검토하시오.**

Ⅰ. 문제의 소재

사안에서 환경영향평가를 함에 있어서 다이옥신에 대한 평가 및 저감방식 등이 전혀 언급되어 있지 않았고, 공청회를 개최하지 않았는데, 이러한 하자가 승인처분에 어떠한 영향을 미칠지에 대하여 검토하여야 한다.

Ⅱ. 실체적 하자

1. 실체적(내용적) 하자의 의미

승인기관의 장이 부동의 협의의견을 무시한다거나 협의내용을 제대로 반영하지 않고 사업승인을 한 경우나 평가서가 허위, 부실하게 작성된 경우에 있어서 환경영향평가에 실체적 하자가 있다고 할 수 있다.

2. 실체적 하자와 처분의 위법성

대법원은 환경영향평가법령에서 정한 환경영향평가를 거쳐야 할 대상사업에 대하여 그러한 환경영향평가를 거치지 아니하였음에도 승인 등 처분을 하였다면 그 처분은 위법하다 할 것이나, 그러한 절차를 거쳤다면, 비록 그 환경영향평가의 내용이 다소 부실하다 하더라도, 그 부실의 정도가 환경영향평가제도를 둔 입법 취지를 달성할 수 없을 정도이어서 환경영향평가를 하지 아니한 것과 다를 바 없는 정도의 것이 아닌 이상, 그 부실은 당해 승인 등 처분에 재량권 일탈 · 남용의 위법이 있는지 여부를 판단하는 하나의 요소로 됨에 그칠 뿐, 그 부실로 인하여 당연히 당해 승인 등 처분이 위법하게 되는 것이 아니라고 판시하였다.

3. 사안에의 적용

앞서 전략환경영향평가를 받은 방식은 다이옥신의 발생 가능성을 완벽하게 차단하는 스토커 방식인 데 반해 변경된 방식은 다이옥신의 발생을 완벽하게 방지하기 어려운 열용융 방식이므로 다이옥신 규제가 취약할 수밖에 없어 다이옥신에 대한 위험평가 및 저감대책이 반드시 포함되어야 함에도 불구하고 환경영향항평가서 초안에 이에 대한 언급이 전혀 이루어지지 않은 것은 부실의 정도가 다이옥신 관련 환경영향평가를 하지 아니한 것과 다름이 없는 정도라고 할 수 있다. 결국 판례의 태도를 통하여 보면 이는 환경영향평가제도를 둔 입법취지를 달성할 수 없을 정도로 심히 부실한 것으로 볼 수 있어 승인처분이 위법하다고 할 수 있다.

Ⅲ. 절차적 하자

1. 절차적 하자의 의미

절차적 하자란 환경영향평가법에 규정된 환경영향평가의 절차적 규정을 지키지 아니한 경우, 즉, 협의를 얻지 않은 경우, 주민들의 의견수렴절차를 거치지 아니한 경우

(환경영향평가법 제25조), 공청회를 요구하였는데, 설명회로 대체한 경우(동법 제25조 제4항, 제13조 제1항), 영향평가서 제출기간을 준수하지 아니한 경우 등이 포함된다.

2. 절차적 하자와 처분의 위법성

환경영향평가법의 목적과 취지에 비추어 볼 때 절차가 갖는 중요성은 쉽게 무시해서는 안 될 것이다. 따라서 절차적인 부분에 있어서의 하자가 인정된다면 처분의 위법성이 적극적으로 인정되어야 한다. 다만, 단순한 절차상의 흠결이나 미비의 경우에는 처분의 하자로까지 인정될 수는 없다.

3. 사안에의 적용

사안에서 사업자는 다수 주민이 요구한 공청회도 실시하지 않았는바, 이는 환경영향평가에 있어 절차상 하자에 해당한다. 환경영향평가법에 따르면 사업자는 다수(30명 이상) 주민이 요구하면 공청회를 반드시 개최하여야 한다(공청회를 생략할 수 있는 경우에도 해당되지 않음). 이러한 공청회 절차는 승인처분을 함에 있어 요구되는 필요 절차를 구성하게 되어 그 절차상의 하자는 이 사건 승인처분의 절차적 하자에 직접 영향을 미치게 된다. 이러한 절차를 거치지 아니한 것은 단순한 절차상의 흠결이나 미비라고 할 수 없다. 따라서 이러한 하자가 있음에도 불구하고 이루어진 인가처분에도 절차상의 하자가 존재하고, 결국 승인처분은 위법하다고 할 수 있다.

※ 주의사항

환경영향평가법 관련 문제는 원고적격과 하자 문제에 집중되고 있음(관련 판례 숙지 요망).

18

환경영향평가의 하자 (4)

(법전원협의회 2019년도 제1차 변호사시험 모의시험)

사 례

한국고속철도건설공단은 고속철도차량정비기지 건설사업과 관련하여 「환경영향평가법」과 동 시행령에 따라 이 사업에 관한 환경영향평가서의 작성을 대행업자인 P에게 의뢰하였다. P가 작성한 환경영향평가서 초안이 공고, 공람된 후, 이 초안에 대하여 甲을 포함한 8인의 지역주민이 의견을 제출하였다. 한국고속철도건설공단은 주민들의 의견을 일부 반영하여 작성된 환경영향평가서를 사업계획승인권자인 K에게 제출하였다. 이에 K는 위 환경영향평가서를 검토한 후 관계기관과의 협의를 마치고 이 사업의 실시계획승인처분을 하였다. 甲, 乙 및 丙은 다음과 같은 이유로 위 승인처분의 취소를 구하는 소송을 제기하고자 한다.

(1) 甲은 환경영향평가 대상지역 안에 거주하는 자로서, 같은 지역주민 7인과 함께 환경영향평가서 초안의 공람기간이 끝난 후 7일 이내에 대상사업의 관할 행정청에 해당 계획의 수립으로 인하여 예상되는 환경영향, 환경보전방안 등에 대한 의견을 제출하였는데 이들 중 甲을 포함한 5인은 공청회 개최를 요구하는 의견을 제출하였다. 甲은 환경영향평가서 작성에 앞서 공청회를 개최하지 않았으므로 이 사업실시계획승인처분이 위법하고, 이러한 위법한 처분으로 인하여 분진, 소음, 수질오염 등의 피해를 입을 우려가 있다고 주장한다.

(2) 乙은 환경영향평가 대상지역 안에 위치한 토지를 임차하여 돼지를 사육하고 있는 자로서, 고속철도차량정비기지가 건설되면 소음, 진동 및 분진 등으로 인해 돼지의 성장지연, 번식저하, 조산 및 유산이 발생할 가능성을 염려하고 있다. 乙은, 이 승인처분에 앞서 이루어진 환경영향평가에서 환경부장관이 소음, 진동 및 분진에 대한 억제방안을 보완요청하였는데, 보완된 평가서는 실시계획 및 공사 시 분진과 소음 피해를 최대한 억제할 계획이라고만 하였을 뿐 피해를 막을 수 있는 구체적인 계획을 언급하지 않았기 때문에 이처럼 부실한 환경영향평가에 근거한 이 사건 승인처분은 위법한 것으로서 취소되어야 한다고 주장한다.

(3) 丙은 환경영향평가 대상지역에 속하지 아니하는 인근 C지역에 거주하는 주민이다. C지

역은 농촌지역으로 3년 전 TV 프로그램에 소개된 후 아름다운 자연경관과 조용한 마을의 분위기가 널리 알려지면서, 휴양을 원하는 방문객이 늘어났고 이에 丙을 비롯한 C지역주민들이 민박업을 운영하면서 소득을 올리고 있다. 丙은 K의 사업실시계획승인처분으로 B차량정비기지가 건설되면 인근의 C지역으로 휴양을 오는 방문객이 현저히 줄어들 수 있어 경제적 손실이 매우 클 것이라 염려하며 그 처분의 취소를 주장한다. 이를 토대로 다음 물음에 답하시오.

문 1. 甲, 乙 및 丙에게 K의 위 사업실시계획승인처분의 취소를 구할 원고적격이 있는지의 여부에 대해 검토하시오.

문 2. 甲과 乙의 주장에 근거하여 K의 위 사업실시계획승인처분의 위법성이 인정될 수 있는지에 관하여 검토하시오(甲과 乙의 원고적격은 논외로 함).

문 3. 한국고속철도건설공단이 환경영향평가서의 작성을 P에게 대행시킬 때 요구되는 절차와 요건을 기술하시오.

해 설

문 1. 甲, 乙 및 丙에게 K의 위 사업실시계획승인처분의 취소를 구할 원고적격이 있는지의 여부에 대해 검토하시오.

Ⅰ. 문제의 소재

처분의 직접 상대방이 아닌 甲, 乙 및 丙에게 K의 위 사업실시계획승인처분을 다툴 원고적격이 있는지의 여부가 문제된다.

Ⅱ. 원고적격

1. 근거 규정

행정소송법 제12조은 "취소소송은 처분 등의 취소를 구할 법률상 이익이 있는 자가 제기할 수 있다"라고 규정하고 있으므로, 항고소송에 있어서 소를 제기할 수 있는 자격(원고적격)이 인정되기 위해서는 위 규정상의 "법률상 이익이 있는 자"이어야 한다.

2. 법률상 이익이 있는 자

행정소송법 제12조에서 말하는 '법률상 이익'이 '법이 실체법적으로 보호하고 있는 이익'만을 의미한다는 법률상 이익구제설, '법이 보호할 가치가 있는 이익'을 의미한다는 보호가치 이익구제설이 대립하고 있다. 더 나아가 '법률상 이익'에서 말하는 '법률'이 단지 실체요건법규만을 의미하는 것인지, 아니면 절차요건 법규 또는 헌법상의 환경권 또는 환경이익을 포함하는지에 대하여도 다툼이 계속되고 있다.

판례는 법률상 이익의 개념에 관하여 "당해 처분의 근거법규 및 관련법규에 의하여 보호되는 개별적 · 직접적 · 구체적 이익이 있는 경우를 말하고, 다만 공익보호의 결과로 국민 일반이 공통적으로 가지는 일반적 · 간접적 · 추상적 이익과 같이 사실적 · 경제적 이해관계를 가지는데 불과한 경우는 여기에 포함되지 아니한다"고 판시해 옴으로써, 이른바 '법률상 이익구제설'을 취하고 있다. 판례는 처분의 근거가 되는 법규의 보호목적을 기준으로 하여 처분의 근거법규(근거법규가 다른 법규를 인용함으로 인하여 근거법규가 된 경우까지를 아울러 포함) 및 관련법규(당해 처분의 행정목적을 달성하기 위한 일련의 단계적인 관련처분들의 근거법규)가 공익보호뿐만 아니라 개인의 이익도 보호하고 있다고 판단되는 경우(사익보호성)에 원고적격이 있는 것으로 보고 있는데, 그 결과 공익보호의 결과로 국민일반이 공통적으로 가지는 추상적 · 평균적 · 일반적인 이익과 같은 것은 여기에서 말하는 법률상 이익에 포함되지 않게 된다.

3. 환경영향평가 대상지역과 원고적격

판례는 환경영향평가법을 개발사업승인처분의 근거법규로 보고, 환경영향평가 대상지역 안의 주민에게 처분의 취소를 구할 원고적격을 인정하고 있다. 특히 법원은 새만금 사건에서 환경영향평가 대상지역 안의 주민들에 대하여는 특단의 사정이 없는 한 환경상의 이익에 대한 침해 또는 침해우려가 있는 것으로 사실상 '추정'된다면서 원고적격을 쉽게 인정하는 경향이 있다. 그러나 단지 그 영향권 내의 건물 · 토지를 소유하거나 환경상 이익을 일시적으로 향유하는 데 그치는 사람은 환경상의 이익에 대한 침해 또는 침해우려가 있는 것으로 추정되지 않는다(제주 풍력발전소 사건). 한편, 원고적격을 인정함에 있어서 환경영향평가 대상지역의 안팎을 칼로 자르듯이 획일적으로 구분하여 환경영향평가 대상지역 안의 주민에게만 원고적격을 인정하고 그 밖에 거주하는 주민에게는 원고적격을 인정하지 않는 것은 부당한 결과를 초래할 수 있다. 따라서 비록 환경영향평가 대상지역 밖에 거주하더라도 직접적이고 중대한 환경피해를 입을 것이 예상된다는 점을 주장 · 입증하는 자에게는 원고적격을 인정하여야 할 것이다. 법원은 이러한 입장을 확인하고 있다. 즉 새만금 사건에서 대법원은 "환경영향평가 대상지역 밖의 주민이라 할지라도 처분으로 인하여 그 처분 전과 비교하여 수인한도를 넘는 환경피해를 받거나 받을 우려가 있는 경우에는, 처분으로 인하여 환경상 이익에 대한 침해 또는 침해우려가 있다는 것을 입증함으로써 그 처분 등의 무효확인을 구할 원고적격을 인정받을 수 있다"는 취지로 판시하였다.

Ⅲ. 사안에의 적용

1. 甲

환경영향평가 대상지역에 거주하는 甲에 대하여는 특단의 사정이 없는 한 분진, 소음 등의 환경상 이익에 대한 침해 또는 침해 우려가 있는 것으로 추정할 수 있고 이는 법률상 보호되는 이익에 해당한다고 해석함이 상당하다. 결국 甲은 원고적격이 인정될 가능성이 많다.

2. 乙

판례의 태도에 따르면 환경상 이익에 대한 침해 또는 침해 우려가 있는 것으로 사실상 추정되어 원고적격이 인정되는 사람에는 환경상 침해를 받으리라고 예상되는 영향권 내의 주민들을 비롯하여 그 영향권 내에서 농작물을 경작하는 등 현실적으로 환경상 이익을 향유하는 사람도 포함된다. 그러나 단지 그 영향권 내의 건물·토지를 소유하거나 환경상 이익을 일시적으로 향유하는 데 그치는 사람은 환경상의 이익에 대한 침해 또는 침해우려가 있는 것으로 추정되지 않는다. 乙은 영향권 밖의 주민이라도 그 영향권 내에서 가축을 사육함으로써 현실적으로 환경상 이익을 향유하는 자에 해당하므로 원고적격 인정된다(토지 임차인으로 환경상 이익을 일시적으로 향유하는 데 그치는 사람으로 보아 원고적격을 인정할 수 없다는 견해가 있을 수 있음).

3. 丙

환경영향평가 대상지역 밖의 주민이라 할지라도 승인처분으로 인하여 수인한도를 넘는 환경상 이익에 대한 침해 또는 침해우려가 있다는 것을 입증함으로써 그 처분의 취소를 구할 원고적격을 인정받을 수 있으나, 丙이 입는 침해가 환경상 이익이 아닌 경제적 이익에 관한 침해에 해당하여 원고적격은 인정되지 않는다.

Ⅳ. 결 론

甲과 乙은 K의 사업실시계획승인처분의 취소를 구할 원고적격이 있으나(乙의 경우 원고적격을 인정할 수 없다는 견해가 있을 수 있음) 丙은 환경상 이익이 아닌 경제적 이익의 침해우려가 있는 자로서 원고적격이 인정될 수 없다.

문 2. 甲과 乙의 주장에 근거하여 K의 위 사업실시계획승인처분의 위법성이 인정될 수 있는지에 관하여 검토하시오(甲과 乙의 원고적격은 논외로 함).

Ⅰ. 문제의 소재

甲은 환경영향평가의 절차적 하자(공청회의 미개최)를 주장하고 乙은 실체적 하자(부실한 환경영향평가)를 주장하고 있는바, 이러한 하자가 사업실시계획승인처분의 위법성에 어떠한 영향을 미치는지에 대한 검토가 필요하다.

Ⅱ. 공청회의 미개최

1. 공청회의 미개최

환경영향평가법 제25조 제2항, 제13조 제1항 및 동법 시행령 제16조 제1항 제2호(또는 법 제25조 제2항, 시행령 제40조 제1항 제2호)는 '공청회 개최가 필요하다는 의견을 제출한 주민이 5명 이상이고, 환경영향평가서 초안에 대한 의견을 제출한 주민 총수의 50퍼센트 이상인 경우'에는 공청회를 개최하여야 한다고 규정하고 있다. 또한 환경영향평가법 제13조 제3항 및 시행령 제18조 제1항(또는 제41조 제1항)은 공청회가 주민 등의 개최 방해 등의 사유로 2회 이상 개최되지 못하거나 개최되었더라도 정상적으로 진행되지 못한 경우(제2호)에는 공청회를 개최하지 아니할 수 있다고 규정하고 있다. 나아가 공청회를 생략한 경우에는 공청회를 생략하게 된 사유, 의견제출 시기 및 방법, 설명자료 열람방법 등을 일간신문과 지역신문에 각각 1회 이상 공고하여야 하며, 그 밖의 방법으로 주민 등의 의견을 듣기 위하여 성실히 노력하여야 한다(시행령 제18조 제2항 제2호 또는 제41조 제2항 제2호). 사안의 경우 주민 5명이 공청회 개최를 요구하였고, 환경영향평가서 초안에 대한 의견을 제출한 주민 총수(8명)의 50퍼센트 이상인 경우이며, 특별한 공청회 생략사유가 존재하지 않으므로 공청회를 필요적으로 개최하여야 함에도 설명회로 대체한 상황에 해당한다.

2. 절차적 하자와 처분의 위법성

절차상의 하자가 실체적 하자의 유무와 관계없이 독립된 위법사유가 될 수 있는지는 논란이 되고 있다. 행정절차상의 하자가 독립된 위법 사유가 된다는 것이 판례와 다수설의 입장이며, 중요도에 따라 무효 또는 취소사유로 보고 있다. 주민의 의견제출절차 등을 거치도록 법에서 요구하고 있는 것은 사업시행에 있어서 지역주민 등 다수 이해관계인의 의사를 반영하고 그들 상호간의 이익을 합리적으로 조정함으로써 주민의 권리에 대한 부당한 침해를 방지하고 행정의 민주화와 신뢰를 확보하는 데 그 취지가 있다고 할 것이다. 결국 환경영향평가절차의 준수는 내용의 적정성을 담보함으로써, 환경피해의 사전예방 내지 최소화를 가능케 하므로 그 절차가 갖는 중요성을 쉽게 무시해서는 안 될 것이다. 그러한즉 일단 그 절차에 하자가 있는 경우에는 법의 목적과 환경영향평가 제도를 두게 된 취지 등에 비추어 그 절차에 관한 규정은 엄격하게 준수되어야 한다는 점을 고려하여 처분의 위법성이 적극적으로 인정되어야 할 것이다.

판례 역시 주민 의견수렴절차를 거치지 아니한 채 이루어진 사업계획승인처분의 위법성을 인정하는 판시를 한 바 있다(대법원 2011. 11. 10. 선고 2010두22832 판결 참조).

3. 사안에의 적용

사안의 경우 환경영향평가서 초안에 대해 8인의 지역주민이 의견을 제출하였고 그 중 5인이 공청회 개최를 요구하는 의견을 제출하였으며, 공청회 생략사유가 존재하지 아니함에도 불구하고 공청회를 개최하지 않고 생략사유에 대한 법적인 조치가 없었으면 법령상 규정된 절차를 거치지 않은 것이므로 경미한 절차위반이라고 보기는 어려우며 그 하자가 중대하고 객관적으로 명백한 것이라 무효사유에 해당한다 할 것이다(취소사유에 해당한다는 견해가 있을 수 있음).

Ⅲ. 부실한 환경영향평가

1. 실체적(내용적) 하자

환경영향평가상의 하자는 편의상 실체적 하자와 절차적 하자로 구분할 수 있으나 이를 엄격히 구분하기 어려운 측면이 있으며, 법원은 이를 크게 구분하지 아니하고 판단하고 있다. 乙의 주장대로 보완된 평가서에는 실시계획 및 공사 시 분진과 소음 피해를 최대한 억제할 계획이라고만 하였을 뿐 피해를 막을 수 있는 구체적인 계획이 언급되지 않은 사실을 인정할 수 있다면, 이는 평가서가 부실하게 경우로서 환경영향평가에 실체적 하자가 있다고 할 수 있다.

2. 환경영향평가의 실체적 하자와 승인처분의 위법성

대법원은 환경영향평가법령에서 정한 환경영향평가를 거쳐야 할 대상사업에 대하여 그러한 환경영향평가를 거치지 아니하였음에도 승인 등 처분을 하였다면 그 처분은 위법하다 할 것이나, 그러한 절차를 거쳤다면, 비록 그 환경영향평가의 내용이 다소 부실하다 하더라도, 그 부실의 정도가 환경영향평가제도를 둔 입법 취지를 달성할 수 없을 정도이어서 환경영향평가를 하지 아니한 것과 다를 바 없는 정도의 것이 아닌 이상, 그 부실은 당해 승인 등 처분에 재량권 일탈 · 남용의 위법이 있는지 여부를 판단하는 하나의 요소로 됨에 그칠 뿐, 그 부실로 인하여 당연히 당해 승인 등 처분이 위법하게 되는 것이 아니라고 판시하였다.

또한 "환경부장관과의 협의를 거친 이상 환경부장관의 환경영향평가에 대한 의견에 반하는 처분을 하였다고 하여 그 처분이 위법하다고 할 수 없다"고 판시한 바 있다 (대법원 2001. 7. 27. 선고 99두2970 판결).

3. 사안에의 적용

乙의 주장대로 보완된 평가서에는 실시계획 및 공사 시 분진과 소음 피해를 최대한 억제할 계획이라고만 하였을 뿐 피해를 막을 수 있는 구체적인 계획이 언급되지 않은 사실을 인정할 수 있는 경우 앞서 판례의 태도를 통하여 보면 이는 환경영향평가제도를 둔 입법취지를 달성할 수 없을 정도로 심히 부실한 것으로 볼 수 없어 이 사유를 가지고 승인처분이 위법하다고 볼 수는 없을 것이다.

부실의 정도가 환경영향평가제도를 둔 입법 취지를 달성할 수 없을 정도에 이르지 아니한 경우라면 처분에 재량권 일탈 · 남용의 위법이 있는지 판단해 보아야 할 것인바, 사안의 사실관계만으로는 재량권 일탈 · 남용도 쉽게 인정되지 않을 것으로 보인다.

환경을 보전할 필요성 못지않게 국민경제의 발전을 위하여 고속철도차량정비기지 건설을 추진할 필요성 또한 부인할 수 없는 것이므로, 기지 건설을 추진할 것인지 여부는 해당 사업으로 얻을 수 있는 국민경제적인 가치와 이로 인하여 훼손되는 환경의 가치(소음, 진동 및 분진 발생)를 비교하여 결정하여야 할 의무가 행정청에 있다. 개발 전과 비교하여 사회통념상 수인한도를 넘는 생활이익의 침해를 초래할 우려가 있는데도 불구하고 행정청이 이러한 환경적 위해 발생을 충분히 고려하지 아니한 채 기지 건설을 승인하였다면 재량권을 일탈 또는 남용한 행위로 볼 수도 있을 것이다.

Ⅳ. 결 론

결국 甲의 주장은 타당하다. 그러나 乙의 주장은 타당하지 않다(부실의 정도에 대한 판단에 따라 결론을 달리 할 수 있음).

문 3. 한국고속철도건설공단이 환경영향평가서의 작성을 P에게 대행시킬 때 요구되는 절차와 요건을 기술하시오.

Ⅰ. 문제의 소재

환경영향평가법은 환경영향평가서의 작성주체를 사업자로 정하고 있지만, 보다 전문적인 평가서가 작성될 수 있도록 동법에 따라 등록한 환경영향평가업자로 하여금 대행할 수 있도록 하고 있으며(제53조 제1항), 평가대행자에 의한 평가의 공정성, 객관성, 신뢰성을 확보하기 위한 절차와 요건을 두고 있는바, 해당 규정에 대한 검토가 필요하다.

Ⅱ. 환경영향평가의 대행절차 및 요건

1. 환경영향평가업자의 사업수행능력 평가

동법 제53조 제2항 내지 제4항에 따라 한국고속철도공단이 환경영향평가서의 작성을 대행하게 하려는 때에는 이에 참여하려는 환경영향평가업자의 기술 · 경영능력 등의 사업수행능력을 평가하여야 한다.

2. 사업의 시행과 관련되는 계약과 분리하여 체결

한국고속철도공단은 환경영향평가업자와 환경영향평가서의 작성에 관한 대행계약을 체결하는 경우에는 해당 사업의 수립 · 시행과 관련되는 계약과 분리하여 체결하여야 한다(제53조 제5항 제4호). 이는 불충분한 조사와 부실작성 예방, 평가의 내실화를 도모하기 위한 것이다.

3. 환경영향평가서의 부실작성 요구 등 금지

또한 대행계약을 체결하는 경우에는 환경영향평가서와 그 작성의 기초가 되는 자료 및 환경영향 예측 · 분석 결과를 거짓으로 작성하거나 평가에 영향을 미치는 중요한 자료를 누락하는 등 부실하게 작성하도록 요구하지 않아야 한다(법 제53조 제5항 제5호).

19

협의 내용의 이행확보수단

(2020년도 제9회 변호사시험)

사 례

A군과 B군 사이에 ○○산도립공원이 위치하고 있다. 5년 전 B군이 관할구역 내에 ○○산도립공원 정상부근까지 케이블카를 설치하자 많은 관광객이 B군으로만 몰리게 되었고, 그 결과 A군의 관광수입이 급격히 줄어들어 경제사정이 악화되었다. 이에 A군수는 지역경제 활성화를 위하여 A군의 관할구역에서 출발하지만 정상부근이 아닌 다른 봉우리에 도착하는 케이블카와 상부 케이블카 정류장에서 정상을 잇는 국내에서 가장 긴 흔들다리를 설치하는 사업(이하 '케이블카사업'이라고 함)을 시행하고자 하였다.

케이블카사업은 환경영향평가대상사업으로 환경영향평가대상지역(이하 '대상지역'이라고 함)으로 지정된 구역은 한국의 알프스로 불릴 정도로 광활한 초원지대가 발달된 곳이며, 왕벚나무 등 A군에만 자생하는 희귀 동·식물이 많은 지역으로 알려져 있다.

甲은 대상지역 내에 아파트를 소유하여 거주하는 자이며, 乙은 대상지역 내의 임야를 1년간 임차하여 은퇴한 경주용 말 20마리를 방목하며 관광객을 상대로 승마영업을 하는 자로 대상지역으로부터 10km 떨어진 곳에 거주하고 있다. 丙은 대상지역 내의 토지를 소유하고 있으나 해당 토지는 경작이 불가능한 관계로 이 곳에 출입을 거의 하지 않고 있다. 丁은 퇴직 후 대상지역의 자연환경을 만끽하고자 대상지역으로부터 50m 떨어진 곳에 전원주택을 신축하여 7년 전 이주한 자이다.

주민 甲은 35명의 주민과 함께 케이블카사업이 주변 환경에 미치는 심각한 영향을 우려하여 공청회 개최가 필요하다는 의견을 제출하였으나, 공청회는 개최되지 않았다. 환경부장관과의 협의를 거쳐 A군수는 환경영향평가서를 작성하였고, C도지사는 이러한 환경영향평가서를 근거로 케이블카사업에 대한 승인처분을 하였다.

문 1. 환경부장관과의 협의와 관련해서 다음의 질문에 대하여 답하시오.

(1) 환경부장관의 협의의 처분성 여부를 검토하시오.

(2) 환경영향평가법상 협의 내용의 이행확보를 위한 수단에 대해 검토하시오.

문 2. 甲, 乙, 丙, 丁은 케이블카사업승인처분에 대하여 취소를 구할 원고적격이 인정되는가?

문 3. 주민 甲이 공청회 생략은 케이블카사업승인처분의 무효사유라고 주장하고 있다. 이에 대하여 A군수는 사업의 시급성으로 인한 공청회 생략은 정당한 사유에 해당하며 자신이 작성한 환경영향평가서를 근거로 한 C도지사의 케이블카사업승인처분은 유효라고 주장한다. A군수 주장의 타당성에 대하여 논하시오.

해 설

문 1. (1) 환경부장관의 협의의 처분성 여부를 검토하시오.

Ⅰ. 문제의 소재

환경영향평가제도의 핵심을 이루는 '협의'의 처분성이 인정될 경우 이해 당사자는 사업승인 이전에라도 그 행위의 위법성을 다투어 사업의 속행 또는 진척을 저지할 수 있을 것이다. '협의'의 처분성 인정 여부에 대한 판단은 협의의 성질을 어떻게 볼 것인지가 중요한 기준이 될 것이다.

Ⅱ. 처분의 개념

항고소송의 대상이 될 수 있는 것은 행정청의 '처분'이다. 행정소송법은 '처분'을 "행정청이 행하는 구체적 사실에 관한 법집행으로서의 공권력의 행사 또는 그 거부와 그밖에 이에 준하는 행정작용 및 행정심판에 대한 재결"이라고 정의하고 있다(제2조 제1항 제1호). 항고소송의 대상이 되는 행정청의 처분이 무엇을 의미하는지에 대하여는 실체법상의 행위를 의미한다는 견해와, 실체법상의 행정행위에 국한하지 아니하고 권력적 사실행위, 공권력 행사로서의 실체를 가지고 있지는 아니하나 실질적으로 국민에게 계속적으로 사실상의 지배력을 미치는 행정작용(형식적 행정행위)을 포함하는 것으로 이해하는 견해가 있다.

법원은 "행정청의 공법상의 행위로서 특정 사항에 대하여 법규에 의한 권리의 설정 또는 의무의 부담을 명하거나 기타 법률상 효과를 발생하게 하는 등 '국민의 권리의무에 직접 관계가 있는 행위' 또는 '국민의 구체적인 권리의무에 직접적 변동을 초래하는 행위'를 가리키는 것"이라고 함으로써, 국민의 권리의무에 대한 직접관련성 여부를 기준으로 하여 그 처분성 여부를 판단하고 있다.

Ⅲ. 판 례

환경영향평가에서의 협의는 아니지만 종전의 사전환경성검토상의 '협의'를 두고 법원은 그 협의의 법적 성질을 '자문'으로 보고 있다(대법원 2000. 10. 13. 선고 99두653 판결).

Ⅳ. 사안에의 적용

협의는 대상사업자나 일반국민에게 효력을 미치지 아니하므로 처분이 아니라는 견해가 있을 수 있으나, 법에서 협의를 의무 사항으로 규정하고 있는 점, 협의 내용을 이행하기 위한 절차·수단(협의 내용의 반영·이행, 조치명령, 사전공사 시행금지)이 있는 점, 협의가 동의까지를 요구하지는 않는다고 하더라도 단순히 자문을 구하라거나 협조요청을 구하라는 의미는 아닌 점, 그 의견을 따라 처분을 하라는 의미가 강한 공권력의 행사라는 점, 쌍방간의 의사의 조정이 아닌 환경부장관의 일방적인 심사라는 점, 협의 내용에 불복이 있는 경우에 대한 절차(조정 요청)가 있는 점, 사실상 승인의 요건으로 작용한다는 점 등에 비추어서 행정쟁송의 대상이 되는 처분이라고 볼 여지가 있다.

문 1. (2) **환경영향평가법상 협의 내용의 이행확보를 위한 수단에 대해 검토하시오.**

Ⅰ. 문제의 소재

환경부장관과의 협의 후 환경영향평가서에 반영된 협의 내용의 이행확보수단으로 법령상 어떠한 것이 있는지 문제된다.

Ⅱ. 협의 내용의 이행

사업자는 사업계획 등을 시행할 때에 사업계획 등에 반영된 협의 내용을 이행하여야 한다(제35조 제1항). 또한 사업자는 협의 내용을 성실히 이행하기 위하여 협의 내용을 적은 관리대장에 그 이행 상황을 기록하여 공사현장에 갖추어 두어야 하며, 협의 내용이 적정하게 이행되는지를 관리하기 위하여 협의 내용 관리책임자를 지정하여 환경부장관, 승인기관의 장에게 통보하여야 한다(동조 제2항 · 제3항).

Ⅲ. 협의 내용의 관리 · 감독

1. 승인기관의 감독책임

환경영향평가의 실효성을 확보하기 위하여 승인기관의 장에게는 협의 내용의 이행을 감독할 1차적 책임과 권한이 있다. 즉 승인기관의 장은 승인등을 받아야 하는 사업자가 협의 내용을 이행하는지를 확인하여야 한다(제39조 제1항). 승인기관장등은 해당 사업의 준공검사를 하려는 경우에는 협의 내용의 이행 여부를 확인하고 그 결과를 환경부장관에게 통보하여야 한다. 이 경우 승인기관장등은 필요하면 환경부장관에게 공동으로 협의 내용의 이행 여부를 확인하여 줄 것을 요청할 수 있다(동조 제3항). 승인기관은 사업승인 시 협의 내용이 사업계획에 제대로 반영되었는지 확인하는 데 그치지 아니하고 공사착공 이후에도 협의 내용이 충실히 이행되고 있는지 사업자를 감독할 책임이 있다. 즉 승인기관의 장은 승인등을 받아야 하는 사업자가 협의 내용을 이행하지 아니한 때에는 그 이행에 필요한 조치를 명하여야 한다(제40조 제1항).

2. 공사중지명령

승인기관의 장은 승인등을 받아야 하는 사업자가 협의 내용의 이행에 필요한 조치명령을 이행하지 아니하여 해당 사업이 환경에 중대한 영향을 미친다고 판단하는 경우에는 그 사업의 전부 또는 일부에 대한 공사중지명령을 하여야 한다(동조 제2항).

3. 환경부장관의 조치명령 등

환경부장관은 협의 내용의 이행을 감독할 2차적 책임과 권한을 갖는다. 즉 환경부장관은 승인기관의 장과 더불어 사업자에게 협의 내용의 이행에 관련된 자료를 제출하게 하거나 소속 공무원으로 하여금 사업장에 출입하여 조사하게 할 수 있으며(제39조 제2항), 협의 내용에 협의기준에 대한 내용이 포함되어 있으면 협의기준의 준수 여부를 확인하여야 한다(제40조 제3항). 협의 내용의 이행을 관리하기 위하여 필요하다고 인정하는 경우, 사후환경영향조사의 결과 및 조치의 내용 등을 검토한 결과 주변 환경의 피해를 방지하기 위하여 필요하다고 인정하는 경우에는 승인등을 받지 아니하여도 되는 사업자에게 공사중지, 원상복구 또는 그 밖에 필요한 조치를 할 것을 명령하거나, 승인기관의 장에게 공사중지, 원상복구 또는 그 밖에 필요한 조치 명령을 할 것을 요청할 수 있다.

이 경우 승인기관장등은 특별한 사유가 없으면 이에 따라야 한다(동조 제4항). 승인기관의 장이 조치명령 또는 공사중지명령을 하거나 사업자가 조치를 한 때에는 지체 없이 그 내용을 환경부장관에게 통보하여야 한다(동조 제5항).

Ⅳ. 결 론

협의 내용의 이행확보수단으로는 사업자의 협의 내용의 이행, 승인기관의 장 또는 환경부장관의 협의 내용의 관리 · 감독, 조치명령 등이 있다.

문 2. 甲, 乙, 丙, 丁은 케이블카사업승인처분에 대하여 취소를 구할 원고적격이 인정되는가?

Ⅰ. 문제의 소재

처분의 상대방이 아닌 제3자에게 처분의 취소소송을 구할 법률상 이익이 있는지 여부가 문제된다.

Ⅱ. 원고적격

1. 근거 규정

행정소송법 제12조은 "취소소송은 처분 등의 취소를 구할 법률상 이익이 있는 자가 제기할 수 있다"라고 규정하고 있으므로, 항고소송에 있어서 소를 제기할 수 있는 자격(원고적격)이 인정되기 위하여는 위 규정상의 "법률상 이익이 있는 자"이어야 한다.

2. 법률상 이익이 있는 자

행정소송법 제12조에서 말하는 '법률상 이익'이 '법이 실체법적으로 보호하고 있는 이익'만을 의미한다는 법률상 이익구제설, '법이 보호할 가치가 있는 이익'을 의미한다는 보호가치 이익구제설이 대립하고 있다. 더 나아가 '법률상 이익'에서 말하는 '법률'이 단지 실체요건법규만을 의미하는 것인지, 아니면 절차요건 법규 또는 헌법상의 환경권 또는 환경이익을 포함하는지에 대하여도 다툼이 계속되고 있다.

판례는 법률상 이익의 개념에 관하여 "당해 처분의 근거법규 및 관련법규에 의하여 보호되는 개별적 · 직접적 · 구체적 이익이 있는 경우를 말하고, 다만 공익보호의 결과로 국민 일반이 공통적으로 가지는 일반적 · 간접적 · 추상적 이익과 같이 사실적 · 경제적 이해관계를 가지는데 불과한 경우는 여기에 포함되지 아니한다"고 판시해 옴으로써, 이른바 '법률상 이익구제설'을 취하고 있다. 판례는 처분의 근거가 되는 법규의 보호목적을 기준으로 하여 처분의 근거법규(근거법규가 다른 법규를 인용함으로 인하여 근거법규가 된 경우까지를 아울러 포함) 및 관련법규(당해 처분의 행정목적을 달성하기 위한 일련의 단계적인 관련처분들의 근거법규)가 공익보호뿐만 아니라 개인의 이익도 보호하고 있다고 판단되는 경우(사익보호성)에 원고적격이 있는 것으로 보고 있는데, 그 결과 공익보호의 결과로 국민일반이 공통적으로 가지는 추상적 · 평균적 · 일반적인 이익과 같은 것은 여기에서 말하는 법률상 이익에 포함되지 않게 된다.

3. 환경영향평가 대상지역과 원고적격

판례는 환경영향평가법을 개발사업승인처분의 근거법규로 보고, 환경영향평가 대상지역 안의 주민에게 처분의 취소를 구할 원고적격을 인정하고 있다. 특히 법원은 새만금 사건에서 환경영향평가 대상지역 안의 주민들에 대하여는 특단의 사정이 없는 한 환경상의 이익에 대한 침해 또는 침해우려가 있는 것으로 사실상 '추정'된다면서 원고적격을 쉽게 인정하는 경향이 있다. 그러나 단지 그 영향권 내의 건물 · 토지를 소유하거나 환경상 이익을 일시적으로 향유하는 데 그치는 사람은 환경상의 이익에 대한 침해 또는 침해우려가 있는 것으로 추정되지 않는다(제주 풍력발전소 사건). 한편, 원고적격을 인정함에 있어서 환경영향평가 대상지역의 안팎을 칼로 자르듯이 획일적으로 구분하여 환경영향평가 대상지역 안의 주민에게만 원고적격을 인정하고 그 밖에 거주하는 주민에게는 원고적격을 인정하지 않는 것은 부당한 결과를 초래할 수 있다. 따라서 비록 환경영향평가 대상지역 밖에 거주하더라도 직접적이고 중대한 환경피해를 입을 것이 예상된다는 점을 주장 · 입증하는 자에게는 원고적격을 인정하여야 할 것이다. 법원은 이러한 입장을 확인하고 있다. 즉 새만금 사건에서 대법원은 "환경영향평가 대상지역 밖의 주민이라 할지라도 처분으로 인하여 그 처분 전과 비교하여 수인한도를 넘는 환경피해를 받거나 받을 우려가 있는 경우에는, 처분으로 인하여 환경상 이익에 대한 침해 또는 침해우려가 있다는 것을 입증함으로써 그 처분 등의 무효확인을 구할 원고적격을 인정받을 수 있다"는 취지로 판시하였다.

Ⅲ. 사안에의 적용

1. 甲

환경영향평가 대상지역에 거주하는 甲에 대하여는 특단의 사정이 없는 한 환경상 이익에 대한 침해 또는 침해 우려가 있는 것으로 추정할 수 있고 이는 법률상 보호되는 이익에 해당한다고 해석함이 상당하다. 결국 甲은 원고적격이 인정될 가능성이 많다.

2. 乙

대상지역에서 10㎞ 떨어진, 영향권과 무관한 지역에 거주한다는 점에 비추어 환경영향평가 대상지역 밖에 거주하는 주민으로 보이므로 乙의 원고적격은 원칙적으로 부인될 것이다. 그러나 새만금 사건에 비추어 볼 때 처분으로 인하여 환경상 이익에 대한 수인한도를 넘는 침해 또는 침해우려가 있다는 것을 입증할 경우 원고적격이 인정될 수도 있다. 그러나 사안의 경우 乙이 입는 침해가 환경상 이익이 아닌 경제적 이익에 관한 침해에 해당하여 원고적격은 인정되지 않는다.

한편, 판례의 태도에 따르면 환경상 이익에 대한 침해 또는 침해 우려가 있는 것으로 사실상 추정되어 원고적격이 인정되는 사람에는 환경상 침해를 받으리라고 예상되는 영향권 내의 주민들을 비롯하여 그 영향권 내에서 농작물을 경작하는 등 현실적으로 환경상 이익을 향유하는 사람도 포함된다. 그러나 단지 그 영향권 내의 건물·토지를 소유하거나 환경상 이익을 일시적으로 향유하는 데 그치는 사람은 환경상의 이익에 대한 침해 또는 침해우려가 있는 것으로 추정되지 않는다. 乙이 영향권 내에서 현실적으로 환경상 이익을 향유하고 있다고 보더라도 임차기간이 1년에 불과하다는 점에서 환경상 이익을 일시적으로 향유하는 데 그쳐 침해 또는 침해우려가 있는 것으로 추정되지 않아 결국 원고적격의 인정이 어려울 것이다.

3. 丙

영향권 내의 토지를 소유하는 것만으로 환경상의 이익에 대한 침해 또는 침해우려가 있는 것으로 추정되지 않으므로 원고적격의 인정이 어려울 것이다.

4. 丁

대상지역의 자연환경을 이용하고자 대상지역 바로 인근에 오래 전부터 거주하고 있는 점 등에 비추어 처분 전과 비교하여 수인한도를 넘는 환경피해를 받거나 받을 우려가 있는 경우로 볼 여지가 있어 원고적격이 인정될 가능성이 있다.

Ⅳ. 결 론

결국 甲, 丁은 원고적격이 인정될 가능성이 있다. 이에 반해 乙, 丙은 원고적격이 부인될 가능성이 많다.

문 3. 주민 甲이 공청회 생략은 케이블카사업승인처분의 무효사유라고 주장하고 있다. 이에 대하여 A군수는 사업의 시급성으로 인한 공청회 생략은 정당한 사유에 해당하며 자신이 작성한 환경영향평가서를 근거로 한 C도지사의 케이블카사업승인처분은 유효라고 주장한다. A군수 주장의 타당성에 대하여 논하시오.

Ⅰ. 문제의 소재

환경영향평가서 작성 시 주민이 공청회 개최 요구 요건 및 생략가능 요건을 확인하고, 절차상의 하자와 그 효력에 대한 검토가 필요하다.

Ⅱ. 공청회 개최요구 요건

환경영향평가법 제25조 제2항, 제13조 제1항 및 동법 시행령 제16조 제1항 제1호(또는 법 제25조 제2항, 시행령 제40조 제1항 제1호)는 공청회 개최가 필요하다는 의견을 제출한 주민이 30명 이상인 경우에는 공청회를 개최하여야 한다고 규정하고 있다.

Ⅲ. 공청회 생략 사유

환경영향평가법 제13조 제3항 및 시행령 제18조 제1항(또는 제41조 제1항)은 설명회가 주민 등의 개최 방해 등의 사유로 개최되지 못하거나 개최되었더라도 정상적으로 진행되지 못한 경우(제1호), 공청회가 주민 등의 개최 방해 등의 사유로 2회 이상 개최되지 못하거나 개최되었더라도 정상적으로 진행되지 못한 경우(제2호)에는 공청회를 개최하지 아니할 수 있다고 규정하고 있다.

나아가 공청회를 생략한 경우에는 공청회를 생략하게 된 사유, 의견제출 시기 및 방법, 설명자료 열람방법 등을 일간신문과 지역신문에 각각 1회 이상 공고하여야 하며, 그 밖의 방법으로 주민 등의 의견을 듣기 위하여 성실히 노력하여야 한다(시행령 제18조 제2항 제2호 또는 제41조 제2항 제2호).

Ⅳ. 절차의 하자와 그 효력

1. 절차의 하자

사안의 경우 주민 35명이 공청회 개최를 요구한 경우이며, 특별한 공청회 생략사유가 존재하지 않으므로 공청회를 필요적으로 개최하여야 함에도 공청회를 개최하지 않은 상황에 해당한다. 이는 법으로 규정하고 있는 절차를 거치지 않은 것으로 절차의 하자에 해당한다.

2. 절차적 하자와 처분의 위법성

절차상의 하자가 실체적 하자의 유무와 관계없이 독립된 위법사유가 될 수 있는지는 논란이 되고 있다. 행정절차상의 하자가 독립된 위법 사유가 된다는 것이 판례와 다수설의 입장이며, 중요도에 따라 무효 또는 취소사유로 보고 있다. 주민의 의견제출절차 등을 거치도록 법에서 요구하고 있는 것은 사업시행에 있어서 지역주민 등 다수 이해관계인의 의사를 반영하고 그들 상호간의 이익을 합리적으로 조정함으로써 주민의 권리에 대한 부당한 침해를 방지하고 행정의 민주화와 신뢰를 확보하는 데 그 취지가 있다고 할 것이다. 결국 환경영향평가절차의 준수는 내용의 적정성을 담보함으로써, 환경피해의 사전예방 내지 최소화를 가능케 하므로 그 절차가 갖는 중요성을 쉽게 무시해서는 안 될 것이다. 그러한즉 일단 그 절차에 하자가 있는 경우에는 법의 목적과 환경영향평가제도를 두게 된 취지 등에 비추어 그 절차에 관한 규정은 엄격하게 준수되어야 한다는 점을 고려하여 처분의 위법성이 적극적으로 인정되어야 할 것이다.

판례 역시 주민 의견수렴절차를 거치지 아니한 채 이루어진 사업계획승인처분의 위법성을 인정하는 판시를 한 바 있다(대법원 2011. 11. 10. 선고 2010두22832 판결 참조).

3. 사안에의 적용

사안의 경우 공청회 개최요건을 충족하고, A군수가 주장하는 사업의 시급성은 생략사유에 해당하지 않으며 또한 생략사유에 대한 법적인 조치가 없었으면 공청회 생략은 그 하자가 중대하고 객관적으로 명백한 것이라 무효사유에 해당한다 할 것이다.

20

생태 · 경관보전지역 변경

(법전원협의회 2014년도 제3차 변호사시험 모의시험)

사 례

사업자 A는 전라북도 B시 일원에 케이블카 운영사업(궤도운송법에 따르면 "궤도사업"이다. 이하 "케이블카 사업"이라 한다)을 하려고 한다. 위 B시장은 침체된 지역관광경제를 활성화시키고 지방세수를 확보하고자 위 케이블카 사업을 적극 밀어주겠다는 방침을 정하였다. 그런데 위 케이블카 사업예정부지 중 일부가 전라북도 도지사가 2010. 5.경 지정한 생태 · 경관보전지역에 포함되어 있다. 이에 B시장은 위 보전지역에 포함된 사업부지를 보전지역에서 제외해 줄 것을 도지사에게 요청하였다. 도지사도 지방관광산업의 활성화를 통한 지역발전을 명분으로 위 케이블카 사업을 위하여 위 보전지역에 포함된 사업해당부지를 생태 · 경관보전지역에서 제외하려고 한다. 이러한 계획에 대해 지역환경단체는 강하게 반발하였으나 결국 도지사는 관련절차를 거쳐 해당 사업부지를 생태 · 경관보전지역에서 제외하는 내용의 생태 · 경관보전지역변경결정을 하고 이를 고시하였다.

환경단체 甲과 그 단체의 회원 乙은 단지 개발사업의 편의를 위하여 생태 · 경관보전지역을 일부라도 해제하는 것은 생태경관보전지역제도의 취지, 목적 등에 반하고, 특히 이곳은 생태 · 자연도 1등급 지역으로 개발보다는 보전해야 한다는 점에서 도지사의 결정은 자연환경보전법의 목적 등에 위배되며, 또 도지사가 환경보전에 이해를 가지는 자의 의견을 제대로 듣지 아니한 채 일방적으로 해제결정을 한 것은 절차상으로도 문제가 있다고 주장한다. 그리고 이러한 도지사의 잘못된 처분에 의하여 생태 · 경관보전지역에 대하여 가지는 자신들의 환경상 이익(특히 乙은 해당 지역주민이자 고등학교 과학교사로 오래 전부터 이곳을 자주 찾아와 보전지역을 관찰 · 연구하고, 또 이곳을 관찰하기 위하여 찾는 내 · 외국인들에 대한 안내, 학생들의 교육, 자연보호 및 감시활동 등을 벌여 오는 등의 방법으로 그 환경이익을 향유하고 있었다) 및 자연환경보전법상의 의견진술이익이 침해되었다고 주장하며 위 변경결정고시처분의 취소를 구하는 소송을 제기하고자 한다(사업자 A가 하려는 케이블카 사업의 규모는 환경영향평가 대상사업 규모에 해당한다).

문 1. 환경단체 甲과 회원 乙은 도지사의 위 생태 · 경관보전지역 변경결정고시처분의 취소를 구하는 소송을 제기할 원고적격이 있는지 검토하시오.

문 2. 환경단체 甲과 乙이 이 사건 처분의 하자로 주장한 내용과 관련하여 자연환경보전법상 어떠한 조항의 위반 여부가 문제될 수 있는지를 검토하시오.

해 설

문 1. 환경단체 甲과 회원 乙은 도지사의 위 생태 · 경관보전지역 변경결정고시처분의 취소를 구하는 소송을 제기할 원고적격이 있는지 검토하시오.

Ⅰ. 문제의 소재

사안에서 환경단체 甲과 회원 乙이 제기할 수 있는 것은 생태 · 경관보전지역 변경결정고시처분에 대한 취소소송인데, 이들이 원고적격이 있는지 여부가 문제된다. 인정여하를 판단하기 위해서는 생태 · 경관보전지역 지정 · 변경절차를 두고 있는 자연환경보전법 제13조가 사익보호성을 갖고 있는지, 이들이 이러한 이익을 침해당하였는지 규명되어야 한다.

Ⅱ. 원고적격

1. 근거 규정

행정소송법 제12조은 "취소소송은 처분 등의 취소를 구할 법률상 이익이 있는 자가 제기할 수 있다"라고 규정하고 있으므로, 항고소송에 있어서 소를 제기할 수 있는 자격(원고적격)이 인정되기 위하여는 위 규정상의 "법률상 이익이 있는 자"이어야 한다.

2. 법률상 이익이 있는 자

행정소송법 제12조에서 말하는 '법률상 이익'이 '법이 실체법적으로 보호하고 있는 이익'만을 의미한다는 법률상 이익구제설, '법이 보호할 가치가 있는 이익'을 의미한다는 보호가치 이익구제설이 대립하고 있다. 더 나아가 '법률상 이익'에서 말하는 '법률'이 단지 실체요건법규만을 의미하는 것인지, 아니면 절차요건 법규 또는 헌법상의 환경권 또는 환경이익을 포함하는지에 대하여도 다툼이 계속되고 있다.

판례는 법률상 이익의 개념에 관하여 "당해 처분의 근거법규 및 관련법규에 의하여 보호되는 개별적 · 직접적 · 구체적 이익이 있는 경우를 말하고, 다만 공익보호의 결과로 국민 일반이 공통적으로 가지는 일반적 · 간접적 · 추상적 이익과 같이 사실적 · 경제적 이해관계를 가지는데 불과한 경우는 여기에 포함되지 아니한다"고 판시해 옴으로써, 이른바 '법률상 이익구제설'을 취하고 있다. 판례는 처분의 근거가 되는 법규의 보호목적을 기준으로 하여 처분의 근거법규(근거법규가 다른 법규를 인용함으로 인하여 근거법규가 된 경우까지를 아울러 포함) 및 관련법규(당해 처분의 행정목적을 달성하기 위한 일련의 단계적인 관련처분들의 근거법규)가 공익보호뿐만 아니라 개인의 이익도 보호하고 있다고 판단되는 경우(사익보호성)에 원고적격이 있는 것으로 보고 있는데, 그 결과 공익보호의 결과로 국민일반이 공통적으로 가지는 추상적 · 평균적 · 일반적인 이익과 같은 것은 여기에서 말하는 법률상 이익에 포함되지 않게 된다.

Ⅲ. 사안에의 적용

1. 환경단체 甲

처분의 직접 근거법규는 시 · 도 생태 · 경관보전지역 지정 · 변경절차를 두고 있는 자연환경보전법 제24조 제1항이다(사안에서 분명하지 않지만 도지사가 지정한 것으로 보아 시 · 도 생태 · 경관보전지역으로 보인다). 이에 따르면 생태 · 경관보전지역을 지정 · 변경하고자 하는 때에는 당해 지역주민과 이해관계인 및 시장 · 군수 · 구청장의 장의 의견을 수렴한 후 지방환경관서의 장 및 관계 중앙행정기관의 장과의 협의 및 지방환경정책위원회의 심의를 거쳐 정한다. 문제는 환경단체가 여기에서 말하는 이해관계인에 포함될 수 있는지일 것이다. 이 조항은 지역주민, 환경단체 등의 생태 · 경관보전지역을 지정 · 변경을 둘러싼 의견진술을 보장하기 위한 규정으로 이러한 의견진술이익은 동 조항이 보호하고 있는 개별적 · 직접적 · 구체적 이익이라고 할 수 있다. 따라서 이러한 법률상 이익을 침해당한 환경단체 甲은 동법에 따른 생태 · 경관보전지역의 변경결정고시처분을 다툴 수 있는 원고적격을 갖는다. 여기에 대하여 생태 · 경관보전지역에 대하여 일반적 · 간접적 · 추상적 이익을 가지는 환경단체가 여기에서 말하는 이해관계인에 포함되기는 힘들다는 견해가 있을 수 있다. 자연인이 아닌 단체는 환경상 이익을 향수할 수 있는 주체가 아니라는 입장(대법원 2012. 6. 28. 선고 2010두2005 판결)을 취하고 있는 법원은 환경단체 甲의 원고적격을 부인할 가능성이 많다.

2. 환경단체 회원 乙

해당 지역주민인 乙은 자연환경보전법 제24조 제1항 따라 의견진술이익을 가지고 있다. 또한 생태 · 경관보전지역을 자주 찾아 보전지역의 관찰 · 연구, 이곳을 관찰하기 위하여 찾는 내 · 외국인들에 대한 안내, 학생들의 교육, 자연보호 및 감시활동 등을 벌여 오는 등의 방법으로 현실적으로 환경이익을 향유하고 있는 사람이라고 볼 수 있다(명지대교 사건: 부산고법 2006. 6. 19. 선고 2006라64 결정 참조). 이러한 이익은 환경정책기본법, 자연환경보전법 등의 규정 취지에 비추어 이들 법에 의하여 보호되는 이익으로, 그 이익을 침해당한 乙은 생태 · 경관보전지역의 변경결정고시처분을 다툴 수 있는 원고적격을 갖는다고 할 수 있다(이에 반해 환경단체의 회원 乙이 갖는 환경상 이익은 생태 · 경관보전지역이 보호됨으로써 반사적으로 누리는 것일 뿐 근거법규 및 관련법규에 의하여 보호되는 개별적 · 직접적 · 구체적 이익이라고 할 수 없다는 이유로 원고적격이 인정되지 않는다는 견해가 있을 수 있다).

문 2. 환경단체 甲과 乙이 이 사건 처분의 하자로 주장한 내용과 관련하여 자연환경보전법상 어떠한 조항의 위반 여부가 문제될 수 있는지를 검토하시오.

Ⅰ. 문제의 소재

개발사업의 편의를 위하여 생태 · 경관보전지역의 일부를 해제하고, 생태 · 자연도 1등급 지역인 곳을 개발을 위하여 해제한 것이 자연환경보전법상 어떠한 위반이 있는지, 의견수렴절차와 관련하여 동법상 어떠한 위반이 있는지 검토가 필요하다.

Ⅱ. 자연환경보전법 제12조 제3항 위반 여부

동법은 제23조 제3항에서 "시 · 도 생태 · 경관보전지역의 지정기준 · 구역구분 · 지정해제 등에 관한 사항은 제12조의 규정을 준용한다"고 규정하고, 동법 제12조 제3항에서는 "환경부장관은 생태 · 경관보전지역이 군사목적 또는 천재 · 지변 그 밖의 사유로 인하여 제1항의 규정에 의한 생태 · 경관보전지역으로서의 가치를 상실하거나 보전할 필요가 없게 된 경우에는 그 지역을 해제 · 변경할 수 있다"고 규정하고 있다.

사안에서 도지사는 생태 · 경관보전지역에 따른 행위제한으로 개발사업을 할 수 없으므로 개발사업의 편의를 위해 생태 · 경관보전지역을 일부 해제하는 결정을 한 것인바, 이는 생태 · 경관보전지역을 해제 · 변경하기 위한 동 조항상의 실체적 요건을 충족하지 못하였다고 볼 수 있다(이에 반해 사안은 지역발전을 위하여 생태 · 경관보전지역의 일부를 해제하는 것으로 이익형량에 따른 결정이라고 할 수 있기 때문에 이는 "그 밖의 사유로 생태 · 경관보전지역을 보전할 필요가 없게 된 경우"에 해당한다고 볼 수 있다는 견해가 있을 수 있음).

Ⅲ. 자연환경보전법 제24조 제1항 위반 여부

"생태 · 경관보전지역을 지정 · 변경하고자 하는 때에는 당해 지역주민과 이해관계인 및 시장 · 군수 · 구청장의 장의 의견을 수렴한 후 지방환경관서의 장 및 관계 중앙행정기관의 장과의 협의 및 지방환경정책위원회의 심의를 거쳐 정한다"(제24조 제1항). 이와 같이 생태 · 경관보전지역을 해제 또는 변경하려면 당해 지역주민의 의견을 수렴하여야 함에도 불구하고 지역주민의 의견수렴 절차를 거치지 않았다면 위 규정을 위반한 것이 된다.

Ⅳ. 자연환경보전법 제34조 위반 여부

환경부장관은 토지이용 및 개발계획의 수립이나 시행에 활용할 수 있도록 하기 위하여 자연환경조사와 정밀조사 결과를 기초로 하여 전국의 자연환경에 대하여 생태 · 자연도를 작성하여야 한다(제34조 제1항). 시 · 도지사는 환경부장관이 작성한 생태 · 자연도를 기초로 하여 관할 도시지역의 상세한 생태 · 자연도를 작성할 수 있다(동조 제6항).

한편, 환경부장관, 관계 중앙행정기관의 장 또는 지방자치단체의 장은 제1항 각 호의 어느 하나에 해당하는 계획을 수립하거나 개발사업에 대한 협의를 하고자 할 때에는 생태 · 자연도의 등급권역별로 다음의 기준을 고려하여야 하며, 환경부장관은 이를 위하여 생태 · 자연도를 제공하여야 한다: ① 1등급 권역: 자연환경의 보전 및 복원, ② 2등급 권역: 자연환경의 보전 및 개발 · 이용에 따른 훼손의 최소화, ③ 3등급 권역 : 체계적인 개발 및 이용(동법 시행령 제28조 제1항, 제2항). 그 결과 사안에서 분명하지 않지만 케이블카 사업에 대한 환경영향평가 협의 단계에서 생태 · 자연도를 고려하지 않았다면 이 규정을 위반할 소지가 있다(환경영향평가 협의 단계가 아니라면 이 규정이 직접 적용되지 않을 것임, 다만 자연환경보전법의 목적, 취지를 위반하였다는 한 근거로 이 규정이 제시될 수 있을 것이다).

참조판례

1. 명지대교 사건: 부산고법 2006. 6. 19. 선고 2006라64 결정
2. 대법원 2012. 7. 5. 선고 2011두13187 판결

21

자연경관영향의 협의

(법전원협의회 2022년도 제1차 변호사시험 모의시험)

사 례

甲은 A시 소재 임야(이하 '이 사건 신청지')에 비금속광물 분쇄물 생산공장(이하 '이 사건 공장')을 설립하고자 산업집적활성화 및 공장설립에 관한 법률(이하 '공장설립법')에 따라 공장신설 승인신청(공장부지 5,041㎡, 제조시설 525㎡, 이하 '1차 신청')을 하였다.

관할 시장은 위 1차 신청에 따른 공장설립 사업이 소규모 환경영향평가 대상 사업에 해당하므로 지방환경청과의 협의가 필요하다고 하자 甲은 이 신청을 취하하고 1개월 뒤 사업부지 면적(야적장)을 축소하여 다시 신청(공장부지 3,010㎡, 제조시설 525㎡, 이하 '2차 신청')을 하였다. 변경된 사업계획안에 따르면 공장의 1일 제품생산량은 500㎥로 계속 유지되고 있는 반면 야적장 면적은 100㎡로 축소되었다. (…).

공장설립법에 따르면 관할청은 공장설립의 승인신청을 받은 때에 그 신청이 공장설립법 등 관계 법령에 적합한지를 검토하여 승인 여부를 결정하도록 하고 있고, 공장설립을 승인한 때 국토의 계획 및 이용에 관한 법률(이하 '국토계획법')에 따른 개발행위허가와 「자연환경보전법」상 관련 협의를 받은 것으로 각각 의제된다. (…).

문 1. 관할 시장이 공장설립 승인처분을 하였다면, A시 주민 乙이 생태·자연도 1등급 권역에서 개발사업 승인은 위법(① 위법사유)하며 또 「자연환경보전법」 제28조에 따라 이 개발사업이 인근 습지보호지역의 경관에 미치는 영향을 협의하거나 검토하지 않은 위법(② 위법사유)이 있다고 주장하며 취소소송을 제기하는 경우 다음에 관하여 검토하시오.

(1) 각 위법사유와 관련하여 乙에게 원고적격이 인정되는지 여부

(2) ② 위법사유가 인정되는지 여부(위 가. 원고적격 인정 여부와 무관하게 검토할 것)

참조조문

자연환경보전법 시행령 제20조 제1항, [별표 1](자연경관영향의 협의대상이 되는 거리)

구 분		경계로부터의 거리
자연공원	최고봉 1,200m 이상	2,000m
	최고봉 700m 이상	1,500m
	최고봉 700m 미만 또는 해상형	1,000m
습지보호지역		300m
생태 · 경관보전지역	최고봉 700m 이상	1,000m
	최고봉 700m 이하 또는 해상형	500m

비 고
(이하 생략)

해 설

문 1. (1) 각 위법사유와 관련하여 乙에게 원고적격이 인정되는지 여부

I. 문제의 소재

승인처분에 대한 취소소송에서 乙이 원고적격이 있는지 여부가 문제되는데, 그 인정 여하를 판단하기 위해서는 처분의 근거 법규가 어느 것인지, 해당 규정이 사익보호성을 가지고 있는지 규명되어야 한다.

Ⅱ. 원고적격

1. 근거 규정

행정소송법 제12조은 "취소소송은 처분 등의 취소를 구할 법률상 이익이 있는 자가 제기할 수 있다"라고 규정하고 있으므로, 항고소송에 있어서 소를 제기할 수 있는 자격(원고적격)이 인정되기 위하여는 위 규정상의 "법률상 이익이 있는 자"이어야 한다.

2. 법률상 이익이 있는 자

행정소송법 제12조에서 말하는 '법률상 이익'이 '법이 실체법적으로 보호하고 있는

이익'만을 의미한다는 법률상 이익구제설, '법이 보호할 가치가 있는 이익'을 의미한다는 보호가치 이익구제설이 대립하고 있다. 더 나아가 '법률상 이익'에서 말하는 '법률'이 단지 실체요건법규만을 의미하는 것인지, 아니면 절차요건 법규 또는 헌법상의 환경권 또는 환경이익을 포함하는지에 대하여도 다툼이 계속되고 있다.

판례는 법률상 이익의 개념에 관하여 "당해 처분의 근거법규 및 관련법규에 의하여 보호되는 개별적 · 직접적 · 구체적 이익이 있는 경우를 말하고, 다만 공익보호의 결과로 국민 일반이 공통적으로 가지는 일반적 · 간접적 · 추상적 이익과 같이 사실적 · 경제적 이해관계를 가지는데 불과한 경우는 여기에 포함되지 아니한다"고 판시해 옴으로써, 이른바 '법률상 이익구제설'을 취하고 있다. 판례는 처분의 근거가 되는 법규의 보호목적을 기준으로 하여 처분의 근거법규(근거법규가 다른 법규를 인용함으로 인하여 근거법규가 된 경우까지를 아울러 포함) 및 관련법규(당해 처분의 행정목적을 달성하기 위한 일련의 단계적인 관련처분들의 근거법규)가 공익보호뿐만 아니라 개인의 이익도 보호하고 있다고 판단되는 경우(사익보호성)에 원고적격이 있는 것으로 보고 있는데, 그 결과 공익보호의 결과로 국민일반이 공통적으로 가지는 추상적 · 평균적 · 일반적인 이익과 같은 것은 여기에서 말하는 법률상 이익에 포함되지 않게 된다.

사안의 경우 공장설립을 승인한 때 공장설립법에 따르면 자연환경보전법상 관련 협의를 받은 것으로 의제되므로 자연환경보전법을 공장설립승인처분의 관련법규로 볼 수 있다.

3. 생태 · 자연도와 원고적격

생태 · 자연도의 작성 근거는 자연환경보전법 제34조이다. 이 조항에 의하면, 생태 · 자연도는 토지이용 및 개발계획의 수립이나 시행에 활용하여 자연환경을 체계적으로 보전 · 관리하기 위한 것일 뿐, 1등급 권역의 인근 주민들이 가지는 생활상 이익을 직접적이고 구체적으로 보호하기 위한 것이 아님이 명백하고, 1등급 권역의 인근 주민들이 가지는 이익은 환경보호라는 공공의 이익이 달성됨에 따라 반사적으로 얻게 되는 이익에 불과하므로, 인근 주민에 불과한 乙은 승인처분의 취소를 구할 원고적격이 없다고 할 것이다(대법원 2014. 2. 21. 선고 2011두29052 판결 참조).

환경권 규정을 담고 있는 헌법이 여기에 포함될 수 있다는 견해도 있다. 즉 헌법재판소는 이른바 '병마개 사건'(헌재 1998. 4. 30. 선고 97헌마141 결정)에서, 헌법상의 기본권이 취소를 구할 자격이 인정되기 위한 요건, 즉 '법률상 보호되는 이익'이 될 수 있다고 판단한 바 있으나 처분의 근거법규를 지나치게 확대하는 것이 아닌가하는 의문이 있다.

4. 자연경관과 원고적격

자연환경보전법상 자연경관을 누릴 이익은 공공의 이익에 해당한다고 할 것이며, 공익보호의 결과로 국민일반이 공통적으로 가지는 추상적 · 평균적 · 일반적인 이익은 법률상 이익으로 인정하기 어렵다고 할 수 있다.

Ⅲ. 결 론

처분의 근거법규(자연환경보전법)상의 생태 · 자연도 및 자연경관 보호에 따른 이익은 사익보호성이 인정되지 않아 乙은 승인처분을 다툴 원고적격이 없다.

문 1. (2) ② 위법사유가 인정되는지 여부

Ⅰ. 문제의 소재

관할 시장이 자연환경보전법 제28조 따라 자연경관 영향 협의를 하거나 검토할 의무가 있는지 여부가 문제된다.

Ⅱ. 자연경관영향 평가

1. 관련 규정

동법은 환경부장관으로 하여금 자연경관이 수려한 자연공원, 습지보호지역 등의 주변지역에서의 개발사업에 대하여 전략환경영향평가 및 환경영향평가 협의를 함에 있어 개발사업이 자연경관에 미치는 영향 및 보전방안 등에 대하여 검토하도록 하고 있다. 이에 따르면 관계 행정기관의 장 및 지방자치단체의 장은 다음에 해당하는 개발사업 등으로서 전략환경영향평가 대상계획, 환경영향평가 또는 소규모 환경영향평가 대상사업에 해당하는 개발사업 등에 대한 인 · 허가 등을 하고자 하는 때에는 당해 개발사업 등이 자연경관에 미치는 영향 및 보전방안 등을 전략환경영향평가 협의, 환경영향평가 또는 소규모 환경영향평가 협의 내용에 포함하여 환경부장관 또는 지방환경관서의 장과 협의를 하여야 한다: ① 자연공원, 습지보호지역, 생태 · 경관보전지역의 어느 하나에 해당하는 지역으로부터 대통령령이 정하는 거리 이내의 지역에서의 개발사업 등; ② 위 ① 외의 개발사업 등으로서 자연경관에 미치는 영향이 크다고 판단되어 대통령령이 정하는 개발사업 등(제28조 제1항). 나아가 동법 시행령에서는 습지보호지역으로부터 300m 이내의 지역에서의 개발사업을 자연경관영향의 협의대상으로 하고 있다(제20조 제1항, 별표 1).

2. 사안에의 적용

사안에서 지방환경청과 협의가 필요한 소규모 환경영향평가 대상 사업인지가 분명하하지는 않지만, 당초 소규모 환경영향평가 대상 사업에 해당하였지만 甲이 사업부지면적(야적장)을 축소하여 다시 승인신청하였다는 점에 비추어 해당 공장설립행위는 소규모 환경영향평가 대상사업에 해당하는 개발사업이 아닌 것으로 보인다. 그렇다면 관할관청(A시 시장)은 자연환경보전법 제28조 제1항에 따른 협의를 할 의무가 없다고 할 것이다.

Ⅲ. 자연경관 검토

1. 관련 규정

동법에 따르면 지방자치단체의 장은 습지보호지역 등으로부터 일정 거리 이내의 지역에서의 개발사업등으로서 환경영향평가 협의 및 소규모 환경영향평가 협의 대상사업이 아닌 개발사업등과 그 밖에 자연경관에 미치는 영향이 크다고 판단되어 지방자치단체의 조례로 정하는 개발사업등에 대하여 인 · 허가등을 하고자 하는 때에는 환경부령으로 정하는 자연경관에 관한 검토기준을 따라야 한다(제28조 제3항).

2. 사안에의 적용

동 규정에 따라 공장경계부지로부터 300미터 이내에 습지보호지역이 있다면 A시 시장은 개발사업을 승인할 때 개발사업이 습지보호지역의 자연경관에 미치는 영향을 검토하여야 할 의무가 있다.

Ⅳ. 결 론

결국 A시 시장이 환경영향평가 협의를 하지 아니한 것은 위법하지 않다. 그러나 자연경관에 미치는 영향을 검토하지 아니한 것은 위법하다.

참조판례

생태 · 자연도 등급변경과 원고적격: 대법원 2014. 2. 21. 선고 2011다29052 판결(판례 [13])

22

사전 공사시행 금지와 자연경관영향 협의

(법전원협의회 2016년도 제1차 변호사시험 모의시험)

사 례

한국도시철도공단 甲은 교통문제를 해소하고, 지역 접근성을 제고하기 위하여 경부고속철도 일부 구간(5.7㎞)을 기존 경부선 구간과 연결하는 사업을 시행하려고 하고 있다. 사업지역은 산림지역으로서 최고 높은 곳은 800여미터이다. 甲은 약 4개월 정도 주민의견 수렴 등 환경영향평가절차를 진행하였다. 甲은 환경영향평가서 초안을 작성하여 주민의견수렴 절차를 진행하였다. 이 과정에서 35인의 주민이 공청회 개최를 요구하였는데, 주민보상이 충분히 이루어지지 않는 것에 불만을 갖는 다른 주민들이 공청회 개최를 방해함으로써 정상적으로 진행되지 못하였다. 甲은 차후의 공청회가 정상적으로 진행되지 못할 것이 확실하다고 보고 더 이상의 공청회는 개최하지 아니하였다. 다만 甲은 공청회를 생략하게 된 사유, 의견제출 시기 및 방법, 설명자료 열람방법 등을 일간신문과 지역신문에 각각 1회 공고하였다. 환경단체는 주민의견 수렴절차가 이루어질 때부터 해당 지역이 생태·경관보전지역으로서, 사업부지 중 임야 면적이 상당한 정도에 이르러 자연경관이 침해될 가능성이 있다고 주장하면서 계획대상지 입지의 타당성에 의문을 제기하였다. 2014. 12. 甲은 국토의 계획 및 이용에 관한 법률에 따라 국토교통부장관에게 사업승인을 신청하였고, 국토교통부장관은 2015. 1. 환경부장관에게 환경영향평가 협의를 요청하였다. 甲은 이 사업이 전형적이고 저감방안을 자세히 제시하였으므로 곧 승인이 나올 것으로 예상하고 2015. 2. 사업의 공사에 착수하였다. 그 후 같은 해 4. 국토교통부장관은 사업승인을 하였다. 이러한 사안에서 다음의 질문에 답하시오.

문 1. 주민들이 국토교통부장관의 사업승인에 대하여 취소를 구하는 소송을 할 경우 환경영향평가의 하자와 관련해서 다툴 만한 주장은 어떠한 것이 있는지 그 당부와 함께 답하시오.

문 2. 국토교통부장관과 환경부장관이 자연환경보전법상 취하여야 할 조치는 어떠한 것이 있는가?

참조조문

1. 환경영향평가법 시행령 [별표 3]에서는 철도의 건설사업으로서 "국토의계획및이용에관한 법 제2조 제6호에 따른 철도 또는 고속철도의 건설사업 중 길이가 4㎞ 이상이거나 철도 시설의 면적이 100,000㎡ 이상인 것"을 대상사업으로 정하고 있다.

2. 자연환경보전법 시행령 제20조(자연경관영향의 협의 또는 검토대상 등)

① 법 제28조 제1항 제1호에서 "대통령령이 정하는 거리"라 함은 별표 1과 같다.

② 법 제28조 제1항 제2호에서 "대통령령이 정하는 개발사업등"이라 함은 별표 2와 같다.

별표 1 **자연경관영향의 협의대상이 되는 거리(자연환경보전법 시행령 제20조 제1항 관련)**

1. 일반기준

구 분		경계로부터의 거리
자연공원	최고봉 1,200m 이상	2,000m
	최고봉 700m 이상	1,500m
	최고봉 700m 미만 또는 해상형	1,000m
습지보호지역		300m
생태 · 경관보전지역	최고봉 700m 이상	1,000m
	최고봉 700m 이하 또는 해상형	500m

비 고

생태 · 경관보전지역이 습지보호지역과 중복되는 경우에는 습지보호지역의 거리기준을 우선 적용한다.

2. 도시지역 및 관리지역(계획관리지역에 한한다)의 거리기준

제1호의 일반기준에 불구하고 법 제28조 제1항 제1호의 규정에 따른 자연공원, 습지보호지역 및 생태 · 경관보전지역이 「국토의 계획 및 이용에 관한 법률」 제36조제1항의 규정에 따른 도시지역 및 관리지역(계획관리지역에 한한다)에 위치한 경우에는 경계로부터의 거리를 300미터로 한다.

해 설

문 1. 주민들이 국토교통부장관의 사업승인에 대하여 취소를 구하는 소송을 할 경우 환경영향평가의 하자와 관련해서 주장할 만한 내용은 어떠한 것이 있는지 그 당부와 함께 답하시오.

I. 문제의 소재

절차적 하자(공청회 2회 미개최)를 이유로 승인처분의 위법 여부에 대한 논란이 있을 수 있다. 또한 사전 공사시행 금지 규정의 위반이 승인처분의 위법성에 어떠한 영향을 미치는지 여하가 문제된다.

Ⅱ. 공청회 2회 미개최와 승인처분의 위법성

1. 관련 규정

동법은 대상사업에 대한 주민이해를 돕고, 내용을 공개하여 공정한 평가가 이루어지도록 주민의견 수렴절차를 도입하고 있다. 환경영향평가서의 초안의 작성 및 주민 등의 의견수렴절차에 관하여는 전략환경영향평가에 적용되는 규정(제12조부터 제14조)이 준용된다(제25조 제2항). 그 결과 원칙적으로 사업자는 주민의견의 수렴을 위하여 설명회를 개최하여야 한다. 그러나 공청회 개최가 필요하다는 의견을 제출한 주민이 30명 이상인 경우에는 반드시 공청회를 개최하여야 한다(시행령 제40조 제1항).

다만 "공청회가 주민 등의 개최 방해 등의 사유로 2회 이상 개최되지 못하거나 개최되었더라도 정상적으로 진행되지 못한 경우"에는 공청회를 개최하지 아니할 수 있다(시행령 제41조 제1항 제2호). 이 경우 사업자는 공청회를 생략하게 된 사유, 의견제출 시기 및 방법, 설명자료 열람방법 등을 일간신문과 지역신문에 각각 1회 이상 공고하여야 하며, 그 밖의 방법으로 주민 등의 의견을 듣기 위하여 성실히 노력하여야 한다(동조 제2항 제2호)(공청회를 생략할 수 있는 경우와 관련해서 환경영향평가법 제25조에서 제12조부터 제14조를 준용하므로 동조에서 원용하는 법 제13조 제3항, 시행령 제18조도 적용될 수 있을 것이다).

2. 승인처분의 위법성 여하

판례는 "위 규정은 천재지변이나 사업을 반대하는 세력에 의한 공청회의 개최 또는 진행 방해 등 사업자가 책임질 수 없는 사유로 인해 공청회를 개최 또는 진행하는 것이 불가능할 경우에는 공청회를 생략하고, 다른 방법으로 주민의 의견을 들을 수 있도록 하는 데 그 취지가 있다. 그러므로 1회의 공청회가 개최 또는 정상 진행되지 못한 경우에도 공청회가 개최 또는 진행되지 못한 사유 등에 비추어 차후의 공청회 역시 개최 또는 정상 진행되지 못할 것이 확실한 경우에는 위 규정의 취지에 비추어 반드시 2회 공청회를 개최할 필요는 없다"는 입장이다(대법원 2009. 4. 23. 선고 2007두13159 판결).

3. 사안에의 적용

사안에서 1회 공청회도 정상적으로 진행되지 못하였지만 판례의 입장에 따르면 사업자가 책임질 수 없는 사유로 인해 공청회를 개최 또는 진행하는 것이 불가능한 경우에 해당되어 사업 승인처분의 위법성에는 영향을 미치지 않는다고 할 것이다.

Ⅲ. 사전 공사시행 금지규정 위반과 승인처분의 위법성

1. 관련 규정

동법은 협의 · 재협의 · 변경협의 등의 절차가 끝나기 전에 해당 개발사업의 공사를 강행하는 것을 제재하기 위하여 사전공사 시행을 금지하고 그 위반에 대한 벌칙 등의 제재수단을 둠으로써, 실효성을 확보하려고 하고 있다. 즉 사업자는 협의 · 재협의 또는 변경협의의 절차가 끝나기 전에 환경영향평가 대상사업의 공사를 하여서는 아니 된다. 다만, 재협의나 변경협의의 대상에 포함되지 아니한 지역에서 시행되는 공사, 전략환경영향평가를 거쳐 그 입지가 결정된 사업에 관한 공사로서 환경부령으로 정하는 경미한 사항에 대한 공사의 경우에는 그러하지 아니하다(제34조 제1항). 승인기관의 장은 협의 · 재협의 또는 변경협의의 절차가 끝나기 전에 사업계획 등에 대한 승인 등을 하여서는 아니 되며, 승인 등을 받아야 하는 사업자가 이 규정을 위반하여 공사를 시행하였을 때에는 해당 사업의 전부 또는 일부에 대하여 공사중지를 명하여야 한다(동조 제2항 · 제3항).

환경부장관은 사업자가 제1항을 위반하여 공사를 시행하였을 때에는 승인 등을 받지 아니하여도 되는 사업자에게 공사중지나 그 밖에 필요한 조치를 할 것을 명령하거나 승인기관의 장에게 공사중지나 그 밖에 필요한 조치를 명할 것을 요청할 수 있다. 이 경우 승인기관장 등은 특별한 사유가 없으면 이에 따라야 한다(동조 제4항).

2. 승인처분의 위법성 여하

판례는 "환경영향평가법 제16조 제1항, 제28조 제1항 본문, 제3항, 제51조 제1호 및 제52조 제2항 제2호의 내용, 형식 및 체계에 비추어 보면, 제28조 제1항(현행 제34조

제1항) 본문이 환경영향평가절차가 완료되기 전에 공사시행을 금지하고, 제51조 제1호(현행 제73조 제1호) 및 제52조 제2항 제2호(현행 제74조 제2항 제2호)가 이와 관련된 위반행위에 대하여 형사처벌을 하도록 한 것은 환경영향평가의 결과에 따라 사업계획 등에 대한 승인 여부를 결정하고, 그러한 사업계획 등에 따라 공사를 시행하도록 하여 당해 사업으로 인한 해로운 환경영향을 피하거나 줄이고자 하는 환경영향평가제도의 목적을 달성하기 위한 데에 그 입법 취지가 있다고 보아야 한다. 따라서 사업자가 이러한 사전공사시행 금지규정을 위반하였다고 하여 승인기관의 장이 한 승인의 처분까지 당연히 위법하게 된다고는 볼 수 없다"는 입장이다(대법원 2014. 3. 13. 선고 2012두1006 판결).

3. 사안에의 적용

사안에서 甲이 국토부장장관의 사업승인 전에 공사에 착수하였으므로 甲은 사전 공사 시행금지 규정을 위반한 것이다. 그러나 판례에 따를 경우 승인처분까지 위법하게 되는 것은 아니다(이에 반해 환경영향평가법이 환경영향평가절차가 완료되기 전에 공사시행을 금지하고, 위반행위에 대하여 형사처벌을 하고 있다는 점에 비추어 甲이 사전 공사시행 금지 규정을 위반한 경우 국토교통부장관의 사업승인은 위법하다는 견해가 있을 수 있다).

Ⅳ. 결 론

결국 甲이 2회 공청회를 개최하지 못한 것은 승인처분의 위법성에는 영향을 미치지 않으나 사전 공사시행 금지규정을 위반한 것은 승인처분의 위법성에 영향을 미치지 않는다.

문 2. **국토교통부장관과 환경부장관이 자연환경보전법상 취하여야 할 조치는 어떠한 것이 있는가?**

Ⅰ. 문제의 소재

사안의 경우 자연경관영향 협의대상인지, 생태계보전부담금 부과대상인지 등에 대한 검토가 필요하다.

Ⅱ. 자연경관영향 협의

1. 관련 규정

동법은 환경부장관으로 하여금 자연경관이 수려한 자연공원, 습지보호지역 등의 주변지역에서의 개발사업에 대하여 전략환경영향평가 및 환경영향평가 협의를 함에 있어 개발사업이 자연경관에 미치는 영향 및 보전방안 등에 대하여 검토하도록 하고 있다. 이에 따르면 관계 행정기관의 장 및 지방자치단체의 장은 다음에 해당하는 개발사업 등으로서 전략환경영향평가 대상계획, 환경영향평가 또는 소규모 환경영향평가 대상사업에 해당하는 개발사업 등에 대한 인 · 허가 등을 하고자 하는 때에는 당해 개발사업 등이 자연경관에 미치는 영향 및 보전방안 등을 전략환경영향평가 협의, 환경영향평가 또는 소규모 환경영향평가 협의 내용에 포함하여 환경부장관 또는 지방환경관서의 장과 협의를 하여야 한다: ① 자연공원, 습지보호지역, 생태 · 경관보전지역의 어느 하나에 해당하는 지역으로부터 대통령령이 정하는 거리 이내의 지역에서의 개발사업 등; ② 위 ① 외의 개발사업 등으로서 자연경관에 미치는 영향이 크다고 판단되어 대통령령이 정하는 개발사업 등(제28조 제1항). 나아가 동법 시행령에서는 최고봉 700m 이상의 생태 · 경관보전지역 지역으로부터 1,000m 이내의 지역에서의 개발사업을 자연경관영향의 협의대상으로 하고 있다(자연환경보전법 제20조 제1항, [별표 1]).

2. 사안에의 적용

해당 고속철도 건설사업은 환경영향평가 대상사업이다. 사안에서 해당 고속철도 건설사업이 생태 · 경관보전지역 지역으로부터 1,000m 이내의 지역에서 이루어지고 있는지 분명치 아니하나, 이를 긍정할 경우, 생태 · 경관보전지역 지역의 최고봉이 800여 미터로서 협의대상 요건인 700m 이상을 초과하고 있으므로 국토교통부장관은 사업승인을 하는 때에는 해당 고속철도 건설사업이 자연경관에 미치는 영향 및 보전방안 등을 환경영향평가 협의 내용에 포함하여 환경부장관과 협의를 하여야 한다. 한편, 환경부장관은 협의를 요청받은 경우에는 당해 개발사업 등이 자연경관에 미치는 영향 및 보전방안 등에 대하여 환경부장관은 중앙환경정책위원회의 심의를 거쳐야 한다(동법 제28조 제2항).

Ⅲ. 생태계보전부담금의 부과

환경부장관은 생태적 가치가 낮은 지역으로 개발을 유도하고 자연환경 또는 생태계의 훼손을 최소화할 수 있도록 자연환경 또는 생태계에 미치는 영향이 현저하거나 생물

다양성의 감소를 초래하는 대규모 개발사업을 하는 사업자에 대하여 생태계보전부담금을 부과 · 징수할 수 있는데(동법 제46조 제1항), 이는 생태계 · 생물종의 보전 · 복원 사업 등에 필요한 재원으로 사용된다.

구체적으로 생태계보전부담금의 부과대상이 되는 사업은 다음과 같다: ① 전략환경영향평가 대상계획 중 개발면적 3만㎡ 이상인 개발사업으로서 대통령령으로 정하는 사업, ② 환경영향평가 대상사업, ③ 「광업법」 제3조 제2호에 따른 광업 중 대통령령이 정하는 규모 이상의 노천탐사 · 채굴사업; ④ 소규모 환경영향평가 대상 개발사업으로 개발면적이 3만㎡ 이상인 사업; ⑤ 그 밖에 생태계에 미치는 영향이 현저하거나 자연자산을 이용하는 사업 중 대통령령이 정하는 사업(동조 제2항). 생태계보전부담금은 생태계의 훼손면적에 단위면적당 부과금액과 지역계수를 곱하여 산정 · 부과한다(제46조 제3항).

Ⅳ. 결 론

국토교통부장관은 환경부장관과 자연경관영향 협의를 하여야 한다. 한편, 환경부장관은 협의를 요청받은 경우에는 중앙환경정책위원회의 심의를 거쳐야 한다. 또한 생태계보전부담금을 부과 · 징수하여야 한다.

참조판례

1. 의견수렴(공청회): 대법원 2009. 4. 23. 선고 2007두13159 판결(판례 [7])
2. 대법원 2006. 12. 22. 선고 2006두14001 판결(판례 [11])

※ 주의사항

1. 환경영향평가 시 주민의견 수렴절차는 제13조를 준용하도록 되어 있고(제25조 제2항), 그 구체적 내용을 시행령 제16조 또는 제40조에 규정되어 있음.
2. 사전 공사시행 금지규정을 위반하였다고 하더라도 처분이 위법하게 지 않는다는 판례의 논거를 적시할 것(판례의 논거가 명확하지 아니하나 사전공사의 금지가 환경영향평가를 하는 데 있어서 거치는 절차가 아니며, 그 위반이 환경영향평가의 실체를 구성하고 있는 주요 내용이 누락되는 등 환경영향평가가 부실하게 이루어진 경우라고 보기 어렵다는 점에서 사업자가 사전공사 금지규정을 위반하였다는 사실만으로 그 후에 이루어지는 승인처분이 당연히 위법하게 되는 것은 아니라고 이해됨).

23

자연경관영향 협의와 생태계보전협력금

(법전원협의회 2023년도 제2차 변호사시험 모의시험)

사 례

에너지 개발회사인 甲은 신재생에너지원 확보를 위하여 X군 Y면 일대에 발전량 15만㎾ 규모의 대규모 풍력발전 단지를 건설하는 전원개발사업(이하 '이 사건 개발사업')을 추진 중이다. 풍력발전단지 건설 사업지역(이하 '이 사건 사업지역')은 X군 Y면 일대에 지정된 자연공원에서 1.2㎞ 떨어진 산림지역으로서 최고 높은 곳은 800m 정도에 불과하지만 야생동식물이 풍부하게 분포되어 있으며, 특히 멸종위기 야생생물 II급 곤충인 '소똥구리'의 서식지가 발견되었다.

한편, 이 사건 사업지역에는 乙을 포함한 50여 가구가 살고 있는 A마을이 있다. 乙을 비롯한 마을 주민들은 이 사건 개발사업으로 주변의 아름다운 자연경관이 훼손되고 식생의 변화로 주변 생태계가 파괴될 것을 우려하고 있다. 甲이 이 사건 개발사업의 실시계획을 승인받기 위한 환경영향평가를 시작하고 그 초안이 공개되자 乙을 포함한 40명의 주민들은 공청회 개최를 요구하였다. 그러나 甲은 이미 주민들이 민원제기와 함께 시위에 나서고 있어 공청회 개최는 의미가 없다고 보고 설명회로 이를 갈음하였다. 그리고 甲은 이 사건 개발사업에 대한 환경영향평가를 실시하면서 이 사건 사업지역의 '체계적인 개발과 이용'을 중심으로 환경영향평가서를 작성하였다. 이후 관할 행정청은 甲이 제출한 환경영향평가의 결과를 토대로 이 사건 개발사업의 실시계획을 승인하였다(환경부의 동의 여부는 논외로 함).

문 1. 乙은 이 사건 개발사업의 실시계획승인 취소를 구하는 소를 제기하고자 한다. 해당 실시계획승인이 위법하다고 주장할 수 있는 논거를 검토하시오.

문 2. A마을 주민들이 해당 환경영향평가에 하자가 있음을 주장하자 이를 검토한 관할 행정청은 실시계획승인을 직권취소하고 甲에게 다시 하자 없는 환경영향평가를 할 것을 요구하였다. 甲은 환경영향평가절차를 다시 진행하면서 동시에 해당 개발사업의 착공을 준비하기 위한 현장사무소 설치공사에 착수하였다. 「환경영향평가법」상 甲의 이와 같은 공사착수가 가능한지 검토하시오.

문 3. 이 사건 개발사업이 진행되어 관할 행정청이 해당 사업에 대한 인·허가를 하는 경우 「자연환경보전법」상 취하여야 할 조치는 무엇인지 검토하시오.

문 4. 甲은 위 사업을 진행하면서 사업지역 내에 자연환경복원사업을 하였고, 소요된 비용은 3억원이다. 사업지역은 「국토의 계획 및 이용에 관한 법률」상 자연환경보전지역 내에 있고, 이 사업으로 인해 훼손되는 생태계의 면적은 10만제곱미터로 산정되었다. 동법 시행령에 따르면 생태계보전부담금의 단위면적당 부과금액은 제곱미터당 300원이고, 자연환경보전지역의 지역계수는 4이다. 환경부장관은 甲에게 얼마의 생태계보전부담금을 부과할 수 있는지 「자연환경보전법」을 토대로 검토하시오.

참조조문

생태도 · 자연도 작성지침(환경부예규) 제12조

생태 · 자연도 1등급 권역 작성기준 (자연환경보전법 시행령 제27조 관련)

다음 각 호의 어느 하나에 해당하는 경우에는 생태 · 자연도 1등급 권역으로 작성한다.

1. 식생
   가. 식생보전등급 Ⅰ등급에 해당하는 지역
   나. 식생보전등급 Ⅱ등급에 해당하는 지역
2. 멸종위기 야생생물
   가. 멸종위기 야생생물 Ⅰ급 종이 서식하거나 생태통로로 이용하는 지역
   나. 멸종위기 야생생물 Ⅱ급 종이 서식하거나 생태통로로 이용하는 지역

자연환경보전법 시행령 제20조 제1항 [별표 1] (자연경관영향의 협의대상이 되는 거리)

1. 일반기준

구 분		경계로부터의 거리
자연공원	최고봉 1,200m 이상	2,000m
	최고봉 700m 이상	1,500m
	최고봉 700m 미만 또는 해상형	1,000m
습지보호지역		300m
생태 · 경관보전지역	최고봉 700m 이상	1,000m
	최고봉 700m 이하 또는 해상형	500m

자연환경보전법 시행령 제39조 [별표 2의5] (생태계보전부담금 감면 대상 사업 및 감면비율)

감면 대상 사업	감면비율 (퍼센트)
1. 자연환경복원사업	100
2. 법 제12조제1항에 따른 생태 · 경관보전지역 및 법 제23조 제1항에 따른 시 · 도 생태 · 경관보전지역에서 제13조 제2항 제3호에 따른 자연환경의 훼손을 방지하기 위하여 필요하다고 인정하는 시설 등을 설치하는 사업	100
3. 「국방 · 군사시설 사업에 관한 법률」 제2조 제1호 가목부터 바목까지의 규정에 따른 국방 · 군사시설 사업	100
4. 법 제38조 제1항 제1호 또는 제2호의 시설을 설치하는 사업	50

해 설

문 1. 乙은 이 사건 개발사업의 실시계획승인 취소를 구하는 소를 제기하고자 한다. 해당 실시계획승인이 위법하다고 주장할 수 있는 논거를 검토하시오.

Ⅰ. 문제의 소재

환경영향평가상 하자가 승인처분에 어떠한 영향을 미칠지에 대하여 검토하여야 한다. 환경영향평가상의 하자는 편의상 실체적 하자와 절차적 하자로 구분할 수 있으나 이를 엄격히 구분하기 어려운 측면이 있으며, 법원은 이를 크게 구분하지 아니하고 판단하고 있다.

Ⅱ. 환경영향평가의 절차적 하자

1. 공청회의 미개최

환경영향평가법 제25조 제2항, 제13조 제1항 및 동법 시행령 제16조 제1항 제1호(또는 법 제25조 제2항, 시행령 제40조 제1항 제1호)는 '공청회 개최가 필요하다는 의견을 제출한 주민이 30명 이상 경우'에는 공청회를 개최하여야 한다고 규정하고 있다. 또한 환경영향평가법 제13조 제3항 및 시행령 제18조 제1항(또는 제41조 제1항)은 공청회가 주민 등의 개최 방해 등의 사유로 2회 이상 개최되지 못하거나 개최되었더라도 정상적으로 진행되지 못한 경우(제2호)에는 공청회를 개최하지 아니할 수 있다고 규정하고 있다.

나아가 공청회를 생략한 경우에는 공청회를 생략하게 된 사유, 의견제출 시기 및 방법, 설명자료 열람방법 등을 일간신문과 지역신문에 각각 1회 이상 공고하여야 하며, 그 밖의 방법으로 주민 등의 의견을 듣기 위하여 성실히 노력하여야 한다(시행령 제18조 제2항 제2호 또는 제41조 제2항 제2호). 사안의 경우 주민 40명이 공청회 개최를 요구하였으므로 공청회를 필요적으로 개최하여야 함에도 설명회로 대체한 상황에 해당한다.

2. 절차적 하자와 처분의 위법성

절차적 하자가 실체적 하자의 유무와 관계없이 독립된 위법사유가 될 수 있는지는 논란이 되고 있다. 행정절차상의 하자가 독립된 위법 사유가 된다는 것이 판례와 다수설의 입장이며, 중요도에 따라 무효 또는 취소사유로 보고 있다. 주민의 의견제출절차 등을 거치도록 법에서 요구하고 있는 것은 사업시행에 있어서 지역주민 등 다수 이해관계인의 의사를 반영하고 그들 상호간의 이익을 합리적으로 조정함으로써 주민의 권리에 대한 부당한 침해를 방지하고 행정의 민주화와 신뢰를 확보하는 데 그 취지가 있다고 할 것이다. 결국 환경영향평가절차의 준수는 내용의 적정성을 담보함으로써, 환경피해의 사전예방 내지 최소화를 가능케 하므로 그 절차가 갖는 중요성을 쉽게 무시해서는 안 될 것이다. 그러한즉 일단 그 절차에 하자가 있는 경우에는 법의 목적과 환경영향평가 제도를 두게 된 취지 등에 비추어 그 절차에 관한 규정은 엄격하게 준수되어야 한다는 점을 고려하여 처분의 위법성이 적극적으로 인정되어야 할 것이다.

판례 역시 주민 의견수렴절차를 거치지 아니한 채 이루어진 사업계획승인처분의 위법성을 인정한 바 있다(대법원 2011. 11. 10. 선고 2010두22832 판결 참조).

3. 사안에의 적용

사안의 경우 환경영향평가서 초안에 대해 40인의 지역주민이 의견을 제출하였으므로 공청회 개최를 하였어야 하나 주민들의 민원제기, 시위 등에 따라 공청회 개최가 없다고 보고 설명회로 갈음하였다는 것이므로 이러한 사정이 공청회 생략사유에 해당하는지가 문제될 수 있다. 동법 시행령에서는 공청회가 주민 등의 개최 방해 등의 사유로 2회 이상 개최되지 못하거나 개최되었더라도 정상적으로 진행되지 못한 경우에는 공청회를 개최하지 아니할 수 있는 바(제41조 제1항 제2호), 위 사정은 공청회 생략사유에 해당한다고 할 수 있으므로 공청회를 생략하게 된 사유 등의 공고 여하는 별론으로 하자가 없다고 할 수 있다(여기에 대하여 특별한 공청회 생략사유가 존재하지 않음에도 불구하고 공청회를 개최하지 않은 것이므로 그 하자가 무효 또는 취소사유에 해당한다는 견해가 있을 수 있음).

Ⅲ. 환경영향평가의 실체적 하자

1. 부실한 환경영향평가

자연환경보전법에서는 멸종위기 야생생물의 주된 서식지에 대해 환경부장관으로 하여금 1등급 권역으로 구분하여 생태 · 자연도를 작성하도록 하고 있다(제34조 제1항). 한편, 동법 제34조 제4항, 시행령 제27조 제1항에 따라 환경부 예규로 '생태 · 자연도 작성지침'이 마련되어 있는데, 이에 따르면 멸종위기 야생생물 Ⅱ급 종이 서식하거나 생태통로로 이용하는 지역의 경우 1등급 권역으로 생태 · 자연도 작성하도록 되어 있다(지침 제12조 제2호 나목). 나아가 동법 시행령 제28조 제2항은 생태 · 자연도의 등급권역별로 구분하여 생태 · 자연도의 활용시 고려할 기준을 정하고 있다. 이에 따르면 1등급 권역에 대해서는 자연환경의 '보전 및 복원'을 고려하여야 한다.

사안의 경우 환경영향평가를 하면서 1등급 권역에 해당하는 지역을 대상으로 3등급 권역에 대한 내용을 중심으로 환경영향평가서를 작성한 경우라고 할 수 있다.

2. 환경영향평가의 실체적 하자와 승인처분의 위법성

대법원은 환경영향평가법령에서 정한 환경영향평가를 거쳐야 할 대상사업에 대하여 그러한 환경영향평가를 거치지 아니하였음에도 승인 등 처분을 하였다면 그 처분은 위법하다 할 것이나, 그러한 절차를 거쳤다면, 비록 그 환경영향평가의 내용이 다소 부실하다 하더라도, 그 부실의 정도가 환경영향평가제도를 둔 입법 취지를 달성할 수 없을 정도이어서 환경영향평가를 하지 아니한 것과 다를 바 없는 정도의 것이 아닌 이상, 그 부실은 당해 승인 등 처분에 재량권 일탈 · 남용의 위법이 있는지 여부를 판단하는 하나의 요소로 됨에 그칠 뿐, 그 부실로 인하여 당연히 당해 승인 등 처분이 위법하게 되는 것이 아니라고 판시하였다.

또한 "환경부장관과의 협의를 거친 이상 환경부장관의 환경영향평가에 대한 의견에 반하는 처분을 하였다고 하여 그 처분이 위법하다고 할 수 없다"고 판시한 바 있다(대법원 2001. 7. 27. 선고 99두2970 판결).

3. 사안에의 적용

사안은 1등급 권역에 해당하는 지역을 대상으로 환경영향평가를 하면서 3등급 권역에 대한 내용을 중심으로 환경영향평가서를 부실하게 작성한 경우에 해당한다. 이러한 부실 평가가 실체적 하자에 해당하여 승인처분에 영향을 미치는지 여부가 문제된다.

앞서 판례의 태도를 통하여 보면 이는 환경영향평가제도를 둔 입법취지를 달성할 수 없을 정도로 심히 부실한 것으로 볼 수 없어 이 사유를 가지고 승인처분이 위법하다고 볼 수는 없을 것이다. 부실의 정도가 환경영향평가제도를 둔 입법 취지를 달성할 수 없을 정도에 이르지 아니한 경우라면 처분에 재량권 일탈·남용의 위법이 있는지 판단해 보아야 할 것인바, 사안의 사실관계만으로는 재량권 일탈·남용도 쉽게 인정되지 않을 것으로 보인다(여기에 대하여 판례의 입장은 너무 엄격한 것으로, 환경영향평가의 내용상 부실이 중대하여 승인처분 여부의 결정에 중대한 영향을 미치는 정도의 것인 경우에는 승인처분의 위법사유가 되는 실체적 하자가 된다고 보는 것이 타당하다는 점, 멸종위기 야생생물 2급 쇠똥구리의 서식지가 발견된 경우라면 생태·자연도 1등급에 해당하기 때문에 생태자연도 1등급에 준하여 환경영향평가를 실시하여야 한다는 점, 1등급에 해당하는 자연환경의 보전 및 복원에 대한 사항이 포함되어 있지 않고 3등급에 해당하는 '체계적인 개발 및 이용'에 대한 사항이 규정되어 있는 점 등을 들어 승인처분의 위법사유가 되는 환경영향평가의 실체적 하자에 해당한다고 볼 수 있다는 견해가 있을 수 있음).

문 2. A마을 주민들이 해당 환경영향평가에 하자가 있음을 주장하자 이를 검토한 관할 행정청은 실시계획승인을 직권취소하고 甲에게 다시 하자 없는 환경영향평가를 할 것을 요구하였다. 甲은 환경영향평가절차를 다시 진행하면서 동시에 해당 개발사업의 착공을 준비하기 위한 현장사무소 설치공사에 착수하였다. 「환경영향평가법」상 甲의 이와 같은 공사착수가 가능한지 검토하시오.

Ⅰ. 문제의 소재

사안의 경우 환경영향평가법상 사전공사 금지규정을 위반하였는지에 대한 검토가 필요하다

Ⅱ. 사전공사의 금지

환경영향평가법은 협의 절차가 끝나기 전에 환경영향평가 대상사업의 공사를 하여서는 아니 된다고 규정하고 있다. 이에 따르면 사업자는 제27조부터 제29조까지 및 제31조부터 제33조까지의 규정에 따른 협의·재협의 또는 변경협의의 절차를 거치지 아니하거나 절차가 끝나기 전(공사가 일부 진행되는 과정에서 재협의 또는 변경협의의 사유가 발생한 경우에는 재협의 또는 변경협의의 절차가 끝나기 전을 말한다)에 환경영향평가 대상사업의 공사를 하여서는 아니 된다. 다만, 다음의 어느 하나에 해당하는 공사의 경우에는 그러

하지 아니하다: ① 제27조부터 제31조까지의 규정에 따른 협의를 거쳐 승인등을 받은 지역으로서 재협의나 변경협의의 대상에 포함되지 아니한 지역에서 시행되는 공사; ② 착공을 준비하기 위한 현장사무소 설치 공사 또는 다른 법령에 따른 의무를 이행하기 위한 공사 등 환경부령으로 정하는 경미한 사항에 대한 공사(제34조 제1항).

Ⅲ. 사안에의 적용

사안의 공사는 사업 착공을 준비하기 위한 현장사무소의 설치공사이므로 해당 사전 공사금지에 해당하지 않는다. 결국 甲은 해당 공사를 실시할 수 있다.

문 3. 이 사건 개발사업이 진행되어 관할 행정청이 해당 사업에 대한 인·허가를 하는 경우 「자연환경보전법」상 취하여야 할 조치는 무엇인지 검토하시오.

Ⅰ. 문제의 소재

동법상 자연경관영향 협의대상인지에 대한 검토가 필요하다.

Ⅱ. 자연경관영향 협의

1. 관련 규정

동법은 환경부장관으로 하여금 자연경관이 수려한 자연공원, 습지보호지역 등의 주변지역에서의 개발사업에 대하여 전략환경영향평가 및 환경영향평가 협의를 함에 있어 개발사업이 자연경관에 미치는 영향 및 보전방안 등에 대하여 검토하도록 하고 있다. 이에 따르면 관계 행정기관의 장 및 지방자치단체의 장은 다음에 해당하는 개발사업 등으로서 전략환경영향평가 대상계획, 환경영향평가 또는 소규모 환경영향평가 대상사업에 해당하는 개발사업 등에 대한 인·허가 등을 하고자 하는 때에는 당해 개발사업 등이 자연경관에 미치는 영향 및 보전방안 등을 전략환경영향평가 협의, 환경영향평가 또는 소규모 환경영향평가 협의 내용에 포함하여 환경부장관 또는 지방환경관서의 장과 협의를 하여야 한다: ① 자연공원, 습지보호지역, 생태·경관보전지역의 어느 하나에 해당하는 지역으로부터 대통령령이 정하는 거리 이내의 지역에서의 개발사업 등; ② 위 ① 외의 개발사업 등으로서 자연경관에 미치는 영향이 크다고 판단되어 대통령령이 정하는 개발사업 등(제28조 제1항). 나아가 동법 시행령에서는 최고봉 700m 이상의 자연공원으로부터 1,500m 이내의 지역에서의 개발사업을 자연경관영향의 협의대상으로 하고 있다(제20조 제1항, 별표 1).

2. 사안에의 적용

사안의 경우 최고봉 800m 이상의 자연공원으로부터 대통령령이 정하는 거리 이내(1.2㎞)의 지역에서의 환경영향평가 대상사업에 해당하는 개발사업이므로 동법령에 따라 관할 지방자치단체의 장은 자연경관영향 협의를 실시하여야 한다.

문 4. 甲은 위 사업을 진행하면서 사업지역 내에 자연환경복원사업을 하였고, 소요된 비용은 3억원이다. 사업지역은 「국토의 계획 및 이용에 관한 법률」상 자연환경보전지역 내에 있고, 이 사업으로 인해 훼손되는 생태계의 면적은 10만제곱미터로 산정되었다. 동법 시행령에 따르면 생태계보전부담금의 단위면적당 부과금액은 제곱미터당 300원이고, 자연환경보전지역의 지역계수는 4이다. 환경부장관은 甲에게 얼마의 생태계보전부담금을 부과할 수 있는지 「자연환경보전법」을 토대로 검토하시오.

Ⅰ. 문제의 소재

자연환경보전법상의 생태계보전부담금의 산정방법 및 기준이 문제된다.

Ⅱ. 생태계보전부담금의 부과 방식 및 감면 사유

1. 부과 방식

생태계보전부담금은 생태계의 훼손면적에 단위면적당 부과금액과 지역계수를 곱하여 산정 · 부과한다.

생태계의 훼손면적 × 단위면적당 부과금액(300원/㎡) × 지역계수

다만, 생태계의 보전 · 복원 목적의 사업 또는 국방 목적의 사업으로서 대통령령으로 정하는 사업에 대하여는 생태계보전부담금을 감면할 수 있다(제46조 제3항).

이에 따르면 생태계보전부담금은 원칙적으로

12억원 = 100,000㎡(생태계 훼손면적) × 300원 × 4(지역계수)이다.

2. 감 면

자연환경복원사업은 생태계보전부담금을 감면할 수 있는 사업으로서 100% 감면되므로(동항 단서, 시행령 제39조, [별표 2의5]), 그 소요된 비용 3억원을 감면할 수 있다.

Ⅲ. 결 론

환경부장관은 甲에게 생태계보전부담금으로 12억원을 부과해야 한다. 다만, 자연환경복원사업 비용 3억원을 감면하여 9억원을 생태계보전부담으로 부과할 수 있다.

참조판례

대법원 2011. 11. 10. 선고 2010두22832 판결
대법원 2001. 7. 27. 선고 99두2970 판결

24

배출시설 설치허가의 성질

(법전원협의회 2019년도 제3차 변호사시험 모의시험)

사 례

열병합발전소(이하 '발전소'라 한다)를 운영하고 있는 甲은 발전소 운영에 따른 엽업이익률을 높이기 위하여 발전소의 사용연료를 우드칩(Wood Chip)에서 폐플라스틱 고형연료(이하 '고형연료'라 한다)로 변경하기로 하였다. 그런데, 우드칩과 달리 위 고형연료의 연소과정에서 염화수소 · 카드뮴 · 다이옥신 등 특정대기유해물질이 발생, 배출된다. 이에 따라 甲은 2019. 2. 대기환경보전법에 따라 대기오염물질배출시설 설치허가 신청을 하였다.

그런데 관할 지방자치단체장 乙은 2019. 4. 첫 째, 위 발전소는 수도권 지역 중 대기오염이 심각하다고 인정되는 대기관리권역으로 지정된 지역에 위치하고 있는데, 고형연료를 연소할 경우 염화수소 등 특정대기유해물질이 배출되므로 대기오염이 심화될 것으로 판단되고, 둘째, 위 배출소에서 배출되는 특정대기유해물질은 수질보전 특별대책지역으로 지정절차가 진행 중인 상수원(발전소로부터 300m 내 위치, 급수인구는 약 150,000명)의 수질에 악영향을 초래할 우려가 있다며, 대기환경보전법에 따라 위 신청을 불허하는 처분(이하 '불허가처분'이라 한다)을 하였다. 그러자 甲은 대기환경보전법에 따른 배출시설설치허가 요건을 모두 갖추었고, 설치를 제한할 사유도 없으므로 위 불허가처분은 위법하다고 주장한다.

한편, 배출시설 설치지점으로부터 반경 1km 안의 상주인구는 약 13,500명이다(주변 도시개발계획에 따르면 장차 2만명 이상의 인구가 상주할 것으로 예측된다). 연료변경에 따라 염화수소는 연간 7톤, 카드뮴은 연간 8톤, 다이옥신은 연간 3톤이 배출될 것으로 예상된다. 乙이 불허가처분 뒤인 2019. 7. 환경정책기본법에 따라 위 상수원 및 주변지역은 수질보전 특별대책지역으로 지정되었는데, 위 발전소는 위 특별대책지역 내 입지하게 되었다.

문 1. 甲의 허가신청에 대기환경보전법에 따른 배출시설 설치제한사유가 있는지를 검토하시오.

문 2. 乙의 불허가처분의 위법성 여부를 검토하시오.

해 설

문 1. 甲의 허가신청에 대기환경보전법에 따른 배출시설 설치제한사유가 있는지를 검토하시오.

Ⅰ. 문제의 소재

대기환경보전법령상 대기오염물질배출시설 설치제한사유와 그 적용이 문제된다.

Ⅱ. 배출시설 설치제한 사유

1. 관련 규정

환경부장관 또는 시 · 도지사는 배출시설로부터 나오는 특정대기유해물질이나 특별대책지역의 배출시설로부터 나오는 대기오염물질로 인하여 환경기준의 유지가 곤란하거나 주민의 건강 · 재산, 동식물의 생육에 심각한 위해를 끼칠 우려가 있다고 인정되면 대통령령으로 정하는 바에 따라 특정대기유해물질을 배출하는 배출시설의 설치 또는 특별대책지역에서의 배출시설 설치를 제한할 수 있다(제23조 제8항). 동법 시행령에서는 배출시설의 설치를 제한할 수 있는 경우를 구체적으로 정하고 있다: ① 배출시설 설치 지점으로부터 반경 1킬로미터 안의 상주 인구가 2만명 이상인 지역으로서 특정대기유해물질 중 한 가지 종류의 물질을 연간 10톤 이상 배출하거나 두 가지 이상의 물질을 연간 25톤 이상 배출하는 시설을 설치하는 경우; ② 대기오염물질(먼지 · 황산화물 및 질소산화물만 해당한다)의 발생량 합계가 연간 10톤 이상인 배출시설을 특별대책지역(법 제22조에 따라 총량규제구역으로 지정된 특별대책지역은 제외한다)에 설치하는 경우(제12조).

2. 사안에의 적용

배출시설 설치지점으로부터 반경 1km 안의 상주인구는 약 13,500명이고, 특정대기유해물질 배출(예상)량이 한 가지 종류가 연간 10톤 이상 또는 두 가지 이상의 물질이 연간 25톤 이상에 해당하지 않는다. 결국 위 시행령 제12조 제1호에서 정하고 있는 설치제한사유는 없다.

한편, 위 발전소가 특별대책지역 내 입지하고 있으므로 시행령 제12조 제2호의 적용가능성을 검토할 필요가 있으나 불허가처분 이후에 특별대책지역이 지정된 것이고, 특별대책지역이 상수원 보호를 위한 특별대책지역으로 폐수, 오수, 가축분뇨 등 배출시설의 입지가 규제될 수는 있으나 대기오염물질배출시설의 입지를 제한할 수 없다고 할 것이다.

Ⅲ. 결 론

결국 동법 제23조 제8항, 시행령 제12조에서 정하고 있는 설치제한사유는 없다.

문 2. 乙의 불허가처분의 위법성 여부를 검토하시오.

Ⅰ. 문제의 소재

대기오염물질배출시설 설치허가를 재량행위로 볼 경우 허가를 거부할 수 있으나 기속행위로 본다면 허가를 거부할 수 없기 때문에 결국 대기오염물질배출시설 설치허가의 법적 성격이 문제된다.

Ⅱ. 배출시설 설치허가의 법적 성격

1. 기속재량행위

배출시설의 설치허가가 국민의 재산권 및 직업 수행의 자유와 관련하여 가지는 의미와 함께 동법이 허가 기준을(제23조 제5항), 동법 시행령이 허가대상의 배출시설, 허가신청 시 제출하여야 하는 서류 등을 구체적으로 규정하고 있다는 점을(제11조 제1항 · 제3항) 고려할 때 기속행위로 볼 여지가 있으나 대법원은 중대한 공익상의 필요성을 들어 허가를 거부할 수 있다고 하고 있다(기속재량행위). 즉 "배출시설 설치허가와 설치제한에 관한 규정들의 문언과 그 체제 · 형식에 따르면 환경부장관은 배출시설 설치허가 신청이 대기환경보전법 제23조 제7항에서 정한 허가 기준에 부합하고 대기환경보전법 제23조 제8항, 같은 법 시행령 제12조에서 정한 허가제한사유에 해당하지 아니하는 한 원칙적으로 허가를 하여야 한다. 다만 배출시설의 설치는 국민건강이나 환경의 보전에 직접적으로 영향을 미치는 행위라는 점과 대기오염으로 인한 국민건강이나 환경에 관한 위해를 예방하고 대기환경을 적정하고 지속가능하게 관리 · 보전하여 모든 국민이 건강하고 쾌적한 환경에서 생활할 수 있게 하려는 구 대기환경보전법의 목적(제1조) 등을 고려하면, 환경부장관은 같은 법 시행령 제12조 각 호에서 정한 사유에 준하는 사유로서 환경기준의 유지가 곤란하거나 주민의 건강 · 재산, 동식물의 생육에 심각한 위해를 끼칠 우려가 있다고 인정되는 등 중대한 공익상의 필요가 있을 때에는 허가를 거부할 수 있다고 보는 것이 타당하다(대법원 2013. 5. 9. 선고 2012두22799 판결)."

2. 사안에의 적용

대기오염이 심화될 것이 예상되고, 장래 배출시설로부터 반경 1km 안의 상주인구가 2만명 이상에 이를 것으로 예상되는 점, 위 배출시설이 수질보전 특별대책지역에 위치함으로써 수질에 악영향을 초래할 우려가 있는 점 등을 종합하여 볼 때 주민의 건강·재산 등에 심각한 위해를 끼칠 우려가 있다고 인정되는 등 "중대한 공익상의 필요가 있을 때"에 해당한다고 볼 수 있다.

Ⅲ. 결 론

사안의 경우 주민의 건강·재산 등에 심각한 위해를 끼칠 우려가 있다고 인정되는 등 중대한 공익상의 필요가 있을 때에 해당되어 허가를 거부할 수 있다고 보는 것이 타당하므로 불허가처분은 위법하지 않다.

참조판례

대법원 2013. 5. 9. 선고 2012두22799 판결

25

대기오염물질배출시설 설치허가

(법전원협의회 2017년 제2차 변호사시험 모의고사)

사 례

甲사는 1995. 6. A시에 석탄화력발전소를 건설하여 운영하고 있다. 甲사의 발전소 운영 이후 발전소에서 배출하는 매연 등 대기오염물질로 인해 인근에 주택을 소유한 주민 乙은 실내환기를 하지 못하고 빨래를 야외에 널지 못하는 불편을 호소하는 한편, 건강에 미칠 악영향을 염려하고 있다.

甲사는 2016. 5. 정부의 자원절약과 재활용촉진 시책에 부응하기 위하여 고형폐기물을 연소하여 발전하는 발전시설을 추가 설치하는 내용의 증설계획을 세우고 대기오염물질배출시설 설치 변경허가를 B도지사에게 신청하였다.

甲사의 계획에 따라 고형폐기물이 연소되는 경우 벤젠, 염화수소 및 다이옥신 등 특정대기유해물질이 연간 30톤 이상 추가 배출될 것이 예상된다. 한편, A시의 甲사 발전소 인근에는 제1종지구단위계획 등이 수립되어 있어 가까운 장래에 이 발전소 시설 반경 1km 안의 상주인구가 2만 명 이상이 될 것이 예상된다.

B도지사는 이 추가시설이 설치·가동될 경우, 현재 거주하는 주민들뿐만 아니라 증가가 예상되는 주민들의 건강 및 생활환경도 보호해야 한다는 등의 사정을 감안하여 甲사의 대기오염물질배출시설 설치 변경허가 신청을 불허하였다.

문 1. 甲사가 B도지사의 불허처분에 대하여 취소소송을 제기하는 경우, 처분의 성격과 위법성을 검토하시오.

문 2. 현재 A시의 대기오염이 심각하여 아황산가스 및 미세먼지의 농도가 수시로 환경정책기본법상의 환경기준을 초과하는 경우 환경부장관과 B도지사가 취할 수 있는 규제조치에 대하여 검토하시오.

문 3. 甲사가 현재 황산화물과 질소산화물에 관한 배출허용기준을 위반하고 있다고 가정할 때, 乙이 甲사를 상대로 석탄화력발전소의 대기오염물질을 배출허용기준 이내로 배출할 것을 구하는 소송을 제기하는 경우 그 인용가능성을 검토하시오.

해 설

문 1. 甲사가 B도지사의 불허처분에 대하여 취소소송을 제기하는 경우, 처분의 성격과 위법성을 검토하시오.

I. 문제의 소재

배출시설설치변경허가처분의 성격이 허가인지 특허인지 여부 및 기속행위인지 재량행위인지 여부가 문제되고, 그 처분의 위법성에 대해 검토할 필요가 있다.

Ⅱ. 배출시설 설치허가(처분)의 법적 성질

허가 등 명칭을 불문하고 행정행위가 자연적 자유의 회복으로서의 성격을 가지는 경우 강학상 허가에 해당하며, 설권적 처분으로서의 성격을 가지는 경우 강학상 특허에 해당하게 된다. 또한 판례는 기속행위와 재량행위의 구별에 있어서, 당해 행위의 근거법규의 문언, 당해 행위의 성질, 당해 행위가 속하는 행정분야의 주된 목적과 특성 등을 모두 고려하여 개별적으로 판단하는데, 강학상 허가의 경우 기속행위로, 특허의 경우 재량행위로 파악하는 경향이 있다.

배출시설 설치 및 변경허가의 경우, 판례는 "배출시설 설치허가와 설치제한에 관한 규정들의 문언과 그 체제 · 형식에 따르면 환경부장관은 배출시설 설치허가 신청이 구 대기환경보전법 제23조 제5항에서 정한 허가 기준에 부합하고 구 대기환경보전법 제23조 제6항, 같은 법 시행령 제12조에서 정한 허가제한사유에 해당하지 아니하는 한 원칙적으로 허가를 하여야 할 것이다. 다만 배출시설의 설치는 국민건강이나 환경의 보전에 직접적으로 영향을 미치는 행위라는 점과 대기오염으로 인한 국민건강이나 환경에 관한 위해를 예방하고 대기환경을 적정하고 지속가능하게 관리 · 보전하여 모든 국민이 건강하고 쾌적한 환경에서 생활할 수 있게 하려는 구 대기환경보전법의 목적(제1조) 등을 고려하면, 환경부장관은 구 대기환경보전법 시행령 제12조 각 호에서 정한 사유에 준하는 사유로서 환경 기준의 유지가 곤란하거나 주민의 건강·재산, 동식물의 생육에 심각한 위해를 끼칠 우려가 있다고 인정되는 등 중대한 공익상의 필요가 있을 때에는 허가를 거부할 수 있다고 보는 것이 타당하다"고 판시함으로써, 원칙적으로 배출시설 설치허가가 이른바 '기속재량행위'라고 보고 있다.

Ⅲ. 불허가처분의 위법성

판례에 따르면 배출시설 설치허가와 관련한 행정청의 허가권은 기속재량행위에 해당한다. 따라서 대기오염물질 배출시설 설치변경허가 신청을 거부한 B도지사의 처분에 재량권을 일탈하거나 남용한 잘못이 없는지 여부를 판단해야 한다. B도지사의 불허가처분에 재량권의 일탈·남용이 있는지 여부는 배출시설의 설치로 대기환경보전법 시행령 제12조 제1호에서 정한 사유에 준하는 정도로 주민의 건강 등에 심각한 위해를 끼칠 우려가 있는 경우에 해당한다고 볼 수 있는지 여부의 문제로 귀결된다고 할 것이다.

사안에서 발전소 주변에 이미 제1종지구단위계획 등이 수립되어 있어 가까운 장래에 발전시설 반경 1km 안의 상주인구가 2만 명 이상이 될 것으로 예상되는 점, 배출시설을 설치·가동할 때까지 사이에 증가가 예상되는 상주인구의 건강 및 생활환경도 보호되어야 할 필요가 있는 점 등을 고려할 때 허가를 거부할 수 있다고 볼 수 있다.

Ⅳ. 결 론

사안의 경우 대기환경보전법 시행령 제12조 각 호에서 정한 사유에 준하는 사유로서 중대한 공익상의 필요가 있는 경우에 해당되어 허가를 거부할 수 있다고 보는 것이 타당하므로 결국 B도지사의 불허가처분이 위법하다고 보기는 어려울 것이다.

문 2. 현재 A시의 대기오염이 심각하여 아황산가스 및 미세먼지의 농도가 수시로 환경정책기본법상의 환경기준을 초과하는 경우 환경부장관과 B도지사가 취할 수 있는 규제조치에 대하여 검토하시오.

Ⅰ. 문제의 소재

환경기준을 초과하는 대기오염이 발생하는 경우, 환경부장관 및 지방자치단체의 장이 환경정책기본법, 대기환경보전법 등에 기하여 취할 수 있는 조치가 무엇인지 문제된다.

Ⅱ. 환경부장관의 조치

1. 특별대책지역의 지정·고시 및 토지이용제한 등

환경부장관은 환경오염·환경훼손 또는 자연생태계의 변화가 현저하거나 현저하게 될 우려가 있는 지역과 환경기준을 자주 초과하는 지역을 관계 중앙행정기관의 장 및 시·도지사와 협의하여 환경보전을 위한 특별대책지역으로 지정·고시하고, 해당 지역의 환경보전을 위한 특별종합대책을 수립하여 관할 시·도지사에게 이를 시행하게 할 수 있다(환경정책기본법 제38조 제1항).

환경부장관은 제1항에 따른 특별대책지역의 환경개선을 위하여 특히 필요한 경우에는 대통령령으로 정하는 바에 따라 그 지역에서 토지 이용과 시설 설치를 제한할 수 있다(동조 제2항).

2. 총량규제

환경부장관은 대기오염 상태가 환경기준을 초과하여 주민의 건강·재산이나 동식물의 생육에 심각한 위해를 끼칠 우려가 있다고 인정하는 구역 또는 특별대책지역 중 사업장이 밀집되어 있는 구역의 경우에는 그 구역의 사업장에서 배출되는 오염물질을 총량으로 규제할 수 있다(대기환경보전법 제22조).

Ⅲ. B도지사의 조치

1. 대기오염경보, 자동차의 운행제한, 조업단축 등

대기환경보전법 제8조 제1항은 "시·도지사는 대기오염도가 환경정책기본법 제10조에 따른 대기에 대한 환경기준을 초과하여 주민의 건강·재산이나 동식물의 생육에 심각한 위해를 끼칠 우려가 있다고 인정되면 그 지역에 대기오염경보를 발령할 수 있다"고 규정하고 있으므로, B도지사는 동조에 근거하여 대기오염경보를 발령할 수 있다. 나아가 B도지사는 대기오염경보가 발령된 지역의 대기오염을 긴급하게 줄일 필요가 있다고 인정하면 기간을 정하여 그 지역에서 자동차의 운행을 제한하거나 사업장의 조업단축을 명하거나, 그 밖에 필요한 조치를 할 수 있다(동조 제2항).

대기환경보전법 시행령 제2조 제2항에 의하면 미세먼지와 오존에 대하여 대기오염경보를 발령하도록 하고 있으므로 사안의 경우 미세먼지에 대하여 대기오염경보를 발령하고 자동차의 운행을 제한하거나 사업장의 조업단축을 명하거나 그 밖의 필요한 조치를 할 수 있다.

2. 배출시설의 설치제한

B도지사는 배출시설로부터 나오는 특정대기유해물질이나 특별대책지역의 배출시설로부터 나오는 대기오염물질로 인하여 환경기준의 유지가 곤란하거나 주민의 건강·재산, 동식물의 생육에 심각한 위해를 끼칠 우려가 있다고 인정되면 대통령령으로 정하는 바에 따라 특정대기유해물질을 배출하는 배출시설의 설치 또는 특별대책지역에서의 배출시설 설치를 제한할 수 있다(대기환경보전법 제23조 제6항).

Ⅳ. 결 론

환경부장관은 특별대책지역 지정·고시와 더불어 토지이용 등을 제한하거나, 총량규제를 실시할 수 있다. B도지사는 대기오염경보 발령과 더불어 자동차의 운행제한, 조업단축 등의 조치를 취하거나, 배출시설 설치를 제한할 수 있다.

문 3. 甲사가 현재 황산화물과 질소산화물에 관한 배출허용기준을 위반하고 있다고 가정할 때, 乙이 甲사를 상대로 석탄화력발전소의 대기오염물질을 배출허용기준 이내로 배출할 것을 구하는 소송을 제기하는 경우 그 인용가능성을 검토하시오.

Ⅰ. 문제의 소재

乙이 현재 입는 피해는 금전배상만으로 회복이 어려우며, 향후 대기오염이 없도록 하기 위해서는 甲사의 대기오염행위의 중지를 요구 할 수 있어야 한다. 이런 목적으로 사용되는 것이 유지청구인데, 유지청구가 성공하기 위해서는 법적 근거, 요건 등에 대한 검토가 필요하다. 나아가 이른바, 추상적 유지청구가 가능한지 여부가 문제된다.

Ⅱ. 유지청구

1. 법적 권원

유지청구의 법적 근거로는 물권적청구권, 상린권, 불법행위, 인격권, 환경권 등 견해의 대립이 심하다. 위 각 견해들은 각자 일면의 근거를 가지고 있는 것이 사실이지만,

어떠한 것도 명쾌한 근거를 제시하고 있지 않다. 판례는 물권적청구권설의 입장을 취하고 있다고 이해된다. 즉 "어느 토지나 건물의 소유자가 종전부터 향유하고 있던 쾌적한 환경이 그에게 하나의 생활 이익으로서의 가치를 가지고 있다고 객관적으로 인정된다면 법적인 보호의 대상이 될 수 있는 것이라 할 것이므로, 인접 대지에 위치한 소음배출시설에서 소음이 발생함으로써 생활이익이 침해되고 그 침해가 사회통념상 일반적으로 수인할 정도를 넘어선다고 인정되는 경우에는 위 토지 등의 소유자는 그 소유권에 기하여 그 방해의 제거나 예방을 위하여 필요한 청구를 할 수 있다"는 것이다.

한편, 민법 제750조에 따른 불법행위의 효과로써 유지청구를 할 수 있다는 견해도 있다. 최근에는 인격권 내지 환경권을 유력한 근거로 하는 견해가 확산되고 있다. 특히 환경권의 구체적 권리성을 인정하는 입장은 헌법이나 환경정책기본법에 명문규정을 두고 있다는 점, 현재 60개 정도의 환경관계법이 존재하고 있다는 점, 환경권의 제한 법리로 작용하는 "법령의 규정취지와 조리"의 합리적 해석이 가능하다는 점 등을 그 논거로 들고 있다. 최근 환경권을 소유권과 함께 공사중지와 금지를 청구할 권리의 한 근거로 들고 있는 판례(대법원 2008. 9. 28. 선고 2006다49284 판결)도 주목된다.

그러나 여기에 대해서는 과연 인격권 내지 환경권을 사법상의 구체적인 권리로 볼 수 있느냐 하는 반대론이 만만치 않은 실정이다. 판례는 "환경권은 명문의 법률규정이나 관계 법령의 규정 취지 및 조리에 비추어 권리의 주체, 대상, 내용, 행사 방법 등이 구체적으로 정립될 수 있어야만 인정되는 것이므로, 사법상의 권리로서의 환경권을 인정하는 명문의 규정이 없는데도 환경권에 기하여 직접 방해배제청구권을 인정할 수 없다"라고 판시함으로써 환경권을 사법상의 구체적 권리로 볼 수 없다는 입장을 분명히 하고 있다.

2. 요 건

유지청구를 하기 위해서는 ① 피해의 성질과 정도에 비추어 금전적 평가가 곤란할 것, ② 금전보상만으로는 피해회복이 어려울 것, ③ 피해가 일시적인 것이 아니라 계속적으로 중대하고 명백하게 부당한 것일 것, ④ 피해가 수인한도를 초과할 것(위법성) 등이 그 요건으로 요구된다.

3. 사안에의 적용

乙은 소유권, 불법행위, 환경권, 인격권 등에 근거하여 유지청구가 가능할 것이다. 乙은 甲사의 발전소 인근 주택의 소유자이므로 소유권에 기한 방해배제청구권(민법 제

214조)을 행사할 수 있는 지위에 있다. 그리고 甲사의 대기오염물질 배출행위가 계속되고 있는 한 乙의 소유권에 대한 침해행위는 계속되고 있는 것이며, 손해액의 금전적 평가가 곤란하고, 금전배상만으로는 피해가 보상된다고 보기 어렵다. 또한 지속적으로 배출허용기준을 초과하는 질소산화물 등이 배출되어 피해도 계속되고 있다. 문제는 위법성 요건을 충족하는지에 달려있다.

Ⅲ. 위법성

1. 수인한도론

유지청구가 인정되기 위해서는 그 행위가 위법한 것으로 인정되어야 한다. 이러한 위법성의 판단기준으로 판례는 피해가 사회통념상 수인한도를 넘었는지 여부는 피해의 정도, 피해이익의 성질 및 그에 대한 사회적 평가, 가해행위의 성질 및 공공성, 지역성, 토지이용의 선후관계, 가해방지 및 피해회피의 가능성, 공법적 규제의 위반여부, 교섭경과 등 모든 사정을 종합적으로 고려하여 판단하여야 한다고 판시한다.

2. 위법성 2단계설

유지청구에서 수인한도 기준은 손해배상청구에서의 수인한도 기준과는 다르다고 보는 것이 일반적이다(위법성 2단계설). 오염발생을 이유로 오염발생시설의 가동중지나 행위의 금지를 명하게 되면 오염으로 피해자가 입을 손해에 비하여 가해자가 입는 손해가 막대한 경우가 많은 점, 오염발생시설인 공장이나 공사장, 교통시설의 가동을 중지하는 것은 공익적인 관점에서 바람직하지 못하다는 점, 오염발생에 대한 대책으로는 오염발생을 막는 것이 아니라도 오염방지시설 · 방음막 등의 설치 등 다른 방법을 강구할 수 있다는 점이 그 이유가 될 수 있다.

Ⅳ. 추상적 유지청구

법원은 "소음이 피해 주민 주택을 기준으로 일정 한도를 초과하여 유입되지 않도록 하라는 취지의 유지청구는 소음발생원을 특정하여 일정한 종류의 생활방해를 일정한도 이상 미치게 하는 것을 금지하는 것으로 청구가 특정되지 않은 것이라고 할 수 없고, 이러한 내용의 판결이 확정될 경우 민사집행법 제261조 제1항에 따라 간접강제의 방법으로 집행을 할 수 있으므로, 이러한 청구가 내용이 특정되지 않거나 강제집행이 불가능하여 부적법하다고 볼 수는 없다"고 판시하여 추상적 유지청구를 인정하고 있다

(대법원 2007. 6. 15. 선고 2004다37904 판결).

Ⅴ. 사안에의 적용

乙의 생활불편 정도가 크고 건강침해 가능성까지 있는 등 피해의 정도가 작다고 보기 힘든 점, 甲사가 배출허용기준을 초과하여 대기오염물질을 배출하고 있는 점 등을 고려할 때 甲사의 오염물질 배출행위는 수인한도를 초과하는 위법한 행위라 판단된다. 다만 위법성 2단계설의 입장에서 甲사의 석탄화력발전소 운영을 통한 전력개발의 필요성, 폐기물재활용정책 목적의 활용성 등 가해행위의 공익성 등을 고려할 때 발전소 폐쇄를 요청하는 등의 형태의 유지청구는 인용되기 어려울 수 있다. 그러나 사안과 같이 발전소의 대기오염물질을 배출허용기준 이내로 배출할 것을 구하는 형태의 유지청구는, 가해행위의 공익성을 고려하더라도 개선행위의 이행으로 인한 甲사의 부담에 비하여 개선행위로 乙이 얻게 되는 생활상 · 건강상 이익이 우월하다고 할 수 있으므로 인용될 가능성이 높다고 판단된다.

따라서 乙이 甲사를 상대로 석탄화력발전소의 대기오염물질을 배출허용기준 이내로 배출할 것을 구하는 유지청구는 인용될 가능성이 높다. 그리고 그 청구의 취지는 "甲사가 황산화물, 질소산화물을 일정한 수치 이상을 초과하여 배출되도록 하여서는 아니 되며, 위반 시 1일당 일정 금원의 비율에 의한 금원을 乙에게 지급하여야 한다"는 형태가 될 수 있다.

참조판례

대법원 2013. 5. 9. 선고 2012두22799 판결
대법원 2007. 6. 15. 선고 2004다37904 판결(판례 [23])

※ 주의사항

1. 유지청구의 권원으로 환경권설이 만만치 않다는 점을 상기하고 그 근거까지 소개하면 좋을 듯.
2. 위법성 2단계설의 의미가 무엇인지 정확히 이해해 둘 것.
3. 추상적 유지청구가 무엇인지 이해하고 판결 주문이나 청구취지를 어떻게 표시하는지 알아 둘 것(단순히 추상적 유지청구라는 표현만을 사용하는 경우는 이해하지 못하고 외워서 쓰는 것으로 보임).

26

대기오염물질배출시설 설치 변경허가

(법전원협의회 2023년 제3차 변호사시험 모의고사)

사 례

甲 회사는 자동차의 정비, 판금 및 도장 등의 서비스업을 영위하기 위해 관할관청으로부터 대기오염물질 배출시설인 '도장시설(120㎥×1기)'과 대기오염물질 방지시설인 '흡착시설(450㎥/분)'을 허가받아 운영하고 있다.

甲 회사는 허가 신청 당시 도장시설의 용도를 도색 후 자연건조 방식으로 운영하겠다고 해 허가받았다. 그런데 이후 자연건조 방식이, 의도하는 수준의 작업 속도가 확보되지 않자 건조 진행 속도를 높이기 위해 허가 사항과 달리 임의로 열풍 시설을 용도 추가해 도장시설을 운영하고 있다.

한편 방지시설인 흡착시설의 내부에 충전하는 활성탄은 일정 시간 사용 후 교환해야 한다. 그러나 甲 회사는 활성탄 교체 비용을 줄이고자 오염물질이 흡착된 활성탄을 주기적으로 교환하지 아니하고 우회배출관로를 설치해 발암성과 악취를 유발하는 벤젠, 톨루엔 등이 함유된 오염물질을 대기로 배출하고 있다.

위 배출시설 주변 지역 주민들은 근래 원인 모를 악취로 두통을 겪거나 불쾌감을 느끼는 등 신체 및 생활 측면에서 상당한 고통을 겪고 있다. 지역 주민들은 주변에 악취를 유발할 시설이 달리 없어 위 배출시설이 원인이라고 주장하고 있다. 하지만 甲 회사는 악취의 원인이 자신의 배출시설인지는 명확한 증거가 없다고 주민들의 주장을 반박하고 있다.

문 1. 甲 회사의 대기환경보전법 위반 여부와 관할 행정청이 대기환경보전법에 따라 취할 수 있는 행정조치(금전 부과 처분은 제외)를 검토하시오.

문 2. 甲 회사는 자신의 행위가 대기환경보전법 위반에 해당한다면 조업정지 대신 과징금을 부과해 줄 것을 관할 행정청에 요청하고 있다. 이 경우 관할 행정청이 과징금을 부과할 수 있는지 검토하시오.

문 3. 지역주민이 甲 회사의 배출시설이 악취 발생과 관련되었는지를 확인하고, 甲

회사와 협의를 통해 악취방지대책을 마련하고자 하는 경우 지역주민들이 활용할 수 있는 소송 외의 방안을 검토하시오.

해 설

문 1. 甲 회사의 대기환경보전법 위반 여부와 관할 행정청이 대기환경보전법에 따라 취할 수 있는 행정조치(금전 부과 처분은 제외)를 검토하시오.

I. 문제의 소재

대기오염물질배출시설(배출시설)에 용도를 추가하는 것이 변경허가 사항인지, 관련법 위반에 해당할 경우 그에 따른 행정조치는 어떠한 것이 있는지 검토가 필요하다. 또한 우회배출관로를 설치한 행위가 배출 및 방지시설 비정상 운영에 해당하는지 검토가 필요하다.

Ⅱ. 배출시설 변경허가

1. 관련 규정

배출시설 설치허가를 받은 자가 허가받은 사항 중 대통령령으로 정하는 중요한 사항을 변경하려면 변경허가를 받아야 하고, 그 밖의 사항을 변경하려면 변경신고를 하여야 한다(제23조 제2항). 시행령에서는 "대통령령으로 정하는 중요한 사항"의 하나로 "설치허가 또는 변경허가를 받은 배출시설의 용도 추가"를 들고 있다(제11조 제4항 제2호).

2. 사안에의 적용

설치허가를 받은 도장시설(배출시설)에 열풍 시설을 용도 추가한 것은 변경허가를 받아야 할 중요한 사항이므로 변경허가를 받지 않고 임의로 용도 추가해 배출시설을 운영한 것은 대기환경보전법 제23조 제2항을 위반한 것이다.

3. 관할 행정청의 조치사항

(1) 허가의 취소 등

환경부장관 또는 시·도지사는 사업자가 변경허가를 받지 아니한 경우에는 배출시설의 설치허가 또는 변경허가를 취소하거나 배출시설의 폐쇄를 명하거나 6개월 이내의 기간을 정하여 배출시설 조업정지를 명할 수 있다(제36조 제1항 제3호).

(2) 형사고발

동법 제89조 제1호에 따르면 변경허가를 받지 아니하고 배출시설을 변경하거나 그 배출시설을 이용하여 조업한 자에게는 벌칙이 부과된다. 이에 따라 관할 행정청은 甲 회사의 대표자나 행위자를 형사고발할 수 있을 것이다.

Ⅲ. 배출시설 및 방지시설 비정상 운영

1. 관련 규정

사업자는 배출시설과 방지시설을 운영할 때에는 일정한 행위를 하여서는 아니 된다(제31조 제1항). 여기에는 방지시설을 거치지 아니하고 오염물질을 배출할 수 있는 공기조절장치나 가지 배출관 등을 설치하는 행위(제2호), 배출시설이나 방지시설을 정당한 사유 없이 정상적으로 가동하지 아니하여 배출허용기준을 초과한 오염물질을 배출하는 행위(제5호) 등이 포함된다.

2. 사안에의 적용

우선 甲 회사는 우회배출관로(가지 배출관)를 설치함으로써 동항 제2호를 위반하였다. 또한 사안에서는 배출허용기준을 초과하여 오염물질을 배출하였는지 분명치 아니하나 오염물질이 흡착된 활성탄을 주기적으로 교환하지 않고 가지 배출관을 설치한 점 등에 비추어 배출허용기준을 초과하여 오염물질을 배출한 것으로 보이는 바, 이는 배출시설이나 방지시설을 정당한 사유 없이 정상적으로 가동하지 아니하여 배출허용기준을 초과한 오염물질을 배출하는 행위에 해당하므로 동항 제5호를 위반하였다고 할 것이다.

3. 관할 행정청의 조치사항

(1) 허가의 취소 등

환경부장관 또는 시 · 도지사는 제31조 제1항에 해당하는 행위를 한 경우에는 배출시설의 설치허가 또는 변경허가를 취소하거나 배출시설의 폐쇄를 명하거나 6개월 이내의 기간을 정하여 배출시설 조업정지를 명할 수 있다(제36조 제1항 제6호).

(2) 형사고발

동법에 따르면 배출시설이나 방지시설을 정당한 사유없이 정상적으로 가동하지 아니하여 배출허용기준을 초과한 오염물질을 배출한 행위(제31조 제5호)에 대해서는 7년 이하의 징역이나 1억원 이하의 벌금이 부과된다(제89조 제3호). 한편, 가지 배출관 등을 설치하는 행위(제31조 제2호)에 대해서는 5년 이하의 징역이나 5천만원 이하의 벌금이 부과된다(제90조 제2호).

Ⅳ. 결 론

결국 배출시설 변경허가를 받지 아니한 행위와 배출 및 방지시설 비정상 운영 행위는 대기환경법 규정을 위반하였으며, 관할 행정청은 甲 회사에 대하여 허가취소와 함께 형사고발 조치를 할 수 있다.

문 2. 甲 회사는 자신의 행위가 대기환경보전법 위반에 해당한다면 조업정지 대신 과징금을 부과해 줄 것을 관할 행정청에 요청하고 있다. 이 경우 관할 행정청이 과징금을 부과할 수 있는지 검토하시오.

Ⅰ. 문제의 소재

동법 제37조에 따르면 조업정지를 갈음하는 과징금을 부과할 수 있는데, 甲 회사에 대하여 과징금을 부과할 수 있는지 검토가 필요하다. 이를 위해서는 법에서 요구하는 과징금 부과 요건에 대한 검토가 필요하다.

Ⅱ. 과징금 처분

1. 관련 규정

환경부장관 또는 시 · 도지사는 일정한 배출시설을 설치 · 운영하는 사업자에 대하여 제36조 제1항에 따라 조업정지를 명하여야 하는 경우로서 그 조업정지가 주민의 생활, 대외적인 신용 · 고용 · 물가 등 국민경제, 그 밖에 공익에 현저한 지장을 줄 우려가 있다고 인정되는 경우 등 그 밖에 대통령령으로 정하는 경우에는 조업정지처분을 갈음하여 매출액에 100분의 5를 곱한 금액을 초과하지 아니하는 범위에서 과징금을 부과할 수 있다(제37조 제1항). 제1항에도 불구하고 제31조 제1항 각 호의 금지행위를 한 경우로서 30일 이상의 조업정지처분을 받아야 하는 경우 경우에는 조업정지처분을 갈음하여 과징금을 부과할 수 없다(동조 제2항).

2. 사안에의 적용

동법에서는 일정한 배출시설, 즉 의료기관의 배출시설, 사회복지시설 및 공동주택의 냉난방시설, 발전소의 발전 설비, 집단에너지시설, 학교의 배출시설, 제조업의 배출시설 등에 해당하는 배출시설을 설치·운영하는 사업자에게 조업정지를 대체하는 과징금을 부과할 수 있도록 하고 있는바, 사안의 경우에는 '서비스업'의 배출시설로서 과징금 부과가 가능한 배출시설에 해당하지 아니하므로 甲 회사에 대한 과징금 부과는 원천적으로 불가능하다.

나아가 甲 회사의 행위는 제31조 제1항 제2호, 제5호의 금지행위를 한 경우로서 30일 이상의 조업정지처분을 받아야 하는 경우에는 조업정지처분을 갈음하여 과징금을 부과할 수 없다.

Ⅲ. 결　　론

甲 회사는 서비스업을 영위하는 사업자로서 사안의 배출시설은 과징금 부과대상인 배출시설이 아니므로 甲 회사에 대하여는 과징금을 부과할 수 없다.

문 3. 지역주민이 甲 회사의 배출시설이 악취 발생과 관련되었는지를 확인하고, 甲 회사와 협의를 통해 악취방지대책을 마련하고자 하는 경우 지역주민들이 활용할 수 있는 소송 외의 방안을 검토하시오.

Ⅰ. 문제의 소재

환경오염피해를 둘러싼 분쟁의 소송외적 분쟁처리절차로 환경분쟁조정제도의 활용가능성에 대한 검토가 필요하며, 사안에서처럼 인과관계가 주요 쟁점인 경우에는 원인재정에 대한 활용이 우선 검토되어야 한다. 악취가 환경분쟁조정대상인 환경피해에 해당하는지도 검토가 필요하다.

Ⅱ. 환경분쟁조정 대상

「환경분쟁조정법」은 '환경분쟁'을 "환경피해에 대한 다툼과 「환경기술 및 환경산업 지원법」 제2조 제2호에 따른 환경시설의 설치 또는 관리와 관련된 다툼"으로 정의하면서(제2조 제2호), 환경분쟁조정대상이 되는 '환경피해'로 사업활동, 그 밖에 사람의 활동에 의하여 발생하였거나 발생이 예상되는 대기오염, 수질오염, 토양오염, 해양오염, 소음·진동, 악취, 자연생태계 파괴, 일조 방해, 통풍 방해, 조망 저해, 인공조명에 의한 빛공해, 지하수 수위 또는 이동경로의 변화, 하천수위의 변화, 진동이 그 원인 중의 하나가 되는 지반침하(광물 채굴로 인한 지반침하를 제외)로 인한 건강상·재산상·정신상의 피해를 명시하고 있다(제2조 제1호, 시행령 제2조).

사안의 경우 악취 피해이므로 환경분쟁조정대상이 되는 '환경피해'에 해당한다.

Ⅲ. 원인재정 등

환경분쟁조정(調整)의 유형에는 알선(斡旋), 조정(調停), 재정(裁定), 중재(仲裁) 등 4종류가 있는데, 실제 분쟁처리는 주로 재정에 의해 처리되고 있다. 재정은 제3자인 재정위원회가 서로 대립하는 당사자간의 분쟁에 대하여 사실조사 및 심문 등의 절차를 거쳐 법률적인 판단(재정결정)으로 분쟁을 해결하는 준사법적 쟁송절차이다. 재정에는 ① 환경피해를 발생시키는 행위와 환경피해 사이의 인과관계 존재 여부를 결정하는 재정(원인재정), ② 환경피해에 대한 분쟁 당사자 간의 손해배상 등의 책임의 존재와 그 범위 등을 결정하는 재정(책임재정)이 있다(제35조의3).

Ⅳ. 재정의 효력 등

재정위원회가 원인재정을 하여 재정문서의 정본을 송달받은 당사자는 이 법에 따른 알선, 조정, 책임재정 및 중재를 신청할 수 있다(제42조 제2항). 재정위원회가 책임재정을 한 경우에 재정문서의 정본이 당사자에게 송달된 날부터 60일 이내에 당사자 양쪽 또는 어느 한쪽으로부터 그 재정의 대상인 환경피해를 원인으로 하는 소송이 제기되지 아니하거나 그 소송이 철회된 경우 또는 제1항에 따른 신청이 되지 아니한 경우에는 그 재정문서는 '재판상 화해'와 동일한 효력이 있다(동조 제3항).

Ⅴ. 결　　론

사안의 경우 인과관계의 존부를 우선 결정해야 하므로 甲 회사와 지역주민들은 원인재정을 신청하는 것이 적합해 보인다. 한편, 사안에서 지역주민들이 甲 회사와의 협의를 통해 방지대책을 마련하고자 하므로 알선 또는 조정도 시도해 볼 만하다.

27

대기오염물질배출시설에 대한 규제와 손해배상청구

(법전원협의회 2014년도 제3차 변호사시험 모의시험)

사 례

A군 내 10여 가구가 모여 사는 한 마을에서 몇 년 사이 암 환자가 잇따라 발생하고 있다. 주민들의 진술에 따르면 2008년부터 매년 마을에서 1~2명씩 암환자가 생겨나 최근까지 8명의 암 환자(췌장암으로 2명, 그리고 위암과 유방암으로 각 1명씩 모두 4명이 숨졌고 현재 주민 4명도 유방암과 대장암, 폐암 등으로 투병 중이다)가 발생하였고, 암환자의 연령층도 30대 초반부터 70대까지 다양하다. 한편 2006년에 이곳 마을에 활성탄(폐수나 배출가스 등에서 유해물질을 걸러내는 역할을 한다) 및 폐활성탄을 생산 · 재생하는 공장이 배출시설 설치허가를 받아 운영을 시작하였다(폐활성탄은 사용된 곳에 따라 벤젠 등 각종 발암물질을 함유하고 있는데 재생과정에서 유해물질이 배출될 수 있어 대기오염방지시설 설치 등 규제가 심한 업종이다).

마을 대표는 “공장이 들어서면서 주민들은 하나 둘 두통과 호흡곤란 등을 호소하기 시작했다. 공장에서 작업을 할 때면 쉰 김치 향처럼 시큼한 냄새가 마을을 뒤덮는다. 공장이 들어서기 전에는 주민들 중에 암 환자가 1명도 없었다”며 암 발병은 공장에서 배출되는 유해가스 때문이라고 주장하며 관할 관청에 공장폐쇄를 요청하고 있다. 이에 대해 공장측은 잇따른 암 발생은 우연일 뿐 공장과 전혀 관련이 없다고 반박한다. A군이 관할 보건환경연구원에 의뢰하여 해당 공장의 먼지와 벤젠을 측정한 결과, 먼지농도는 21.7㎎/㎥(배출허용기준치: 100㎎/㎥), 벤젠은 2.10ppm(배출허용기준치: 20ppm, 환경기준: 연간 평균치 5㎍/㎥ 이하)으로 나타났다. 이에 관할 관청은 공장에서 배출되는 대기오염물질이 법정배출허용기준치를 넘지 않고 환경기준치도 준수되고 있는데다가 암 발병이 공장운영과 연관이 있다는 뚜렷한 증거도 없다며 현재로서는 대기환경보전법에 따른 어떠한 조치도 취할 수 없다고 주민들에게 답변하였다.

그런데 마을주민들은 공장측이 평소에는 비용문제로 대기오염방지시설을 정상적으로 가동하지 않다가 관청의 점검이 있을 때만 방지시설을 가동한다며 그 측정결과를 신뢰할 수 없다고 주장하였다. 이에 관할 관청이 측정기기의 측정결과 및 공장직원들을 조사한 결과 평소에 대기오염방지시설을 가동하지 않았고, 이에 맞추어 측정기기도 정상적인 측정이 이루어지지 않도록 조작한 사실이 드러났다(대기환경보전법상의 시 · 도지사의 사안관련권한은 군에 위임되었다고 가정한다).

문 1. 이 경우 관할 관청은 대기환경보전법에 따라 어떠한 조치를 취할 수 있는지 검토하시오.

문 2. 주민들이 공장주를 상대로 손해배상청구를 제기할 경우 그 근거와 관련 쟁점을 검토하시오.

참조조문

대기환경보전법 시행규칙 제41조 (조업시간의 제한 등) 시 · 도지사는 대기오염이 주민의 건강이나 환경에 급박한 피해를 준다고 인정하면 법 제34조 제2항에 따라 대기오염물질 등의 배출로 예상되는 위해와 피해의 정도에 따라 사용연료의 대체, 조업시간의 제한 또는 변경, 조업의 일부 또는 전부의 정지를 명하되, 위해나 피해를 가장 크게 주는 배출시설부터 조치하여야 한다.

※ 벤젠은 대기환경보전법상 "특정대기유해물질"로, 식품의약품안전처는 공식블로그('식약지킴이')에서 벤젠의 유해성 등을 다음과 같이 설명하고 있다. "벤젠은 인간과 동물에서 발암성이 알려져 있으며, 세계보건기구(WHO)의 국제암연구소(IARC)에서는 발암물질(Group 1)로 분류하고 있습니다. 벤젠은 인체의 림프구에서 소핵과 DNA 손상을 일으키며, 기형을 유발하는 것으로 알려졌고, 고농도 노출 시 신장, 간장, 소화기계, 피부 등에 독성을 일으킬 수 있습니다. 벤젠에 의한 급 · 만성독성은 주로 산업장에서 나타나며, 만성적 노출은 백혈구감소증, 무과립구증, 재생불량성 빈혈, 골수형성이상증후군, 범혈구감소증, 백혈병 및 사망을 일으키기도 합니다. 벤젠은 담배연기, 자동차 배기가스, 가정용 세척제, 쓰레기 매립지에서 나오는 침출수, 에틸벤젠이나 스틸렌을 제조하는 공장, 정유 공장 등에서 발생하여 대기, 수질 및 토양에 분포하게 됩니다. 호흡을 통해 흡입된 벤젠은 50%가 흡수되는 것으로 알려져 있으며, 이는 1$\mu g/m^3$ 벤젠에 오염된 공기를 호흡 시 하루에 10μg(하루 호흡량 20m^3)이 체내로 유입되는 것을 의미합니다. 담배연기에는 고농도의 벤젠(150~204mg/m^3)을 함유하고 있어 흡연자의 주요 노출원이 되며, 피부를 통해서는 제한적으로 흡수되는 것으로 알려져 있습니다."

※ 주민들이 발병하였다고 주장하는 폐암 등은 의학적으로 다양한 요인들이 복합적으로 작용하는 이

른바 비특이성 질환으로 분류된다.

해 설

문 1. 이 경우 관할 관청은 대기환경보전법에 따라 어떠한 조치를 취할 수 있는지 검토하시오.

Ⅰ. 문제의 소재

대기환경보전법에 따라 대기오염물질배출시설에 대한 규제수단과 의무이행 확보수단에 대한 검토가 필요하다.

Ⅱ. 대기환경보전법에 따라 취할 수 있는 조치

1. 개선명령

시 · 도지사는 조업 중인 배출시설에서 나오는 오염물질의 정도가 배출허용기준을 초과한다고 인정하면 대통령령으로 정하는 바에 따라 기간을 정하여 사업자에게 그 오염물질의 정도가 배출허용기준 이하로 내려가도록 필요한 조치를 취할 것(개선명령)을 명할 수 있다(제33조). 사안에서, 비록 측정결과 공장에서 나오는 오염물질의 정도가 배출허용기준을 초과하지 않았으나 평소에 대기오염방지시설을 가동하지 않았고, 측정기기를 조작하였으므로 실제로는 배출허용기준을 초과하였을 가능성을 배제할 수 없는바, A군은 배출허용기준을 초과 사실을 증명함으로써, 개선명령을 명할 수 있을 것이다.

2. 조업정지명령

시 · 도지사는 개선명령을 받은 자가 개선명령을 이행하지 아니하거나 기간 내에 이행은 하였으나 검사결과 배출허용기준을 계속 초과하면 해당 배출시설의 전부 또는 일부에 대하여 조업정지를 명할 수 있다(제34조 제1항). 앞에서 살펴 본 바와 같이 배출허용기준을 초과하였을 가능성을 배제할 수 없으므로 A군은 이 규정에 근거하여 조업정지명령을 명할 수 있을 것이다. "시 · 도지사는 대기오염으로 주민의 건강상 · 환경상의 피해가 급박하다고 인정하면 환경부령으로 정하는 바에 따라 즉시 그 배출시설에 대하여 조업시간의 제한이나 조업정지, 그 밖에 필요한 조치를 명할 수 있다"는 법 제34조 제2항에 따라 조업정지를 명하는 것도 생각해 볼 수 할 수 있으나 이 명령을 발하기 위해 필요한 요건인 "주민의 건강상 · 환경상의 피해가 급박하다"고 인정되는지가 사안에서는 불분명하다.

또한 방지시설을 정당한 사유 없이 정상적으로 가동하지 아니하여 배출허용기준을 초과한 오염물질을 배출하는 행위(제31조 제1항 제1호), 측정기기를 조작하여 측정결과를 빠뜨리거나 거짓으로 측정결과를 작성하는 행위(제32조 제3항 제4호)에 대하여 6개월 이내의 기간을 정하여 배출시설 조업정지를 명할 수 있다(제36조 제6호, 제9호).

3. 폐쇄명령

법 제34조 제2항에 따라 "시 · 도지사는 대기오염으로 주민의 건강상 · 환경상의 피해가 급박하다고 인정하면 환경부령으로 정하는 바에 따라 즉시 그 배출시설에 대하여 조업시간의 제한이나 조업정지, 그 밖에 필요한 조치를 명할 수 있다." 문제는 여기에서 "그 밖에 필요한 조치"에 폐쇄명령이 포함되는지 논란이 있을 수 있다. 시행규칙 제41조에서는 사용연료의 대체, 조업시간의 제한 또는 변경, 조업의 일부 또는 전부의 정지만을 언급하고 있기 때문이다. 또한 이 조항에 따라 필요한 조치를 명하기 위해서는 주민의 건강상 · 환경상의 피해가 급박하다고 인정되어야 하는데, 사안에서는 불분명하다.

한편 방지시설 미가동, 측정기기 조작에 대하여 배출시설의 폐쇄를 명하는 것도 생각해 볼 수 있다(제36조 제6호, 제9호). 그러나 이러한 사유만으로 시설의 폐쇄를 명하는 것은 비례원칙을 위반할 소지가 있다. 다만 오염물질 배출로 사람에 급박하고 중대한 피해를 입혔음이 인정되는 경우 배출시설 폐쇄도 가능할 것이다.

4. 과징금 처분

시 · 도지사는 배출시설을 설치 · 운영하는 사업자에 대하여 제36조에 따라 조업정지를 명하여야 하는 경우로서 그 조업정지가 주민의 생활, 대외적인 신용 · 고용 · 물가 등 국민경제, 그 밖에 공익에 현저한 지장을 줄 우려가 있다고 인정되는 경우 등 그 밖에 대통령령으로 정하는 경우에는 조업정지처분을 갈음하여 2억원 이하의 과징금을 부과할 수 있다(제37조 제1항). 그러나 방지시설 미가동으로 30일 이상의 조업정지처분을 받아야 하는 경우에는 과징금을 부과할 수 없다(동조 제2항).

5. 허가취소 등

또한 A군은 방지시설 미가동(제31조 제1항 제1호), 측정기기 조작(제32조 제3항 제4호)에 대하여 배출시설의 설치허가 취소, 폐쇄나 조업정지명령을 명할 수 있다(제36조 제1항 제6호, 제9호).

6. 배출부과금 부과

동법 제35조는 시 · 도지사로 하여금 대기오염물질로 인한 대기환경상의 피해를 방지하거나 줄이기 위하여 대기오염물질을 배출하는 사업자에 대하여 배출부과금을 부과 · 징수토록 하고 한다. 배출부과금은 대기오염물질을 배출하는 사업자가 배출허용기준 이하로 배출하는 대기오염물질의 배출량 및 배출농도 등에 따라 부과하는 기본부과금과 배출허용기준을 초과하여 배출하는 경우 대기오염물질의 배출량과 배출농도 등에 따라 부과하는 초과부과금이 있다. 문제는 초과부과금은 황산화물, 암모니아, 황화수소, 이황화탄소, 먼지, 불소화합물, 염화수소, 염소, 시안화수소 등 9종류의 오염물질을 대상으로 하고 있는바(시행령 제23조 제2항), 사안의 벤젠이 초과부과금 대상 오염물질이 아니므로 초과부과금을 부과할 수 없다.

7. 형사고발

방지시설 미가동(제89조 제3호), 측정기기 조작(제90조 제4호)에 대하여는 벌칙이 부과되는데, A군은 공장의 대표자나 행위자를 형사고발할 수 있을 것이다.

Ⅲ. 결 론

방지시설의 미가동, 측정기기의 조작 등 행위를 한 공장에 대하여 A군은 개선명령 및 조업정지명령, 허가의 취소, 6개월 이내의 조업정지 명령 등을 내릴 수 있으며, 甲회사가 30일 이내의 조업정지명령 대상이 되지 않는다면 조업정지명령에 갈음하여 3억원 이내의 과징금 처분을 내릴 수 있다. 또한 형사고발까지 할 수 있을 것이다.

문 2. 주민들이 공장주를 상대로 손해배상청구를 제기할 경우 그 근거와 관련 쟁점을 검토하시오.

Ⅰ. 문제의 소재

불법행위(민법 제750조)에 기초한 인한 손해배상청구가 인정되기 위해서는 ① 가해자의 고의 · 과실, ② 가해행위의 위법성, ③ 가해행위와 손해 사이의 인과관계, ④ 손해의 발생이 요구된다. 당사자간의 주장에 비추어 사안에서는 위 요건 중 고의 · 과실, 위법성 및 인과관계 인정 여하가 치열하게 다투어질 것으로 예상된다.

Ⅱ. 고의·과실

1. 환경정책기본법 제44조의 원인자의 무과실책임

환경오염피해에 대한 손해배상청구에서는 환경정책기본법상 원인자의 무과실책임 규정이 적용될 수 있는지가 쟁점이 될 수 있다. 동법 제44조 제1항은 "환경오염 또는 환경훼손으로 피해가 발생한 경우에는 해당 환경오염 또는 환경훼손의 원인자가 그 피해를 배상하여야 한다"고 규정하고 있다.

2. 요 건

(1) 원인자

책임주체는 환경오염 또는 환경훼손의 '원인자'이다. '원인자'는 자기의 행위 또는 사업활동으로 환경오염 또는 환경훼손의 원인을 발생시킨 자이다(제7조). 무과실책임을 지는 '원인자'에 대한 별도의 개념규정을 두고 있지 않아 구체적인 경우에는 논란이 있을 수 있으나 판례는 "자기의 행위 또는 사업활동을 위하여 자기의 영향을 받는 사람의 행위나 물건으로 환경오염을 야기한 자"라는 입장을 취하고 있다(대법원 2017. 2. 15. 선고 2015다23321 판결). 사안의 경우 공장주는 대기오염물질을 배출함으로써 환경오염의 원인을 발생시킨 자이므로 원인자에 해당한다.

(2) 환경피해

환경정책기본법에서는 '환경오염피해'에 대한 별도의 개념 정의가 없기 때문에 환경피해의 확정이 어려울 수 있다. 환경정책기본법에서 구체적으로 열거하고 있는 환경오염 내용은 예시적인 의미를 가질 뿐이며, 해석에 따라 그 범위는 크게 확대될 수 있다. 환경정책기본법 제3조 제4호는 '환경오염'을 "사업활동 및 그 밖의 사람의 활동에 의하여 발생하는 대기오염, 수질오염, 토양오염, 해양오염, 방사능오염, 소음·진동, 악취, 일조방해 등으로서 사람의 건강이나 환경에 피해를 주는 상태"라고 정의하고 있는바, 사안의 경우 대기오염이 발생하였으므로 환경오염에 해당한다. 다만 공장에서 배출된 대기오염물질(먼지, 벤젠)로 인하여 피해가 발생하였는지 여부는 인과관계의 문제와 관련 있는데, 이는 별도의 검토가 요구된다.

3. 구체적 효력

구성요건과 효과의 비구체성, 환경정책기본법이 민법의 특별법으로서의 성격을 갖지 않는다는 점 등을 근거로 위 환경정책기본법 제44조 제1항(원인자의 무과실책임)의 구체적 효력을 부인하는 견해와 해당 규정의 연혁을 살펴볼 때 책임주체와 범위 등이 확대되어 온 점, 구체성이 떨어지는 요건에 대한 해석은 판례나 학설을 통해 해결할 수 있다는 점, 개별 환경법에 환경오염피해와 관련한 어떠한 책임 및 구제 규정이 없는 상황에서는 위 규정의 구체적 효력을 쉽게 부인하여서는 안 된다는 점 등을 고려할 때 그 구체적 효력이 인정된다는 견해가 대립한다. '사업자'를 책임주체로 한 무과실책임규정인 구 환경정책기본법 제31조 제1항의 구체적 효력을 인정한 판례(대법원 2001. 2. 9. 선고 99다55434 판결)가 있으며, 최근 현행 제44조 제1항의 구체적 효력을 인정하고 있는 판례(대법원 2017. 2. 15. 선고 2015다23321 판결, 대법원 2018. 9. 13. 선고 2016다35802 판결)가 있어 주목을 받고 있다.

4. 민법 제750조와의 관계

본조와 민법 제750조와의 관계에 대하여, 판례는 환경정책기본법 제44조 제1항이 민법의 불법행위 규정에 대한 특별규정이라고 보면서(법조경합) 환경오염으로 인하여 손해를 입은 자가 환경정책기본법에 의하여 손해배상을 주장하지 않았다고 하더라도 법원은 민법에 우선하여 환경정책기본법을 적용하여야 한다는 입장을 취하고 있다(대법원 2008. 9. 11. 선고 2006다50338 판결).

5. 사안에의 적용

사안에서 먼지, 벤젠으로 인한 대기오염피해는 환경오염피해가 분명하다. 환경정책기본법 제44조 무과실책임 규정의 구체적 효력이 인정되므로 주민들은 이 규정의 적용을 주장함으로써, 공장의 고의 · 과실을 입증하지 않아도 될 것이다.

6. 보론: 시설책임

2014. 12. 31. 제정 「환경오염피해 배상책임 및 구제에 관한 법률」은 시설의 설치 · 운영과 관련하여 환경오염피해가 발생한 때에는 해당 시설의 사업자가 그 피해를 배상하도록 하고 있다(제6조 제1항). 책임의 성질은 무과실책임이다. 적용 대상시설은 대기오염물질배출시설, 폐수배출시설, 폐기물처리시설, 가축분뇨배출시설, 토양오염관리대상시설, 유해화학물질 취급시설, 소음 · 진동배출시설, 잔류성유기오염물질 배출시설, 대통령령으로 정하는 해양시설 등 10개 시설이다. 결국 사안에서 대기오염물질 배출시설에서 배출된 대기오염물질로 인한 피해가 문제가 되고 있으므로 주민들은 동법에 따라 시설의 사업자에게 무과실 배상책임을 물을 수 있다.

Ⅲ. 인과관계

1. 인과관계 입증의 어려움

원칙적으로 원고인 주민들이 공장의 가해행위와 자신들의 손해 사이에 인과관계가 있다는 점을 입증하여야 한다. 증인, 전문가 의견, 현지조사, 감정, 관련 문헌 조사, 재현 실험결과, 양 당사자의 진술 등을 종합하여 인과관계 여부를 입증할 수는 있겠으나, 이러한 인과관계를 자연과학적으로 증명하는 것은 극히 곤란하거나 불가능한 경우가 많고 환경오염의 피해자에게 인과관계의 입증 책임을 전적으로 부여한다면 결국 구제 기회는 없는 것과 다름없어 사회 형평의 관념에 적합하다고 볼 수 없다.

2. 개연성이론

판례는 환경피해에 따른 손해배상책임 사안에 있어서 개연성이론을 적용함으로써 입증책임을 완화하고 있다. 이에 따르면 피해자가 ① 오염물질이 배출되었다는 점, ② 오염물질이 피해자에게 도달하였다는 점, ③ 피해가 발생하였다는 점을 입증하면, 가해자가 반증으로서 ① 배출물질에 피해 원인물질이 포함되지 않았다는 점, ② 원인물질이 포함되었다하더라도 안전농도 범위 내라는 점을 입증하거나, 간접반증으로서 피해에 전적으로 다른 원인이 작용하였다는 점을 입증하지 않는 한 인과관계가 증명된 것으로 본다.

3. 역학적 인과관계

임상의학이나 병리학 측면의 검토만으로는 인과관계의 해명이 충분하게 이루어지지 않은 경우에도 역학적 인과관계가 증명된 경우에는 원인물질이 증명된 것으로서 법적 인과관계도 존재하는 것으로 이해하는 견해가 있다(역학적 인과관계). 판례는 역학상의 인과관계를 인정하기 위하여 요구되는 요건 가운데, ① 특정의 인자가 발병의 일정 기간 전에 작용 또는 존재한 것일 것(시간적 선후관계), ② 그 인자가 작용하는 정도가 현저할수록 질병의 발생률이 높을 것(용량반응관계), ③ 그 인자가 제거된 경우 그 질병의 발생률이 저하하거나 또는 그 인자를 가지지 않는 집단에서 그 질병의 발생률이 극히 낮을 것(가역성), ④ 그 인자가 원인으로써 작용하는 과정이 생물학적으로 모순 없이 설명될 것(생물학적 개연성) 등의 네 가지 요건이 충족되면, 특정 인자와 질병 발생 사이에 상당한 개연성이 존재한다고 보아 역학적 인과관계를 긍정할 수 있다고 본다.

주의할 것은 역학적 인과관계는 원인과 결과가 명확히 대응하지 않는 비특이성 질환에 적용하기 어렵다는 점이다. 이러한 점을 인식하고 법원은 “비특이성 질환의 경우에는 특정 위험인자와 비특이성 질환 사이에 역학적 상관관계가 인정된다 하더라도, 어느 개인이 그 위험인자에 노출되었다는 사실과 그 비특이성 질환에 걸렸다는 사실을 증명하는 것만으로 양자 사이의 인과관계를 인정할 만한 개연성이 증명되었다고 볼 수 없다. 이러한 경우에는 그 위험인자에 노출된 집단과 노출되지 않은 다른 일반 집단을 대조하여 역학조사를 한 결과 그 위험인자에 노출된 집단에서 그 비특이성 질환에 걸린 비율이 그 위험인자에 노출되지 않은 집단에서 그 비특이성 질환에 걸린 비율을 상당히 초과한다는 점을 증명하고, 그 집단에 속한 개인이 위험인자에 노출된 시기와 노출 정도, 발병시기, 그 위험인자에 노출되기 전의 건강상태, 생활습관, 질병 상태의 변화, 가족력 등을 추가로 증명하는 등으로 그 위험인자에 의하여 그 비특이성 질환이 유발되었을 개연성이 있다는 점을 증명하여야 한다"고 판시하고 있다(대법원 2013. 7. 12. 선고 2006다17539 판결(고엽제 사건), 대법원 2014. 4. 10. 선고 2011다22092 판결(담배 사건), 대법원 2014. 9. 4. 선고 2011다7437 판결(자동차대기오염 사건) 등 참조).

4. 사안에의 적용

사안에서 개연성이론에 따라 주민들이 암의 원인인 벤젠이 공장에서 배출되었고, 대기를 통하여 주민들의 거주지 등에 도달하였으며, 그로 인하여 위암 등이 발생하였다는 점을 입증한다면, 공장의 벤젠 배출행위와 주민들의 피해 간에 인과관계를 인정 할 수 있다. 여기에 대해 공장이 책임을 면하기 위해서는 반증으로 자신이 배출한 폐수에는 원인물질이 안전농도 범위 내라는 점을 입증하거나, 전적으로 다른 원인에 의하여 주민들의 피해가 발생하였다는 것을 입증하여야 한다.

경우에 따라 주민들은 대기오염물질과 암 간의 역학적 인과관계를 증명하여 인과관계를 인정받을 수 있을 것이다. 그러나 사안의 암이 비특이성 질환이라는 점에서 인과관계를 인정받기가 쉽지 않을 수 있다.

5. 보론: 인과관계추정

2014. 12. 31. 제정 「환경오염피해 배상책임 및 구제에 관한 법률」은 입증책임 완화 차원에서 인과관계추정 방식을 택하고 있다. 즉 "시설이 환경오염피해 발생의 원인을 제공한 것으로 볼 만한 상당한 개연성이 있는 때에는 그 시설로 인하여 환경오염피해가 발생한 것으로 추정한다(제9조 제1항)." 상당한 개연성이 있는지의 여부는 시설의 가동과정, 사용된 설비, 투입되거나 배출된 물질의 종류와 농도, 기상조건, 피해발생의 시간과 장소, 피해의 양상과 그 밖에 피해발생에 영향을 준 사정 등을 고려하여 판단한다(동조 제2항). 이에 따라 주민들은 배출된 물질(벤젠)과 농도 등을 입증함으로써, 인과

관계를 쉽게 인정받을 수 있을 것이다.

Ⅳ. 위법성

1. 수인한도론

환경피해를 야기하는 모든 행위가 배상책임의 대상은 아니며, 그 행위가 위법한 것으로 인정되는 경우에만 배상책임이 인정될 수 있다. 이러한 위법성의 판단기준으로 판례는 수인한도론을 제기하고 있다. 이에 따르면 사회통념상 수인한도를 넘었는지 여부는 피해의 정도, 피해이익의 성질 및 그에 대한 사회적 평가, 가해행위의 성질 및 공공성, 지역성, 토지이용의 선후관계, 가해방지 및 피해회피의 가능성, 공법적 규제의 위반 여부, 교섭경과 등 모든 사정을 종합적으로 고려하여 판단하여야 한다. 무과실책임이 인정되는 경우 배상책임을 인정하기 위해서는 위법성이 요구되는지에 대하여 부정하는 견해가 있으나, 판례는 환경 침해를 원인으로 한 불법행위 손해배상청구 사안에서 무과실책임 규정 적용 여부와 관련 없이 "사회통념상 수인한도를 넘은 경우에는 위법행위로 평가될 수" 있다고 판시하여 위법성 판단에 수인한도를 적용하고 있다(대법원 2001. 2. 9. 선고 99다55434 판결).

2. 사안에의 적용

공장에서 배출되는 먼지와 벤젠의 농도가 배출허용기준 및 환경기준 이내라고 하더라도 주민들의 위암 등 발생이라는 건강상의 피해가 발생함으로써 피해의 정도가 큰 점, 공장의 방지시설의 미가동, 측정기기의 조작 등 공법상 규제를 위반한 점 등을 종합적으로 고려할 때 피해가 수인한도를 넘는다고 할 수 있다.

※ 주의사항

1. 형사고발(벌칙)은 놓치기 쉬운 규제조치.
2. 개연성이론은 입증책임의 분배가 핵심임(원 · 피고가 입증할 사항을 정리해 둘 것).
3. 「환경오염피해 배상책임 및 구제에 관한 법률」(일명, 피해구제법)상 시설책임, 인과관계추정 규정은 가점 요소가 충분히 될 수 있음.

28

석면피해에 따른 손해배상청구

(법전원협의회 2018년도 제3차 변호사시험 모의시험)

사 례

甲과 乙은 A광역시 B구에 거주하였던 주민이다. 한편, 丙과 丁은 B구에서 1976년부터 1995년까지 석면공장을 운영하였다. 甲은 1967년 丙과 丁이 해당 공장을 설치·운영하기 이전부터 그 지역에 인접하여 거주하던 주민이었으며, 乙은 해당 공장으로부터 약 2.1km 떨어진 곳에 1985년 아파트 단지가 건설되면서 이주해 온 주민이다. 甲은 丙과 丁이 석면공장을 운영하기 시작한 후 7년이 지나 갑작스런 가슴통증을 호소하다 흉막악성중피종 판정을 받고 치료를 받던 중 얼마 지나지 않아 사망하였다. 또한 乙은 거주를 시작한 지 4년 후 甲과 동일한 증상을 보이다가 치료도중 사망하였다. 악성중피종은 폐흉막, 위나 간 등을 보호하는 복막, 심장을 싸고 있는 심막 등의 표면을 덮고 있는 중피 조직에 생기는 악성 종양(암의 일종)으로서, 그 발병원인의 80~90%는 석면이라고 알려져 있다.

丙과 丁이 석면공장을 운영하던 시기에 두 공장은 방진 및 집진시설을 설치해 놓고 있었으나, 실제로는 해당 방진 및 집진시설을 거의 가동을 하지 않아 공장 내부에는 항상 석면분진이 비산되어 있었으며, 공장 뒤에 있는 미나리논에도 허옇게 석면가루가 내려앉을 정도였다. 또한 가끔 집진시설을 가동하더라도 무거운 먼지만 집진시설 내부에 가라앉고 가벼운 먼지는 굴뚝 밖으로 비산되었다. 게다가 공장들의 천정에는 구멍이 뚫려 있었고, 공장들의 양쪽 옆 출입구는 한겨울을 제외하고 대체로 열려 있는 상태였기 때문에, 위 천정구멍과 양쪽 옆 출입구를 통해 석면가루와 먼지가 공장 외부로 그대로 유출되었다.

1985년부터 대규모 공동주택사업 시행으로 인하여 대규모 아파트 단지가 해당지역에 조성됨에 따라 초등학교 등 교육시설도 함께 들어서면서 丙·丁의 석면공장에 대한 각종 민원이 제기되자 이들은 1995년 해당 공장들을 폐쇄하고 다른 도시로 이전하였다. 이후 戊(무)주식회사가 해당 석면공장을 대신하여, B구청장의 허가를 받아 비금속물질인 알루미늄제조공장을 설치·운영해 오고 있다. 戊주식회사의 공장은 굴뚝과 같은 배출구가 없이 대기 중에 직접 먼지를 배출하여 주변 지역의 농작물에 막대한 피해를 주고 있다.

문 1. 甲과 乙의 유족은 丙과 丁에 대하여 손해배상을 청구하는 소송을 제기하고자 한다.
(1) 위 손해배상청구의 요건을 검토하시오(단, 소멸시효, 상속에 관한 쟁점은 제외한다).
(2) 위 손해배상액의 산정에 있어서 고려해야 할 사항을 검토하시오.

문 2. 손해배상청구에 있어서 丙과 丁 어느 쪽으로부터 손해가 기인하였는지 불분명할 경우 丙과 丁의 책임관계를 검토하시오.

문 3. 戊주식회사가 발생시키는 먼지가 대기환경보전법상 규제대상인지 검토하고, 만약 규제대상이라면 B구청장이 대기환경보전법상 어떠한 조치를 취할 수 있는지 검토하시오.

해 설

문 1. (1) 손해배상청구의 요건을 검토하시오(단, 소멸시효, 상속에 관한 쟁점은 제외한다).

Ⅰ. 문제의 소재

甲과 乙의 유족이 丙과 丁을 상대로 손해배상을 청구하려는 경우, 그 요건과 관련하여 ① 환경정책기본법 제44조 무과실책임 규정이 적용되는지 여부, ② 위법성과 관련하여 수인한도론, ③ 인과관계와 관련하여 개연성이론 및 역학적 인과관계 인정 여부가 문제된다.

Ⅱ. 고의 · 과실

1. 환경정책기본법 제44조의 무과실책임

환경정책기본법 제44조 제1항은 “환경오염 또는 환경훼손으로 피해가 발생한 경우에는 해당 환경오염 또는 환경훼손의 원인자가 그 피해를 배상하여야 한다”고 규정하여 환경오염 피해에 대한 무과실책임을 규정하고 있다.

2. 요 건

(1) 환경오염피해

환경정책기본법에서는 '환경오염피해'에 대한 별도의 개념 정의가 없기 때문에 환경피해의 확정이 어려울 수 있다. 환경정책기본법에서 구체적으로 열거하고 있는 환경오염 내용은 예시적인 의미를 가질 뿐이며, 해석에 따라 그 범위는 크게 확대될 수 있다. 환경정책기본법 제3조 제4호는 '환경오염'을 "사업활동 및 그 밖의 사람의 활동에 의하여 발생하는 대기오염, 수질오염, 토양오염, 해양오염, 방사능오염, 소음 · 진동, 악취, 일조방해 등으로서 사람의 건강이나 환경에 피해를 주는 상태"라고 정의하고 있는바, 사안의 경우, 석면가루와 먼지가 공장 외부로 그대로 유출되어 대기오염이 발생하였음이 인정되므로 환경오염에 해당한다. 甲과 乙은 악성중피종으로 사망하였으므로 일응 환경오염피해가 인정된다. 나아가 환경오염과 피해 사이에 인과관계가 인정되어야 하는데, 이는 별도로 검토한다.

(2) 원인자

책임주체는 환경오염 또는 환경훼손의 '원인자'이다. '원인자'는 자기의 행위 또는 사업활동으로 환경오염 또는 환경훼손의 원인을 발생시킨 자이다(동법 제7조). 무과실책임을 지는 '원인자'에 대한 별도의 개념규정을 두고 있지 않아 구체적인 경우에는 논란이 있을 수 있으나 판례는 "자기의 행위 또는 사업활동을 위하여 자기의 영향을 받는 사람의 행위나 물건으로 환경오염을 야기한 자"라는 입장을 취하고 있다(대법원 2017. 2. 15. 선고 2015다23321 판결). 사안의 경우, 丙과 丁은 甲과 乙의 사망원인인 악성중피종의 발병원인인 석면공장을 운영한 자이므로 원인자에 해당한다.

3. 구체적 효력

구성요건과 효과의 비구체성, 환경정책기본법이 민법의 특별법으로서의 성격을 갖지 않는다는 점 등을 근거로 위 환경정책기본법 제44조 제1항(원인자의 무과실책임)의 구체적 효력을 부인하는 견해와 해당 규정의 연혁을 살펴볼 때 책임주체와 범위 등이 확대되어 온 점, 구체성이 떨어지는 요건에 대한 해석은 판례나 학설을 통해 해결할 수 있다는 점, 개별 환경법에 환경오염피해와 관련한 어떠한 책임 및 구제 규정이 없는 상황에서는 위 규정의 구체적 효력을 쉽게 부인하여서는 안 된다는 점 등을 고려할 때 그 구체적 효력이 인정된다는 견해가 대립한다. '사업자'를 책임주체로 한 무과실책임규정인 구 환경정책기본법 제31조 제1항의 구체적 효력을 인정한 판례(대법원 2001. 2. 9. 선고 99다55434 판결)가 있으며, 최근 현행 제44조 제1항의 구체적 효력을 인정하고 있는 판례(대법원 2017. 2. 15. 선고 2015다23321 판결, 대법원 2018. 9. 13. 선고 2016다35802 판결)가 있어 주목을 받고 있다.

4. 민법 제750조와의 관계

본조와 민법 제750조와의 관계에 대하여, 판례는 환경정책기본법 제44조 제1항이 민법의 불법행위 규정에 대한 특별규정이라고 보면서(법조경합) 환경오염으로 인하여 손해를 입은 자가 환경정책기본법에 의하여 손해배상을 주장하지 않았다고 하더라도 법원은 민법에 우선하여 환경정책기본법을 적용하여야 한다는 입장을 취하고 있다(대법원 2008. 9. 11. 선고 2006다50338 판결).

5. 사안에의 적용

사안에서 석면공장을 운영하였던 丙과 丁은 석면공장 인근에서 거주하던 甲과 乙에게 악성중피종을 유발한 원인자로 볼 수 있으며, 고의 또는 과실을 불문하고 甲과 乙의 유족에게 그 피해를 배상할 책임이 있다. 甲, 乙의 유족은 석면공장에서 석면제품을 생산하는 동안 석면분진이 외부로 배출되어 비산되지 않도록 안전한 작업환경을 조성하고 인근 주민들의 석면노출로 인한 피해를 최소화하도록 필요한 조치를 다하여야 할 주의의무가 있음에도, 이를 게을리하여 甲, 乙 등이 석면분진에 지속적으로 노출되게 한 과실이 있다는 점을 주장 · 입증함으로써 손해배상청구를 할 수도 있으나 환경정책기본법 제44조 제1항이 민법의 불법행위 규정에 대한 특별규정이라고 할 경우 논의 실익은 크지 않다고 할 수 있다.

Ⅲ. 위법성

1. 수인한도론

손해배상이 이루어지기 위해서는 가해행위가 위법한 것이어야 하는데, 위법성의 판단기준에 대하여 판례는 수인한도론을 제시하는 바, 사회통념상 수인한도를 넘었는지는 피해의 정도, 피해이익의 성질 및 그에 대한 사회적 평가, 가해행위의 성질 및 공공성, 지역성, 토지이용의 선후관계, 가해방지 및 피해회피의 가능성, 공법적 규제의 위반 여부, 교섭경과 등 모든 사정을 종합적으로 고려하여 판단해야 한다고 본다.

무과실책임이 인정되는 경우 배상책임을 인정하기 위해서 위법성이 요구되는지에 대하여 부정하는 견해도 있으나, 판례는 환경 침해를 원인으로 한 불법행위 손해배상청구 사안에서 무과실책임 규정 적용 여부와 관련 없이 사회통념상 수인한도를 넘은 경우에는 위법행위로 평가될 수 있다고 판시하여 위법성 판단에 수인한도를 적용하고 있다(대법원 2001. 2. 9. 선고 99다55434 판결).

2. 사안에의 적용

석면공장 운영 당시 석면이 발암물질이라는 사실이 세계적으로도 명확히 규명된 바 없어서 丙과 丁이 석면의 위험성에 대하여 구체적으로 명확히 인식하고 있었다고 단정하기 어려운 점, 특히 乙의 경우 석면공장이 설치된 이후 이를 인식하고 인접 지역에 이주한 점 등에도 불구하고 악성중피종은 발견된 후 거의 절반 이상이 8개월에서 1년 이내 사망하는 매우 유독한 악성 종양으로서 이미 석면피해구제법에서는 석면에 노출되어 악성중피종에 걸린 경우 피해자 및 유족에게 구제급여를 지급하고 있는 점, 丙과 丁이 석면공장을 운영하면서 방진 및 집진시설을 거의 가동하지 않았고 석면이 외부로 노출되는 것을 막는 데 필요한 조치를 다 하지 아니한 점, 丙과 丁이 1976년부터 1995년까지 비교적 장기간 석면공장을 운영한 점, 석면공장을 폐쇄한 이유는 각종 민원 때문일 뿐 丙과 丁이 인근 주민과 문제를 해결하기 위한 어떠한 교섭도 하지 아니한 점, 甲은 이 사건 석면공장이 설치되기 전부터 그 지역에 인접하여 거주하던 주민이었던 점 등을 종합적으로 고려할 때 피해가 수인한도를 넘는다고 할 수 있다.

Ⅳ. 인과관계

1. 인과관계 입증의 어려움

원칙적으로 인과관계는 피해자가 입증하여야 하나, 증거의 구조적 편재가 심화된 현대소송에서 피해자에게 입증 책임을 전적으로 부여하는 것은 사회 형평의 관념에 부적법하다. 사법상 구제를 사실상 거부하는 결과가 될 우려가 있는 반면 가해기업은 기술적 · 경제적으로 피해자보다 원인조사가 용이한 경우가 많고 그 원인을 은폐할 염려가 있기 때문이다. 이에 따라 판례는 개연성이론 또는 역학적 인과관계를 인정함으로써 입증책임을 완화하고 있다.

2. 개연성이론

판례는 피해자가 ① 오염물질이 배출되었고, ② 오염물질이 피해자에게 도달하였으며, ③ 피해가 발생하였다는 점을 입증하면, 가해자가 반증으로서 ① 배출물질에 피해 원인물질이 포함되지 않았다는 점, ② 원인물질이 포함되었다 하더라도 안전농도 범위 내라는 범을 입증하거나, 간접반증으로서 피해에 전적으로 다른 원인이 작용하였다는 점을 입증하지 않는 한 인과관계가 증명된 것으로 본다(대법원 1984. 6. 12. 선고 81다558 판결).

3. 역학적 인과관계

임상의학이나 병리학 측면의 검토만으로는 인과관계의 해명이 충분하게 이루어지지 않은 경우에도 역학적 인과관계가 증명된 경우에는 원인물질이 증명된 것으로서 법적 인과관계도 존재하는 것으로 이해하는 견해가 있다. 판례도 ① 특정의 인자가 발병의 일정 기간 전에 작용 또는 존재한 것일 것(시간적 선후관계), ② 그 인자가 작용하는 정도가 현저할수록 질병의 발병률이 높을 것(용량반응관계), ③ 그 인자가 제거된 경우 그 질병의 발생률이 저하하거나 또는 그 인자를 가지지 않는 집단에서 그 질병의 발생률이 극히 낮을 것(가역성), ④ 그 인자가 원인으로써 작용하는 과정이 생물학적으로 모순 없이 설명될 것(생물학적 개연성)등의 네 가지 요건이 충족되면, 특정 인자와 질병 발생 사이에 상당한 개연성이 존재한다고 보아 역학적 인과관계를 긍정할 수 있다고 본다.

주의할 것은 역학적 인과관계는 원인과 결과가 명확히 대응하지 않는 비특이성 질환에 적용하기 어렵다는 점이다. 판례 역시 비특이성 질환의 경우 위험인자에 노출된 집단과 노출되지 않은 다른 일반 집단을 대조하여 역학조사를 한 결과 그 위험인자에 노출된 집단에서 그 비특이성 질환에 걸린 비율이 그 위험인자에 노출되지 않은 집단에서 그 비특이성 질환에 걸린 비율을 상당히 초과한다는 점을 증명하고 그 집단에 속한 개인이 위험인자에 노출된 시기와 노출 정도, 발병시기, 그 위험인자에 노출되기 전의 건강상태, 생활습관, 질병 상태의 변화, 가족력 등을 추가로 증명하는 등으로 그 위험인자에 의하여 그 비특이성 질환이 유발되었을 개연성이 있다는 점을 증명하여야 한다고 판시한 바 있다(대법원 2013. 7. 12. 선고 2006다17539 판결(고엽제 사건), 대법원 2014. 4. 10. 선고 2011다22092 판결(담배 사건), 대법원 2014. 9. 4. 선고 2011다7437 판결(자동차대기오염 사건) 등 참조).

4. 사안에의 적용

개연성이론에 따라 악성중피종의 원인인 석면이 공장에서 배출되었고, 대기를 통하여 주민의 거주지에 도달하였으며, 그로 인하여 악성중피종이 발병하여 사망하였다는 점을 입증한다면 인과관계가 인정될 것이다. 이때 丙과 丁은 반증으로서 석면이 안전농도 범위 내라는 점을 입증하거나, 간접반증으로서 전적으로 다른 원인에 의하여 악성중피종이 발병하였음을 입증한다면 책임을 면할 수 있다.

특히 악성중피종의 발병원인은 80-90%는 석면인 점(악성중피종은 석면 이외의 다른 원인(방사선요법, 바이러스 등)에 의하여서도 발생할 수 있으나 그 가능성은 10~20% 정도일 뿐임), 방사선치료를 받은 적이 없는 일반인에게 악성중피종이 발생할 수 있는 현실적인 유일한 원인은 석면에의 노출로서 그 외에 다른 현실적인 원인이 없다는 점, 악성중피종은 특히 직업적 노출이 없이도 석면공장 인근에 거주하는 것과 같은 석면에의 환경적 노출로도 발병한다는 점 등을 고려하면 악성중피종은 '특이성 질환'에 해당하는 바, 석면에 대한 비직업적 · 환경적 노출과 악석중피종의 발병 사이의 역학적 인과관계는 충분히 인정된다 할 것이다.

나아가 ① 甲은 공장 운영 7년 후, 乙은 4년 후 악성중피종에 걸린 점, ② 甲은 인접 주민으로서, 乙은 공장으로부터 약 2.1km 떨어진 곳에 거주하는 주민으로서 노출환경에 대한 거리가 악성중피종의 발병률에 상당한 영향을 미친 것으로 보이는 점, ③ 악성중피종이 발병할 수 있는 석면 이외의 다른 원인(방사선요법, 바이러스 등)에 노출되었거나 다른 석면공장이 존재하였다는 특별한 사정이 없는 점, ④ 석면공장에서 석면제품을 생산하는 동안 석면분진이 외부로 배출되어 비산되지 않도록 안전한 작업환경을 조성하는 데 필요한 주의의무를 다하지 아니한 것으로 보이는 점 등을 종합하면, 석면공장에서 배출된 석면과 甲과 乙의 악성중피종 발병 사이에는 (개별적)인과관계가 인정된다고 봄이 타당하다.

Ⅴ. 손 해

사망의 결과가 발생하였으므로 재산적 손해뿐만 아니라 정신적 손해도 인정될 수 있을 것이다.

Ⅵ. 결 론

甲과 乙이 석면공장의 석면 배출로 인한 악성중피종으로 사망한 사실(인과관계)을 인정할 수 있고 손해 역시 인정되는 바, 丙과 丁은 망인들의 유족에게 재산적 · 정신적 손해를 배상할 책임이 있다.

문 1. (2) 甲과 乙에 대한 손해배상액의 산정에 있어서 고려해야 할 사항을 검토하시오.

Ⅰ. 문제의 소재

불법행위로 인한 손해의 발생 또는 확대에 피해자에게도 과실이 있는 때에는 가해자의 손해배상의 범위를 정할 때 참작하는 것이 손해의 공평분담 차원에서 적합한 바, 이와 관련하여 '위험에의 접근이론'에 따른 면책이 가능한지 문제된다.

Ⅱ. 위험에의 접근이론 적용 여하

丙, 丁이 위험에의 접근이론을 근거로 면책을 주장할 수 있는지 문제가 될 수가 있다. 법원은 위험에의 접근 이론이 적용되기 위해서는 ① 위험의 존재를 인식하면서 그로 인한 피해를 용인하며 접근한 것으로 볼 수 있을 것, ② 피해가 직접 생명이나 신체에 관련된 것이 아니라 정신적 고통이나 생활방해의 정도에 그칠 것, ③ 침해행위에 고도의 공공성이 인정될 것, ④ 피해 정도가 위험에 접근할 당시에 인식하고 있었던 위험의 정도를 초과하는 것이거나 위험에 접근한 후에 그 위험이 특별히 증대하였다는 등의 특별한 사정이 없을 것을 요구한다(대법원 2005. 1. 27. 선고 2003다49566 판결).

이러한 판례에 따르면 사안의 경우, 甲과 乙은 악성중피종으로 사망하였고, 석면공장 운영은 개인의 영리추구가 목적이므로 고도의 공공성이 부정되며, 특히 乙이 이주할 당시 석면으로 인한 사망의 결과까지 인식하였다고 볼 수는 없다는 점, 피해가 정신적 고통이나 생활방해의 정도에 그치지 않는 점 등에서 위험에의 접근이론이 적용되기는 곤란해 보인다. 다만 수인한도론상 토지이용의 선·후관계가 문제가 될 수 있을 것이다.

Ⅲ. 책임의 감면

토지이용의 선·후관계만을 고려할 때 甲과 乙의 손해배상액의 산정 시 배상액에 차이가 있을 수 있다. 甲은 석면공장이 설치·운영되기 이전부터 그 지역에 이미 살고 있었던 주민이고, 乙은 석면공장이 운영되기 시작한 후 위험에 접근한 경우이므로 丙과 丁의 乙에 대한 책임은 甲에 대한 것에 비하여 감면될 것으로 보인다.

문 2. 손해배상청구에 있어서 丙과 丁 어느 쪽으로부터 손해가 기인하였는지 불분명할 경우 丙과 丁의 책임관계를 검토하시오.

Ⅰ. 문제의 소재

수인이 공동의 불법행위로 타인에게 손해를 가한 때에는 연대하여 그 손해를 배상할 책임이 있는 바, 이와 관련하여 민법상 및 환경정책기본법상 공동불법행위책임 성립 여부와 그 책임의 성질이 무엇인지 문제된다.

Ⅱ. 공동불법행위책임

1. 민법 제760조 제2항

민법 제760조 제2항은 공동 아닌 수인의 행위 중 어느 자의 행위가 그 손해를 가한 것인지를 알 수 없는 때에도 연대하여 손해를 배상하여야 한다고 규정하는 바, 이는 같은 조 제1항에서 말하는 공동의 불법행위로 보기에 부족할 때 입증책임을 덜어줌으로써 피해자를 보호하려는 입법정책상의 고려에 따라 각각의 행위와 손해 발생 사이의 인과관계를 법률상 추정한 것이므로, 이러한 경우 개별 행위자가 자기의 행위와 손해 발생 사이에 인과관계가 존재하지 아니함을 증명하면 면책되고, 손해의 일부가 자신의 행위에서 비롯된 것이 아님을 증명하면 배상책임이 그 범위로 감축된다(대법원 2008. 4. 10. 선고 2007다76306 판결).

2. 책임의 성질

제760조의 '연대하여'의 의미에 대하여 판례는 피해자를 두텁게 보호하자는 입법취지에 비추어 '부진정연대채무'로 본다. 따라서 피해자에 대한 관계에서 가해자들 전원의 행위를 전체적으로 함께 평가하여 정하여야 하고, 그 손해배상액에 대하여는 가해자 각자가 그 금액의 전부에 대한 책임을 부담한다.

이처럼 공동불법행위자는 채권자에 대한 관계에서는 연대책임(부진정연대채무)을 지되, 공동불법행위자들 내부관계에서는 일정한 부담 부분이 있고, 이 부담 부분은 공동불법행위자의 과실의 정도에 따라 정하여지는 것으로서 공동불법행위자 중 1인이 자기의 부담 부분 이상을 변제하여 공동의 면책을 얻게 하였을 때에는 다른 공동불법행위자에게 그 부담 부분의 비율에 따라 구상권을 행사할 수 있다(대법원 1997. 12. 12. 선고 96다50896 판결).

3. 환경정책기본법 제44조 제2항의 공동불법행위책임

환경오염 피해의 경우에는 피해의 만성적·누적적 성격 때문에 수인이 관여한 경우 각자가 불법행위 요건을 충족하는지 규명하기가 쉬운 것이 아니다. 이러한 점 때문에 환경오염 피해의 경우에 공동불법행위에 대한 특수한 법리가 요구되는데, 환경정책기본법 제44조 제2항의 "원인자가 둘 이상인 경우에 어느 원인자에 의하여 제1항에 따른 피해가 발생한 것인지를 알 수 없을 때에는 각 원인자가 연대하여 배상하여야 한다"라는 규정은 이러한 요구에 부응하는 것이다. 환경정책기본법상의 공동불법행위책임의 성격은 부진정연대책임이며 공동불법행위자 간 내부적 분담부분에 관하여는 각자 오염물질 배출정도(관여도)에 따라 부담한다.

Ⅲ. 결　　론

환경오염피해(악성중피종)의 원인자인 丙과 丁은 환경정책기본법 제44조 제2항에 따라 연대하여 甲과 乙의 유족에게 손해를 배상할 책임이 있고, 이때 丙 또는 丁이 자신의 행위와 악성중피종 발병간의 인과관계가 존재하지 아니하거나 일부가 자신의 행위에서 비롯된 것이 아님을 입증하면 면책 또는 책임이 감경될 것이다.

문 3. 戊주식회사가 발생시키는 먼지가 대기환경보전법상 규제대상인지 검토하고, 만약 규제대상이라면 B구청장이 대기환경보전법상 어떠한 조치를 취할 수 있는지 검토하시오.

Ⅰ. 문제의 소재

戊회사가 설치 · 운영하는 알루미늄제조공장에서 배출된 먼지가 대기환경보전법상 규제대상에 해당하는지, 만일 규제대상이라면 B구청장의 조치는 무엇인지 문제된다.

Ⅱ. 비산먼지의 규제

비산먼지란 일정한 배출구 없이 대기 중에 직접 배출되는 먼지를 의미하는데, 동법은 비산먼지를 발생시키는 사업으로서 대통령령으로 정하는 사업을 하려는 자를 대상으로 사람의 건강뿐만 아니라 동 · 식물의 생육에 악영향을 미치는 비산먼지의 발생을 규제하고 있다(제43조 제1항). 시행령에서는 비금속물질의 채취업, 제조업 및 가공업 등을 비산먼지를 발생시키는 사업 중의 하나로 규정하고 있다(시행령 제44조 제2호). 결국 사안의 경우, 戊가 설치 · 운영하는 알루미늄제조공장에서 발생하는 먼지는 비금속물질인 알루미늄 제조업으로부터 발생하는 '비산먼지'이므로 대기환경보전법상 비산먼지의 규제대상에 해당한다.

1. 조치명령

비산먼지 사업을 하려는 자는 특별자치시장 · 특별자치도지사 · 시장 · 군수 · 구청장에게 신고하고 비산먼지의 발생을 억제하기 위한 시설을 설치하거나 필요한 조치를 취하여야 한다(제43조 제1항). 억제시설의 설치 또는 필요한 조치를 하지 아니하거나 그 시설이나 조치가 적합하지 아니하다고 인정하는 경우, 시장 · 군수 · 구청장 등은 그 사업을 하는 자에게 필요한 시설의 설치나 조치의 이행 또는 개선을 명할 수 있다(동조 제2항).

한편 판례는 비산먼지의 발생을 억제하기 위한 시설을 설치하지 아니한 자를 처벌하는 입법 취지와 목적 등을 고려할 때 비산먼지의 발생을 억제하기 위한 시설을 설치하였으나 이를 가동하지 아니한 자도 위 조항에 위반되고, 고의범은 물론이고 과실로 인하여 그러한 내용을 인식하지 못하고 시설을 설치하지 아니하거나 필요한 조치를 하지 아니한 자도 함께 처벌하는 규정이라고 해석함이 상당하다고 판시한 바 있다(대법원 2008. 11. 27. 선고 2008도7438 판결). 따라서 戊가 비산먼지 억제시설을 설치하였으나 가동하지 아니한 경우 또는 시설의 고장으로 인하여 이를 가동하지 못하였더라도 과실이 없다고 볼 수 없는 한 B구청장은 戊에게 조치명령을 내릴 수 있다.

2. 사업중지 또는 시설 사용중지 · 제한명령

시장 · 군수 · 구청장 등은 동조 제2항에 따른 명령을 이행하지 아니하는 자에게는 그 사업을 중지시키거나 시설 등의 사용 중지 또는 제한을 명할 수 있다(동조 제3항).

3. 형사고발

戊가 동법 제43조 제1항 전단에 따른 신고를 하지 아니하거나 전단 또는 후단을 위반하여 비산먼지의 발생을 억제하기 위한 시설을 설치하지 아니하거나 필요한 조치를 하지 아니한 경우, 동법 제43조 제2항을 위반하여 비산먼지의 발생을 억제하기 위한 시설의 조치나 조치의 이행 또는 개선명령을 이행하지 아니한 경우라면 B구청장의 고발에 따라 300만원 이하의 벌금에 처할 수 있다(동법 제92조 제4의2호, 제5호, 제6호).

Ⅲ. 결 론

B구청장은 戊가 신고의무 및 시설설치의무를 위반한 경우 戊에게 조치명령을 내릴 수 있고, 조치명령 위반 시 사업중지 또는 시설 사용중지 · 제한명령을 내릴 수 있으며,

형사고발조치를 할 수 있다.

참조판례

1. 부산지법 2012. 5. 10. 선고 2008가합21566 판결
2. 대법원 2008. 11. 27. 선고 2008도7438 판결

※ 주의사항

1. 대기 · 수질오염피해 관련 손해배상청구에서 핵심 쟁점은 인과관계임(소음피해 관련 손해배상청구에서는 수인한도).
2. 역학적 인과관계론의 의미를 정확히 이해해 둘 것.
3. 과실범도 처벌하는 판례를 검토하면 가점 가능할 수 있음.

29

배출부과금 등

(법전원협의회 2015년도 제3차 변호사시험 모의시험)

사 례

甲은 A광역시에서 대기오염물질의 배출 및 방지시설에 관한 설치신고를 A광역시장에게 하고 이를 가동하여 오고 있다. 이 과정에서 배출허용기준을 초과하는 대기오염물질이 배출되는 것이 확인되었다. 이에 A광역시장은 甲에게 방지시설에 대한 개선명령을 내렸고, 甲은 A광역시장에게 방지시설에 대한 개선계획서를 제출하고 그 보수공사를 완료한 뒤 A광역시장에게 개선완료보고를 하였다. A광역시장은 甲의 공장에 출장하여 위 방지시설의 개선이행상태를 확인한 뒤 甲에 대하여 초과배출부과금을 부과하였다.

乙은 A광역시와 인접한 B도에서 제철공장을 운영하고자 배출 및 방지시설에 관한 설치신고를 하였는데, 「B도 도시계획조례」에 따르면 「국토의 계획 및 이용에 관한 법률」상 계획관리지역인 이 지역에서는 특정대기유해물질인 크롬이 배출되는 공장은 입지가 허용되지 않는다. 그런데 단속 결과 배출허용기준을 넘는 크롬이 乙의 공장에서 배출되는 것으로 확인되어 B도지사는 乙의 공장의 폐쇄를 명하였다. 이에, 乙은 종업원의 생계를 고려하지 않은 이 폐쇄명령은 너무 지나친 것으로 위법하다고 주장한다.

丙은 B도에서 배출 및 방지시설에 관한 설치신고를 하고 화학공장을 운영하던 중 가지배출관을 설치하였다는 사실이 적발되어 B도지사로부터 4개월의 조업정지명령을 받았다. 이에 丙은 가지배출관을 설치한 것은 방지시설의 확장공사 과정에서 부득이하게 행한 것이며, 이 시설을 통하여 배출한 기간도 불과 3일밖에 되지 않고, 그간 자원회수율이 높은 고가의 대기오염물질 저감시설을 설치하여 왔다는 등의 확인된 사실을 들어 4개월의 조업정지명령은 과도한 것으로 위법하다고 주장한다.

이에 다음 물음에 답하시오.

문 1. (1) 초과부담금의 부과 후 대기오염물질의 배출상태가 처음 측정할 때와 달라져 재측정한 결과 오염물질이 처음에 측정한 배출량보다 저감하게 된 경우 甲이 대기환경보전법상 취할 수 있는 절차는 무엇인가? (2) 甲이 배출부과금이 부과된 것은 애초에 개선명령이 잘못된 데에 그 이유가 있다고 보는 경우, 제소기간 내에 그 개선명령을 취소소송으로 다툴 수 있는지를 개선명령과 배출부과금 부과의 관계를 중심으로 검토하시오.

문 2. B 도지사의 처분에 대한 乙과 丙의 주장의 당부를 각각 검토하시오.

해 설

문 1. (1) 초과부담금의 부과 후 대기오염물질의 배출상태가 처음 측정할 때와 달라져 재측정한 결과 오염물질이 처음에 측정한 배출량보다 저감하게 된 경우 甲이 대기환경보전법상 취할 수 있는 절차는 무엇인가? (2) 甲이 배출부과금이 부과된 것은 애초에 개선명령이 잘못된 데에 그 이유가 있다고 보는 경우, 제소기간 내에 그 개선명령을 취소소송으로 다툴 수 있는지를 개선명령과 배출부과금 부과의 관계를 중심으로 검토하시오.

Ⅰ. 문제의 소재

대기환경보전법에 따른 배출부과금의 조정 요건 및 절차에 대한 검토가 필요하다. 개선명령과 배출부과금부과의 관계를 검토하기 위해서는 배출부과금 부과처분이 독립처분인지 여하를 살펴야 한다.

Ⅱ. 배출부과금 조정

동법에 따르면 시 · 도지사는 다음에 해당하는 경우에는 부과금을 다시 산정 · 조정하여 그 차액을 부과하거나 환급하여야 한다: ① 개선기간 만료일 또는 명령이행 완료예정일까지 개선명령, 조업정지명령, 사용중지명령 또는 폐쇄명령을 이행하였거나 이행하지 아니하여 초과부과금 산정의 기초가 되는 오염물질 또는 배출물질의 배출기간이 달라진 경우; ② 초과부과금의 부과 후 오염물질 등의 배출상태가 처음에 측정할 때와 달라졌다고 인정하여 다시 측정한 결과, 오염물질 또는 배출물질의 배출량이 처음에 측정한 배출량과 다른 경우; ③ 사업자가 과실로 확정배출량을 잘못 산정하여 제출하였거나 시·도지사가 제30조에 따라 조정한 기준이내배출량이 잘못 조정된 경우(제35조의3, 시행령 제34조 제1항).

사안의 경우 제35조의3 및 시행령 제34조 제1항 제2호의 사유에 해당하여 배출부과금 조정의 사유에 해당하며, 사업자는 시행령 제35조 제1항에 따라 납부통지서를 받은 날부터 60일 이내에 부과금 조정을 신청할 수 있다.

Ⅲ. 개선명령과 배출부과금부과의 관계

배출부과금 부과처분은 개선명령이나 조업정지명령 등과 같은 행정제재적 명령과 별개의 목적과 법적 근거에 따라 이루어지는 독립처분이다(부산고법 1996. 4. 17. 선고 94구2640 판결). 더욱이 개선명령은 이미 완료되어 더 이상 그 효력을 다툴 이익이 없다. 따라서 甲이 제기한 개선명령에 대한 취소소송은 (협의의) 소의 이익이 없어 각하될 것이다.

문 2. B 도지사의 처분에 대한 乙과 丙의 주장의 당부를 각각 검토하시오.

Ⅰ. 문제의 소재

대기환경보전법상 乙에 대한 폐쇄명령과 丙에 대한 조업정지명령의 법적 근거와 그 각 처분이 당사자에게 지나치게 무거워 비례원칙을 위반할 소지가 있는지 검토가 필요하다.

Ⅱ. 폐쇄명령

1. 관련 규정

동법 제38조는 시·도지사로 하여금 허가나 신고 없이 배출시설을 설치하거나 사용하는 자에게는 배출시설의 사용중지를 명해야 하나, 그 설치장소가 다른 법률에 따라 그 배출시설의 설치가 금지된 경우에는 그 배출시설의 폐쇄를 명하도록 하고 있다.

2. 사안에의 적용

사안에서 乙이 설치신고한 제철공장은 크롬을 배출하고 있으며, 도시계획조례에 따라 크롬을 배출하는 시설은 설치가 금지되므로 제38조에 따라 B도지사는 배출시설의 폐쇄를 명하여야 한다.

乙은 종업원의 생계를 고려하지 않은 폐쇄명령이 너무 지나치다고 주장하나 배출시설의 설치는 국민건강이나 환경의 보전에 직접적으로 영향을 미치는 행위라는 점, 대기환경보전법이 대기오염으로 인한 국민 건강이나 환경에 관한 위해를 예방하고 대기환경을 적정하고 지속가능하게 관리·보전하여 모든 국민이 건강하고 쾌적한 환경에서 생활할 수 있게 하려는 데 목적이 있는 점, 공장에서 특정유해물질의 배출을 허용하는 경우 또 다른 특정유해물질 배출시설의 설치를 막을 수 없는 점 등을 고려할 때 乙의 손해가 배출시설을 폐쇄함으로써 지켜지는 대기환경보전이라는 공익보다 크다고 할 수 없다.

Ⅲ. 조업정지명령

1. 관련 규정

사업자는 배출시설과 방지시설을 운영할 때에는 방지시설을 거치지 아니하고 오염물질을 배출할 수 있는 공기 조절장치나 가지 배출관 등을 설치하는 행위를 하여서는 아니 된다(제31조 제1항 제2호). 이러한 의무위반행위를 한 경우 시·도지사는 6개월 이내의 기간을 정하여 배출시설 조업정지를 명할 수 있다(제36조 제6호).

2. 사안에의 적용

丙이 가지배출관을 설치한 것이 방지시설의 확장공사 과정에서 부득이하게 행한 점, 이 시설을 통하여 배출한 기간도 불과 3일밖에 되지 않은 점, 丙이 그 동안 자원회수율이 높은 고가의 대기오염물질 저감시설을 설치하여 왔다는 점 등을 고려할 때 4개월의 조업정지명령을 통하여 얻게 되는 공익(대기환경보전)에 비하여 이로써 잃게 되는 丙의 사익이 지나치게 무거워 비례원칙(상당성의 원칙)에 위반할 여지가 있다(이에 반하여 위 사정을 고려하더라도 丙의 위법사실에 비추어 결코 무겁다고 볼 수 없어 재량을 일탈한 것은 아니라는 견해가 있을 수 있다).

Ⅳ. 결 론

해당 처분(乙에 대한 폐쇄명령, 丙에 대한 4개월 조업정지명령)을 통해 실현하고자 하는 공익(대기환경보전)의 비중과 이로써 잃게 되는 사익(재산권 침해)의 정도를 비교해 볼 때 乙에 대한 폐쇄명령은 과도하지 않으며, 丙에 대한 4개월 조업정지명령은 비례원칙을 위반하여 위법하다. 결국 乙의 주장은 부당하며, 丙의 주장은 타당하다.

30

배출부과금

(법전원협의회 2016년도 제3차 변호사시험 모의시험)

사 례

A시에서 자동차부품 등 제조업체로서 대기오염물질배출시설을 운영하는 甲은 사업장 내에 부품제작기계 3대 및 대기오염물질의 배출 및 방지를 위한 집진시설 1대를 설치, 운영해 오고 있다. 2015. 7. 27. 甲의 집진시설에 대한 A시의 대기오염도 검사결과 먼지 배출허용기준 100 ㎎/S㎥을 훨씬 초과하는 2,879.3㎎/S㎥의 먼지가 검출되었다. 이 때 대기오염도 검사는 부품제작기계 3대가 모두 가동된 상태로 이루어졌다.

A시장은 2015. 8. 1. 甲에게 개선명령을 발하였다. 甲은 2015. 10. 31.까지 위 집진시설을 개선하겠다는 내용의 개선계획서를 제출한 다음 2015. 10. 31. 개선완료보고를 하였다. A시장은 2015. 11. 2. 그 개선이행상태를 확인한 후 위 2015. 7. 27.자 초과농도 측정결과를 토대로 초과배출기간을 위 집진시설에 대한 오염물질 채취일인 2015. 7. 27.부터 甲의 개선완료보고일인 2015. 10. 31.까지(중간의 휴무일 공제)로 하고 그 기간 중 1일 조업시간을 10시간으로 확정하여 초과배출부과금 산정계산식에 따라 총 85일의 배출기간에 대한 초과배출부과금으로 1,303,020,520원을 부과하였다.

문 1. 甲은 대기환경보전법 제35조 제2항과 제4항이 초과배출부과금의 산정방법 및 초과배출부과금 부과 여부를 결정하는 배출허용기준의 구체적인 내용에 대해 규정하지 않고 전부 대통령령이나 환경부령으로 정하도록 규정하는 것은 국회가 자신의 임무를 방기한 것이라고 생각한다. 甲의 법률대리인으로서 甲의 이러한 생각을 어떠한 법리에 담아 주장할 수 있는지 설명하고, 그 주장이 받아들여질 수 있는지 검토하시오.

문 2. 환경법상 배출부과금제도 일반 및 기본부과금, 초과부과금의 취지와 그 차이점을 설명하고, 그 취지에 비추어 현행 제도에 대해 평가하시오.

문 3. 甲은 2014. 1. 1. 이후로 주문물량이 부품제작기계 2대만 가동하면 충분한 물량이어서 3대 중에 교대로 2대씩만 가동하였으므로, 3대를 모두 가동하여 측정한 초과배출량을 기준으로 초과배출부과금을 산정하는 것은 위법하다고 주장한다. 甲의 주장이 입증될 수 있다면, 이 사실이 초과배출부과금 산정 시에 반영될 수 있는지 검토하시오.

문 4. 甲은 개선명령을 이행하기 위한 집진시설 보수공사는 9. 30.에 완료하였으나, 개선명령이행완료보고서만 10. 31.에 제출한 것이므로 초과배출부과금은 9. 30.까지로 산정되어야 한다고 주장한다. 甲은 A시장에게 제출한 개선명령이행완료보고서에 보수공사기간이 '2015. 9. 1.부터 2015. 9. 30.까지'로 기재되어 있고, 공사대금은 10. 2. 전액 지급되었으며, 2015. 9. 30. 이후 甲이 다른 공사를 한 적이 없음에도 불구하고 위 개선명령 이행보고 후 실시한 오염도 검사결과 배출허용기준을 충족한 것으로 나타났다는 점 등을 증거로 제시하고자 한다. 甲이 보수공사가 9. 30.에 완료되었음을 입증한다면, 초과배출부과금의 산정에 반영되어야 하는지에 대해 검토하시오.

참조조문

대기환경보전법 시행규칙 제49조 (개선완료일)

영 제34조 제2항에서 "환경부령으로 정하는 개선완료일"이란 제39조 제2항에 따른 개선완료 보고서를 제출한 날을 말한다.

해 설

문 1. 甲은 대기환경보전법 제35조 제2항과 제4항이 초과배출부과금의 산정방법 및 초과배출부과금 부과 여부를 결정하는 배출허용기준의 구체적인 내용에 대해 규정하지 않고 전부 대통령령이나 환경부령으로 정하도록 규정하는 것은 국회가 자신의 임무를 방기한 것이라고 생각한다. A의 법률대리인으로서 A의 이러한 생각을 어떠한 법리에 담아 주장할 수 있는지 설명하고, 그 주장이 받아들여질 수 있는지 검토하시오.

Ⅰ. 문제의 소재

대기환경보전법 제35조 제2항 및 제4항이 초과부과금의 산정방법과 배출허용기준의 구체적인 내용을 대통령령으로 위임한 것이 포괄위임금지원칙에 반하는지 문제된다.

Ⅱ. 포괄위임금지원칙의 의의 및 판단기준

헌법은 제75조에서 "대통령은 법률에서 구체적으로 범위를 정하여 위임받은 사항과 법률을 집행하기 위하여 필요한 사항에 관하여 대통령령을 발할 수 있다"고 규정하여 위임입법의 근거를 마련하는 한편, 대통령령으로 입법할 수 있는 사항을 법률에서 구체적으로 범위를 정하여 위임받은 사항으로 한정함으로써 그 범위와 한계를 제시하고 있다. 이때 헌법에 의하여 위임입법이 용인되는 한계인 '법률에서 구체적인 범위를 정하여 위임받은 사항'이라함은 법률에 이미 대통령령으로 규정될 내용 및 범위의 기본적 사항이 구체적이고 명확하게 규정되어 있어 누구라도 당해 법률 그 자체로부터 대통령령에 규정될 내용의 대강을 예측할 수 있어야 한다는 것을 의미한다.

다만 이러한 예측가능성 유무는 당해 특정 조항 하나만 가지고 판단할 것이 아니라 관련 법조항 전체를 유기적 · 체계적으로 종합 판단하여야 하며, 구체성이나 명확성의 요구 정도는 각종 법률이 규제하고자 하는 대상의 종류와 성질에 따라 달라지는 것으로, 각 대상법률의 성질에 따라 구체적 · 개별적으로 검토하여야 하는 것이다.

결국 처벌법규나 조세법규와 같이 국민의 기본권을 직접적으로 제한하거나 침해할 소지가 있는 법규에서는 구체성 · 명확성의 요구가 강화되어 그 위임의 요건과 범위가 일반적인 급부행정법규의 경우보다 더 엄격하게 제한적으로 규정되어야 하는 반면, 규율대상이 지극히 다양하거나 수시로 변화하는 성질의 것일 때에는 위임의 구체성 · 명확성의 요건이 완화된다 할 것이다(헌재 1995. 11. 30. 선고 91헌바1 결정; 헌재1999. 1. 28. 선고 97헌가8 결정 참조).

Ⅲ. 甲의 가능한 주장

대기환경보전법 제35조 제2항은 초과배출부과금의 근거 조항이며, 법 제35조 제4항은 위 조항과 결합하여 초과배출부과금을 부과하는 구성요건적 조항으로 작용하는 바, 이와 같은 부담금 부과법규의 경우에는 사업자의 재산권을 제한할 우려가 있으므로 포괄위임입법 금지원칙에서의 위임의 필요성과 예측가능성 요건이 보다 엄격하게 적용되어야 한다.

그런데 법 제35조 제2항 및 제4항은 부과금의 산정방법 및 산정기준이나 초과배출부과금의 부과 여부를 결정하는 배출허용기준의 구체적인 내용을 전부 대통령령이나 환경부령에서 정하도록 위임하고 있을 뿐만 아니라 관련 법조항 전체를 유기적 · 체계적으로 살펴보더라도 대기오염물질의 양과 질이 초과배출부과금의 부과에 있어 일응의 기준이 될 것이라는 점, 즉 대기오염물질을 많이 배출한 자 및 대기에 미치는 영향이 더 큰 오염물질을 배출한 자가 더 많은 초과배출부과금을 부담하게 될 것이라는 사실 정도만 예측 가능할 뿐 구체적인 부과기준 및 산정기준에 대해서는 전혀 예측할 수가 없다. 대기환경보전법 제35조 제2항 제2호에서 초과부과금의 요건을 정하고 있으나, 그 초과배출량의 산정기준, 초과배출 여부의 기준이 되는 배출허용기준 등의 구체적인 내용에 대해 전적으로 대통령령으로 정하도록 위임한 것은 포괄적 위임으로서, 위임입법의 명확성을 요구하는 헌법 제75조 및 제95조에 위배된다. 따라서 법 제35조 제2항 및 제4항 부분은 포괄위임입법금지원칙에 위배된다.

Ⅳ. 판 례

법령에 의한 배출부과금 산정의 기준이 되는 배출허용기준 초과 배출량은 사업자가 조업에 제공하기 위하여 실제로 가동하는 배출시설로 인하여 배출되는 오염물질의 양을 위 법령에 정한 방법을 토대로 산정하는 것이므로 법령에 특별한 규정이 없는 한 행정청은 가능한 한 객관적 사실관계에 입각하여 이를 산정하여야 할 것이지만(대법원 1994. 5. 10. 선고 93누23763 판결, 대법원 1996. 12. 23. 선고 95누14312 판결 등 참조), 사업장에서의 일정 기간에 걸친 오염물질의 실제 배출량은 그 시기(시기)와 종기(종기)는 물론 그 기간 중에도 늘 같을 수는 없는 관계로 정확한 배출량의 측정 및 그에 따른 배출부과금의 산정은 현실적으로 불가능한 반면, 그 위반행위의 적발이 어려우며 오염물질의 초과배출로 말미암아 일단 훼손된 환경의 원상회복은 쉽지 아니함을 고려할 때 이와 같은 초과 배출량 및 배출부과금의 산정방법과 기준은 법령에서 정하는 일정한 기준에 따라 이루어질 수밖에 없다.

한편 그 산정방법과 기준은 전문적 · 과학적인 판단과 탄력적인 규율이 요구되는 영역이므로 하위 법령으로의 위임의 필요성이 인정된다 할 것인바, 이 점에 관한 위 시행령의 각 규정은 법 제19조에서 부과대상, 기본배출부과금, 초과배출부과금의 부과요건을 모두 정한 다음 배출기간 등 그 세부적 사항을 대통령령에 위임한 데에 근거한 것이어서 사업자로서는 배출부과금의 산정방법 및 그 기준의 대강을 쉽게 예측할 수 있을 뿐만 아니라 시행령 제28조에서 개선명령 이행완료예정일 이전의 조기 이행 등에 따른 배출부과금의 조정절차까지 마련하여 사업자가 불측 · 부당한 손해를 입지 않을 수 있도록 배려하고 있음에 비추어 포괄위임입법 금지원칙에 위반된다고 볼 수도 없다(대법원 2009. 12. 10. 선고 2009두14705 판결).

Ⅴ. 결 론

甲은 초과배출부과금의 구체적인 내용에 대해 전적으로 대통령령으로 정하도록 위임한 것이 포괄위임입법 금지원칙에 위반된다는 주장을 해 볼 수 있으나 판례에 따르면 받아들여지기 힘들 것이다.

문 2. **환경법상 배출부과금제도 일반 및 기본부과금, 초과부과금의 취지와 그 차이점을 설명하고, 그 취지에 비추어 현행 제도에 대해 평가하시오.**

Ⅰ. 문제의 소재

대기환경보전법상 배출부과금의 의의 및 성질과 기본부과금과 초과부과금의 차이점이 무엇인지 검토한다.

Ⅱ. 배출부과금의 의의 및 성질

대기환경보전법 제35조는 시 · 도지사로 하여금 대기오염물질로 인한 대기환경상의 피해를 방지 또는 감소시키기 위하여 대기오염물질을 배출하는 사업자 및 허가 · 변경허가를 받지 아니하거나 신고 · 변경신고를 하지 아니하고 배출시설을 설치 또는 변경한 자에 대하여 배출부과금을 부과 · 징수토록 하고 있다. 배출부과금제도는 경제적 동기를 이용한다는 점에서 경제유인적 규제방식이라고 할 수 있으며, 배출시설의 설치허가, 위법시설에 대한 개선명령, 조업정지, 허가취소, 벌칙의 부과 등과 같은 직접적인 명령 · 규제방식과 대비된다.

한편, 배출부과금은 시 · 도지사가 재화 또는 용역의 제공과 관계없이 특정 공익사업과 관련하여 법률이 정하는 바에 따라 부과하는 조세 외의 금전지급의무를 부과하는 부담금의 일종으로서(부담금관리기본법 제2조), 부담금을 그 성격에 따라 ① 일정한 과제의 수행에 필요한 재정경비를 조성하는 것을 목적으로 한 '재정충당 부담금(재정조달목적 부담금)'과 ② 법상의 명령이나 금지에 의하여 직접 규제하는 대신에 금전의 부담을 지워 간접적으로 일정한 국가목적의 달성을 유도하는 기능을 가진 '유도적 부담금(정책실현 목적 부담금)'으로 나눌 경우, 유도적 부담금의 성격을 갖고 있다고 할 수 있다.

Ⅲ. 기본부과금과 초과부과금의 비교

배출부과금에는 배출허용기준 이하로 배출하는 오염물질의 배출량 및 배출농도 등에 따라 부과하는 기본부과금과 배출허용기준을 초과한 경우에 배출허용기준초과 오염물질배출량 및 배출농도 등에 따라 부과하는 초과부과금이 있다(제35조 제1항 후단).

기본부과금은 배출허용기준 준수 여부와 무관하게 부과되는 것으로서 오염원인자 책임원칙을 구현하는 중요한 경제유인적 규제수단이다. 그러나 초과부과금의 경우에는 위반 정도 및 위반 횟수 등에 따라 배출부과금이 가중 부과되는 구조이기 때문에 규제적 성격이 강하다. 이러한 점에서 배출부과금제도는 명령 · 규제와 경제적 유인을 결합한 변형된 규제방식이라 할 수 있다.

한편 기본부과금의 부과대상이 되는 오염물질은 황산화물과 먼지로 국한되는데 비해 초과부과금은 황산화물, 암모니아, 황화수소, 이황화탄소, 먼지, 불소화합물, 염화수소, 염소, 시안화수소 등 9종류의 오염물질을 대상으로 하고 있다. 동조 제2항에서 규정하는 초과부과금의 부과대상 오염물질보다 제한적이라는 점에서 형평성과 효과성을 결하였다는 한계가 있다. 나아가 동법 시행령 제24조는 초과부과금 산정의 방법 및 기준을 규정하는데, 이때 기준이 되는 오염물질 배출량의 정확한 측정 및 그에 따른 배출부과금의 산정은 현실적으로 불가능하다는 점에서 객관적이지 못하다는 한계가 있다.

Ⅳ. 배출부과금에 대한 평가

배출부과금제도는 경제적 효율성 및 유연성의 확보, 오염원인자 책임원칙의 구현, 배출시설에게 오염물질 배출의 감소에 대한 유인의 제공, 국고수입의 확보 등 많은 장점을 가지고 있다. 그러나 배출부과금제도는 내용이나 산정절차가 복잡하여 구체적으로 배출부과금의 결정이 어려운 문제가 있으며, 배출부과금(특히 초과부과금) 부과 시 농도를 기준으로 정하여진 배출허용기준을 고려하도록 하고 있으므로 벌과금적 성격이 강하고, 탈법행위의 가능성이 상존하게 된다. 행정력의 한계로 배출허용기준 위반 여부를 적발하는 것이 쉽지 않다. 부과금의 산정이 배출허용기준(농도기준)을 초과하는 정도가 클수록 단위 오염량에 대해 가중되기 때문에 농도 저감유인 효과가 크다고 할 수 있는데, 이러한 구조는 사업자로 하여금 배출량보다 농도희석에 관심을 갖도록 할 수 있다.

또한 기본부과금의 경우에는 부과대상 오염물질(황산화물, 먼지)이 극히 제한되어 있어 다른 오염물질과의 형평성을 결여하고 있을 뿐만 아니라 그 제도적 효과는 미미하다고 생각된다. 배출부과금의 부과요율은 낮아 경제적 유인수단으로서의 충분한 역할을 기대하기 어려운 실정이다.

문 3. 甲은 2014. 1. 1. 이후로 주문물량이 부품제작기계 2대만 가동하면 충분한 물량이어서 3대 중에 교대로 2대씩만 가동하였으므로, 3대를 모두 가동하여 측정한 초과배출량을 기준으로 초과배출부과금을 산정하는 것은 위법하다고 주장한다. 甲의 주장이 입증될 수 있다면, 이 사실이 초과배출부과금 산정 시에 반영될 수 있는지 검토하시오.

Ⅰ. 초과배출부과금의 산정방법과 기준

초과배출부과금은 배출허용기준을 초과하여 오염물질이 배출된 경우 그 양과 농도 등에 따라 부과되는 부과금으로써, 실제로 배출된 오염물질이 환경에 미친 영향을 금전으로 회수하는 목적과 동시에 위반행위에 대한 제재로서의 성격도 가진다. 따라서 배출허용기준 초과 배출량은 사업자가 조업에 제공하기 위하여 '실제로 가동하는' 배출시설에서 배출되는 오염물질의 양을 기준으로 산정하여야 한다.

다만 사업장에서의 일정기간에 걸친 오염물질의 실제 배출량은 그 시기(始期)와 종기(終期)는 물론 그 기간 중에도 늘 같을 수는 없는 관계로 정확한 배출량의 측정 및 그에 따른 배출부과금의 산정은 현실적으로 불가능한 반면, 그 위반행위의 적발이 어려우며 오염물질의 초과 배출로 말미암아 일단 훼손된 환경의 원상회복은 쉽지 아니함을 고려할 때 이와 같은 초과 배출량 및 배출부과금의 산정방법과 기준은 법령에서 정하는 일정한 기준에 따라 규범적으로 판단할 수밖에 없다.

Ⅱ. 판　　례

판례는 배출부과금 산정의 기준이 되는 배출허용기준 초과 오염물질배출량은 사업자가 조업에 제공하기 위하여 실제로 가동하는 배출시설로 인하여 배출되는 오염물질의 양을 기준으로 산정하는 것이지 조업을 위한 실제 가동 여부와 관계없이 당해 사업장에 설치된 배출시설을 모두 가동하여 최대의 부하량이 걸린 상태에서 배출되는 오염물질의 최대량을 가리키는 것은 아니라고 판시한 바 있다(대법원 1996. 12. 23. 선고 95누14312 판결).

Ⅲ. 사안에의 적용

사업장에 설치된 배출시설 3대 중 교대로 2대씩만 가동하였다는 사실이 입증되면 甲에게 부과되는 초과배출부과금은 2대로 인하여 배출되는 오염물질의 양을 기준으로 산정되어야 할 것이다.

문 4. 甲은 개선명령을 이행하기 위한 집진시설 보수공사는 9. 30.에 완료하였으나, 개선명령이행완료보고서만 10. 31.에 제출한 것이므로 초과배출부과금은 9. 30.까지로 산정되어야 한다고 주장한다. 甲은 A시장에게 제출한 개선명령이행완료보고서에 보수공사기간이 '2015. 9. 1.부터 2015. 9. 30.까지'로 기재되어 있고, 공사대금은 10. 2. 전액 지급되었으며, 2015. 9. 30. 이후 甲이 다른 공사를 한 적이 없음에도 불구하고 위 개선명령 이행보고 후 실시한 오염도 검사결과 배출허용기준을 충족한 것으로 나타났다는 점 등을 증거로 제시하고자 한다. 甲이 보수공사가 9. 30.에 완료되었음을 입증한다면, 초과배출부과금의 산정에 반영되어야 하는지에 대해 검토하시오.

Ⅰ. 문제의 소재

개선명령을 받은 사업자는 그 명령을 이행한 경우 초과배출부과금 산정 시 배출기간의 종기를 개선작업을 완료한 날로 할 것인지, 이행완료 보고를 한 날로 할 것인지 문제가 된다.

Ⅱ. 관련 규정

대기환경보전법 시행령 제25조 제1항 제1호에 따르면, 초과부과금 산정에 필요한 배출허용기준 초과 오염물질 배출량의 산정에 있어서 '배출기간'은 개선계획서를 제출하고 개선하려는 경우 "명시된 부적정 운영 개시일부터 개선기간 만료일까지의 기간"으로 한다.

나아가 동법 시행령 제22조에 따르면, 법 제32조 제5항에 따른 조치명령이나 법 제33조에 따른 개선명령을 받은 사업자는 그 명령을 이행한 경우에는 지체없이 시 · 도지사에게 '보고'하여야 하고, 시 · 도지사는 제1항에 따른 보고를 받은 경우 관계 공무원에게 지체없이 명령의 이행상태를 '확인'하게 하여야 한다.

한편 동법은 배출부과금 조정제도를 두어 개선기간 만료일 또는 명령이행 완료예정일까지 개선명령을 이행하였거나 이행하지 아니하여 초과부과금 산정의 기초가 되는 오염물질 또는 배출물질의 배출기간이 달라진 경우 등 일정한 경우에 배출부과금을 다시 산정·조정하여 그 차액을 부과하거나 환급하도록 하고 있다(제35조의3 제1항, 시행령 제34조 제1항 제1호). 조정된 부과금의 산정기준이 되는 배출기간은 시행령 제34조 제2항, 시행규칙 제49조에 따라 개선완료 보고서를 제출한 날을 기준으로 한다.

Ⅲ. 사안에의 적용

시행령 제22조 등 관련 법령의 취지 및 그 규제대상인 오염물질 초과 배출량과 그 부과금 산정의 특성에 비추어 배출허용기준 초과 오염물질의 배출에 따른 개선명령을 받고 이행을 완료한 사업자에 대한 배출부과금의 산정은 사업자가 시행령 제34조 제1항에서 정한 조정사유의 발생사실을 들어 그에 필요한 절차를 밟지 아니한 이상 당초 측정된 배출량에 보고한 날을 종기로 한 배출기간을 곱하여 배출부과금을 산정하는 것이 합리적일 것이다.

이행완료 보고만을 늦게 하였음이 증거에 의해 명백히 인정되는 등 특별한 사정이 있는 경우에는 사실상 개선작업을 완료한 날을 배출기간의 종기로 볼 수 있다는 주장이 있을 수 있으나 행정청의 공식적인 개선명령 이행완료확인의 기능적 의의를 상쇄시킬 정도의 상황이 아니라면, 행정청의 공식적 개선명령 이행완료확인이 있어야 개선명령의 이행이 종결된 것으로 보아야 할 것이다(대법원 2009. 12. 10 선고 2009두14705 판결). 더욱이 甲이 법 제35조의3이 정한 절차에 따라 개선명령 이행완료예정일 이전의 조기 이행을 원인으로 그 배출기간의 단축을 통한 배출부과금의 조정이 가능함에도 불구하고 개선명령 이행완료예정일 이전에 그러한 절차를 취하지 아니한 이상 개선작업을 완료한 날을 배출기간의 종기로 받아들이기는 어렵다 할 것이다.

참조판례

1. 대법원 1996. 12. 23. 선고 95누14312 판결
2. 대법원 2009. 12. 10. 선고 2009두14705 판결

31

비산먼지에 대한 규제조치

(2012년도 제1회 변호사시험)

사 례

甲기업은 1970년대부터 A광역시에 속하는 B지역에서 시멘트 공장을 운영하여 왔다. 1980년대 이후 B지역이 개발되면서 인근에 주택가가 들어서게 되었고, 옥외에 널어놓은 세탁물이 검게 변할 정도로 많은 먼지가 날려 인근 주민들의 항의가 지속적으로 제기되었다. 오랫동안 B지역 주민의 민원제기가 이어지자 해당 지방자치단체에서는 일정 기간을 정하여 이 지역의 대기오염 정도를 측정하였다. 측정 결과 먼지의 농도는 대기환경보전법상의 배출허용기준을 초과하지는 않았지만 환경정책기본법상의 환경기준의 기준치는 초과하였다. 한편, 1990년부터 시멘트 공장에서 500m 떨어진 곳에 거주하는 乙은 수 년 전부터 호흡기 장애 증상이 나타나기 시작하여 병원치료를 받아왔고 천식으로 발전하여 그동안 다량의 천식약을 복용하여 왔다. 그러나 증세가 호전되지 않아 흉강경 조직검사를 한 결과 분진의 침착으로 인한 진폐증 진단을 받았다. 현재 B지역 주민의 상당수가 호흡기 장애 증상을 보이는 것으로 나타났다.

문 1. 국가 또는 지방자치단체가 환경기준 초과를 근거로 대기환경보전법에 따라 B지역에 대하여 취할 수 있는 조치를 검토하시오.

문 2. 甲이 시멘트 운송업에 진출하려고 하자 지역 주민들은 시멘트 운송차량이 통행하면서 대기 중에 직접 배출하는 먼지의 피해를 우려하고 있다. 甲이 시멘트 운송업을 하기 위해 거쳐야 하는 절차와 조치에 대하여 설명하고, 이를 제대로 이행하지 않은 경우 관할 행정청은 어떠한 조치를 취할 수 있는지 대기환경보전법에 근거하여 검토하시오.

문 3. 乙이 자신의 질병 원인을 甲기업의 공장에서 배출된 먼지라고 생각하여 甲기업에 대하여 손해배상청구소송을 제기할 경우 인용 가능성에 대하여 검토하시오.

해 설

문 1. 국가 또는 지방자치단체가 환경기준 초과를 근거로 대기환경보전법에 따라 B지역에 대하여 취할 수 있는 조치를 검토하시오.

Ⅰ. 문제의 소재

먼지의 농도가 대기환경보전법상의 배출허용기준을 초과하지는 않았지만 환경정책기본법상의 환경기준의 기준치를 초과하고 있는 경우 환경부장관이나 A광역시장이 대기환경보전법에 근거하여 해당 지역에 대하여 취할 수 있는 조치가 무엇인지 문제된다.

Ⅱ. 대기오염경보의 발령

대기환경보전법 제8조 제1항은 “시 · 도지사는 대기오염도가 환경정책기본법 제10조에 따른 대기에 대한 환경기준을 초과하여 주민의 건강 · 재산이나 동식물의 생육에 심각한 위해를 끼칠 우려가 있다고 인정되면 그 지역에 대기오염경보를 발령할 수 있다”고 규정하고 있으므로, A광역시 시장은 동조에 근거하여 대기오염경보를 발령할 수 있다. 나아가 시 · 도지사는 대기오염경보가 발령된 지역의 대기오염을 긴급하게 줄일 필요가 있다고 인정하면 기간을 정하여 그 지역에서 자동차의 운행을 제한하거나 사업장의 조업 단축을 명하거나, 그 밖에 필요한 조치를 할 수 있다(동조 제2항).

Ⅲ. 총량규제

환경부장관은 대기오염 상태가 환경기준을 초과하여 주민의 건강 · 재산이나 동식물의 생육에 심각한 위해를 끼칠 우려가 있다고 인정하는 구역 또는 특별대책지역 중 사업장이 밀집되어 있는 구역의 경우에는 그 구역의 사업장에서 배출되는 오염물질을 총량으로 규제할 수 있다(제22조 제1항). 따라서 환경부장관은 B지역에 대하여 총량규제를 실시할 수 있다.

Ⅳ. 결 론

환경부장관은 B지역에 대하여 총량규제를 실시할 수 있다.

문 2. 甲이 시멘트 운송업에 진출하려고 하자 지역주민들은 시멘트 운송차량이 통행하면서 대기 중에 직접 배출하는 먼지의 피해를 우려하고 있다. 甲이 시멘트 운송업을 하기 위해 거쳐야 하는 절차와 조치에 대하여 설명하고, 이를 제대로 이행하지 않는 경우 관할 행정청은 어떠한 조치를 취할 수 있는지 대기환경보전법에 근거하여 검토하시오.

Ⅰ. 문제의 소재

시멘트 운송업은 대기환경보전법상 비산먼지가 발생하는 사업이므로 비산먼지 관련 규정에 따른 규제조치가 어떠한 것이 있는지 문제된다.

Ⅱ. 甲이 시멘트 운송업을 하기 위해 거쳐야 하는 절차와 조치

대기환경보전법 제43조 제1항은 "일정한 배출구 없이 대기 중에 직접 배출되는 먼지(비산먼지)를 발생시키는 사업으로서 대통령령으로 정하는 사업을 하려는 자는 환경부령으로 정하는 바에 따라 시·도지사에게 신고하고 비산먼지의 발생을 억제하기 위한 시설을 설치하거나 필요한 조치를 하여야 한다. 이를 변경하려는 때에도 또한 같다"고 규정하고 있다. 동법 시행령 제44조 제6호는 시멘트 등의 운송업의 경우 위 대기환경보전법 제43조 제1항의 적용을 받는 대통령령으로 정하는 사업에 해당한다고 규정하고 있다.

따라서 시멘트 운송업을 하려는 甲은 A광역시 시장에게 신고하여야 하고 비산먼지의 발생을 억제하기 위한 시설을 설치하거나 필요한 조치를 하여야 한다. 이때 필요한 조치에는 이송시설 밀폐, 방진망 설치, 세륜·세차시설의 확대 등이 포함될 수 있다.

Ⅲ. 관할 행정청의 조치

시·도지사는 대기환경보전법 제43조 제1항에 따른 비산먼지의 발생을 억제하기 위한 시설의 설치 또는 필요한 조치를 하지 아니하거나 그 시설이나 조치가 적합하지 아니하다고 인정하는 경우에는 그 사업을 하는 자에게 필요한 시설의 설치나 조치의 이행 또는 개선을 명할 수 있고(동조 제2항), 이러한 명령을 이행하지 아니하는 자에게는 그 사업을 중지시키거나 시설 등의 사용 중지 또는 제한하도록 명할 수 있다(동조 제3항).

Ⅳ. 결 론

살펴본 바와 같이 甲이 진출하려는 시멘트 운송업은 비산먼지를 발생시키는 사업에 해당하므로 대기환경보전법 제43조에 따른 규제를 받게 된다. A광역시 시장은 甲이 비산먼지의 발생을 억제하기 위한 시설의 설치 또는 필요한 조치를 하지 아니하거나 그 시설이나 조치가 적합하지 아니하다고 인정하는 경우에는 甲에게 필요한 시설의 설치나 조치의 이행 또는 개선을 명할 수 있다.

문 3. 乙이 자신의 질병 원인을 甲기업의 공장에서 배출된 먼지라고 생각하여 甲기업에 대하여 손해배상청구소송을 제기할 경우 인용가능성에 대하여 검토하시오.

Ⅰ. 문제의 소재

불법행위(민법 제750조)에 기초한 인한 손해배상청구가 인정되기 위해서는 ① 가해자의 고의 · 과실, ② 가해행위의 위법성, ③ 가해행위와 손해 사이의 인과관계, ④ 손해의 발생이 요구된다. 당사자간의 주장에 비추어 사안에서는 위 요건 중 고의 · 과실 및 인과관계 인정 여하가 치열하게 다투어질 것으로 예상된다.

Ⅱ. 고의 · 과실

1. 환경정책기본법 제44조의 원인자의 무과실책임

환경오염피해에 대한 손해배상청구에서는 환경정책기본법상 원인자의 무과실책임 규정이 적용될 수 있는지가 쟁점이 될 수 있다. 동법 제44조 제1항은 “환경오염 또는 환경훼손으로 피해가 발생한 경우에는 해당 환경오염 또는 환경훼손의 원인자가 그 피해를 배상하여야 한다”고 규정하고 있다.

2. 요 건

(1) 원인자

책임주체는 환경오염 또는 환경훼손의 ‘원인자’이다. ‘원인자’는 자기의 행위 또는 사업활동으로 환경오염 또는 환경훼손의 원인을 발생시킨 자이다(제7조). 무과실책임을 지는 ‘원인자’에 대한 별도의 개념규정을 두고 있지 않아 구체적인 경우에는 논란이 있을 수 있으나 판례는 “자기의 행위 또는 사업활동을 위하여 자기의 영향을 받는 사람의 행위나 물건으로 환경오염을 야기한 자”라는 입장을 취하고 있다(대법원 2017. 2. 15. 선고 2015다23321 판결). 사안의 경우 甲기업은 사업활동을 위하여 시멘트 공장을 운영하고 공장에서 먼지를 배출시킴으로써 환경오염의 원인을 발생시킨 자이므로 원인자에 해당한다고 할 수 있다.

(2) 환경피해

환경정책기본법에서는 ‘환경오염피해’에 대한 별도의 개념 정의가 없기 때문에 환경피해의 확정이 어려울 수 있다. 환경정책기본법에서 구체적으로 열거하고 있는 환경오염 내용은 예시적인 의미를 가질 뿐이며, 해석에 따라 그 범위는 크게 확대될 수 있다. 환경정책기본법 제3조 제4호는 ‘환경오염’을 “사업활동 및 그 밖의 사람의 활동에 의하여 발생하는 대기오염, 수질오염, 토양오염, 해양오염, 방사능오염, 소음 · 진동, 악취, 일조방해 등으로서 사람의 건강이나 환경에 피해를 주는 상태”라고 정의하고 있는바, 사안의 경우 대기오염이 발생하였으므로 환경오염에 해당한다. 다만 甲 공장에서 배출된 먼지로 인하여 피해가 발생하였는지 여부는 인과관계의 문제와 관련있는데, 이는 별도의 검토가 요구된다.

3. 구체적 효력

구성요건과 효과의 비구체성, 환경정책기본법이 민법의 특별법으로서의 성격을 갖지 않는다는 점 등을 근거로 위 환경정책기본법 제44조 제1항(원인자의 무과실책임)의 구체적 효력을 부인하는 견해와 해당 규정의 연혁을 살펴볼 때 책임주체와 범위 등이 확대되어 온 점, 구체성이 떨어지는 요건에 대한 해석은 판례나 학설을 통해 해결할 수 있다는 점, 개별 환경법에 환경오염피해와 관련한 어떠한 책임 및 구제 규정이 없는 상황에서는 위 규정의 구체적 효력을 쉽게 부인하여서는 안 된다는 점 등을 고려할 때 그 구체적 효력이 인정된다는 견해가 대립한다. ‘사업자’를 책임주체로 한 무과실책임규정인 구 환경정책기본법 제31조 제1항의 구체적 효력을 인정한 판례(대법원 2001. 2. 9. 선고 99다55434 판결)가 있으며, 최근 현행 제44조 제1항의 구체적 효력을 인정하고 있는 판례(대법원 2017. 2. 15. 선고 2015다23321 판결, 대법원 2018. 9. 13. 선고 2016다35802 판결)가 있어 주목을 받고 있다.

4. 민법 제750조와의 관계

본조와 민법 제750조와의 관계에 대하여, 판례는 환경정책기본법 제44조 제1항이 민법의 불법행위 규정에 대한 특별규정이라고 보면서(법조경합) 환경오염으로 인하여 손해를 입은 자가 환경정책기본법에 의하여 손해배상을 주장하지 않았다고 하더라도 법원은 민법에 우선하여 환경정책기본법을 적용하여야 한다는 입장을 취하고 있다(대법원 2008. 9. 11. 선고 2006다50338 판결).

5. 사안에의 적용

사안에서 먼지로 인한 대기오염피해는 환경정책기본법이나 대기환경보전법 등의 해석상 환경오염피해가 분명하다. 환경정책기본법 제44조 무과실책임 규정의 구체적 효력이 인정되므로 乙은 이 규정의 적용을 주장함으로써, 甲기업의 고의 · 과실을 입증하지 않아도 될 것이다.

Ⅲ. 위법성

판례는 환경 침해를 원인으로 한 불법행위 손해배상청구 사안에서 "사회통념상 수인한도를 넘은 경우에는 위법행위로 평가될 수"있다고 판시하여 위법성 판단에 수인한도를 적용하고 있다. 판례는 사회통념상 수인한도를 넘었는지 여부는 피해의 정도, 피해이익의 성질 및 그에 대한 사회적 평가, 가해행위의 성질 및 공공성, 지역성, 토지이용의 선후관계, 가해방지 및 피해회피의 가능성, 공법적 규제의 위반여부, 교섭경과 등 모든 사정을 종합적으로 고려하여 판단하여야 한다고 판시한다.

사안에서 乙은 진폐증 진단을 받았는데 이는 생명 · 건강상의 피해로 그 피해의 정도가 매우 큰 점, 甲기업이 공법상 규제기준을 준수하지 않은 점, 甲기업이 가해방지 조치나 교섭 시도를 하지 않은 점, 乙이 甲기업이 시멘트 공장을 운영한 이후에 전입하였다고 하더라도 그 피해를 용인하였다고 보기 어려운 점 등을 종합적으로 고려해 보았을 때 甲기업의 배출행위는 수인한도를 초과한 것으로 위법하다고 할 수 있다.

Ⅳ. 인과관계

1. 인과관계 입증의 어려움

乙은 공장에서 배출된 먼지가 천식의 원인이라고 주장하는바, 이는 인과관계 인정 여부에 대한 다툼으로 원칙적으로 원고인 乙이 甲기업의 가해행위와 자신의 손해 사이에 인과관계가 있다는 점을 입증하여야 한다. 그러나 이러한 인과관계를 자연과학적으로 증명하는 것은 극히 곤란하거나 불가능한 경우가 많고 환경오염의 피해자에게 인과관계의 입증 책임을 전적으로 부여한다면 결국 구제 기회는 없는 것과 다름없어 사회형평의 관념에 적합하다고 볼 수 없다.

2. 개연성이론

판례는 환경피해에 따른 손해배상책임 사안에 있어서 개연성이론을 적용함으로써 입증책임을 완화하고 있다. 이에 따르면 피해자가 ① 오염물질이 배출되었다는 점, ② 오염물질이 피해자에게 도달하였다는 점, ③ 피해가 발생하였다는 점을 입증하면, 가해자가 반증으로서 ① 배출물질에 피해 원인물질이 포함되지 않았다는 점, ② 원인물질이 포함되었다하더라도 안전농도 범위 내라는 점을 입증하거나, 간접반증으로서 피해에 전적으로 다른 원인이 작용하였다는 점을 입증하지 않는 한 인과관계가 증명된 것으로 본다.

3. 역학적 인과관계

임상의학이나 병리학 측면의 검토만으로는 인과관계의 해명이 충분하게 이루어지지 않은 경우에도 역학적 인과관계가 증명된 경우에는 원인물질이 증명된 것으로서 법적 인과관계도 존재하는 것으로 이해하는 견해가 있다(역학적 인과관계). 판례는 역학상의 인과관계를 인정하기 위하여 요구되는 요건 가운데, ① 특정의 인자가 발병의 일정 기간 전에 작용 또는 존재한 것일 것(시간적 선후관계), ② 그 인자가 작용하는 정도가 현저할수록 질병의 발생률이 높을 것(용량반응관계), ③ 그 인자가 제거된 경우 그 질병의 발생률이 저하하거나 또는 그 인자를 가지지 않는 집단에서 그 질병의 발생률이 극히 낮을 것(가역성), ④ 그 인자가 원인으로써 작용하는 과정이 생물학적으로 모순 없이 설명될 것(생물학적 개연성) 등의 네 가지 요건이 충족되면, 특정 인자와 질병 발생 사이에 상당한 개연성이 존재한다고 보아 역학적 인과관계를 긍정할 수 있다고 본다.

주의할 것은 역학적 인과관계는 원인과 결과가 명확히 대응하지 않는 비특이성 질환에 적용하기 어렵다는 점이다. 이러한 점을 인식하고 법원은 "비특이성 질환의 경우에는 특정 위험인자와 비특이성 질환 사이에 역학적 상관관계가 인정된다 하더라도, 어느 개인이 그 위험인자에 노출되었다는 사실과 그 비특이성 질환에 걸렸다는 사실을 증명하는 것만으로 양자 사이의 인과관계를 인정할 만한 개연성이 증명되었다고 볼 수 없다. 이러한 경우에는 그 위험인자에 노출된 집단과 노출되지 않은 다른 일반 집단을 대조하여 역학조사를 한 결과 그 위험인자에 노출된 집단에서 그 비특이성 질환에 걸린 비율이 그 위험인자에 노출되지 않은 집단에서 그 비특이성 질환에 걸린 비율을 상당히 초과한다는 점을 증명하고, 그 집단에 속한 개인이 위험인자에 노출된 시기와 노출 정도, 발병시기, 그 위험인자에 노출되기 전의 건강상태, 생활습관, 질병 상태의 변화, 가족력 등을 추가로 증명하는 등으로 그 위험인자에 의하여 그 비특이성 질환이 유발되었을 개연성이 있다는 점을 증명하여야 한다"고 판시하고 있다(대법원 2013. 7. 12. 선고 2006다17539 판결(고엽제 사건), 대법원 2014. 4. 10. 선고 2011다22092 판결(담배 사건), 대법원 2014. 9. 4. 선고 2011다7437 판결(자동차대기오염 사건) 등 참조).

4. 사안에의 적용

사안에서 개연성이론에 따라 乙이 천식의 원인인 먼지가 甲의 공장에서 배출되었고, 乙에게 도달하였으며, 그로 인하여 진폐증이 발생하였다는 점을 입증한다면, 甲기업의 먼지 배출행위와 乙의 피해 간에 인과관계를 인정 할 수 있다. 여기에 대해 甲기업이 책임을 면하기 위해서는 반증으로 공장에서 배출한 먼지에는 원인물질이 안전농도 범위 내라는 점을 입증하거나, 간접반증으로 전적으로 다른 원인에 의하여 乙의 피해가 발생하였다는 것을 입증하여야 한다. 경우에 따라 乙은 오염물질(먼지)과 진폐증 간의 역학적 인과관계를 증명하여 인과관계를 인정받을 수 있을 것이다.

Ⅴ. 결 론

환경정책기본법 제44조 제1항의 구체적 효력이 인정된다면 고의 · 과실의 입증 없이 무과실책임이 인용될 수 있다. 나아가 수인한도 법리에 따라 환경기준을 초과하였다는 점, 피해의 정도가 크다는 점 등을 종합적으로 판단하였을 때 甲기업의 배출행위는 수인한도를 초과한 것으로 판단될 것으로 보인다. 한편, 乙이 개연성이론에 따른 배출요건, 도달요건, 피해요건을 입증하는 것은 용이해 보이고 甲기업이 반증 또는 간접반증으로 이를 깨뜨리는 것은 상대적으로 어려워보이므로 인과관계 역시 인정될 것으로 보인다. 따라서 乙의 손해배상청구소송은 그 요건을 충족하여 인용될 수 있을 것으로 보인다.

참조판례

서울민사지법 1989. 1. 12. 선고 88가합2897 판결(진폐증 사건)

32

비산먼지와 피해구제

(법전원협의회 2011년도 변호사시험 모의시험)

사 례

丙은 2000. 1. 25.부터 2011. 7. 15.에 이르기까지 건축부산물을 파쇄하여 건축용 골재를 재생산하는 골재채취업을 하는 사업자이다. 골재파쇄기 및 시멘트벽돌기계 등을 설치하여 밤낮없이 건축부산물을 원료로 한 골재채취업을 운영하면서 파쇄공정에 따르는 비산먼지를 방치한 나머지 인근에 거주하는 주민들에게 환경정책기본법 시행령 [별표 1] 소정의 미세먼지에 대한 환경기준인 24시간 평균치 100㎍/㎥을 초과하는 미세먼지를 유발하였다. 丙은 비산먼지 발생사업자로서 관할행정청에 신고한 내용에서는 비산먼지 억제시설 설치 및 조치내용으로 자동식 세륜시설 및 이동식 살수시설을 모두 설치하여 운영하겠다는 점이 포함되어 있었다. 그러나 丙은 비산먼지 주요억제시설인 자동식 세륜시설은 고장을 이유로 가동하지 않을 때가 많았고, 이동식 살수시설을 사용하는데 그쳤다. 그 이후 丙이 배출하는 비산먼지가 대기환경보전법상의 배출허용기준을 초과하는 정도에 이르게 되자, 甲은 1년 이상에 걸쳐 관할 도지사 乙에게 대기환경보전법 제43조 소정의 규제권한을 행사하여 줄 것을 여러 차례 요청하였지만, 乙은 丙의 비산먼지 억제시설의 운영상황을 제대로 점검하지도 않았고, 甲의 요청에 대하여 답신조차 하지 않았다. 주민들 가운데 만성천식으로 고생하는 甲은 자신의 천식이 丙의 사업장에서 발생한 비산먼지로 인한 것이라고 보며, 그에 대한 법적 대응을 생각하기에 이르렀다.

문 1. 甲이 丙에게 손해배상을 요구했지만, 丙은 이 사건 골재채취업으로 인하여 甲의 천식이 발생한 것인지 여부가 분명하지 않다는 점, 환경정책기본법 시행령 [별표 1] 소정의 환경기준은 정책담당자에 대한 목표치일 뿐 수인한도를 결정하는 기준이 될 수 없다는 점 등을 들어 손해배상을 할 수 없다고 주장한다.

甲이 丙을 상대로 손해배상청구소송을 제기할 경우 그 전망이 어떠한지를 검토하시오.

문 2. 甲은 손해배상을 받더라도 그것만으로는 피해가 회복되지 않는다는 점, 또한 여전히 이 지역에서 살아야 한다는 점 등을 이유로 금전배상 외에 향후 대기오염이 없도록 하는 조치가 필요하다고 생각하고 있다. 이러한 목적을 달성하기 위해 甲은 丙을 상대로 어떠한 법적 대응을 할 수 있는가?

문 3. 甲이 대기환경보전법에 규정된 규제권한을 행사하지 않은 乙을 상대로 항고소송을 제기하는 경우 그 소의 적법성 여부 및 국가에 대하여 손해배상을 청구하는 경우 乙의 권한불행사의 위법 여부에 대하여 검토하시오.

별표 1 **환경기준(환경정책기본법 시행령 제2조 관련)**

1. 대 기

미세먼지 (PM-10)	연간평균치 50㎍/㎥ 이하 24시간평균치 100㎍/㎥ 이하	베타선흡수법 (β-Ray Absorption Method)
미세먼지 (PM-2.5)	연간평균치 25㎍/㎥ 이하 24시간평균치 50㎍/㎥ 이하	중량농도법 또는 이에 준하는 자동측정법

해 설

문 1. 甲이 丙에게 손해배상을 요구했지만, 丙은 이 사건 골재채취업으로 인하여 甲의 천식이 발생한 것인지 여부가 분명하지 않다는 점, 환경정책기본법 시행령 [별표 1] 소정의 환경기준은 정책담당자에 대한 목표치일 뿐 수인한도를 결정하는 기준이 될 수 없다는 점 등을 들어 손해배상을 할 수 없다고 주장한다. 甲이 丙을 상대로 손해배상청구소송을 제기할 경우 그 전망이 어떠한지를 검토하시오.

I. 문제의 소재

불법행위(민법 제750조)에 기초한 인한 손해배상청구가 인정되기 위해서는 ① 가해자의 고의 · 과실, ② 가해행위의 위법성, ③ 가해행위와 손해 사이의 인과관계, ④ 손해의 발생이 요구된다. 특히 문제에서 丙은 골재채취업으로 인하여 甲의 천식이 발생한 것인지 여부를 다투고 있는 바, 이는 인과관계 여부에 대한 검토를 요하고, 환경기준이 수인한도를 결정하는 기준이 될 수 없다고 주장하는 바 이는 위법성 여부에 대한 검토를 요한다. 더불어 환경정책기본법 제44조는 원인자의 무과실책임을 규정하고 있는데, 그 적용을 위해 동 규정이 구체적 효력이 있는지 검토가 필요하다.

Ⅱ. 고의 · 과실

1. 환경정책기본법 제44조의 원인자의 무과실책임

환경오염피해에 대한 손해배상청구에서는 환경정책기본법상 원인자의 무과실책임 규정이 적용될 수 있는지가 쟁점이 될 수 있다. 동법 제44조 제1항은 "환경오염 또는 환경훼손으로 피해가 발생한 경우에는 해당 환경오염 또는 환경훼손의 원인자가 그 피해를 배상하여야 한다"고 규정하고 있다.

2. 요 건

(1) 원인자

책임주체는 환경오염 또는 환경훼손의 '원인자'이다. '원인자'는 자기의 행위 또는 사업활동으로 환경오염 또는 환경훼손의 원인을 발생시킨 자이다(제7조). 무과실책임을 지는 '원인자'에 대한 별도의 개념규정을 두고 있지 않아 구체적인 경우에는 논란이 있을 수 있으나 판례는 "자기의 행위 또는 사업활동을 위하여 자기의 영향을 받는 사람의 행위나 물건으로 환경오염을 야기한 자"라는 입장을 취하고 있다(대법원 2017. 2. 15. 선고 2015다23321 판결). 사안의 경우 丙은 골재채취업으로 비산먼지를 유발한 자이므로 원인자에 해당한다고 할 수 있다.

(2) 환경피해

환경정책기본법에서는 '환경오염피해'에 대한 별도의 개념 정의가 없기 때문에 환경피해의 확정이 어려울 수 있다. 환경정책기본법에서 구체적으로 열거하고 있는 환경오염 내용은 예시적인 의미를 가질 뿐이며, 해석에 따라 그 범위는 크게 확대될 수 있다. 환경정책기본법 제3조 제4호는 '환경오염'을 "사업활동 및 그 밖의 사람의 활동에 의하여 발생하는 대기오염, 수질오염, 토양오염, 해양오염, 방사능오염, 소음 · 진동, 악취, 일조방해 등으로서 사람의 건강이나 환경에 피해를 주는 상태"라고 정의하고 있는 바, 사안의 경우 대기오염이 발생하였으므로 환경오염에 해당한다. 다만 丙 공장에서 배출된 비산먼지로 甲에게 피해가 발생하였는지 여부는 인과관계의 문제와 관련 있는데, 이는 별도의 검토가 요구된다.

3. 구체적 효력

구성요건과 효과의 비구체성, 환경정책기본법이 민법의 특별법으로서의 성격을 갖지 않는다는 점 등을 근거로 위 환경정책기본법 제44조 제1항(원인자의 무과실책임)의 구체적 효력을 부인하는 견해와 해당 규정의 연혁을 살펴볼 때 책임주체와 범위 등이 확대되어 온 점, 구체성이 떨어지는 요건에 대한 해석은 판례나 학설을 통해 해결할 수 있다는 점, 개별 환경법에 환경오염피해와 관련한 어떠한 책임 및 구제 규정이 없는 상황에서는 위 규정의 구체적 효력을 쉽게 부인하여서는 안 된다는 점 등을 고려할 때 그 구체적 효력이 인정된다는 견해가 대립한다. '사업자'를 책임주체로 한 무과실책임규정인 구 환경정책기본법 제31조 제1항의 구체적 효력을 인정한 판례(대법원 2001. 2. 9. 선고 99다55434 판결)가 있으며, 최근 현행 제44조 제1항의 구체적 효력을 인정하고 있는 판례(대법원 2017. 2. 15. 선고 2015다23321 판결, 대법원 2018. 9. 13. 선고 2016다35802 판결)가 있어 주목을 받고 있다.

4. 민법 제750조와의 관계

본조와 민법 제750조와의 관계에 대하여, 판례는 환경정책기본법 제44조 제1항이 민법의 불법행위 규정에 대한 특별규정이라고 보면서(법조경합) 환경오염으로 인하여 손해를 입은 자가 환경정책기본법에 의하여 손해배상을 주장하지 않았다고 하더라도 법원은 민법에 우선하여 환경정책기본법을 적용하여야 한다는 입장을 취하고 있다(대법원 2008. 9. 11. 선고 2006다50338 판결).

5. 사안에의 적용

사안에서 비산먼지로 인한 대기오염피해는 환경정책기본법이나 대기환경보전법 등의 해석상 환경오염피해가 분명하다. 환경정책기본법 제44조 무과실책임 규정의 구체적 효력이 인정되므로 甲은 이 규정의 적용을 주장함으로써, 丙의 고의·과실을 입증하지 않아도 될 것이다.

Ⅲ. 위법성

1. 수인한도론

무과실책임 규정이 적용되는 경우에도 배상책임을 인정하기 위해서는 수인한도론에 입각한 위법성이 요구되는지 여부에 대하여 부정하는 견해도 있으나, 환경정책기본법 제44조는 원인자의 무과실책임만을 규정하고 있을 뿐 위법성 판단에 대하여는 이를 면제하는 것으로 볼 수 없으며, 위 무과실책임은 민법상의 일반불법행위의 특별관계에 있다는 점에서 위법성의 판단기준인 수인한도론에 입각한 검토가 필요하다. 판례는 환경침해를 원인으로 한 불법행위 손해배상청구 사안에서 무과실책임 규정 적용 여부와 관련 없이 "사회통념상 수인한도를 넘은 경우에는 위법행위로 평가될 수"있다고 판시하여 위법성 판단에 수인한도를 적용하고 있다(대법원 2001. 2. 9. 선고 99다55434 판결).

2. 판단기준

판례는 피해가 사회통념상 수인한도를 넘었는지 여부는 피해의 정도, 피해이익의 성질 및 그에 대한 사회적 평가, 가해행위의 성질 및 공공성, 지역성, 토지이용의 선후관계, 가해방지 및 피해회피의 가능성, 공법적 규제의 위반 여부, 교섭경과 등 모든 사정을 종합적으로 고려하여 판단하여야 한다고 판시한다.

3. 사안에의 적용

丙이 배출하는 비산먼지가 환경정책기본법 시행령 [별표 1] 소정의 미세먼지에 대한 환경기준과 대기환경보전법상의 배출허용기준을 초과하고 있는 점(환경기준이 일반 국민의 사법상 권리의무를 발생시키는 효력 규정이 아닌 환경행정에 있어서 정책과 규제 등을 위한 일종의 공법상 기준이므로, 그 기준의 위반이 곧바로 위법한 것으로 되지는 아니하나 수인한도를 판단하는 중요한 요소 중 하나이다), 甲이 입은 피해가 만성천식이고 이는 건강상의 침해로서 피해의 정도가 크다고 할 수 있는 점, 丙이 신고한 내용에 위반하여 비산먼지 주요 억제시설인 자동식 세륜시설을 가동하지 않을 때가 많았다는 점 등을 종합적으로 고려하였을 때 甲이 입은 손해는 수인한도를 넘는 것이어서 그 위법성이 인정된다고 봄이 상당하다.

Ⅳ. 인과관계

1. 인과관계 입증의 어려움

丙이 골재채취업으로 인하여 甲의 천식이 발생한 것인지 여부가 분명하지 않다는 주장은 인과관계 인정 여부에 대한 다툼으로 원칙적으로 원고인 甲이 丙의 가해행위와 자신의 손해 사이에 인과관계가 있다는 점을 입증하여야 한다. 증인, 전문가 의견, 현지 조사, 감정, 관련 문헌 조사, 재현 실험결과, 양 당사자의 진술 등을 종합하여 인과관계 여부를 입증할 수는 있겠으나, 이러한 인과관계를 자연과학적으로 증명하는 것은 극히 곤란하거나 불가능한 경우가 많고 환경오염의 피해자에게 인과관계의 입증 책임을 전적으로 부여한다면 결국 구제 기회는 없는 것과 다름없어 사회 형평의 관념에 적합하다고 볼 수 없다.

2. 개연성이론

판례는 환경피해에 따른 손해배상책임 사안에 있어서 개연성이론을 적용함으로써 입증책임을 완화하고 있다. 이에 따르면 피해자가 ① 오염물질이 배출되었다는 점, ② 오염물질이 피해자에게 도달하였다는 점, ③ 피해가 발생하였다는 점을 입증하면, 가해자가 반증으로서 ① 배출물질에 피해 원인물질이 포함되지 않았다는 점, ② 원인물질이 포함되었다하더라도 안전농도 범위 내라는 점을 입증하거나, 간접반증으로서 피해에 전적으로 다른 원인이 작용하였다는 점을 입증하지 않는 한 인과관계가 증명된 것으로 본다.

3. 역학적 인과관계

임상의학이나 병리학 측면의 검토만으로는 인과관계의 해명이 충분하게 이루어지지 않은 경우에도 역학적 인과관계가 증명된 경우에는 원인물질이 증명된 것으로서 법적 인과관계도 존재하는 것으로 이해하는 견해가 있다(역학적 인과관계). 판례는 역학상의 인과관계를 인정하기 위하여 요구되는 요건 가운데, ① 특정의 인자가 발병의 일정 기간 전에 작용 또는 존재한 것일 것(시간적 선후관계), ② 그 인자가 작용하는 정도가 현저할수록 질병의 발생률이 높을 것(용량반응관계), ③ 그 인자가 제거된 경우 그 질병의 발생률이 저하하거나 또는 그 인자를 가지지 않는 집단에서 그 질병의 발생률이 극히 낮을 것(가역성), ④ 그 인자가 원인으로써 작용하는 과정이 생물학적으로 모순 없이 설명될 것(생물학적 개연성) 등의 네 가지 요건이 충족되면, 특정 인자와 질병 발생 사이에 상당한 개연성이 존재한다고 보아 역학적 인과관계를 긍정할 수 있다고 본다.

주의할 것은 역학적 인과관계는 원인과 결과가 명확히 대응하지 않는 비특이성 질환에 적용하기 어렵다는 점이다. 이러한 점을 인식하고 법원은 “비특이성 질환의 경우에는 특정 위험인자와 비특이성 질환 사이에 역학적 상관관계가 인정된다 하더라도, 어느 개인이 그 위험인자에 노출되었다는 사실과 그 비특이성 질환에 걸렸다는 사실을 증명하는 것만으로 양자 사이의 인과관계를 인정할 만한 개연성이 증명되었다고 볼 수 없다. 이러한 경우에는 그 위험인자에 노출된 집단과 노출되지 않은 다른 일반 집단을 대조하여 역학조사를 한 결과 그 위험인자에 노출된 집단에서 그 비특이성 질환에 걸린 비율이 그 위험인자에 노출되지 않은 집단에서 그 비특이성 질환에 걸린 비율을 상당히 초과한다는 점을 증명하고, 그 집단에 속한 개인이 위험인자에 노출된 시기와 노출 정도, 발병시기, 그 위험인자에 노출되기 전의 건강상태, 생활습관, 질병 상태의 변화, 가족력 등을 추가로 증명하는 등으로 그 위험인자에 의하여 그 비특이성 질환이 유발되었을 개연성이 있다는 점을 증명하여야 한다”고 판시하고 있다(대법원 2013. 7. 12. 선고 2006다17539 판결(고엽제 사건), 대법원 2014. 4. 10. 선고 2011다22092 판결(담배 사건), 대법원 2014. 9. 4. 선고 2011다7437 판결(자동차대기오염 사건) 등 참조).

4. 사안에의 적용

丙에 의해 비산먼지가 발생한 사실, 비산먼지가 甲에게 도달한 사실, 甲이 만성천식에 걸린 사실은 쉽게 입증될 수 있을 것으로 보인다. 그렇다면 丙이 자신이 유발한 비산먼지에 만성천식의 원인물질이 들어 있지 않다는 점 등을 입증하지 못하는 한 인과관계는 인정된다. 한편, 인구집단의 건강침해와 관련된 사안이므로 甲은 오염물질과 천식 간의 역학적 인과관계를 증명하여 인과관계를 인정받을 수 있을 것이다. 그러나 사안의 천식은 비특이성 질환이므로 역학적 인과관계를 인정받기가 쉽지 않아 보인다.

V. 결 론

사안에서 환경정책기본법 제44조의 무과실책임의 구체적 효력이 인정된다면 丙의 귀책사유와 무관하게 甲의 손해배상청구는 받아들여질 것으로 보인다. 설사 동조의 구체적 효력이 부인될 경우에도 丙의 과실은 쉽게 인정되어 甲은 민법 제750조에 기초한 불법행위책임을 물을 수 있을 것이다. 丙이 배출한 비산먼지가 환경기준 및 배출허용기준을 초과한 점은 수인한도 판단의 중요한 요소에 해당하며, 다른 요소들과 종합하여 위법성 역시 쉽게 인정될 것으로 보인다. 인과관계가 소송의 승패를 가를 것으로 보이는바, 甲은 개연성이론과 역학적 인과관계론에 따라 인과관계를 증명함으로써 손해배상청구를 인정받을 수 있을 것이다.

문 2. 甲은 손해배상을 받더라도 그것만으로는 피해가 회복되지 않는다는 점, 또한 여전히 이 지역에서 살아야 한다는 점 등을 이유로 금전배상 외에 향후 대기오염이 없도록 하는 조치가 필요하다고 생각하고 있다. 이러한 목적을 달성하기 위해 甲은 丙을 상대로 어떠한 법적 대응을 할 수 있는가?

I. 문제의 소재

甲이 입는 피해는 금전배상만으로 회복이 어려우며, 향후 대기오염이 없도록 하기 위해서는 丙의 대기오염행위의 중지를 요구할 수 있어야 한다. 따라서 환경피해의 구제라는 측면에서 손해배상청구보다 더 적극적인 대응방법인 유지청구에 대하여 검토할 필요가 있다.

Ⅱ. 유지청구

1. 법적 권원

유지청구의 법적 근거로는 물권적청구권, 상린권, 불법행위, 인격권, 환경권 등 견해의 대립이 심하다. 위 각 견해들은 각자 일면의 근거를 가지고 있는 것이 사실이지만, 어떠한 것도 명쾌한 근거를 제시하고 있지 않다. 판례는 물권적청구권설의 입장을 취하고 있다고 이해된다. 즉 "어느 토지나 건물의 소유자가 종전부터 향유하고 있던 쾌적한 환경이 그에게 하나의 생활 이익으로서의 가치를 가지고 있다고 객관적으로 인정된다면 법적인 보호의 대상이 될 수 있는 것이라 할 것이므로, 인접 대지에 위치한 소음배출시설에서 소음이 발생함으로써 생활이익이 침해되고 그 침해가 사회통념상 일반적으로 수인할 정도를 넘어선다고 인정되는 경우에는 위 토지 등의 소유자는 그 소유권에 기하여 그 방해의 제거나 예방을 위하여 필요한 청구를 할 수 있다"는 것이다.

한편, 민법 제750조에 따른 불법행위의 효과로써 유지청구를 할 수 있다는 견해도 있다. 최근에는 인격권 내지 환경권을 유력한 근거로 하는 견해가 확산되고 있다. 특히 환경권의 구체적 권리성을 인정하는 입장은 헌법이나 환경정책기본법에 명문규정을 두고 있다는 점, 현재 60개 정도의 환경관계법이 존재하고 있다는 점, 환경권의 제한 법리로 작용하는 "법령의 규정취지와 조리"의 합리적 해석이 가능하다는 점 등을 그 논거로 들고 있다. 최근 환경권을 소유권과 함께 공사중지와 금지를 청구할 권리의 한 근거로 들고 있는 판례(대법원 2008. 9. 28. 선고 2006다49284 판결)도 주목된다.

그러나 여기에 대해서는 과연 인격권 내지 환경권을 사법상의 구체적인 권리로 볼 수 있느냐 하는 반대론이 만만치 않은 실정이다. 판례는 “환경권은 명문의 법률규정이나 관계 법령의 규정 취지 및 조리에 비추어 권리의 주체, 대상, 내용, 행사 방법 등이 구체적으로 정립될 수 있어야만 인정되는 것이므로, 사법상의 권리로서의 환경권을 인정하는 명문의 규정이 없는데도 환경권에 기하여 직접 방해배제청구권을 인정할 수 없다”라고 판시함으로써 환경권을 사법상의 구체적 권리로 볼 수 없다는 입장을 분명히 하고 있다.

2. 요　　건

유지청구를 하기 위해서는 ① 피해의 성질과 정도에 비추어 금전적 평가가 곤란할 것, ② 금전보상만으로는 피해회복이 어려울 것, ③ 피해가 일시적인 것이 아니라 계속적으로 중대하고 명백하게 부당한 것일 것, ④ 피해가 수인한도를 초과할 것(위법성) 등이 그 요건으로 요구된다.

3. 위법성 2단계설

유지청구에서 수인한도 기준은 손해배상청구에서의 수인한도 기준과는 다르다고 보는 것이 일반적이다(위법성 2단계설). 오염발생을 이유로 오염발생시설의 가동중지나 행위의 금지를 명하게 되면 오염으로 피해자가 입을 손해에 비하여 가해자가 입는 손해가 막대한 경우가 많은 점, 오염발생시설인 공장이나 공사장, 교통시설의 가동을 중지하는 것은 공익적인 관점에서 바람직하지 못하다는 점, 오염발생에 대한 대책으로는 오염발생을 막는 것이 아니라도 오염방지시설 · 방음막 등의 설치 등 다른 방법을 강구할 수 있다는 점이 그 이유가 될 수 있다. 유지청구에서 수인한도를 판단할 때에는 손해배상청구에서 살펴본 수인한도의 요소 외에도 손해배상으로써 전보될 수 없을 정도로 법익침해가 심한지와 가해자에게 발생할 손실을 함께 고려하여야 한다.

4. 추상적 유지청구

법원은 “소음이 피해 주민 주택을 기준으로 일정 한도를 초과하여 유입되지 않도록 하라는 취지의 유지청구는 소음발생원을 특정하여 일정한 종류의 생활방해를 일정 한도 이상 미치게 하는 것을 금지하는 것으로 청구가 특정되지 않은 것이라고 할 수 없고, 이러한 내용의 판결이 확정될 경우 민사집행법 제261조 제1항에 따라 간접강제의 방법으로 집행을 할 수 있으므로, 이러한 청구가 내용이 특정되지 않거나 강제집행이 불가능하여 부적법하다고 볼 수는 없다"고 판시하여 추상적 유지청구를 인정하고 있다(대법원 2007. 6. 15. 선고 2004다37904 판결).

5. 사안에의 적용

甲은 소유권, 불법행위, 환경권, 인격권 등에 근거하여 유지청구가 가능할 것이다. 甲이 입는 피해는 건강 침해로서 금전적 평가가 곤란하고, 금전보상만으로는 피해가 보상된다고 보기 어렵고, 또한 계속된 비산먼지의 발생으로 그 피해도 계속되고 있다. 또한 앞서 손해배상청구의 경우 수인한도 판단 부분에서 살펴 본 여러 사정을 고려할 때 유지청구에서 요구하는 수인한도를 넘는다고 판단된다. 따라서 甲은 丙에 대하여 조업방법의 변경, 방지시설의 설치 등을 통해 대기오염물질 배출의 중단을 법원에 청구할 수 있을 것이다(다만, 위법성 2단계설을 고려할 때 폐쇄조치, 조업정지 등은 그 인정이 쉽지 않을 수 있다). 판례의 태도에 비추어 일정한 배출 기준을 초과하여 오염물질(비산먼지)이 유입되지 않도록 하는 취지의 추상적 유지청구도 가능할 것으로 보인다.

문 3. 甲이 대기환경보전법에 규정된 규제권한을 행사하지 않은 乙을 상대로 항고소송을 제기하는 경우 그 소의 적법성 여부 및 국가에 대하여 손해배상을 청구하는 경우 乙의 권한불행사의 위법 여부에 대하여 검토하시오.

I. 문제의 소재

대기환경보전법상 규제권한 행사를 요청했음에도 불구하고 이에 대한 아무런 응답을 하지 아니한 행정청의 부작위에 대하여 그 위법을 확인하는 소송이 허용되는지, 공무원이 대기환경보전법이 규정하는 규제권한을 행사하지 않았을 때 이러한 공무원의 부작위가 국가배상법 제2조의 성립요건으로서 '법령에 위반하여'의 요건에 해당하는지 여부가 문제된다.

Ⅱ. 부작위위법확인소송

1. 의 의

행정청의 적극적 거부의사가 표시되지 아니한 사안의 경우 제기할 수 있는 항고소송은 부작위위법확인소송이다. 행정소송법 제4조 제3호에 규정된 부작위위법확인의 소는 행정청이 당사자의 법규상 또는 조리상의 권리에 기한 신청에 대하여 상당한 기간 내에 처분을 하여야 할 법률상 응답의무가 있음에도 불구하고 이를 하지 아니하는 경우 부작위가 위법하다는 것을 확인함으로써 소극적 위법상태를 제거하는 것을 목적으로 한다.

2. 소송요건

부작위위법확인소송의 대상은 '부작위'로서 이는 행정청이 당사자의 신청에 대하여 상당한 기간 내에 일정한 처분을 하여야 할 법률상 의무가 있음에도 불구하고 이를 하지 아니하는 것을 말한다(행정소송법 제2조 제1항 제2호).

결국 부작위위법확인소송이 인정되기 위해서는 ① 신청인에게 법규상 또는 조리상 신청권이 있을 것(판례), ② 행정청에 일정한 처분을 할 법률상 의무가 있을 것, ③ 상당한 기간이 경과하였을 것, ④ 행정청이 아무런 처분도 하지 않을 것이 요구된다. 사안에서 문제가 될 수 있는 것은 신청권이 있는지, 국가의 작위의무가 인정되는지 여부다. 대기환경보전법 제33조의 개선명령 및 제34조의 조업정지명령 등이 명시적으로 행정청의 의무로 되어 있지 않기 때문에 국가의 작위의무는 곧바로 인정되기 어렵다. 그렇기 때문에 조리상의 신청권 및 작위의무가 있는지는 논란이 있을 수 있다.

3. 대기환경보전법과 작위의무

(1) 감독권의 법적 성격

대기환경보전법 제43조는 "시 · 도지사는 … 명할 수 있다"고 규정하고 있는바, 문언의 해석상 위 규정상의 개선명령, 조업정지명령 등은 재량행위로서 시장에게 공권력을 발동할 재량권이 인정된다. 이와 같이 행정청에게 재량권이 인정되는 경우에는 행정청에게 행정권 발동 여부를 결정할 재량이 있으므로 공무원의 작위의무를 바로 인정할 수 없고 따라서 공무원의 부작위가 그 자체로 위법이라 할 수 없다.

(2) 재량권의 0으로의 수축

예외적인 상황에서는 재량이 수축, 소멸하여 행정의 자유가 의무로 되는 경우가 있을 수 있다는 것이 학설, 판례의 경향인데, 이러한 이론을 흔히 '재량권의 0으로의 수축이론'이라고 한다. 예외적인 상황으로는 ① 사람의 생명, 신체 및 재산 등에 중대하고 급박한 위험이 존재하고, ② 그러한 위험이 행정권의 발동에 의해 제거될 수 있는 것으로 판단되며, ③ 피해자의 개인적인 노력으로는 권익침해의 방지가 충분하게 이루어질 수 없다고 인정되는 경우 등이 들어지고 있다. 이에 더하여 결과의 예견가능성 · 회피가능성도 작위 의무의 요소로 고려될 수 있다. 위와 같은 요건을 충족하여 공무원에게 작위 의무가 발생하면 재량행위라 하더라도 부작위는 위법한 것이 된다.

사안에서 甲의 호흡기질환 등 생명·신체에 대한 중대하고 급박한 피해 및 위험이 계속되고 있는 점, 甲으로서는 비산먼지의 배출에 대하여 어떠한 조치도 취할 수 없는 반면 乙은 대기환경보전법 제33조 및 제34조 등에 근거한 필요한 조치를 통해 甲이 입는 건강상 피해를 막을 수 있다는 점, 甲의 건강 악화에 대한 예견가능성·회피가능성이 크다고 할 수 있는 점 등에 비추어 乙의 재량권은 0으로 수축하여 乙에게는 작위의무가 인정된다.

(3) 소결론

관할 도지사 乙의 대기환경보전법 제43조의 필요한 조치를 취할 수 있는 재량권은 0으로 수축하며, 그 조치는 甲의 건강상 이익을 보호하기 위한 것으로 인정되기 때문에 乙에게는 작위의무가 인정된다.

4. 조리상의 신청권

사안의 경우 행정권의 발동이 이루어지지 않을 경우 자칫 원상회복이 불가능하여 통제 필요성이 크다는 점, 甲의 건강에 큰 위험을 초래할 가능성을 배제할 수 없는 점, 건강피해를 입을 위험이 높은 개인으로서는 행정권의 발동으로 그 위험이 해소될 수 있는데, 이를 거부하는 행위는 실질적으로 개인의 환경상, 건강상 이익을 침해하는 결과에 이를 수 있는 점 등의 여러 사정에 비추어 보면 甲에게는 건강상 이익을 보호하기 위하여 행정권의 발동과 관련한 조리상의 신청권이 있다고 할 것이다.

5. 사안에의 적용

사안의 경우 甲에게 행정청에 대하여 규제권한의 행사를 신청할 수 있는 신청권이 인정되고, 관할 도지사 乙에게 개선명령이나 조업정지명령 등 조치를 하여야 할 작위의무가 인정되고, 甲이 규제권한의 행사를 신청하였음에도 상당한 기간이 경과하도록 처분이 부존재하였으므로 부작위위법확인소송은 적법하다.

Ⅲ. 국가배상청구소송

1. 요 건

국가배상법 제2조는 국가 또는 지방자치단체로 하여금 공무원이 그 직무를 집행함에 당하여 고의 또는 과실로 법령에 위반하여 타인에게 손해를 가한 때 그 손해를 배상하도록 하고 있다. 이에 따르면 국가배상이 인정되기 위해서는 ① 공무원, ② 직무집행,

③ 고의 또는 과실, ④ 법령 위반이라는 요건을 충족되어야 한다. 사안의 경우 ① 내지 ③ 요건은 쉽게 인정될 수 있을 것이다. 문제는 행정청이 甲의 요구에도 불구하고 적절한 조치를 취하지 않은 경우 행정청의 작위의무를 위반한 것인지 여부, 즉 위법성이 크게 다투어질 수 있다. 행정청의 의무가 명시적이지 않고 행정청이 적극적인 행위를 하지 않았기 때문이다. 공무원의 부작위가 위법하다고 평가되기 위해서는 공무원의 작위의무가 인정되어야하고, 그 작위의무가 피해자의 사익을 보호하는 것이어야 한다(사익보호성).

2. 사안에의 적용

앞에서 이미 살펴본 바와 같이 사안의 경우 재량이 0으로 수축하여 乙에게는 작위의무가 인정되고 직무의 사익보호성이 인정되므로 甲이 乙을 상대로 하여 제기하는 국가배상청구는 인정될 가능성이 있다.

Ⅳ. 결　　론

甲이 乙을 상대로 제기하는 부작위위법확인소송은 적법하고, 국가배상청구를 하는 경우 乙의 권한 불행사는 위법하다고 판단된다.

참조판례

1. 부산대 사건: 대법원 1995. 9. 15. 선고 95다23378 판결
2. 재량권 0으로의 수축: 헌재 2007. 10. 25. 선고 2006헌마869 결정(판례 [46])

※ 주의사항

도지사 乙이 답신조차 하지 아니한 점을 고려할 때 거부처분취소소송은 부적절.

33

대기환경보전법상 규제조치와 국가배상

(법전원협의회 2013년도 제1차 변호사시험 모의시험)

사 례

甲연구소는 호흡기질환의 치료에 필요한 신약을 개발하기 위하여 서울특별시 관내에서 비교적 대기상태가 양호한 청명산 근처의 소규모 인근 마을 A에 입지하여 상당한 연구성과를 보이고 있으며 연구성과의 일부에 대하여 특허를 취득하여 상업화에도 성공을 거두고 있다. 그런데 최근 甲연구소 인근에 대규모 종합병원 乙이 신축되면서 인구의 유입이 늘게 되었고 특히 甲연구소 바로 인근 부지에 乙병원의 의료폐기물의 처리를 위한 시설이 입지하게 되어 대기질이 현저히 악화되었다. 乙병원에서 발생하는 의료폐기물의 소각, 수집과 운반을 위하여 소각로에서의 소각은 물론 하루에도 수십 차례 폐기물 운반트럭이 이동함에 따라서 甲연구소는 임상실험 등 신약개발에 막대한 지장을 받고 있으며 A마을의 주민들도 고통을 겪고 있다. 그런데 乙병원은 중중장애인 치료를 전담하는 팀을 운영하고 있으며, 장애인 치료와 재활에 있어서 국제적인 명성을 얻어가고 있는 중이다. 甲연구소와 A마을에 거주하는 주민들은 자체팀을 동원하여 일산화탄소와 오존의 농도를 측정하였는데, 모두 환경정책기본법상의 환경기준을 초과하였다. 특히, 乙병원 소각로에서 배출되는 일산화탄소의 경우는 지속적으로 대기환경보전법상의 배출허용기준을 초과한 것으로 나타났다. 일산화탄소의 경우 독성이 강해 甲연구소의 신약개발은 물론 A마을 주민들의 건강에 심각한 위해가 발생할 수 있는 사안이므로 주민들은 시장 丙은 물론 환경부장관 丁에 대하여 대기환경보전법상 일정한 조치가 불가피하다는 점을 수차례 진정하였다.

문 1. 甲연구소가 乙병원을 상대로 소각로의 사용금지를 청구하는 경우 다투어질 수 있는 법적 쟁점에 대하여 논하시오.

문 2. A마을 주민들은 시장 丙에게 환경부장관으로부터 위임된 대기환경보전법상 개선명령 등의 조치를 취하여 줄 것을 지속적으로 요구하였으나 이것이 이루어지지 못하여 A마을 주민 상당수가 일산화탄소에 중독되는 일이 발생하였다. 이에 A마을 주민들이 시장 丙을 상대로 법원에 손해배상을 청구하는 경우 법원은 어떠한 판단을 할 것인가?

해 설

문 1. 甲연구소가 乙병원을 상대로 소각로의 사용금지를 청구하는 경우 다투어질 수 있는 법적 쟁점에 대하여 논하시오.

I. 문제의 소재

甲연구소가 입는 피해는 금전배상만으로 회복이 어려우며, 향후 대기오염이 없도록 하기 위해서는 乙병원의 대기오염행위의 중지를 요구 할 수 있어야 한다. 이런 목적으로 사용되는 것이 유지청구인데, 유지청구가 성공하기 위해서는 법적 근거, 요건 등에 대한 검토가 필요하다.

Ⅱ. 유지청구

1. 법적 권원

유지청구의 법적 근거로는 물권적청구권, 상린권, 불법행위, 인격권, 환경권 등 견해의 대립이 심하다. 위 각 견해들은 각자 일면의 근거를 가지고 있는 것이 사실이지만, 어떠한 것도 명쾌한 근거를 제시하고 있지 않다. 판례는 물권적청구권설의 입장을 취하고 있다고 이해된다. 즉 "어느 토지나 건물의 소유자가 종전부터 향유하고 있던 쾌적한 환경이 그에게 하나의 생활 이익으로서의 가치를 가지고 있다고 객관적으로 인정된다면 법적인 보호의 대상이 될 수 있는 것이라 할 것이므로, 인접 대지에 위치한 소음배출시설에서 소음이 발생함으로써 생활이익이 침해되고 그 침해가 사회통념상 일반적으로 수인할 정도를 넘어선다고 인정되는 경우에는 위 토지 등의 소유자는 그 소유권에 기하여 그 방해의 제거나 예방을 위하여 필요한 청구를 할 수 있다"는 것이다.

한편, 민법 제750조에 따른 불법행위의 효과로써 유지청구를 할 수 있다는 견해도 있다. 최근에는 인격권 내지 환경권을 유력한 근거로 하는 견해가 확산되고 있다. 특히 환경권의 구체적 권리성을 인정하는 입장은 헌법이나 환경정책기본법에 명문규정을 두고 있다는 점, 현재 60개 정도의 환경관계법이 존재하고 있다는 점, 환경권의 제한 법리로 작용하는 "법령의 규정취지와 조리"의 합리적 해석이 가능하다는 점 등을 그 논거로 들고 있다. 최근 환경권을 소유권과 함께 공사중지와 금지를 청구할 권리의 한 근거로 들고 있는 판례(대법원 2008. 9. 28. 선고 2006다49284 판결)도 주목된다.

그러나 여기에 대해서는 과연 인격권 내지 환경권을 사법상의 구체적인 권리로 볼 수 있느냐 하는 반대론이 만만치 않은 실정이다. 판례는 "환경권은 명문의 법률규정이나 관계 법령의 규정 취지 및 조리에 비추어 권리의 주체, 대상, 내용, 행사 방법 등이 구체적으로 정립될 수 있어야만 인정되는 것이므로, 사법상의 권리로서의 환경권을 인정하는 명문의 규정이 없는데도 환경권에 기하여 직접 방해배제청구권을 인정할 수 없다"라고 판시함으로써 환경권을 사법상의 구체적 권리로 볼 수 없다는 입장을 분명히 하고 있다.

2. 요 건

유지청구를 하기 위해서는 ① 피해의 성질과 정도에 비추어 금전적 평가가 곤란할 것, ② 금전보상만으로는 피해회복이 어려울 것, ③ 피해가 일시적인 것이 아니라 계속적으로 중대하고 명백하게 부당한 것일 것, ④ 피해가 수인한도를 초과할 것(위법성) 등이 그 요건으로 요구된다.

3. 사안에의 적용

甲연구소는 소유권, 불법행위, 환경권, 인격권 등에 근거하여 유지청구가 가능할 것이다. 甲연구소가 입는 피해는 신약 개발에 대한 것으로서 손해액의 금전적 평가가 곤란하고, 금전배상만으로는 피해가 보상된다고 보기 어렵고, 금전적 평가가 불가능하다고 볼 수는 없으나 신약개발의 개발의 시기가 매우 중요하므로 경우에 따라서는 금전보상만으로는 피해회복이 어려울 수 있다. 또한 지속적으로 배출허용기준을 초과하는 일산화탄소가 배출되어 피해도 계속되고 있다. 문제는 위법성 요건을 충족하는지에 달려있다.

Ⅲ. 위법성

1. 수인한도론

유지청구가 인정되기 위해서는 그 행위가 위법한 것으로 인정되어야 한다. 이러한 위법성의 판단기준으로 판례는 피해가 사회통념상 수인한도를 넘었는지 여부는 피해의 정도, 피해이익의 성질 및 그에 대한 사회적 평가, 가해행위의 성질 및 공공성, 지역성, 토지이용의 선후관계, 가해방지 및 피해회피의 가능성, 공법적 규제의 위반여부, 교섭경과 등 모든 사정을 종합적으로 고려하여 판단하여야 한다고 판시한다.

2. 위법성 2단계설

유지청구에서 수인한도 기준은 손해배상청구에서의 수인한도 기준과는 다르다고 보는 것이 일반적이다(위법성 2단계설). 오염발생을 이유로 오염발생시설의 가동중지나 행위의 금지를 명하게 되면 오염으로 피해자가 입을 손해에 비하여 가해자가 입는 손해가 막대한 경우가 많은 점, 오염발생시설인 공장이나 공사장, 교통시설의 가동을 중지하는 것은 공익적인 관점에서 바람직하지 못하다는 점, 오염발생에 대한 대책으로는 오염발생을 막는 것이 아니라도 오염방지시설·방음막 등의 설치 등 다른 방법을 강구할 수 있다는 점이 그 이유가 될 수 있다.

3. 사안에의 적용

乙병원이 장애인 치료와 재활에 있어서 국제적인 명성을 얻어가고 있다는 점을 고려한다면 침해행위의 공공성과 사회적 가치를 가볍게 볼 수 없다고 하더라도 乙병원 소각로에서 배출되는 오존과 일산화탄소의 농도가 환경기준 및 배출허용기준을 초과하고 있는 점, 신약개발에 막대한 지장을 입을 정도로 甲연구소가 입는 피해의 정도로 크다는 점, 침해되는 이익(신약개발)은 영리적 성격도 있지만 공익적 성격도 가지고 있다는 점, 乙병원이 甲연구소보다 후에 접근하여 토지를 이용하고 있다는 점, 乙병원이 피해의 방지를 위한 조치 및 피해 회복을 위한 교섭을 하지 않은 것으로 보인다는 점 등을 종합적으로 고려할 때 甲이 입은 손해는 수인한도를 넘는 것이어서 그 위법성이 인정된다고 봄이 상당하다. 위법성 2단계설에 따라 유지청구를 인정하기 위해서는 손해배상청구에서보다 높은 수준이 요구되나 위 사정과 소각로의 사용금지가 명하여졌다고 해서 乙병원의 운영이 전적으로 중지된다고 볼 수 없다는 점을 고려할 때 乙병원의 오염물질 배출행위는 유지청구에서 요구되는 높은 수준의 수인한도를 초과하는 위법한 행위라 판단된다.

Ⅳ. 결 론

결국 甲연구소가 乙병원을 상대로 하여 소각로의 사용금지를 청구하는 유지청구는 유지청구의 요건을 충족하여 인용될 수 있을 것으로 보인다.

문 2. A마을 주민들은 시장 丙에게 환경부장관으로부터 위임된 대기환경보전법상 개선명령 등의 조치를 취하여 줄 것을 지속적으로 요구하였으나 이것이 이루어지지 못하여 A마을 주민 상당수가 일산화탄소에 중독되는 일이 발생하였다. 이에 A마을 주민들이 시장 丙을 상대로 법원에 손해배상을 청구하는 경우 법원은 어떠한 판단을 할 것인가?

Ⅰ. 문제의 소재

A마을의 주민들이 관할 행정청에 대하여 국가배상법 제2조에 따른 국가배상을 구할 수 있는지, 요건 등에 대한 검토가 필요하다. 특히 공무원의 부작위가 개재되어 있으므로 어떤 경우에 부작위의 위법성이 인정되는지 문제가 된다.

Ⅱ. 공무원의 부작위로 인한 국가배상청구소송

1. 요 건

국가배상법 제2조는 국가 또는 지방자치단체로 하여금 공무원이 그 직무를 집행함에 당하여 고의 또는 과실로 법령에 위반하여 타인에게 손해를 가한 때 그 손해를 배상하도록 하고 있다. 이에 따르면 국가배상이 인정되기 위해서는 ① 공무원, ② 직무집행, ③ 고의 또는 과실, ④ 법령 위반이라는 요건을 충족되어야 한다. 사안의 경우 ① 내지 ③ 요건은 쉽게 인정될 수 있을 것이다. 문제는 서울특별시장 丙이 A마을 주민들이 조치를 취하여 줄 것을 수차례 진정하였음에도 아무런 조치도 취하지 않은 경우 행정청의 작위의무를 위반한 것인지, 즉 위법성이 크게 다투어질 수 있다. 행정청의 의무가 명시적이지 않고 행정청이 적극적인 행위를 하지 않았기 때문이다.

2. 작위의무의 존재

(1) 재량행위에 대한 작위의무의 존부

관할 행정청이 대기환경보전법에 따른 개선명령(제33조), 조업정지명령(제34조) 등의 조치를 취하지 않은 것이 위법한지가 문제된다. 관련 규정들은 "할 수 있다"라고 규정하여 행정청의 재량을 인정하고 있다. 재량권이 인정되는 경우에는 공무원에게 행정권 발동 여부를 결정할 재량이 있으므로 공무원의 작위의무를 바로 인정할 수 없고 따라서 공무원의 부작위가 그 자체로 위법이라 할 수 없다.

(2) 재량권 0으로의 수축 법리

예외적인 상황에서는 재량이 수축, 소멸하여 행정의 자유가 의무로 되는 경우가 있을 수 있다는 것이 학설, 판례의 경향인데, 이러한 이론을 흔히 '재량권의 0으로의 수축이론' 이라고 한다. 예외적인 상황으로는 ① 사람의 생명, 신체 및 재산 등에 중대하고 급박한 위험이 존재하고, ② 그러한 위험이 행정권의 발동에 의해 제거될 수 있는 것으로 판단되며, ③ 피해자의 개인적인 노력으로는 권익침해의 방지가 충분하게 이루어질 수 없다고 인정되는 경우 등이 들어지고 있다. 이에 더하여 결과의 예견가능성 · 회피가능성도 작위의무의 요소로 고려될 수 있다. 위와 같은 요건을 충족하여 공무원에게 작위의무가 발생하면 재량행위라 하더라도 부작위는 위법한 것이 된다.

사안의 경우 A마을 주민들의 건강 및 생활환경이 각심한 피해를 입을 것으로 우려되고 있어 피해 및 위험이 중대하고 급박하며, A마을 주민들로서는 乙병원에 대하여 어떠한 조치도 취할 수 없으며, 반면 丙은 대기환경보전법 제33조, 제34조 등의 규제권한을 발동하여 A마을 주민들이 입는 피해를 막을 수 있다고 보이므로 재량권이 0으로 수축되는 경우라고 봄이 타당하다. 따라서 작위의무가 인정되고 이러한 조치를 취하지 않은 관할 행정청의 행위는 위법한 것이 된다. 따라서 아무런 조치를 취하지 않은 丙의 부작위는 위법하다.

3. 직무상 의무의 사익보호성

판례는 상당인과관계설의 입장에서 사익보호성을 요구한다. 즉, 공무원이 고의 또는 과실로 그에게 부과된 직무상 의무를 위반하였을 경우라고 하더라도 국가는 그러한 직무상의 의무 위반과 피해자가 입은 손해 사이에 상당인과관계가 인정되는 범위 내에서만 배상책임을 지는 것이고, 이 경우 상당인과관계가 인정되기 위하여는 공무원에게 부과된 직무상 의무의 내용이 단순히 공공 일반의 이익을 위한 것이거나 행정기관 내부의 질서를 규율하기 위한 것이 아니고 전적으로 또는 부수적으로 사회구성원 개인의 안전과 이익을 보호하기 위하여 설정된 것이어야 한다.

여기에서 대기환경보전법에 따른 개선명령(제33조), 조업정지명령(제34조) 등의 직무행위가 사익보호성 요건을 충족하는지 검토할 필요가 있다. 대기환경보전법은 국민건강이나 환경에 관한 위해를 예방하고 대기환경을 적정하고 지속가능하게 관리 · 보전하여 모든 국민이 건강하고 쾌적한 환경에서 생활할 수 있게 하는 것을 목적으로 하는 바(제1조), 개선명령 등 규정들은 공공 일반의 이익만을 위한 것이 아니라 주민들의 깨끗한 대기질을 향유할 이익을 부수적으로나마 보호하고 있다고 볼 수 있으므로 이 요건은 충족되었다고 볼 것이다.

Ⅲ. 결 론

A마을 주민들의 丙에 대한 국가배상청구소송은 공무원, 고의 · 과실, 위법한 직무행위, 인과관계, 손해의 발생 등 국가배상법 제2조의 요건을 모두 갖추고 있으므로 인용될 것이다.

※ 주의사항

직무상 의무의 사익보호성이 무엇인지 이해하고 판례에서 어떻게 표현하는지 알아 둘 것(단순히 사익보호성이라는 표현만을 사용하는 경우는 이해하지 못하고 외워서 쓰는 것으로 보임).

34

조업정지명령과 손해배상청구

(법전원협의회 2013년도 제3차 변호사시험 모의시험)

사 례

甲 회사는 국토의 계획 및 이용에 관한 법률 제6조 제2호에 따른 계획관리지역에 시멘트공장을 설치, 운영하기 위하여 A광역시 시장에게 공장설립승인신청을 하였다. 甲 회사는 동 신청을 하기 앞서 환경영향평가법에 따라 환경영향평가를 실시하였는데 시멘트분진이 발생할 것으로 예상되는 사업의 특성상 특히 평가항목으로 대기환경에 주안점을 두고 사업부지에서 반경 20㎞를 영향평가대상지역으로 설정하여 영향을 예측, 평가하고 관련하여 저감방안을 제시한 다음 평가대상지역 안 주민들의 의견을 수렴하였다. 의견수렴 뒤 사업자는 환경영향평가서를 작성하여 A광역시 시장에게 제출하였다. 이에 A광역시 시장은 환경부장관의 권한을 위임받은 관할지방환경청장에게 환경영향평가서를 제출하며 환경영향평가협의를 요청하였는바 협의요청을 받은 환경청장은 사업예정 및 주변지역은 비교적 자연환경이 잘 보전된 청정지역으로 분지형태인 지형특성상 이곳에 시멘트공장이 설치, 운영된다면 공장에서 배출되는 시멘트 관련 먼지 등으로 인한 대기환경질의 악화와 이로 인한 주민건강에 피해가 우려된다며 "최신의 대기오염방지시설을 설치, 운영할 것"을 내용으로 하는 협의의견을 통보하였다. A광역시 시장과 사업자는 이러한 환경청장의 협의내용에 이의를 제기하지 않고 사업계획에 반영하는 조치를 하였다. 이후 A광역시 시장은 공장설립승인처분을 하였다.

시멘트공장 운영 이후 주변지역 주민들(이들은 공장으로부터 가깝게는 5㎞ 멀게는 20㎞이내에 거주하고 있다)은 시멘트 공장의 사업장과 굴뚝에서 배출되는 먼지 등으로 인하여 생활불편은 물론 호흡기질환 등(진폐증, 만성 폐쇄성 폐질환(COPD)) 건강피해를 받고 있다고 주장하며 사업자에게 적절한 방지대책 등을 수립할 것을 수차례 요구하였다(사업자의 공장에서 발생한 시멘트 분진이 주민들의 생활공간 곳곳에 낙하되어 있다는 점은 육안으로 확인이 가능하다). 이러한 주민들의 요구에 대하여 사업자는 법으로 정해진 배출허용기준을 준수하고 있으며 주민불편을 최소화하기 위하여 노력을 다하겠다는 말을 되풀이하고 있다. 그러나 협의 내용인 최신의 대기오염방지시설을 설치 · 운영하지 않은 채 공장을 운영하고 있다.

이러던 차에 최근 들어 호흡기 이상을 호소하는 지역주민들의 수가 크게 증가하였고 이에 주민들은 A광역시 시장에게 대기환경보전법에 따라 방지시설의 개선명령 등 필요한 조치를 명하여 줄 것을 요청하였다. 주민들의 요청이 거듭되자 A광역시 시장은 법위반 등 조사에 착수하였는데 TMS(굴뚝의 배출가스 농도를 자동으로 측정하는 기기) 자료에 의하면 먼지와 질소산화물(NOx)의 농도는 법정배출허용기준 이내로 밝혀졌고, A광역시 시장은 대기환경보전법에 따른 감독권을 발동할 사유가 없다고 회신하였다. 한편 지역주민들의 건강조사결과 일부 주민에게서 진폐증과 COPD가 발병한 것으로 나타났는데 이는 대조지역에 비하여 유의하게 높은 비율인 것으로 평가되었다.

문 1. 지역주민들은 호흡기에 이상을 느껴 병원을 찾는 지역주민들의 수가 크게 증가하였음에도 감독권을 발동하지 않겠다는 A광역시 시장의 민원회신은 위법하다고 보아 민원회신취소의 소를 제기하였다. 이 소는 적법한가?

문 2. 지역주민들은 사업자로 하여금 "최신의 대기오염방지시설을 설치 · 운영하라"는 협의내용을 이행하도록 하기 위하여 A광역시장, 환경청장 및 사업자를 상대로 이용가능한 조치와 쟁송수단을 검토하시오.

문 3. 지역주민들은 자신들의 건강피해가 시멘트공장에서 배출되는 먼지 등으로 인하여 발생한 것이라며 사업자를 상대로 민사상 손해배상청구의 소를 제기하였다. 법정에서 사업자는 시멘트 먼지 등을 배출허용기준 이내로 관리하고 있고, 관할관청의 정기 또는 수시지도점검 결과에서도 사업운영상의 위법사항이 발견되지 않았으며, 특히 COPD의 발생원인은 흡연이 80~90%를 차지한다는 의학계의 보고에 따르면 인과관계도 없다고 주장한다. 이러한 사정 아래에서 지역주민들이 손해배상청구소송에서 승소 여부를 검토하시오.

해 설

문 1. 지역주민들은 호흡기에 이상을 느껴 병원을 찾는 지역주민들의 수가 크게 증가하였음에도 감독권을 발동하지 않겠다는 A광역시 시장의 민원회신은 위법하다고 보아 민원회신취소의 소를 제기하였다. 이 소는 적법한가?

I. 문제의 소재

A광역시 시장의 민원회신을 항고소송의 대상인 거부처분으로 볼 수 있는지가 문제된다. 특히 사안에서는 지역주민들에게 법령상 · 조리상 신청권이 존재하는지가 문제된다. 즉 주민들에게 환경침해 및 이로 인한 건강침해에 대하여 행정개입청구권이 인정되는지가 문제되고 이를 판단하기 위해 대기환경보전법상 감독권한(대기환경보전법 제34조 제2항)에 따른 행정권을 발동할 재량이 0으로 수축되는지를 검토할 필요가 있다.

Ⅱ. 거부처분의 성립요건

거부행위가 처분성을 갖기 위한 요건으로는 ① 신청의 내용이 공권력의 행사일 것, ② 신청인에게 법령상 · 조리상 신청권이 있을 것, ③ 거부로 인하여 국민의 권리나 법적 이익에 직접 영향을 미치는 것일 것이 요구된다.

주민들이 신청한 감독권의 발동이 공권력의 행사라는 점, 감독권 발동의 거부가 주민들의 환경상 · 건강상 이익에 직접 영향을 미친다는 점은 쉽게 인정된다. 그렇다면 주민들에게 감독권한의 발동을 요구할 수 있는 신청권이 인정되는지 여하가 민원회신의 거부처분성을 인정하는 관건이 될 것이다.

Ⅲ. 사안에의 적용

사안의 경우 조업정지명령 등의 발동이 이루어지지 않을 경우 자칫 주민들의 건강에 큰 위험을 초래할 가능성을 배제할 수 없는 점, 건강피해를 입을 위험이 높은 개인으로서는 행정권의 발동으로 그 위험이 해소될 수 있는데, 이를 거부하는 행위는 실질적으로 개인의 건강상 이익을 침해하는 결과에 이를 수 있는 점 등의 여러 사정에 비추어 보면 지역주민들에게는 건강상 이익을 보호하기 위하여 행정권의 발동과 관련한 조리상의 신청권이 있다고 할 것이다.

Ⅳ. 결 론

위에서 살펴본 바와 같이 조업정지명령 등의 발동과 관련하여 주민들의 조리상 신청권이 인정된다고 보아야 한다면, 이 사건 소는 적법하다.

문 2. 지역주민들은 사업자로 하여금 "최신의 대기오염방지시설을 설치 · 운영하라"는 협의내용을 이행하도록 하기 위하여 A광역시장, 환경청장 및 사업자를 상대로 이용 가능한 조치와 쟁송수단을 검토하시오.

I. 문제의 소재

사업자가 환경영향평가 대상지역 주민의 건강상 · 환경상 이익과 밀접한 관련이 있는 협의내용을 이행하고 있지 아니한 경우 지역주민으로서는 이를 이행하도록 하기 위하여 어떠한 조치를 강구할 수 있는지 문제된다. 문제의 해결을 위하여 ① 환경영향평가법상의 협의내용 관리감독에 관한 규정을 매개로 승인기관의 장과 협의기관의 장을 상대로 취할 수 있는 방안, ② 지역주민이 직접 사업자를 상대로 공법상 의무인 협의내용의 이행의무를 민사상 청구하는 방안을 각 검토할 필요가 있다.

Ⅱ. A광역시장

1. A광역시 시장의 의무

환경영향평가법 제39조 및 제40조에 의하면 승인기관의 장은 승인 등을 받아야 하는 사업자가 협의 내용을 이행하였는지를 확인하여야 하고(제39조 제1항), 사업자가 협의 내용을 이행하지 아니하였을 때에는 그 이행에 필요한 조치를 명하여야 할 의무가 있다(제40조 제1항). 문언 형식이 "…하여야 한다"를 취하고 있으므로 문언의 해석상 기속행위로서 A광역시 시장은 위 의무를 이행하여야 할 법률상 의무가 있다.

2. 주민들의 행정개입청구

위 제40조 제1항은 공익실현만을 목적으로 하는 것이 아니고 개인의 환경이익도 부수적으로나마 보호하고 있다고 할 수 있다. 즉, A광역시 시장의 필요한 조치명령의무는 지역주민들의 사익을 위한 것으로 사익보호성을 인정할 수 있다. 따라서 지역주민은 승인기관장인 A광역시 시장을 상대로 협의 내용의 이행에 필요한 조치를 명할 것을 요구할 수 있다.

3. 쟁송수단

만약 A광역시 시장이 이에 따르지 아니할 경우, 즉 A광역시 시장의 부작위에 대하여 지역주민들이 취할 수 있는 쟁송수단은 의무이행심판과 부작위위법확인청구가 있다.

지역주민들의 호흡기질환 등 생명 · 신체에 대한 중대하고 급박한 피해 및 위험이 계속되고 있는 점, 주민들로서는 시멘트공장의 대기오염물질 배출에 대하여 어떠한 조치도 취할 수 없는 반면 A광역시 시장은 대기환경보전법 제34조 제2항에 근거한 필요한 조치를 통해 주민들이 입는 건강상 피해를 막을 수 있다는 점에 비추어 주민들이 A광역시 시장에게 필요한 조치를 명할 것을 요구하였는데 A광역시 시장이 이를 거부한 경우에는 A광역시 시장의 위 거부처분에 대하여 거부처분취소청구를 할 수 있다.

Ⅲ. 지방환경청장

1. 지방환경청장의 의무

지방환경청장은 환경영향평가법 제40조 제3항에 의하여 협의 내용의 이행을 관리하기 위하여 필요하다고 인정하는 경우에는 승인기관의 장에게 필요한 조치명령을 할 것을 요청할 수 있고, 이 경우 승인기관장 등은 특별한 사유가 없으면 이에 따라야 한다.

2. 행정개입청구

환경영향평가법 제40조 제3항은 "요청할 수 있다"고 규정하고 있는바 문언의 해석상 지방환경청장의 위 의무는 재량행위로 해석되고 따라서 지방환경청장에게 조치명령을 요청할 것인지에 대한 재량이 인정된다. 그러므로 지방환경청장이 조치명령을 요청하지 않는다고 하여 주민들에게 조치명령 요청을 청구할 권리가 당연히 인정된다고 할 수는 없다. 그러나 동 규정의 사익보호성이 인정되고, (앞) 재량의 0으로의 수축이 인정되는 상황에서 지방환경청장은 A광역시 시장에게 필요한 조치명령을 요청하여야 할 의무가 있고 지역주민들은 지방환경청장에게 조치명령을 요청하라고 요구할 수 있다고 할 것이다.

3. 쟁송수단

만약 지방환경청장이 이에 따르지 아니할 경우 지역주민들이 취할 수 있는 쟁송수단으로는 앞서 살펴본 것과 같이 의무이행심판, 부작위위법확인청구, 거부처분취소청구가 있다.

Ⅳ. 사업자

1. 사업자의 의무

환경영향평가법 제35조 제1항에 따라, 사업자는 사업계획에 반영된 협의 내용을 이행해야 할 의무가 있다.

2. 민사청구의 가능성

(1) 판 례

도롱뇽 사건에서 법원은 "환경영향평가절차를 이행한 후 환경영향평가 시에 고려되지 아니하였던 새로운 사정이 발견되어 그 사업으로 인하여 사업시행구간 관련 토지소유자들의 환경이익을 침해할 수 있다는 개연성이 나타나고 종전의 환경영향평가만으로는 그와 같은 개연성에 관한 우려를 해소하기에 충분하지 못한 경우에는 새로이 환경영향평가를 실시하거나 그 환경이익의 침해를 예방할 수 있는 적절한 조처를 먼저 행한 후 사업을 시행하도록 함이 상당하고, 위 토지소유자들은 이를 사법상의 권리로 청구할 수 있다"고 판시하였다(대법원 2006. 6. 2. 선고 2004마1148 결정).

(2) 사안에의 적용

사안에서 사업자의 의무는 대기환경의 보호라는 공익적 성격뿐 아니라 주변지역 주민들의 대기오염으로 인한 건강피해를 방지하고자 하는 사익보호적 성격을 가지고 있고, 사업자의 의무 불이행이 주민들의 환경이익을 침해할 개연성도 충분히 인정된다. 그렇다면 논란의 여지가 있으나 주민들은 사업자를 상대로 최신 방지시설을 설치할 의무의 이행을 사법상의 권리로 청구할 수 있을 것이다.

V. 결 론

주민들은 A광역시 시장과 지방환경청장에게 환경영향평가법에 따른 의무를 이행할 것을 요구할 수 있고, 그러한 요구에도 불구하고 이러한 의무를 이행하지 않는다면 A광역시 시장을 상대로 의무이행심판청구, 부작위위법확인, 거부처분취소청구를 할 수 있다. 또한 주민들은 甲을 상대로 사법상 권리로서 의무이행을 민사상 청구할 수 있다.

문 3. 지역주민들은 자신들의 건강피해가 시멘트공장에서 배출되는 먼지 등으로 인하여 발생한 것이라며 사업자를 상대로 민사상 손해배상청구의 소를 제기하였다. 법정에서 사업자는 시멘트 먼지 등을 배출허용기준 이내로 관리하고 있고, 관할관청의 정기 또는 수시지도점검 결과에서도 사업운영상의 위법사항이 발견되지 않았으며, 특히 COPD의 발생원인은 흡연이 80~90%를 차지한다는 의학계의 보고에 따르면 인과관계도 없다고 주장한다. 이러한 사정 아래에서 지역주민들이 손해배상청구소송에서 승소 여부를 검토하시오.

I. 문제의 소재

불법행위(민법 제750조)에 기초한 인한 손해배상청구가 인정되기 위해서는 ① 가해자의 고의 · 과실, ② 가해행위의 위법성, ③ 가해행위와 손해 사이의 인과관계, ④ 손해의 발생이 요구된다. 당사자간의 주장에 비추어 사안에서는 위 요건 중 고의 · 과실, 위법성 및 인과관계 인정 여하가 치열하게 다투어질 것으로 예상된다.

Ⅱ. 고의 · 과실

1. 환경정책기본법 제44조의 원인자의 무과실책임

환경오염피해에 대한 손해배상청구에서는 환경정책기본법상 원인자의 무과실책임 규정이 적용될 수 있는지가 쟁점이 될 수 있다. 동법 제44조 제1항은 "환경오염 또는 환경훼손으로 피해가 발생한 경우에는 해당 환경오염 또는 환경훼손의 원인자가 그 피해를 배상하여야 한다"고 규정하고 있다.

2. 요 건

(1) 원인자

책임주체는 환경오염 또는 환경훼손의 '원인자'이다. '원인자'는 자기의 행위 또는 사업활동으로 환경오염 또는 환경훼손의 원인을 발생시킨 자이다(제7조). 무과실책임을 지는 '원인자'에 대한 별도의 개념규정을 두고 있지 않아 구체적인 경우에는 논란이 있을 수 있으나 판례는 "자기의 행위 또는 사업활동을 위하여 자기의 영향을 받는 사람의 행위나 물건으로 환경오염을 야기한 자"라는 입장을 취하고 있다(대법원 2017. 2. 15. 선고 2015다23321 판결). 사안의 경우 甲 회사는 사업활동을 위하여 시멘트공장을 운영하고 먼지 등을 배출시킴으로써 환경오염 의 원인을 발생시킨 자이므로 원인자에 해당한다고 할 수 있다.

(2) 환경피해

환경정책기본법에서는 '환경오염피해'에 대한 별도의 개념 정의가 없기 때문에 환경피해의 확정이 어려울 수 있다. 환경정책기본법에서 구체적으로 열거하고 있는 환경오염 내용은 예시적인 의미를 가질 뿐이며, 해석에 따라 그 범위는 크게 확대될 수 있다. 환경정책기본법 제3조 제4호는 '환경오염'을 "사업활동 및 그 밖의 사람의 활동에 의하여 발생하는 대기오염, 수질오염, 토양오염, 해양오염, 방사능오염, 소음 · 진동, 악취, 일조방해 등으로서 사람의 건강이나 환경에 피해를 주는 상태"라고 정의하고 있는 바, 사안의 경우 대기오염이 발생하였으므로 환경오염에 해당한다. 다만 甲 회사에서 배출된 먼지 등으로 인하여 피해가 발생하였는지 여부는 인과관계의 문제와 관련있는데, 이는 별도의 검토가 요구된다.

3. 구체적 효력

구성요건과 효과의 비구체성, 환경정책기본법이 민법의 특별법으로서의 성격을 갖지 않는다는 점 등을 근거로 위 환경정책기본법 제44조 제1항(원인자의 무과실책임)의 구체적 효력을 부인하는 견해와 해당 규정의 연혁을 살펴볼 때 책임주체와 범위 등이 확대되어 온 점, 구체성이 떨어지는 요건에 대한 해석은 판례나 학설을 통해 해결할 수 있다는 점, 개별 환경법에 환경오염피해와 관련한 어떠한 책임 및 구제 규정이 없는 상황에서는 위 규정의 구체적 효력을 쉽게 부인하여서는 안 된다는 점 등을 고려할 때 그 구체적 효력이 인정된다는 견해가 대립한다. '사업자'를 책임주체로 한 무과실책임규정인 구 환경정책기본법 제31조 제1항의 구체적 효력을 인정한 판례(대법원 2001. 2. 9. 선고 99다55434 판결)가 있으며, 최근 현행 제44조 제1항의 구체적 효력을 인정하고 있는 판례(대법원 2017. 2. 15. 선고 2015다23321 판결, 대법원 2018. 9. 13. 선고 2016다35802 판결)가 있어 주목을 받고 있다.

4. 민법 제750조와의 관계

본조와 민법 제750조와의 관계에 대하여, 판례는 환경정책기본법 제44조 제1항이 민법의 불법행위 규정에 대한 특별규정이라고 보면서(법조경합) 환경오염으로 인하여 손해를 입은 자가 환경정책기본법에 의하여 손해배상을 주장하지 않았다고 하더라도 법원은 민법에 우선하여 환경정책기본법을 적용하여야 한다는 입장을 취하고 있다(대법원 2008. 9. 11. 선고 2006다50338 판결).

5. 사안에의 적용

사안에서 먼지 등으로 인한 대기오염피해는 환경정책기본법의 해석상 환경오염피해가 분명하다. 환경정책기본법 제44조 무과실책임 규정의 구체적 효력이 인정되므로 乙은 이 규정의 적용을 주장함으로써, 甲 회사의 고의·과실을 입증하지 않아도 될 것이다.

Ⅲ. 위법성

1. 수인한도론

환경피해를 야기하는 모든 행위가 배상책임의 대상은 아니며, 그 행위가 위법한 것으로 인정되는 경우에만 배상책임이 인정될 수 있다. 이러한 위법성의 판단기준으로 판례는 수인한도론을 제기하고 있다. 이에 따르면 사회통념상 수인한도를 넘었는지 여부는 피해의 정도, 피해이익의 성질 및 그에 대한 사회적 평가, 가해행위의 성질 및 공공성, 지역성, 토지이용의 선후관계, 가해방지 및 피해회피의 가능성, 공법적 규제의 위반 여부, 교섭경과 등 모든 사정을 종합적으로 고려하여 판단하여야 한다. 무과실책임이 인정되는 경우 배상책임을 인정하기 위해서는 위법성이 요구되는지에 대하여 부정하는 견해가 있으나, 판례는 환경 침해를 원인으로 한 불법행위 손해배상청구 사안에서 무과실책임 규정 적용 여부과 관련 없이 "사회통념상 수인한도를 넘은 경우에는 위법행위로 평가될 수"있다고 판시하여 위법성 판단에 수인한도를 적용하고 있다(대법원 2001. 2. 9. 선고 99다55434 판결).

2. 사안에의 적용

甲 회사가 배출하는 먼지와 질소산화물의 농도가 배출허용기준 이내이고(공법적 규제에 의하여 확보하고자 하는 이익은 원래 사법상 보호되는 이익을 공법적인 면에서도 가능한 한 보증하려는 것으로서 특별한 사정이 없는 한 사법상 보호되는 이익을 보호하기 위한 최소한도의 기준으로 봄이 상당하기 때문에 공법적 규제에 형식적으로 적합하다고 하더라도 현실적인 침해의 정도가 현저하게 커 사회통념상 수인한도를 넘은 경우에는 위법행위로 평가될 수 있다), 사업운영상의 위법사항이 발견되지 않았다고 하더라도, ① 협의 내용인 최신의 대기오염방지시설을 설치·운영하지 않은 점, ② 주민들은 생활불편과 호흡기질환 등(진폐증, 만성 폐쇄성 폐질환(COPD)) 건강피해를 받고 있고, 호흡기 이상을 호소하는 지역주민들의 수가 크게 증가하였는데 이는 생명·건강상의 피해로 그 피해의 정도가 매우 크고 그 보호의 필요성 역시 매우 크다 할 수 있다는 점(피해의 정도 및 피해이익에 대한 사회적 평가). ③ 시멘트공장 운영은 영리를 위한 것으로 공공성이 크지 않다는 점(가해행위의 공공성). ④ 시멘트공장이 운영되는 지역은 비교적 자연환경이 잘 보전된 청정지역으로 보호의 필요성이 크다는 점(지역성). ⑤ 甲 회사는 환경영향평가에 따른 이행사항인 피해방지 조치 의무조차 이행하지 않는 등 적절한 피해방지조치를 취하지 않고 있다는 점(가해방지, 피해회피 가능성 및 노력). ⑥ 주민들의 방지대책 수립요구에 대해 성실히 응답하지 않고 있다는 점(교섭경과) 등을 종합적으로 고려할 때 피해가 수인한도를 넘는다고 할 수 있다.

Ⅳ. 인과관계

1. 인과관계 입증의 어려움

사업자는 인과관계가 없다고 주장하고 있다. 원칙적으로 원고인 지역주민들은 사업자의 가해행위와 자신의 손해 사이에 인과관계가 있다는 점을 입증하여야 한다. 증인, 전문가 의견, 현지조사, 감정, 관련 문헌 조사, 재현 실험결과, 양 당사자의 진술 등을 종합하여 인과관계 여부를 입증할 수는 있겠으나, 이러한 인과관계를 자연과학적으로 증명하는 것은 극히 곤란하거나 불가능한 경우가 많고 환경오염의 피해자에게 인과관계의 입증 책임을 전적으로 부여한다면 결국 구제 기회는 없는 것과 다름없어 사회 형평의 관념에 적합하다고 볼 수 없다.

2. 개연성이론

판례는 환경피해에 따른 손해배상책임 사안에 있어서 개연성이론을 적용함으로써 입증책임을 완화하고 있다. 이에 따르면 피해자가 ① 오염물질이 배출되었다는 점, ② 오염물질이 피해자에게 도달하였다는 점, ③ 피해가 발생하였다는 점을 입증하면, 가해자가 반증으로서 ① 배출물질에 피해 원인물질이 포함되지 않았다는 점, ② 원인물질이 포함되었다하더라도 안전농도 범위 내라는 점을 입증하거나, 간접반증으로서 피해에 전적으로 다른 원인이 작용하였다는 점을 입증하지 않는 한 인과관계가 증명된 것으로 본다.

3. 역학적 인과관계

임상의학이나 병리학 측면의 검토만으로는 인과관계의 해명이 충분하게 이루어지지 않은 경우에도 역학적 인과관계가 증명된 경우에는 원인물질이 증명된 것으로서 법적 인과관계도 존재하는 것으로 이해하는 견해가 있다(역학적 인과관계). 판례는 역학상의 인과관계를 인정하기 위하여 요구되는 요건 가운데, ① 특정의 인자가 발병의 일정 기간 전에 작용 또는 존재한 것일 것(시간적 선후관계), ② 그 인자가 작용하는 정도가 현저할수록 질병의 발생률이 높을 것(용량반응관계), ③ 그 인자가 제거된 경우 그 질병의 발생률이 저하하거나 또는 그 인자를 가지지 않는 집단에서 그 질병의 발생률이 극히 낮을 것(가역성), ④ 그 인자가 원인으로써 작용하는 과정이 생물학적으로 모순 없이 설명될 것(생물학적 개연성) 등의 네 가지 요건이 충족되면, 특정 인자와 질병 발생 사이에 상당한 개연성이 존재한다고 보아 역학적 인과관계를 긍정할 수 있다고 본다.

주의할 것은 역학적 인과관계는 원인과 결과가 명확히 대응하지 않는 비특이성 질환에 적용하기 어렵다는 점이다. 이러한 점을 인식하고 법원은 "비특이성 질환의 경우에는 특정 위험인자와 비특이성 질환 사이에 역학적 상관관계가 인정된다 하더라도, 어느 개인이 그 위험인자에 노출되었다는 사실과 그 비특이성 질환에 걸렸다는 사실을 증명하는 것만으로 양자 사이의 인과관계를 인정할 만한 개연성이 증명되었다고 볼 수 없다. 이러한 경우에는 그 위험인자에 노출된 집단과 노출되지 않은 다른 일반 집단을 대조하여 역학조사를 한 결과 그 위험인자에 노출된 집단에서 그 비특이성 질환에 걸린 비율이 그 위험인자에 노출되지 않은 집단에서 그 비특이성 질환에 걸린 비율을 상당히 초과한다는 점을 증명하고, 그 집단에 속한 개인이 위험인자에 노출된 시기와 노출 정도, 발병시기, 그 위험인자에 노출되기 전의 건강상태, 생활습관, 질병 상태의 변화, 가족력 등을 추가로 증명하는 등으로 그 위험인자에 의하여 그 비특이성 질환이 유발되었을 개연성이 있다는 점을 증명하여야 한다"고 판시하고 있다(대법원 2013. 7. 12. 선고 2006다17539 판결(고엽제 사건), 대법원 2014. 4. 10. 선고 2011다22092 판결(담배 사건), 대법원 2014. 9. 4. 선고 2011다7437 판결(자동차대기오염 사건) 등 참조).

4. 사안에의 적용

사안의 경우 시멘트 공장의 사업장과 굴뚝에서 시멘트 분진이 "배출"된 사실, 이러한 시멘트 분진이 주민들에게 "도달"된 사실(시멘트 분진이 생활공간 곳곳에 낙하되어 있는 것이 육안상 확인이 가능하다), 주민들은 호흡기 질환 등 "피해가 발생"한 사실이 인정되므로 일응 인과관계가 인정된다. 경우에 따라 주민들은 먼지 등과 호흡기질환 간의 역학적 인과관계를 증명하여 인과관계를 인정받을 수 있을 것이다. 그러나 진폐증과 COPD가 비특이성 질병으로 분류될 가능성이 크고 시멘트 분진 등이 COPD의 주요한 요인이거나 비중 있는 발병요인으로 인정되기도 어려워 보이므로 역학적 인과관계가 인정되기는 어려울 것으로 보인다. 한편, 사업자는 반증으로 자신이 배출한 먼지 등에는 원인물질이 안전농도 범위 내라는 점을 입증하거나, 전적으로 다른 원인에 의하여 주민들이 피해가 발생하였다는 것을 입증하는 경우 책임을 면할 수 있다. 사업자는 특히 COPD의 경우 흡연이 기여하는 바가 매우 크며 분진의 기여도는 상대적으로 낮다는 점 등을 간접반증으로 입증한다면 위와 같은 인과관계는 깨어질 가능성이 크다.

Ⅴ. 손해의 발생

주민들은 생활방해, 호흡기 질환, 진폐증, COPD 등 건강상 · 생활상 피해를 입었다. 즉 손해의 발생 요건은 충족하고 있다.

Ⅵ. 결 론

고의 · 과실(또는 환경정책기본법상의 무과실책임), 위법성, 손해의 발생 요건은 충족되므로 손해배상청구소송의 승패는 인과관계의 입증 여하에 달렸다고 할 것이다. 진폐증 및 기타 호흡기 질환, 생활방해의 손해의 경우 개연성이론, 역학적 인과관계론 등을 통해 인과관계가 인정될 수 있으나 COPD의 경우에는 인과관계가 부정될 가능성이 크다. 만약 COPD의 경우에도 시멘트 분진 등과의 인과관계가 인정되고 주민들의 흡연 등의 요소가 경합되었다고 인정되는 경우 과실상계에 준하여 배상액의 감경이 이루어질 수 있을 것이다.

※ 주의사항

1. 수인한도론의 적용에서 핵심은 그 판단 요소를 가능한 한 많이 찾아내는 것임.
2. 행정개입청권권 실현 수단으로 종종 빠트릴 수 있는 것이 행정심판(의무이행심판).
3. 작위의무 여하가 다투어지는 경우(거부처분취소, 부작위위법확인, 국가배상) 어김없이 등장하는 것이 재량권 0으로의 수축이론.
4. 甲이 영위하는 업을 시멘트 가공업으로 보아 비산먼지 규제(대기환경보전법 제43조)로 답을 할 여지도 있다고 보임(여기에서는 시멘트공장을 시설로 보고 점오염원으로 판단하였음).

35

자동차 대기오염

(2016년도 제5회 변호사시험)

사 례

A주식회사는 2013. 3. 'Q'라는 모델의 대형 승용차를 출시하였다. 대형 승용차의 제작차배출허용기준은 일산화탄소 4.0g/kWh, 질소산화물 0.40g/kWh, 탄화수소(배기관가스) 0.14g/kWh 이었으며, A주식회사는 대기환경보전법령에 따른 제작차배출허용기준에 맞춰 자동차를 생산할 수 있는 기술을 보유하고 있었다. 하지만 제작차배출허용기준을 준수하면서 A주식회사가 공시한 리터당 18km의 연소효율(연비)을 유지하기 위해서는 차량 1대당 약 500만원의 생산원가가 추가로 투입되어야 했다. 이 문제를 고민하던 A주식회사의 경영진은 제작차배출허용기준에 맞추기 위해 필요한 공장설비 개선 등의 조치를 취하지 않고 'Q' 모델 승용차를 제작하여 판매하기로 결정하였다. 그리고 프로그램 조작을 통해 제작차배출허용기준을 준수한 것처럼 인증기관을 기망하여 「대기환경보전법」 제48조에 따라 인증을 받았다.

2013. 5.경 기존 4차로에서 6차로로 확장되어 차량 통행량이 2배 이상 증가한 ○○순환도로 인근에 살고 있는 甲은 제작차배출허용기준을 위반한 제작행위로 인해 천식이 발병되고 악화되었음을 이유로 국내 자동차 시장 점유율이 70%에 이르는 A주식회사를 상대로 배상을 청구하는 한편, ○○순환도로의 관리주체인 서울특별시를 상대로 배상을 청구하고자 한다.

문 1. 'Q' 모델 승용차 판매행위와 관련하여 대기환경보전법상 환경부장관이 A주식회사에 대하여 취할 수 있는 조치와 그 근거를 설명하시오.

문 2. A주식회사를 상대로 하는 甲의 손해배상청구와 관련하여 법적 쟁점과 인용가능성을 검토하시오.

문 3. 서울특별시를 상대로 하는 甲의 손해배상청구와 관련하여 법적 쟁점과 인용가능성을 검토하시오.

참조조문

대기환경보전법 시행규칙 [별표 17] 제작차배출허용기준(제62조 관련)

사. 2013년 1월 1일 이후

차종	일산화 탄소	질소 산화물	탄화수소			포름 알데히드	측정 방법
			배기관 가스	블로바이가스	증발가스		
대형 승용 · 화물 초대형 승용 · 화물	4.0 g/kWh 이하	0.40 g/kWh 이하	0.14 g/kWh 이하	0g/1 주행	–	–	WHTC 모드

(비고 생략)

해 설

문 1. 'Q' 모델 승용차 판매행위와 관련하여 대기환경보전법상 환경부장관이 A주식회사에 대하여 취할 수 있는 조치와 그 근거를 설명하시오.

Ⅰ. 문제의 소재

대기환경보전법상 제작자동차에 대한 규제 내용을 법적 근거와 함께 검토하여야 한다.

Ⅱ. 판매 · 출고정지 명령

환경부장관은 인증을 받아 제작한 자동차의 배출가스가 제작차배출허용기준에 맞는지를 확인하기 위하여 검사를 하여야 하고(제50조 제1항), 검사 결과 불합격된 자동차의 제작자에게 그 자동차와 동일한 조건으로 환경부장관이 정하는 기간에 생산된 것으로 인정되는 같은 종류의 자동차에 대하여는 판매정지 또는 출고정지를 명할 수 있고, 이미 판매된 자동차에 대하여는 배출가스 관련 부품 및 자동차의 교체를 명할 수 있다(동조 제7항).

사안에서 A사가 제작차배출허용기준에 맞추기 위해 일정한 조치를 취하지 않고, 배출허용기준을 준수한 것처럼 인증기관을 기망했다는 내용에 비추어 A가 제작차배출허용기준을 준수하지 않은 것으로 보이는바, 환경부장관은 위 제50조 제7항에 근거하여 A사에 대하여 판매정지나 출고정지를 명할 수 있을 것이다.

Ⅲ. 결함 시정명령

자동차제작자는 배출가스보증기간 내에 운행 중인 자동차에서 나오는 배출가스가 배출허용기준에 맞는지에 대하여 환경부장관의 검사(결함확인검사)를 받아야 한다(제51조 제1항). 환경부장관은 결함확인검사에서 검사 대상차가 제작차배출허용기준에 맞지 아니하다고 판정되고, 그 사유가 자동차제작자에게 있다고 인정되면 그 차종에 대하여 결함을 시정하도록 명할 수 있다(동조 제4항). 결국 사안에서 결함확인검사를 받을 경우 배출허용기준을 초과할 것이 분명해 보이는바, 환경부장관은 결함시정명령을 내릴 수 있을 것이다.

Ⅳ. 인증의 취소

환경부장관은 거짓이나 그 밖의 부정한 방법으로 인증을 받은 경우에는 인증을 취소할 수 있다(제55조 제1호).

Ⅴ. 과징금 처분

환경부장관은 자동차제작자가 인증받은 내용과 다르게 자동차를 제작하여 판매한 경우에는 그 자동차제작자에 대하여 매출액에 100분의 3을 곱한 금액을 초과하지 아니하는 범위에서 과징금을 부과할 수 있다(제56조 제1항 제2호).

Ⅵ. 형사고발

결함시정명령을 위반한 경우 벌칙이 부과되므로(제90조 제7호) 환경부장관은 결함시정명령을 위반한 자에 대하여 형사고발을 할 수 있다.

Ⅶ. 결　　론

제작차배출허용기준을 준수하지 않고, 기망의 수단으로 인증을 받은 경우 환경부장관은 제작자(A사)에 대하여 판매 · 출고정지 명령, 결함 시정명령, 인증의 취소, 과징금 처분, 형사고발 등 다양한 조치를 취할 수 있다.

문 2. A주식회사를 상대로 하는 甲의 손해배상청구와 관련하여 법적 쟁점과 인용가능성을 검토하시오.

Ⅰ. 문제의 소재

불법행위(민법 제750조)에 기초한 인한 손해배상청구가 인정되기 위해서는 ① 가해자의 고의·과실, ② 가해행위의 위법성, ③ 가해행위와 손해 사이의 인과관계, ④ 손해의 발생이 요구된다. 당사자간의 주장에 비추어 사안에서는 위 요건 중 인과관계 인정 여하가 치열하게 다투어질 것으로 예상된다.

Ⅱ. 고의·과실

사안에서 제작차배출허용기준에 맞추기 위해 필요한 공장설비 개선 등의 조치를 취하지 않은 점 등에 비추어 A사의 고의, 과실 인정은 어려워 보이지 않는다.

Ⅲ. 위법성

피해자들의 피해의 정도가 중대한 점, A사가 제작차배출허용기준을 준수하지 못한 점, 프로그램 조작을 통해 제작차배출허용기준을 준수한 것처럼 인증기관을 기망한 점 등에 비추어 위법성 인정도 무난해 보인다. 결국 甲이 소송에서 승소하기 위해서는 인과관계의 입증이 핵심 관건이 될 가능성이 많다.

Ⅳ. 인과관계

1. 인과관계 입증의 어려움

원칙적으로 원고인 甲이 가해행위와 자신의 손해 사이에 인과관계가 있다는 점을 입증하여야 한다. 증인, 전문가 의견, 현지조사, 감정, 관련 문헌 조사, 재현 실험결과, 양 당사자의 진술 등을 종합하여 인과관계 여부를 입증할 수는 있겠으나, 이러한 인과관계를 자연과학적으로 증명하는 것은 극히 곤란하거나 불가능한 경우가 많고 환경오염의 피해자에게 인과관계의 입증 책임을 전적으로 부여한다면 결국 구제 기회는 없는 것과 다름없어 사회 형평의 관념에 적합하다고 볼 수 없다.

2. 개연성이론

판례는 환경피해에 따른 손해배상책임 사안에 있어서 개연성이론을 적용함으로써 입증책임을 완화하고 있다. 이에 따르면 피해자가 ① 오염물질이 배출되었다는 점, ② 오염물질이 피해자에게 도달하였다는 점, ③ 피해가 발생하였다는 점을 입증하면, 가해자가 반증으로서 ① 배출물질에 피해 원인물질이 포함되지 않았다는 점, ② 원인물질이 포함되었다하더라도 안전농도 범위 내라는 점을 입증하거나, 간접반증으로서 피해에 전적으로 다른 원인이 작용하였다는 점을 입증하지 않는 한 인과관계가 증명된 것으로 본다.

3. 역학적 인과관계

임상의학이나 병리학 측면의 검토만으로는 인과관계의 해명이 충분하게 이루어지지 않은 경우에도 역학적 인과관계가 증명된 경우에는 원인물질이 증명된 것으로서 법적 인과관계도 존재하는 것으로 이해하는 견해가 있다(역학적 인과관계). 판례는 역학상의 인과관계를 인정하기 위하여 요구되는 요건 가운데, ① 특정의 인자가 발병의 일정 기간 전에 작용 또는 존재한 것일 것(시간적 선후관계), ② 그 인자가 작용하는 정도가 현저할수록 질병의 발생률이 높을 것(용량반응관계), ③ 그 인자가 제거된 경우 그 질병의 발생률이 저하하거나 또는 그 인자를 가지지 않는 집단에서 그 질병의 발생률이 극히 낮을 것(가역성), ④ 그 인자가 원인으로써 작용하는 과정이 생물학적으로 모순 없이 설명될 것(생물학적 개연성) 등의 네 가지 요건이 충족되면, 특정 인자와 질병 발생 사이에 상당한 개연성이 존재한다고 보아 역학적 인과관계를 긍정할 수 있다고 본다.

주의할 것은 역학적 인과관계는 원인과 결과가 명확히 대응하지 않는 비특이성 질환에 적용하기 어렵다는 점이다. 이러한 점을 인식하고 법원은 "비특이성 질환의 경우에는 특정 위험인자와 비특이성 질환 사이에 역학적 상관관계가 인정된다 하더라도, 어느 개인이 그 위험인자에 노출되었다는 사실과 그 비특이성 질환에 걸렸다는 사실을 증명하는 것만으로 양자 사이의 인과관계를 인정할 만한 개연성이 증명되었다고 볼 수 없다. 이러한 경우에는 그 위험인자에 노출된 집단과 노출되지 않은 다른 일반 집단을 대조하여 역학조사를 한 결과 그 위험인자에 노출된 집단에서 그 비특이성 질환에 걸린 비율이 그 위험인자에 노출되지 않은 집단에서 그 비특이성 질환에 걸린 비율을 상당히 초과한다는 점을 증명하고, 그 집단에 속한 개인이 위험인자에 노출된 시기와 노출 정도, 발병시기, 그 위험인자에 노출되기 전의 건강상태, 생활습관, 질병 상태의 변화, 가족력 등을 추가로 증명하는 등으로 그 위험인자에 의하여 그 비특이성 질환이 유발되었을 개연성이 있다는 점을 증명하여야 한다"고 판시하고 있다{대법원 2013. 7. 12. 선고

2006다17539 판결(고엽제 사건), 대법원 2014. 4. 10. 선고 2011다22092 판결(담배 사건), 대법원 2014. 9. 4. 선고 2011다7437 판결(자동차대기오염 사건) 등 참조).

4. 손해의 발생

손해는 크게 재산적 손해와 정신적 손해로 나누어 볼 수 있다. 甲은 치료비, 노동능력 상실 등을 입증함으로써 손해를 인정받을 수 있을 것이다. 또한 사회통념상 수인한도를 넘는 위법한 행위는 피해자에게 재산적 손해 외에 정신적 고통을 야기한다. 이에 A사는 재산적 손해와 별도로 정신적 손해를 배상할 책임이 있다.

V. 결 론

사안에서 甲은 A사가 제작한 차량으로부터 오염물질(일산화탄소, 질소산화물, 탄화수소 등)이 배출되었다는 점, 오염물질이 甲에게 도달하였다는 점, 천식이 발병하였다는 점 등을 입증함으로써 인과관계를 증명할 수 있을 것이다. 그러나 자동차가 대기 중의 일산화탄소, 질소산화물 등의 주요 배출원이라는 점, 오염물질이 甲에게 게 도달하였다는 점 등에 대한 입증이 어려워 인과관계 증명이 쉽지 않아 보인다. 이에 대해 A사는 배출물질에 원인물질이 포함되지 않았다는 점, 원인물질이 안전농도 범위 내라는 점을 반증으로 입증하고, 甲의 발병이 다른 원인에 의한 것이라는 점을 간접반증으로 입증함으로써 책임을 면할 수 있을 것이다. 경우에 따라 甲은 배기가스와 천식 간의 역학적 인과관계를 증명하여 인과관계를 인정받을 수 있을 것이다. 그러나 사안의 천식은 비특이성 질환이므로 역학적 인과관계를 인정받기가 쉽지 않아 보인다.

문 3. **서울특별시를 상대로 하는 甲의 손해배상청구와 관련하여 법적 쟁점과 인용가능성을 검토하시오.**

I. 문제의 소재

甲이 영조물(도로)의 설치 · 관리상의 하자로 인하여 손해가 발생되었다면서 서울특별시를 상대로 손해배상을 청구하는 사안에서 하자의 개념 및 기능적 하자인지를 판단하기 위해서 수인한도에 대한 검토가 필요하다. 인과관계의 인정 여하가 소송의 승패를 가를 것으로 보이는바, 개연성이론이나 역학적 인과관계에 대한 검토가 필요하다.

Ⅱ. 영조물의 '설치 또는 관리의 하자'

1. 법적 근거

사안에서 도로는 영조물이라 할 것인데, 영조물의 설치 또는 관리의 하자로 인하여 손해가 발생한 경우 국가 또는 지방자치단체는 그 손해를 배상하여야 한다(국가배상법 제5조). 사안에서 서울특별시가 고속도로를 개설하여 관리하고 있으므로 甲은 이에 근거하여 국가를 상대로 손해배상청구를 할 수 있다.

2. 영조물의 '설치 또는 관리의 하자'의 의미

'영조물의 설치 또는 관리의 하자'와 관련해서 법원은 물적 하자뿐만 아니라 '기능적 하자(내지 작용상 하자)'를 포함하는 개념으로 이해하고 있으며, 나아가 수인한도론을 '기능적 하자 판단의 영역'으로 끌어들이고 있다. 즉 판례는 "영조물의 설치 · 관리상의 하자라 함은 영조물의 설치 및 관리에 불완전한 점이 있어 이 때문에 영조물 자체가 통상 갖추어야 할 (객관적) 안전성을 갖추지 못한 상태에 있는 것을 말하는 것이다"면서 "여기서 안전성을 갖추지 못한 상태, 즉 타인에게 위해를 끼칠 위험성이 있는 상태라 함은 당해 영조물을 구성하는 물적 시설 그 자체에 있는 물리적 · 외형적 흠결이나 불비로 인하여 그 이용자에게 위해를 끼칠 위험성이 있는 경우뿐만 아니라 그 영조물이 공공의 목적에 이용됨에 있어 그 이용상태 및 정도가 일정한 한도를 초과하여 제3자에게 사회통념상 참을 수 없는 피해를 입히는 경우까지 포함된다고 할 것이고, 사회통념상 참을 수 없는 피해인지 여부는 그 공작물의 공공성, 피해의 내용 및 정도, 이를 방지하기 위하여 노력한 내용 등을 종합적으로 고려하여 판단하여야 한다"고 판시하고 있다.

3. 사안에의 적용

결국 위 손해배상청구에서 가장 중요한 쟁점은 도로에서 발생한 소음이 甲에게 수인한도를 넘는 피해를 입혔는지 여부다. 판례에 의하면 침해된 이익, 가해행위의 공공성, 교섭의 경과, 토지의 용도, 토지 이용의 선후관계, 공법상 규제 준수 여부 등이 그 기준이 된다. 사안에서 판단요소들이 충분히 제시되어 있지 않으나 甲은 甲이 입은 피해가 건강의 침해로서 그 피해의 정도가 크다는 점 등을 강조하면서 통상의 수인한도를 넘는 피해가 발생하여 위법하다고 주장할 가능성이 크다. 이에 반해 서울특별시는 도로의 공공성이나 甲이 인접 지역에 전입하기 전에 도로가 설치되어 있다는 점 등을 주장하면서 수인한도 내의 피해라고 반론할 가능성이 크다.

Ⅲ. 인과관계

이와 관련해서는 앞에서 살펴 본바와 같이 사안의 천식이 비특이성 질환이므로 역학적 인과관계를 인정받기가 쉽지 않아 보인다.

Ⅳ. 위험에의 접근이론

1. 요 건

甲이 도로가 건설된 이후에 거주하였다면, 서울특별시는 위험에의 접근이론을 근거로 면책을 주장할 수 있다. 법원은 위험에의 접근 이론이 적용되기 위해서는 ① 피해를 용인하며 접근한 것으로 볼 수 있을 것, ② 피해가 직접 생명이나 신체에 관련된 것이 아니라 정신적 고통이나 생활방해의 정도에 그칠 것, ③ 침해행위에 고도의 공공성이 인정될 것, ④ 피해 정도가 위험에 접근할 당시에 인식하고 있었던 위험의 정도를 초과하는 것이거나 위험에 접근한 후에 그 위험이 특별히 증대하였다는 등의 특별한 사정이 없을 것을 요구한다(대법원 2005. 1. 27. 선고 2003다49566 판결). 한편 일반인이 공해 등의 위험지역으로 이주하여 거주하는 경우라고 하더라도 위험에 접근할 당시에 그러한 위험이 존재하는 사실을 정확하게 알 수 없는 경우가 많고, 그 밖에 위험에 접근하게 된 경위와 동기 등의 여러 가지 사정을 종합하여 그와 같은 위험의 존재를 인식하면서 굳이 위험으로 인한 피해를 용인하였다고 볼 수 없는 경우에는 손해배상액의 산정에 있어 형평의 원칙상 과실상계에 준하여 감액사유로 고려하는 것이 상당하다.

2. 사안에의 적용

서울특별시는 위험에의 접근이론을 적용하면서 면책을 주장할 가능성이 있다. 위험에의 접근이론이 적용되기 위해서는 피해가 직접 생명이나 신체에 관련된 것이 아니라 정신적 고통이나 생활방해의 정도에 그칠 것이 요구되는데, 사안과 같이 피해가 생명이나 신체에 관련된 경우 적용될 수 없다. 위험에의 접근이론이 적용된다 하더라도 도로건설 이후에 인접 지역에 전입하여 그때부터 거주하고 있는 사정만으로 고속도로에서 차량통행 등으로 발생하는 대기가스로 인한 피해를 용인하였다고 보기는 어려우므로, 면책은 받아들여질 가능성이 많지 않다. 다만 이러한 사정은 손해배상액의 산정에 있어서 형평의 원칙상 과실상계에 준하여 감액사유로 고려함이 상당하다.

V. 결 론

설치 또는 관리의 하자, 손해 등에 대한 입증은 무난해 보이나 배기가스와 천식 사이의 인과관계를 인정받기가 쉽지 않아 보인다. 결국 소송의 승패는 인과관계의 인정 여하에 있다고 할 것이다.

참조판례

1. 자동차대기오염 사건: 대법원 2014. 9. 4. 선고 2011다7437 판결(판례 [15])
2. 김포공항 사건: 대법원 2005. 1. 27. 선고 2003다49566 판결(판례 [22])

※ 주의사항

역학적 인과관계론의 적용 영역(인간의 건강침해)과 한계(비특이성 질환에 적용 곤란)에 대한 정확한 이해 필요.

36

공사장소음과 환경분쟁조정제도

(법무부 2010년도 변호사시험 문제유형)

사 례

甲은 아파트 신축공사 시공사로서 서초1동 123에 15층의 아파트를 시공하고자 하였다. 이를 위하여 2009. 9. 5.부터 2010. 5. 20.까지 터파기공사, 발파공사, 흙막이공사 등의 토공사를 진행하였고, 2010. 6. 1.부터 기초공사, 지하주차장 골조공사, 아파트 골조공사, 옥상조형물공사 등의 철근콘크리트공사를 진행하였다. 이 과정에서 항타기, 천공기, 공기압축기, 브레이커, 굴삭기, 콘크리트 절단기, 콘크리트 펌프 등이 사용되었고, 평균 작업시간은 8시간 정도이었으며, 주간에 평균 68dB 이상의 소음이 지속적으로 발생되었다. 특히 항타기, 착암기 등을 사용할 경우에는 70dB 이상의 높은 소음이 발생하였다.

乙 등은 공사현장 바로 인근의 아파트에 거주하고 있는 주민들로서, 공사시행 전부터 거주하고 있었다. 甲 시공사가 기계에 방음커버를 둘러싸고, 이동식방음벽을 설치하였음에도 크고 충격적인 소음이 빈번하게 발생하였다. 乙 등 주민들은 2009. 10.부터 ○○구청과 甲 시공사에 기계의 작동금지 또는 방음벽의 설치를 요구하는 민원을 제기하여 오다가 급기야 2010. 7. 5. 甲 시공사를 상대로 공사장에서 발생하는 소음·분진 등으로 인하여 정신적인 피해를 입고 있음을 이유로 중앙환경분쟁조정위원회에 재정신청을 하였다. 이에 중앙환경분쟁조정위원회는 같은 해 9. 10. 이 사건 소음 및 진동이 수인한도를 넘는 것을 판단한 끝에 "乙 등 지역주민들에 대해서 甲 시공사는 乙 등에게 90,000,000원을 지급하여야 하며 방음벽 설치 등의 방음대책을 강구하여 乙 등의 주택의 소음도가 65dB 미만이 되도록 하여야 한다"는 취지의 재정을 하였고 그 재정은 같은 달 14.에 乙 등에게 각 송달되었다.

그 후 甲 시공사는 방음벽을 설치하였으며, 위 재정에서 정한 배상금을 乙 등에게 지급하고자 하였다가 거절당하자 위 금액을 공탁하였다. 乙 등은 재정 결정에 불만을 갖고 있으며, 방음벽 설치도 부실하다고 주장하고 있다. 甲 시공사는 위의 금액을 공탁함으로서 손해배상의무는 소멸하였다고 생각하고 있다. 이러한 경우에 대하여 아래의 질문에 답하시오.

문 1. 甲과 乙 등은 재정 결정에 불복하여 소송을 제기할 수 있는가?

문 2. 재정 또는 소송과정에서 다루어질 쟁점을 소음 · 진동관리법 시행규칙이 정하는 아래 규제기준과 관계시켜 논하시오.

문 3. 위 사안에서 甲이 소음 · 진동관리법 등 공법상의 규제기준을 초과하지는 않았다고 가정하자. 그러나 乙 등은 여전히 소음, 진동, 분진, 시야차단으로 인한 심리적 억눌림 등과 같은 생활이익의 침해를 견딜 수 없다며 민사상의 손해배상을 청구하고자 한다. 원고 청구의 당부에 대하여 논하시오.

별표 8 생활소음 · 진동의 생활소음 규제기준(소음 · 진동관리법 시행규칙 제20조 제3항)

단위: dB(A)

대상 지역	소음원 \ 시간대별		아침, 저녁 (05:00~07:00, 18:00~22:00)	주간 (07:00~18:00)	야간 (22:00~05:00)
가. 주거지역, 녹지지역, 관리지역 중 취락지구 · 주거개발진흥지구 및 관광 · 휴양개발진흥지구, 자연환경보전지역, 그 밖의 지역에 있는 학교 · 종합병원 · 공공도서관	확성기	옥외설치	60 이하	65 이하	60 이하
		옥내에서 옥외로 소음이 나오는 경우	50 이하	55 이하	45 이하
	공장		50 이하	55 이하	45 이하
	사업장	동일 건물	45 이하	50 이하	40 이하
		기타	50 이하	55 이하	45 이하
	공사장		60 이하	65 이하	50 이하
나. 그 밖의 지역	확성기	옥외설치	65 이하	70 이하	60 이하
		옥내에서 옥외로 소음이 나오는 경우	60 이하	65 이하	55 이하
	공장		60 이하	65 이하	55 이하
	사업장	동일 건물	50 이하	55 이하	45 이하
		기타	60 이하	65 이하	55 이하
	공사장		65 이하	70 이하	50 이하

해 설

문 1. 甲과 乙 등은 재정 결정에 불복하여 소송을 제기할 수 있는가?

Ⅰ. 문제의 소재

재정 결정의 효력과 재정 결정에 불복하여 소송을 제기할 수 있는지 여부, 소송을 제기할 수 있다면 제기할 수 있는 소송의 유형이 문제된다.

Ⅱ. 재정문서의 효력

재정위원회가 재정을 한 경우에 재정문서의 정본이 당사자에게 송달된 날로부터 60일 이내에 당사자 양쪽 또는 어느 한쪽으로부터 그 재정의 대상인 환경피해를 원인으로 하는 소송이 제기되지 아니하거나 그 소송이 철회된 경우 또는 재정위원회에 재정신청이 되지 아니하는 경우에는 그 재정문서는 재판상 화해와 동일한 효력이 있다(환경분쟁조정법 제42조 제2항). 따라서 재정문서는 재판상 화해의 효력이 있고, 재정문서에는 집행력과 기판력이 인정되는 것으로 이해된다.

Ⅲ. 소송 제기 가능 여부

환경분쟁조정법 제42조 제2항은 재정문서 정본이 송달된 날로부터 60일 이내에 당사자 쌍방 또는 일방이 재정대상인 환경피해를 원인으로 하는 소송을 제기한 경우 재정위원회의 재정은 효력을 상실하는 것으로 규정하고 있으므로 양 당사자는 재정위원회의 재정문서 정본이 송달된 날로부터 60일 이내에 각자 소송을 제기할 수 있다.

Ⅳ. 소송의 유형

재정에 불복하는 乙 등은 이행소송으로 손해배상청구 및 유지청구(방음벽 설치 및 간접강제(200,000원/일))를 할 수 있다. 재정에 불복하는 甲은 재정의 결과에 따른 손해배상채무가 부존재 한다는 채무부존재 확인의 소를 제기할 수 있다.

Ⅴ. 결　　론

甲과 乙 등은 재정문서를 송달받은 후 60일 이내에 甲은 채무부존재 확인의 소를, 乙 등은 손해배상청구 및 유지청구 소송을 제기할 수 있다.

문 2. 재정 또는 소송과정에서 다투어질 쟁점을 소음 · 진동관리법 시행규칙이 정하는 아래 규제기준과 관계시켜 논하시오.

Ⅰ. 문제의 소재

재정 또는 소송과정에서 손해배상청구 및 유지청구의 각 요건이 다투어질 것으로 보이는데, 소음 · 진동관리법 시행규칙이 정하는 규제기준과 관련하여서는 위법성(수인한도 초과 여부)이 인정되는지 여부가 문제된다.

Ⅱ. 위법성

1. 수인한도론

판례는 환경 침해를 원인으로 한 불법행위 손해배상청구 사안에서 "사회통념상 수인한도를 넘은 경우에는 위법행위로 평가될 수" 있다고 판시하여 위법성 판단에 수인한도를 적용하고 있다. 통상 건설공사에 있어서는 일정 정도의 소음, 진동, 분진이 수반되기 마련인 점에 비추어, 어떠한 공사에 수반하여 소음, 진동, 분진 등이 발생하였다는 것만으로는 그 공사가 정당한 권리행사로서의 범위를 벗어난 것이라고는 단정할 수 없고, 소음, 진동, 분진 등의 배출 및 그로 인한 피해의 정도가 사회통념상 일반적으로 용인하는 수인한도를 넘어서는 경우에 한하여 그 배출행위는 불법행위가 된다.

2. 판단기준

판례는 사회통념상 수인한도를 넘었는지 여부는 피해의 정도, 피해이익의 성질 및 그에 대한 사회적 평가, 가해행위의 성질 및 공공성, 지역성, 토지이용의 선후관계, 가해방지 및 피해회피의 가능성, 공법적 규제의 위반 여부, 교섭경과 등 모든 사정을 종합적으로 고려하여 판단하여야 한다고 판시한다.

특히 유지청구에서 수인한도 기준은 손해배상청구에서의 수인한도 기준과는 다르다고 보는 것이 일반적이다(위법성 2단계설). 오염발생을 이유로 오염발생시설의 가동중지나 행위의 금지를 명하게 되면 오염으로 피해자가 입을 손해에 비하여 가해자가 입는 손해가 막대한 경우가 많은 점, 오염발생시설인 공장이나 공사장, 교통시설의 가동을 중지하는 것은 공익적인 관점에서 바람직하지 못하다는 점, 오염발생에 대한 대책으로는 오염발생을 막는 것이 아니라도 오염방지시설 · 방음막 등의 설치 등 다른 방법을 강구할 수 있다는 점이 그 이유가 될 수 있다. 유지청구에서 수인한도를 판단할 때에는 손해배상청구에서 살펴본 수인한도의 요소 외에도 손해배상으로써 전보될 수 없을 정도로 법익 침해가 심한지와 가해자에게 발생할 손실을 함께 고려하여야 한다.

3. 사안에의 적용

(1) 규제기준 준수 여부

사안의 경우 주거지역에서의 주간의 공사장 소음이 문제되므로, "소음 · 진동관리법 시행규칙 [별표 8] 생활소음 · 진동의 생활소음 규제기준(제20조 제3항 관련)" 중 "가.의 "공사장"/"주간(07:00~18:00)" 항목의 적용을 받는다. 이에 따르면 소음기준은 65dB인바, A는 주간에 평균 68dB 이상의 소음을 지속적으로 발생시켰고, 항타기, 착암기 등을 사용할 경우에는 70dB 이상의 높은 소음을 발생시켰으므로 이 규제기준을 위반하였다. 참고로 환경정책기본법상의 환경기준은 건설작음 소음에는 적용되지 않으므로 본 사안에는 적용되지 않는다.

(2) 결 론

甲이 규제기준을 위반하여 소음 · 진동을 발생하였고, 그 밖에 생활방해 · 정신적 피해가 결코 적은 피해라 할 수 없는 점, 문제의 지역이 주거 지역으로 소음으로부터 보호되어야 할 필요가 큰 점, 甲의 가해방지 · 피해회피 조치가 충분하다고 볼 수 없는 점 등을 종합적으로 고려할 때 甲의 소음발생행위는 수인한도를 초과한 것으로 위법하다 할 것이다.

특히 유지청구의 경우에는 위법성 2단계설을 고려할 때 공사방법의 변경, 방음벽의 설치 등에 비해 공사중지가 인용되는 것은 쉽지 않을 것으로 보인다.

문 3. **위 사안에서 甲이 소음 · 진동관리법 등 공법상의 규제기준을 초과하지는 않았다고 가정하자. 그러나 乙 등은 여전히 소음, 진동, 분진, 시야차단으로 인한 심리적 억눌림 등과 같은 생활이익의 침해를 견딜 수 없다며 민사상의 손해배상을 청구하고자 한다. 원고 청구의 당부에 대하여 논하시오.**

Ⅰ. 문제의 소재

사안의 경우 민사상 손해배상청구의 요건 중 가해행위가 수인한도를 초과하여 위법한지 여부가 문제되는데 손해배상청구에 있어서 가해자가 공법상 규제기준을 준수하였을 때에도 가해행위의 위법성을 인정할 수 있을지 문제된다.

Ⅱ. 공법상 규제와 수인한도

공법적 규제에 의하여 확보하고자 하는 이익은 원래 사법상 보호되는 이익을 공법적인 면에서도 가능한 한 보증하려는 것으로서 특별한 사정이 없는 한 사법상 보호되는 이익을 보호하기 위한 최소한도의 기준으로 봄이 상당하다. 그렇기 때문에 공법적 규제에 형식적으로 적합하다고 하더라도 현실적인 침해의 정도가 현저하게 커 사회통념상 수인한도를 넘은 경우에는 위법행위로 평가될 수 있다. 공법상 의무와 사법상 책임이 일치하지 않는다는 점에서도 이러한 태도는 타당하다(공사법 2원론).

판례 역시 "나전모방 사건"에서 "피고공장에서 배출된 아황산가스의 농도가 환경보전법에 의하여 허용된 기준치 이내라 하더라도 그 유해의 정도가 수인한도를 넘어 원고 농장의 관상수를 고사케 하는 한 원인이 된 이상 그 배출행위로 인한 손해배상책임을 면치 못한다"고 판시하여 위와 같은 태도를 취한다(대법원 1991. 7. 23. 선고 89다카1275 판결).

Ⅲ. 사안에의 적용

일반적으로 소음 · 진동 분쟁사건에서 위법성을 판단하는 중요한 고려 요소는 공법상 규제기준 준수 여부이다. 그러나 공법상의 규제기준을 준수하였다는 점은 여전히 위법성 판단 요소 중 하나에 불과하다. 그 결과 공법상 규제기준을 준수하였다 하더라도 그 행위가 수인한도를 초과하였다고 평가되는 경우가 있을 수 있다.

甲이 소음 · 진동관리법 등 공법상 규제기준을 초과하지 않았다고 하더라도 ① 乙 등이 받는 소음, 진동, 분진, 시야차단으로 인한 심리적 억눌림 등과 같은 생활이익의 침해가 큰 점, ② 피해 지역이 주거환경을 보호해야 할 필요가 있는 주거지역인 점, ③ 甲이 가해방지 · 피해회피가 가능함에도 필요한 조치를 취하지 않고 있다는 점 등을 종합하여 고려할 때 甲의 소음발생행위는 수인한도를 초과한 것으로 위법하다 할 것이다.

※ 주의사항

1. 소음 · 진동분쟁에서 핵심 쟁점은 수인한도임(수인한도를 판단하는 중요한 요소는 규제기준이 초과 여부와 피해의 정도임).
2. 재정 결정에 불복하여 피신청인이 제기하는 소송의 형태는 채무부존재확인소송.

37

특정공사의 사전신고 등

(2018년도 제7회 변호사시험)

사 례

시공회사 甲은 A시 소재 ○○동에서 대지 1,000㎡상에 연면적 6,000㎡의 지하 3층, 지상 7층의 상가건물 신축공사를 하게 되었다. 甲은 2017. 12. 25.부터 2018. 1. 13. 현재까지 터파기공사, 발파공사, 흙막이공사 등의 토(土)공사와 기초공사를 진행하고 있다. 이 과정에서 주변에 아무런 소음방지시설을 설치하지 않은 채 항타기, 천공기, 공기압축기, 브레이커, 굴삭기, 콘크리트 절단기, 콘크리트 펌프 등을 사용하고 있다. 공사작업시간은 8시부터 16시이고, 평균 80dB(A), 최대 100dB(A)의 소음이 지속적으로 발생하고 있다. 이러한 소음수준은 「소음·진동관리법 시행규칙」 별표 8의 생활소음 규제기준을 크게 초과하는 것이다.

乙은 위 공사장 인근에서 예전부터 거주하고 있는 자로서, 공사작업과정에서 발생하는 소음으로 인한 어지럼증, 이명, 불안감, 불면증 등 심각한 정신적·신체적 피해를 호소하고 있다. 乙은 甲에게 공사작업시간의 단축, 방음벽의 설치, 특정 기계의 사용 금지 등 개선대책의 시행을 여러 차례 요구하였으나, 甲은 아무런 조치를 취하지 않고 있다.

문 1. 공사를 시작하기 전에 甲이 준수해야 할 소음·진동관리법상 의무에 대해서 검토하시오.

문 2. 乙이 甲에게 손해배상을 청구하는 경우 검토해야 할 법적 쟁점은 무엇인가?

문 3. 乙은 A시장에게 '甲에 대하여 소음·진동관리법상 일정한 조치를 명할 것'을 요구할 권리가 있는지 검토하시오.

참조조문

소음 · 진동관리법 시행규칙 제21조 (특정공사의 사전신고 등)

① 법 제22조 제1항에서 "환경부령으로 정하는 특정공사"란 별표 9의 기계 · 장비를 5일 이상 사용하는 공사로서 다음 각 호의 어느 하나에 해당하는 공사를 말한다. 〈단서 생략〉

1. 연면적이 1천제곱미터 이상인 건축물의 건축공사 및 연면적이 3천 제곱미터 이상인 건축물의 해체공사
2. 구조물의 용적 합계가 1천세제곱미터 이상 또는 면적 합계가 1천 제곱미터 이상인 토목건설공사
3. 면적 합계가 1천제곱미터 이상인 토공사(土工事) · 정지공사(整地工事)
4. 총연장이 200미터 이상 또는 굴착 토사량의 합계가 200세제곱미터 이상인 굴정공사
5. 영 제2조제2항에 따른 지역에서 시행되는 공사

②~⑧ 〈생략〉

[별표 9] 특정공사의 사전신고 대상 기계 · 장비의 종류 (제21조 제1항 관련)

1. 항타기 · 항발기 또는 항타항발기(압입식 항타항발기는 제외한다)
2. 천공기
3. 공기압축기(공기토출량이 분당 2.83세제곱미터 이상의 이동식인 것으로 한정한다)
4. 브레이커(휴대용을 포함한다)
5. 굴삭기
6. 발전기
7. 로더
8. 압쇄기
9. 다짐기계
10. 콘트리트 절단기
11. 콘크리트 펌프

해 설

문 1. 공사를 시작하기 전에 甲이 준수해야 할 소음 · 진동관리법상 의무에 대해서 검토하시오.

Ⅰ. 문제의 소재

사안은 생활소음 중 공사장 소음에 해당하는데, 항타기, 천공기, 공기압축기, 브레이커, 굴삭기, 콘크리트 절단기, 콘크리트 펌프 등을 사용하는 공사가 소음 · 진동관리법상 생활소음을 발생시키는 특정공사에 해당하는지, 해당한다면 어떠한 규제가 적용되는지가 문제된다.

Ⅱ. 특정공사의 사전 신고

소음 · 진동관리법 제22조는 생활소음 · 진동이 발생하는 공사로서 환경부령으로 정하는 특정공사를 시행하려는 자는 환경부령으로 정하는 바에 따라 관할 특별자치시장 · 특별자치도지사 또는 시장 · 군수 · 구청장에게 신고하여야 한다(소음 · 진동관리법 제22조 제1항)고 규정하고 있으며, 동법 시행규칙 제21조는 "법 제22조 제1항에서 '환경부령으로 정하는 특정공사'란 별표 9의 기계 · 장비를 5일 이상 사용하는 공사로서 연면적이 1천제곱미터 이상인 건축물의 건축공사 및 연면적이 3천 제곱미터 이상인 건축물의 해체공사 등을 말한다"고 규정하고 있다. 나아가 별표 9에서 항타기, 천공기, 공기압축기, 브레이커, 굴삭기, 콘크리트 절단기, 콘크리트 펌프 등을 특정공사의 사전신고 대상 기계 · 장비로 규정하고 있다. 甲은 항타기, 천공기, 공기압축기, 브레이커, 굴삭기, 콘크리트 절단기, 콘크리트 펌프 등을 사용하여 연면적 6,000㎡인 건물의 신축공사를 진행 중이므로 동법 제22조 제1항에 따라 신고의무가 있다.

Ⅲ. 방음시설 설치, 저감대책 수립 및 시행

특정공사를 시행하려는 자는 환경부령으로 정하는 기준에 적합한 방음시설을 설치한 후 공사를 시작하여야 한다. 다만 공사현장의 특성 등으로 방음시설의 설치가 곤란한 경우로서 환경부령으로 정하는 경우에는 그러하지 아니하다(동조 제3항 제1호). 또한 공사로 발생하는 소음 · 진동을 줄이기 위한 저감대책을 수립 · 시행하여야 한다(동항 제2호). 결국 甲은 사전신고의 대상이 되는 '특정공사'를 진행 중이므로 방음시설을 설치하고 저감대책을 수립, 시행하여야 한다.

Ⅳ. 결 론

甲은 동법 제22조, 시행규칙 제21조 및 별표 9에 따라 특정공사 신고의무가 있다.

또한 방음시설을 설치하고 저감대책을 수립, 시행할 의무가 있다.

문 2. 乙이 甲에게 손해배상을 청구하는 경우 검토해야 할 법적 쟁점은 무엇인가?

Ⅰ. 문제의 소재

乙이 甲을 상대로 손해배상을 청구하려는 경우, 그 요건과 관련하여 ① 환경정책기본법 제44조 무과실책임 규정이 적용되는지 여부, 그리고 ② 위법성과 관련하여 수인한도론, ③ 인과관계와 관련하여 개연성이론 및 역학적 인과관계 인정 여부가 문제된다.

Ⅱ. 고의 · 과실

1. 환경정책기본법 제44조의 무과실책임

환경정책기본법 제44조 제1항은 "환경오염 또는 환경훼손으로 피해가 발생한 경우에는 해당 환경오염 또는 환경훼손의 원인자가 그 피해를 배상하여야 한다"고 규정하여 환경오염 피해에 대한 무과실책임을 규정하고 있다.

2. 요 건

(1) 환경오염피해

환경정책기본법에서는 '환경오염피해'에 대한 별도의 개념 정의가 없기 때문에 환경피해의 확정이 어려울 수 있다. 환경정책기본법에서 구체적으로 열거하고 있는 환경오염 내용은 예시적인 의미를 가질 뿐이며, 해석에 따라 그 범위는 크게 확대될 수 있다. 환경정책기본법 제3조 제4호는 '환경오염'을 "사업활동 및 그 밖의 사람의 활동에 의하여 발생하는 대기오염, 수질오염, 토양오염, 해양오염, 방사능오염, 소음 · 진동, 악취, 일조방해 등으로서 사람의 건강이나 환경에 피해를 주는 상태"라고 정의하고 있는 바, 사안의 경우, 8시부터 16시까지 평균 80dB(A) 최대 100dB(A)의 소음이 지속적으로 발생하여 환경오염이 발생하였음이 인정되고 그로 인해 乙이 이명, 불안감, 불면증 등 심각한 정신적 · 신체적 피해가 발생하였다면 환경오염피해가 인정된다. 환경오염과 피해 사이에 인과관계가 인정되어야 하는데, 이는 별도로 검토한다.

(2) 원인자

책임주체는 환경오염피해의 '원인자'이다. '원인자'는 자기의 행위 또는 사업활동으로 환경오염 또는 환경훼손의 원인을 발생시킨 자이다(동법 제7조). 무과실책임을 지는 '원인자'에 대한 별도의 개념규정을 두고 있지 않아 구체적인 경우에는 논란이 있을 수 있으나 판례는 "자기의 행위 또는 사업활동을 위하여 자기의 영향을 받는 사람의 행위나 물건으로 환경오염을 야기한 자"라는 입장을 취하고 있다(대법원 2017. 2. 15. 선고 2015다23321 판결). 사안의 경우, 甲은 乙이 거주하는 인근에서 신축공사를 하는 과정에서 소음을 발생시키고 있으므로 원인자에 해당한다.

3. 구체적 효력

구성요건과 효과의 비구체성, 환경정책기본법이 민법의 특별법으로서의 성격을 갖지 않는다는 점 등을 근거로 위 환경정책기본법 제44조 제1항(원인자의 무과실책임)의 구체적 효력을 부인하는 견해와 해당 규정의 연혁을 살펴볼 때 책임주체와 범위 등이 확대되어 온 점, 구체성이 떨어지는 요건에 대한 해석은 판례나 학설을 통해 해결할 수 있다는 점, 개별 환경법에 환경오염피해와 관련한 어떠한 책임 및 구제 규정이 없는 상황에서는 위 규정의 구체적 효력을 쉽게 부인하여서는 안 된다는 점 등을 고려할 때 그 구체적 효력이 인정된다는 견해가 대립한다. '사업자'를 책임주체로 한 무과실책임규정인 구 환경정책기본법 제31조 제1항의 구체적 효력을 인정한 판례(대법원 2001. 2. 9. 선고 99다55434 판결)가 있으며, 최근 현행 제44조 제1항의 구체적 효력을 인정하고 있는 판례(대법원 2017. 2. 15. 선고 2015다23321 판결, 대법원 2018. 9. 13. 선고 2016다35802 판결)가 있어 주목을 받고 있다.

4. 민법 제750조와의 관계

본조와 민법 제750조와의 관계에 대하여, 판례는 환경정책기본법 제44조 제1항이 민법의 불법행위 규정에 대한 특별규정이라고 보면서(법조경합) 환경오염으로 인하여 손해를 입은 자가 환경정책기본법에 의하여 손해배상을 주장하지 않았다고 하더라도 법원은 민법에 우선하여 환경정책기본법을 적용하여야 한다는 입장을 취하고 있다(대법원 2008. 9. 11. 선고 2006다50338 판결).

5. 사안에의 적용

甲은 乙이 거주하는 인근에서 소음을 발생시켜 이명, 불안감, 불면증 등을 유발한 원인자로 볼 수 있으며, 고의 또는 과실을 불문하고 乙에게 그 피해를 배상할 책임이 있다.

Ⅲ. 위법성

1. 수인한도론

손해배상이 이루어지기 위해서는 가해행위가 위법한 것이어야 하는데, 위법성의 판단기준에 대하여 판례는 수인한도론을 제시하는 바, 사회통념상 수인한도를 넘었는지는 피해의 정도, 피해이익의 성질 및 그에 대한 사회적 평가, 가해행위의 성질 및 공공성, 지역성, 토지이용의 선후관계, 가해방지 및 피해회피의 가능성, 공법적 규제의 위반 여부, 교섭경과 등 모든 사정을 종합적으로 고려하여 판단해야 한다고 본다.

무과실책임이 인정되는 경우 배상책임을 인정하기 위해서 위법성이 요구되는지에 대하여 부정하는 견해도 있으나, 판례는 환경 침해를 원인으로 한 불법행위 손해배상청구 사안에서 무과실책임 규정 적용 여부와 관련 없이 사회통념상 수인한도를 넘은 경우에는 위법행위로 평가될 수 있다고 판시하여 위법성 판단에 수인한도를 적용하고 있다(대법원 2001. 2. 9. 선고 99다55434 판결).

2. 사안에의 적용

소음이 장시간에 걸쳐(8시부터 16시) 지속적으로 발생한 점, 乙이 어지러움, 이명, 불안감, 불면증 등 심각한 정신적 · 신체적 고통을 받고 있는 점, 소음도가 공법상 규제기준을 크게 초과하고 있는 점, 甲이 乙과 문제를 해결하기 위한 어떠한 교섭도 취하지 않은 점, 乙이 방음벽의 설치 등 아무런 소음방지대책을 취하지 않은 점 등을 종합적으로 고려하면 피해가 수인한도를 넘는다고 할 수 있다.

Ⅳ. 인과관계

1. 인과관계 입증의 어려움

원칙적으로 인과관계는 피해자가 입증하여야 하나, 증거의 구조적 편재가 심화된 현대소송에서 피해자에게 입증 책임을 전적으로 부여하는 것은 사회 형평의 관념에 부적법하다. 사법상 구제를 사실상 거부하는 결과가 될 우려가 있는 반면 가해기업은 기술적 · 경제적으로 피해자보다 원인조사가 용이한 경우가 많고 그 원인을 은폐할 염려가 있기 때문이다. 이에 따라 판례는 개연성이론 또는 역학적 인과관계를 인정함으로써 입증책임을 완화하고 있다.

2. 개연성이론

판례는 피해자가 ① 오염물질이 배출되었고, ② 오염물질이 피해자에게 도달하였으며, ③ 피해가 발생하였다는 점을 입증하면, 가해자가 반증으로서 ① 배출물질에 피해 원인물질이 포함되지 않았다는 점, ② 원인물질이 포함되었다 하더라도 안전농도 범위 내라는 범을 입증하거나, 간접반증으로서 피해에 전적으로 다른 원인이 작용하였다는 점을 입증하지 않는 한 인과관계가 증명된 것으로 본다(대법원 1984. 6. 12. 선고 81다558 판결).

3. 사안에의 적용

사안의 경우 개연성이론에 따라 乙은 소음이 신축공사 현장에서 발생하였다는 점, 그 소음이 乙의 거주지에 도달하였다는 점, 어지러움, 이명, 불안감, 불면증 등 심각한 정신적 · 신체적 고통을 겪고 있다는 점을 용이하게 입증할 것이다. 이때 甲은 자신이 배출한 소음이 피해를 끼치지 아니할 안전기준 이내라는 점을 입증하거나 전적으로 다른 원인에 의하여 乙의 피해가 발생하였다는 것을 입증하지 않는 이상 인과관계는 인정될 것으로 보인다. 한편, 乙이 이명 등 건강 피해가 발생한 점에 주목하여 역학적 인과관계를 주장 · 입증할 수 있겠으나 개연성이론에 의해 인과관계가 충분히 인정될 수 있다고 본다면 논의의 실익은 크지 않다고 할 수 있다.

Ⅴ. 손 해

이명 등 피해가 발생하였으므로 재산적 손해뿐만 아니라 정신적 손해도 인정될 수 있을 것이다.

Ⅵ. 결 론

甲이 야기한 소음으로 乙이 어지러움, 이명, 불안감, 불면증 등 심각한 정신적 · 신체적 고통을 겪고 있고, 위법성이 인정되므로 甲은 乙에게 손해를 배상할 책임이 있다.

문 3. 乙은 A시장에게 '甲에 대하여 소음 · 진동관리법상 일정한 조치를 명할 것'을 요구할 권리가 있는지 검토하시오.

Ⅰ. 문제의 소재

주민 乙이 A시장에게 '행정개입청구권'을 행사할 수 있는지, 있다는 근거법규는 무엇인지 문제된다.

Ⅱ. 행정개입청구권

1. 의 의

행정개입청구권이란 자기를 위하여 행정청으로 하여금 제3자에게 행정권을 발동할 것을 요구할 수 있는 주관적 공권으로서, 형식적 권리에 불과한 무하자재량행사청구권과는 달리 특정한 행위의 발급을 요구하는 실체적 권리에 해당한다.

2. 요 건

(1) 작위의무의 존재

행정개입청구권이 성립하려면, 행정개입의무를 부과하는 강행법규의 존재가 필요하다. 따라서 기속법규의 경우 행정개입청구권을 인정함에 있어서 어려움이 없으나 행정청에게 재량권이 인정되는 경우에는 행정청에게 행정권 발동 여부를 결정할 재량이 있으므로 지역주민에게 법령상 감독원의 발동을 신청할 권리가 당연히 인정된다고는 할 수 없다.

(2) 재량권의 0으로의 수축

예외적인 상황에서는 재량이 수축, 소멸하여 행정의 자유가 의무로 되는 경우가 있을 수 있다는 것이 학설, 판례의 경향인데, 이러한 이론을 흔히 '재량권의 0으로의 수축 이론'이라고 한다. 예외적인 상황으로는 ① 사람의 생명, 신체 및 재산 등에 중대하고 급박한 위험이 존재하고, ② 그러한 위험이 행정권의 발동에 의해 제거될 수 있는 것으로 판단되며, ③ 피해자의 개인적인 노력으로는 권익침해의 방지가 충분하게 이루어질 수 없다고 인정되는 경우 등이 들어지고 있다. 이에 더하여 결과의 예견가능성 · 회피가능성도 작위 의무의 요소로 고려될 수 있다.

사안에서 乙이 어지럼증, 이명, 불안감, 불면증 등 심각한 정신적 · 신체적 피해를 호소하고 있는 점, 乙로서는 甲의 신축공사 및 소음 발생에 대하여 어떠한 조치도 취할 수 없는 반면 A시장은 소음 · 진동관리법에 따라 필요한 조치를 통해 乙이 입는 건강상 피해를 막을 수 있다는 점에 비추어 A시장의 재량권은 0으로 수축하여 A시장에게는 작위의무가 인정된다.

(3) 작위의무의 사익보호성

행정청에게 작위의무가 인정되기 위해서는 그러한 작위의무가 단순히 공공일반의 이익을 위한 것이 아니라 개인의 이익을 보호하기 위한 것이어야 한다.

Ⅲ. 사안에의 적용

乙이 A시장에 대하여 요구할 수 있는 권리는 일응 소음·진동관리법 제23조 제1항에 근거할 수 있다. 동 조항은 "특별자치시장·특별자치도지사 또는 시장·군수·구청장은 생활소음·진동이 제21조 제2항에 따른 규제기준을 초과하면 소음·진동을 발생시키는 자에게 작업시간의 조정, 소음·진동 발생 행위의 분산·중지, 방음·방진시설의 설치, 환경부령으로 정하는 소음이 적게 발생하는 건설기계의 사용 등 필요한 조치를 명할 수 있다."고 규정하고 있는 바, 문언 해석상 재량행위에 해당한다.

사안에서 乙이 어지럼증, 이명, 불안감, 불면증 등 심각한 정신적·신체적 피해를 호소하고 있는 점, 그러한 피해가 작업시간의 조정 등 행정청의 조치명령으로 제거될 수 있는 점, 乙이 甲에게 개선대책의 시행을 여러 차례 요구하였으나 甲은 아무런 조치를 취하지 않았으므로 乙의 개인적인 노력으로는 권익침해의 방지가 충분히 이루어질 수 없는 점, 乙로서는 甲의 신축공사 및 소음 발생에 대하여 어떠한 조치도 취할 수 없는 반면 A시장은 소음·진동관리법에 따라 필요한 조치를 통해 乙이 입는 건강상 피해를 막을 수 있다는 점에 비추어 A시장의 재량권은 0으로 수축하여 A시장에게는 작위의무가 인정된다.

한편, 소음·진동관리법은 공장·건설공사장·도로·철도 등으로부터 발생하는 소음·진동으로 인한 피해를 방지하고 소음·진동을 적정하게 관리하여 모든 국민이 조용하고 평온한 환경에서 생활할 수 있게 함을 목적으로 하는 바(제1조), 이는 공공 일반의 이익뿐만 아니라 국민 개개인의 건강 및 쾌적한 환경에서 생활할 권리를 보호하고 있는 것으로 소음·진동관리법 제23조 제1항상의 A시장의 필요한 조치 역시 乙을 보호하기 위한 것으로 보아야 한다.

Ⅵ. 결　　론

주민 乙은 A시장에게 소음수준이 규제기준을 크게 초과하여 소음을 발생시키는 자(甲)에게 작업시간의 조정, 소음·진동 발생 행위의 분산·중지, 방음·방진시설의 설치, 환경부령으로 정하는 소음이 적게 발생하는 건설기계의 사용 등 필요한 조치를 요구할 권리가 있다.

38

공장소음과 수인한도

(법전원협의회 2013년도 제2차 변호사시험 모의시험)

사 례

甲은 2005. 5. 30. 준공업지역인 서울 성동구 성수동 일원에서 철재·목재가구를 제조하는 공장(산업집적활성화 및 공장설립에 관한 법률 제2조제1호의 공장에 포함된다)을 운영하고 있다. 甲은 공장을 운영하면서 30마력의 금속절단기, 12마력의 압축기, 20마력의 목재가공기계 등을 사용하여 성수기인 8월~11월 사이에는 24시간, 비수기인 1~7월, 12월에는 14:00부터 새벽까지 공장을 가동하였다. 소음배출시설을 설치하여 작동하는 과정에서 소음이 지속적으로 발생되고 있고, 특히 금속절단기 등을 사용할 경우에는 높은 소음이 발생되었다. 乙은 2010년 3월경에 甲 공장의 블록담장을 경계로 약 1m 떨어져 있는 주택으로 이사 와서 살고 있다. 甲이 기계에 방음커버를 둘러싸고, 방지시설을 설치하였음에도 크고 충격적인 소음이 빈번하게 발생하였다. 乙은 2010. 9. 4.부터 최근까지 10회에 걸쳐서 공장의 소음·진동으로 인하여 집안에서 휴식·숙면 등을 취할 수 없고, 병원에서 치료받는 등 신체적·정신적 손해가 발생하고 있다고 주장하면서 관할 구청 등에 기계의 작동금지 또는 방지시설의 추가 설치를 요구하는 민원을 제기하였고, 그에 따라 서울특별시 보건환경연구원이 공장에서 발생하는 야간소음·진동을 측정한 결과는 다음과 같았다.

(가) 소음: 2010. 10. 5. 55dB, 2010. 11. 10. 56dB, 2011. 1. 6. 49dB, 2011. 4. 19. 48dB, 2011. 5. 29. 57dB, 2011. 9. 28. 55dB

(나) 진동: 2010. 10. 4. 60dB, 2011. 9. 28. 62dB

甲은 민원이 제기된 후 주택과 인접한 블록담장의 벽을 보강하여 높이는 방법으로 방음시설을 하였으며, 그 밖에 진동을 줄이기 위하여 금속절단기에 완충장치를 부착하였으나 여전히 분쟁이 계속되고 있다. 甲은 서울특별시 보건환경연구원이 측정한 공장의 소음·진동 측정 결과가 모두 공법상 규제기준 이내이고, 방음시설 등을 설치하는 등 나름대로 노력을 다하였으며, 乙이 소음피해가 발생하고 있음을 알고도 이사 왔으므로 충분히 소음피해를 피할 수 있었고, 소음피해가 있으리라는 사정을 예견할 수 있었음에도 스스로 이를 용인하고 이사 왔으므로 책임이 없다고 주장하고 있다. 乙은 추가로 설치된 방음시설 등이 부실하다고 주장하고 있다. 이러한 사안에서 소음·진동관리법 시행규칙이 정하는 아래 규제기준을 참조하면서 다음의 질문에 답하시오.

문 1. 乙이 甲을 상대로 손해배상 및 유지청구를 구하는 소송을 제기하는 경우, 본안에서 예상되는 주요 쟁점과 그에 대한 전망을 밝히시오.

문 2. 성동구청장이 소음·진동관리법상 甲에 대하여 취할 수 있는 조치는 어떠한 것이 있는가?

별표 5 **공장소음·진동의 배출허용기준(소음·진동관리법 시행규칙 제8조)**

1. 공장소음 배출허용기준 **단위:** dB(A)

대상 지역	시간대별		
	낮 (06:00~18:00)	저녁 (18:00~24:00)	밤 (24:00~06:00)
가. 도시지역 중 전용주거지역·녹지지역, 관리지역 중 취락지구·주거개발진흥지구 및 관광·휴양개발진흥지구, 자연환경보전지역 중 수산자원보호구역 외의 지역	50 이하	45 이하	40 이하
나. 도시지역 중 일반주거지역 및 준주거지역	55 이하	50 이하	45 이하
다. 농림지역, 자연환경보전지역 중 수산자원보호구역, 관리지역 중 가목과 라목을 제외한 그 밖의 지역	60 이하	55 이하	50 이하
라. 도시지역 중 상업지역·준공업지역, 관리지역 중 산업개발진흥지구	65 이하	60 이하	55 이하
마. 도시지역 중 일반공업지역 및 전용공업지역	70 이하	65 이하	60 이하

2. 공장진동 배출허용기준 **단위:** dB(V)

대상 지역	시간대별	
	낮 (06:00~22:00)	밤 (22:00~06:00)
가. 도시지역 중 전용주거지역 · 녹지지역, 관리지역 중 취락지구 · 주거개발진흥지구 및 관광 · 휴양개발진흥지구, 자연환경보전지역 중 수산자원보호구역 외의 지역	60 이하	55 이하
나. 도시지역 중 일반주거지역 · 준주거지역, 농림지역, 자연환경보전지역 중 수산자원보호구역, 관리지역 중 가목과 다목을 제외한 그 밖의 지역	65 이하	60 이하
다. 도시지역 중 상업지역 · 준공업지역, 관리지역 중 산업개발진흥지구	70 이하	65 이하
라. 도시지역 중 일반공업지역 및 전용공업지역	75 이하	70 이하

해 설

문 1. 乙이 甲을 상대로 손해배상 및 유지청구를 구하는 소송을 제기하는 경우, 본안에서 예상되는 주요 쟁점과 그에 대한 전망을 밝히시오.

I. 문제의 소재

乙의 甲에 대한 손해배상청구와 관련하여 불법행위로 인한 손해배상청구 요건 중 ① 고의 · 과실 ② 가해행위의 위법성이 쟁점으로 다투어질 것으로 보인다. 사안의 경우 인과관계는 문제되지 않는다. 고의 · 과실 요건과 관련하여서는 환경정책기본법 제44조가 적용될 수 있어 크게 문제되지 아니한다. 위법성 요건과 관련하여서는 수인한도를 넘어서는 피해가 발생하였는지 문제된다. 유지청구와 관련하여 ① 법적 권원, ② 요건, ③ 추상적 유지청구 등을 각 검토할 필요가 있다.

Ⅱ. 손해배상

1. 위법성

(1) 수인한도론

판례는 “불법행위 성립요건으로서의 위법성의 판단 기준은 그 유해의 정도가 사회

생활상 통상의 수인한도를 넘는 것인지 여부인데, 그 수인한도의 기준을 결정함에 있어서는 일반적으로 침해되는 권리나 이익의 성질과 침해의 정도뿐만 아니라 침해행위가 갖는 공공성의 내용과 정도, 그 지역환경의 특수성, 공법적인 규제에 의하여 확보하려는 환경기준, 침해를 방지 또는 경감시키거나 손해를 회피할 방안의 유무 및 그 난이 정도 등 여러 사정을 종합적으로 고려하여 구체적 사건에 따라 개별적으로 결정하여야 한다"고 판시하고 있다.

(2) 사안에의 적용

피해 지역은 준공업지역으로서 "소음 · 진동관리법 시행규칙 제8조 [별표 5]" 중 소음의 경우 제1항 라목의, 진동의 경우 제2항 다목의 적용을 받는다. 이에 따르면 甲이 운영하는 공장의 소음 · 진동 배출허용기준은 공장소음이 "낮(06:00~18:00) 65dB 이하, 저녁(18:00~24:00) 60dB 이하, 밤(24:00~익일 06:00) 55dB 이하"고, 공장진동은 "주간(06:00~22:00) 70dB 이하", "야간(24:00~익일 06:00) 65dB 이하"다.

甲은 소음의 경우 야간 48dB~57dB 정도를 발생시키고 있고, 진동의 경우 야간 60dB~62dB을 발생시키고 있으므로 소음 · 진동관리법 시행규칙에 따른 소음 · 진동 배출허용기준을 초과하지 않거나 약간 초과하고 있다. 그러나 공법적 규제는 통상 행정목적 달성을 위하여 최소한도의 기준을 설정하여 놓은 것일 뿐이므로 공장의 가동으로 발생하는 소음 · 진동이 공법적 규제에 형식적으로 적합하였다고 하더라도 현실적으로 발생하는 공장의 소음 · 진동의 피해 정도가 현저하게 커서 乙의 수인한도를 넘는 이상 甲의 침해행위는 여전히 위법성이 있다고 할 것이다.

사안의 경우 8월~11월 사이에는 24시간, 비수기인 1~7월, 12월에는 14:00부터 새벽까지 공장을 가동하여 최소한의 휴식을 위한 시간에도 소음 · 진동을 계속 발생시키고 있다. 소음 · 진동관리법 시행규칙상의 배출허용기준이 24시간 내내 소음 · 진동이 발생하는 경우에까지 대비하여 정하여진 것이 아니라는 점에서 적어도 최소한의 휴식을 위한 시간(예컨대, 매일 22:00~다음날 05:00의 7시간) 동안에는 비록 배출허용기준 이내의 소음 · 진동이 발생하였다 하더라도 이는 수인한도를 초과하는 위법한 행위라 할 것이다.

그러나 甲 공장이 위치한 곳은 준공업지역이고, 乙이 공장 가동 후 인접한 곳에 이사하였으며, 乙의 민원에 의하여 甲 공장이 방음시설 등을 설치하는 등 노력을 한 점, 소음 등의 금지를 위하여 지나치게 공장 내에서의 기계의 작동을 금지시킬 경우 甲 공장이 입게 될 피해가 작지 아니한 것으로 보이는 점 등을 종합하여 볼 때, 매일 05:00~22:00의 17시간 동안에 이루어진 甲 공장의 침해행위는 상린관계에 따라 乙이 수인하여야 할 통상의 범위 내에 속하는 것이어서 乙로서는 이를 인용할 의무가 있다고 할 것이다.

(3) 소 결

乙에게 24시간 내내 소음·진동을 수인할 것을 요구하는 것은 부당하고 최소한의 휴식 시간(매일 22:00~다음날 05:00의 7시간) 동안 발생한 소음·진동은 수인한도를 초과한 것으로 위법하다.

2. 위험에의 접근이론

(1) 요 건

소음 등으로 인한 피해가 존재하고 있는 지역으로 뒤늦게 이주해 들어 온 자에 대하여는 피해자가 위험에 스스로 접근한 사실을 고려하여 이른바 '위험에의 접근 이론'을 적용하여 가해자의 책임을 면제할 수 있을 것이다. 법원은 위험에의 접근 이론이 적용되기 위해서는 ① 피해를 용인하며 접근한 것으로 볼 수 있을 것, ② 피해가 직접 생명이나 신체에 관련된 것이 아니라 정신적 고통이나 생활방해의 정도에 그칠 것, ③ 침해행위에 고도의 공공성이 인정될 것, ④ 피해 정도가 위험에 접근할 당시에 인식하고 있었던 위험의 정도를 초과하는 것이거나 위험에 접근한 후에 그 위험이 특별히 증대하였다는 등의 특별한 사정이 없을 것을 요구한다(대법원 2005. 1. 27. 선고 2003다49566 판결). 한편 일반인이 공해 등의 위험지역으로 이주하여 거주하는 경우라고 하더라도 위험에 접근할 당시에 그러한 위험이 존재하는 사실을 정확하게 알 수 없는 경우가 많고, 그 밖에 위험에 접근하게 된 경위와 동기 등의 여러 가지 사정을 종합하여 그와 같은 위험의 존재를 인식하면서 굳이 위험으로 인한 피해를 용인하였다고 볼 수 없는 경우에는 손해배상액의 산정에 있어 형평의 원칙상 과실상계에 준하여 감액사유로 고려하는 것이 상당하다.

(2) 사안에의 적용

사안의 경우, 그 침해행위에 고도의 공공성이 인정된다고 보기는 어렵고, 乙이 공장 가동 이후에 입주하였다는 사정만으로 위 공장에서 유입되는 소음으로 인한 피해를 용인하였다고 볼 수도 없으므로 위험에의 접근이론이 적용될 수 없다. 다만 수인한도를 판단하는 요소가 될 것이다. 다만 乙이 공장 가동 이후에 접근한 점(선주성)은 수인한도를 판단하는 요소로서 甲의 배상액이 감경될 가능성이 있다.

Ⅲ. 유지청구

1. 법적 권원

유지청구의 법적 근거로는 물권적청구권, 상린권, 불법행위, 인격권, 환경권 등 견해의 대립이 심하다. 위 각 견해들은 각자 일면의 근거를 가지고 있는 것이 사실이지만, 어떠한 것도 명쾌한 근거를 제시하고 있지 않다. 판례는 물권적청구권설의 입장을 취하고 있다고 이해된다. 즉 "어느 토지나 건물의 소유자가 종전부터 향유하고 있던 쾌적한 환경이 그에게 하나의 생활 이익으로서의 가치를 가지고 있다고 객관적으로 인정된다면 법적인 보호의 대상이 될 수 있는 것이라 할 것이므로, 인접 대지에 위치한 소음배출시설에서 소음이 발생함으로써 생활이익이 침해되고 그 침해가 사회통념상 일반적으로 수인할 정도를 넘어선다고 인정되는 경우에는 위 토지 등의 소유자는 그 소유권에 기하여 그 방해의 제거나 예방을 위하여 필요한 청구를 할 수 있다"는 것이다.

한편, 민법 제750조에 따른 불법행위의 효과로써 유지청구를 할 수 있다는 견해도 있다. 최근에는 인격권 내지 환경권을 유력한 근거로 하는 견해가 확산되고 있다. 특히 환경권의 구체적 권리성을 인정하는 입장은 헌법이나 환경정책기본법에 명문규정을 두고 있다는 점, 현재 60개 정도의 환경관계법이 존재하고 있다는 점, 환경권의 제한 법리로 작용하는 "법령의 규정취지와 조리"의 합리적 해석이 가능하다는 점 등을 그 논거로 들고 있다. 최근 환경권을 소유권과 함께 공사중지와 금지를 청구할 권리의 한 근거로 들고 있는 판례(대법원 2008. 9. 28. 선고 2006다49284 판결)도 주목된다.

그러나 여기에 대해서는 과연 인격권 내지 환경권을 사법상의 구체적인 권리로 볼 수 있느냐 하는 반대론이 만만치 않은 실정이다. 판례는 "환경권은 명문의 법률규정이나 관계 법령의 규정 취지 및 조리에 비추어 권리의 주체, 대상, 내용, 행사 방법 등이 구체적으로 정립될 수 있어야만 인정되는 것이므로, 사법상의 권리로서의 환경권을 인정하는 명문의 규정이 없는데도 환경권에 기하여 직접 방해배제청구권을 인정할 수 없다"라고 판시함으로써 환경권을 사법상의 구체적 권리로 볼 수 없다는 입장을 분명히 하고 있다.

2. 요　　건

유지청구를 하기 위해서는 ① 피해의 성질과 정도에 비추어 금전적 평가가 곤란할 것, ② 금전보상만으로는 피해회복이 어려울 것, ③ 피해가 일시적인 것이 아니라 계속적으로 중대하고 명백하게 부당한 것일 것, ④ 피해가 수인한도를 초과할 것(위법성) 등

이 그 요건으로 요구된다.

3. 위법성 2단계설

유지청구에서 수인한도 기준은 손해배상청구에서의 수인한도 기준과는 다르다고 보는 것이 일반적이다(위법성 2단계설). 오염발생을 이유로 오염발생시설의 가동중지나 행위의 금지를 명하게 되면 오염으로 피해자가 입을 손해에 비하여 가해자가 입는 손해가 막대한 경우가 많은 점, 오염발생시설인 공장이나 공사장, 교통시설의 가동을 중지하는 것은 공익적인 관점에서 바람직하지 못하다는 점, 오염발생에 대한 대책으로는 오염발생을 막는 것이 아니라도 오염방지시설·방음막 등의 설치 등 다른 방법을 강구할 수 있다는 점이 그 이유가 될 수 있다. 유지청구에서 수인한도를 판단할 때에는 손해배상청구에서 살펴본 수인한도의 요소 외에도 손해배상으로써 전보될 수 없을 정도로 법익침해가 심한지와 가해자에게 발생할 손실을 함께 고려하여야 한다.

4. 추상적 유지청구

법원은 "소음이 피해 주민 주택을 기준으로 일정 한도를 초과하여 유입되지 않도록 하라는 취지의 유지청구는 소음발생원을 특정하여 일정한 종류의 생활방해를 일정 한도 이상 미치게 하는 것을 금지하는 것으로 청구가 특정되지 않은 것이라고 할 수 없고, 이러한 내용의 판결이 확정될 경우 민사집행법 제261조 제1항에 따라 간접강제의 방법으로 집행을 할 수 있으므로, 이러한 청구가 내용이 특정되지 않거나 강제집행이 불가능하여 부적법하다고 볼 수는 없다"고 판시하여 추상적 유지청구를 인정하고 있다(대법원 2007. 6. 15. 선고 2004다37904 판결).

5. 사안에의 적용

乙은 소유권, 불법행위, 환경권, 인격권 등에 근거하여 유지청구가 가능할 것이다. 乙이 입고 있는 생활상·정신상 피해는 금전적 평가가 곤란하고, 금전보상만으로는 피해회복이 어렵다고 볼 수 있다. 또한 피해가 일시적인 것이 아니라 계속적으로 중대하고 명백하게 부당한 것이라 판단된다. 수인한도를 초과하였는지를 보건대, 손해배상청구 부분에서 살펴본 바와 같이 甲이 발생시킨 소음·진동이 배출허용기준 이내임에도 불구하고 최소한의 휴식은 인간생활에 있어 반드시 보호되어야 할 것으로 이를 침해한 것은 매우 중대한 법익침해라는 점을 고려할 때 최소한의 휴식시간(매일 22:00~다음날 05:00의 7시간)에까지 소음·진동을 발생시킨 행위는 유지청구에서의 높은 수준의 수인한도 기준도 넘어선 것으로 판단된다. 그러므로 사회통념상 수인할 수 있는 한도를 넘는 침해행위를 한 甲 공장은 장래에 있어서 그러한 침해행위로 인하여 乙의 일상생활에 고통을 주지 아니하기 위한 적당한 조치로서 최소한의 휴식시간 동안 甲 공장 내에 설치되어 있는 기계를 작동하지 아니할 의무가 있다. 따라서 최소한의 휴식시간 동안에 한하여 乙의 유지청구가 인용될 것으로 보인다. 판례에 따를 경우 "乙의 주택의 소음도가 65dB을 초과하지 않도록 방지시설을 보강할 것"을 내용으로 하는 유지청구도 가능해 보인다.

문 2. 성동구청장이 소음·진동관리법상 甲에 대하여 취할 수 있는 조치는 어떠한 것이 있는가?

Ⅰ. 문제의 소재

사업자 甲의 소음·진동관리법상 의무가 무엇인지, 관할 행정청이 사업자의 의무이행을 확보하기 위해 취할 수 있는 수단이 무엇인지 문제된다.

Ⅱ. 사업자의 의무

1. 방지시설의 설치의무

배출시설의 설치 또는 변경에 대한 신고를 하거나 허가를 받은 자가 그 배출시설을 설치하거나 변경하려면 그 공장으로부터 나오는 소음·진동을 배출허용기준이하로 배출되게 하기 위하여 소음·진동방지시설을 (추가)설치하여야 한다(소음·진동관리법 제9조).

2. 배출허용기준의 준수의무

사업자는 배출시설 또는 방지시설의 설치 또는 변경을 끝내고 배출시설을 가동한 때에는 환경부령으로 정하는 기간 이내에 공장에서 배출되는 소음·진동이 배출허용기준 이하로 처리될 수 있도록 하여야 한다(소음·진동관리법 제14조).

Ⅲ. 의무이행 확보 수단

1. 개선명령

甲의 공장에서 배출되는 소음·진동의 정도가 배출허용기준을 초과하는 경우, 성동구청장은 기간을 정하여 甲에게 그 소음·진동의 정도가 배출허용기준 이하로 내려가는 데에 필요한 조치를 명할 수 있다(소음·진동관리법 제15조).

2. 조업정지명령

성동구청장은 개선명령을 받은 자가 이를 이행하지 아니하거나 기간 내에 이행은 하였으나 배출허용기준을 계속 초과할 때에는 그 배출시설의 전부 또는 일부에 조업정지를 명할 수 있다(소음·진동관리법 제16조 제1항). 또한 성동구청장은 소음·진동으로 건강상의 위해와 생활환경의 피해가 급박하다고 인정하면 개선명령 없이도 즉시 甲의 공장에 대하여 조업시간의 제한·조업정지, 그 밖에 필요한 조치를 명할 수 있다(제2항).

3. 이행보고 및 확인

甲이 위 개선명령·조치명령 등을 받은 경우 甲은 그 명령을 이행한 경우에는 지체 없이 이를 보고하여야 한다(소음·진동관리법 제20조).

4. 과태료

甲이 공장에서 배출되는 소음·진동을 배출허용기준 이하로 처리하지 않은 경우 성동구청장은 200만 원 이하의 과태료를 부과한다(소음·진동관리법 제60조 제2항 제2호).

5. 형사고발

甲이 소음·진동관리법 제16조에 따른 조업정지명령 등을 위반한 경우 1년 이하의 징역 또는 1천만원 이하의 벌금에 처하므로(소음·진동관리법 제57조 제3호), 이 경우 성동구청장은 甲을 형사고발할 수 있을 것이다.

Ⅳ. 결 론

결국 성동구청장은 甲의 의무이행을 확보하기 위해 개선명령, 조업정지명령, 과태료 부과, 형사고발 등의 조치를 취할 수 있다.

참조판례

서울동부지법 2004. 7. 22. 선고 2002가합371 판결

※ 주의사항

'최소한의 휴식을 위한 시간(예컨대, 새벽)'에는 비록 배출허용기준 이내의 소음·진동이더라도 수인한도 초과라고 보는 것이 타당해 보임.

39

층간소음

(2017년도 제6회 변호사시험)

사 례

甲은 서울특별시 소재 A아파트 단지(「주택법」상 공동주택임)의 시행 및 시공회사이고, 乙은 A아파트 단지의 101동 404호(이하 '이 사건 아파트'라고 한다)를 甲으로부터 분양받아 소유권을 취득한 후 현재까지 거주하고 있다.

이 사건 아파트의 바로 위층인 504호에는 丙이 살고 있다. 그런데 丙은 매일 이른 새벽부터 밤 12시경까지 일정한 시간대에 구애받지 않고 방을 걷거나 기구를 사용하여 운동함으로써 소음을 1년 정도 발생시키고 있으며, 乙은 이로 인하여 수면장애, 스트레스성 위궤양 등의 병을 얻어 고통을 받고 있다. 乙은 丙을 상대로 층간소음의 발생을 중단해 줄 것을 지속적으로 요청하였고, 丙은 이 요청에 따라 자신의 집 바닥에 매트리스를 까는 조치를 취하였으나 乙이 느끼는 소음의 정도는 크게 감소되지 않는 상황이다. 최근 소음측정을 한 결과 환경부령인 「공동주택 층간소음의 범위와 기준에 관한 규칙」에 규정된 층간소음기준을 간헐적으로 초과하기는 하지만, 그 초과의 정도는 새벽 시간대를 제외하고는 그리 크지 않은 것으로 확인되었다.

한편 乙은 이와 같은 소음의 발생과 그로 인한 피해가 甲이 시공을 하면서 아파트 층간 바닥충격을 충분히 차단하는 차음시설 등을 제대로 하지 않았기 때문이라고 주장하면서 甲의 책임 있는 조치를 지속적으로 요구하여 왔다. 甲은 A아파트 단지를 분양하는 과정에서 층간소음과 관련하여 최고등급을 획득하였다는 광고를 한 사실이 있으나, 실제로 건축된 결과는 이 등급에 현저히 미치지 못하였다. 또한 주택건설 관련법령에 따른 건축기준조차 일부 위반하였다는 사실이 언론보도에 의하여 밝혀졌다. (소멸시효나 제척기간의 문제는 논외로 함)

문 1. 乙이 丙을 상대로 층간소음의 발생을 중단할 것을 구하는 소를 제기할 경우의 법적 쟁점에 대하여 검토하시오.

문 2. 乙이 甲을 상대로 어떠한 법적 근거에 의하여 손해배상을 청구할 수 있는지에 대하여 검토하시오.

해 설

문 1. 乙이 丙을 상대로 층간소음의 발생을 중단할 것을 구하는 소를 제기할 경우의 법적 쟁점에 대하여 검토하시오.

Ⅰ. 문제의 소재

사안에서 乙이 丙을 상대로 층간소음의 발생 중단을 구하는 유지청구의 소를 제기하는 경우, 다투어질 법적 쟁점이 문제된다.

Ⅱ. 법적 권원

유지청구의 법적 근거로는 물권적청구권, 상린권, 불법행위, 인격권, 환경권 등 견해의 대립이 심하다. 위 각 견해들은 각자 일면의 근거를 가지고 있는 것이 사실이지만, 어떠한 것도 명쾌한 근거를 제시하고 있지 않다. 판례는 물권적 청구권설의 입장을 취하고 있다고 이해된다. 즉 "어느 토지나 건물의 소유자가 종전부터 향유하고 있던 쾌적한 환경이 그에게 하나의 생활 이익으로서의 가치를 가지고 있다고 객관적으로 인정된다면 법적인 보호의 대상이 될 수 있는 것이라 할 것이므로, 인접 대지에 위치한 소음배출시설에서 소음이 발생함으로써 생활이익이 침해되고 그 침해가 사회통념상 일반적으로 수인할 정도를 넘어선다고 인정되는 경우에는 위 토지 등의 소유자는 그 소유권에 기하여 그 방해의 제거나 예방을 위하여 필요한 청구를 할 수 있다"는 것이다.

한편, 민법 제750조에 따른 불법행위의 효과로써 유지청구를 할 수 있다는 견해도 있다. 최근에는 인격권 내지 환경권을 유력한 근거로 하는 견해가 확산되고 있다. 특히 환경권의 구체적 권리성을 인정하는 입장은 헌법이나 환경정책기본법에 명문규정을 두고 있다는 점, 현재 60개 정도의 환경관계법이 존재하고 있다는 점, 환경권의 제한 법리로 작용하는 "법령의 규정취지와 조리"의 합리적 해석이 가능하다는 점 등을 그 논거로 들고 있다. 최근 환경권을 소유권과 함께 공사중지와 금지를 청구할 권리의 한 근거로 들고 있는 판례(대법원 2008. 9. 28. 선고 2006다49284 판결)도 주목된다.

그러나 여기에 대해서는 과연 인격권 내지 환경권을 사법상의 구체적인 권리로 볼 수 있느냐 하는 반대론이 만만치 않은 실정이다. 판례는 “환경권은 명문의 법률규정이나 관계 법령의 규정 취지 및 조리에 비추어 권리의 주체, 대상, 내용, 행사 방법 등이 구체적으로 정립될 수 있어야만 인정되는 것이므로, 사법상의 권리로서의 환경권을 인정하는 명문의 규정이 없는데도 환경권에 기하여 직접 방해배제청구권을 인정할 수 없다”라고 판시함으로써 환경권을 사법상의 구체적 권리로 볼 수 없다는 입장을 분명히 하고 있다.

Ⅲ. 요　　건

유지청구가 인정되기 위하여는 ① 피해의 성질과 정도에 비추어 금전적 평가가 곤란할 것 ② 금전보상만으로는 피해 회복이 어려울 것 ③ 피해가 일시적인 것이 아니라 계속적으로 중대하고 명백하게 부당한 것일 것 ④ 피해가 수인한도를 초과할 것이 요구된다.

Ⅳ. 위법성 2단계설

유지청구에서 수인한도 기준은 손해배상청구에서의 수인한도 기준과는 다르다고 보는 것이 일반적이다(위법성 2단계설). 오염발생을 이유로 오염발생시설의 가동중지나 행위의 금지를 명하게 되면 오염으로 피해자가 입을 손해에 비하여 가해자가 입는 손해가 막대한 경우가 많은 점, 오염발생시설인 공장이나 공사장, 교통시설의 가동을 중지하는 것은 공익적인 관점에서 바람직하지 못하다는 점, 오염발생에 대한 대책으로는 오염발생을 막는 것이 아니라도 오염방지시설·방음막 등의 설치 등 다른 방법을 강구할 수 있다는 점이 그 이유가 될 수 있다. 유지청구에서 수인한도를 판단할 때에는 손해배상청구에서 살펴본 수인한도의 요소 외에도 손해배상으로써 전보될 수 없을 정도로 법익침해가 심한지와 가해자에게 발생할 손실을 함께 고려하여야 한다.

Ⅴ. 추상적 유지청구

대기오염소송이나 소음·진동 소송에서는 종종 피고가 준수하여야 할 구체적 행위를 적시하지 아니한 채 일정한 행위나 상태를 금지하는 부작위 명령을 구하는 경우가 있는데, 일정 수치 이상을 초과하여 배출해서는 아니 된다는 식의 추상적 명령을 하는 경우가 그 예이다(예컨대, 50dB을 초과하는 소음을 도달하게 하여서는 아니 된다).

판례는 이러한 판결이 확정될 경우 민사집행법 제261조 제1항에 따라 간접강제의 방법으로 집행을 할 수 있으므로, 이러한 청구가 내용이 특정되지 않거나 강제집행이 불가능하여 부적법하다고 볼 수는 없다고 판시해 추상적 유지청구를 인정하고 있다.

Ⅵ. 사안에의 적용

사안에서 乙은 소유권 또는 환경권 등에 근거하여 유지청구가 가능할 것이다. 乙이 입고 있는 생활상, 정신상 피해는 금전적 평가가 곤란하고, 금전보상만으로는 피해회복이 어렵다고 볼 수 있다. 또한 피해가 일시적인 것이 아니라 계속적이고 중대하고 명백하게 부당한 것이라 판단된다.

수인한도를 초과하였는지를 보건대, 비록 丙이 매트리스를 까는 등의 조치를 취한 점, 기준 초과가 새벽 시간대를 제외하고는 그리 크지 않은 점, 소음의 원인에 甲의 부실시공이 기여하고 있는 점 등에도 불구하고, 乙이 입은 피해가 수면장애, 스트레스성 위궤양 등의 병으로 그 정도가 매우 크다는 점, 예민한 새벽 시간대에 기준을 초과한 점, 피해기간이 1년 정도의 장기간인 점 등에 비추어 수인한도를 넘었다고 볼 것이다. 따라서 소음발생을 중단하거나 차음시설의 설치 등의 유지청구가 인용될 가능성이 높으며, 판례의 태도에 비추어 일정한 기준을 초과하여 소음이 도달되지 않도록 하는 취지의 추상적 유지청구도 가능할 것으로 보인다.

문 2. 乙이 甲을 상대로 어떠한 법적 근거에 의하여 손해배상을 청구할 수 있는지에 대하여 검토하시오.

Ⅰ. 문제의 소재

사안의 경우 乙이 부실시공자인 甲을 상대로 민법 제580조의 하자담보책임, 민법 제390조의 채무불이행책임 또는 민법 제750조의 불법행위책임을 물을 수 있는지 여부를 검토하여야 한다.

Ⅱ. 하자담보책임

1. 하자의 의미

민법 제580조에서는 “매매의 목적물에 하자가 있는 때에는 매수인은 목적물의 하자로 말미암아 매매의 목적을 달성할 수 없는 경우 계약을 해제하고 아울러 손해배상을 청구할 수 있다. 그러나 매매의 목적물에 하자가 있는 때에도 매수인이 하자있는 것을 알았거나 과실로 인하여 이를 알지 못한 때에는 그러하지 아니하다"라고 규정하고 있다. 동법 제582조에 따라 하자담보책임은 하자를 발견한 날로부터 6월 이내에 행사하여야 한다.

여기에서 하자는 거래상 통상 갖추어야 할 품질이나 성질을 갖추지 못한 경우에 인정되는바, 판례는 "건축물의 하자라고 함은 일반적으로 완성된 건축물에 공사계약에서 정한 내용과 다른 구조적·기능적 결함이 있거나, 거래관념상 통상 갖추어야 할 품질을 제대로 갖추고 있지 아니한 것을 말하는 것으로, 하자 여부는 당사자 사이의 계약 내용, 해당 건축물이 설계도대로 건축되었는지 여부, 건축 관련 법령에서 정한 기준에 적합한지 여부 등 여러 사정을 종합적으로 고려하여 판단되어야 한다"고 판시하고 있다(대법원 2010. 12. 9. 선고 2008다16851 판결 등 참조).

2. 소 결

사안의 경우 분양 목적물인 아파트는 주택건설 관련법령에 따른 건축기준을 위반하여 층간 바닥 충격음을 충분히 차단하는 차음시설을 설치하지 않았고, 계약(사안의 광고가 당사자 간의 계약 내용에 편입된다고 인정되는 경우)에서 정한 내용과 다른 결함이 있으므로 매매의 목적물에 하자가 있다고 할 수 있다. 그 결과 乙은 甲에게 민법 제580조 제1항에 따라 하자담보책임을 물을 수 있을 것이다.

Ⅲ. 채무불이행책임

민법 제390조에서는 "채무자가 채무의 내용에 좇은 이행을 하지 아니한 때에는 채권자는 손해배상을 청구할 수 있다"고 규정하고 있는바, 채권자 乙이 甲에 대하여 이를 물을 수 있는지가 문제된다.

사안의 경우 甲은 A 아파트 단지 분양과정에서 층간소음과 관련해서 최고등급을 획득하였다고 광고하였고, 그것은 계약의 내용에 포함되었다고 할 것이다. 따라서 甲은 아파트 분양계약이 목적이 된 층간소음과 관련하여 최고등급을 획득한 아파트를 乙에게 분양할 의무가 있다. 그러나 甲은 그 의무를 불완전하게 이행하였고, 그에 대한 귀책사유가 인정될 수 있을 것(시공사의 오류 등)이므로 불완전이행으로 인해 乙에게 발생한 손해를 배상할 책임이 민법 제390조에 의하여 인정될 수 있다.

Ⅳ. 불법행위책임

甲이 층간소음과 관련하여 최고등급을 획득하였다고 허위광고를 하여 乙이 그것이 사실이 달랐음을 알았다면 아파트 분양계약을 체결하지 않을 수 있으므로 그러한 기망행위로 인해 손해를 입었다면 乙은 민법 제750조에 기하여 손해배상책임을 물을 수 있다.

Ⅴ. 결 론

따라서 乙은 甲에 대하여 민법 제580조, 제390조 및 제750조를 경합적으로 행사하여 책임을 물을 수 있을 것이다.

※ 주의사항

하자담보책임, 채무불이행책임, 불법행위책임은 청구권경합관계임.

40

교통소음과 위법성

(법전원협의회 2016년도 제2차 변호사시험 모의고사)

사 례

甲은 2013. 10. 경 분양받았던 A시 소재 공동주택에 입주하였다. 그 인근에는 한국도로공사가 관리하는 고속도로가 지나가고 있었는데, 이 고속도로는 1983. 11. 경 개통되었고, 1996-1999. 사이에 확장공사가 이루어졌다. 甲을 비롯한 같은 공동주택에 거주하는 주민들은 고속도로에서 야간에 발생하는 소음이 너무 심하여 일상생활에 방해가 된다는 이유로 한국도로공사를 상대로 소음의 예방 또는 배제를 구하는 방지청구와 손해배상청구를 동시에 제기하였다.

환경정책기본법 제12조 제2항, 같은 법 시행령 제2조가 정한 도로변 일반주거지역의 소음환경기준은 주간(06:00~22:00) 65데시벨(dB), 야간(22:00~06:00) 55데시벨(dB)이다. 「소음·진동 공정시험기준(환경부고시 제2015-85호)」에 규정된 도로교통소음 측정 방법에 따르면 2층 이상의 건물에 미치는 도로교통소음은 소음피해지역에서 소음원 방향으로 창문·출입문 또는 건물벽 밖의 0.5~1.0m 떨어진 지점에서 측정한 실외소음에 따라 판정하도록 되어 있다. A시 보건환경연구원이 '소음·진동 공정시험기준'에 따라 측정한 결과, 해당 공동주택 같은 동의 7층 이상 거주세대의 야간 실외소음도는 72데시벨(dB)로 도로변 일반주거지역의 야간 소음환경기준인 55데시벨(dB)보다 훨씬 높았다.

한편 한국도로공사는 도로소음으로 인한 공동주택의 생활방해를 원인으로 한 소음방지청구 사건에서 위 '소음·진동 공정시험기준'에서 정한 바에 따라 측정한 실외소음도가 아니라 실제 생활이 이루어지는 실내에서 소음원을 향해 문창문 등을 개방한 상태에서 측정한 소음도가 환경정책기본법상 소음환경기준을 등을 초과하였는지를 판단해서 고려해야 한다고 주장하고 있다. 이러한 사안에서 다음의 질문에 답하시오.

문 1. 소음피해에 대해 민법 제750조의 불법행위로 인한 손해배상청구가 인정되기 위해서 충족되어야 할 일반적 요건 및 각 요건별로 환경분쟁의 특수성을 반영한 법리를 함께 설명하시오.

문 2. 손해배상청구와 소음방지청구가 인용되기 위한 공통적인 위법성 요건 중 차별적으로 평가되어야 할 점이 있다면 설명하시오.

문 3. 사안의 내용상 소음방지청구에 대한 인용 여부를 판단하는 데 수인한도와 관련해서 고려하여야 할 쟁점들에 대해 검토하시오.

문 4. 소음방지청구소송에서 소음도 측정방식에 관한 한국도로공사의 주장이 인정될 가능성에 대해 검토하시오.

해 설

문 1. 소음피해에 대해 민법 제750조의 불법행위로 인한 손해배상청구가 인정되기 위해서 충족되어야 할 일반적 요건 및 각 요건별로 환경분쟁의 특수성을 반영한 법리를 함께 설명하시오.

Ⅰ. 문제의 소재

민법 제750조에 기한 손해배상청구는 환경소송의 특질상 많은 한계가 발견되고 있다. 손해배상청구가 인정되기 위해서 고의·과실, 위법성, 인과관계, 손해의 발생 등의 요건이 충족되어야 하는바, 요건별로 환경분쟁의 특수성을 반영한 법리 검토가 요망된다.

Ⅱ. 고의·과실

민법 제750조는 불법행위의 주관적 구성요건으로 고의 또는 과실을 들고 있다. 문제는 고의·과실의 입증이 쉬운 것이 아니다. 이러한 점을 인식하고 최근에는 환경피해에 대하여 고의·과실이 없다고 하더라도 배상책임을 지우는 경향이 뚜렷해지고 있는데 우리나라의 환경관계법에서도 이 같은 규정을 다수 담고 있다. 예컨대, 환경정책기본법은 제44조 제1항에서 “환경오염 또는 환경훼손으로 인하여 피해가 발생한 경우에는 해당 환경오염 또는 환경훼손의 원인자가 그 피해를 배상하여야 한다”라고 규정하여 환경오염의 피해에 대한 원인자의 무과실책임을 인정하고 있다. 같은 맥락에서 최근에 제정된 환경오염피해 배상책임 및 구제에 관한 법률 제6조 제1항에서는 “시설의 설치·운영과 관련하여 환경오염피해가 발생한 때” 사업자가 무과실책임을 지도록 규정하고 있다.

Ⅲ. 위법성

환경 침해의 경우 불법행위를 원인으로 하는 배상책임을 지우기 위해서는 침해 행위가 위법한 것이어야 하는데, 구체적인 경우 위법성이 있는지 여부를 판단하기는 쉬운 일이 아니다. 이와 같이 위법성 여부를 밝히기 어려운 현실적 한계를 극복하기 위한 하나의 수단으로 '수인한도론'이 발전되었다. 수인한도론에 의하면 환경피해가 사회 공동생활을 함에 있어서 일반적으로 용인될 수 있는 범위 내의 것인 때에는 위법성이 없는 것으로 볼 수 있으나, 그러한 수인의 한도를 넘는 것이면 위법성이 있는 것으로 하여 배상책임이 인정된다는 것이다. 최근에는 위법성과 고의 · 과실을 1원적으로 파악하려는 이른바, 신수인한도론도 주장되고 있다.

판례는 위법성 판단에 수인한도론을 적용하고 있음을 분명히 하고 있다. 이에 따르면 사회통념상 수인한도를 넘었는지는 피해의 정도, 피해이익의 성질 및 그에 대한 사회적 평가, 가해행위의 성질 및 공공성, 지역성, 토지이용의 선후관계, 가해방지 및 피해회피의 가능성, 공법적 규제의 위반 여부, 교섭경과 등 모든 사정을 종합적으로 고려하여 판단해야 한다(대법원 2005. 1. 27. 선고 2003다49566판결 등).

한편, 무과실책임이 인정되는 경우 배상책임을 인정하기 위해서 위법성이 요구되는지에 대하여 부정하는 견해가 있으나, 판례는 환경 침해를 원인으로 한 불법행위 손해배상청구 사안에서 무과실책임 규정 적용 여부와 관련 없이 사회통념상 수인한도를 넘은 경우에는 위법행위로 평가될 수 있다고 판시하여 위법성 판단에 수인한도를 적용하고 있다(대법원 2001. 2. 9. 선고 99다55434 판결).

Ⅳ. 인과관계

일반 불법행위로 인한 손해배상을 청구하는 경우 피해자는 가해자의 행위로 인해 피해자가 손해를 입은 사실, 즉 가해행위와 손해 사이에 인과관계가 있다는 것을 입증해야 하는데 그것이 쉽지 않다. 환경 피해로 인한 손해배상을 청구하는 경우에는 더욱 그러하다. 환경오염의 경우에는 그 오염원인의 복잡성과 불명확성, 피해의 누적성, 광역성 등으로 그 인과관계를 규명하기가 쉬운 일이 아닐 뿐만 아니라 원인물질의 성분, 오염 경로 등을 과학적으로 일일이 밝히는 것도 쉬운 일이 아니다. 이러한 관점에서 환경오염피해 배상소송의 경우 인과관계의 입증책임을 완화 또는 전환하려는 시도는 자연스러운 것이다. '개연성이론'이 바로 이러한 시도 중의 하나이다.

판례는 피해자가 ① 오염물질이 배출되었고, ② 오염물질이 피해자에게 도달하였으며, ③ 피해가 발생하였다는 점을 입증하면, 가해자가 반증으로서 ① 배출물질에 피해 원인물질이 포함되지 않았다는 점, ② 원인물질이 포함되었다 하더라도 안전농도 범위 내라는 범을 입증하거나, 간접반증으로서 피해에 전적으로 다른 원인이 작용하였다는 점을 입증하지 않는 한 인과관계가 증명된 것으로 본다(대법원 1984. 6. 12. 선고 81다558 판결).

같은 맥락에서 임상의학이나 병리학 측면의 검토만으로는 인과관계의 해명이 충분하게 이루어지지 않은 경우에도 역학적 인과관계가 증명된 경우에는 원인물질이 증명된 것으로서 법적 인과관계도 존재하는 것으로 이해하는 역학적 인과관계론도 주목을 받고 있다.

개연성이론은 기본적으로 입증책임의 완화 내지 경감에 그칠 뿐 입증책임을 전환하는 것이 아니므로 피해 구제에 일정한 한계를 지니고 있다. 이에 엄격하고 구체적인 요건하에 추정 규정을 두는 한편, 일정한 경우에는 인과관계 추정의 효력이 배제되도록 하는 방식도 크게 주목을 받고 있다. 최근 제정된 환경오염피해 배상책임 및 구제에 관한 법률상 인과관계 추정 규정이 그 좋은 예이다. 이에 따르면 "시설이 환경오염피해 발생의 원인을 제공한 것으로 볼 만한 상당한 개연성이 있는 때에는 그 시설로 인하여 환경오염피해가 발생한 것으로 추정한다(제9조 제1항)." 상당한 개연성이 있는지의 여부는 시설의 가동과정, 사용된 설비, 투입되거나 배출된 물질의 종류와 농도, 기상조건, 피해발생의 시간과 장소, 피해의 양상과 그 밖에 피해발생에 영향을 준 사정 등을 고려하여 판단한다(동조 제2항).

Ⅴ. 손　　해

일반적으로 환경오염으로 인한 손해에는 크게 재산적 손해와 정신적 손해로 나누어 볼 수 있다. 그러나 그 손해액을 산정하여 재산적 손해로 인정하는 것은 쉬운 일이 아니다. 더욱이 가치를 수치화하기가 어려운 생태계나 자연 경관이 침해되었을 경우 그 구체적 손해액을 산정하기는 여간 어려운 일이 아닐 것이다. 이러한 견지에서, 환경피해배상청구에서의 정신적 손해에 대한 배상이 상당한 의미를 갖는다. 환경피해가 흔히 정신적 침해를 수반하기 때문에 위자료의 증액에 대한 요구도 거세다.

문 2. 손해배상청구와 소음방지청구가 인용되기 위한 공통적인 위법성 요건 중 차별적으로 평가되어야 할 점이 있다면 설명하시오.

Ⅰ. 문제의 소재

불법행위로 인한 손해배상청구와 소음방지청구(유지청구)가 인용되기 위한 위법성의 판단기준의 차이점이 무엇인지 검토가 필요하다.

Ⅱ. 위법성 2단계설

유지청구에서 수인한도 기준은 손해배상청구에서의 수인한도 기준과는 다르다고 보는 것이 일반적이다(위법성 2단계설). 오염발생을 이유로 오염발생시설의 가동중지나 행위의 금지를 명하게 되면 오염으로 피해자가 입을 손해에 비하여 가해자가 입는 손해가 막대한 경우가 많은 점, 오염발생시설인 공장이나 공사장, 교통시설의 가동을 중지하는 것은 공익적인 관점에서 바람직하지 못하다는 점, 오염발생에 대한 대책으로는 오염발생을 막는 것이 아니라도 오염방지시설·방음막 등의 설치 등 다른 방법을 강구할 수 있다는 점이 그 이유가 될 수 있다. 유지청구에서 수인한도를 판단할 때에는 손해배상청구에서 살펴본 수인한도의 요소 외에도 손해배상으로써 전보될 수 없을 정도로 법익침해가 심한지와 가해자에게 발생할 손실을 함께 고려하여야 한다.

유지청구의 경우 소송당사자뿐 아니라 제3자의 이해관계에도 중대한 영향을 미칠 수 있다. 이러한 점을 인식하고 판례는 도로소음으로 인한 생활방해를 원인으로 소음의 예방 또는 배제를 구하는 방지청구는 금전배상을 구하는 손해배상청구와는 내용과 요건을 서로 달리하는 것이어서 같은 사정이라도 청구의 내용에 따라 고려요소의 중요도에 차이가 생길 수 있고, 방지청구는 그것이 인용될 경우 소송당사자뿐 아니라 제3자의 이해관계에도 중대한 영향을 미칠 수 있으므로, 방지청구의 당부를 판단하는 법원으로서는 해당 청구가 인용될 경우에 방지청구를 구하는 당사자가 받게 될 이익과 상대방 및 제3자가 받게 될 불이익 등을 비교·교량하여야 한다고 판시하고 있다(대법원 2015. 10. 15. 선고 2013다89433 판결).

문 3. 이 사안의 내용상 소음방지청구에 대한 인용 여부를 판단하는데 수인한도와 관련해서 고려하여야 할 쟁점들에 대해 검토하시오(소음측정기준은 제외).

Ⅰ. 문제의 소재

사안의 경우 위법성 판단에 있어서 고려해야 할 요소로서, ① 공법적 규제의 위반 여부, ② 토지이용의 선후관계, ③ 도로의 공공성, ④ 제3자가 받게 될 불이익 등에 대한 검토가 요망된다.

Ⅱ. 공법적 규제의 위반 여부

공법상 규제기준의 위반 여부는 수인한도를 넘었는지를 판단하기 위한 중요한 요소이지만 유일한 요소는 될 수 없다. 판례는 "한편 공법상 기준으로서 환경정책기본법의 환경기준은 국민의 건강을 보호하고 쾌적한 환경을 조성하기 위하여 유지되는 것이 바람직한 기준 즉 환경행정에서 정책목표로 설정된 기준인 점, 이러한 환경기준은 도로법이나 도로교통법에 규정된 도로의 종류와 등급, 차로의 수, 도로와 주거의 선후관계를 고려하지 아니한 채 오로지 적용 대상지역에 따라 일정한 기준을 정하고 있을 뿐이어서 모든 상황의 도로에 구체적인 규제의 기준으로 적용될 수 있는 것으로 보기 어려운 점, 2층 이상의 건물에 미치는 도로교통소음이 환경정책기본법의 환경기준을 준수하였는지는 '소음 · 진동 환경오염공정시험기준'(환경부고시 제2008-22호)이나 '소음 · 진동공정시험기준'(환경부고시 제2010-142호)에 규정된 측정방법에 따라 소음피해지점에서 소음원 방향으로 창문 · 출입문 또는 건물벽 밖의 0.5~1m 떨어진 지점에서 측정된 실외소음에 의하여 판정하도록 되어 있으나, 공동주택에 거주하는 사람들에 대하여는 일상생활이 실제 이루어지는 실내에서 측정된 소음도에 따라 '참을 한도' 초과 여부를 판단함이 타당한 점 등을 고려하면, 도로변 지역의 소음에 관한 환경정책기본법의 소음환경기준을 위반하는 도로소음이 있다고 하여 바로 민사상 '참을 한도'를 넘는 위법한 침해행위가 있다고 단정할 수 없다"고 판시한 바 있다(대법원 2015. 9. 24. 선고 2011다91784 판결).

이러한 판례에 따를 경우 사안의 경우, 甲이 거주하는 공동주택 7층 이상 거주세대의 야간 실외소음도는 72데시벨(dB)로 도로변 일반주거지역의 야간 소음환경기준인 55데시벨(dB)보다 훨씬 높은 상태이나, 수인한도를 초과하였다고 단정할 수는 없다고 본다.

Ⅲ. 토지이용의 선후관계

도시화 · 산업화 및 이로 인한 주거의 과밀화로 인하여 도시에 거주하는 대부분의 거주자는 어느 정도의 소음이 존재하는 상황에서 특정 장소에 거주를 시작하게 되고, 거주자가 고요하고 평온한 상태에서 쾌적한 일상생활을 누릴 수 있는 생활이익은 원칙적으로 그가 거주를 시작한 때 그 장소에서의 소음도를 기초로 형성되기 시작하는 것이다. 사안에서 甲은 고속도로 확장공사 이후에 이주하였으므로 아파트에 거주를 시작할 당시 고속도로로 인한 일정 정도의 도로소음의 발생과 증가를 알았거나 알 수 있었던 것으로 보인다. 이러한 사실은 甲의 입장에서 수인한도 초과여부 판단함에 있어서 불리하게 작용할 것이다.

Ⅳ. 도로의 공공성

도로는 현대생활에서 필수불가결한 시설로서 지역 간 교통과 균형개발 및 국가의 산업경제활동에 큰 편익을 제공하고, 도시개발사업도 주변의 정비된 도로망 건설을 필수적인 요소로 하여 이루어지고 있는 점, 자동차 교통이 교통의 많은 부분을 차지하고 있고, 도시화 · 산업화에 따른 주거의 과밀화가 진행되고 있는 현실에서 일정한 정도의 도로소음의 발생과 증가는 사회발전에 따른 필연적인 변화에 속하는 점, 국가를 대신하여 고속국도를 관리하는 주체는 동등한 피해상황에 있는 국민 전체를 기준으로 도로소음 방지조치의 내용을 결정할 수밖에 없고, 따라서 그 방지조치도 기술적 · 경제적으로 한계를 지닐 수밖에 없는 점 등도 충분히 고려하여야 한다.

특히 고속국도는 자동차 전용의 고속교통에 공용되는 도로로서 도로소음의 정도가 일반 도로보다 높은 반면 자동차 교통망의 중요한 축을 이루고 있고, 당해 지역경제뿐 아니라 국민경제 전반의 기반을 공고히 하며 전체 국민 생활의 질을 향상시키는 데 중요한 역할을 담당하고 있으므로, 이미 운영 중이거나 운영이 예정된 고속국도에 근접하여 주거를 시작한 경우의 수인한도 초과 여부는 보다 엄격히 판단하여야 할 것이다(대법원 2015. 10. 15. 선고 2013다89433 판결). 결국 이러한 요소는 甲의 입장에서 수인한도 초과여부 판단함에 있어서 불리하게 작용할 것이다.

Ⅴ. 제3자가 받게 될 불이익

도로소음으로 인한 생활방해를 원인으로 소음의 예방 또는 배제를 구하는 방지청구는 금전배상을 구하는 손해배상청구와는 내용과 요건을 서로 달리하는 것이어서 같은 사정이라도 청구의 내용에 따라 고려요소의 중요도에 차이가 생길 수 있고, 방지청구는 그것이 인용될 경우 소송당사자뿐 아니라 제3자의 이해관계에도 중대한 영향을 미칠 수 있으므로, 방지청구의 당부를 판단하는 법원으로서는 해당 청구가 인용될 경우에 방지청구를 구하는 당사자가 받게 될 이익과 상대방 및 제3자가 받게 될 불이익 등을 비교 · 교량하여야 한다(대법원 2015. 10. 15. 선고 2013다89433 판결).

사안의 경우, 야간 소음환경기준인 55데시벨(dB) 이하 소음도를 달성하기 위해서는 어떠한 조치나 공사가 필요한지, 그에 소요될 시간과 비용은 어떠한지, 고속도로의 정상적인 통행에 지장이 없는지, 한국도로공사의 방음대책 이행의무가 甲과 소속도로의 이용자들에게 미칠 이익·불이익 등을 알 수 없다는 점에서 수인한도를 넘는 위법한 침해행위가 있다고 단정할 수 없다.

Ⅵ. 결 론

결국 甲에게 수인한도를 넘는 생활방해가 인정되어 한국도로공사에게 방음대책 이행의무가 인정된다고 단정하기 어려울 것이다.

문 4. 소음방지청구소송에서 소음도 측정방식에 관한 한국도로공사의 주장이 인정될 가능성에 대해 검토하시오.

Ⅰ. 문제의 소재

소음방지청구소송은 민사소송으로서 공법적 규제기준과 별도의 판단기준을 가질 수 있는지, 있다면 유지청구를 위한 위법성 판단에 적합한 측정방식 또는 기준은 무엇인지 검토가 필요하다.

Ⅱ. 민사소송에서 공법상 소음측정기준의 효력

소음·진동 공정시험기준은 환경분야 시험·검사 등에 관한 법률의 위임을 받은 고시로서 법적 구속력이 인정될 가능성도 있지만, 소음방지청구소송은 민사소송으로서 공법적 규제기준과 별도의 판단기준을 가질 수 있으므로, 소음측정기준에 관해서도 유지청구를 위한 위법성 판단에 적합한 측정방식 또는 기준을 별도로 인정할 수 있다.

Ⅲ. 소음측정방식

판례는 앞에서 본 바와 같이(문 3. Ⅱ) 2층 이상의 건물에 미치는 도로교통소음이 환경정책기본법의 환경기준을 준수하였는지는 '소음·진동 환경오염공정시험기준'(환경부고시 제2008-22호)이나 '소음·진동공정시험기준'(환경부고시 제2010-142호)에 규정된 측정방법에 따라 소음피해지점에서 소음원 방향으로 창문·출입문 또는 건물벽 밖의 0.5~1m 떨어진 지점에서 측정된 실외소음에 의하여 판정하도록 되어 있으나, 공동주택에 거주하는 사람들에 대하여는 일상생활이 실제 이루어지는 실내에서 측정된 소음도에 따라 '참을 한도' 초과 여부를 판단함이 타당한 점 등을 지적하면서 "일상생활이 실제 주로 이루어지는 장소인 거실에서 도로 등 소음원에 면한 방향의 모든 창호를 개방한 상태로 측정한 소음도가 환경정책기본법상 소음환경기준 등을 초과하는지에 따라 판단하는 것이 타당하다"고 판시한 바 있다(대법원 2015. 9. 24. 선고 2011다91784 판결).

Ⅳ. 결 론

판례에 따를 경우 공동주택에서 도로교통소음은 일상생활이 실제로 이루어지는 거실에서 소음원에 면한 방향의 모든 창호를 개방한 상태로 측정하여야 하므로 이를 지적하는 한국도로공사의 주장은 타당하다.

참조판례

1. 대법원 2015. 9. 24. 선고 2011다91784 판결(판례 [21])
2. 대법원 2015. 10. 15. 선고 2013다89433 판결

※ 주의사항

수인한도론의 적용 시 중요한 것은 가능한 많이 그 판단요소를 찾아내어 사안에 적용하는 것임.

41

교통소음과 수인한도

(2014년도 제3회 변호사시험)

사 례

甲은 A시에 소재하는 주택에 거주하는 사람이다. 甲이 거주하는 지역은 일반주거지역으로 甲의 주택 인근에는 한국도로공사가 건설·관리하는 고속국도가 있다. 甲은 소음 발생을 어느 정도 예상하였지만 지방을 오가며 사업을 하고 있어 고속국도 진입의 편의성을 고려하여 위 주택에 전입하였다. 甲의 전입 이후 한국도로공사는 교통량의 증가로 교통체증이 심각해지자 편도 2차로의 위 도로를 편도 4차로로 확장하였다. 도로 확장 이후 甲은 심야에도 교통소음에 시달리며, 이명과 불면증 등을 호소하고 있다.

甲은 한국도로공사에 교통소음의 감소를 위하여 방음벽 설치 등 소음을 저감하는 조치를 취할 것을 여러 차례 요구하였고, 이에 한국도로공사는 일부 구간에 방음벽을 설치하였고, 무인속도측정기 설치를 위하여 관할 행정청과 협의 중이다. 그러나 증가된 통행량, 통행 차량의 과속 등으로 위 방음벽은 제대로 기능을 하지 못하고 있다. 甲은 도로 확장 이후에 발생한 소음으로 피해를 받았다면서 한국도로공사를 상대로 중앙환경분쟁조정위원회에 손해배상과 방음벽의 추가 설치를 구하는 재정신청을 하였다. 재정 과정에서 甲이 거주하는 주택의 외부소음도를 측정하였는데, 그 결과 주간에는 69dB, 야간에는 57dB 수준이었다. 이에 중앙환경분쟁조정위원회는 환경정책기본법상 소음환경기준(주간: 65dB, 야간: 55dB)을 초과하였다면서 甲의 신청 중 손해배상청구 일부만을 인용하는 재정결정을 하였다. 이러한 사안에서 다음의 「소음·진동관리법」상 도로의 교통소음·진동의 관리기준을 참조하여 질문에 답하시오.

교통소음 · 진동의 관리기준(「소음 · 진동관리법」 시행규칙 제25조 관련)

대상지역	구분	한도	
		주간 (06:00~22:00)	야간 (22:00~06:00)
주거지역, 녹지지역, 관리지역 중 취락지구 · 주거개발진흥지구 및 관광 · 휴양개발진흥지구, 자연환경보전지역, 학교 · 병원 · 공공도서관 및 입소규모 100명 이상의 노인의료복지시설 · 영유아보육시설의 부지 경계선으로부터 50미터 이내 지역	소 음 (LeqdB(A))	68	58
	진동 (dB(V))	65	60
상업지역, 공업지역, 농림지역, 생산관리지역 및 관리지역 중 산업 · 유통개발진흥지구, 미고시지역	소 음 (LeqdB(A))	73	63
	진 동 (dB(V))	70	65

참고

1. 대상 지역의 구분은 「국토의 계획 및 이용에 관한 법률」에 따른다.
2. 대상 지역은 교통소음 · 진동의 영향을 받는 지역을 말한다.

문 1. 甲과 한국도로공사가 위 재정결정에 각각 불복하는 경우 어떠한 내용의 민사소송을 제기할 수 있는지 검토하시오.

문 2. 위 소송 과정에서 다루어질 주요 쟁점을 검토하고 소송의 결과를 전망하시오.

문 3. A시의 시장은 위 고속국도에서 발생하는 소음의 감소를 위하여 소음 · 진동관리법상 어떠한 조치를 취할 수 있는지 검토하시오.

해 설

문 1. 甲과 한국도로공사가 위 재정결정에 각각 불복하는 경우 어떠한 내용의 민사소송을 제기할 수 있는지 검토하시오.

Ⅰ. 문제의 소재

재정은 환경분쟁조정법상 대체적 분쟁해결수단의 하나인데, 동법 제42조, 제44조에서 간접적으로 이에 대한 불복수단으로 소송을 제기할 수 있다고 규정하고 있다. 사안에서는 甲과 한국도로공사가 재정에 대한 불복수단으로써 어떠한 내용의 소송을 제기할 수 있는지 문제된다.

Ⅱ. 제기 가능한 소송

1. 재정의 효력

환경분쟁조정법 제42조 제2항에 의하면 재정이 이루어지면 재정문서의 정본이 당사자에게 송달된 60일 이내에 당사자 양쪽 혹은 어느 한쪽으로부터 그 재정의 대상이 된 환경피해를 원인으로 하는 소송이 제기되거나 제1항에 따른 중앙조정위원회에 재정신청이 이루어지지 않는 한 재판상 화해와 동일한 효력이 있다.

2. 소송의 내용

(1) 甲

사안에서 甲은 피해자이므로 재정에 대한 불복으로 손해배상청구를 할 수 있고, 방음벽 추가 설치 및 소음기준 초과 유입금지 등을 요구하는 내용의 유지청구를 할 수 있으며, 두 청구를 함께 할 수 있다.

(2) 한국도로공사

사안에서 한국도로공사는 甲이 입은 손해에 대한 배상책임이 없다는 내용의 채무부존재확인소송을 제기할 수 있다.

문 2. 위 소송 과정에서 다루어질 주요 쟁점을 검토하고 소송의 결과를 전망하시오.

Ⅰ. 문제의 소재

고속국도가 공작물임에 착안하여 甲은 민법 제758조에 따른 공작물책임을 물을 수 있는데, 이 경우 '공작물의 설치 또는 보존의 하자'가 무엇인지 문제된다. 유지청구와 관련해서는 특히 위법성 2단계설에 따른 수인한도 초과 여부가 문제될 수 있다.

Ⅱ. 손해배상청구

1. 법적 근거

사안에서 고속국도는 공작물이라 할 것인데, 공작물의 설치 또는 보존의 하자로 인하여 타인에게 손해를 가한 때에는 공작물점유자가 손해를 배상할 책임이 있다(민법 제758조). 한국도로공사는 공작물 점유자에 해당하므로 甲은 이에 근거하여 한국도로공사를 상대로 민사상 손해배상청구를 할 수 있다.

2. 설치·보존상의 하자

(1) 수인한도

'공작물의 설치 또는 보존의 하자'와 관련해서 법원은 물적 하자뿐만 아니라 '기능적 하자(내지 작용상 하자)'를 포함하는 개념으로 이해하고 있으며, 나아가 수인한도론을 '기능적 하자 판단의 영역'으로 끌어들이고 있다. 즉 판례는 "영조물의 설치·관리상의 하자라 함은 영조물의 설치 및 관리에 불완전한 점이 있어 이 때문에 영조물 자체가 통상 갖추어야 할 (객관적) 안전성을 갖추지 못한 상태에 있는 것을 말하는 것이다"면서 "여기서 안전성을 갖추지 못한 상태, 즉 타인에게 위해를 끼칠 위험성이 있는 상태라 함은 당해 영조물을 구성하는 물적 시설 그 자체에 있는 물리적·외형적 흠결이나 불비로 인하여 그 이용자에게 위해를 끼칠 위험성이 있는 경우뿐만 아니라 그 영조물이 공공의 목적에 이용됨에 있어 그 이용상태 및 정도가 일정한 한도를 초과하여 제3자에게 사회통념상 참을 수 없는 피해를 입히는 경우까지 포함된다고 할 것이고, 사회통념상 참을 수 없는 피해인지 여부는 그 공작물의 공공성, 피해의 내용 및 정도, 이를 방지하기 위하여 노력한 내용 등을 종합적으로 고려하여 판단하여야 한다"고 판시하고 있다.

(2) 사안에의 적용

결국 위 손해배상청구에서 가장 중요한 쟁점은 고속국도에서 발생한 소음이 甲에게 수인한도를 넘는 피해를 입혔는지 여부다. 판례에 의하면 침해된 이익, 가해행위의 공공성, 교섭의 경과, 토지의 용도, 토지 이용의 선후관계, 공법상 규제 준수 여부 등이 그 기준이 된다.

고속국도의 공공성이나 주택 입주 전에 고속국도가 설치된 점을 고려하더라도, 甲이 이명과 불면증 등 신체적·정신적 피해를 입어 그 피해의 정도가 작지 않은 점, 한국도로공사와 甲 간의 교섭이 완료되지 않은 점, 해당 지역이 주거지역인 점, 입주 후에 확장공사가 완료된 점, 고속국도에서 발생하는 소음이 환경정책기본법상 소음환경기준

(주간: 65dB, 야간: 55dB)을 초과한 점, 주간 소음은 소음 · 진동관리법 시행규칙 제25조의 소음 · 진동기준에서 규정하고 있는 주간 기준을 초과하고 있는 점(야간 소음이 소음 · 진동관리법 시행규칙 제25조의 소음 · 진동기준에서 규정하고 있는 야간 기준보다 1dB 이내이나 공법적 규제기준이 사법상 보호되는 이익을 보호하기 위한 최소한도의 기준으로 봄이 상당하기 때문에 공법적 규제 기준을 준수하더라도 단순히 수인한도 내에 있는 피해라고 할 수 없다) 등의 사정을 종합적으로 살펴볼 때 사안의 소음 피해는 통상의 수인한도를 넘는 것으로서 위법하다고 할 것이다.

3. 위험에의 접근이론

(1) 요 건

소음 등으로 인한 피해가 존재하고 있는 지역으로 뒤늦게 이주해 들어 온 자에 대하여는 피해자가 위험에 스스로 접근한 사실을 고려하여 이른바 '위험에의 접근 이론'을 적용하여 가해자의 책임을 면제할 수 있을 것이다. 법원은 위험에의 접근 이론이 적용되기 위해서는 ① 피해를 용인하며 접근한 것으로 볼 수 있을 것, ② 피해가 직접 생명이나 신체에 관련된 것이 아니라 정신적 고통이나 생활방해의 정도에 그칠 것, ③ 침해행위에 고도의 공공성이 인정될 것, ④ 피해 정도가 위험에 접근할 당시에 인식하고 있었던 위험의 정도를 초과하는 것이거나 위험에 접근한 후에 그 위험이 특별히 증대하였다는 등의 특별한 사정이 없을 것을 요구한다(대법원 2005. 1. 27. 선고 2003다49566 판결). 한편 일반인이 공해 등의 위험지역으로 이주하여 거주하는 경우라고 하더라도 위험에 접근할 당시에 그러한 위험이 존재하는 사실을 정확하게 알 수 없는 경우가 많고, 그 밖에 위험에 접근하게 된 경위와 동기 등의 여러 가지 사정을 종합하여 그와 같은 위험의 존재를 인식하면서 굳이 위험으로 인한 피해를 용인하였다고 볼 수 없는 경우에는 손해배상액의 산정에 있어 형평의 원칙상 과실상계에 준하여 감액사유로 고려하는 것이 상당하다.

(2) 사안에의 적용

甲이 기존 고속국도 설치 이후에 전입하였다는 사정만으로 위 고속국도에서 유입되는 소음으로 인한 피해를 용인하였다고 볼 수도 없고, 단순 생활방해가 아니라 이명 등 건강피해가 발생하였으므로 위험에의 접근이론이 적용될 수 없다. 그 결과 한국도로공사의 면책은 곤란하다. 그러나 과실상계에 준하여 배상액이 감경될 여지가 있다.

Ⅲ. 유지청구

1. 법적 권원

유지청구의 법적 근거로는 물권적청구권, 상린권, 불법행위, 인격권, 환경권 등 견해의 대립이 심하다. 위 각 견해들은 각자 일면의 근거를 가지고 있는 것이 사실이지만, 어떠한 것도 명쾌한 근거를 제시하고 있지 않다. 판례는 물권적청구권설의 입장을 취하고 있다고 이해된다. 즉 "어느 토지나 건물의 소유자가 종전부터 향유하고 있던 쾌적한 환경이 그에게 하나의 생활 이익으로서의 가치를 가지고 있다고 객관적으로 인정된다면 법적인 보호의 대상이 될 수 있는 것이라 할 것이므로, 인접 대지에 위치한 소음배출시설에서 소음이 발생함으로써 생활이익이 침해되고 그 침해가 사회통념상 일반적으로 수인할 정도를 넘어선다고 인정되는 경우에는 위 토지 등의 소유자는 그 소유권에 기하여 그 방해의 제거나 예방을 위하여 필요한 청구를 할 수 있다"는 것이다.

한편, 민법 제750조에 따른 불법행위의 효과로써 유지청구를 할 수 있다는 견해도 있다. 최근에는 인격권 내지 환경권을 유력한 근거로 하는 견해가 확산되고 있다. 특히 환경권의 구체적 권리성을 인정하는 입장은 헌법이나 환경정책기본법에 명문규정을 두고 있다는 점, 현재 60개 정도의 환경관계법이 존재하고 있다는 점, 환경권의 제한 법리로 작용하는 "법령의 규정취지와 조리"의 합리적 해석이 가능하다는 점 등을 그 논거로 들고 있다. 최근 환경권을 소유권과 함께 공사중지와 금지를 청구할 권리의 한 근거로 들고 있는 판례(대법원 2008. 9. 28. 선고 2006다49284 판결)도 주목된다.

그러나 여기에 대해서는 과연 인격권 내지 환경권을 사법상의 구체적인 권리로 볼 수 있느냐 하는 반대론이 만만치 않은 실정이다. 판례는 "환경권은 명문의 법률규정이나 관계 법령의 규정 취지 및 조리에 비추어 권리의 주체, 대상, 내용, 행사 방법 등이 구체적으로 정립될 수 있어야만 인정되는 것이므로, 사법상의 권리로서의 환경권을 인정하는 명문의 규정이 없는데도 환경권에 기하여 직접 방해배제청구권을 인정할 수 없다"라고 판시함으로써 환경권을 사법상의 구체적 권리로 볼 수 없다는 입장을 분명히 하고 있다.

2. 요 건

유지청구를 하기 위해서는 ① 피해의 성질과 정도에 비추어 금전적 평가가 곤란할 것, ② 금전보상만으로는 피해회복이 어려울 것, ③ 피해가 일시적인 것이 아니라 계속적으로 중대하고 명백하게 부당한 것일 것, ④ 피해가 수인한도를 초과할 것(위법성) 등

이 그 요건으로 요구된다.

3. 위법성 2단계설

유지청구에서 수인한도 기준은 손해배상청구에서의 수인한도 기준과는 다르다고 보는 것이 일반적이다(위법성 2단계설). 오염발생을 이유로 오염발생시설의 가동중지나 행위의 금지를 명하게 되면 오염으로 피해자가 입을 손해에 비하여 가해자가 입는 손해가 막대한 경우가 많은 점, 오염발생시설인 공장이나 공사장, 교통시설의 가동을 중지하는 것은 공익적인 관점에서 바람직하지 못하다는 점, 오염발생에 대한 대책으로는 오염발생을 막는 것이 아니라도 오염방지시설 · 방음막 등의 설치 등 다른 방법을 강구할 수 있다는 점이 그 이유가 될 수 있다. 유지청구에서 수인한도를 판단할 때에는 손해배상청구에서 살펴본 수인한도의 요소 외에도 손해배상으로써 전보될 수 없을 정도로 법익침해가 심한지와 가해자에게 발생할 손실을 함께 고려하여야 한다.

4. 추상적 유지청구

법원은 "소음이 피해 주민 주택을 기준으로 일정 한도를 초과하여 유입되지 않도록 하라는 취지의 유지청구는 소음발생원을 특정하여 일정한 종류의 생활방해를 일정 한도 이상 미치게 하는 것을 금지하는 것으로 청구가 특정되지 않은 것이라고 할 수 없고, 이러한 내용의 판결이 확정될 경우 민사집행법 제261조 제1항에 따라 간접강제의 방법으로 집행을 할 수 있으므로, 이러한 청구가 내용이 특정되지 않거나 강제집행이 불가능하여 부적법하다고 볼 수는 없다"고 판시하여 추상적 유지청구를 인정하고 있다(대법원 2007. 6. 15. 선고 2004다37904 판결).

5. 사안에의 적용

甲은 소유권, 불법행위, 환경권, 인격권 등에 근거하여 유지청구가 가능할 것이다. 甲의 피해는 신체적 · 정신적 피해로써 손해액의 금전적 평가가 곤란하고, 금전보상만으로는 피해가 보상된다고 보기 어렵고, 또한 계속된 소음의 발생으로 그 피해도 계속되고 있다. 또한 앞서 손해배상청구의 경우 수인한도 판단 부분에서 살펴 본 여러 사정을 고려할 때 유지청구에서 요구하는 수인한도를 넘는다고 판단된다. 결국 甲은 한국도로공사에 대하여 고속국도에서 유입하는 소음을 수인한도 내로 저감시킬 방음대책(추가 방음벽의 설치)을 구할 수 있을 것이다. 나아가 소음이 일정한 한도를 초과하여 유입되지 않도록 하는 취지의 추상적 유지청구(예컨대, 68dB을 초과하는 소음을 도달하게 하여서는 아니 된다)도 가능할 것이다.

Ⅳ. 결 론

고속국도에는 甲의 수인한도를 초과하는 소음을 유발하는 설치 · 관리상의 하자가 존재한다고 할 것이고, 그 설치 · 관리자인 한국도로공사는 甲에 대하여 손해배상 및 고속국도에서 유입하는 소음을 수인한도 내로 저감시킬 방음대책(추가 방음벽의 설치)을 이행하여야 할 것이다. 다만, 위험에의 접근이론에 따라 손해배상액이 감경될 여지는 있다.

문 3. A시의 시장은 위 고속국도에서 발생하는 소음의 감소를 위하여 소음 · 진동관리법상 어떠한 조치를 취할 수 있는지 검토하시오.

Ⅰ. 문제의 소재

소음 · 진동관리법상 소음의 감소를 위하여 지방자치단체장이 취할 수 있는 조치에 관한 검토가 필요하다.

Ⅱ. 지방자치단체장이 취할 수 있는 조치

1. 교통소음 · 진동관리지역의 지정

특별시장 · 광역시장 · 특별자치도지사 또는 시장 · 군수는 교통기관에서 발생하는 소음 · 진동이 교통소음 · 진동관리기준을 초과하거나 초과할 우려가 있는 경우에는 해당 지역을 교통소음 · 진동관리지역으로 지정할 수 있다(제27조 제1항).

2. 자동차운행의 규제

특별자치시장 · 특별자치도지사 또는 시장 · 군수 · 구청장은 교통소음 · 진동 관리지역을 통행하는 자동차를 운행하는 자에게 「도로교통법」에 따른 속도의 제한 · 우회 등 필요한 조치를 하여 줄 것을 지방경찰청장에게 요청할 수 있다. 이 경우 지방경찰청장은 특별한 사유가 없으면 지체 없이 그 요청에 따라야 한다(제28조).

3. 방음방진시설의 설치 등

특별시장 · 광역시장 · 특별자치시장 · 특별자치도지사 또는 시장 · 군수(광역시의 군수는 제외한다)는 교통소음 · 진동 관리지역에서 자동차 전용도로, 고속도로 및 철도로부터 발생하는 소음 · 진동이 교통소음 · 진동 관리기준을 초과하여 주민의 조용하고 평온한 생활환경이 침해된다고 인정하면 스스로 방음·방진시설을 설치하거나 해당 시설관리기관의 장에게 방음·방진시설의 설치 등 필요한 조치를 할 것을 요청할 수 있다. 이 경우 해당 시설관리기관의 장은 특별한 사유가 없으면 그 요청에 따라야 한다(제29조 제1항).

Ⅲ. 결 론

A시장은 위 고속국도가 지나는 지역을 교통소음·진동관리지역으로 지정할 수 있고, 자동차운행을 규제하기 위하여 지방경찰청장에 요청하여 동법 제28조에 따른 조치를 취하여 줄 것을 요청할 수 있으며, 한국도로공사에 대하여 방음방진시설의 설치를 요청할 수 있다.

참조판례

1. 김포공항 사건: 대법원 2005. 1. 27. 선고 2003다49566 판결(판례 [22])
2. 추상적 유지청구: 대법원 2007. 6. 15. 선고 2004다37904 판결(판례 [23])

※ 주의사항

1. 영조물 책임에서 핵심은 하자임. 특히 기능적 하자가 무엇인지 이해하고 판례에서 어떻게 표현하는지 알아 둘 것(단순히 기능적 하자라는 표현만을 사용하는 경우는 이해하지 못하고 외워서 쓰는 것으로 보임).
2. 기능적 하자의 방점은 수인한도론의 적용임.

42

도로소음과 피해구제

(법전원협의회 2014년도 제2차 변호사시험 모의시험)

사 례

甲은 2009. 5. 1.부터 甲 소유명의의 강원도 평창군 개포면 갈마리 42번지에 한돈농장의 상호로 대지면적 2,500㎡, 건축물 연면적 1,325㎡의 양돈장을 경영하면서 약 1,220두의 돼지(모돈 120두, 기타 1,100두)를 양육하여 왔다.

한국도로공사(이하 乙공사라고 함)는 고속국도법 제6조 제1항의 규정에 의하여 국토교통부장관을 대행하여 고속도로를 관리·점유하는 법인으로서 2010년경 제4호 고속국도(영동고속도로)의 강원 원주군 호저면부터 강원도 강릉시 초입까지 사이의 기존 2차로를 4차로 도로로 확장하기 위한 공사를 시작하였다.

乙공사는 2011. 1. 초경부터 2013. 1. 말경까지 약 23개월 간 이 사건 공사를 진행하여서, 이 사건 공사가 완료된 후에는 4차도로 확장된 결과 당초 95m 가량 떨어져 있던 위 양돈장과 고속국도 사이의 거리가 약 45m로 가까워졌고, 위 양돈장과 고속국도 사이의 자연방음벽 역할을 하던 야산이 위 도로확장을 위한 부지조성공사로 깎였을 뿐 아니라, 교통량과 진행차량의 속도의 증가 및 확장도로면을 아스팔트 대신 아스콘으로 사용한 결과로 인하여 소음·진동량이 종전의 약 45 내지 50dB에서 평균 75dB로 증가되었다. 이에 따라 甲의 농장에서 양돈 중이던 돼지들이 소음과 진동에 민감한 반응을 보여 유산 또는 폐사의 발생률이 현저히 증가하고, 자돈육성률 및 돼지의 출하두수가 감소하는 등의 현상을 보여 오고 있다.

문 1. 甲이 취할 수 있는 소송외적 분쟁해결수단으로서 환경분쟁조정제도의 유형과 그 효력을 논하시오.

문 2. 甲이 乙을 상대로 소음침해에 대한 유지청구권을 행사할 경우 그 법리와 인용 여부를 논하시오.

문 3. 甲이 乙을 상대로 손해배상청구권을 행사할 경우 그 근거와 관련 쟁점을 논하시오.

해 설

문 1. 甲이 취할 수 있는 소송외적 분쟁해결수단으로서 환경분쟁조정제도의 유형과 그 효력을 논하시오.

Ⅰ. 문제의 소재

사안과 같이 소음 · 진동으로 인한 재산상의 피해는 환경분쟁조정대상이 되는바, 환경분쟁조정법상의 환경분쟁조정제도를 통한 분쟁해결을 위해서는 동제도의 유형(알선, 조정, 재정, 중재), 효력 등에 대한 검토가 필요하다.

Ⅱ. 환경분쟁조정의 유형

1. 알 선

알선은 알선위원이 당사자간의 분쟁이 자주적으로 해결되도록 교섭장소의 제공, 자료의 제시 및 쟁점의 정리 등 교섭을 지원하고 촉진함으로써 화해를 유도하여 합의가 원활하게 진행되도록 중개하는 절차를 말한다. 알선은 당사자의 자주성을 존중하고 당사자간의 자주적 해결을 원조함으로써, 분쟁해결을 도모하는 것이므로 본격적인 증거조사는 이루어지지 않는다.

2. 조 정

조정은 제3자인 조정위원회가 특정한 분쟁사건에 관하여 양 당사자의 주장을 들어보고 쟁점이 되는 사실을 조사하여 상당한 이유가 있다고 인정되는 경우에는 조정안을 작성하여 당사자간에 일정 기간을 정하여 수락을 권고함으로써 분쟁을 해결하는 절차이다. 조정은 앞서 살펴본 알선과 달리 사실조사가 이루어진다. 즉 조정위원회는 분쟁의 조정을 위하여 필요하다고 인정할 때에는 조정위원회의 위원 또는 심사관으로 하여금 당사자가 점유하고 있는 공장, 사업장 또는 그 밖에 사건과 관련이 있는 장소에 출입하여 관계 문서 또는 물건을 조사 · 열람 또는 복사하도록 하거나 참고인의 진술을 들을 수 있도록 할 수 있다(제32조 제1항).

3. 재 정

재정은 제3자인 재정위원회가 서로 대립하는 당사자간의 분쟁에 대하여 사실조사 및 심문 등의 절차를 거쳐 법률적인 판단(재정결정)으로 분쟁을 해결하는 준사법적 쟁송절차이다. 재정에는 ① 환경피해를 발생시키는 행위와 환경피해 사이의 인과관계 존재 여부를 결정하는 재정(원인재정), ② 환경피해에 대한 분쟁 당사자 간의 손해배상 등의 책임의 존재와 그 범위 등을 결정하는 재정(책임재정)이 있다(제35조의3). 동법은 재정위원회로 하여금 분쟁의 재정을 위하여 필요하다고 인정할 때에는 당사자의 신청에 의하여 또는 직권으로 당사자 또는 참고인에 대한 출석 요구 · 질문 및 진술 청취, 감정인의 출석 및 감정의 요구, 사건과 관계있는 문서 또는 물건의 열람 · 복사 · 제출 요구 및 유치, 사건과 관계있는 장소의 출입 · 조사 등의 행위를 할 수 있도록 함으로써 사실조사 등에 직권주의를 가미하고 있다(제38조 제1항). 대심구조와 당사자의 구술 변론권이 보장된 준사법적 절차라는 점에서 알선 및 조정과는 구별된다.

4. 중　재

중재는 분쟁의 당사자 쌍방이 법원에서의 재판을 받을 권리를 포기하고, 분쟁의 해결을 중재위원회에 맡기고 그 판단에 따르겠다는 약속(중재합의)을 함으로써 중재위원회에서 내리는 판정에 의해 분쟁을 최종적으로 해결하는 절차이다. 당사자 사이에 중재합의가 반드시 필요하다는 점, 분쟁을 강행적으로 해결한다는 점에서 당사자 사이의 합의로 이루어지는 임의성이 강한 조정, 재정 등과 구별된다.

중재위원회의 심문, 조사권, 증거보전, 중재의 방식 및 원상회복 등에 관하여는 제37조부터 제41조까지의 규정을 준용한다(제45조의3). 즉 당사자간 중재합의를 근거로, 당사자 일방 또는 쌍방으로부터 신청이 있는 경우 중재위원회는 당사자 및 참고인, 감정인을 심문하는 등으로 다툼의 원인이 되는 사실관계를 탐지하고 중재판정을 한다. 한편, 중재와 관련된 절차에 관하여는 이 법에 특별한 규정이 있는 경우를 제외하고는 중재법을 준용한다(제45조의4 제2항).

Ⅲ. 효　력

1. 알　선

알선은 합의서의 작성으로 종료되며, 알선에 의하여 당사자간에 성립한 화해계약은 민법상 계약으로서 채무승인의 법률효과가 발생한다. 당사자간에 합의가 이루어지지 아니한 경우에는 조정이나 재정 신청 또는 소송 제기가 가능하다.

2. 조　정

조정은 당사자가 조정안을 수락하고 그 사실을 조서에 적음으로써 성립된다(제33조 제1항). 조정조서는 재판상 화해와 동일한 효력이 있다. 다만, 당사자가 임의로 처분할 수 없는 사항에 관한 것은 그러하지 아니하다(동조 제2항). 합의가 이루어지지 아니할 경우 당사자는 재정 신청이나 소송을 제기할 수 있다.

3. 재　정

재정위원회가 재정을 한 경우에 재정문서의 정본이 당사자에게 송달된 날부터 60일 이내에 당사자 양쪽 또는 어느 한쪽으로부터 그 재정의 대상인 환경피해를 원인으로 하는 소송이 제기되지 아니하거나 그 소송이 철회된 경우 또는 지방조정위원회의 재정위원회가 한 책임재정에 대하여 중앙조정위원회에 불복 신청이 되지 아니한 경우에는 그 재정문서는 '재판상 화해'와 동일한 효력이 있다. 다만, 당사자가 임의로 처분할 수 없는 사항에 관한 것은 그러하지 아니하다(제42조 제3항). 당사자가 재정에 불복하여 소송을 제기한 경우 시효의 중단 및 제소기간의 계산에 있어서는 재정의 신청을 재판상의 청구로 본다(제44조). 재정이 신청된 사건에 대한 소송이 진행 중일 때에는 수소법원은 재정이 있을 때까지 소송절차를 중지할 수 있으며, 재정위원회는 이 규정에 의한 소송절차의 중지가 없는 경우에는 해당 사건의 재정절차를 중지하여야 한다(제45조).

4. 중　재

중재는 양쪽 당사자 간에 법원의 확정판결과 동일한 효력이 있다(제45조의4). 따라서 당사자는 중재판정에 의하여 확정된 내용에 관하여는 다툴 수 없으며 법원도 이에 반하는 판단을 할 수 없게 된다. 이와 같이 중재가 확정판결과 동일한 효력이 있다고 하지만 집행을 위해서 별도의 법원의 집행결정을 받아야 하기 때문에(중재법 제37조), 확정판결과 완전히 동일한 집행력이 인정되고 있지 않다고 할 수 있다.

문 2. 甲이 乙을 상대로 소음침해에 대한 유지청구권을 행사할 경우 그 법리와 인용 여부를 논하시오.

Ⅰ. 문제의 소재

甲이 입는 피해는 금전배상만으로 회복이 어려우며, 향후 소음피해가 없도록 하기 위해서는 乙의 소음침해행위의 중지를 요구할 수 있어야 한다. 이를 위해서는 현재 침해의 제거와 장래 침해의 예방을 청구할 수 있는 유지청구권의 법적 근거와 위법성 인정에 대한 학설과 판례 등을 검토할 필요가 있다.

Ⅱ. 법적 권원

유지청구의 법적 근거로는 물권적청구권, 상린권, 불법행위, 인격권, 환경권 등 견해의 대립이 심하다. 위 각 견해들은 각자 일면의 근거를 가지고 있는 것이 사실이지만, 어떠한 것도 명쾌한 근거를 제시하고 있지 않다. 판례는 물권적청구권설의 입장을 취하고 있다고 이해된다. 즉 "어느 토지나 건물의 소유자가 종전부터 향유하고 있던 쾌적한 환경이 그에게 하나의 생활 이익으로서의 가치를 가지고 있다고 객관적으로 인정된다면 법적인 보호의 대상이 될 수 있는 것이라 할 것이므로, 인접 대지에 위치한 소음배출시설에서 소음이 발생함으로써 생활이익이 침해되고 그 침해가 사회통념상 일반적으로 수인할 정도를 넘어선다고 인정되는 경우에는 위 토지 등의 소유자는 그 소유권에 기하여 그 방해의 제거나 예방을 위하여 필요한 청구를 할 수 있다"는 것이다.

한편, 민법 제750조에 따른 불법행위의 효과로써 유지청구를 할 수 있다는 견해도 있다. 최근에는 인격권 내지 환경권을 유력한 근거로 하는 견해가 확산되고 있다. 특히 환경권의 구체적 권리성을 인정하는 입장은 헌법이나 환경정책기본법에 명문규정을 두고 있다는 점, 현재 60개 정도의 환경관계법이 존재하고 있다는 점, 환경권의 제한 법리로 작용하는 "법령의 규정취지와 조리"의 합리적 해석이 가능하다는 점 등을 그 논거로 들고 있다. 최근 환경권을 소유권과 함께 공사중지와 금지를 청구할 권리의 한 근거로 들고 있는 판례(대법원 2008. 9. 28. 선고 2006다49284 판결)도 주목된다.

그러나 여기에 대해서는 과연 인격권 내지 환경권을 사법상의 구체적인 권리로 볼 수 있느냐 하는 반대론이 만만치 않은 실정이다. 판례는 "환경권은 명문의 법률규정이나 관계 법령의 규정 취지 및 조리에 비추어 권리의 주체, 대상, 내용, 행사 방법 등이 구체적으로 정립될 수 있어야만 인정되는 것이므로, 사법상의 권리로서의 환경권을 인정하는 명문의 규정이 없는데도 환경권에 기하여 직접 방해배제청구권을 인정할 수 없다"라고 판시함으로써 환경권을 사법상의 구체적 권리로 볼 수 없다는 입장을 분명히 하고 있다.

Ⅲ. 요 건

유지청구를 하기 위해서는 ① 피해의 성질과 정도에 비추어 금전적 평가가 곤란할 것, ② 금전보상만으로는 피해회복이 어려울 것, ③ 피해가 일시적인 것이 아니라 계속적으로 중대하고 명백하게 부당한 것일 것, ④ 피해가 수인한도를 초과할 것(위법성) 등이 그 요건으로 요구된다.

Ⅳ. 위법성

1. 수인한도론

유지청구권은 위법한 침해에 대해서만 인정되는데, 법원은 "사회통념상 수인한도를 넘은 경우에는 위법행위로 평가될 수" 있다고 판시하여 위법성 판단에 수인한도를 적용하고 있다(대법원 2001. 2. 9. 선고 99다55434 판결). 나아가 "인근 고속도로에서 유입되는 소음으로 인하여 입은 환경 등 생활이익의 침해를 이유로 일정 한도를 초과하는 소음이 유입되지 않도록 하라는 내용의 유지청구 소송에서 그 침해가 사회통념상 일반적으로 수인할 정도를 넘어서는지의 여부는 피해의 성질 및 정도, 피해이익의 공공성, 가해행위의 태양, 가해행위의 공공성, 가해자의 방지조치 또는 손해회피의 가능성, 인·허가 관계 등 공법상 기준에의 적합 여부, 지역성, 토지이용의 선후관계 등 모든 사정을 종합적으로 고려하여 판단하여야 한다"고 판시하고 있다(대법원 2007. 6. 15 선고 2004다37904,37911 판결).

2. 위법성 2단계설

유지청구에서 수인한도 기준은 손해배상청구에서의 수인한도 기준과는 다르다고 보는 것이 일반적이다(위법성 2단계설). 오염발생을 이유로 오염발생시설의 가동중지나 행위의 금지를 명하게 되면 오염으로 피해자가 입을 손해에 비하여 가해자가 입는 손해가 막대한 경우가 많은 점, 오염발생시설인 공장이나 공사장, 교통시설의 가동을 중지하는 것은 공익적인 관점에서 바람직하지 못하다는 점, 오염발생에 대한 대책으로는 오염발생을 막는 것이 아니라도 오염방지시설·방음막 등의 설치 등 다른 방법을 강구할 수 있다는 점이 그 이유가 될 수 있다.

Ⅴ. 사안에의 적용

甲은 소유권, 불법행위, 환경권, 인격권 등에 근거하여 유지청구가 가능할 것이다. 甲이 입고 있는 생활상 · 정신상 피해는 금전적 평가가 곤란하고, 금전보상만으로는 피해회복이 어렵다고 볼 수 있다. 또한 피해가 일시적인 것이 아니라 계속적으로 중대하고 명백하게 부당한 것이라 판단된다. 수인한도를 초과하였는지를 보건대, 고속도로의 공공성과 사회적 가치를 고려하더라도, 甲이 입은 재산적 피해의 정도가 크다고 할 수 있는 점, 고속도로 확장공사 전에 인근에 양돈장이 위치하고 있으므로 乙은 방음대책을 수립할 수 있었던 점, 돼지는 소음에 매우 취약한 특성이 있는 것으로 보고되고 있는데, 소음도가 75dB 정도에 이르고 있는 점, 乙로서는 고속도로의 확장공사 후 교통량 증가와 차량 속도 증가 등으로 인한 양돈장의 소음 피해를 충분히 예상할 수 있었고, 실제 교통량과 차량속도가 증가하고 있는 점, 양돈장과 고속도로 사이가 45m 정도인 점에 비추어 양돈장에 유입되는 소음의 대부분은 고속도로에서 발생하는 교통소음인 것으로 보이는 점, 乙이 소음 · 진동 저감 대책을 수립 · 시행하지 않은 점 등을 종합적으로 고려하였을 때 甲이 입은 손해는 수인한도를 넘는 것이어서 그 위법성이 인정된다고 봄이 상당하다. 다만 위법성 2단계설에 따를 경우 차량통행금지나 도로폐쇄 등에 대한 유지청구는 인용가능성이 낮은 반면, 소음피해를 완화할 수 있는 제한적 유지청구(예컨대, 방음벽 설치, 과속차량을 제한하기 위한 조치 등의 기술적 경제적으로 기대가능한 방지조치의 청구)는 인용가능성이 상대적으로 높다고 할 수 있다.

문 3. 甲이 乙을 상대로 손해배상청구권을 행사할 경우 그 근거와 관련 쟁점을 논하시오.

Ⅰ. 문제의 소재

고속도로가 공작물이라는 점에 착안하여 일반 불법행위(민법 제750조)에 기초한 인한 손해배상청구와 함께 민법 758조에 따른 손해배상청구를 검토할 필요가 있다.

Ⅱ. 불법행위에 기초한 손해배상청구

불법행위(민법 제750조)에 기초한 인한 손해배상청구가 인정되기 위해서는 ① 가해자의 고의 · 과실, ② 가해행위의 위법성, ③ 가해행위와 손해 사이의 인과관계, ④ 손해의 발생이 요구된다. 당사자간의 주장에 비추어 사안에서는 위 요건 중 고의 · 과실, 위법성 및 인과관계 인정 여하가 치열하게 다투어질 것으로 예상된다.

1. 고의 · 과실

(1) 환경정책기본법 제44조의 원인자의 무과실책임

환경오염피해에 대한 손해배상청구에서는 환경정책기본법상 원인자의 무과실책임 규정이 적용될 수 있는지가 쟁점이 될 수 있다. 동법 제44조 제1항은 "환경오염 또는 환경훼손으로 피해가 발생한 경우에는 해당 환경오염 또는 환경훼손의 원인자가 그 피해를 배상하여야 한다"고 규정하고 있다.

(2) 요 건

(가) 원인자

책임주체는 환경오염 또는 환경훼손의 '원인자'이다. '원인자'는 자기의 행위 또는 사업활동으로 환경오염 또는 환경훼손의 원인을 발생시킨 자이다(제7조). 무과실책임을 지는 '원인자'에 대한 별도의 개념규정을 두고 있지 않아 구체적인 경우에는 논란이 있을 수 있으나 판례는 "자기의 행위 또는 사업활동을 위하여 자기의 영향을 받는 사람의 행위나 물건으로 환경오염을 야기한 자"라는 입장을 취하고 있다(대법원 2017. 2. 15. 선고 2015다23321 판결). 사안의 경우 乙은 소음 · 진동을 유발함으로써, 환경오염의 원인을 발생시킨 자이므로 원인자에 해당한다.

(나) 환경피해

환경정책기본법에서는 '환경오염피해'에 대한 별도의 개념 정의가 없기 때문에 환경피해의 확정이 어려울 수 있다. 환경정책기본법에서 구체적으로 열거하고 있는 환경오염 내용은 예시적인 의미를 가질 뿐이며, 해석에 따라 그 범위는 크게 확대될 수 있다. 환경정책기본법 제3조 제4호는 '환경오염'을 "사업활동 및 그 밖의 사람의 활동에 의하여 발생하는 대기오염, 수질오염, 토양오염, 해양오염, 방사능오염, 소음 · 진동, 악취, 일조방해 등으로서 사람의 건강이나 환경에 피해를 주는 상태"라고 정의하고 있는바, 사안의 경우 소음 · 진동이 발생하였으므로 환경오염에 해당한다. 다만 乙이 발생한 소음 · 진동으로 인하여 피해가 발생하였는지 여부는 인과관계의 문제와 관련 있는데, 이는 별도의 검토가 요구된다.

(3) 구체적 효력

구성요건과 효과의 비구체성, 환경정책기본법이 민법의 특별법으로서의 성격을 갖지 않는다는 점 등을 근거로 위 환경정책기본법 제44조 제1항(원인자의 무과실책임)

의 구체적 효력을 부인하는 견해와 해당 규정의 연혁을 살펴볼 때 책임주체와 범위 등이 확대되어 온 점, 구체성이 떨어지는 요건에 대한 해석은 판례나 학설을 통해 해결할 수 있다는 점, 개별 환경법에 환경오염피해와 관련한 어떠한 책임 및 구제 규정이 없는 상황에서는 위 규정의 구체적 효력을 쉽게 부인하여서는 안 된다는 점 등을 고려할 때 그 구체적 효력이 인정된다는 견해가 대립한다. '사업자'를 책임주체로 한 무과실책임규정인 구 환경정책기본법 제31조 제1항의 구체적 효력을 인정한 판례(대법원 2001. 2. 9. 선고 99다55434 판결)가 있으며, 최근 현행 제44조 제1항의 구체적 효력을 인정하고 있는 판례(대법원 2017. 2. 15. 선고 2015다23321 판결, 대법원 2018. 9. 13. 선고 2016다35802 판결)가 있어 주목을 받고 있다.

(4) 민법 제750조와의 관계

본조와 민법 제750조와의 관계에 대하여, 판례는 환경정책기본법 제44조 제1항이 민법의 불법행위 규정에 대한 특별규정이라고 보면서(법조경합) 환경오염으로 인하여 손해를 입은 자가 환경정책기본법에 의하여 손해배상을 주장하지 않았다고 하더라도 법원은 민법에 우선하여 환경정책기본법을 적용하여야 한다는 입장을 취하고 있다(대법원 2008. 9. 11. 선고 2006다50338 판결).

(5) 사안에의 적용

사안에서 소음 · 진동으로 인한 양돈 중이던 돼지들의 유산 또는 폐사 등 재산적 피해는 환경오염피해가 분명하다. 환경정책기본법 제44조 무과실책임 규정의 구체적 효력이 인정되므로 甲은 이 규정의 적용을 주장함으로써, 乙의 고의 · 과실을 입증하지 않아도 될 것이다.

2. 인과관계

(1) 인과관계 입증의 어려움

원칙적으로 원고인 甲이 乙의 가해행위와 자신의 손해 사이에 인과관계가 있다는 점을 입증하여야 한다. 증인, 전문가 의견, 현지조사, 감정, 관련 문헌 조사, 재현 실험결과, 양 당사자의 진술 등을 종합하여 인과관계 여부를 입증할 수는 있겠으나, 이러한 인과관계를 자연과학적으로 증명하는 것은 극히 곤란하거나 불가능한 경우가 많고 환경오염의 피해자에게 인과관계의 입증 책임을 전적으로 부여한다면 결국 구제 기회는 없는 것과 다름없어 사회 형평의 관념에 적합하다고 볼 수 없다.

(2) 개연성이론

판례는 환경피해에 따른 손해배상책임 사안에 있어서 개연성이론을 적용함으로써 입증책임을 완화하고 있다. 이에 따르면 피해자가 ① 오염물질이 배출되었다는 점, ② 오염물질이 피해자에게 도달하였다는 점, ③ 피해가 발생하였다는 점을 입증하면, 가해자가 반증으로서 ① 배출물질에 피해 원인물질이 포함되지 않았다는 점, ② 원인물질이 포함되었다 하더라도 안전농도 범위 내라는 점을 입증하거나, 간접반증으로서 피해에 전적으로 다른 원인이 작용하였다는 점을 입증하지 않는 한 인과관계가 증명된 것으로 본다.

(3) 사안에의 적용

사안에서 개연성이론에 따라 甲이 소음·진동이 고속도로에서 발생되었고, 대기를 통해 양돈장에 도달하였으며, 그로 인하여 양돈 중인 돼지의 유산 및 파산이 발생하였다는 점을 입증한다면, 乙의 소음·진동 배출행위와 甲의 피해 간에 인과관계를 인정할 수 있다. 여기에 대해 乙이 책임을 면하기 위해서는 반증으로 자신이 유발한 소음·진동이 안전농도 범위 내라는 점을 입증하거나, 전적으로 다른 원인에 의하여 甲의 피해가 발생하였다는 것을 입증하여야 한다.

Ⅲ. 민법 758조에 따른 손해배상청구(공작물책임)

1. 공작물의 설치·보존상의 하자

공작물의 설치 또는 보존의 하자로 인하여 타인에게 손해를 가한 때에는 공작물 점유자가 손해를 배상할 책임이 있다(민법 제758조). '공작물의 설치 또는 보존의 하자'와 관련해서 법원은 물적 하자뿐만 아니라 '기능적 하자(내지 작용상 하자)'를 포함하는 개념으로 이해하고 있으며, 나아가 수인한도론을 '기능적 하자 판단의 영역'으로 끌어들이고 있다. 즉 판례는 "영조물의 설치·관리상의 하자라 함은 영조물의 설치 및 관리에 불완전한 점이 있어 이 때문에 영조물 자체가 통상 갖추어야 할 (객관적) 안전성을 갖추지 못한 상태에 있는 것을 말하는 것이다"면서 "여기서 안전성을 갖추지 못한 상태, 즉 타인에게 위해를 끼칠 위험성이 있는 상태라 함은 당해 영조물을 구성하는 물적 시설 그 자체에 있는 물리적·외형적 흠결이나 불비로 인하여 그 이용자에게 위해를 끼칠 위험성이 있는 경우뿐만 아니라 그 영조물이 공공의 목적에 이용됨에 있어 그 이용상태 및 정도가 일정한 한도를 초과하여 제3자에게 사회통념상 참을 수 없는 피해를 입히는 경우까지 포함된다고 할 것이고, 사회통념상 참을 수 없는 피해인지 여부는 그 공작물의 공공성, 피해의 내용 및 정도, 이를 방지하기 위하여 노력한 내용 등을 종합적으로 고려하여 판단하여야 한다"고 판시하고 있다.

2. 사안에의 적용

결국 위 손해배상청구에서 가장 중요한 쟁점은 고속도로에서 발생한 소음이 甲에게 수인한도를 넘는 피해를 입혔는지 여부다. 앞에서 본 바와 같이 甲이 입은 손해는 수인한도를 넘는 것이어서 그 위법성이 인정된다고 봄이 상당하다. 따라서 고속도로는 甲의 수인한도를 초과하는 소음을 유발하는 설치 · 관리상의 하자가 존재한다고 할 것이고, 그 설치 · 관리자인 乙은 고속도로에서 발생하는 소음으로 인해 발생한 손해에 대하여 배상할 책임이 있다고 할 것이다.

※ 주의사항

공작물 책임은 영조물책임과 마찬가지로 그 최후 방점은 수인한도론임(하자 → 기능적 하자 → 수인한도론).

43

항공기소음

(법전원협의회 2017년도 1차 변호사시험 모의고사)

사 례

원주시 ○○면에 위치하고 있는 A 공군비행장은 1980년 설치되었는데, 그 면적은 약 30㎢이고, 그 안에 F16, F5 등 60대 이상의 전투기를 갖춘 규모의 2개의 전투부대로 구성된 비행단이 구성되어 있다. 비행장에는 2개의 활주로가 설치되어 있는데, 이 중 주활주로는 약 2.75㎞ 정도 뻗어 있으며, 1997. 12.경부터는 국내선 민간항공기도 취항하고 있다. A 공군비행장에서의 월 평균 비행횟수는 약 3,000회에 이르며, 1일 평균 비행횟수(7일 기준)는 약 42회[주간 (07:00~19:00) 37회 + 석간(19:00~22:00) 약 5회]이다. 비행은 전투기의 비행훈련이 주된 것이고, 비정기적으로 군수송기와 헬기가 비행한다. A 공군비행장에서의 비행훈련은 주로 주중 평일 09:00~21:00 사이에 이뤄지고, 토요일, 일요일, 공휴일, 평일야간 및 기상악화 시에는 없으며, 석간비행은 주 1~2회 정도 이뤄진다. 비행훈련이 없을 때는 전투기 정비를 위하여 엔진 공회전이나 전투기의 지상이동으로 인한 소음이 발생하고 있다. 전투기 운항패턴에는 이륙, 착륙, 선회 및 t&g(touch & go)가 있는데, 전투기는 일반 항공기와 달리 운항패턴이 수시로 바뀌는 특성을 갖고 있다. 주변지역에서는 선회비행이 주로 이뤄지고 있다.

A 공군비행장 근방의 거주민들은 주로 농업, 축산업 등에 종사하고 있다. 甲은 1975년부터 인근지역으로 전입하여 살고 있으며, 乙은 부모, 형제 등이 A 공군비행장 주변에 거주하여 생활의 근거를 마련하고 있었던 차에 부모의 권유로 1995년 경 이 지역에 귀농하였다. 丙은 8세 나이에 가족과 함께 비행장 주변지역에서 거주하기 시작하였다. 丁은 공군에 속한 군무원으로서 근무지 배속관계로 비행장 주변 소음피해가 지역사회문제가 된 2000년 비행장 주변으로 전입하였다. 이들은 만성적인 불안감, 집중력 저하, 잦은 신경질 등의 정신적 고통을 호소하고 있으며, 회화방해, 전화통화방해, TV, 라디오 시청장해, 독서방해나

사고중단, 수면방해 등을 겪고 있다. A 공군비행장의 항공기로 인한 이들의 주거지에서의 소음 정도는 85웨클 정도이다. A 공군비행장 측은 소음피해를 줄이기 위하여 2005년경부터 전투기 엔진점검을 방음정비고(hushhouse)에서 실시하고 있다.

「소음·진동관리법」 제39조 제1항, 동법 시행령 제9조 제1항은 환경부장관으로 하여금 항공기소음이 항공기소음한도[공항주변 인근지역: 90웨클(WECPNL), 그 밖의 지역: 75웨클(WECPNL)]를 초과하여 공항주변의 생활환경이 매우 손상된다고 인정하는 경우에는 관계기관의 장에게 방음시설의 설치나 그 밖에 항공기소음의 방지에 필요한 조치를 요청할 수 있도록 하고 있고, 동법 시행령 제9조 제2항, 동법 시행규칙 제49조는 공항주변 인근지역과 그 밖의 지역을 소음피해지역과 소음피해예상지역으로 구분하고 있다. 한편, 「공항소음 방지 및 소음피해지역 지원에 관한 법률」 제5조 제1항, 동법 시행령 제2조 제1항, 시행규칙 제3조는 소음대책지역의 구역별 예상 소음영향도 기준을 ① 제1종 구역: 소음영향도(WECPNL) 95 이상, ② 제2종 구역: 소음영향도(WECPNL) 90 이상 95 미만, ③ 제3종 구역: 소음영향도(WECPNL) 75 이상 90 미만으로 하고 제3종 구역을 지구별로 다음과 같이 세분화하고 있다.

<table>
<tr><th>「소음·진동관리법」 등
관계법령상 구분</th><th>「공항소음 방지 및 소음피해지역
지원에 관한 법률」상 구분</th><th colspan="2">구역</th><th>소음영향도
(WECPNL)</th></tr>
<tr><td rowspan="2">공항주변 인근 지역
(소음피해예상지역)</td><td rowspan="2">소음대책지역</td><td colspan="2">제1종</td><td>95 이상</td></tr>
<tr><td colspan="2">제2종</td><td>90 이상 95 미만</td></tr>
<tr><td rowspan="3">그 밖의 지역
(소음피해지역)</td><td rowspan="3">소음대책지역</td><td rowspan="3">제3종</td><td>가지구</td><td>85 이상 90 미만</td></tr>
<tr><td>나지구</td><td>80 이상 85 미만</td></tr>
<tr><td>다지구</td><td>75 이상 80 미만</td></tr>
</table>

이러한 사안에서 다음의 질문에 답하시오(소멸시효 문제는 논외로 함).

문 1. 甲이 A 공군비행장 측을 상대로 항공기소음으로 인한 손해배상을 구할 경우 예상되는 쟁점과 함께 소송의 인용가능성을 검토하시오.

문 2. A 공군비행장 측이, 乙, 丙, 丁에 대해 배상책임이 인정된다고 하더라도 손해배상액을 감면하여야 하며, 최소한 丁의 경우 일반인에 비하여 그 피해에 관하여 잘 인식하거나 인식할 수 있는 지위에 있으므로 면책이나 손해배상액의 감액이 이루어져야 한다고 주장할 경우 그 주장의 당부를 검토하시오.

해 설

문 1. 甲이 A 공군비행장 측을 상대로 항공기소음으로 인한 손해배상을 구할 경우 예상되는 쟁점과 함께 소송의 인용가능성을 검토하시오.

Ⅰ. 문제의 소재

甲이 A 공군비행장 측을 상대로 국가배상법 제5조에 기한 손해배상을 청구하려는 경우, 영조물의 설치·관리상 하자 인정 여부가 쟁점이 되는데 이와 관련해서는 수인한도를 초과하였는지가 문제된다.

Ⅱ. 영조물의 설치·관리상의 하자

국가배상법 제5조 제1항에서 규정하고 있는 '영조물의 설치 또는 관리의 하자'라 함은 공공의 목적에 공여된 영조물이 그 용도에 따라 갖추어야 할 안전성을 갖추지 못한 상태에 있음을 말하고, 여기서 안전성을 갖추지 못한 상태, 즉 타인에게 위해를 끼칠 위험성이 있는 상태라 함은 당해 영조물을 구성하는 물적 시설 그 자체에 있는 물리적·외형적 흠결이나 불비로 인하여 그 이용자에게 위해를 끼칠 위험성이 있는 경우뿐만 아니라, 그 영조물이 공공의 목적에 이용됨에 있어 그 이용 상태 및 정도가 일정한 한도를 초과하여 제3자에게 사회통념상 수인할 것이 기대되는 한도를 넘는 피해를 입히는 경우까지 포함된다(대법원 2010. 11. 25. 선고 2007다74560 판결 등 참조).

따라서 A 공군비행장 이용과 관련하여 발생한 소음 등의 침해가 인근 주민에게 사회통념상 수인할 것이 기대되는 한도를 넘는 경우에는 A 공군비행장의 설치·관리상의 하자가 있다고 할 것이다.

Ⅲ. 위법성(수인한도)

1. 수인한도론

판례는 "사회통념상 수인한도를 넘은 경우에는 위법행위로 평가될 수"있다고 판시하여 위법성 판단에 수인한도를 적용하고 있다(대법원 2001. 2. 9. 선고 99다55434 판결). 나아가 판례는 피해가 사회통념상 수인한도를 넘었는지 여부는 피해의 정도, 피해이익의 성질 및 그에 대한 사회적 평가, 가해행위의 성질 및 공공성, 지역성, 토지이용의 선후관계, 가해방지 및 피해회피의 가능성, 공법적 규제의 위반여부, 교섭경과 등 모든 사정을 종합적으로 고려하여 판단하여야 한다고 판시한다.

2. 판　례

광주비행장 사건에서 법원은 “대법원은 비행장 주변지역의 항공기소음을 원인으로 한 손해배상 사건에서 농촌지역에 위치한 서산공군비행장, 충주공군비행장, 군산공군비행장, 평택공군비행장의 경우 그 주변지역의 소음도가 80웨클(WECPNL) 이상인 경우 사회생활상 통상의 수인한도를 넘어 위법하다고 본 반면, 도시지역에 위치한 대구공군비행장이나 김포공항의 경우 그 주변지역의 소음도가 85웨클(WECPNL) 이상인 경우 사회생활상 통상의 수인한도를 넘어 위법하다고 보았다. 이는 비행장 주변지역이 당초 비행장이 개설되었을 때와는 달리 그 후 점차 도시화되어 인구가 밀집되는 등 도시지역으로서의 지역적, 환경적 특성이 있는 경우에는 농촌지역과 비교하여 통상 배경소음이 높다고 할 것이고, 배경소음이 낮은 농촌지역의 경우 도시지역과 비교하여 동일한 소음에 대하여 더 큰 불쾌감을 느낀다고 알려져 있으며 농촌지역 주민들의 옥외활동의 비중이 높다는 사정 등을 고려한 것이라고 할 것이다”고 판시한바 있다.

3. 사안에의 적용

평온한 농촌지역에 전투기비행장이 설치되어 甲이 신체적, 정신적 피해를 입고 일상생활에 여러 지장을 겪었고, A 공군비행장이 소음피해방지 및 피해보상을 위해 별다른 노력을 하지 않은 점이 있으나, 분단된 현실에서 전쟁억지를 위하여 전투기 비행훈련은 불가피하므로 비행장의 존재에 고도의 공익성이 있는 점, WECPNL은 원래 일정한 기간 동안 밤낮 지속적으로 항공기가 운항하는 대형공항에 적합한 소음단위인데, A 공군비행장은 대형민간공항과 달리 야간비행이 거의 없는데다가 토요일, 일요일 및 공휴일을 제외한 날에만 비행이 이뤄지는 점, 항공기소음규제기준 등을 감안하면, 비행장 주변의 항공기소음피해가 적어도 소음도 85WECPNL 이상인 경우에 사회생활상 통상의 수인한도를 초과한다(A 공군비행장이 ㅇㅇ면에 위치하고 있는 점에 착안하여 거주지역이 농촌지역으로서 가지는 지역적, 환경적 특성 등을 고려하여 수인한도 기준을 80WECPNL로 보는 견해 있을 수 있을 것이다).

문 2. A 공군비행장 측이, 乙, 丙, 丁에 대해 배상책임이 인정된다고 하더라도 손해배상액을 감면하여야 하며. 최소한 丁의 경우 일반인에 비하여 그 피해에 관하여 잘 인식하거나 인식할 수 있는 지위에 있으므로 면책이나 손해배상액의 감액이 이루어져야 한다고 주장할 경우 그 주장의 당부를 검토하시오.

Ⅰ. 문제의 소재

불법행위로 인한 손해의 발생 또는 확대에 피해자에게도 과실이 있는 때에는 가해자의 손해배상의 범위를 정할 때 참작하는 것이 손해의 공평분담 차원에서 적합한바, 이와 관련하여 '위험에의 접근이론'에 따른 면책 또는 감액이 가능한지 문제된다.

Ⅱ. 위험에의 접근이론

1. 위험에의 접근이론

소음 등으로 인한 피해가 존재하고 있는 지역으로 뒤늦게 이주해 들어온 자에 대하여는 이른바 '위험에의 접근 이론'을 적용할 수 있다. 이는 환경피해를 입은 자의 손해배상청구나 유지청구를 판단함에 있어서 피해자가 위험에 스스로 접근한 사실을 고려해야 한다는 이론이다.

2. 판　　례

판례는 "소음 등을 포함한 공해 등의 위험지역으로 이주하여 들어가서 거주하는 경우와 같이 위험의 존재를 인식하면서 그로 인한 피해를 용인하며 접근한 것으로 볼 수 있는 경우에, 그 피해가 직접 생명이나 신체에 관련된 것이 아니라 정신적 고통이나 생활방해의 정도에 그치고 그 침해행위에 고도의 공공성이 인정되는 때에는, 위험에 접근한 후 실제로 입은 피해 정도가 위험에 접근할 당시에 인식하고 있었던 위험의 정도를 초과하는 것이거나 위험에 접근한 후에 그 위험이 특별히 증대하였다는 등의 특별한 사정이 없는 한 가해자의 면책을 인정하여야 하는 경우도 있을 수 있을 것이다"고 판시하고 있다. 다만, 위험의 존재를 인식하면서 굳이 위험으로 인한 피해를 용인하였다고 볼 수 없는 경우에는 손해배상액의 산정에 있어 형평의 원칙상 과실상계에 준하여 감액사유로 고려하는 것이 상당하다는 입장을 취하고 있다.

Ⅲ. 사안에의 적용

1. 乙

乙이 비행장이 설치된 1980. 이후 자신의 현거주지에 전입하였는바, 이러한 경우 乙은 공군비행장의 소음피해를 인식하거나 과실로 이를 인식하지 못하고 입주하였다고 보인다. 그러나 乙이 소음으로 인한 위해상태를 이용하기 위하여 이주하였다는 등 특히 비난할 사유가 없는 한 자신의 거주지가 소음피해지역 내에 있음을 인식하였거나 과실로 인식하지 못하였다는 것만으로 소음으로 인한 피해를 용인하였다고 볼 수 없으므로 국가의 손해배상책임이 면제되지 않는다. 다만 손해배상액의 산정에 있어서 형평의 원칙상 과실상계에 준하여 인정되는 손해액 중 30%를 감액하는 것이 타당하다.

2. 丙

丙과 같이 이주 당시 위험에 대한 지각능력이 부족하고, 거주지를 선택할 지위에 있지 아니한 미성년자인 경우는 감액하지 않는 것이 타당하다. 판례 역시 ① 전입사유가 출생, 혼인이거나 이미 부모, 형제 또는 친, 인척 등이 거주하여 생활의 근거를 마련하고 있었던 경우, ② 전입당시 위험에 대한 지각능력이 부족하고, 거주지를 선택할 지위에 있지 아니한 미성년자인 경우는 감액하지 않는다는 입장이다(충주비행장 사건, 서울중앙지방법원 2006. 10. 31. 선고 2005가합56815 판결).

3. 丁

“소음 등 공해의 위험지역으로 이주하였더라도 그 위험에 접근할 당시 위험이 존재하는 사실을 정확하게 알 수 없는 경우가 많고 근무지나 가족관계 등의 사정에 따라 불가피하게 위험지역으로 이주할 수도 있는 것이므로, 위험지역에 이주하게 된 경위와 동기 등 여러 사정에 비추어 위험의 존재를 인식하고 그로 인한 피해를 용인하면서 접근한 것으로 볼 수 없는 경우에는 가해자의 면책을 인정할 수 없고 손해배상액의 산정에 있어 형평의 원칙상 이와 같은 사정을 과실상계에 준하여 감액사유로 고려할 수 있을 뿐이다(대법원 2005. 1. 27. 선고 2003다49566 판결, 대법원 2010. 11. 25. 선고 2007다74560 판결 등 참조). 그리고 공군비행장 주변의 항공기 소음 피해로 인한 손해배상 사건에서 공군에 속한 군인이나 군무원의 경우 일반인에 비하여 그 피해에 관하여 잘 인식하거나 인식할 수 있는 지위에 있다는 이유만으로 가해자의 면책이나 손해배상액의 감액에 있어 달리 볼 수는 없다.”

군무원인 丁은 비행장 주변 소음피해가 문제된 후 이주한 자이지만, 자신의 근무지를 스스로 선택하거나 임의로 변경할 수 있는 것이 아니고, 근무지와의 거리 등을 이유로 불가피하게 공군비행장 주변 주거지역으로 전입한 사정이 인정되므로 손해배상액의 산정에 있어 형평의 원칙상 과실상계에 준하여 손해액을 감액함이 타당하다. 군무원의 경우 일반인에 비하여 그 피해에 관하여 잘 인식하거나 인식할 수 있는 지위에 있다는 이유만으로 가해자의 면책이나 손해배상액의 감액에 있어 달리 볼 수는 없다.

Ⅳ. 결 론

乙, 丁에게는 인정되는 손해액 중 30%를 감액, 丙에게는 감액하지 않는 것이 타당하다.

참조판례

1. 서울중앙지법 2006. 10. 31. 선고 2005가합56815(충주비행장 사건)
2. 김포공항 사건: 대법원 2005. 1. 27. 선고 2003다49566 판결(판례 [52])
3. 광주비행장 사건: 대법원 2015. 10. 15. 선고 2013다23914 판결(판례 [24])

※ 주의사항

위험에의 접근이론이 적용되기 위해서는 4가지 요건이 필요함.

44

배출 등의 금지

(법전원협의회 2017년도 제3차 변호사시험 모의시험)

사 례

A도에는 주민의 식수원으로 쓰이는 하천이 흐르고 있다. 이 하천의 상류지역은 상수원 보호구역으로 지정되어 있고, 중류지역에는 수돗물로 사용하기 위해 하천수를 취수하는 취수장이 있으며, 취수장에서 500M 떨어진 곳에는 취수한 하천수를 정화하는 정수장이 있다.

甲은 乙건설회사에 이 하천의 상류지역 상수원보호구역 경계선으로부터 2km 떨어진 야산에 골프장을 건설하는 공사를 도급하였고, 乙은 다시 丙에게 공사의 일부인 토목공사를 하도급 하였다. 丙은 토목공사 과정에서 굴착한 다량의 토사를 다른 공사에 사용하기 위해 정수장에서 200M정도 떨어진 곳에 임시로 야적하였다. 토사의 야적장은 정수장 보다 지면이 높고 경사진 곳에 위치하고 있는데, 丙은 토사를 야적하기 위해 간단한 기반공사를 한 후, 그 위에 굴착한 토사를 쌓아두었다.

그런데 그해 장마철 폭우로 인해 골프장 건설현장의 파헤쳐진 곳에서 법령에서 정하는 기준 이상의 토사가 이 하천의 상수원보호구역으로 유출되어 하천수를 오염시켰다. 또한 정수장 인근의 야적장에 쌓아둔 토사가 폭우와 함께 법령에서 정하는 기준 이상으로 유출되어 정수장에 흘러들었다.

한편, A도의 주민인 丁은 이 하천수를 수돗물로 공급받는 자로서 하천의 하류지역에서 일반음식점영업을 하는 자이다.

문 1. A도의 도지사는 정수장 근처의 토사가 정수장에 흘러들어 수질을 오염시킬 우려가 있다는 이유로 물환경보전법 제15조에 따라 丙에게 정수장으로 흘러든 토사를 제거하도록 명령하였다. 이 명령은 적법한가?

문 2. 丁은, 이 사건 토사유출로 인해 상수원인 하천수가 오염되었음에도 불구하고 도지사가 오염원인자에게 적절한 조치를 취하지 아니하여 자신이 오염된 수돗물을 공급받게 되었고, 오염된 수돗물로 제조한 음식에서 발생하는 악취로 인해 음식점 이용객이 급감하여 영업상 손해를 입었다고 주장하며, A도를 상대로 국가배상청구소송을 제기하고자 한다. 이 청구는 인용될 수 있겠는가?

문 3. A도의 도지사는 물환경보전법 제15조에 근거하여 甲에게 오염된 하천의 방제작업을 하도록 명하였다. 그러나 甲이 이 명령에 응하지 않자 행정대집행을 통하여 방제작업을 완료한 후, 甲에게 방제작업의 비용을 납부할 것을 명하였다. 이 명령은 적법한가?

참조조문

「물환경보전법 시행규칙」 제5조 (공공수역)

법 제2조 제9호에서 "환경부령으로 정하는 수로"란 다음 각 호의 수로를 말한다.

1. 지하수로
2. 농업용 수로
3. 하수관로
4. 운하

해 설

문 1. A도의 도지사는 정수장 근처의 토사가 정수장에 흘러들어 수질을 오염시킬 우려가 있다는 이유로 물환경보전법 제15조에 따라 丙에게 정수장으로 흘러든 토사를 제거하도록 명령하였다. 이 명령은 적법한가?

Ⅰ. 문제의 소재

사안의 경우 A도의 도지사가 한 물환경보전법 제15조 제3항에 따른 방제조치명령이 적법한지가 문제된다.

Ⅱ. 방제조치명령의 적법 여부

1. 법적 근거

물환경보전법 제15조 제1항 제4호에서는 공공수역에 토사를 유출하거나 버리는 행위를 금지하고 있다. 동조 제2항에서는 동조 제1항의 행위로 인하여 공공수역이 오염되거나 오염될 우려가 있는 경우에는 그 행위자, 행위자가 소속된 법인 및 그 행위자의 사업주(행위자 등)은 해당 물질을 제거하는 등의 방제조치를 취하여야 하고, 동조 제3항에서는 행위자 등이 위의 조치를 하지 아니하는 경우 시·도지사는 방제조치명령을 할 수 있다고 규정하고 있다.

사안의 경우 丙은 행위자이므로 일응 방제조치명령의 대상자가 되고, 정수장 인근의 야적장에 쌓아둔 토사가 정수장에 유출되었으므로 토사유출행위 또한 존재한다. 다만, 정수장이 공공수역에 해당하는지가 문제된다.

2. 정수장이 공공수역에 해당하는지 여부

동법 제2조 제9호에 따르면, 공공수역이란 하천, 호소, 항만, 연안해역, 그 밖에 공공용으로 사용되는 수역과 이에 접속하여 공공용으로 사용되는 환경부령으로 정하는 수로를 의미한다. 동법 시행규칙 제5조에서는 지하수로, 농업용 수로, 하수관거, 운하를 정하고 있는바, 정수장은 위 관련 법령에서 정하는 공공수역으로 볼 수 없다.

3. 결　　론

정수장은 공공수역이 아니므로 결국 A도 도지사의 丙에 대한 제거명령은 위법하다.

문 2. 丁은, 이 사건 토사유출로 인해 상수원인 하천수가 오염되었음에도 불구하고 도지사가 오염원인자에게 적절한 조치를 취하지 아니하여 자신이 오염된 수돗물을 공급받게 되었고, 오염된 수돗물로 제조한 음식에서 발생하는 악취로 인해 음식점이용객이 급감하여 영업상 손해를 입었다고 주장하며, A도를 상대로 국가배상청구소송을 제기하고자 한다. 이 청구는 인용될 수 있겠는가?

Ⅰ. 문제의 소재

사안의 경우 A도 도지사의 부작위에 의하여 손해를 입은 丁이 국가배상청구를 제기하여 인용될 수 있을지가 문제되는바, 국가배상법 제2조의 요건 구비 여부를 검토하여야 한다.

Ⅱ. 국가배상

1. 요 건

국가배상법 제2조는 국가 또는 지방자치단체로 하여금 공무원이 그 직무를 집행함에 당하여 고의 또는 과실로 법령에 위반하여 타인에게 손해를 가한 때 그 손해를 배상하도록 하고 있다. 이에 따르면 국가배상이 인정되기 위해서는 ① 공무원, ② 직무집행, ③ 고의 또는 과실, ④ 법령 위반이라는 요건을 충족되어야 한다. 사안의 경우 ① 내지 ③ 요건은 쉽게 인정될 수 있을 것이다. 사안은 하천수가 오염되었음에도 그 상황을 방치하고 있으므로 국가가 작위의무를 위반한 것인지, 즉 위법성이 크게 다투어질 수 있다.

2. 작위의무의 존재

(1) 재량행위에 대한 작위의무의 존부

관할 행정청이 방제조치명령의 조치를 취하지 않은 것이 위법한지가 문제된다. 제15조 제3항에서는 "도지사에게 방제조치의 이행을 명할 수 있다"고 규정하여 행정청의 재량을 인정하고 있다. 재량권이 인정되는 경우에는 공무원에게 행정권 발동 여부를 결정할 재량이 있으므로 공무원의 작위의무를 바로 인정할 수 없고, 따라서 공무원의 부작위가 그 자체로 위법이라 할 수 없다.

(2) 재량권 0으로의 수축 법리

예외적인 상황에서는 재량이 수축, 소멸하여 행정의 자유가 의무로 되는 경우가 있을 수 있다는 것이 학설, 판례의 경향인데, 이러한 이론을 흔히 '재량권의 0으로의 수축이론'이라고 한다. 예외적인 상황으로는 ① 사람의 생명, 신체 및 재산 등에 중대하고 급박한 위험이 존재하고, ② 그러한 위험이 행정권의 발동에 의해 제거될 수 있는 것으로 판단되며, ③ 피해자의 개인적인 노력으로는 권익침해의 방지가 충분하게 이루어질 수 없다고 인정되는 경우 등이 들어지고 있다. 이에 더하여 결과의 예견가능성 · 회피가능성도 작위의무의 요소로 고려될 수 있다. 위와 같은 요건을 충족하여 공무원에게 작위의무가 발생하면 재량행위라 하더라도 부작위는 위법한 것이 된다.

사안만으로는 명확치 아니하나 예컨대, 丁이 오염된 수돗물로 인해 건강 및 생활환경이 심각한 피해를 입을 것으로 우려되고 있어 피해 및 위험이 중대하고 급박하며, 丁으로서는 丙에 대하여 어떠한 조치도 취할 수 없으며, 반면 A도 도지사는 법 제15조 제3항 등의 규제권한을 발동하여 丁이 입는 피해를 막을 수 있다고 한다면 재량권이 0으로 수축되는 경우라고 볼 수 있을 것이다(반대 견해 있을 수 있음). 결국 A도 도지사가 재량을 행사하지 아니한 것이 현저히 불합리하다고 인정되는 경우에는 권한의 불행사는 직무상의의무위반이 된다고 볼 것이다.

3. 직무상 의무의 사익보호성

판례는 상당인과관계설의 입장에서 사익보호성을 요구한다. 즉, 공무원이 고의 또는 과실로 그에게 부과된 직무상 의무를 위반하였을 경우라 하더라도 국가는 그러한 직무상의 의무 위반과 피해자가 입은 손해 사이에 상당인과관계가 인정되는 범위 내에서만 배상책임을 지는 것이고, 이 경우 상당인과관계가 인정되기 위하여는 공무원에게 부과된 직무상 의무의 내용이 단순히 공공 일반의 이익을 위한 것이거나 행정기관 내부의 질서를 규율하기 위한 것이 아니고 전적으로 또는 부수적으로 사회구성원 개인의 안전과 이익을 직접적으로 보호하기 위하여 설정된 것이어야 한다.

여기에서 동법에 따른 방제조치명령(제15조 제3항)의 직무행위가 사익보호성 요건을 충족하는지 검토할 필요가 있다. 동법은 국민건강 및 환경상의 위해를 예방하고 공공수역의 물환경을 적정하게 관리 · 보전함으로써 국민이 그 혜택을 널리 향유할 수 있도록 하는 것을 목적으로 하는 바(제1조), 방제조치명령 규정은 공공 일반의 이익만을 위한 것이 아니라 주민들의 깨끗한 수질을 향유할 이익을 부수적으로나마 보호하고 있다고 볼 수 있으므로 이 요건은 충족되었다고 볼 것이다(이에 대해서 동 규정이 오염된 수돗물로 제조한 음식에서 발생하는 악취로 인하여 음식점 이용객이 급감하여 입은 영업상 손해에 대해서까지 보호하기 위하여 규정된 것으로 보기 어렵다는 입장이 있을 수 있음).

Ⅲ. 결 론

丁의 A도 도지사에 대한 국가배상청구소송은 공무원, 고의 · 과실, 위법한 직무행위, 인과관계, 손해의 발생 등 국가배상법 제2조의 요건을 모두 갖추고 있으므로 인용될 것이다(이에 반해 사익보호성이 인정되기 어렵고, 결국 인과관계가 부인되어 인용될 수 없다는 견해가 있을 수 있다).

문 3. A도의 도지사는 물환경보전법 제15조에 근거하여 甲에게 오염된 하천의 방제작업을 하도록 명하였다. 그러나 甲이 이 명령에 응하지 않자 행정대집행을 통하여 방제작업을 완료한 후, 甲에게 방제작업의 비용을 납부할 것을 명하였다. 이 명령은 적법한가?

Ⅰ. 문제의 소재

사안의 경우 방제조치명령의 대상자가 누구인지와 행정대집행의 요건에 해당하는지가 문제된다.

Ⅱ. 방제조치명령 대상자

방제조치명령의 대상자는 법 제15조 제2항의 행위자 등이 되고, 이는 행위자, 행위자가 소속된 법인 및 그 행위자의 사업주를 의미한다.

사안에서 甲은 골프장의 건설 공사를 乙에게 도급하였고, 乙은 다시 丙에게 공사의 일부인 토목공사를 하도급 하였는데, 丙이 공사 과정에서 토사를 야적한 후 폭우로 기준 이상의 토사가 하천의 상수원보호구역에 유출되어 하천수를 오염시킨 바, 甲을 丙의 사업주로 볼 수 있으므로 방제조치명령대상자에 해당한다.

Ⅲ. 행정대집행

공공수역(하천)에 공사장의 토사를 유출시켜 하천을 오염시킨 자는 오염을 방지하고 제거할 의무가 있으며(제15조 제2항), 이를 이행하지 아니할 경우에 도지사는 조치명령을 내리고(제15조 제3항), 이 명령에 응하지 아니할 경우 행정대집행법에 따라 행정대집행을 할 수 있다(제15조 제4항). 사안의 경우 A도 도지사의 방제조치명령으로 인해 방제조치라는 작위의무가 발생하였고, 이를 이행하지 아니한 것은 작위의무의 불이행이며, 방제조치는 대체적 작위의무이므로 대집행의 요건을 충족하는바, 행정청은 대집행실시 후 비용납부명령을 할 수 있다.

Ⅳ. 결 론

甲은 방제조치명령의 대상자이고 행정대집행에 따른 다른 요건 및 절차에도 하자가 없으므로 A도의 도지사가 甲에게 방제작업의 비용을 납부할 것을 명한 명령은 적법하다.

45

수질오염원에 대한 규제

사 례

정밀기계의 제조를 업으로 하는 甲사는 A시 소재에 乙정밀기계 공장을 설치할 계획을 세우고 있다. 그 계획에는 세정제와 세제에 이용되는 물질을 포함하는 폐수를 공장 부근의 하천 하류에 방출하는 것으로 되어 있다. 하천 상류에는 농지에 살포된 비료 및 농약, 축사유출물 등이 산재하고 있으며, 마침 11,000㎡ 부지에 섬유염색시설이 들어서려고 하고 있다. 이에 인근 주민들은 비료 등과 함께 위 사업장에서 배출하게 될 오염물질이 하천에 유입하면서 하천의 오염부하가 증가할 것이 분명하다고 주장하고 있다. 하천 중류 부근의 피혁공장으로부터의 폐수에 의해서도 수질오염이 가중되고 있다. 이러한 사안에서 다음의 질문에 답하시오.

문 1. 물환경보전법상 甲사는 乙공장의 설치·운영 시 어떠한 규제를 받는가?

문 2. A시는 해당 하천의 수질오염을 개선하기 위하여 폐수의 배출규제를 강화하려고 하고 있다. 물환경보전법상 어떠한 수단이 이용될 수 있는가?

문 3. 하천 상류 지역에서 발생하는 오염물질의 특성을 환경법·정책적인 관점에서 언급하고 물환경보전법상 환경부장관이 취할 수 있는 규제 수단을 설명하시오.

해 설

문 1. 물환경보전법상 甲사는 乙공장의 설치·운영 시 어떠한 규제를 받는가?

I. 문제의 소재

하천은 물환경보전법상 공공수역이므로 동법상 공공수역에서의 행위 금지가 문제되고, 乙공장은 점오염원이므로 동법에 따른 점오염원에 대한 규제가 문제된다. 또한 하천의 수질오염을 개선하기 위한 환경부장관이나 지방자치단체장이 취할 수 있는 조치에 어떠한 것이 있는지 검토하여야 한다.

Ⅱ. 규제수단

1. 공공수역에 특정수질유해물질의 배출 금지

제15조는 누구든지 공공수역에 특정수질유해물질, 지정폐기물, 석유제품 · 가짜석유제품 · 석유대체연료 및 원유, 유독물질, 농약을 누출 · 유출하거나 버리는 행위를 금지하고 있다(제15조).

여기에서 '누구든지'에 배출시설의 설치에 허가를 받은 자(사업자)도 포함되는지 논란이 있을 수 있으나 법원은 소극적으로 해석하고 있다(인천지법 1997. 1. 16. 선고 96누1932 판결).

2. 점오염원에 대한 규제

(1) 배출허용기준의 준수

사업자는 배출허용기준을 초과하는 수질오염물질을 배출하여서는 안 된다(제38조 제1항 제4호 참조). 위 규정에 의하여 사업자는 배출허용기준을 준수할 의무가 있고, 동법은 다음과 같은 규정으로 이를 강제하고 있다.

(2) 허 가

폐수배출시설을 설치하고자 하는 자는 대통령령이 정하는 바에 의하여 환경부장관의 허가를 받아야 한다(제33조 제1항).

(3) 방지시설 설치 및 정상운영

동법은 비정상운영행위의 태양을 명시하여 사업자에게 배출시설 및 방지시설을 정상적으로 운영할 의무를 부과하고 있다(제38조 제1항 참조). 甲사는 乙공장을 설치 · 운영하는데 있어 ① 배출시설에서 배출되는 수질오염물질을 방지시설에 유입하지 아니하고 배출하거나 방지시설에 유입하지 아니하고 배출할 수 있는 시설을 설치하는 행위, ② 방지시설에 유입되는 수질오염물질을 최종 방류구를 거치지 아니하고 배출하거나, 최종 방류구를 거치지 아니하고 배출할 수 있는 시설을 설치하는 행위, ③ 배출시설에서 배출되는 수질오염물질에 공정 중에서 배출되지 아니하는 물 또는 공정 중에서 배출되는 오염되지 아니한 물을 섞어 처리하거나 배출허용기준이 초과되는 수질오염물질이 방지시설의 최종 방류구를 통과하기 전에 오염도를 낮추기 위하여 물을 섞어 배출하는 행위, ④ 그 밖에 배출시설 및 방지시설을 정당한 사유 없이 정상적으로 가동하지 아니하여 배출허용기준을 초과한 수질오염물질을 배출하는 행위 등을 하여서는 안 된다.

(4) 개선명령 및 조업정지명령

사업자의 의무에 대한 이행을 확보하기 위한 수단으로 배출시설에서 배출되는 수질오염물질의 정도가 배출허용기준을 초과한다고 인정하는 때에는 환경부장관은 사업자에게 그 수질오염물질의 정도가 배출허용기준 이하로 내려가도록 필요한 조치를 취할 것을 명할 수 있고(제39조), 사업자가 위 개선명령을 이행하지 아니하거나 검사결과가 배출허용기준을 계속 초과할 때에는 당해 배출시설의 전부 또는 일부에 대한 조업정지를 명할 수 있다(제40조).

(5) 조업정지 · 폐쇄명령 및 허가의 취소

동법은 환경부장관으로 하여금 사업자가 거짓이나 그 밖의 부정한 방법으로 허가 · 변경허가를 받은 경우 등 일정한 경우에는 배출시설의 설치허가 또는 변경허가를 취소하거나 배출시설의 폐쇄 또는 6개월 이내의 조업정지를 명할 수 있도록 함으로써, 사후관리를 엄격히 하도록 하고 있다(제42조).

(6) 과징금 처분

환경부장관은 제조업의 배출시설 등 일정한 배출시설을 설치 · 운영하는 사업자에 대하여 조업정지를 명하여야 하는 경우로서 그 조업정지가 주민의 생활, 대외적인 신용 · 고용 · 물가 등 국민경제 또는 그 밖의 공익에 현저한 지장을 줄 우려가 있다고 인정되는 경우에는 조업정지처분을 갈음하여 3억원 이하의 과징금을 부과할 수 있다(제43조).

(7) 위법시설에 대한 폐쇄조치

동법은 일정한 경우 사용중지 및 폐쇄명령의 의무적 부과를 규정하고 있다. 즉 환경부장관은 허가를 받지 아니하거나 신고를 하지 아니하고 배출시설을 설치하거나 사용하는 자에 대하여 당해 배출시설의 사용중지를 명하여야 한다. 다만, 당해 배출시설을 개선하거나 방지시설을 설치 · 개선하더라도 그 배출시설에서 배출되는 수질오염물질의 정도가 배출허용기준 이하로 내려갈 가능성이 없다고 인정되는 경우 또는 그 설치장소가 다른 법률의 규정에 의하여 당해 배출시설의 설치가 금지된 장소인 경우에는 그 배출시설의 폐쇄를 명하여야 한다(제44조).

(8) 벌칙 또는 과태료

사업자가 개선명령을 이행하지 아니하는 등으로 인하여 제40조를 위반할 경우 5년 이하의 징역 또는 3천만원 이하의 벌금에 처해지고(제76조 제6호), 배출시설을 설치 · 운영하는 데 있어 제78조에 해당하는 행위를 한 경우에는 1년 이하의 징역 또는 1천만원 이하의 벌금에 처해질 수 있다. 또한 제82조의 각 규정에 의하여 과태료가 부과될 수 있다.

(9) 배출부과금

동법 제41조는 환경부장관으로 하여금 수질오염물질로 인한 수질오염 및 수생태계 훼손을 방지 또는 감소시키기 위하여 오염물질을 배출하는 사업자 또는 허가 · 변경허가를 받지 아니하거나 신고 · 변경신고를 하지 아니하고 배출시설을 설치 또는 변경한 자에 대하여 배출부과금을 부과 · 징수토록 하고 있다. 배출부과금에는 폐수배출시설에서 배출되는 폐수 중 오염물질이 배출허용기준 이하로 배출되나 방류수수질기준(제12조 제3항)을 초과하는 경우에 오염물질배출량과 배출농도 등에 따라 부과하는 기본부과금과 오염물질이 배출허용기준을 초과하여 배출되는 경우에 오염물질배출량과 배출농도에 따라 부과하는 초과부과금이 있다(제41조 제1항).

Ⅲ. 결　　론

甲사는 제33조 제1항에 따른 설치 허가를 받아야 하며, 운영하는데 있어서 배출허용기준을 준수하여야 한다. 배출허용기준을 초과하는 수질오염물질을 배출할 시는 개선명령, 조업정지명령, 과징금, 벌칙 또는 과태료가 부과될 수 있다. 甲이 이러한 규제를 준수하더라도 동법 제41조에 따른 배출부과금을 납부하여야 할 의무를 진다. 배출부과금은 경제적 유인수단으로 경제적 동기를 이용하여 오염을 유발하는 자에게 부과한다는 점에서 앞의 명령 · 규제수단들과 구별된다.

문 2. A시는 해당 하천의 수질오염을 개선하기 위하여 폐수의 배출규제를 강화하려고 하고 있다. 물환경보전법상 어떠한 수단이 이용될 수 있는가?

Ⅰ. 서　　론

A시는 물환경보전법 제4조 이하의 총량규제 또는 제32조 제3항의 엄격한 배출허용기준 등의 수단을 이용할 수 있다. 이에 대한 검토를 할 필요가 있다.

Ⅱ. 총량규제

1. 총량관리기본계획

사안에서 하천의 오염이 가중되고 있는 상황이므로 환경부장관은 이 하천을 농도규제가 아닌 오염총량관리지역으로 설정할 수 있고(제4조), 오염총량관리기본방침을 수립하여 A시장에게 통보하여야 한다(제4조의2). A시는 위 오염총량관리기본방침에 따라 위 하천지역에서 배출되는 오염물질의 총량 및 저감계획 등의 사항이 포함되는 오염총량관리기본계획을 수립하여 환경부장관의 승인을 얻어 시행하여야 한다(제4조의3).

2. 시행계획의 수립·시행

위 하천이 오염총량목표수질에 환경부령이 정하는 바에 따라 달성 · 유지되지 아니한 경우 A시는 동법 제4조의4에 따라 오염총량관리시행계획을 수립하여 환경부장관의 승인을 얻은 후 이를 시행하여야 한다.

3. 오염부하량 할당

A시는 동법 제4조의5 제1항에 의하여 환경부장관이 지정한 시설을 제외한 시설 중 환경부령이 정하는 시설에 대하여 최종방류구별 · 단위기간별로 오염부하량을 할당하거나 배출량을 지정할 수 있다(제4조의5 제2항).

4. 조치명령 등

A시는 동법 제4조의6에 근거하여 할당된 오염부하량 또는 지정된 배출량을 초과하여 배출하는 자에게 수질오염방지시설의 개선 등 필요한 조치를 명령할 수 있으며, 조치명령을 받은 자가 그 명령을 이행하지 아니하거나 이행기간 내에 이행을 하였으나 검사 결과 할당 오염부하량 등을 계속 초과하는 때에는 그 시설의 전부 또는 일부에 대하여 6개월 이내의 기간을 정하여 조업정지를 명령하거나 시설의 폐쇄를 명령할 수 있다. 다만, 방지시설을 개선하는 등의 조치를 하더라도 할당 오염부하량 등 이내로 내려갈 가능성이 없다고 인정되는 경우로서 환경부령이 정하는 경우에는 시설의 폐쇄를 명하여야 한다.

5. 오염총량초과과징금

A시는 할당 오염부하량 등을 초과하여 배출한 자에 대하여 오염총량초과부과금을 부과할 수 있다(제4조의7).

Ⅲ. 엄격한 배출허용기준

기본적으로 배출허용기준은 전국에 통일적으로 적용되는 기준이나, 법 제32조 제3항에 의하여 A시장은 조례로 이보다 더 엄격한 배출허용기준을 정할 수 있다.

Ⅳ. 결 론

A시는 총량규제를 도입하여, 총량관리기본계획에 따라 시행계획을 수립 · 시행할 수 있으며, 각 배출시설에 대하여 오염부하량을 할당하고 이를 강제하기 위한 의무이행 확보수단으로 조치명령 등의 수단을 사용할 수 있고, 오염총량초과부과금을 부과할 수도 있다. 또한 엄격한 배출허용기준을 설정하는 등의 방법으로 폐수의 배출규제를 강화할 수 있다.

문 3. 특히 하천 상류 지역에서 발생하는 오염물질의 특성을 환경법 · 정책적인 관점에서 언급하고 물환경보전법상 환경부장관이 취할 수 있는 규제 수단을 설명하시오.

I. 문제의 소재

하천 상류에 존재하는 농약, 축사유출물 등은 일정한 배출지점이 없는, 이른바 비점오염원으로서 이러한 오염물질의 특성 및 그에 따른 규제의 필요성, 그리고 이에 관한 물환경보전법상 규제 수단에 대한 검토가 필요하다.

Ⅱ. 비점오염원

1. 특 성

비점오염원은 도시 · 농지 · 산지 · 도로 · 공사장 등에서 불특정하게 오염물질을 발생시키는 장소 또는 지역을 의미한다. 주요 원인물질로는 농지에 살포된 비료 및 농약, 토양침식물, 축사유출물, 교통오염물질, 도시지역의 먼지와 쓰레기, 자연동 · 식물의 잔여물, 대기오염물질의 강하물 등이 있다. 이러한 물질들은 지표면에 퇴적되어 있다가 강우 시 한꺼번에 하천과 호소로 유입되어 물고기의 집단폐사를 유발하는 등 하천생태계를 파괴시키고 수질을 오염시키는 주원인으로 지목되어 왔다. 비점오염물질 발생은 강수 · 바람 등을 통해 지표유출수를 통해 유출되거나 직접 수계에 유입된다. 비점오염물질은 일반적으로 강우 시 유출되기 때문에 일간 · 계절간 배출량 변화가 크고 예측과 정량화가 어려우며, 인위적 조절이 어려운 기상조건 · 지질 · 지형 등에 영향을 많이 받는 특성을 지니고 있다. 또한 희석 · 확산되면서 넓은 지역으로 배출되며, 차집이 곤란하고 강우 등 영향을 받아 처리 효율이 일정치 않다.

2. 규제 필요성

위와 같이 비점오염원은 수질을 오염시키는 주원인으로 지목되어 왔고, 비점오염원의 오염부하는 큰 것으로 파악되고 있으며, 그 비중은 지속적으로 증가하고 있다. 그럼에도 불구하고 점오염원과 달리 배출기준을 정하지 않고 있으며, 그간의 물 관리대책이 점오염원 관리를 위주로 이루어졌다는 점을 고려할 때 비점오염원에 대한 관리대책 및 규제수단이 필요하다. 물환경보전법은 제53조 이하에서 비점오염원 관리대책을 법제화하고 있다.

Ⅲ. 규제 내용

1. 설치신고

동법 제53조 제1항 및 시행령 제72조 제3항에 의하면 부지면적이 1만m^2 이상인 사업장에 섬유염색시설을 설치하기 위해서는 환경부장관에게 설치 신고를 하여야 하고, 위 규정에 따라 신고를 한 경우 환경부령이 정하는 시점까지 환경부령이 정하는 기준에 따라 비점오염저감시설을 설치하여야 한다. 또한 동조 제4항에 의하여 비점오염원설치신고사업자는 비점오염저감계획서의 내용을 이행하여야 하고, 위 시설을 설치기준에 맞게 유지하는 등 환경부령이 정하는 바에 따라 관리 · 운영하여야 하며, 그 밖의 환경부령이 정하는 사항을 준수하여야 한다. 환경부장관은 위 공장이 이와 같은 사항을 준수하지 아니한 경우 동조 제5항에 의하여 기간을 정하여 비점오염저감계획의 이행 또는 비점오염저감시설의 설치 · 개선을 명할 수 있다.

2. 종합대책의 수립

환경부장관은 비점오염원의 종합적인 관리를 위하여 비점오염원 관리 종합대책을 관계 중앙행정기관의 장 및 시 · 도지사와 협의하여 5년마다 수립하여야 한다(제53조의3 제1항).

3. 관리지역의 지정

환경부장관은 상류지역의 오염물질로부터 유출되는 강우유출수로 인하여 위 하천 및 주민의 건강 · 재산이나 자연생태계에 중대한 위해가 발생하거나 발생할 우려가 있는 지역에 대하여 A시장과 협의하여 비점오염원관리지역으로 지정할 수 있다(제54조 제1항).

4. 관리대책의 수립

환경부장관은 관리지역을 지정 · 고시한 때에는 관리목표, 관리대상 수질오염물질의 종류 및 발생량, 관리대상 수질오염물질의 발생 예방 및 저감방안, 그 밖에 관리지역의 적정한 관리를 위하여 환경부령으로 정하는 사항을 포함하는 비점오염원관리대책을 A시와 협의하여 수립하여야 한다(제55조 제1항).

Ⅳ. 결　　론

하천 상류 지역의 농약 및 축사유출물 그리고 섬유염색시설 등은 비점오염원으로써 규제 및 관리가 까다로운 점이 있으나, 수질에 미치는 영향이 큰 점을 고려할 때 규제의 필요성이 크다. 환경부장관은 위 섬유염색시설에 대하여는 설치 신고를 받은 후 환경부령이 정하는 기준에 따라 비점오염저감시설을 설치하게 하여야 하고 이에 대한 의무이행 확보수단으로써 비점오염저감계획의 이행 또는 비점오염저감시설의 설치 · 개선을 명할 수 있다. 또한 비점오염원의 종합적인 관리를 위하여 종합대책을 수립하고, 해당 지역을 관리지역으로 지정하고, A시와 협의하여 관리대책을 수립할 수 있다.

참조판례

인천지법 1997. 1. 16. 선고 96누1932 판결

※ 주의사항

비점오염원 규제는 물환경보전법의 특수한 분야로서 그 규제 필요성을 파악하기 위해서는 특성을 이해할 필요가 있음.

46

폐수배출시설의 설치허가

(법전원협의회 2022년도 제3차 변호사시험 모의시험)

사 례

甲은 A시에서 사업장일반폐기물과 지정폐기물을 소각하여 처리하는 특정폐기물 및 일반폐기물 처리업을 영위하는 폐기물처리업체이다. 甲은 「폐기물관리법」상의 폐기물처리업 허가를 받았을 뿐 「물환경보전법」에 따른 폐수배출시설의 설치허가를 받거나 설치신고를 한 바는 없다.

A시의 시장(이하 'A시장'이라 한다)은 甲이 소각처리시설을 운영하며 발생하는 특정수질유해물질이 포함된 폐수를 저장탱크로 옮긴 후 소방호스를 이용하여 우수로에 무단 방류하고 있음을 인지하고 甲의 시설 담당직원의 입회하에 최종 방류지점인 소방호스와 저장탱크에서 각 방류수를 채취한 후 이를 봉인하여 관할 보건환경연구원에 수질검사를 의뢰하였다. 보건환경연구원의 이 사건 방류수에 대한 수질검사 결과 이 사건 방류수에서 수은이 95.2975mg/L (배출허용기준 0.005mg/L), 1,2-디클로로에탄이 0.543mg/L(배출허용기준 0.3mg/L), 셀레늄이 3.11mg/L(배출허용기준 1mg/L) 각 검출되었다. 이 물질들은 모두 물환경보전법 시행규칙 별표3에서 정하고 있는 특정수질유해물질에 해당한다.

「물환경보전법」상의 관련 행정처분권한이 A시장에게 위임되었다고 가정하고 아래의 문제에 답하시오.

문 1. 이 사안에서 甲의 「물환경보전법」 위반여부를 검토하고 A시장이 甲에게 「물환경보전법」에 근거하여 취할 수 있는 조치를 모두 검토하시오.

문 2. A시장이 甲에 대하여 43억원의 수질초과배출부과금의 부과처분을 하였고 乙이 甲으로부터 폐기물처리사업을 양수하였다면, 甲에게 부과된 초과배출부과금 부과처분에 따른 甲의 납부의무 역시 乙에게 승계되는지 검토하시오.

문 3. 甲이 뒤늦게 A시장에게 「물환경보전법」상 배출시설 설치허가 신청을 하는 경우, 「물환경보전법」상의 배출시설 설치허가의 법적 성질과 허가가능 여부를 검토하시오.

참조조문

물환경보전법 시행규칙 제6조 [별표 4] (폐수배출시설)

1. 폐수배출시설의 적용기준
  가. 폐수배출시설은 다음의 구분에 따른 시설로 한다.
    1) 특정수질유해물질이 포함된 폐수를 배출하는 시설의 경우: 1일 최대 폐수량이 0.01세제곱미터 이상인 시설.
    2) 특정수질유해물질이 포함되지 않은 폐수를 배출하는 시설의 경우: 1일 최대 폐수량이 0.1세제곱미터 이상인 시설.
  나. 가목에서 "1일 최대 폐수량"은 연중 폐수가 가장 많이 발생되는 날을 기준으로 사업장의 모든 시설에서 배출되는 폐수를 합산하여 산정하고, 위탁처리 · 재이용하거나 폐수배출공정 중의 방지시설에서 처리되는 폐수를 모두 포함하여 산정한다.

물환경보전법 시행규칙 제35조의2 [별표 13의2] (특정수질유해물질 폐수배출시설 적용기준)

물질명	기준농도(mg/L)
수은과 그 화합물	0.001
셀레늄과 그 화합물	0.01
1,2-디클로로에탄	0.03

해 설

문 1. 이 사안에서 甲의 「물환경보전법」 위반여부를 검토하고 A시장이 甲에게 「물환경보전법」에 근거하여 취할 수 있는 조치를 모두 검토하시오.

I. 문제의 소재

폐기물소각시설이 폐수배출시설에 해당하여 「물환경보전법」상의 폐수배출시설의 설치허가 또는 신고의무 대상에 해당하는지 여부와 배출허용기준을 초과하는 폐수 배출에 대한 규제 여하가 문제될 수 있다.

Ⅱ. 폐수배출시설 설치허가

1. 설치허가

폐수배출을 설치하려는 자는 대통령령으로 정하는 바에 따라 환경부장관의 허가를 받아야 한다(제33조 제1항). '폐수배출시설'이란 수질오염물질을 배출하는 시설물, 기계, 기구, 그 밖의 물체로서 환경부령으로 정하는 것을 말한다(제2조 제10호). 동법은 설치허가를 받아야 하는 대상 배출시설을 특정하고 있다(시행령 제31조 제1항). 여기에는 특정수질유해물질이 발생되는 배출시설 등이 포함된다. 한편, 동법 시행규칙에서는 특정수질유해물질이 포함된 폐수를 배출하는 시설의 경우 1일 최대 폐수량이 0.01세제곱미터 이상인 시설, 특정수질유해물질이 포함되지 않은 폐수를 배출하는 시설의 경우 1일 최대 폐수량이 0.1세제곱미터 이상인 시설로 구분하여 정하고 있다(제6조, 별표 4).

구법하에서는 폐수배출에 해당되기 위해서 '공공수역'으로의 배출이 요구되었으나 2000. 1. 21. 개정 법에서는 폐수배출시설을 정의하면서 '공공수역'이라는 요건을 삭제함으로써 폐수배출시설은 수질오염물질을 '공공수역'에 배출하는 시설에 한정되지 않게 되었다. 그 결과 당해 기계시설에서 발생된 수질오염물질이 포함된 액체를 공공수역에 배출하지 않고 당해 기계시설에 재사용하는 시설도 폐수배출시설에 해당한다(대법원 2005. 10. 28. 선고 2003도5192판결).

2. 사안에의 적용

해당 폐기물소각시설에서 수은 등 각종 특정수질유해물질이 폐수의 형태로 배출되고 있으므로 해당 시설은 허가대상 폐수배출시설에 해당한다.

Ⅲ. 무허가 설치 등에 대한 행정규제

1. 사용중지 명령 또는 폐쇄명령

환경부장관은 허가를 받지 아니하거나 신고를 하지 아니하고 배출시설을 설치하거나 사용하는 자에 대하여 해당 배출시설의 사용중지를 명하여야 한다. 다만, 해당 배출시설을 개선하거나 방지시설을 설치·개선하더라도 그 배출시설에서 배출되는 수질오염물질의 정도가 배출허용기준 이하로 내려갈 가능성이 없다고 인정되는 경우 또는 그 설치장소가 다른 법률에 따라 해당 배출시설의 설치가 금지된 장소인 경우에는 그 배출시설의 폐쇄를 명하여야 한다(제44조). 사안에서 처분권한을 위임받은 A시 시장은 무허가 설치에 대한 사용중지 명령을 내려야 한다. 한편, 국토계획법에 따르면 계획관리지역 안에서 특정수질유해물질을 기준 이상으로 배출하는 경우 건축이 제한된다. 따라서 A시 시장은 폐쇄명령을 내려야 한다.

2. 명령 이행여부 확인

위 사용중지명령 또는 폐쇄명령을 받은 자가 그 명령을 이행하였을 때에는 지체 없이 이를 환경부장관에게 보고하여야 하며, 환경부장관은 그 보고를 받았을 때에는 관계 공무원으로 하여금 지체 없이 그 명령의 이행상태 또는 개선완료상태를 확인하게 하고, 폐수 오염도검사가 필요하다고 인정되는 경우에는 시료(試料)를 채취하여 환경부령으로 정하는 검사기관에 오염도검사를 지시하거나 의뢰하여야 한다(제45조). 따라서 A시 시장은 명령이행의 보고 수리, 확인 및 오염도검사의 지시 · 의뢰를 하여야 한다.

3. 형사고발

무허가 배출시설을 설치하거나 그 배출시설을 이용하여 조업한 자에 대하여는 벌칙이 부과된다(제75조 제1호). 따라서 A시 시장은 이와 관련해서 형사고발을 할 수 있다.

Ⅳ. 배출부과금 부과

1. 근 거

동법 제41조는 환경부장관으로 하여금 수질오염물질로 인한 수질오염 및 수생태계 훼손을 방지하거나 감소시키기 위하여 수질오염물질을 배출하는 사업자 또는 허가 · 변경허가를 받지 아니하거나 신고 · 변경신고를 하지 아니하고 배출시설을 설치하거나 변경한 자에게 배출부과금을 부과 · 징수토록 하고 있다.

2. 종 류

배출부과금에는 폐수배출시설에서 배출되는 폐수 중 오염물질이 배출허용기준 이하로 배출되나 방류수수질기준(제12조 제3항)을 초과하는 경우에 오염물질배출량과 배출농도 등에 따라 부과하는 기본부과금과 오염물질이 배출허용기준을 초과하여 배출되는 경우에 오염물질배출량과 배출농도에 따라 부과하는 초과부과금이 있다(제41조 제1항). 기본부과금은 유기물질, 부유물질 2종류의 오염물질에 국한하여 부과하며(시행령 제42조), 초과부과금은 유기물질, 부유물질, 총질소, 총인 등 19종류를 대상으로 한다(시행령 제46조).

3. 사안에의 적용

사안의 경우, 수은이 초과부과금 대상 오염물질에 해당하고, 甲의 사업장에서 수은이 배출허용기준을 초과하여 배출하였으므로 A시 시장은 이에 대하여 초과부과금을 부과할 수 있다.

V. 투기 등 행위의 금지

동법은 누구든지 정당한 사유없이 공공수역에 특정수질유해물질 등의 투기 등 일정한 행위를 금지하고 있다(제15조 제1항). 여기에서의 금지자는 "누구든지"이다. 여기에 배출시설의 설치 또는 변경에 대한 허가를 받은 자(사업자)도 포함되는지 논란이 있을 수 있다. 법원은 소극적으로 해석하고 있다(인천지법 1997. 1. 16. 선고 96노1932 판결). 동법에서 점오염원에 대한 규제(제3장)를 별도로 마련하고 있으므로 투기 등 행위의 금지 규정과 경합하는 경우 제3장을 우선 적용하는 것이 타당하다는 점이 고려된 것으로 보인다. 이에 따를 경우 점오염원에 대한 규제는 별론으로 하고 제15조 제1항 위반에 따른 행정조치는 제기되지 않을 것이다.

VI. 결 론

A시 시장은 무허가 배출시설 설치허가에 대하여 조업정지 명령, 위법시설에 대한 폐쇄명령을 내려야 하며, 명령 이행여부 확인 요구 등을 하고, 형사고발할 수 있다. 한편, 甲의 사업장에서 수은이 배출허용기준을 초과하여 배출한 것에 대하여 초과부과금을 부과할 수 있다.

문 2. A시장이 甲에 대하여 43억원의 수질초과배출부과금의 부과처분을 하였다고 하자. 乙이 甲으로부터 폐기물처리사업을 양수한 경우, 甲에게 부과된 초과배출부과금 부과처분에 따른 甲의 납부의무 역시 乙에게 승계되는지 검토하시오.

I. 문제의 소재

물환경보전법상의 무허가 배출시설 및 사업을 양수한 자가 양도인인 무허가 배출시설 설치자에게 내려진 배출부과금 부과처분에 따른 납부의무를 승계하는지에 대한 검토가 필요하다. 이를 위해서는 배출부과금 부과처분이 대인적 처분인지 대물적 처분인지에 대한 규명이 필요하다. 폐기물관리법상의 권리 · 의무 승계규정의 적용 여부도 문제될 수 있다.

Ⅱ. 배출부과금 부과처분의 제3자 승계 인정 여부

1. 관련 규정

동법은 제36조에서 사업자가 배출시설 및 방지시설을 양도하거나 사망한 경우 또는 법인의 합병이 있는 경우에는 그 양수인 · 상속인 또는 합병 후 존속하는 법인이나 합병에 의하여 설립되는 법인은 허가 · 변경허가 · 신고 또는 변경신고에 따른 사업자의 권리 · 의무를 승계하도록 규정함으로써, 관리의 공백과 책임소재 불분명에 따른 분쟁의 발생을 예방하고 있다. 문제는 "허가등에 따른 사업자의 권리 · 의무"에 배출부과금이 포함되는가이다.

2. 배출부과금 부과처분의 성질 및 제3자 승계 인정 여부

행정행위의 효과의 승계를 인정할 것인지는 해당 행정처분이 대인적, 대물적, 혼합적 성질인지에 따라 차이가 있다. 대인적 행정행위는 행위의 상대방의 지식 기술 능력 등과 같은 주관적 사정에 착안하여 행해지는 행정행위이며 그 효과는 일신전속적인 것이므로 제3자에게 승계되지 않는다. 대물적 행정행위는 물건의 성질이나 상태 등 물적 사정에 착안하여 행해지는 행정행위이며 그 효과는 행위의 상대방에 그치지 않고 원칙상 그 승계인에게도 미친다. 혼합적 행정행위는 주관적 사정과 물적 사정의 양자를 함께 고려하여 행해지는 행정행위로 명문의 규정이 있는 경우에 제3자에게 승계될 수 있다고 본다.

결국 양도인의 배출부과금 납부의무가 양수인에게 승계되는지 여하는 양도인의 사업수행상의 의무위반(배출허용기준 초과 배출)이 사업자의 고의 · 과실에 의한 주관적 사정에 기인한 것인지, 아니면 해당 시설의 하자에 기인한 물적 사정에 기인한 것인지 여부에 따라 결론이 달라질 것이다.

3. 사안에의 적용

동법 제36조상의 "허가등에 따른 사업자의 권리 · 의무"를 허가등에 붙여진 조건으로 이해하고, 배출부과금의 부과를 대인적 하명으로 이해하면서, 배출부과금 부과는 양수, 상속, 합병 등의 이유로 양수인, 피상속인, 합병 후 존속하는 법인 등에 당연히 승계되지 않는다는 견해가 있다. 그러나 배출시설 설치허가는 수질오염물질 배출 금지나 저감을 위한 시설 등 객관적 요소를 주된 대상으로 하는 대물적 허가 내지는 대물적 요소가 강한 혼합적 허가인 점 등을 고려할 때 "허가등에 따른 사업자의 권리 · 의무"를 '허가등에 따른 효력'으로 이해하고, 배출부과금 납부와 같은 공법상의 의무가 여기에 포함된다고 이해하는 것이 합리적인 해석이라고 생각한다.

Ⅲ. 폐기물관리법상 권리 · 의무 승계규정 적용 여부

1. 관련 규정

폐기물관리법에서는 폐기물처리업, 폐기물처리시설 등을 양수하는 경우에 해당 양수인은 환경부장관 또는 시 · 도지사의 허가를 받아야 하며, 이 경우 허가를 받은 양수인은 폐기물처리업 등의 허가 · 승인 · 등록 또는 신고에 따른 권리 · 의무를 승계하도록 하고 있다(제33조 제1항).

2. 해 석 론

폐기물관리법상의 권리 · 의무 승계 규정에 따라 양도인에게 부과된 배출부과금 납부의무가 양수인에게 승계되는지 문제가 될 수 있다. 이를 판단하기 위해서는 "허가 · 승인 · 등록 또는 신고에 따른 권리 · 의무"가 무엇인지 규명할 필요가 있다. 이와 관련해서는 다음과 같이 견해가 갈릴 수 있다:

(1) 긍정설: 물환경보전법은 폐수배출시설을 허가 또는 신고대상으로 규율하고 있으며 무허가 배출시설에 대해서도 배출허용기준 초과배출시 초과배출부과금을 부과하도록 하고 있으므로 "허가에 따른 의무"를 좁게 보아 허가를 받은 자의 의무로만 볼 것이 아니라 무허가 시설의 양수인에게도 승계책임을 인정하는 것이 입법목적에 부합한다.

(2) 부정설: 허가에 따른 의무란 허가를 하면서 붙인 부관 또는 허가 이후 허가를 받은 자의 법률상의 의무 등을 말하는 것이므로 허가를 받지 않고 무허가 배출시설을 운영한 자의 의무는 허가에 따른 의무로 볼 수 없다.

Ⅳ. 사안에의 적용

폐기물관리법상의 권리 · 의무 승계 규정은 허가를 받은 양도인의 권리 · 의무의 승계로 이해되므로 사안과 같이 무허가 배출시설의 경우에는 동 규정에 따라 그 양수인에게 승계책임을 인정할 수 없다. 그러나 물환경보전법 제36조 제1항은 무허가 배출시설에 대해서도 배출허용기준 초과배출시 초과배출부과금을 부과하도록 하고 있으므로 이에 근거하여 乙은 무허가 배출시설을 운영한 甲의 배출부과금 부과의무를 승계하는 것으로 봄이 타당하다.

문 3. 甲이 뒤늦게 A시장에게 「물환경보전법」상 배출시설 설치허가 신청을 하는 경우, 「물환경보전법」상의 배출시설 설치허가의 법적 성질과 허가가능 여부를 검토하시오.

I. 문제의 소재

배출시설 설치허가가 기속행위인지 아니면 재량행위인지, 다른 법령에 따른 배출시설의 설치제한 대상인지, 폐수무방류배출시설로 설치허가가 가능한지 등이 검토되어야 한다.

Ⅱ. 배출시설 설치허가의 법적 성질

기속행위인지, 기속행위인지는 "당해 행위의 근거가 된 법규의 체재 형식과 그 문언, 당해 행위가 속하는 행정분야의 주된 목적과 특성, 당해 행위 자체의 개별적 성질과 유형 등을 모두 고려하여 판단하여야 한다(대법원 2001. 2. 9 선고 98두17593 판결)."

물환경보전법에서는 허가기준과 설치제한지역을 구체적으로 정하고 있고(제33조 제11항, 제7항), 시행령은 허가대상의 배출시설, 허가 신청 시 제출하여야 하는 서류 등을 구체적으로 규정하고 있다(제31조 제5항). 법원은 배출시설 설치허가를 '기속재량행위'라고 보고 있다(대법원 2013. 5. 9 선고 2012두22799 판결 참조). 그 결과 허가권자는 법에서 정한 요건을 구비한 때에는 원칙적으로 허가를 하여야 한다. 그러나 환경기준의 유지가 곤란하거나 주민의 건강 · 재산, 동식물의 생육에 심각한 위해를 끼칠 우려가 있다고 인정되는 등 중대한 공익상의 필요가 있을 때에는 허가를 거부할 수 있다고 이해된다.

Ⅲ. 배출시설 설치제한 및 예외

1. 관련 규정

(1) 다른 법령에 따른 배출시설의 설치제한

동법에서는 허가기준을 정하고 있는데, 여기에는 "다른 법령에 따른 배출시설의 설치제한에 관한 규정에 위반되지 아니할 것"등이 포함되어 있다(제33조 제11항).

(2) 설치제한지역

환경부장관은 상수원보호구역의 상류지역, 특별대책지역 및 그 상류지역, 취수시설이 있는 지역 및 그 상류지역의 배출시설로부터 배출되는 수질오염물질로 인하여 환경기준의 유지가 곤란하거나 주민의 건강·재산이나 동·식물의 생육에 중대한 위해를 가져올 우려가 있다고 인정되는 경우에는 관할 시·도지사의 의견을 듣고 관계 중앙행정기관의 장과 협의하여 배출시설의 설치를 제한할 수 있다(동조 제7항). 구체적으로 배출시설의 설치를 제한할 수 있는 지역의 범위는 ① 취수시설이 있는 지역; ② 수질보전을 위해 지정·고시한 특별대책지역; ③ 「수도법」 제7조의2 제1항에 따라 공장의 설립이 제한되는 지역(특정수질유해물질 배출시설의 경우만 해당); ④ ①부터 ③까지에 해당하는 지역의 상류지역(특정수질유해물질 배출시설의 경우만 해당)이다(시행령 제32조).

(3) 폐수무방류배출시설 설치허가

동법에서는 폐수무방류배출시설을 설치하고자 하는 자로 하여금 환경부장관의 허가를 받도록 하고 있다(제33조 제1항 단서). 또한 폐수무방류배출시설의 경우 상수원보호를 위하여 배출시설 설치제한지역에 설치할 수 있도록 하되, 상수원오염을 대비하여 그 허가절차 등을 엄격히 정하여 폐수무방류배출시설에 대한 사전·사후 관리체계를 마련하고 있다(제34조 참조). 폐수무방류배출시설이 설치될 수 있는 지역은 취수시설이 있는 지역, 특별대책지역 등 제한적이다(시행령 제32조).

3. 사안에의 적용

사안의 폐기물처리시설이 입지한 곳은 국토계획법상 계획관리지역이고, 동법 시행령에서 금지하는 특정수질유해물질을 배출하는 시설이므로 물환경보전법상 다른 법률이 설치를 제한하는 시설에 해당하므로 원칙적으로 설치는 허용되지 않는다. 그러나 예외적으로 폐수무방류배출시설로 설치가 가능하다. 그러나 폐수무방류배출시설의 설치는 취수시설이 있는 지역 등 환경부장관이 고시한 지역에 한하여 허용하고 있다. 결국 甲의 입지가 배출시설 설치제한지역으로 고시한 지역이 아닌 한, 폐수무방류배출시설로 배출시설 설치허가를 받는 것은 허용되지 않는다.

47

사업자의 의무이행 확보수단 등

(2014년도 제3회 변호사시험)

사　　례

B시에 소재하는 A하천의 상류지역은 환경정책기본법에 따른 수질보전특별대책지역으로 지정, 관리되고 있다. 그런데 특별대책지역의 지정에 따라 여러 가지 규제를 받던 하천 상류지역 주민들은 그 지정을 해제하여줄 것을 요청하였다. 환경부장관은 규제 완화 요청이 타당하다고 판단하고, 특별대책지역의 일부를 해제하는 것으로 결정하여 변경 고시하였다. 한편, 특별대책지역으로 지정되지 않은 A하천의 중류지역에는 화학제품을 제조·판매하는 甲회사가 폐수배출시설 설치허가를 받고 폐수처리시설을 설치·운영하고 있다. 지역주민들은 우기 시에 인근 하천에 종종 검은 폐수가 흐르는 것을 목격하고 B시에 원인을 확인한 후 조치를 취해줄 것을 여러 차례 요청하였다. 그러나 이에 대해 B시는 아무런 조치를 취하지 않았다. 이와 관련하여 B시의 단속 방치가 지역주민의 식수원인 취수장의 수질에 악영향을 미쳐 주민들의 건강침해가 우려된다는 내용이 언론에 보도되었다. 지역에서 비난 여론이 들끓자 한참 후에 B시 소속 공무원은 비가 오는 날 甲회사 사업장을 방문하여 甲회사가 폐수처리시설을 정상적으로 가동하지 않고 폐수를 하천으로 방류하는 현장을 목격하였다. 이에 방류수를 채수하여 B시 부속 보건환경연구원에 수질오염도 검사를 의뢰하였는데, 그 결과 물환경보전법상의 배출허용기준을 초과하는 것으로 나타났다. 乙은 A하천 하류지역에 거주하며 송어를 양식하고 있다. 최근 乙이 양식하는 송어가 집단 폐사하였는데, 이는 甲회사가 방류한 폐수가 원인인 것으로 밝혀졌다. 또한 乙은 위 취수장으로부터 수돗물을 공급받는 입장에서 폐수로 인한 심각한 건강침해를 우려하고 있다. 이에 B시에 적절한 조치를 취해 줄 것을 여러 차례 요청하였지만 아직 아무런 조치가 취해지고 있지 않다.

문 1. 특별대책지역 인근에 거주하며 하천 상류지역의 지천을 식수 등 생활용수로 이용하는 지역주민들은 위 특별대책지역의 지정변경처분을 소송으로 다투려고 한다. 이들 주민에게 원고적격이 있는지 검토하시오.

문 2. 관할 행정청이 물환경보전법에 근거하여 甲회사에 대하여 취할 수 있는 조치를 검토하시오.

문 3. 乙이 甲회사에 대한 손해배상청구와는 별도로 관할 행정청이 적절한 조치를 취하지 아니하여 피해가 발생 또는 가중되었다면서 손해배상소송을 제기하려고 한다. 이 경우 예상되는 쟁점과 승소 가능성을 검토하시오.

해 설

문 1. 특별대책지역 인근에 거주하며 하천 상류지역의 지천을 식수 등 생활용수로 이용하는 지역주민들은 위 특별대책지역의 지정변경처분을 소송으로 다투려고 한다. 이들 주민에게 원고적격이 있는지 검토하시오.

I. 문제의 소재

사안에서 지역주민들이 제기할 수 있는 것은 특별대책지역의 지정변경처분에 대한 취소소송인데, 지역주민들이 원고적격이 있는지 여부가 문제된다. 인정 여하를 판단하기 위해서는 처분의 근거 법규가 사익보호성을 갖고 있는지 규명되어야 한다.

Ⅱ. 원고적격

1. 근거 규정

행정소송법 제12조은 "취소소송은 처분 등의 취소를 구할 법률상 이익이 있는 자가 제기할 수 있다"라고 규정하고 있으므로, 항고소송에 있어서 소를 제기할 수 있는 자격(원고적격)이 인정되기 위하여는 위 규정상의 "법률상 이익이 있는 자"이어야 한다.

2. 법률상 이익이 있는 자

행정소송법 제12조에서 말하는 '법률상 이익'이 '법이 실체법적으로 보호하고 있는 이익'만을 의미한다는 법률상 이익구제설, '법이 보호할 가치가 있는 이익'을 의미한다는 보호가치 이익구제설이 대립하고 있다. 더 나아가 '법률상 이익'에서 말하는 '법률'이 단지 실체요건법규만을 의미하는 것인지, 아니면 절차요건 법규 또는 헌법상의 환경권 또는 환경이익을 포함하는지에 대하여도 다툼이 계속되고 있다.

판례는 법률상 이익의 개념에 관하여 "당해 처분의 근거법규 및 관련법규에 의하여 보호되는 개별적 · 직접적 · 구체적 이익이 있는 경우를 말하고, 다만 공익보호의 결과로 국민 일반이 공통적으로 가지는 일반적 · 간접적 · 추상적 이익과 같이 사실적 · 경제적 이해관계를 가지는데 불과한 경우는 여기에 포함되지 아니한다"고 판시해 옴으로써, 이른바 '법률상 이익구제설'을 취하고 있다. 판례는 처분의 근거가 되는 법규의 보호목적을 기준으로 하여 처분의 근거법규(근거법규가 다른 법규를 인용함으로 인하여 근거법규가 된 경우까지를 아울러 포함) 및 관련법규(당해 처분의 행정목적을 달성하기 위한 일련의 단계적인 관련처분들의 근거법규)가 공익보호뿐만 아니라 개인의 이익도 보호하고 있다고 판단되는 경우(사익보호성)에 원고적격이 있는 것으로 보고 있는데, 그 결과 공익보호의 결과로 국민일반이 공통적으로 가지는 추상적, 평균적, 일반적인 이익과 같은 것은 여기에서 말하는 법률상 이익에 포함되지 않게 된다.

한편, 환경오염피해의 광역성, 대규모성 등을 고려할 때 피해의 영향권을 가능한 한 넓게 인정할 필요가 있는데, 이른바 물금취수장 사건(대법원 2010. 4. 15. 선고 2007두16127 판결)에서는 "원고들의 거주지역이 물금취수장으로부터 다소 떨어진 부산광역시 또는 양산시이기는 하나, 수돗물은 수도관 등 급수시설에 의해 공급되는 것이어서 수돗물을 공급받는 주민들이 가지게 되는 수돗물의 수질악화 등으로 인한 환경상 이익의 침해나 침해 우려는 그 거주 지역에 불구하고 그 수돗물을 공급하는 취수시설이 입게 되는 수질오염 등의 피해나 피해 우려와 동일하게 평가될 수 있다고 할 것이다"면서 원고적격의 범위를 넓히고 있다.

Ⅲ. 사안에의 적용

1. 처분의 근거법규

처분의 근거법규는 특별대책지역의 지정 근거인 환경정책기본법 제38조와 동법 시행령 제13조이다. 환경권 규정을 담고 있는 헌법이 여기에 포함될 수 있다는 견해도 있다. 즉 헌법재판소는 이른바 '병마개 사건'(헌재 1998. 4. 30. 선고 97헌마141 결정)에서, 헌법상의 기본권이 취소를 구할 자격이 인정되기 위한 요건, 즉 '법률상 보호되는 이익'이 될 수 있다고 판단한 바 있으나 처분의 근거법규를 지나치게 확대하는 것이 아닌가 하는 의문이 있다.

2. 적 극

특별대책지역의 지정 근거인 환경정책기본법 제38조와 동법 시행령 제13조의 보호 목적을 넓게 해석하여 사익보호성을 인정할 것인가, 좁게 해석하여 사익보호성을 부정할 것인가에 따라 결론이 달라질 것이다. 원고적격이 인정되는지 여부는 처분의 근거법규(관련 법규 포함) 등의 취지, 목적, 그 처분으로 침해되는 이익의 내용, 성질, 태양 등을 종합하여 개별적으로 판단되어야 한다. 환경정책기본법은 "환경보전에 관한 국민의 권리 · 의무를 명확히 하고 (…) 모든 국민이 건강하고 쾌적한 삶을 누릴 수 있도록 함"을 그 목적으로 하고 있으며(제1조), 환경부장관으로 하여금 환경오염 · 환경훼손 또는 자연생태계의 변화가 현저하거나 현저하게 될 우려가 있는 지역과 환경기준을 자주 초과하는 지역을 관계 중앙행정기관의 장 및 시 · 도지사와 협의하여 환경보전을 위한 특별대책지역으로 지정 · 고시하고, 해당 지역의 환경보전을 위한 특별종합대책을 수립하여 관할 시 · 도지사에게 이를 시행하게 할 수 있도록 하고 있으며(제38조 제1항), 특별대책지역의 환경개선을 위하여 특별히 필요한 경우에는 그 지역에서 토지 이용과 시설 설치를 제한할 수 있도록 하고 있다(동조 제2항). 시행령에서는 토지 이용과 시설 설치를 제한할 수 있는 경우로 환경기준을 초과하여 주민의 건강 · 재산이나 생물의 생육에 중대한 위해를 가져올 우려가 있다고 인정되는 경우 등을 들고 있다(시행령 제13조). 이러한 조항들은 단순히 환경보호라는 공익만이 아니라 해당 지역 주민들의 환경상 · 재산상 · 생활상 이익도 보호하는 측면이 있다. 따라서 이러한 이익을 침해당한 지역주민들(물금취수장 사건에 비추어 상류지역 주민들의 이익 침해는 쉽게 인정될 것으로 보인다)은 동법에 따른 특별대책지역의 지정변경처분을 다툴 수 있는 원고적격을 갖는다.

여기에 대해 관련 규정은 국가의 환경보호책무 등 공익보호를 규정하고 있는 프로그램 규정으로써 인근 주민들이 가지는 생활상 이익을 직접적이고 구체적으로 보호하기 위한 것이 아니고, 지역주민들이 깨끗한 생활용수를 이용할 이익은 환경보호라는 공공의 이익이 달성됨에 따라 반사적으로 얻게 되는 이익에 불과하므로 지역주민들은 동법에 따른 특별대책지역의 지정변경처분을 다툴 원고적격이 없다는 견해가 있을 수 있다. 이른바, 공설화장장 사건(대법원 1995. 9. 26. 선고 94누14544 판결)에서 법원은 상수원보호구역 설정의 근거가 되는 수도법 관련 규정의 보호 목적이 상수원의 확보와 수질보전뿐이라면서 원고적격을 부인한 바 있다. 이러한 판례 입장에 따를 경우에는 지역주민의 원고적격이 부인될 가능성이 많다.

Ⅳ. 결 론

결국 특별대책지역의 지정의 근거 조항(환경정책기본법 제38조, 시행령 제13조)이 환경보호라는 공익보호뿐만 아니라 지역주민들이 깨끗한 생활용수를 이용할 이익을 직접적이고 구체적으로 보호하는지 여부에 대한 해석에 따라 원고적격의 인정 여부가 결정될 것이다.

문 2. 관할 행정청이 물환경보전법에 근거하여 甲회사에 대하여 취할 수 있는 조치를 검토하시오.

Ⅰ. 문제의 소재

폐수배출시설은 점오염원인 바, 물환경보전법상의 배출허용기준을 초과하는 폐수를 방출한 점오염원에 대하여 행정청이 취할 수 있는 조치와 의무이행 확보수단이 무엇인지에 대한 검토가 필요하다.

Ⅱ. 구체적 수단

1. 개선명령 및 조업정지명령

동법 제39조에 의하면, 환경부장관은 조업 중인 배출시설에서 배출되는 수질오염물질의 정도가 배출허용기준을 초과한다고 인정할 때에는 대통령령으로 정하는 바에 따라 기간을 정하여 사업자에게 그 수질오염물질의 정도가 배출허용기준 이하로 내려가도록 필요한 조치를 할 것(개선명령)을 명할 수 있고, 이에 불응하거나 개선명령을 이행하였음에도 배출허용기준을 계속 초과할 시에는 제40조에 의하여 해당 배출시설의 전부 또는 일부에 대한 조업정지를 명할 수 있다. 사안에서 甲회사는 배출허용기준을 초과하는 폐수를 배출하였으므로 환경부장관은 개선명령을 내릴 수 있을 것이다.

2. 허가의 취소 등

환경부장관은 동법 제42조 제1항 따라 제38조 제1항 각호에 해당하는 행위(배출시설 및 방지시설의 비정상운영), 개선명령을 이행하지 아니한 경우 등의 경우에 허가의 취소, 배출시설의 폐쇄 또는 6개월 이내의 조업정지 명령을 내릴 수 있다. 사안에서 甲회사는 폐수처리시설을 정상적으로 가동하지 아니하였으므로 허가의 취소 등을 할 수 있다.

3. 과징금 처분

환경부장관은 제조업의 배출시설 등 일정한 배출시설을 설치 · 운영하는 사업자에 대하여 조업정지를 명하여야 하는 경우로서 그 조업정지가 주민의 생활, 대외적인 신용 · 고용 · 물가 등 국민경제 또는 그 밖의 공익에 현저한 지장을 줄 우려가 있다고 인정되는 경우에는 조업정지처분을 갈음하여 3억원 이하의 과징금을 부과할 수 있다(제43조 제1항). 이에 따라 일정한 경우 환경부장관은 甲회사에게 과징금 처분을 내릴 수 있다. 다만 甲회사의 위반행위가 30일 이상의 조업정지처분 대상이 되는 경우는 과징금 처분을 할 수 없다(동조 제2항 제2호).

4. 배출부과금

동법 제41조는 환경부장관으로 하여금 수질오염물질로 인한 수질오염 및 수생태계 훼손을 방지 또는 감소시키기 위하여 오염물질을 배출하는 사업자 또는 허가 · 변경허가를 받지 아니하거나 신고 · 변경신고를 하지 아니하고 배출시설을 설치 또는 변경한 자에 대하여 배출부과금을 부과 · 징수토록 하고 있다. 배출부과금에는 폐수배출시설에서 배출되는 폐수 중 오염물질이 배출허용기준 이하로 배출되나 방류수수질기준(제12조 제3항)을 초과하는 경우에 오염물질배출량과 배출농도 등에 따라 부과하는 기본부과금과 오염물질이 배출허용기준을 초과하여 배출되는 경우에 오염물질배출량과 배출농도에 따라 부과하는 초과부과금이 있다(제41조 제1항). 사안에서 甲회사는 배출허용기준을 초과한 폐수를 배출하였으므로 환경부장관은 초과배출부과금을 부과할 수 있다.

5. 형사고발

甲회사는 배출시설 및 방지시설의 비정상운영 행위를 하였으므로 제76조 제2호, 제38조 제1항에 따라 5년 이하의 징역 또는 3천만원 이하의 벌금에 처해지므로 환경부장관은 최후의 수단으로 甲회사를 형사고발할 수 있다.

Ⅲ. 결 론

폐수처리시설을 정상적으로 가동하지 아니하여 배출허용기준을 초과한 폐수를 배출한 甲회사에 대하여 환경부장관은 개선명령 및 조업정지명령, 허가의 취소, 배출시설의 폐쇄 또는 6개월 이내의 조업정지 명령 등을 내릴 수 있으며, 甲회사가 30일이내의 조업정지 명령 대상이 되지 않는다면 조업정지명령에 갈음하여 3억원 이내의 과징금 처분을 내릴 수 있다. 또한 초과배출부담금을 부과할 수 있으며, 형사고발까지 할 수 있을 것이다.

문 3. 乙이 甲회사에 대한 손해배상청구와는 별도로 관할 행정청이 적절한 조치를 취하지 아니하여 피해가 발생 또는 가중되었다면서 손해배상소송을 제기하려고 한다. 이 경우 예상되는 쟁점과 승소 가능성을 검토하시오.

I. 문제의 소재

乙이 관할 행정청에 대하여 국가배상법 제2조에 따른 국가배상을 구할 수 있는지, 요건 등에 대한 검토가 필요하다. 특히 공무원의 부작위가 개재되어 있으므로 어떤 경우에 부작위의 위법성이 인정되는지 문제가 된다.

Ⅱ. 공무원의 부작위로 인한 국가배상청구소송

1. 요 건

국가배상법 제2조는 국가 또는 지방자치단체로 하여금 공무원이 그 직무를 집행함에 당하여 고의 또는 과실로 법령에 위반하여 타인에게 손해를 가한 때 그 손해를 배상하도록 하고 있다. 이에 따르면 국가배상이 인정되기 위해서는 ① 공무원, ② 직무집행, ③ 고의 또는 과실, ④ 법령 위반이라는 요건을 충족되어야 한다. 사안의 경우 ① 내지 ③ 요건은 쉽게 인정될 수 있을 것이다. 문제는 행정청이 지역주민들의 요구에도 불구하고 적절한 조치를 취하지 않은 경우 행정청의 작위의무를 위반한 것인지, 즉 위법성이 크게 다투어질 수 있다. 행정청의 의무가 명시적이지 않고 행정청이 적극적인 행위를 하지 않았기 때문이다.

2. 작위의무의 존재

(1) 재량행위에 대한 작위의무의 존부

관할 행정청이 물환경보전법에 따른 개선명령, 조업정지명령 등의 조치를 취하지 않은 것이 위법한지가 문제된다. 관련 규정들은 "할 수 있다"라고 규정하여 행정청의 재량을 인정하고 있다. 재량권이 인정되는 경우에는 공무원에게 행정권 발동 여부를 결정할 재량이 있으므로 공무원의 작위의무를 바로 인정할 수 없고 따라서 공무원의 부작위가 그 자체로 위법이라 할 수 없다. 그러나 배출부과금부과는 기속행위로써(서울고법 1997. 10. 9. 선고 96구21975 판결 참조) 작위의무를 곧바로 인정할 수 있기 때문에 이러한 조치를 취하여야 함에도 취하지 않은 행위는 위법하다 할 것이다.

(2) 재량권 0으로의 수축 법리

예외적인 상황에서는 재량이 수축, 소멸하여 행정의 자유가 의무로 되는 경우가 있을 수 있다는 것이 학설, 판례의 경향인데, 이러한 이론을 흔히 '재량권의 0으로의 수축이론'이라고 한다. 예외적인 상황으로는 ① 사람의 생명, 신체 및 재산 등에 중대하고 급박한 위험이 존재하고, ② 그러한 위험이 행정권의 발동에 의해 제거될 수 있는 것으로 판단되며, ③ 피해자의 개인적인 노력으로는 권익침해의 방지가 충분하게 이루어질 수 없다고 인정되는 경우 등이 들어지고 있다. 이에 더하여 결과의 예견가능성 · 회피가능성도 작위의무의 요소로 고려될 수 있다. 위와 같은 요건을 충족하여 공무원에게 작위의무가 발생하면 재량행위라 하더라도 부작위는 위법한 것이 된다.

사안의 경우 乙은 송어가 집단 폐사했을 뿐만 아니라, 건강에도 심각한 피해를 입을 것으로 우려되고 있어 피해 및 위험이 중대하고 급박하며, 개인의 노력으로는 이러한 피해 및 위험을 회피할 수 없다고 보이고, 관할 행정청의 조치로 이러한 피해를 막을 수 있다고 보이므로 재량권이 0으로 수축되는 경우라고 봄이 타당하다. 따라서 작위의무가 인정되고 이러한 조치를 취하지 않은 관할 행정청의 행위는 위법한 것이 된다.

3. 직무상 의무의 사익보호성

판례는 상당인과관계설의 입장에서 사익보호성을 요구한다. 즉, 공무원이 고의 또는 과실로 그에게 부과된 직무상 의무를 위반하였을 경우라고 하더라도 국가는 그러한 직무상의 의무 위반과 피해자가 입은 손해 사이에 상당인과관계가 인정되는 범위 내에서만 배상책임을 지는 것이고, 이 경우 상당인과관계가 인정되기 위하여는 공무원에게 부과된 직무상 의무의 내용이 단순히 공공 일반의 이익을 위한 것이거나 행정기관 내부의 질서를 규율하기 위한 것이 아니고 전적으로 또는 부수적으로 사회구성원 개인의 안전과 이익을 보호하기 위하여 설정된 것이어야 한다.

여기에서 개선명령 등 직무행위가 사익보호성 요건을 충족하는지 검토할 필요가 있다. 물환경보전법 제39조 이하 관련 규정은 공공 일반의 이익만을 위한 것이 아니라 乙이 양식업을 할 수 있을 정도의 수질의 물을 이용할 이익을 부수적으로나마 보호하고 있다고 볼 수 있으므로 이 요건은 충족되었다고 볼 것이다.

Ⅲ. 결 론

물환경보전법에 의한 직무행위(개선명령 등)의 사익보호성이 인정되고, 관할 행정청이 동법에 따른 조치를 취하지 않은 것에 대한 위법성이 인정되므로 乙은 관할 행정청에 대하여 국가배상법 제2조에 따른 국가배상청구를 할 수 있다.

참조판례

1. 공설화장장 사건: 대법원 1995. 9. 26. 선고 94누14544 판결(판례 [42])
2. 물금취수장 사건: 대법원 2010. 4. 15. 선고 2007두16127 판결(판례 [43])

※ 주의사항

원고적격 판단을 함에 있어서 중요한 것은 처분의 근거 조문을 정확히 지적하고 그 근거 조문이 공익만을 보호하는 것인지 사익도 보호하는 것인지 판단하는 것임(이를 위해서는 해당 조문의 문구, 목적 조항, 시행령 등에 대한 다각적인 분석이 필요함).

48

수질오염물질 배출행위에 대한 행정청의 조치

(2021년도 제10회 변호사시험)

사 례

甲이 대표이사로 있는 주식회사 A는 X산업단지 내에서 화학제품을 생산하는 업체이다. 주식회사 A는 2019. 3. 물환경보전법 제33조에 따른 폐수배출시설 설치허가를 받고, 같은 법 제37조에 따른 폐수배출시설 및 수질오염방지시설의 가동시작 신고를 한 후 공장을 가동하고 있다.

그런데 제품을 생산하는 과정에서 수은, 구리, 비소, 크롬 등 다량의 수질오염물질이 배출되어 그 처리비용이 과다해지자 甲은 수질오염물질 처리담당자인 직원 乙에게 처리비용을 크게 절감할 수 있는 방법을 강구할 것을 수차례 지시하였다. 이에 乙은 2020. 7. 오염도를 낮추기 위해 수질오염물질에 물을 섞어 인근 Y하천으로 방류하였다. 그런데 같은 시기에 발생한 태풍으로 인해 이 지역에 폭우가 내려 Y하천이 범람하였고, 丙이 운영하는 인근 송어 양식장으로 위 수질오염물질이 포함된 하천수가 대량 유입되었다.

하천수가 유입된 이후 양식장의 송어가 집단폐사하여 丙은 10억원 상당의 재산적 피해를 입게 되었다. 관할 행정청의 조사 결과, 주식회사 A가 운영하는 공장에서 배출되는 수질오염물질 중 구리와 비소의 농도가 배출허용기준을 초과하고 있다는 사실이 확인되었다.

문 1. 관할 행정청이 A에 대하여 물환경보전법상 할 수 있는 조치를 검토하시오.

문 2. 피해의 원인을 놓고 A와 다투고 있는 丙이 인과관계의 존부에 대한 판단만을 받기 위해 환경분쟁조정법상 신청할 수 있는 구제수단을 검토하시오.

해 설

문 1. 관할 행정청이 A에 대하여 물환경보전법상 할 수 있는 조치를 검토하시오.

Ⅰ. 문제의 소재

수질오염물질에 물을 섞어 외부로 배출한 행위, 구리와 비소를 배출허용기준을 초과하여 배출한 행위에 대하여 행정청이 어떠한 조치를 취할 수 있는지 문제된다.

Ⅱ. 수질오염물질에 물을 섞어 외부로 배출한 행위

사업자 또는 방지시설을 운영하는 자는 배출시설에서 배출되는 수질오염물질에 공정(工程) 중 배출되지 아니하는 물 또는 공정 중 배출되는 오염되지 아니한 물을 섞어 처리하거나 배출허용기준을 초과하는 수질오염물질이 방지시설의 최종 방류구를 통과하기 전에 오염도를 낮추기 위하여 물을 섞어 배출하는 행위를 하여서는 아니 된다(제38조 제1항 제3호). 사안에서 주식회사 A는 오염도를 낮추기 위해 수질오염물질에 물을 섞어 인근 하천으로 방류하였으므로 위 조항을 위반하였다고 할 수 있다.

1. 허가의 취소 또는 조업정지

환경부장관은 사업자 또는 방지시설을 운영하는 자가 제38조 제1항 각 호의 어느 하나에 해당하는 경우(사안의 수질오염물질에 물을 섞어 외부로 배출한 행위)에는 배출시설의 설치허가를 취소하거나 배출시설의 폐쇄 또는 6개월 이내의 조업정지를 명할 수 있다(제42조 제1항 제10호).

2. 과징금처분

환경부장관은 배출시설을 설치·운영하는 사업자에 대하여 제42조에 따라 조업정지를 명하여야 하는 경우로서 그 조업정지가 주민의 생활, 대외적인 신용, 고용, 물가 등 국민경제 또는 그 밖의 공익에 현저한 지장을 줄 우려가 있다고 인정되는 경우에는 조업정지처분을 갈음하여 매출액에 100분의 5를 곱한 금액을 초과하지 아니하는 범위에서 과징금을 부과할 수 있다(제43조 제1항). 제38조 제1항 각 호의 어느 하나에 해당하는 행위(사안의 수질오염물질에 물을 섞어 외부로 배출한 행위)를 한 경우로서 30일 이상의 조업정지처분 대상이 되는 경우에 해당하는 위반행위에 대해서는 제1항에도 불구하고 조업정지를 명하여야 한다(동조 제2항).

3. 형사고발

제38조 제1항 각 호의 어느 하나에 해당하는 행위를 한 자에게는 벌칙이 부과되는 바(제76조 제3호), 이를 위하여 환경부장관은 형사고발할 수 있을 것이다.

Ⅲ. 구리와 비소를 배출허용기준을 초과하여 배출한 행위

1. 개선명령

환경부장관은 배출시설 등이 가동시작 신고를 한 후 조업 중인 배출시설에서 배출되는 수질오염물질의 정도가 배출허용기준을 초과한다고 인정할 때에는 기간을 정하여 사업자에게 그 수질오염물질의 정도가 배출허용기준 이하로 내려가도록 필요한 조치를 할 것(개선명령)을 명할 수 있다(제39조). 나아가 개선명령을 받은 자가 개선명령을 이행하지 아니하거나 기간 이내에 이행은 하였으나 검사 결과가 배출허용기준을 계속 초과할 때에는 해당 배출시설의 전부 또는 일부에 대한 조업정지를 명할 수 있다(제40조).

2. 초과배출부과금의 부과

환경부장관은 수질오염물질로 인한 수질오염 및 수생태계 훼손을 방지하거나 감소시키기 위하여 수질오염물질을 배출하는 사업자에게 수질오염물질이 배출허용기준을 초과하여 배출되는 경우 초과배출부과금을 부과 · 징수한다(제41조 제1항 제2호).

3. 허가의 취소 또는 조업정지

환경부장관은 사업자 또는 방지시설을 운영하는 자가 배출허용기준을 초과한 경우에는 배출시설의 설치허가를 취소하거나 배출시설의 폐쇄 또는 6개월 이내의 조업정지를 명할 수 있다(제42조 제1항 제1호).

4. 과징금처분

환경부장관은 배출시설을 설치 · 운영하는 사업자에 대하여 제42조에 따라 조업정지를 명하여야 하는 경우로서 그 조업정지가 주민의 생활, 대외적인 신용, 고용, 물가 등 국민경제 또는 그 밖의 공익에 현저한 지장을 줄 우려가 있다고 인정되는 경우에는 조업정지처분을 갈음하여 매출액에 100분의 5를 곱한 금액을 초과하지 아니하는 범위에서 과징금을 부과할 수 있다(제43조 제1항). 제38조 제1항 각 호의 어느 하나에 해당하는 행위(사안의 구리와 비소의 농도가 배출허용기준의 초과한 경우)를 한 경우로서 30일 이상의 조업정지처분 대상이 되는 경우에 해당하는 위반행위에 대해서는 제1항에도 불구하고 조업정지를 명하여야 한다(동조 제2항).

Ⅳ. 결　　론

환경부장관은 A의 수질오염물질에 물을 섞어 외부로 배출한 행위에 대하여는 허가의 취소 또는 조업정지, 과징금처분 등과 함께 형사고발할 수 있으며, 구리와 비소를 배출허용기준을 초과하여 배출한 행위에 대하여는 개선명령, 초과배출부과금의 부과, 허가의 취소 또는 조업정지, 과징금처분을 부과할 수 있다.

문 2. 피해의 원인을 놓고 A와 다투고 있는 丙이 인과관계의 존부에 대한 판단만을 받기 위해 환경분쟁조정법상 신청할 수 있는 구제수단을 검토하시오.

Ⅰ. 문제의 소재

환경분쟁조정법상 환경피해를 발생시키는 행위와 환경피해 사이의 인과관계 존재 여부를 결정하는 재정(원인재정)이 있는바, 원인재정의 절차, 절차 상 신청할 수 있는 내용 등이 문제된다.

Ⅱ. 구제수단

1. 원인재정

재정에는 ① 환경피해를 발생시키는 행위와 환경피해 사이의 인과관계 존재 여부를 결정하는 재정(원인재정), ② 환경피해에 대한 분쟁 당사자 간의 손해배상 등의 책임의 존재와 그 범위 등을 결정하는 재정(책임재정)이 있다(제35조의3). 이에 따라 丙은 인과관계의 존재 여부를 판단할 수 있는 원인재정을 신청할 수 있을 것이다.

2. 조사 등의 신청 및 증거보전 신청

동법은 재정위원회로 하여금 분쟁의 재정을 위하여 필요하다고 인정할 때에는 당사자의 신청에 의하여 또는 직권으로 당사자 또는 참고인에 대한 출석 요구·질문 및 진술 청취, 감정인의 출석 및 감정의 요구, 사건과 관계있는 문서 또는 물건의 열람·복사·제출 요구 및 유치, 사건과 관계있는 장소의 출입·조사 등의 행위를 할 수 있도록 함으로써 사실조사 등에 직권주의를 가미하고 있다(제38조 제1항). 또한, 재정위원회는 재정 신청 전에 미리 증거조사를 하지 아니하면 그 증거를 확보하기가 곤란하다고 인정하는 경우에 재정을 신청하려는 자의 신청으로 위 조사행위를 할 수 있으며(제39조 제1항). 이에 따라 丙은 조사 등을 신청하고 증거보전 신청을 할 수 있다.

Ⅲ. 결 론

丙은 인과관계의 존부에 대한 판단만을 받기 위해 원인재정을 신청할 수 있으며, 조사 등을 신청하고 증거보전 신청을 할 수 있다.

49

초과배출부과금

(법전원협의회 2020년도 제1차 변호사시험 모의시험)

사 례

甲은 A시에서 폐수처리업을 운영하고 있다. A시의 환경단속 공무원 B는 2018. 11. 20. 하수처리장으로 유입되는 폐수의 수질이 나빠지자, 이에 관한 역추적 조사를 실시하던 중, 甲의 사업장 인근 도로변에 있는 맨홀을 개방하여 방류수를 확인한 결과 폐수 최초배출업체가 甲임을 알게 되었다. B는 당일 늦은 오후 甲의 사업장을 방문하여 경비원에게 공무원증을 보여주면서 폐수 관련 단속임을 밝히고 입회를 요구하였으나 경비원이 야간근무자에게 연락해야 한다고 하며 지체하자, 잠시 대기하다가 더 이상 지체할 수 없다고 보고 사업장관계자의 입회없이 시료를 채취하였다. B가 관할 보건환경연구원에 시료 검사를 의뢰한 결과, 생물화학적산소요구량(BOD) 4,182㎎/l, 화학적산소요구량(COD) 4,280㎎/l, 부유물질량(SS) 298㎎/l, 총질소 5,560㎎/l, 불소 333㎎/l, 아연 132㎎/l, 철 76㎎/l, 망간 11㎎/l의 수질오염물질이 검출되었다. (배출허용기준 : BOD 200㎎/l, COD 250㎎/l, SS 200㎎/l, 총질소 60㎎/l, 불소 15㎎/l, 아연 5㎎/l, 철 10㎎/l, 망간 10㎎/l.)

관련 형사사건에서 甲의 직원들은 "미생물이 사멸하여 기능을 다하지 아니하는 2계열 폭기조에 증발농축기를 거치지 아니한 폐수를 유입하도록 한 후 2계열 폭기조에 설치된 가지관을 통하여 폭기조 다음 공정인 2차 침전조, 여과시설을 거치지 아니하고 최종방류구로 배출하는 방법으로 무단배출하였고, 그 기간은 2018. 8. 8.경부터 단속 당일인 2018. 11. 20.경까지"라고 진술하였다. 甲은 2018. 11. 20. 단속되자 그 다음날 2계열 폭기조의 가지관을 절단한 후 막음으로써 물환경보전법 제38조 제1항 제4호를 위반한 행위를 중지하였다.

처분권한을 위임받은 A시장은 관련 형사사건의 확정판결에서 甲의 직원들이 인정한 배출허용기준이 초과된 수질오염물질이 포함된 폐수량 37,726㎥를 기준으로 일일유량을 346㎥로 산정한 후 초과배출부과금 200억원을 부과하였다.

문 1. 甲의 무단배출로 인한 환경에의 악영향의 정도에 비해 초과배출부과금의 부과액수가 과도하여 재량권의 일탈·남용에 해당한다고 甲이 주장하는 경우 법원의 판단은 어떠하겠는가?

문 2. A시 환경단속 공무원 B는 甲이 폐수처리시설에서 폐수의 부유물질을 가라앉히는 시설인 침전조가 넘쳐 중금속이 포함된 폐수가 유출되도록 방치하였을 뿐만 아니라, 정화처리시설로 보내야하는 중금속이 포함된 침전조의 폐수를 허가받지 않은 별도의 배관을 설치해 빗물저장시설로 보낸 사실을 적발하였다. 甲의 폐수처리시설에서 적발된 행위에 대하여 A시장이 취할 수 있는 조치를 검토하시오.

해 설

문 1. 甲의 폐수배출로 인한 환경에의 악영향의 정도에 비해 초과배출부과금의 부과액수가 과도하여 재량권의 일탈·남용에 해당한다고 주장하는 경우 법원의 판단은 어떠하겠는가?

Ⅰ. 문제의 소재

초과배출부과금 부과행위는 재량행위인지 여부가 문제된다.

Ⅱ. 초과배출부과금 부과처분의 법적 성질

1. 기속행위와 재량행위의 구별기준

어느 행정행위가 기속행위인지 재량행위인지의 여부를 일률적으로 규정지을 수는 없다. 다만, 원칙론적으로 그 구분은 당해 처분의 근거가 된 법규(물환경보전법 제41조 제1항 제2호, 동법 시행령 제45조, 제46조, 제47조 내지 제49조)의 체재·형식과 그 문언, 당해 행위가 속하는 행정 분야의 주된 목적과 특성, 당해 행위 자체의 개별적 성질과 유형 등에 따라 개별적으로 판단하여야 한다.

2. 사법심사의 방법

양자에 대한 사법심사는, 전자(기속행위)의 경우 그 법규에 대한 원칙적인 기속성으로 인하여 법원이 사실인정과 관련 법규의 해석·적용을 통하여 일정한 결론을 도출한 후 그 결론에 비추어 행정청이 한 판단의 적법 여부를 독자의 입장에서 판정하는 방식에 의하게 되나, 후자(재량행위)의 경우 행정청의 재량에 기한 공익판단의 여지를 감안하여 법원은 독자의 결론을 도출함이 없이 당해 행위에 재량권의 일탈 · 남용이 있는지 여부만을 심사하게 되고, 이러한 재량권의 일탈 · 남용 여부에 대한 심사는 사실오인, 비례 · 평등의 원칙 위배, 당해 행위의 목적 위반이나 동기의 부정 유무 등을 그 판단 대상으로 한다.

3. 관련 판례

관련 법령의 체제 · 형식과 그 문언, 초과배출부과금 부과처분은 수질오염물질로 말미암은 수질오염 및 수생태계 훼손을 방지 또는 감소시키기 위한 행정행위로서 엄정성을 확보할 필요가 있는 점, 초과배출부과금 부과처분은 배출허용기준을 초과하여 수질오염물질을 배출한 것에 대한 제재적 성격을 띠고 있는 침익적 행정행위인 점 등을 종합하면, 행정청은 배출허용기준을 초과하여 수질오염물질을 배출한 사업자 등에게 위 관련 법령이 정한 산정기준과 산정방법에 따라 산출되는 초과배출부과금을 부과하여야 하는 것이지, 행정청에게 그 부과 여부 및 금액 산정에 관한 재량의 여지가 없으므로, 초과배출부과금 부과처분은 행정청의 재량을 허용하지 아니하는 기속행위라고 보아야 한다(부산고법 2015. 1. 16. 선고 2014누441 판결).

4. 사안에의 적용

초과배출부과금 부과처분은 기속행위에 해당하므로, 부과처분이 재량행위임을 전제로 한 甲의 주장은 이유 없다.

문 2. 한편, A시 환경단속 공무원은 甲의 폐수처리시설에서 폐수의 부유물질을 가라앉히는 시설인 침전조가 넘쳐 중금속이 포함된 폐수가 유출되도록 방치하였을 뿐만 아니라, 정화처리시설로 보내야하는 중금속이 포함된 침전조의 폐수를 허가되지 않은 별도의 배관을 설치해 빗물저장시설로 보낸 사실을 적발하였다. 甲의 폐수처리시설에서 적발된 행위에 대하여 A시장이 취할 수 있는 조치를 검토하시오.

Ⅰ. 문제의 소재

폐수처리업자의 준수사항 미이행과 폐수처리영업을 부실하게 한 경우 행정청이 취할 수 있는 조치가 무엇인지 문제된다.

Ⅱ. 배출시설 및 방지시설의 비정상운영

물환경보전법은 비정상운영행위의 태양을 명시하여 사업자에게 배출시설 및 방지시설을 정상적으로 운영할 의무를 부과하고 있다. 즉, 사업자는 다음의 행위를 하여서는 아니 된다: ① 배출시설에서 배출되는 수질오염물질을 방지시설에 유입하지 아니하고 배출하거나 방지시설에 유입하지 아니하고 배출할 수 있는 시설을 설치하는 행위; ② 방지시설에 유입되는 수질오염물질을 최종 방류구를 거치지 아니하고 배출하거나, 최종 방류구를 거치지 아니하고 배출할 수 있는 시설을 설치하는 행위; ③ 배출시설에서 배출되는 수질오염물질에 공정 중 배출되지 아니하는 물 또는 공정 중 배출되는 오염되지 아니한 물을 섞어 처리하거나, 배출허용기준을 초과하는 수질오염물질이 방지시설의 최종 방류구를 통과하기 전에 오염도를 낮추기 위하여 물을 섞어 배출하는 행위; ④ 그 밖에 배출시설 및 방지시설을 정당한 사유 없이 정상적으로 가동하지 아니하여 배출허용기준을 초과한 수질오염물질을 배출하는 행위 등을 하여서는 아니 된다(제38조 제1항). 이를 위반한 자에게는 벌칙이 부과된다(제76조 제3호).

사안의 경우 甲은 제38조 제1항 제1호(별도의 배관 설치) 및 제2호(폐수 유출 방치)를 위반하였다고 할 수 있다.

Ⅲ. 폐수처리업자의 준수사항 미이행

물환경보전법 제62조 제3항에서는 폐수처리업자의 준수사항을 규정하고 있으며, 동법 제64조 제3항에서는 환경부장관으로 하여금 이 준수사항을 이행하지 아니한 경우 6개월 이내의 기간을 정하여 영업정지를 명할 수 있도록 하고 있다. 한편, 제79조에서는 준수사항을 지키지 아니한 폐수처리업자에게 벌칙을 부과하도록 하고 있다. 특히 제62조 제3항 제2호에서는 "기술능력 · 시설 및 장비 등을 항상 유지 · 점검하여 폐수처리업의 적정 운영에 지장이 없도록 할 것"을 규정하고 있는바, 甲은 이 준수사항을 위반하였다고 할 수 있다. 결국 A시장(법 제74조에 따라 환경부장관의 위임을 받은 경우)은 6개월 이내의 기간을 정하여 영업정지를 명할 수 있을 것이다.

Ⅳ. 폐수처리영업을 부실하게 한 경우

물환경보전법 제64조 제2항에서는 고의 또는 중대한 과실로 폐수처리영업을 부실하게 한 경우 등 일정한 경우 환경부장관으로 하여금 허가를 취소하거나 6개월 이내의 기간을 정하여 영업정지를 명할 수 있도록 하고 있다. 사안의 경우 甲이 고의 또는 중

대한 과실로 폐수처리영업을 부실하게 한 경우로 볼 수 있으므로 결국 A시장(법 제74조에 따라 환경부장관의 위임을 받은 경우)은 허가를 취소하거나 6개월 이내의 기간을 정하여 영업정지를 명할 수 있을 것이다.

Ⅴ. 결 론

결국 A시장은 물환경보전법 제64조 제2항에 따른 폐수처리업등록 취소 또는 6월 이내 영업정지, 제64조 제3항에 따른 영업정지를 명할 수 있으며, 배출시설 및 방지시설의 비정상운영 행위(제76조 제3호), 폐수처리업자의 준수사항 미이행(제79조 제2호)에 대해서는 형사고발 조치할 수 있다.

참조판례

대법원 2015. 6. 11. 선고 2015두752 판결

50

물환경보전법상 조치

(법전원협의회 2018년도 제3차 변호사시험 모의시험)

사 례

甲은 반도체 및 통신기기 제조업자로 A시에 신규로 최첨단 주력상품 제조를 위해 제2공장을 건설하고 A시장으로부터 물환경보전법 제33조에 따른 배출시설 설치허가를 받은 후 가동을 시작하였다. 甲은 해당분야에서 세계적인 경쟁력을 갖추고 있는 회사로서 우리나라 국내총생산(GDP)에 상당부분 기여하고 있다.

한편, 甲의 신공장 설치로 인해 관련 하청 및 협력업체의 입주수요가 크게 늘면서 A시장은 해당 지역에 첨단산업단지를 조성하였는데, 다수의 반도체, IoT, 드론관련 업체들이 입주하였다. 이들 업체들은 산업단지조합 乙을 설립하고, 乙은 폐수처리를 위해 물환경보전법 제35조 제4항 내지 제6항 및 동 법 시행규칙 제45조 제1항, 제2항에 따라 수질오염 공동방지시설을 운영하고 있다. 乙은 내부규약으로 배출부과금 · 과태료 · 벌금의 분담에 대해 정하고 있다.

丙과 丁 등은 甲의 공장 및 산업단지 인근에 거주하고 있는 주민으로, B하천(甲의 공장 및 산업단지 부근에 위치) 근처에서 원예업을 영위하고 있다. 그런데 최근 작물이 말라죽거나 생육이 부진하여 그 원인을 조사하던 중 인근 공장들이 배출하는 오염수가 하천에 유입되면서 하천수를 용수로 사용하는 원예단지에 피해를 주었다고 생각하고 있다. 丙과 丁 등은 A시장에게 역학조사를 요구하였고, A시의 조사결과 甲 공장과 乙 시설에서 구리성분의 오염물질이 배출허용기준 이상으로 배출되고 있음을 발견하였다.

아울러 丙과 丁 등 주민들은 해당 지역에 오염물질을 배출하는 산업시설들이 밀집되면서 B하천의 상류지역으로까지 확대될 것을 우려하고, 상류지역을 보호하고자 환경부장관에게 그 지역을 환경정책기본법에 따른 특별대책지역으로 지정해 주도록 민원을 제기하였다. 그러나 A시장은 상류지역을 특별대책지역으로 지정할 경우 기업유치가 어려울 것으로 예상하여 환경부장관과의 협의시 반대의견을 제시하였고, 환경부장관은 충분한 합의가 없다는 것을 이유로 지정처분을 내리지 않고 있다. 이에 주민들은 상류지역보호를 위해 환경부장관을 상대로 한 소송을 고려중이다.

한편, A시에는 계속하여 산업시설이 입주하고 있는데, 최근에는 자율주행자동차 주행시험장 공사가 진행되고 있다. 해당 시설은 야산을 깎아서 조성되는데, 공사과정에서 다량의 토사 및 오폐수가 B하천으로 유입되고 있다는 제보가 이어지고 있으며, 큰 비가 내릴 경우 그 피해가 더욱 확산될 것으로 우려되고 있다.

문 1. 甲의 사업장에서는 배출허용기준을 넘는 수질오염물질이 배출되고 있다. A시장이 甲에 대해서 취할 수 있는 조치를 검토하시오. 그리고 만약 A시장이 필요한 조치를 취했음에도 불구하고 개선이 제대로 이루어지지 않고 있어, 조업을 중지하는 조치를 취할 경우 국민경제 및 대외신용도에 악영향을 줄 수 있다는 우려가 제기된다면, 이때 A시장이 취할 수 있는 물환경보전법상 조치를 설명하시오(오염방지시설 개선공사 시 약 3개월의 공사기간이 소요).

문 2. A시장은 乙에 대하여 초과배출부과금을 부과하였으나, 단지 내 같은 원재료를 사용하는 동일업종의 집적으로 인해 乙은 각 사업장별 폐수배출량 및 수질오염물질농도를 정확하게 산정하기 어려운 상황이다. 따라서 乙은 내부규약으로 정한 분담비율에 따라 초과배출부과금을 배분하였다. 이와 같은 분담이 적법한지 검토하시오.

문 3. 丙과 丁 등 주민들이 환경부장관을 상대로 부작위위법확인소송을 제기할 경우 원고적격이 있는지 검토하시오.

문 4. 자율주행자동차 주행시험장 공사로 인해 발생하고 있는 토사 및 오폐수 유입에 대하여 A시장이 취할 수 있는 물환경보전법상의 조치는?

참조조문

물환경보전법 시행규칙 제45조 (공동방지시설의 설치 · 변경 등)

① 사업자 또는 법 제35조 제5항에 따른 공동방지시설운영기구의 대표자는 법 제35조 제4항에 따른 공동방지시설을 설치하려는 경우에는 법 제33조 제4항에 따라 다음 각 호의 서류를 시 · 도지사에게 제출하여야 한다.

1. 공동방지시설의 설치명세서와 그 도면 및 위치도 … (중략)

6. 사업장별 폐수배출량 및 수질오염물질 농도를 측정할 수 없을 때의 배출부과금 · 과태료 · 과징금 및 벌금 등에 대한 분담명세를 포함한 공동방지시설의 운영에 관

한 규약

② 공동방지시설을 설치한 사업자는 공동방지시설의 대표자에게 공동방지시설의 설치 및 운영과 관련한 행위를 대행하게 할 수 있다. 다만, 공동방지시설의 운영관리와 관련된 배출부과금의 납부는 사업자별로 부담비율을 미리 정하여 분담한다.

해 설

문 1. A시장이 취할 수 있는 물환경보전법상 조치를 설명하시오.

Ⅰ. 문제의 소재

배출허용기준을 넘는 수질오염물질이 배출되는 경우 A시장이 취할 수 있는 물환경보전법상 조치가 무엇인지 문제된다.

Ⅱ. A시장이 취할 수 있는 조치

1. 개선명령

동법 제39조에 따르면, 환경부장관은 조업 중인 배출시설에서 배출되는 수질오염물질의 정도가 배출허용기준을 초과한다고 인정할 때에는 대통령령으로 정하는 바에 따라 기간을 정하여 사업자에게 그 수질오염물질의 정도가 배출허용기준 이하로 내려가도록 필요한 조치를 할 것(개선명령)을 명할 수 있다. 사안에서 甲의 사업장에서는 배출허용기준을 초과하는 수질오염물질이 배출되었으므로 환경부장관의 처분권한을 위임받은 A시장은 개선명령을 내릴 수 있다.

2. 조업정지명령

동법 제40조에 따르면, 환경부장관은 위의 개선명령을 받은 자가 개선명령을 이행하지 아니하거나 기간 이내에 이행은 하였으나 검사 결과가 배출허용기준을 계속 초과할 때에는 해당 배출시설의 전부 또는 일부에 대한 조업정지를 명할 수 있다. 사안에서 甲이 개선명령을 이행하지 않거나 이행하였더라도 계속해서 배출허용기준을 초과하는 때에는 A시장은 조업정지명령을 할 수 있다.

3. 배출부과금

동법 제41조 제1항에 따르면, 환경부장관은 수질오염물질로 인한 수질오염 및 수생태계 훼손을 방지하거나 감소시키기 위하여 수질오염물질을 배출하는 사업자에게 배출부과금을 부과 · 징수한다. 따라서 A시장은 배출부과금을 부과할 수 있다.

4. 허가의 취소

동법 제42조 제1항 제1호에 따르면, 환경부장관은 사업자가 배출허용기준을 초과하는 경우에는 배출시설의 설치허가 또는 변경허가를 취소하거나 배출시설의 폐쇄 또는 6개월 이내의 조업정지를 명할 수 있다. 따라서 A시장은 이를 명할 수 있다.

5. 형사고발

동법 제76조 제3호, 제6호 및 제7호에 따라 배출허용기준을 넘는 수질오염물질을 배출한 자, 조업정지명령을 위반한 자, 폐쇄명령을 위반한 자 등은 5년 이하의 징역 또는 5천만원 이하의 벌금에 처해진다. 따라서 A시장은 이를 위해 형사고발을 할 수 있다.

Ⅲ. 과징금

동법 제43조 제1항에 의하면, 환경부장관은 제1호 내지 5호의 어느 하나에 해당하는 배출시설을 설치 · 운영하는 사업자에 대하여 조업정지를 명하여야 하는 경우로서 그 조업정지가 주민의 생활, 대외적인 신용, 고용, 물가 등 국민경제 또는 그 밖의 공익에 현저한 지장을 줄 우려가 있다고 인정되는 경우에는 조업정지처분을 갈음하여 3억원 이하의 과징금을 부과할 수 있다.

사안의 경우 甲의 사업장은 법 제43조 제1항 제4호의 '제조업의 배출시설'로서 조업을 중지하는 조치를 취할 경우 국민경제 및 대외신용도에 악영향을 줄 수 있는 우려가 있으므로 A시장은 과징금 부과처분으로 갈음할 수 있을 것이다.

문 2. 乙은 내부규약으로 정한 분담비율에 따라 초과배출부과금을 배분하였다. 이와 같은 분담이 적법한지 검토하시오.

Ⅰ. 문제의 소재

사안의 경우 내부규약으로 정한 분담비율에 따라 초과배출부과금을 배분하는 것이 적법한 것인지 여부가 문제되는 바, 관련 조항과 판례의 입장을 검토하여야 한다.

Ⅱ. 관련 법령

물환경보전법 제35조는 사업자가 당해 배출시설을 설치하거나 변경할 때에는 수질오염방지시설을 설치하여야 한다고 규정하고 있다(제1항). 다만 사업자는 배출시설로부터 배출되는 수질오염물질의 공동처리를 위한 공동방지시설을 설치할 수 있고, 이 경우 각 사업자가 사업장별로 해당 수질오염물질에 대한 방지시설을 설치한 것으로 보며(제4항), 사업자가 공동방지시설을 설치 · 운영할 때에는 당해 시설의 운영기구를 설치하고 그 대표자를 두어야 한다(제5항). 또한 공동방지시설의 설치 · 운영에 관하여 필요한 사항은 환경부령으로 정하도록 위임되어 있다(제6항).

그 위임에 따른 동법 시행규칙 제45조 제1항 제6호는, 사업자 또는 공동방지시설의 대표자는 공동방지시설을 설치하려는 경우에, '사업장별 폐수배출량 및 수질오염물질 농도를 측정할 수 없을 때의 배출부과금 · 과태료 · 과징금 및 벌금 등에 대한 분담명세를 포함한 공동방지시설의 운영에 관한 규약'을 시 · 도지사에게 제출하도록 규정하고 있다. 그리고 그 제2항 단서는 공동방지시설의 운영관리와 관련된 배출부과금의 납부는 '사업자별로 부담비율을 미리 정하여 분담'하도록 규정하고 있다.

Ⅲ. 판 례

종전의 판례는 내부규약에 근거하여 배출부과금을 부과할 수 없다는 입장이었으나 최근 그 입장을 변경하여 위와 같은 규정의 취지는 "공동방지시설을 설치할 경우 각 사업장별 폐수배출량 및 수질오염물질 농도를 정확하게 측정하기가 어려울 수 있으므로, 사업자들이 자율적으로 배출부과금 부담비율을 정할 경우 행정청이 이를 존중하여 공동방지시설에서 배출된 총 수질오염물질에 대하여 산정한 배출부과금을 사업자들이 정한 부담비율에 따라 각 사업자별로 부담시켜 부과금을 부과할 수 있도록 함으로써, 배출부과금 산정에서의 편의와 적정성을 도모하려는 것으로 볼 수 있다"고 하면서 그 분담기준이 현저히 불합리하다는 등 특별한 사정이 없는 이상, 이러한 배출부과금 부과처분이 위법하다고는 볼 수 없다고 판단하였다(대법원 2017. 11. 29. 선고 2014두13232 판결).

Ⅳ. 사안에의 적용

사안의 경우에 내부규약으로 정한 분담비율이 현저히 불합리하다는 등의 특별한 사정이 보이지 아니하므로, 그 분담은 적법하다고 봄이 타당하다.

문 3. 丙과 丁 등 주민들이 환경부장관을 상대로 부작위위법확인소송을 제기할 경우 원고적격이 있는지 검토하시오.

Ⅰ. 문제의 소재

사안의 경우 丙과 丁 등의 주민들이 부작위위법확인소송을 제기할 원고적격이 있는지 여부가 문제되는바, 법률상 이익의 유무를 검토하여야 한다.

Ⅱ. 부작위위법확인소송에서 원고적격

1. 근거 규정

행정소송법 제4조 제3호에 규정된 부작위위법확인의 소는 행정청이 당사자의 법규상 또는 조리상의 권리에 기한 신청에 대하여 상당한 기간 내에 처분을 하여야 할 법률상 응답의무가 있음에도 불구하고 이를 하지 아니하는 경우 부작위가 위법하다는 것을 확인함으로써 소극적 위법상태를 제거하는 것을 목적으로 한다.

행정소송법 제36조에서는 "부작위위법확인소송은 처분의 신청을 한 자로서 부작위의 위법을 확인을 구할 법률상 이익이 있는 자만이 제기할 수 있다"고 규정하고 있다. 따라서 원고적격이 인정되기 위해서는 법규상 또는 조리상의 신청권이 인정되고 법률상 이익이 있어야 한다.

2. 법률상 이익이 있는 자

판례는 법률상 이익의 개념에 관하여 "당해 처분의 근거법규 및 관련법규에 의하여 보호되는 개별적 · 직접적 · 구체적 이익이 있는 경우를 말하고, 다만 공익보호의 결과로 국민 일반이 공통적으로 가지는 일반적 · 간접적 · 추상적 이익과 같이 사실적 · 경제적 이해관계를 가지는데 불과한 경우는 여기에 포함되지 아니한다"고 판시해 옴으로써, 이른바 '법률상 이익구제설'을 취하고 있다. 판례는 처분의 근거가 되는 법규의 보호목적을 기준으로 하여 처분의 근거법규(근거법규가 다른 법규를 인용함으로 인하여 근거법규가 된 경우까지를 아울러 포함) 및 관련법규(당해 처분의 행정목적을 달성하기 위한 일련의 단계적인 관련처분들의 근거법규)가 공익보호뿐만 아니라 개인의 이익도 보호하고 있다고 판단되는 경우(사익보호성)에 원고적격이 있는 것으로 보고 있는데, 그 결과 공익보호의 결과로 국민일반이 공통적으로 가지는 추상적 · 평균적 · 일반적인 이익과 같은 것은 여기에서 말하는 법률상 이익에 포함되지 않게 된다.

Ⅲ. 사안에의 적용

특별대책지역의 지정 근거인 환경정책기본법 제38조와 동법 시행령 제13조의 보호목적을 넓게 해석하여 사익보호성을 인정할 것인가, 좁게 해석하여 사익보호성을 부정할 것인가에 따라 결론이 달라질 것이다. 원고적격이 인정되는지 여부는 처분의 근거법규(관련 법규 포함) 등의 취지, 목적, 그 처분으로 침해되는 이익의 내용, 성질, 태양 등을 종합하여 개별적으로 판단되어야 한다. 환경정책기본법은 "환경보전에 관한 국민의 권리 · 의무를 명확히 하고 (…) 모든 국민이 건강하고 쾌적한 삶을 누릴 수 있도록 함"을 그 목적으로 하고 있으며(제1조), 환경부장관으로 하여금 환경오염 · 환경훼손 또는 자연생태계의 변화가 현저하거나 현저하게 될 우려가 있는 지역과 환경기준을 자주 초과하는 지역을 관계 중앙행정기관의 장 및 시 · 도지사와 협의하여 환경보전을 위한 특별대책지역으로 지정 · 고시하고, 해당 지역의 환경보전을 위한 특별종합대책을 수립하여 관할 시 · 도지사에게 이를 시행하게 할 수 있도록 하고 있으며(제38조 제1항), 특별대책지역의 환경개선을 위하여 특별히 필요한 경우에는 그 지역에서 토지 이용과 시설 설치를 제한할 수 있도록 하고 있다(동조 제2항). 시행령에서는 토지 이용과 시설 설치를 제한할 수 있는 경우로 환경기준을 초과하여 주민의 건강 · 재산이나 생물의 생육에 중대한 위해를 가져올 우려가 있다고 인정되는 경우 등을 들고 있다(시행령 제13조). 이러한 조항들은 단순히 환경보호라는 공익만이 아니라 해당 지역 주민들의 환경상 · 재산상 · 생활상 이익도 보호하는 측면이 있다. 따라서 이러한 이익을 침해당한 丙, 丁 등 지역주민들은 동법에 따른 특별대책지역의 지정을 구할 수 있는 법률상 이익을 갖는다.

여기에 대해 관련 규정은 국가의 환경보호책무 등 공익보호를 규정하고 있는 프로그램 규정으로써 인근 주민들이 가지는 생활상 이익을 직접적이고 구체적으로 보호하기 위한 것이 아니고, 지역주민들이 구하는 오염물질의 확대방지, 상류지역 보호 등 이익은 환경보호라는 공공의 이익이 달성됨에 따라 반사적으로 얻게 되는 이익에 불과하므로 지역주민들은 동법에 따른 특별대책지역의 지정을 다툴 법률상 이익이 없다는 견해가 있을 수 있다. 이른바, 공설화장장 사건(대법원 1995. 9. 26. 선고 94누14544 판결)에서 법원은 상수원보호구역 설정의 근거가 되는 수도법 관련 규정의 보호 목적이 상수원의 확보와 수질보전뿐이라면서 원고적격을 부인한 바 있다. 절대보전지역으로 유지됨으로써 원고들이 가지는 주거 및 생활환경상 이익은 그 지역의 경관 등이 보호됨으로써 반사적으로 누리는 것일 뿐 근거 법규 또는 관련 법규에 의하여 보호되는 개별적 · 직접적 · 구체적 이익이라고 할 수 없다는 판례도 있다(대법원 2012. 7. 5. 선고 2011두13187 판결). 이러한 판례 입장에 따를 경우에는 지역주민의 법률상 이익이 부인될 가능성이 많다.

Ⅳ. 결 론

따라서 丙과 丁 등의 주민들의 원고적격은 인정되기 어려울 것이다.

문 4. 자율주행자동차 주행시험장 공사로 인해 발생하고 있는 토사 및 오폐수 유입에 대하여 A시장이 취할 수 있는 물환경보전법상의 조치는?

Ⅰ. 문제의 소재

자율주행자동차 주행시험장 공사로 인하여 발생하고 있는 토사 및 오폐수가 점오염원인지 비점오염원인지가 문제되며 이에 따라 A시장이 취할 수 있는 물환경보전법상의 조치를 검토하여야 한다.

Ⅱ. 오염원의 법적 성질

동법 제2조 제1호의2에서는 점오염원을 '폐수배출시설, 하수배출시설, 축사 등으로서 관거, 수로 등을 통하여 일정한 지점으로 수질오염물질을 배출하는 배출원'으로 정의하고, 제2호에서는 비점오염원을 '도시, 도로, 농지, 산지, 공사장 등으로서 불특정 장소에서 불특정하게 수질오염을 배출하는 배출원'으로 정의하고 있다. 사안의 토사 및 오폐수의 경우 공사장이라는 불특정 장소에서 불특정하게 배출되므로 비점오염원으로 봄이 타당하다.

Ⅲ. 행정조치

비점오염원 규제를 위해 환경부장관은 종합대책의 수립(제53조의3 제1항), 관리지역의 지정(제54조 제1항), 관리대책의 수립(제55조 제1항) 등 조치를 취할 수 있다. 그러나 시 · 도지사가 취할 수 있는 조치는 많지 않다.

1. 비점오염원 관리지역의 지정 요청

동법 제54조 제1항에 따르면, 환경부장관은 비점오염원에서 유출되는 강우유출수로 인하여 하천, 호소 등의 이용목적, 주민의 건강, 재산이나 자연생태계에 중대한 위해가 발생하거나 발행할 우려가 있는 지역에 대해서는 관할 시 · 도지사와 협의하여 비점오염원관리지역으로 지정할 수 있는바, A시장은 환경부장관에게 이를 요청할 수 있다.

2. 시행계획의 수립

시 · 도지사는 환경부장관으로부터 관리대책의 통보를 받았을 때에는 관리지역의 개발현황 및 개발계획 등의 사항이 포함된 관리대책의 시행을 위한 계획(시행계획)을 수립하여 환경부장관의 승인을 얻어 시행하여야 한다(제56조 제1항). 이에 따라 A시장은 관리대책 시행계획을 수립 · 시행하여야 한다.

Ⅳ. 결 론

A시장은 환경부장관에게 비점오염원 관리지역의 지정을 요청할 수 있으며, 관리대책 시행계획을 수립 · 시행하여야 한다.

참조판례

대법원 2017. 11. 29. 선고 2014두13232 판결

※ 주의사항

결론을 다르게 도출하더라도 논리적으로 이유를 제시하는 경우 점수가 부여될 수 있음.

51

환경정책기본법과 수질오염피해

(법전원협의회 2012년도 제3차 변호사시험 모의시험)

사 례

甲 기업은 1987년부터 A도에 소재하는 B군에 대규모 피혁 공장을 설립, 운영하여 왔다. 甲 기업의 피혁업이 성공을 거두고 규모가 커짐에 따라, 피혁공장들이 B군에 속속 유입되어 B군은 전국에서 가장 큰 피혁공단을 유지하게 되었다. 과거 전국적으로 가장 경제적 낙후되어 있었던 지역인 B군은 피혁 산업의 발전과 함께 많은 인구가 유입되는 등 지역 발전이 이루어졌다. 특히, 甲 기업의 경우 B군에 매년 80,000,000,000원 이상을 세금으로 납부하여 B군의 전체 세수의 25% 이상을 차지하고, 주민의 10%가 甲 기업에 근무하고 있는 등 지역 경제에 상당한 역할을 하고 있다. B군을 가로지르는 C강은 과거부터 B군의 농업용수로서 사용되어 왔으며, 일부 지역은 식용수로도 사용하고 있다. 甲 기업이 포함되어 있는 피혁공단 단지는 C강의 상류에 위치하고 있다. 최근에 설립된 피혁공장은 최신의 폐수정화시설을 설치하여 별다른 문제가 되고 있지 않으나, 甲 기업을 포함하여 1990년대 초부터 있었던 상당수의 피혁 공장은 영업 초기에 설치한 폐수방류시설이 시간이 지남에 따라 낙후되어 적절한 오염정화조치가 이루어지지 않아 관련법의 배출허용기준을 초과하는 폐수가 C강으로 유입됨으로 인해 C강의 주요 오염원이 되고 있다.

1997년 B군으로 귀농한 乙은 유기농 과수원을 하고 있다. 乙 소유의 집과 과수원은 甲 기업의 피혁공장과 500미터 떨어진 곳의 C강 하류에 위치하고 있다. 乙은 C강을 과수원의 농업용수로 사용할 뿐 아니라 식용으로도 이용하고 있었다. 2000년대 후반부터 C강의 오염이 심각해지자, 乙은 지역 내 가장 큰 공장이자 본인의 직접적인 피해원인인 甲 기업을 방문하여 C강의 오염을 설명하고 오염방지대책을 요구하였으나, 甲 기업은 별다른 오염방지책을 강구하지 않고 방치하였다. 이후 乙은 C강의 물을 식용으로 사용하지 않고, 정화하여 농업용수로만 사용하여 왔다. 이후 乙의 과수원 수확량은 현저히 줄었으며, 오염된 농업용수로 인해 유기능표시를 하지 못해 매출액이 연 80,000,000원에서 40,000,000원으로 감소하는 등 50% 가까운 경제적 손실을 입었다. 또한 乙은 작년부터 소화 장애 증상이 나타나 병원치료를 받은 결과 위암 초기로 판명이 되어 위 부분 제거 수술을 받았다.

문 1. 乙이 병원에서 피혁공장에서 주로 배출되는 오염물질인 디클로로페놀이 본인 암의 원인이라는 의사의 소견을 듣고, 甲 소유의 피혁공장이 자신의 경제적 손실 및 자신의 위암의 원인이라고 확신하여 甲에 대하여 민법 제750조 불법행위에 의한 손해배상청구소송을 제기할 경우 소송과정에서 다투어질 쟁점을 정리하고 소송의 인용가능성에 대해 검토하시오.

문 2. 乙이 손해배상청구소송에 그치지 아니하고 낙후된 폐수처리시설 교체를 요청하고 이것이 이루어지지 않는 경우 공장의 폐쇄를 요청하는 경우 이에 대한 인용 가능성에 대하여 검토하시오.

해 설

문 1. 乙이 병원에서 피혁공장에서 주로 배출되는 오염물질인 디클로로페놀이 본인 암의 원인이라는 의사의 소견을 듣고, 甲 소유의 피혁공장이 자신의 경제적 손실 및 자신의 위암의 원인이라고 확신하여 甲에 대하여 민법 제750조 불법행위에 의한 손해배상청구소송을 제기할 경우 소송과정에서 다투어질 쟁점을 정리하고 소송의 인용가능성에 대해 검토하시오.

I. 문제의 소재

불법행위(민법 제750조)에 기초한 인한 손해배상청구가 인정되기 위해서는 ① 가해자의 고의 · 과실, ② 가해행위의 위법성, ③ 가해행위와 손해 사이의 인과관계, ④ 손해의 발생이 요구된다. 당사자간의 주장에 비추어 사안에서는 위 요건 중 고의 · 과실, 위법성 및 인과관계 인정 여하가 치열하게 다투어질 것으로 예상된다.

Ⅱ. 고의 · 과실

1. 환경정책기본법 제44조의 원인자의 무과실책임

환경오염피해에 대한 손해배상청구에서는 환경정책기본법상 원인자의 무과실책임 규정이 적용될 수 있는지가 쟁점이 될 수 있다. 동법 제44조 제1항은 "환경오염 또는 환경훼손으로 피해가 발생한 경우에는 해당 환경오염 또는 환경훼손의 원인자가 그 피해를 배상하여야 한다"고 규정하고 있다.

2. 요 건

(1) 원인자

책임주체는 환경오염 또는 환경훼손의 '원인자'이다. '원인자'는 자기의 행위 또는 사업활동으로 환경오염 또는 환경훼손의 원인을 발생시킨 자이다(제7조). 무과실책임을 지는 '원인자'에 대한 별도의 개념규정을 두고 있지 않아 구체적인 경우에는 논란이 있을 수 있으나 판례는 "자기의 행위 또는 사업활동을 위하여 자기의 영향을 받는 사람의 행위나 물건으로 환경오염을 야기한 자"라는 입장을 취하고 있다(대법원 2017. 2. 15. 선고 2015다23321 판결). 사안의 경우 甲은 폐수를 C강에 유입함으로써 환경오염의 원인을 발생시킨 자이므로 원인자에 해당한다.

(2) 환경피해

환경정책기본법에서는 '환경오염피해'에 대한 별도의 개념 정의가 없기 때문에 환경피해의 확정이 어려울 수 있다. 환경정책기본법에서 구체적으로 열거하고 있는 환경오염 내용은 예시적인 의미를 가질 뿐이며, 해석에 따라 그 범위는 크게 확대될 수 있다. 환경정책기본법 제3조 제4호는 '환경오염'을 "사업활동 및 그 밖의 사람의 활동에 의하여 발생하는 대기오염, 수질오염, 토양오염, 해양오염, 방사능오염, 소음 · 진동, 악취, 일조방해 등으로서 사람의 건강이나 환경에 피해를 주는 상태"라고 정의하고 있는바, 사안의 경우 수질오염이 발생하였으므로 환경오염에 해당한다. 다만 甲 공장에서 배출된 폐수로 인하여 피해가 발생하였는지 여부는 인과관계의 문제와 관련 있는데, 이는 별도의 검토가 요구된다.

3. 구체적 효력

구성요건과 효과의 비구체성, 환경정책기본법이 민법의 특별법으로서의 성격을 갖지 않는다는 점 등을 근거로 위 환경정책기본법 제44조 제1항(원인자의 무과실책임)의 구체적 효력을 부인하는 견해와 해당 규정의 연혁을 살펴볼 때 책임주체와 범위 등이 확대되어 온 점, 구체성이 떨어지는 요건에 대한 해석은 판례나 학설을 통해 해결할 수 있다는 점, 개별 환경법에 환경오염피해와 관련한 어떠한 책임 및 구제 규정이 없는 상황에서는 위 규정의 구체적 효력을 쉽게 부인하여서는 안 된다는 점 등을 고려할 때 그 구체적 효력이 인정된다는 견해가 대립한다. '사업자'를 책임주체로 한 무과실책임규정인 구 환경정책기본법 제31조 제1항의 구체적 효력을 인정한 판례(대법원 2001. 2. 9. 선고 99다55434 판결)가 있으며, 최근 현행 제44조 제1항의 구체적 효력을 인정하고 있는 판례(대법원 2017. 2. 15. 선고 2015다23321 판결, 대법원 2018. 9. 13. 선고 2016다35802 판결)가 있어 주목을 받고 있다.

4. 민법 제750조와의 관계

본조와 민법 제750조와의 관계에 대하여, 판례는 환경정책기본법 제44조 제1항이 민법의 불법행위 규정에 대한 특별규정이라고 보면서(법조경합) 환경오염으로 인하여 손해를 입은 자가 환경정책기본법에 의하여 손해배상을 주장하지 않았다고 하더라도 법원은 민법에 우선하여 환경정책기본법을 적용하여야 한다는 입장을 취하고 있다(대법원 2008. 9. 11. 선고 2006다50338 판결).

5. 사안에의 적용

사안에서 폐수로 인한 수질오염피해는 환경오염피해가 분명하다. 환경정책기본법 제44조 무과실책임 규정의 구체적 효력이 인정되므로 乙은 이 규정의 적용을 주장함으로써, 甲의 고의 · 과실을 입증하지 않아도 될 것이다.

6. 보론: 시설책임

2014. 12. 31. 제정된 「환경오염피해 배상책임 및 구제에 관한 법률」은 시설의 설치 · 운영과 관련하여 환경오염피해가 발생한 때에는 해당 시설의 사업자가 그 피해를 배상하여야 한다고 규정함으로써(제6조 제1항), 무과실책임을 인정하고 있다. 적용대상시설은 대기오염물질배출시설, 폐수배출시설, 폐기물처리시설, 토양오염관리대상시설, 소음 · 진동배출시설 등 10개 시설이다. 그 결과 사안에서 환경오염피해가 甲 공장의 폐수배출시설로 발생한 것으로 추인되는바, 甲 공장은 동법에 따른 무과실 배상책임을 부담할 수 있다.

Ⅲ. 인과관계

1. 인과관계 입증의 어려움

원칙적으로 원고인 乙이 甲의 가해행위와 자신의 손해 사이에 인과관계가 있다는 점을 입증하여야 한다. 증인, 전문가 의견, 현지조사, 감정, 관련 문헌 조사, 재현 실험 결과, 양 당사자의 진술 등을 종합하여 인과관계 여부를 입증할 수는 있겠으나, 이러한 인과관계를 자연과학적으로 증명하는 것은 극히 곤란하거나 불가능한 경우가 많고 환경오염의 피해자에게 인과관계의 입증 책임을 전적으로 부여한다면 결국 구제 기회는 없는 것과 다름없어 사회 형평의 관념에 적합하다고 볼 수 없다.

2. 개연성이론

판례는 환경피해에 따른 손해배상책임 사안에 있어서 개연성이론을 적용함으로써 입증책임을 완화하고 있다. 이에 따르면 피해자가 ① 오염물질이 배출되었다는 점, ② 오염물질이 피해자에게 도달하였다는 점, ③ 피해가 발생하였다는 점을 입증하면, 가해자가 반증으로서 ① 배출물질에 피해 원인물질이 포함되지 않았다는 점, ② 원인물질이 포함되었다하더라도 안전농도 범위 내라는 점을 입증하거나, 간접반증으로서 피해에 전적으로 다른 원인이 작용하였다는 점을 입증하지 않는 한 인과관계가 증명된 것으로 본다.

3. 역학적 인과관계

임상의학이나 병리학 측면의 검토만으로는 인과관계의 해명이 충분하게 이루어지지 않은 경우에도 역학적 인과관계가 증명된 경우에는 원인물질이 증명된 것으로서 법적 인과관계도 존재하는 것으로 이해하는 견해가 있다(역학적 인과관계). 판례는 역학상의 인과관계를 인정하기 위하여 요구되는 요건 가운데, ① 특정의 인자가 발병의 일정 기간 전에 작용 또는 존재한 것일 것(시간적 선후관계), ② 그 인자가 작용하는 정도가 현저할수록 질병의 발생률이 높을 것(용량반응관계), ③ 그 인자가 제거된 경우 그 질병의 발생률이 저하하거나 또는 그 인자를 가지지 않는 집단에서 그 질병의 발생률이 극히 낮을 것(가역성), ④ 그 인자가 원인으로써 작용하는 과정이 생물학적으로 모순 없이 설명될 것(생물학적 개연성) 등의 네 가지 요건이 충족되면, 특정 인자와 질병 발생 사이에 상당한 개연성이 존재한다고 보아 역학적 인과관계를 긍정할 수 있다고 본다.

주의할 것은 역학적 인과관계는 원인과 결과가 명확히 대응하지 않는 비특이성 질환에 적용하기 어렵다는 점이다. 이러한 점을 인식하고 법원은 "비특이성 질환의 경우에는 특정 위험인자와 비특이성 질환 사이에 역학적 상관관계가 인정된다 하더라도, 어느 개인이 그 위험인자에 노출되었다는 사실과 그 비특이성 질환에 걸렸다는 사실을 증명하는 것만으로 양자 사이의 인과관계를 인정할 만한 개연성이 증명되었다고 볼 수 없다. 이러한 경우에는 그 위험인자에 노출된 집단과 노출되지 않은 다른 일반 집단을 대조하여 역학조사를 한 결과 그 위험인자에 노출된 집단에서 그 비특이성 질환에 걸린 비율이 그 위험인자에 노출되지 않은 집단에서 그 비특이성 질환에 걸린 비율을 상당히 초과한다는 점을 증명하고, 그 집단에 속한 개인이 위험인자에 노출된 시기와 노출 정도, 발병시기, 그 위험인자에 노출되기 전의 건강상태, 생활습관, 질병 상태의 변화, 가족력 등을 추가로 증명하는 등으로 그 위험인자에 의하여 그 비특이성 질환이 유발되었을 개연성이 있다는 점을 증명하여야 한다"고 판시하고 있다(대법원 2013. 7. 12. 선고 2006다17539 판결(고엽제 사건), 대법원 2014. 4. 10. 선고 2011다22092 판결(담배 사건), 대법원 2014. 9. 4. 선고 2011다7437 판결(자동차대기오염 사건) 등 참조).

4. 사안에의 적용

사안에서 개연성이론에 따라 乙이 암의 원인인 디클로로페놀이 甲의 공장에서 배출되었고, C강을 통해 500m 하류에 위치하고 있는 집과 과수원에 도달하였으며, 그로 인하여 과수원 수확량의 감소와 위암이 발생하였다는 점을 입증한다면, 甲의 디클로로페놀 배출행위와 乙의 피해 간에 인과관계를 인정 할 수 있다. 여기에 대해 甲이 책임을 면하기 위해서는 반증으로 자신이 배출한 폐수에는 원인물질이 안전농도 범위 내라는 점을 입증하거나, 전적으로 다른 원인에 의하여 乙의 피해가 발생하였다는 것을 입증하여야 한다. 경우에 따라 乙은 오염물질과 위암 간의 역학적 인과관계를 증명하여 인과관계를 인정받을 수 있을 것이다.

5. 보론: 인과관계추정

2014. 12. 31. 제정 「환경오염피해 배상책임 및 구제에 관한 법률」은 입증책임 완화 차원에서 인과관계추정 방식을 택하고 있다. 즉 "시설이 환경오염피해 발생의 원인을 제공한 것으로 볼 만한 상당한 개연성이 있는 때에는 그 시설로 인하여 환경오염피해가 발생한 것으로 추정한다(제9조 제1항)." 상당한 개연성이 있는지의 여부는 시설의 가동과정, 사용된 설비, 투입되거나 배출된 물질의 종류와 농도, 기상조건, 피해발생의 시간과 장소, 피해의 양상과 그 밖에 피해발생에 영향을 준 사정 등을 고려하여 판단한다(동조 제2항). 이에 따라 乙은 배출된 물질과 농도 등을 입증함으로써, 인과관계를 쉽게 인정받을 수 있을 것이다.

Ⅳ. 위법성

1. 수인한도론

환경피해를 야기하는 모든 행위가 배상책임의 대상은 아니며, 그 행위가 위법한 것으로 인정되는 경우에만 배상책임이 인정될 수 있다. 이러한 위법성의 판단기준으로 판례는 수인한도론을 제기하고 있다. 이에 따르면 사회통념상 수인한도를 넘었는지 여부는 피해의 정도, 피해이익의 성질 및 그에 대한 사회적 평가, 가해행위의 성질 및 공공성, 지역성, 토지이용의 선후관계, 가해방지 및 피해회피의 가능성, 공법적 규제의 위반 여부, 교섭경과 등 모든 사정을 종합적으로 고려하여 판단하여야 한다. 무과실책임이 인정되는 경우 배상책임을 인정하기 위해서는 위법성이 요구되는지에 대하여 부정하는 견해가 있으나, 판례는 환경 침해를 원인으로 한 불법행위 손해배상청구 사안에서 무과실책임 규정 적용 여부과 관련 없이 "사회통념상 수인한도를 넘은 경우에는 위법행위로 평가될 수"있다고 판시하여 위법성 판단에 수인한도를 적용하고 있다(대법원 2001. 2. 9. 선고 99다55434 판결).

2. 사안에의 적용

乙이 甲이 피혁공장을 한다는 점을 알고도 해당 공장의 하류에서 불과 500미터 떨어진 지점에서 과수원을 운영하였다는 점, 甲 기업이 B군의 경제성장 및 지역발전에 미치는 영향이 크며, B군의 전체 세수의 25% 이상을 甲 기업이 차지하고 있다는 점, 그리고 B군의 상당수 주민들이 甲 기업에서 근무하고 있다는 점에도 불구하고, 乙 과수농가 50%의 수입 감소뿐만 아니라 위암 발생이라는 건강상의 피해가 발생함으로써 피해의 정도가 큰 점, C강의 오염사실을 알리고 피해방지대책을 요구하였음에도 불구하고 甲이 별다른 오염방지책을 강구하지 않고 방치한 점, 甲이 배출허용기준을 초과하는 폐수를 배출하였다는 점 등을 종합적으로 고려할 때 피해가 수인한도를 넘는다고 할 수 있다.

문 2. 乙이 손해배상청구소송에 그치지 아니하고 낙후된 폐수처리시설 교체를 요청하고 이것이 이루어지지 않는 경우 공장의 폐쇄를 요청하는 경우 이에 대한 인용 가능성에 대하여 검토하시오.

Ⅰ. 문제의 소재

손해배상청구 외에 향후의 피해 방지를 위해 작위 또는 부작위의 청구를 요청하는 유지청구가 가능한지, 유지청구에 있어서 손해배상청구에 적용하는 동일한 위법성 정도를 요구할 것인지 여부 및 추상적 유지청구가 가능한지의 문제가 제기될 수 있다.

Ⅱ. 유지청구

1. 법적 권원

유지청구의 법적 근거로는 물권적청구권, 상린권, 불법행위, 인격권, 환경권 등 견해의 대립이 심하다. 위 각 견해들은 각자 일면의 근거를 가지고 있는 것이 사실이지만, 어떠한 것도 명쾌한 근거를 제시하고 있지 않다. 판례는 물권적청구권설의 입장을 취하고 있다고 이해된다. 즉 "어느 토지나 건물의 소유자가 종전부터 향유하고 있던 쾌적한 환경이 그에게 하나의 생활 이익으로서의 가치를 가지고 있다고 객관적으로 인정된다면 법적인 보호의 대상이 될 수 있는 것이라 할 것이므로, 인접 대지에 위치한 소음배출시설에서 소음이 발생함으로써 생활이익이 침해되고 그 침해가 사회통념상 일반적으로 수인할 정도를 넘어선다고 인정되는 경우에는 위 토지 등의 소유자는 그 소유권에 기하여 그 방해의 제거나 예방을 위하여 필요한 청구를 할 수 있다"는 것이다.

한편, 민법 제750조에 따른 불법행위의 효과로써 유지청구를 할 수 있다는 견해도 있다. 최근에는 인격권 내지 환경권을 유력한 근거로 하는 견해가 확산되고 있다. 특히 환경권의 구체적 권리성을 인정하는 입장은 헌법이나 환경정책기본법에 명문규정을 두고 있다는 점, 현재 60개 정도의 환경관계법이 존재하고 있다는 점, 환경권의 제한 법리로 작용하는 "법령의 규정취지와 조리"의 합리적 해석이 가능하다는 점 등을 그 논거로 들고 있다. 최근 환경권을 소유권과 함께 공사중지와 금지를 청구할 권리의 한 근거로 들고 있는 판례(대법원 2008. 9. 28. 선고 2006다49284 판결)도 주목된다.

그러나 여기에 대해서는 과연 인격권 내지 환경권을 사법상의 구체적인 권리로 볼 수 있느냐 하는 반대론이 만만치 않은 실정이다. 판례는 "환경권은 명문의 법률규정이나 관계 법령의 규정 취지 및 조리에 비추어 권리의 주체, 대상, 내용, 행사 방법 등이 구체적으로 정립될 수 있어야만 인정되는 것이므로, 사법상의 권리로서의 환경권을 인정하는 명문의 규정이 없는데도 환경권에 기하여 직접 방해배제청구권을 인정할 수 없다"라고 판시함으로써 환경권을 사법상의 구체적 권리로 볼 수 없다는 입장을 분명히 하고 있다.

2. 요 건

유지청구를 하기 위해서는 ① 피해의 성질과 정도에 비추어 금전적 평가가 곤란할 것, ② 금전보상만으로는 피해회복이 어려울 것, ③ 피해가 일시적인 것이 아니라 계속적으로 중대하고 명백하게 부당한 것일 것, ④ 피해가 수인한도를 초과할 것(위법성) 등이 그 요건으로 요구된다.

3. 위법성 2단계설

유지청구에서 수인한도 기준은 손해배상청구에서의 수인한도 기준과는 다르다고 보는 것이 일반적이다(위법성 2단계설). 오염발생을 이유로 오염발생시설의 가동중지나 행위의 금지를 명하게 되면 오염으로 피해자가 입을 손해에 비하여 가해자가 입는 손해가 막대한 경우가 많은 점, 오염발생시설인 공장이나 공사장, 교통시설의 가동을 중지하는 것은 공익적인 관점에서 바람직하지 못하다는 점, 오염발생에 대한 대책으로는 오염발생을 막는 것이 아니라도 오염방지시설 · 방음막 등의 설치 등 다른 방법을 강구할 수 있다는 점이 그 이유가 될 수 있다. 유지청구에서 수인한도를 판단할 때에는 손해배상청구에서 살펴본 수인한도의 요소 외에도 손해배상으로써 전보될 수 없을 정도로 법익침해가 심한지와 가해자에게 발생할 손실을 함께 고려하여야 한다.

4. 사안에의 적용

사안에서 乙은 과수원에 대한 소유권, 불법행위, 환경권, 인격권 등에 근거하여 유지청구가 가능할 것이다. 乙이 입은 피해는 단순한 경제적인 피해를 넘어서서 위암의 발생이라는 신체적, 생명적인 법익의 침해까지 포함한다. 이러한 침해는 금전적 평가가 곤란한 것이고 오염방지책이 강구되지 않아 그 피해도 계속되고 있다. 또한 앞서 손해배상청구의 경우 수인한도 판단 부분에서 살펴 본 여러 사정(특히 발생한 피해가 단순한 재산적인 손해만이 아니라 위암 발생과 같은 생명을 위협할 만한 중한 질병이 야기된 점)을 고려할 때 유지청구에서 요구하는 수인한도를 넘는다고 판단된다. 따라서 낙후된 폐수처리시설 교체를 요청하고 이것이 이루어지지 않는 경우 공장의 폐쇄를 요청하는 형식의 유지청구가 인용될 것이다(다만, 위법성 2단계설을 고려할 때 폐쇄요청이 인용되는 것이 쉽지 않을 것이라는 견해가 있을 수 있음).

※ 주의사항

사안에서 위험에의 접근이론의 적용이 곤란하다면 침해행위에 고도의 공공성이 인정되지 않기 때문임.

52

폐수로 인한 농작물 피해와 구제

(법전원협의회 2013년도 제1차 변호사시험 모의시험)

사 례

甲은 2005. 3.부터 화학공장을 가동하면서 합성수지 제조시설을 이용하여 아크릴 등을 생산하고 있다. 공장 일대는 농촌지역으로서 인근에는 ○○정밀, ○○건설 등의 사업장이 다수 존재하고 있다. 甲은 위 제조시설에서 발생된 폐수를 폐수저장조에 모아 폐수수탁처리업체에 위탁처리하고 있다. 甲의 공장 인근에 거주하고 있는 乙 등은 위 공장의 폐수 등으로 지하수가 오염되어 농업용수에서 붉은 침전물(산화철)과 기름성분이 나와 작물에 묻어 상품가치의 하락으로 농작물을 출하할 수 없을 뿐만 아니라 동절기 수막재배 시 수막용 비닐에 침전물 등이 묻어 비닐의 투광성을 막아 작물의 생육 저하와 냉해를 입었다고 주장하고 있다. 또한 지하수에서 나는 심한 악취(아크릴 냄새) 때문에 호흡곤란 및 두통으로 비닐하우스 내 작업이 곤란한 상태이며, 그 피해 면적이 점차 확대되고 있다고 주장하고 있다. 이에 대해 甲은 생산공정에서 배출되는 폐수는 아크릴 특유의 냄새 때문에 무단방류할 수 없으며, 발생 폐수는 전량 위탁처리하고 있다고 주장하고 있다. 또한 처음 현재의 위치에 옮겨 왔을 당시, 인근에는 부도 및 폐업으로 없어진 염색공장, 산화철 공장, 토끼털 염색공장 등이 있었는데 이들 공장에서 폐수처리를 하지 않고 하천에 폐수를 방류하거나 공장부지 내에 웅덩이를 파고 침전시켰는데 이 과정에서 문제가 된 것이라고 주장하고 있다.

문 1. 乙이 甲에 대하여 손해배상을 구하려고 할 때, 乙이 취할 수 있는 소송외적 분쟁해결 수단에 대하여 서술하고 소송수단과 비교하시오.

문 2. 乙이 甲에 대하여 손해배상 청구를 하는 경우, 甲과 乙 간에 치열하게 다투어질 쟁점은 무엇이라고 생각하는지 밝히고 그에 대한 견해를 서술하시오.

해 설

문 1. 乙이 甲에 대하여 손해배상을 구하려고 할 때, 乙이 취할 수 있는 소송외적 분쟁해결 수단에 대하여 서술하고 소송수단과 비교하시오.

I. 문제의 소재

乙이 취할 수 있는 소송외적 분쟁해결 수단으로는 환경분쟁조정법에 따른 환경분쟁조정제도를 생각해 볼 수 있다. 이에 환경분쟁조정제도의 내용, 특징, 소송제도에 비해 어떠한 장·단점이 있는지 검토가 필요하다.

Ⅱ. 환경분쟁조정제도

1. 환경분쟁조정의 대상

동법 제2조 제1호 및 영 제2조에 의하면 환경분쟁조정은 대기오염, 수질오염, 토양오염, 해양오염, 소음·진동, 악취, 자연생태계파괴, 일조방해, 통풍방해, 조망저해, 진동이 그 원인 중의 하나가 되는 지반침하(광물채굴로 인한 지반침하를 제외)로 인한 건강·재산·정신에 관한 피해 등이 환경분쟁조정대상이 된다. 따라서 사안과 같은 수질오염 피해 역시 동법에 따른 분쟁조정의 대상이 된다.

2. 신청자

동법은 당사자 1인뿐만 아니라 동일한 원인으로 인한 환경피해를 주장하는 자가 다수인일 경우, 즉 다수인에게 동일한 원인으로 인한 환경피해가 발생하거나 발생할 우려가 있는 경우에는 그 중의 1인 또는 수인으로 하여금 대표당사자로서 조정을 신청할 수 있도록 하고 있다(제46조 제1항). 사안에서 B등 공장 인근주민들은 동일하게 甲의 공장의 폐수로 인한 피해를 입고 있는 바, 乙은 위 규정에 따른 환경분쟁조정을 신청할 수 있다.

3. 유 형

환경분쟁조정제도는 알선, 조정, 재정, 중재의 네 유형으로 나누어진다. 알선은 알선위원이 분쟁당사자의 화해를 유도하여 합의가 이루어지게 하는 절차이고, 조정은 조정위원회가 사실조사 후 조정안을 작성, 양측에 수락을 권고하는 절차이다. 재정은 재정위원회가 인과관계의 유무 및 피해액을 판단하여 결정하는 재판에 준하는 절차이다. 재정에는 ① 환경피해를 발생시키는 행위와 환경피해 사이의 인과관계 존재 여부를 결정하는 재정(원인재정), ② 환경피해에 대한 분쟁 당사자 간의 손해배상 등의 책임의 존재와 그 범위 등을 결정하는 재정(책임재정)이 있다. 중재는 분쟁의 당사자 쌍방이 법원에서의 재판을 받을 권리를 포기하고, 분쟁의 해결을 중재위원회에 맡기고 그 판단에 따르겠다는 약속(중재합의)을 함으로써 중재위원회에서 내리는 판정에 의해 분쟁을 최종적으로 해결하는 절차이다.

4. 효 력

알선에 의하여 당사자간에 성립한 화해계약은 민법상 계약으로서 채무승인의 법률효과가 발생한다. 조정에 의하여 작성된 조정조서는 재판상화해와 동일한 효력이 있다(제33조 제2항 본문). 재정의 경우 재정위원회가 재정을 행한 경우에 재정문서의 정본이 당사자에게 송달된 날로부터 60일 이내에 당사자 쌍방 또는 일방으로부터 그 재정의 대상인 환경피해를 원인으로 하는 소송이 제기되지 아니하거나 그 소송이 철회된 때에는 해당 재정문서는 재판상 화해와 동일한 효력이 있다(제42조 제2항 본문). 조정조서와 재정문서가 재판상 화해와 동일한 효력이 있다고 하는 것은 조정조서와 재정문서에 집행력과 기판력이 인정된다는 것을 의미한다. 중재는 양쪽 당사자 간에 법원의 확정판결과 동일한 효력이 있다(제45조의4).

乙은 알선이나 조정을 거쳤으나 甲과 합의가 이루어지지 않았다면 손해배상청구 소송을 제기할 수 있고, 재정결과에 불만이 있는 경우에는 60일 이내에 손해배상청구 소송을 제기하여야 한다.

Ⅲ. 소송제도와의 비교

1. 환경분쟁조정의 특징, 장점

환경분쟁조정제도는 행정기관의 전문성을 활용하면서도 사법기관에 의한 공평타당한 분쟁해결방식을 추구한다는 점에서 행정상 준사법절차로 이해할 수 있으며, 저렴한 비용과 유연성 있고 간단한 절차를 통한 신속한 분쟁해결, 피해사실 입증에 있어서의 기술적 · 경제적 부담 경감, 전문성과 과학적인 지식 · 정보의 충분한 활용, 직권주의를 활용한 증거수집의 용이 등의 장점을 갖는다.

2. 한 계

알선과 조정의 경우 합의가 이루어지지 않을 가능성이 크고 재정의 경우에도 불복할 가능성이 커서 결국 민사소송의 제기에 이르는 경우가 많다. 이 경우에는 환경분쟁조정제도의 본래 의미와는 달리 피해구제가 오히려 지연되게 된다. 조정 및 재정의 효력은 집행력 및 기판력이 인정되지만 환경분쟁조정제도의 실체적 · 절차적 정당성이 확보되지 않고 있다는 비판이 있다. 중재는 분쟁의 일회적 해결을 도모할 수 있으나 우리 사회에 일회적 해결을 꺼리고 제3자에 운명을 맡기는 것을 꺼리는 문화가 존재하는 점을 고려할 때 활용도가 높을지에 대해서는 회의적인 시각이 있다. 또한 분쟁조정위원회는 직접 사업의 중지 내지 금지 등의 적극적 조치를 할 수 없다는 점에서 한계가 있고, 조정대상이 제한되어 있다는 점, 담보제공, 당사자의 정보제공 및 열람권 및 배상액 등과 관련한 규정을 가지고 있지 않다는 점, 배상액이 비현실적이라는 점 등이 한계로 지적되고 있다.

3. 소송의 단점

소송을 통한 분쟁해결은 피해 당사자가 고의 · 과실이나 인과관계를 입증하는데 어려움이 있을 수 있고, 판결 선고까지 많은 시간이 소요된다는 점, 소송비용이 많이 소요된다는 점 등 환경분쟁조정제도에 비하여 불리한 측면이 있으나 제3자인 법원에 의한 공평타당한 결론, 집행력과 기판력의 확보 등 이점이 있다.

문 2. 乙이 甲에 대하여 손해배상 청구를 하는 경우, 甲과 乙 간에 치열하게 다투어질 쟁점은 무엇이라고 생각하는지 밝히고 그에 대한 견해를 서술하시오.

I. 문제의 소재

불법행위(민법 제750조)에 기초한 인한 손해배상청구가 인정되기 위해서는 ① 가해자의 고의 · 과실, ② 가해행위의 위법성, ③ 가해행위와 손해 사이의 인과관계, ④ 손해의 발생이 요구된다. 당사자간의 주장에 비추어 사안에서는 위 요건 중 고의 · 과실 및 인과관계 인정 여하가 치열하게 다투어질 것으로 예상된다.

Ⅱ. 고의 · 과실

1. 환경정책기본법 제44조의 원인자의 무과실책임

환경오염피해에 대한 손해배상청구에서는 환경정책기본법상 원인자의 무과실책임 규정이 적용될 수 있는지가 쟁점이 될 수 있다. 동법 제44조 제1항은 “환경오염 또는 환경훼손으로 피해가 발생한 경우에는 해당 환경오염 또는 환경훼손의 원인자가 그 피해를 배상하여야 한다"고 규정하고 있다.

2. 요　건

(1) 원인자

책임주체는 환경오염 또는 환경훼손의 '원인자'이다. '원인자'는 자기의 행위 또는 사업활동으로 환경오염 또는 환경훼손의 원인을 발생시킨 자이다(제7조). 무과실책임을 지는 '원인자'에 대한 별도의 개념규정을 두고 있지 않아 구체적인 경우에는 논란이 있을 수 있으나 판례는 "자기의 행위 또는 사업활동을 위하여 자기의 영향을 받는 사람의 행위나 물건으로 환경오염을 야기한 자"라는 입장을 취하고 있다(대법원 2017. 2. 15. 선고 2015다23321 판결). 사안의 경우 甲은 사업활동을 위하여 공장을 운영하고 공장에서 폐수를 배출시킴으로써 환경오염의 원인을 발생시킨 자이므로 원인자에 해당한다고 할 수 있다.

(2) 환경피해

환경정책기본법에서는 '환경오염피해'에 대한 별도의 개념 정의가 없기 때문에 환경피해의 확정이 어려울 수 있다. 환경정책기본법에서 구체적으로 열거하고 있는 환경오염 내용은 예시적인 의미를 가질 뿐이며, 해석에 따라 그 범위는 크게 확대될 수 있다. 환경정책기본법 제3조 제4호는 '환경오염'을 "사업활동 및 그 밖의 사람의 활동에 의하여 발생하는 대기오염, 수질오염, 토양오염, 해양오염, 방사능오염, 소음 · 진동, 악취, 일조방해 등으로서 사람의 건강이나 환경에 피해를 주는 상태"라고 정의하고 있는바, 사안의 경우 수질오염이 발생하였으므로 환경오염에 해당한다. 다만 甲 공장에서 배출된 폐수로 인하여 피해가 발생하였는지 여부는 인과관계의 문제와 관련있는데, 이는 별도의 검토가 요구된다.

3. 구체적 효력

구성요건과 효과의 비구체성, 환경정책기본법이 민법의 특별법으로서의 성격을 갖지 않는다는 점 등을 근거로 위 환경정책기본법 제44조 제1항(원인자의 무과실책임)의 구체적 효력을 부인하는 견해와 해당 규정의 연혁을 살펴볼 때 책임주체와 범위 등이 확대되어 온 점, 구체성이 떨어지는 요건에 대한 해석은 판례나 학설을 통해 해결할 수 있다는 점, 개별 환경법에 환경오염피해와 관련한 어떠한 책임 및 구제 규정이 없는 상황에서는 위 규정의 구체적 효력을 쉽게 부인하여서는 안 된다는 점 등을 고려할 때 그 구체적 효력이 인정된다는 견해가 대립한다. '사업자'를 책임주체로 한 무과실책임규정인 구 환경정책기본법 제31조 제1항의 구체적 효력을 인정한 판례(대법원 2001. 2. 9. 선고 99다55434 판결)가 있으며, 최근 현행 제44조 제1항의 구체적 효력을 인정하고 있는 판례(대법원 2017. 2. 15. 선고 2015다23321 판결, 대법원 2018. 9. 13. 선고 2016다35802 판결)가 있어 주목을 받고 있다.

4. 민법 제750조와의 관계

본조와 민법 제750조와의 관계에 대하여, 판례는 환경정책기본법 제44조 제1항이 민법의 불법행위 규정에 대한 특별규정이라고 보면서(법조경합) 환경오염으로 인하여 손해를 입은 자가 환경정책기본법에 의하여 손해배상을 주장하지 않았다고 하더라도 법원은 민법에 우선하여 환경정책기본법을 적용하여야 한다는 입장을 취하고 있다(대법원 2008. 9. 11. 선고 2006다50338 판결).

5. 사안에의 적용

사안에서 폐수로 인한 수질오염피해는 환경정책기본법이나 물환경보전법 등의 해석상 환경오염피해가 분명하다. 환경정책기본법 제44조 무과실책임 규정의 구체적 효력이 인정된다면 乙은 이 규정의 적용을 주장함으로써, 甲의 고의 · 과실을 입증하지 않아도 될 것이다. 결국 乙이 소송에서 승소하기 위해서는 인과관계의 입증이 핵심 관건이 될 가능성이 많다.

6. 보론: 시설책임

2014. 12. 31. 제정된 「환경오염피해 배상책임 및 구제에 관한 법률」은 시설의 설치 · 운영과 관련하여 환경오염피해가 발생한 때에는 해당 시설의 사업자가 그 피해를 배상하여야 한다고 규정함으로써(제6조 제1항), 무과실책임을 인정하고 있다. 적용대상시설은 대기오염물질배출시설, 폐수배출시설, 폐기물처리시설, 토양오염관리대상시설, 소음 · 진동배출시설 등 10개 시설이다. 그 결과 사안에서 환경오염피해가 甲의 화학공장의 폐수배출시설로 발생한 것으로 추인되는바, 甲은 동법에 따른 무과실 배상책임을 부담할 수 있다.

Ⅲ. 인과관계

1. 인과관계 입증의 어려움

乙은 공장에서 배출한 폐수로 인하여 자신이 경작하는 농작물에 피해를 입었다고 주장하나 甲은 이를 부인하며 부도 및 폐업으로 없어진 염색공장, 산화철 공장, 토끼털 염색공장 등에서 배출한 폐수가 원인이라고 주장한다. 이는 인과관계 인정 여부에 대한 다툼으로 원칙적으로 원고인 乙이 甲의 가해행위와 자신의 손해 사이에 인과관계가 있다는 점을 입증하여야 한다. 증인, 전문가 의견, 현지조사, 감정, 관련 문헌 조사, 재현실험결과, 양 당사자의 진술 등을 종합하여 인과관계 여부를 입증할 수는 있겠으나, 이러한 인과관계를 자연과학적으로 증명하는 것은 극히 곤란하거나 불가능한 경우가 많고 환경오염의 피해자에게 인과관계의 입증 책임을 전적으로 부여한다면 결국 구제 기회는 없는 것과 다름없어 사회 형평의 관념에 적합하다고 볼 수 없다.

2. 개연성이론

판례는 환경피해에 따른 손해배상책임 사안에 있어서 개연성이론을 적용함으로써 입증책임을 완화하고 있다. 이에 따르면 피해자가 ① 오염물질이 배출되었다는 점, ② 오염물질이 피해자에게 도달하였다는 점, ③ 피해가 발생하였다는 점을 입증하면, 가해자가 반증으로서 ① 배출물질에 피해 원인물질이 포함되지 않았다는 점, ② 원인물질이 포함되었다하더라도 안전농도 범위 내라는 점을 입증하거나, 간접반증으로서 피해에 전적으로 다른 원인이 작용하였다는 점을 입증하지 않는 한 인과관계가 증명된 것으로 본다.

3. 사안에의 적용

사안의 경우 乙은 甲의 공장에서 폐수를 배출하였고, 폐수가 농업용수로 스며들어 乙의 농작물 등에 도달하였다는 점, 그로 인하여 乙의 농작물이 피해를 입었다는 점 등을 용이하게 입증할 것으로 보인다. 甲이 반증으로 자신이 배출한 폐수에는 원인물질이 안전농도 범위 내라는 점을 입증하거나, 전적으로 다른 원인에 의하여 乙의 피해가 발생하였다는 것을 입증하지 않는 이상 인과관계는 인정될 것으로 보인다.

4. 보론: 인과관계추정

2014. 12. 31. 제정 「환경오염피해 배상책임 및 구제에 관한 법률」은 입증책임 완화 차원에서 인과관계추정 방식을 택하고 있다. 즉 "시설이 환경오염피해 발생의 원인을 제공한 것으로 볼 만한 상당한 개연성이 있는 때에는 그 시설로 인하여 환경오염피

해가 발생한 것으로 추정한다(제9조 제1항)." 상당한 개연성이 있는지의 여부는 시설의 가동과정, 사용된 설비, 투입되거나 배출된 물질의 종류와 농도, 기상조건, 피해발생의 시간과 장소, 피해의 양상과 그 밖에 피해발생에 영향을 준 사정 등을 고려하여 판단한다(동조 제2항). 이에 따라 乙은 배출된 물질과 농도 등을 입증함으로써, 인과관계를 쉽게 인정받을 수 있을 것이다.

Ⅳ. 그 밖의 쟁점

1. 공동불법행위

사안에서 甲이 운영하는 공장 이외에 부도 및 폐업으로 없어진 염색공장, 산화철공장, 토끼털 염색공장 등에서 배출한 폐수가 원인이 된다면 위 공장 등을 운영하던 운영자들도 환경정책기본법 제44조 제2항 또는 (동 규정에 구체적 효력이 인정되지 않을 경우에는) 민법 제760조에 따라 甲과 함께 연대하여 책임을 질 수 있다.

2. 자연력의 기여분

공해사건에서 피해자의 손해가 한파, 낙뢰와 같은 자연력과 가해자의 과실행위가 경합되어 발생된 경우 가해자의 배상의 범위를 산정함에 있어서는 공평 부담의 차원에서 자연력의 기여분을 고려해야 할 것이다(대법원 2003. 6. 27. 선고 2001다734 판결). 이는 결국 기여도의 과실상계를 의미하게 된다. 사안에서 甲이 동절기의 일조량이 낮아 이로 인하여 냉해가 더 심해진 사실을 입증한다면 자연력의 기여를 인정할 수 있으며, 이는 손해배상액의 감경사유로 고려될 수 있을 것이다.

3. 배상수준

환경분쟁소송에서 손해의 범위(배상수준)를 어디까지로 할 것인지, 어떻게 산정할 것인지는 쉬운 일이 아니다. 환경오염으로 인한 손해는 크게 재산적 손해와 정신적 손해로 나뉘고, 재산적 손해 중 소극적 손해의 산정은 복잡한 문제를 야기하기 때문이다. 정신적 손해(위자료)의 인정 여부는 재산적 손해의 배상만으로 회복할 수 없는 정신적 고통을 입었다는 특별한 사정이 있고, 가해자가 이와 같은 사정을 알았거나 알 수 있었을 경우에 한하여 인정할 수 있다는 것이 판례의 태도다. 사안에서 재산적 손해(농작물 피해액)에 대한 배상수준은 다음과 같다:

농작물 피해 발생 면적×작물 별 평당 조 수익×피해율

V. 결 론

乙이 甲에 대하여 손해배상청구를 함에 있어 고의·과실, 인과관계 등이 문제될 것이나, 환경정책기본법 제44조 제1항의 구체적 효력이 인정된다는 전제에서 甲의 무과실책임이 인정되고, 위 조항에 대하여 구체적 효력이 인정되지 않는다 하더라도, 방지시설을 설치하지 않은 과실이 있으므로 민법 제750조에 따른 불법행위책임이 인정될 수 있을 것이다. 또한 판례가 인정하는 개연성이론에 근거하면 인과관계 입증도 문제가 되지 아니할 것이므로 乙이 승소할 가능성이 크다. 배상수준에 관하여는 자연력의 기여 인정 여부에 따라 그 범위가 달라질 수 있다.

참조판례

1. 여천공단 사건: 신개연성이론과 증명책임의 분배: 대법원 2004. 11. 26. 선고 2003다2123 판결(판례 [50])
2. 자연력 기여분의 제한: 대법원 2003. 6. 27. 선고 2001다734 판결(판례 [51])

※ 주의사항

1. "인근에는 ○○ 정밀 등 사업장이 다수" 등의 표현이 등장할 경우에는 공동불법행위책임을 염두에 둘 것.
2. 최근 환경분쟁조정법의 개정에 따라 도입된 원인재정, 중재에 대해서는 숙지해 둘 것.

53

수질오염피해와 구제

(법전원협의회 2014년도 제1차 변호사시험 모의시험)

사 례

A공사는 2000년부터 적법하게 조성한 쓰레기매립지(이하 '매립지')를 관리하고 있다. A공사는 매립지에서 나오는 침출수를 자신이 운영하는 정화처리장에서 처리한 후(이하 '침출처리수') 인근 하천으로 방류한다. 이 방류수는 2㎞ 정도 하천을 거쳐 바다로 유입된다. 방류되는 처리침출수에는 어류의 건강한 생육에 영향을 줄 수 있는 유해물질이 포함되어 있다. 그러나 A공사가 매립지관리를 시작한 이래로 매년 3회씩 방류수의 수질검사를 한 결과에 따르면, 대부분의 기간 동안 물환경보전법 제12조 제3항에 따른 방류수 수질기준(생물화학적, 화학적 산소요구량(COD), 부유물질(SS), 암모니아성 질소, 무기성 질소, 총인, 기타 아연, 납 등의 농도) 농도를 하회하는 수준으로 측정되었다.

한편, A가 배출한 침출처리수가 하천으로 유입되는 지점(지점 1)보다 1㎞ 상류에는 인근 대도시의 생활하수 등을 처리하는 하수종말처리시설에서 나오는 방류수가 유입되는 지점(지점 2)이 있다. 수질오염농도 및 표층퇴적물의 오염농도를 조사한 결과는 양자 모두 지점 1 부근이 지점 2 부근보다 오염도가 낮게 측정되었다.

지점 1, 2로부터 방류수가 유입된 주변 해역의 수질은 2000년 이후부터 점점 오염도가 높아지기 시작하여 평균적으로 화학적 산소요구량은 환경정책기본법 시행령 별표의 '해역'에 대한 환경기준 상 '생태기반 해수수질기준'이 III등급 미만으로 나타나서 해양생물이 서식하거나 이를 양식하기에 적합하지 않은 수준이 되었고, 결과적으로 동물성 및 식물성 플랑크톤의 종수와 현존량, 어란 및 자치어의 현존량이 격감하고 기형어 발견 빈도가 늘어났다. 이에 2005년 정도부터 주민들과 환경단체들은 이 지역의 환경오염문제의 심각성을 지적하며, 매립지의 이용중단과 침출수의 처리방안의 개선을 요구하는 운동을 전개하고, 이는 언론에서도 널리 보도되어 왔다.

B는 위 매립지가 조성되기 이전부터 위 해역에서 어업에 종사해 왔는데, 매립지가 조성되고 침출수가 배출되기 시작한 지 3~4년 후부터 현재까지 지속적으로 어획량이 감소하였다. 한편, C는 침출처리수가 해수와 섞이는 지점에서 약 1㎞ 떨어진 해상에서 2010년 적법한 허가를 얻어 양식장을 설치·운영하면서 넙치를 양식하고 있다. C는 이 지역에서 폐업을 하는 양식장 시설을 값싸게 인수할 수 있다는 점 때문에 양식업을 시작하였고, 넙치는 바다 바닥에 있으므로 상대적으로 오염된 수질에서도 잘 견디는 특징이 있다. 2012. 11월 이례적인 가뭄으로 강수량이 매우 줄어든 상황에서 12월 초 C가 운영하는 양식장에서 넙치가 대량으로 폐사하였다. 다음 질문에 답하시오.

문 1. B가 A공사에게 어획량감소로 인한 손해배상을 청구하는 경우, 그 법적 근거 및 요건과 관련하여 다투어질 수 있는 쟁점을 검토하시오.

문 2. C가 A공사에게 넙치의 폐사로 인한 손해배상청구를 하고자 한다. 문 1.과 공통적인 쟁점 외에 C의 경우 추가로 다투어질 수 있는 쟁점이 무엇인지 논하시오.

문 3. B와 C는 A공사가 관리하는 위 쓰레기매립지를 이용하면 할수록 침출수로 인한 해양오염은 심각해질 것이므로, 쓰레기매립지를 더 이상 사용하지 않고 폐쇄해야 한다고 생각한다. B와 C가 A공사를 상대로 민사소송으로 쓰레기매립지이용중단을 청구하고자 한다면, 그 법적 근거 및 요건과 관련하여 다투어질 수 있는 쟁점을 검토하시오.

참조조문

수산업법 제16조 (어업권의 취득과 성질)

① 제8조에 따라 어업면허를 받은 자와 제19조에 따라 어업권을 이전받거나 분할받은 자는 제17조의 어업권원부에 등록을 함으로써 어업권을 취득한다.

② 어업권은 물권(物權)으로 하며, 이 법에서 정한 것 외에는 「민법」 중 토지에 관한 규정을 준용한다.

③ 어업권과 이를 목적으로 하는 권리에 관하여는 「민법」 중 질권(質權)에 관한 규정을 적용하지 아니한다.

④ 법인이 아닌 어촌계가 취득한 어업권은 그 어촌계의 총유(總有)로 한다.

해 설

문 1. B가 A공사에게 어획량감소로 인한 손해배상을 청구하는 경우, 그 법적 근거 및 요건과 관련하여 다투어질 수 있는 쟁점을 검토하시오.

I. 문제의 소재

불법행위(민법 제750조)에 기초한 인한 손해배상청구가 인정되기 위해서는 ① 가해자의 고의 · 과실, ② 가해행위의 위법성, ③ 가해행위와 손해 사이의 인과관계, ④ 손해의 발생이 요구된다. 사안에서 이러한 요건이 충족되는지 검토가 요구되며, 아울러 고의 · 과실문제와 관련해서 민법의 특별법으로서 환경정책기본법 제44조에 따른 무과실책임을 적용할 수 있는지, 정화처리장이 '공작물'이라는 점에 착안하여 그 설치 또는 보존의 하자로 인한 손해배상청구가 가능한지 검토가 필요하다.

Ⅱ. 불법행위책임

1. 고의 · 과실

(1) 환경정책기본법 제44조의 원인자의 무과실책임

환경오염피해에 대한 손해배상청구에서는 환경정책기본법상 원인자의 무과실책임 규정이 적용될 수 있는지가 쟁점이 될 수 있다. 동법 제44조 제1항은 "환경오염 또는 환경훼손으로 피해가 발생한 경우에는 해당 환경오염 또는 환경훼손의 원인자가 그 피해를 배상하여야 한다"고 규정하고 있다.

(2) 요 건

(가) 원인자

책임주체는 환경오염 또는 환경훼손의 '원인자'이다. '원인자'는 자기의 행위 또는 사업활동으로 환경오염 또는 환경훼손의 원인을 발생시킨 자이다(제7조). 무과실책임을 지는 '원인자'에 대한 별도의 개념규정을 두고 있지 않아 구체적인 경우에는 논란이 있을 수 있으나 판례는 "자기의 행위 또는 사업활동을 위하여 자기의 영향을 받는 사람의 행위나 물건으로 환경오염을 야기한 자"라는 입장을 취하고 있다(대법원 2017. 2. 15. 선고 2015다23321 판결). 사안의 경우 A공사는 문제의 유해물질을 유발한 자이므로 원인자에 해당한다고 할 수 있다.

(나) 환경피해

환경정책기본법에서는 '환경오염피해'에 대한 별도의 개념 정의가 없기 때문에 환경피해의 확정이 어려울 수 있다. 환경정책기본법에서 구체적으로 열거하고 있는 환경오염 내용은 예시적인 의미를 가질 뿐이며, 해석에 따라 그 범위는 크게 확대될 수 있다. 환경정책기본법 제3조 제4호는 '환경오염'을 "사업활동 및 그 밖의 사람의 활동에 의하여 발생하는 대기오염, 수질오염, 토양오염, 해양오염, 방사능오염, 소음·진동, 악취, 일조방해 등으로서 사람의 건강이나 환경에 피해를 주는 상태"라고 정의하고 있는 바, 사안의 경우 수질 또는 해양오염이 발생하였으므로 환경오염에 해당한다. 다만 A공사에서 관리하는 정화처리장에서 배출된 유해물질로 B에게 피해가 발생하였는지 여부는 인과관계의 문제와 관련 있는데, 이는 별도의 검토가 요구된다.

(3) 구체적 효력

구성요건과 효과의 비구체성, 환경정책기본법이 민법의 특별법으로서의 성격을 갖지 않는다는 점 등을 근거로 위 환경정책기본법 제44조 제1항(원인자의 무과실책임)의 구체적 효력을 부인하는 견해와 해당 규정의 연혁을 살펴볼 때 책임주체와 범위 등이 확대되어 온 점, 구체성이 떨어지는 요건에 대한 해석은 판례나 학설을 통해 해결할 수 있다는 점, 개별 환경법에 환경오염피해와 관련한 어떠한 책임 및 구제 규정이 없는 상황에서는 위 규정의 구체적 효력을 쉽게 부인하여서는 안 된다는 점 등을 고려할 때 그 구체적 효력이 인정된다는 견해가 대립한다. '사업자'를 책임주체로 한 무과실책임규정인 구 환경정책기본법 제31조 제1항의 구체적 효력을 인정한 판례(대법원 2001. 2. 9. 선고 99다55434 판결)가 있으며, 최근 현행 제44조 제1항의 구체적 효력을 인정하고 있는 판례(대법원 2017. 2. 15. 선고 2015다23321 판결, 대법원 2018. 9. 13. 선고 2016다35802 판결)가 있어 주목을 받고 있다.

(4) 민법 제750조와의 관계

본조와 민법 제750조와의 관계에 대하여, 판례는 환경정책기본법 제44조 제1항이 민법의 불법행위 규정에 대한 특별규정이라고 보면서(법조경합) 환경오염으로 인하여 손해를 입은 자가 환경정책기본법에 의하여 손해배상을 주장하지 않았다고 하더라도 법원은 민법에 우선하여 환경정책기본법을 적용하여야 한다는 입장을 취하고 있다(대법원 2008. 9. 11. 선고 2006다50338 판결).

(5) 사안에의 적용

환경정책기본법 제44조 무과실책임 규정의 구체적 효력이 인정된다면 B는 이 규정의 적용을 주장함으로써, A공사의 고의·과실을 입증하지 않아도 될 것이다. 외부자인 B가 A공사의 운영상의 행위에 대해 과실을 입증하기가 쉽지 않다는 점에서 무과실책임 규정은 큰 의미를 갖는다.

2. 위법성

(1) 수인한도론

무과실책임 규정이 적용되는 경우에도 배상책임을 인정하기 위해서는 수인한도론에 입각한 위법성이 요구되는지 여부에 대하여 부정하는 견해도 있으나, 환경정책기본법 제44조는 원인자의 무과실책임만을 규정하고 있을 뿐 위법성 판단에 대하여는 이를 면제하는 것으로 볼 수 없으며, 위 무과실책임은 민법상의 일반불법행위의 특별관계에 있다는 점에서 위법성의 판단기준인 수인한도론에 입각한 검토가 필요하다. 판례는 환경침해를 원인으로 한 불법행위 손해배상청구 사안에서 무과실책임 규정 적용 여부와 관련 없이 "사회통념상 수인한도를 넘은 경우에는 위법행위로 평가될 수"있다고 판시하여 위법성 판단에 수인한도를 적용하고 있다(대법원 2001. 2. 9. 선고 99다55434 판결).

(2) 판단기준

판례는 피해가 사회통념상 수인한도를 넘었는지 여부는 피해의 정도, 피해이익의 성질 및 그에 대한 사회적 평가, 가해행위의 성질 및 공공성, 지역성, 토지이용의 선후관계, 가해방지 및 피해회피의 가능성, 공법적 규제의 위반 여부, 교섭경과 등 모든 사정을 종합적으로 고려하여 판단하여야 한다고 판시한다.

(3) 사안에의 적용

매립지의 공공성을 인정할 수 있고, 매립지에서 배출된 침출처리수가 유입되는 지점(1지점)의 오염도가 다른 지점(2지점)보다 낮다고 하더라도 화학적 산소요구량이 해양수질기준 3등급 미만으로서 해양생태계의 파괴가 일어날 수 있는 수준이라는 점, 침출수에 유해물질이 포함되어 있는 점, 침출수가 정수처리된 후 방류될 때 오염물질의 농도는 방류수수질기준을 넘지 않는다는 점, B가 입은 어획량 감소피해가 크다고 할 수 있는 점 등을 종합적으로 고려하였을 때 B가 입은 손해는 수인한도를 넘는 것이어서 그 위법성이 인정된다고 봄이 상당하다.

3. 인과관계

(1) 인과관계 입증의 어려움

손해배상청구가 인정되기 위해서는 원칙적으로 원고인 B가 A공사의 가해행위와 자신의 손해 사이에 인과관계가 있다는 점을 입증하여야 한다. 증인, 전문가 의견, 현지조사, 감정, 관련 문헌 조사, 재현 실험결과, 양 당사자의 진술 등을 종합하여 인과관계 여부를 입증할 수는 있겠으나, 이러한 인과관계를 자연과학적으로 증명하는 것은 극히 곤란하거나 불가능한 경우가 많고 환경오염의 피해자에게 인과관계의 입증 책임을 전적으로 부여한다면 결국 구제 기회는 없는 것과 다름없어 사회 형평의 관념에 적합하다고 볼 수 없다.

(2) 개연성이론

판례는 환경피해에 따른 손해배상책임 사안에 있어서 개연성이론을 적용함으로써 입증책임을 완화하고 있다. 이에 따르면 피해자가 ① 오염물질이 배출되었다는 점, ② 오염물질이 피해자에게 도달하였다는 점, ③ 피해가 발생하였다는 점을 입증하면, 가해자가 반증으로서 ① 배출물질에 피해 원인물질이 포함되지 않았다는 점, ② 원인물질이 포함되었다하더라도 안전농도 범위 내라는 점을 입증하거나, 간접반증으로서 피해에 전적으로 다른 원인이 작용하였다는 점을 입증하지 않는 한 인과관계가 증명된 것으로 본다.

(3) 사안에의 적용

B가 A공사의 정화처리장에서 유해물질이 포함된 침출수가 발생한 사실, 유해물질이 자신의 어장에 도달한 사실, 어획량 감소가 발생한 사실을 입증하면 일응 인과관계가 증명된 것으로 볼 수 있다. 그렇다면 A공사는 반증으로 그 침출처리수에 피해원인이 된 유해물질이 들어있지 않다거나 원인물질이 들어있다 하더라도 안전농도 범위 내라는 사실을 입증하거나, 간접반증으로 다른 원인이 전적으로 작용하여 B의 어획량감소가 발생하였음을 입증하지 못하는 한 인과관계는 인정된다.

Ⅲ. 공작물책임

1. 공작물의 설치·보존상의 하자

정화처리장이 '공작물'이라는 점에 착안할 때 그 설치 또는 보존의 하자로 인한 손해배상청구가 가능한지 검토할 필요가 있다. 공작물의 설치 또는 보존의 하자로 인하여 타인에게 손해를 가한 때에는 공작물점유자가 손해를 배상할 책임이 있다(민법 제758조). 설사·보존상 하자가 인정되기 위해서는 하자의 개념 및 기능적 하자인지를 판단하기 위해서 수인한도에 대한 검토가 필요하다.

2. 수인한도

'공작물의 설치 또는 보존의 하자'와 관련해서 법원은 물적 하자뿐만 아니라 '기능적 하자(내지 작용상 하자)'를 포함하는 개념으로 이해하고 있으며, 나아가 수인한도론을 '기능적 하자 판단의 영역'으로 끌어들이고 있다. 즉 판례는 "영조물의 설치·관리상의 하자라 함은 영조물의 설치 및 관리에 불완전한 점이 있어 이 때문에 영조물 자체가 통상 갖추어야 할 (객관적) 안전성을 갖추지 못한 상태에 있는 것을 말하는 것이다"면서 "여기서 안전성을 갖추지 못한 상태, 즉 타인에게 위해를 끼칠 위험성이 있는 상태라 함은 당해 영조물을 구성하는 물적 시설 그 자체에 있는 물리적·외형적 흠결이나 불비로 인하여 그 이용자에게 위해를 끼칠 위험성이 있는 경우뿐만 아니라 그 영조물이 공공의 목적에 이용됨에 있어 그 이용상태 및 정도가 일정한 한도를 초과하여 제3자에게 사회통념상 참을 수 없는 피해를 입히는 경우까지 포함된다고 할 것이고, 사회통념상 참을 수 없는 피해인지 여부는 그 공작물의 공공성, 피해의 내용 및 정도, 이를 방지하기 위하여 노력한 내용 등을 종합적으로 고려하여 판단하여야 한다"고 판시하고 있다.

3. 사안에의 적용

사안에서 정화처리장의 물리적·외형적 흠결 여부는 물론이고 정화처리장의 이용상태 및 정도 등이 확인되지 않기 때문에 기능적 하자가 있는지 판단이 쉽지 않다(도로소음과 같이 도로가 정상적으로 기능하는 경우에 부수적으로 발생하는 환경피해의 경우에는 기능적 하자가 비교적 쉽게 인정되지만 사안과 같이 침출수처리장의 경우에는 기능적 하자가 인정되는 경우가 쉽지 않을 것이다. 그러나 ① 처리기능 자체의 하자가 있는 경우와 ② 처리기능 자체는 하자가 없음에도 불구하고 배출된 침출처리수에 불가피하게 유해물질이 함유되어 있어 상대방에게 수인한도를 넘는 피해를 발생시킴으로써 '기능상 하자'가 인정되는 경우가 있을 것이다).

Ⅳ. 결　　론

사안에서 B는 불법행위책임(민법 제750조, 환경정책기본법 제44조)과 공작물책임(민법 제758조)을 A공사에 물을 수 있을 것이다. 환경정책기본법상의 무과실책임의 구체적 효력이 인정된다면 A공사의 귀책사유와 무관하게 B의 손해배상청구는 받아들여질 것으로 보인다. 한편, B는 정화처리장의 물리적·기능적 하자를 입증함으로써 공작물책임을 물을 수 있을 것이다. 어느 경우에나 인과관계가 소송의 승패를 가를 것으로 보인다.

문 2. C가 A공사에게 넙치의 폐사로 인한 손해배상청구를 하고자 한다. 문 1.과 공통적인 쟁점 외에 C의 경우 추가로 다투어질 수 있는 쟁점이 무엇인지 논하시오.

Ⅰ. 문제의 소재

C의 손해배상청구와 관련해서 불법행위책임, 공작물책임 등 그 법적 근거와 요건은 유사할 수밖에 없다. 다만 사안에서는 '자연력의 기여' 문제와 '위험에의 접근이론'의 적용을 특별히 검토해 볼 수 있을 것이다.

Ⅱ. 자연력의 기여

1. 자연력의 기여문제

사안에서 '이례적인 가뭄'이라는 자연현상이 개입으로 인해 폐사가 발생하거나 확대되었을 가능성이 있으므로, A공사는 인과관계를 부인하거나 최소한 자연력의 기여분에 대해서는 손해배상을 공제해야 한다고 주장할 수 있을 것이다. 이에 '자연력의 기여' 문제가 쟁점으로 대두될 수 있다.

2. 판 례

불법행위에 기한 손해배상 사건에 있어서 피해자가 입은 손해가 자연력과 가해자의 과실행위가 경합되어 발생된 경우 가해자의 배상범위는 손해의 공평한 부담이라는 견지에서 손해발생에 대하여 자연력이 기여하였다고 인정되는 부분을 공제한 나머지 부분으로 제한하여야 함이 상당하고, 다만 피해자가 입은 손해가 통상의 손해와는 달리 특수한 자연적 조건 아래 발생한 것이라 하더라도 가해자가 그와 같은 자연적 조건이나 그에 따른 위험의 정도를 미리 예상할 수 있었고 또 과도한 노력이나 비용을 들이지 아니하고도 적절한 조치를 취하여 자연적 조건에 따른 위험의 발생을 사전에 예방할 수 있었다면, 그러한 사고방지 조치를 소홀히 하여 발생한 사고로 인한 손해배상의 범위를 정함에 있어서 자연력의 기여분을 인정하여 가해자의 배상범위를 제한할 것은 아니라고 할 것이다(대법원 2003. 6. 27. 선고 2001다734 판결).

3. 사안에의 적용

사안에서 가뭄으로 강수량이 줄더라도 애초에 유해물질의 배출이 없었다면 손해가 발생하지 않았을 것이므로 인과관계는 여전히 인정된다고 할 것이다. 그러나 A공사는 이례적인 가뭄으로 인하여 폐사가 더 심해진 사실을 입증한다면 자연력의 기여를 인정할 수 있으며, 이는 손해배상액의 감경사유로 고려될 수 있을 것이다. 한편, C는 A공사가 '이례적 가뭄'을 예상할 수 있었고 또 과도한 노력이나 비용을 들이지 아니하고도 적절한 조치를 취하여 자연적 조건에 따른 위험의 발생을 사전에 예방할 수 있었다고 주장할 여지가 있으나 객관적으로 이를 인정하기는 어렵다고 할 것이다.

Ⅲ. 위험에의 접근이론

1. 위험에의 접근이론

소음 등으로 인한 피해가 존재하고 있는 지역으로 뒤늦게 이주해 들어온 자에 대하여는 이른바 '위험에의 접근 이론'을 적용할 수 있다. 이는 환경피해를 입은 자의 손해배상청구를 판단함에 있어서 피해자가 위험에 스스로 접근한 사실을 고려해야 한다는 이론이다.

2. 판　　례

판례는 "소음 등을 포함한 공해 등의 위험지역으로 이주하여 들어가서 거주하는 경우와 같이 위험의 존재를 인식하면서 그로 인한 피해를 용인하며 접근한 것으로 볼 수 있는 경우에, 그 피해가 직접 생명이나 신체에 관련된 것이 아니라 정신적 고통이나 생활방해의 정도에 그치고 그 침해행위에 고도의 공공성이 인정되는 때에는, 위험에 접근한 후 실제로 입은 피해 정도가 위험에 접근할 당시에 인식하고 있었던 위험의 정도를 초과하는 것이거나 위험에 접근한 후에 그 위험이 특별히 증대하였다는 등의 특별한 사정이 없는 한 가해자의 면책을 인정하여야 하는 경우도 있을 수 있을 것이다"고 판시하고 있다. 다만, 위험의 존재를 인식하면서 굳이 위험으로 인한 피해를 용인하였다고 볼 수 없는 경우에는 손해배상액의 산정에 있어 형평의 원칙상 과실상계에 준하여 감액사유로 고려하는 것이 상당하다는 입장을 취하고 있다.

3. 사안에의 적용

A공사는 매립지의 운영과 침출처리수 배출은 고도의 공공성이 인정되는 행위라 할 수 있고, 그 피해가 주민의 생명이나 신체에 관련되는 것이 아니므로 위험에로 접근한 C에 대해 책임을 인정할 수 없다는 주장을 할 수 있을 것이다. 이미 해당 지역 오염의 심각성이 널리 보도 등에서 알려졌고, 이 지역에서 양식장이 폐업한 경우도 있는 상태에서 새로 양식업을 시작하는 경우 위험에의 접근이론을 적용하여 A공사의 책임감면사

유 또는 과실상계에 준하는 감액사유로 볼 수 있는지 여부가 문제될 수 있다. C가 오염이 알려진 이후에 양식업을 시작한 사정만으로 C가 정화처리장에서 배출되는 침출처리수로 인한 피해를 용인하였다고 보기는 어렵다고 할 것이다. C에게 양식업 허가가 적법하게 이루어진 것은 여전히 인근 해역이 양식업을 할 만한 여건이라는 것을 의미하고, 이례적 가뭄으로 인하여 비로소 피해가 발생하였다는 점은 C가 위험에 접근할 당시에는 그 위험에 대해 정확하게 알 수 없었고, 또한 그러한 위험으로 인한 피해를 용인하였다고 보기는 어렵다는 것을 의미한다. 결국 사안의 경우 면책은 곤란하다. 그러나 과실상계에 준하여 배상액이 감경될 여지가 있다.

문 3. B와 C는 A공사가 관리하는 위 쓰레기매립지를 이용하면 할수록 침출수로 인한 해양오염은 심각해질 것이므로, 쓰레기매립지를 더 이상 사용하지 않고 폐쇄해야 한다고 생각한다. B와 C가 A공사를 상대로 민사소송으로 쓰레기매립지이용중단을 청구하고자 한다면, 그 법적 근거 및 요건과 관련하여 다투어질 수 있는 쟁점을 검토하시오.

Ⅰ. 문제의 소재

B와 C가 입는 피해는 금전배상만으로 회복이 어려우며, 향후 해양오염이 없도록 하기 위해서는 A공사의 오염행위의 중지를 요구할 수 있어야 한다. 따라서 환경피해의 구제라는 측면에서 손해배상청구보다 더 적극적인 대응방법인 유지청구에 대하여 검토할 필요가 있다.

Ⅱ. 유지청구

1. 법적 권원

유지청구의 법적 근거로는 물권적청구권, 상린권, 불법행위, 인격권, 환경권 등 견해의 대립이 심하다. 위 각 견해들은 각자 일면의 근거를 가지고 있는 것이 사실이지만, 어떠한 것도 명쾌한 근거를 제시하고 있지 않다. 판례는 물권적청구권설의 입장을 취하고 있다고 이해된다. 즉 "어느 토지나 건물의 소유자가 종전부터 향유하고 있던 쾌적한 환경이 그에게 하나의 생활 이익으로서의 가치를 가지고 있다고 객관적으로 인정된다면 법적인 보호의 대상이 될 수 있는 것이라 할 것이므로, 인접 대지에 위치한 소음배출시설에서 소음이 발생함으로써 생활이익이 침해되고 그 침해가 사회통념상 일반적으로 수인할 정도를 넘어선다고 인정되는 경우에는 위 토지 등의 소유자는 그 소유권에 기하여 그 방해의 제거나 예방을 위하여 필요한 청구를 할 수 있다"는 것이다.

한편, 민법 제750조에 따른 불법행위의 효과로써 유지청구를 할 수 있다는 견해도 있다. 최근에는 인격권 내지 환경권을 유력한 근거로 하는 견해가 확산되고 있다. 특히 환경권의 구체적 권리성을 인정하는 입장은 헌법이나 환경정책기본법에 명문규정을 두고 있다는 점, 현재 60개 정도의 환경관계법이 존재하고 있다는 점, 환경권의 제한 법리로 작용하는 "법령의 규정취지와 조리"의 합리적 해석이 가능하다는 점 등을 그 논거로 들고 있다. 최근 환경권을 소유권과 함께 공사중지와 금지를 청구할 권리의 한 근거로 들고 있는 판례(대법원 2008. 9. 28. 선고 2006다49284 판결)도 주목된다.

그러나 여기에 대해서는 과연 인격권 내지 환경권을 사법상의 구체적인 권리로 볼 수 있느냐 하는 반대론이 만만치 않은 실정이다. 판례는 "환경권은 명문의 법률규정이나 관계 법령의 규정 취지 및 조리에 비추어 권리의 주체, 대상, 내용, 행사 방법 등이 구체적으로 정립될 수 있어야만 인정되는 것이므로, 사법상의 권리로서의 환경권을 인정하는 명문의 규정이 없는데도 환경권에 기하여 직접 방해배제청구권을 인정할 수 없다"라고 판시함으로써 환경권을 사법상의 구체적 권리로 볼 수 없다는 입장을 분명히 하고 있다.

2. 요 건

유지청구를 하기 위해서는 ① 피해의 성질과 정도에 비추어 금전적 평가가 곤란할 것, ② 금전보상만으로는 피해회복이 어려울 것, ③ 피해가 일시적인 것이 아니라 계속적으로 중대하고 명백하게 부당한 것일 것, ④ 피해가 수인한도를 초과할 것(위법성) 등이 그 요건으로 요구된다.

3. 위법성 2단계설

유지청구에서 수인한도 기준은 손해배상청구에서의 수인한도 기준과는 다르다고 보는 것이 일반적이다(위법성 2단계설). 오염발생을 이유로 오염발생시설의 가동중지나 행위의 금지를 명하게 되면 오염으로 피해자가 입을 손해에 비하여 가해자가 입는 손해가 막대한 경우가 많은 점, 오염발생시설인 공장이나 공사장, 교통시설의 가동을 중지하는 것은 공익적인 관점에서 바람직하지 못하다는 점, 오염발생에 대한 대책으로는 오염발생을 막는 것이 아니라도 오염방지시설·방음막 등의 설치 등 다른 방법을 강구할 수 있다는 점이 그 이유가 될 수 있다. 유지청구에서 수인한도를 판단할 때에는 손해배상청구에서 살펴본 수인한도의 요소 외에도 손해배상으로써 전보될 수 없을 정도로 법익

침해가 심한지와 가해자에게 발생할 손실을 함께 고려하여야 한다.

4. 사안에의 적용

사안에서 어업권은 법정 물권이고 민법 중 토지에 관한 규정을 준용하도록 하고 있다. 따라서 B는 민법상 물권적청구권에 관한 규정을 준용하여 유지청구소송을 할 수 있다고 볼 수 있다. 한편, C는 양식장에 대한 소유권 방해배제청구권에 근거하여 유지청구소송을 제기할 수 있을 것이다. 사안에서 B와 C가 입는 피해는 금전보상만으로는 피해가 보상된다고 보기 어렵고, 또한 계속된 침출수의 발생으로 그 피해도 계속되고 있다. 또한 매립지의 공공성을 인정하더라도 화학적 산소요구량이 해양수질기준 3등급 미만인 점, 침출수에 유해물질이 포함되어 있는 점, 침출수가 정수 처리된 후 방류될 때 오염물질의 농도는 방류수수질기준을 넘지 않는다는 점, B와 C가 입은 어획량 감소피해가 크다고 할 수 있는 점 등을 종합적으로 고려하였을 때 B와 C가 입은 손해는 수인한도를 넘는 것이어서 그 위법성이 인정된다고 봄이 상당하다. 다만 위법성 2단계설을 고려할 때 정화처리장의 처리방법의 변경, 방지막의 설치 등에 비해 B와 C가 구하는 쓰레기매립지의 폐쇄가 인용되는 것은 쉽지 않을 것으로 보인다.

참조판례

대법원 2012. 1. 12. 선고 2009다84608 판결

※ 주의사항

건강침해를 수반하지 않는 사안에서 역학적 인과관계론은 비적용.

54

수질오염피해로 인한 손해배상청구와 규제조치

(2019년도 제8회 변호사시험)

사 례

甲은 폐수배출시설을 설치·운영하였는데, 이 시설로부터 배출되는 폐수에는 유기물질, 유류, 질소화합물, 중금속 등의 수질오염물질이 다량 함유되어 있었다. 甲은 폐수배출시설에서 배출되는 수질오염물질을 감소시키거나 제거하기 위하여 수질오염방지시설을 설치·가동해 오고 있으며, 수질오염방지시설에서 처리된 폐수는 최종 방류구를 통해 인근 X하천으로 배출되었다.

배출된 폐수는 X하천수와 합류되어 하류의 Y유수지에 일정기간 저류되는데, Y유수지의 수위가 일정 높이 이상으로 올라가는 경우 간헐적으로 X하천과 바다 경계면에 있는 배수갑문이 개방되면서 바다로 방류되었다. 바다에 방류된 폐수는 해수와 합류·희석되었고, 조류의 흐름에 따라 乙의 양식장에 도달하였다.

乙은 甲의 폐수배출시설에서 배출된 폐수가 정상적으로 처리되지 않은 상태로 乙의 양식장에 유입되어 양식장이 황폐화되는 피해를 입었다고 주장하고 있다.

문 1. 乙이 甲을 상대로 손해배상을 청구하는 경우, 다툼이 될 수 있는 법적 쟁점에 대해 검토하시오.

문 2. 甲이 배출한 수질오염물질의 정도가 배출허용기준을 초과하지 않는다는 사실이 입증된 경우, 甲의 손해배상책임 성립에 어떤 영향을 미칠 것인지에 대해 검토하시오.

문 3. 甲이 수질오염방지시설을 정상적으로 가동하지 않아 배출허용기준을 초과하는 수질오염물질을 배출하였다는 사실이 밝혀졌을 경우, 관할 행정청이 물환경보전법에 따라 취할 수 있는 조치에 대해 설명하시오.

해 설

문 1. 乙이 甲을 상대로 손해배상을 청구하는 경우, 다툼이 될 수 있는 법적 쟁점에 대해 검토하시오.

Ⅰ. 문제의 소재

불법행위(민법 제750조)에 기초한 인한 손해배상청구가 인정되기 위해서는 ① 가해자의 고의 · 과실, ② 가해행위의 위법성, ③ 가해행위와 손해 사이의 인과관계, ④ 손해의 발생이 요구된다. 사안에서 이러한 요건이 충족되는지 검토가 요구되며, 아울러 고의 · 과실문제와 관련해서 민법의 특별법으로서 환경정책기본법 제44조에 따른 무과실책임을 적용할 수 있는지, 정화처리장이 '공작물'이라는 점에 착안하여 그 설치 또는 보존의 하자로 인한 손해배상청구가 가능한지 검토가 필요하다.

Ⅱ. 고의 · 과실

1. 환경정책기본법 제44조의 원인자의 무과실책임

환경오염피해에 대한 손해배상청구에서는 환경정책기본법상 원인자의 무과실책임 규정이 적용될 수 있는지가 쟁점이 될 수 있다. 동법 제44조 제1항은 "환경오염 또는 환경훼손으로 피해가 발생한 경우에는 해당 환경오염 또는 환경훼손의 원인자가 그 피해를 배상하여야 한다"고 규정하고 있다.

2. 요　건

(1) 원인자

책임주체는 환경오염 또는 환경훼손의 '원인자'이다. '원인자'는 자기의 행위 또는 사업활동으로 환경오염 또는 환경훼손의 원인을 발생시킨 자이다(제7조). 무과실책임을 지는 '원인자'에 대한 별도의 개념규정을 두고 있지 않아 구체적인 경우에는 논란이 있을 수 있으나 판례는 "자기의 행위 또는 사업활동을 위하여 자기의 영향을 받는 사람의 행위나 물건으로 환경오염을 야기한 자"라는 입장을 취하고 있다(대법원 2017. 2. 15. 선고 2015다23321 판결). 사안의 경우 甲은 배출되는 폐수의 배출시설을 설치 · 운영하는 자이므로 위의 원인자에 해당한다고 할 수 있다.

(2) 환경피해

환경정책기본법에서는 '환경오염피해'에 대한 별도의 개념 정의가 없기 때문에 환경피해의 확정이 어려울 수 있다. 환경정책기본법에서 구체적으로 열거하고 있는 환경오염 내용은 예시적인 의미를 가질 뿐이며, 해석에 따라 그 범위는 크게 확대될 수 있다. 환경정책기본법 제3조 제4호는 '환경오염'을 "사업활동 및 그 밖의 사람의 활동에 의하여 발생하는 대기오염, 수질오염, 토양오염, 해양오염, 방사능오염, 소음 · 진동, 악취, 일조방해 등으로서 사람의 건강이나 환경에 피해를 주는 상태"라고 정의하고 있는바, 사안의 경우 수질 또는 해양오염이 발생하였으므로 환경오염에 해당한다. 사안의 경우 폐수로 인한 오염이므로 수질오염에 속하여 위의 환경오염으로 인한 피해가 발생한 것으로 보아야 한다. 다만 배출된 폐수로 양식장에 피해가 발생하였는지 여부는 인과관계의 문제와 관련 있는데, 이는 별도의 검토가 요구된다.

3. 구체적 효력

구성요건과 효과의 비구체성, 환경정책기본법이 민법의 특별법으로서의 성격을 갖지 않는다는 점 등을 근거로 위 환경정책기본법 제44조 제1항(원인자의 무과실책임)의 구체적 효력을 부인하는 견해와 해당 규정의 연혁을 살펴볼 때 책임주체와 범위 등이 확대되어 온 점, 구체성이 떨어지는 요건에 대한 해석은 판례나 학설을 통해 해결할 수 있다는 점, 개별 환경법에 환경오염피해와 관련한 어떠한 책임 및 구제 규정이 없는 상황에서는 위 규정의 구체적 효력을 쉽게 부인하여서는 안 된다는 점 등을 고려할 때 그 구체적 효력이 인정된다는 견해가 대립한다. '사업자'를 책임주체로 한 무과실책임규정인 구 환경정책기본법 제31조 제1항의 구체적 효력을 인정한 판례(대법원 2001. 2. 9. 선고 99다55434 판결)가 있으며, 최근 현행 제44조 제1항의 구체적 효력을 인정하고 있는 판례(대법원 2017. 2. 15. 선고 2015다23321 판결, 대법원 2018. 9. 13. 선고 2016다35802 판결)가 있어 주목을 받고 있다.

4. 민법 제750조와의 관계

본조와 민법 제750조와의 관계에 대하여, 판례는 환경정책기본법 제44조 제1항이 민법의 불법행위 규정에 대한 특별규정이라고 보면서(법조경합) 환경오염으로 인하여 손해를 입은 자가 환경정책기본법에 의하여 손해배상을 주장하지 않았다고 하더라도 법원은 민법에 우선하여 환경정책기본법을 적용하여야 한다는 입장을 취하고 있다(대법원 2008. 9. 11. 선고 2006다50338 판결).

5. 사안에의 적용

사안에서 폐수로 인한 양식장 피해는 환경오염피해가 분명하다. 환경정책기본법 제44조 무과실책임 규정의 구체적 효력이 인정되므로 乙은 이 규정의 적용을 주장함으로서 甲의 고의·과실을 입증하지 않아도 될 것이다.

6. 보론: 시설책임

2014. 12. 31. 제정된 「환경오염피해 배상책임 및 구제에 관한 법률」은 시설의 설치·운영과 관련하여 환경오염피해가 발생한 때에는 해당 시설의 사업자가 그 피해를 배상하여야 한다고 규정함으로써(제6조 제1항), 무과실책임을 인정하고 있다. 적용대상시설은 대기오염물질배출시설, 폐수배출시설, 폐기물처리시설, 토양오염관리대상시설, 소음·진동배출시설 등 10개 시설이다. 그 결과 사안에서 환경오염피해가 甲의 폐수배출시설로 발생한 것으로 추인되는바, 甲은 동법에 따른 무과실 배상책임을 부담할 수 있다.

7. 민법 제758조의 공작물책임

민법 제758조에 의하여 공작물의 설치 또는 보존의 하자를 이유로 청구할 수 있는지가 문제될 수 있다. 다만, 사안에서 주어진 사실관계를 바탕으로는 물리적 하자는 물론 기능적 하자 또한 있다고 볼 여지가 없으므로 이보다는 위의 환경정책기본법 제44조 또는 환경오염피해 배상책임 및 구제에 관한 법률 제6조에 기한 청구를 하는 것이 보다 타당하다. 따라서 별도로 검토하지 않는다.

Ⅲ. 위법성

1. 수인한도론

환경피해를 야기하는 모든 행위가 배상책임의 대상은 아니며, 그 행위가 위법한 것으로 인정되는 경우에만 배상책임이 인정될 수 있다. 이러한 위법성의 판단기준으로 판례는 수인한도론을 제기하고 있다. 이에 따르면 사회통념상 수인한도를 넘었는지 여부는 피해의 정도, 피해이익의 성질 및 그에 대한 사회적 평가, 가해행위의 성질 및 공공성, 지역성, 토지이용의 선후관계, 가해방지 및 피해회피의 가능성, 공법적 규제의 위반 여부, 교섭경과 등 모든 사정을 종합적으로 고려하여 판단하여야 한다. 무과실책임이 인정되는 경우 배상책임을 인정하기 위해서는 위법성이 요구되는지에 대하여 부정하는 견해가 있으나, 판례는 환경 침해를 원인으로 한 불법행위 손해배상청구 사안에서 무과실책임 규정 적용 여부과 관련 없이 "사회통념상 수인한도를 넘은 경우에는 위법행위로 평가될 수"있다고 판시하여 위법성 판단에 수인한도를 적용하고 있다(대법원 2001. 2. 9. 선고 99다55434 판결).

2. 사안에의 적용

사안에서는 비록 甲이 수질오염방지시설을 설치 · 가동하였으나, 乙의 양식장에 폐수가 유입되어 양식장이 황폐화되는 큰 피해를 입었고, 배출되는 폐수에 유기물질, 유류, 질소화합물, 중금속 등의 수질오염물질이 다량 함유되어 있었으며, 특별히 폐수배출시설의 공익성을 고려할만한 요소가 보이지 아니하는바, 수인한도를 넘었다고 봄이 타당하다. 따라서 위법성이 인정될 것이다.

Ⅳ. 인과관계

1. 인과관계 입증의 어려움

원칙적으로 원고인 乙이 甲의 가해행위와 자신의 손해 사이에 인과관계가 있다는 점을 입증하여야 한다. 증인, 전문가 의견, 현지조사, 감정, 관련 문헌 조사, 재현 실험 결과, 양 당사자의 진술 등을 종합하여 인과관계 여부를 입증할 수는 있겠으나, 이러한 인과관계를 자연과학적으로 증명하는 것은 극히 곤란하거나 불가능한 경우가 많고 환경오염의 피해자에게 인과관계의 입증 책임을 전적으로 부여한다면 결국 구제 기회는 없는 것과 다름없어 사회 형평의 관념에 적합하다고 볼 수 없다.

2. 개연성이론

판례는 환경피해에 따른 손해배상책임 사안에 있어서 개연성이론을 적용함으로써 입증책임을 완화하고 있다. 이에 따르면 피해자가 ① 오염물질이 배출되었다는 점, ② 오염물질이 피해자에게 도달하였다는 점, ③ 피해가 발생하였다는 점을 입증하면, 가해자가 반증으로서 ① 배출물질에 피해 원인물질이 포함되지 않았다는 점, ② 원인물질이 포함되었다하더라도 안전농도 범위 내라는 점을 입증하거나, 간접반증으로서 피해에 전적으로 다른 원인이 작용하였다는 점을 입증하지 않는 한 인과관계가 증명된 것으로 본다.

3. 사안에의 적용

사안에서는 ① 甲의 폐수배출시설로부터 유해한 수질오염물질이 포함된 ② 폐수가 배출되었고 ③ 그 물질이 乙의 양식장에 도달하였으며, ④ 그로 인하여 양식장이 황폐화되는 피해를 입었다는 점을 乙이 입증한다면 甲의 반증이나 간접반증이 없는 이상, 인과관계가 일응 인정될 것이다.

4. 보론: 인과관계추정

2014. 12. 31. 제정 「환경오염피해 배상책임 및 구제에 관한 법률」은 입증책임 완화 차원에서 인과관계추정 방식을 택하고 있다. 즉 "시설이 환경오염피해 발생의 원인을 제공한 것으로 볼 만한 상당한 개연성이 있는 때에는 그 시설로 인하여 환경오염피해가 발생한 것으로 추정한다(제9조 제1항)." 상당한 개연성이 있는지의 여부는 시설의 가동과정, 사용된 설비, 투입되거나 배출된 물질의 종류와 농도, 기상조건, 피해발생의 시간과 장소, 피해의 양상과 그 밖에 피해발생에 영향을 준 사정 등을 고려하여 판단한다(동조 제2항). 이에 따라 乙은 배출된 물질과 농도 등을 입증함으로써, 인과관계를 쉽게 인정받을 수 있을 것이다.

Ⅴ. 공동불법행위

1. 공동불법행위책임

환경정책기본법 제44조 제2항은 원인자가 2인 이상인 경우 누구에 의하여 환경침해가 발생하였는지 알 수 없는 경우에 모든 원인자는 연대하여 책임을 진다고 규정하고 있다. 환경정책기본법상의 공동불법행위책임의 성격은 부진정연대책임이며 공동불법행위자 간 내부적 분담부분에 관하여는 각자 오염물질 배출정도(관여도)에 따라 부담한다.

2. 사안에의 적용

사안에서 甲의 폐수배출행위와 Y유수지의 행위가 결합하여 환경피해가 발생하였고, 甲과 Y유수지 중 어느 한 주체의 행위로 인하여 피해가 발생하였는지 명확하지 아니한 경우에 乙은 환경정책기본법 제44조 제2항의 공동불법행위책임을 통하여 甲과 Y유수지 모두에게 손해배상책임을 물을 수 있고, 甲과 Y유수지는 환경피해에 기여하지 않았음을 입증함으로써 책임을 면할 수 있다.

Ⅵ. 손 해

양식장이 황폐화되는 결과가 발생하였으므로 재산적 손해뿐만 아니라 정신적 손해도 인정될 수 있을 것이다.

Ⅶ. 결 론

따라서 乙의 甲에 대한 손해배상청구는 고의 · 과실, 위법성, 인과관계 등의 요건이 모두 구비된 것으로 볼 것인바, 인용될 수 있을 것으로 보인다.

문 2. 甲이 배출한 수질오염물질의 정도가 배출허용기준을 초과하지 않는다는 사실이 입증된 경우, 甲의 손해배상책임 성립에 어떤 영향을 미칠 것인지에 대해 검토하시오.

Ⅰ. 문제의 소재

사안의 경우 손해배상책임의 성립 요건 중 위법성과 관련하여 배출허용기준의 초과 여부가 어떠한 영향을 미치는지 검토가 요구된다.

Ⅱ. 배출허용기준의 기능, 역할

1. 수인한도의 판단 기준

앞서 살펴보았듯이, 수인한도를 넘었는지를 판단하는 기준으로 배출허용기준과 같은 공법상 규제의 위반 여부가 중요한 요소로 고려된다. 그러나 이는 수인한도를 넘었는지를 판단하는 유일한 기준이라고는 볼 수 없다.

2. 공사법 2원론

공법상의 기준은 손해배상청구에서 가해행위의 위법성이나 구체적인 피해 정도를 판단하는 중요한 요소로 작용한다. 물론 공법상의 기준은 실체법상 일반 국민의 사법상 권리의무를 발생시키는 효력 규정이 아닌 정책과 규제 등을 위한 기준이므로, 그 기준의 위반이 곧바로 위법한 것으로 되지는 아니하나 민사법상 위반 여부를 판단하는 중요한 하나의 기준이 될 수 있다. 실제로 배출허용기준은 수인한도를 판단하는 중요한 요소가 된다.

그러나 공법상 기준은 사법상 보호되는 이익을 보호하기 위한 최소한의 기준으로 그 달성은 최소한의 환경피해에 대한 책임의 기준을 규정한데 지나지 않고, 이를 준수하였다고 하더라도 환경피해에 대한 사법상 책임이 인정될 수 있다. 실제로 판례는 공법적 규제에 의하여 확보하고자 하는 이익은 원래 사법상 보호되는 이익을 공법적인 면에서도 가능한 한 보증하려는 것으로서 특별한 사정이 없는 한 사법상 보호되는 이익을 보호하기 위한 '최소한도의 기준'으로 봄이 상당하기 때문에 공법적 규제에 형식적으로 적합하다고 하더라도 현실적인 침해의 정도가 현저하게 커 사회통념상 수인한도를 넘은 경우에는 위법행위로 평가될 수 있다.

Ⅲ. 사안에의 적용

甲은 자신이 배출허용기준을 초과하지 않았다는 이유로 수인한도를 초과하지 않는다는 주장을 할 수 있다. 이는 수인한도를 넘었는지 판단하는 중요한 요소로 고려될 수 있을 것이다. 그러나 배출허용기준을 초과는 수인한도를 넘었는지를 판단하는 유일한 기준이 아니며, 공사법 2원론을 택하는 판례의 태도를 고려하면 乙의 피해의 정도 등을 종합적으로 고려하여 최종 수인한도를 넘는지 여하를 판단하여야 할 것이다.

문 3. 甲이 수질오염방지시설을 정상적으로 가동하지 않아 배출허용기준을 초과하는 수질오염물질을 배출하였다는 사실이 밝혀졌을 경우, 관할 행정청이 물환경보전법에 따라 취할 수 있는 조치에 대해 설명하시오.

Ⅰ. 문제의 소재

甲의 폐수배출시설은 물환경보전법상 점오염원에 해당하는 바, 이를 통해 배출되는 수질오염물질이 배출허용기준을 초과하는 경우 관할 행정청(환경부장관)이 취할 수 있는 조치에 어떠한 것이 있는지가 문제된다.

Ⅱ. 물환경보전법에 따라 취할 수 있는 조치

1. 개선명령

동법 第39조에 따르면, 환경부장관은 조업 중인 배출시설에서 배출되는 수질오염물질의 정도가 배출허용기준을 초과한다고 인정할 때에는 대통령령으로 정하는 바에 따라 기간을 정하여 사업자에게 그 수질오염물질의 정도가 배출허용기준 이하로 내려가도록 필요한 조치를 할 것을 명할 수 있다.

2. 조업정지명령

동법 제40조에 따르면, 환경부장관은 위의 개선명령을 받은 자가 개선명령을 이행하지 아니하거나 기간 이내에 이행은 하였으나 검사 결과가 배출허용기준을 계속 초과할 때에는 해당 배출시설의 전부 또는 일부의 조업정지를 명할 수 있다.

3. 배출부과금

동법 제41조 제1항에 따르면, 환경부장관은 수질오염물질로 인한 수질오염 및 수생태계 훼손을 방지하거나 감소시키기 위하여 수질오염물질을 배출하는 사업자에게 배출부과금을 부과·징수한다.

4. 허가의 취소 등

법 제42조 제1항에 따르면, 환경부장관은 사업자 또는 방지시설을 운영하는 자가 배출허용기준을 초과하면 배출시설의 설치허가 또는 변경허가를 취소하거나 배출시설의 폐쇄 또는 6개월 이내의 조업정지를 명할 수 있다.

5. 과징금

법 제43조 제1항에 의하면, 환경부장관은 제1호 내지 제5호의 어느 하나에 해당하는 배출시설을 설치·운영하는 사업자에 대하여 조업정지를 명하여야 하는 경우로서 그 조업정지가 주민의 생활, 대외적인 신용, 고용, 물가 등 국민경제 또는 그 밖의 공익에 현저한 지장을 줄 우려가 있다고 인정되는 경우에는 조업정지처분을 갈음하여 3억원 이하의 과징금을 부과할 수 있다. 사안의 경우 명확하지 않지만 만약 甲의 폐수배출시설이 위에 해당하는 시설이라면 환경부장관은 그 재량으로 과징금 부과처분을 할 수도 있다.

6. 형사고발

법 제76조 제3호, 제6호 및 제7호에 따라 배출허용기준을 넘는 수질오염물질을 배출한 자, 조업정지명령을 위반한 자, 폐쇄명령을 위반한 자 등은 5년 이하의 징역 또는 5천만원 이하의 벌금에 처해지는바, 환경부장관은 이를 위해 형사고발할 수 있다.

Ⅲ. 결　　론

따라서 사안의 경우 환경부장관이 甲에 대하여 개선명령, 조업정지명령, 허가의 취소, 배출부과금의 부과, 과징금, 형사고발 등의 조치를 취할 수 있다.

55

비점오염원관리

(법전원협의회 2015년도 제2차 변호사시험 모의시험)

사 례

甲은 시설하우스를 설치, 지하수를 이용하여 화훼를 재배하고 있는 화훼농가다(여름: 2회/일, 겨울: 20일 간격으로 관수를 실시하고 있다). 그런데 최근 들어 재배하는 화훼가 고사하는 피해가 발생하여 더 이상 경영을 유지하기 어려울 지경에 이르렀다. 甲을 포함한 주변농가들은 乙 경마공원에서 수년째 겨울철에 경마주로 결빙을 방지하기 위하여 집중적으로 결빙 방지용 소금(염화칼슘)을 살포하여 왔는데 이것이 빗물에 토양으로 침투되어 지하수를 염소이온으로 오염시켰다고 주장하며 관할관청에 민원을 제기하는 한편 乙 경마공원측에 염화칼슘 살포를 중단할 것과 아울러 화훼고사로 인한 손해를 배상할 것을 요구하였다.

이에 대해 乙 경마공원측은 겨울철에 한시적으로 염화칼슘을 살포하고 있는데 이것이 법으로 금지된 것은 아니라고 한다. 또 경마주로는 우수가 지하로 침투하기 어렵게 최신방지시설로 설계되어 있고, 강우량도 적어 지하로 침투할 가능성이 적다고 한다. 또 염분지하수가 피해농가가 사용하는 관정에까지 도달하였는지 증명되지 않았고 그 농도도 법정기준치 이내로 농업용수로 사용하는데 아무런 지장이 없다고 주장한다.

관할관청이 확인한 결과 乙 경마공원측은 매년 11월에서 그 다음해 3월까지 연평균 약 370톤의 염화칼슘을 경마주로에 다량 살포하고 있는데, 염화칼슘은 강우 시 또는 해빙 시 일부는 지하로 침투하고 나머지는 경마주로 주변의 하천에 유입되고 있다. 그런데 염소이온(염화칼슘이 빗물에 녹아 이온화된다)은 하천주변에 퇴적된 특정수질유해물질인 구리 등 중금속 등을 용출시키면서 하천으로 유입되는 것으로 드러났다. 관할관청이 실시한 '경마장 주변 지하수' 수질측정 결과에 따르면, 염소농도가 농업용수 수질기준(250mg/L) 미만인 것으로 나타났다(이 기준은 벼를 기준으로 산정된 것으로 미국과 네덜란드, 일본의 경우 화훼류 재배 시 적합한 수질기준은 50~70㎎/L로 각각 정해져 있다).

문 1. 甲은 乙 경마공원을 상대로 화훼고사에 따른 손해배상청구를 하려고 한다. 어떠한 점이 쟁점이 되고 그 전망은 어떨지 검토하시오.

문 2. 관할관청은 경마주로 주변 하천의 수질오염을 방지하기 위하여 어떠한 행정조치를 취할 수 있는지를 물환경보전법에 따라 검토하시오.

해 설

문 1. 甲은 乙 경마공원을 상대로 화훼고사에 따른 손해배상청구를 하려고 한다. 어떠한 점이 쟁점이 되고 그 전망은 어떨지 검토하시오.

I. 문제의 소재

불법행위(민법 제750조)에 기초한 인한 손해배상청구가 인정되기 위해서는 ① 가해자의 고의·과실, ② 가해행위의 위법성, ③ 가해행위와 손해 사이의 인과관계, ④ 손해의 발생이 요구된다. 특히 사안에서 경마공원이 우수가 지하수로 침투하는 것을 방지하기 위하여 최신방지시설을 설치하였다는 점에서 과실이 있는지, 법으로 금지되지 아니한 행위로 인하여 손해배상책임을 지는지(위법성), 그리고 염화칼슘 살포행위와 지하수오염 그리고 화훼고사 간에 인과관계가 인정되는지 여부가 쟁점이 될 것이다.

Ⅱ. 고의·과실

1. 환경정책기본법 제44조의 원인자의 무과실책임

환경오염피해에 대한 손해배상청구에서는 환경정책기본법상 원인자의 무과실책임 규정이 적용될 수 있는지가 쟁점이 될 수 있다. 동법 제44조 제1항은 “환경오염 또는 환경훼손으로 피해가 발생한 경우에는 해당 환경오염 또는 환경훼손의 원인자가 그 피해를 배상하여야 한다”고 규정하고 있다.

2. 요 건

(1) 원인자

책임주체는 환경오염 또는 환경훼손의 ‘원인자’이다. ‘원인자’는 자기의 행위 또는 사업활동으로 환경오염 또는 환경훼손의 원인을 발생시킨 자이다(제7조). 무과실책임을 지는 '원인자'에 대한 별도의 개념규정을 두고 있지 않아 구체적인 경우에는 논란이 있을 수 있으나 판례는 "자기의 행위 또는 사업활동을 위하여 자기의 영향을 받는 사람의 행위나 물건으로 환경오염을 야기한 자"라는 입장을 취하고 있다(대법원 2017. 2. 15. 선고 2015다23321 판결). 사안의 경우 乙 경마공원은 (지하수)수질오염을 유발한 자이므로 원인자에 해당한다고 할 수 있다.

(2) 환경피해

환경정책기본법에서는 '환경오염피해'에 대한 별도의 개념 정의가 없기 때문에 환경피해의 확정이 어려울 수 있다. 환경정책기본법에서 구체적으로 열거하고 있는 환경오염 내용은 예시적인 의미를 가질 뿐이며, 해석에 따라 그 범위는 크게 확대될 수 있다. 환경정책기본법 제3조 제4호는 '환경오염'을 "사업활동 및 그 밖의 사람의 활동에 의하여 발생하는 대기오염, 수질오염, 토양오염, 해양오염, 방사능오염, 소음·진동, 악취, 일조방해 등으로서 사람의 건강이나 환경에 피해를 주는 상태"라고 정의하고 있는 바, 사안의 경우 수질오염이 발생하였으므로 환경오염에 해당한다. 다만 乙 경마공원이 살포한 염화칼슘으로 甲에게 화훼고사라는 피해가 발생하였는지 여부는 인과관계의 문제와 관련 있는데, 이는 별도의 검토가 요구된다.

3. 구체적 효력

구성요건과 효과의 비구체성, 환경정책기본법이 민법의 특별법으로서의 성격을 갖지 않는다는 점 등을 근거로 위 환경정책기본법 제44조 제1항(원인자의 무과실책임)의 구체적 효력을 부인하는 견해와 해당 규정의 연혁을 살펴볼 때 책임주체와 범위 등이 확대되어 온 점, 구체성이 떨어지는 요건에 대한 해석은 판례나 학설을 통해 해결할 수 있다는 점, 개별 환경법에 환경오염피해와 관련한 어떠한 책임 및 구제 규정이 없는 상황에서는 위 규정의 구체적 효력을 쉽게 부인하여서는 안 된다는 점 등을 고려할 때 그 구체적 효력이 인정된다는 견해가 대립한다. '사업자'를 책임주체로 한 무과실책임규정인 구 환경정책기본법 제31조 제1항의 구체적 효력을 인정한 판례(대법원 2001. 2. 9. 선고 99다55434 판결)가 있으며, 최근 현행 제44조 제1항의 구체적 효력을 인정하고 있는 판례(대법원 2017. 2. 15. 선고 2015다23321 판결, 대법원 2018. 9. 13. 선고 2016다35802 판결)가 있어 주목을 받고 있다.

4. 민법 제750조와의 관계

본조와 민법 제750조와의 관계에 대하여, 판례는 환경정책기본법 제44조 제1항이 민법의 불법행위 규정에 대한 특별규정이라고 보면서(법조경합) 환경오염으로 인하여 손해를 입은 자가 환경정책기본법에 의하여 손해배상을 주장하지 않았다고 하더라도 법원은 민법에 우선하여 환경정책기본법을 적용하여야 한다는 입장을 취하고 있다(대법원 2008. 9. 11. 선고 2006다50338 판결).

5. 사안에의 적용

사안에서 염화칼슘으로 인한 지하수오염피해는 환경정책기본법의 해석상 환경오염피해가 분명하다. 乙 경마공원은 경마주로를 우수가 지하로 침투하기 어렵게 최신방지시설로 설계하였다는 점 등을 들어 과실이 없다고 주장할 여지가 있는 바, 甲은 환경정책기본법 제44조 무과실책임 규정의 적용을 주장함으로써, 乙 경마공원의 고의 · 과실을 입증하지 않아도 될 것이다.

Ⅲ. 위법성

1. 수인한도론

무과실책임 규정이 적용되는 경우에도 배상책임을 인정하기 위해서는 수인한도론에 입각한 위법성이 요구되는지 여부에 대하여 부정하는 견해도 있으나, 환경정책기본법 제44조는 원인자의 무과실책임만을 규정하고 있을 뿐 위법성 판단에 대하여는 이를 면제하는 것으로 볼 수 없으며, 위 무과실책임은 민법상의 일반불법행위의 특별관계에 있다는 점에서 위법성의 판단기준인 수인한도론에 입각한 검토가 필요하다. 판례는 환경침해를 원인으로 한 불법행위 손해배상청구 사안에서 무과실책임 규정 적용 여부와 관련 없이 "사회통념상 수인한도를 넘은 경우에는 위법행위로 평가될 수"있다고 판시하여 위법성 판단에 수인한도를 적용하고 있다(대법원 2001. 2. 9. 선고 99다55434 판결).

2. 판단기준

판례는 피해가 사회통념상 수인한도를 넘었는지 여부는 피해의 정도, 피해이익의 성질 및 그에 대한 사회적 평가, 가해행위의 성질 및 공공성, 지역성, 토지이용의 선후관계, 가해방지 및 피해회피의 가능성, 공법적 규제의 위반 여부, 교섭경과 등 모든 사정을 종합적으로 고려하여 판단하여야 한다고 판시한다.

3. 사안에의 적용

염화칼슘 살포행위가 법으로 금지되지 아니한 행위라는 점, 겨울철에 한시적으로 살포가 이루어 진 점 등을 고려하더라도 염소농도가 농업용수 수질기준 미만이지만 화훼류 수질기준을 초과하고 있는 점, 甲이 입은 피해가 화훼고사로서 피해의 정도가 크다고 할 수 있는 점 등을 종합적으로 고려하였을 때 甲이 입은 손해는 수인한도를 넘는 것이어서 그 위법성이 인정된다고 봄이 상당하다.

Ⅳ. 인과관계

1. 인과관계 입증의 어려움

乙 경마공원이 염분지하수가 피해농가가 사용하는 관정에까지 도달하였는지 증명되지 않았다는 등 주장은 인과관계 인정 여부에 대한 다툼으로 원칙적으로 원고인 甲이 乙 경마공원의 가해행위와 자신의 손해 사이에 인과관계가 있다는 점을 입증하여야 한다. 증인, 전문가 의견, 현지조사, 감정, 관련 문헌 조사, 재현 실험결과, 양 당사자의 진술 등을 종합하여 인과관계 여부를 입증할 수는 있겠으나, 이러한 인과관계를 자연과학적으로 증명하는 것은 극히 곤란하거나 불가능한 경우가 많고 환경오염의 피해자에게 인과관계의 입증 책임을 전적으로 부여한다면 결국 구제 기회는 없는 것과 다름없어 사회 형평의 관념에 적합하다고 볼 수 없다.

2. 개연성이론

판례는 환경피해에 따른 손해배상책임 사안에 있어서 개연성이론을 적용함으로써 입증책임을 완화하고 있다. 이에 따르면 피해자가 ① 오염물질이 배출되었다는 점, ② 오염물질이 피해자에게 도달하였다는 점, ③ 피해가 발생하였다는 점을 입증하면, 가해자가 반증으로서 ① 배출물질에 피해 원인물질이 포함되지 않았다는 점, ② 원인물질이 포함되었다하더라도 안전농도 범위 내라는 점을 입증하거나, 간접반증으로서 피해에 전적으로 다른 원인이 작용하였다는 점을 입증하지 않는 한 인과관계가 증명된 것으로 본다.

3. 사안에의 적용

乙 경마공원이 염화칼슘을 살포한 사실, 염화칼슘이 지하로 침투하여 화훼농가에 도달한 사실, 화훼고사가 발생한 사실은 쉽게 입증될 수 있을 것으로 보인다. 그렇다면 乙 경마공원측이 염화칼슘이 지하로 침투할 가능성이 없다거나 염소농도가 안전농도 범

위 내라는 점 또는 피해가 전적으로 다른 원인에 의한 것이라는 점 등을 입증하지 못하는 한 인과관계는 인정된다.

Ⅴ. 결 론

사안에서 환경정책기본법 제44조의 무과실책임의 구체적 효력이 인정된다면 乙 경마공원의 귀책사유와 무관하게 甲의 손해배상청구는 받아들여질 것으로 보인다. 乙 경마공원이 살포한 염화칼슘의 농도가 화훼류 수질기준을 초과하고 있는 점은 수인한도 판단의 중요한 요소에 해당하며, 다른 요소들과 종합하여 위법성 역시 쉽게 인정될 것으로 보인다. 인과관계가 소송의 승패를 가를 것으로 보이는바, 甲은 개연성이론에 따라 인과관계를 인정받을 수 있을 것이다. 그러나 이 과정에서 입증하는 데 큰 어려움은 없어 보인다. 사안에서는 乙 경마공원이 살포한 염화칼슘이 화훼농가에 도달사실에 대한 입증 여하가 승패의 관건이 될 전망이다.

문 2. 관할관청은 경마주로 주변 하천의 수질오염을 방지하기 위하여 어떠한 행정조치를 취할 수 있는지를 물환경보전법에 따라 검토하시오.

Ⅰ. 문제의 소재

경마주로에서 주변 하천으로 유입되는 오염의 경우 일정한 배출지점이 없는, 이른바 비점오염원이라 할 수 있다. 이에 '물환경보전법'상 비점오염원을 규제하기 위한 수단에 대한 검토가 필요하다.

Ⅱ. 염화칼슘의 성격: 비점오염원

비점오염원은 도시 · 농지 · 산지 · 도로 · 공사장 등에서 불특정하게 오염물질을 발생시키는 장소 또는 지역을 의미한다. 주요 원인물질로는 농지에 살포된 비료 및 농약, 토양침식물, 축사유출물, 교통오염물질, 도시지역의 먼지와 쓰레기, 자연동 · 식물의 잔여물, 대기오염물질의 강하물 등이 있다. 사안의 경마주로에 살포되는 염화칼슘은 배출시설 등 점오염원에서 배출되는 오염물질이 아니라 배출구를 특정할 수 없는 형태로 발생하고, 지표면에 퇴적되어 있다가 강우 시 하천과 호소로 유입되어 하천생태계를 파괴시키고 수질을 오염시키는 특성을 보이고 있기 때문에 비점오염원이라고 할 수 있다.

Ⅲ. 행정조치

1. 종합대책의 수립

환경부장관은 비점오염원의 종합적인 관리를 위하여 비점오염원 관리 종합대책을 관계 중앙행정기관의 장 및 시 · 도지사와 협의하여 5년마다 수립하여야 한다(제53조의 3 제1항).

2. 관리지역의 지정

환경부장관은 상류지역의 오염물질로부터 유출되는 강우유출수로 인하여 위 하천 및 주민의 건강 · 재산이나 자연생태계에 중대한 위해가 발생하거나 발생할 우려가 있는 지역에 대하여 관할 시 · 도지사와 협의하여 비점오염원관리지역으로 지정할 수 있다(제54조 제1항).

3. 관리대책의 수립

환경부장관은 관리지역을 지정 · 고시하였을 때에는 관리목표, 관리대상 수질오염물질의 종류 및 발생량, 관리대상 수질오염물질의 발생 예방 및 저감방안, 그 밖에 관리지역을 적정하게 관리하기 위하여 비점오염원관리대책을 관계 중앙행정기관의 장 및 시 · 도지사와 협의하여 수립하여야 한다(제55조 제1항).

4. 시행계획의 수립

시 · 도지사는 환경부장관으로부터 관리대책의 통보를 받았을 때에는 관리지역의 개발현황 및 개발계획 등의 사항이 포함된 관리대책의 시행을 위한 계획(시행계획)을 수립하여 환경부장관의 승인을 얻어 시행하여야 한다(제56조 제1항).

5. 비점오염원 설치신고

한편, 동법 제53조에서는 다음에 해당하는 자는 환경부장관에게 신고하여야 하도록 하고 있다: ① 대통령령으로 정하는 규모 이상의 도시의 개발, 산업단지의 조성 그 밖에 비점오염원에 의한 오염을 유발하는 사업으로서 대통령령으로 정하는 사업을 하려는 자; ② 대통령령으로 정하는 규모 이상의 사업장에 제철시설, 섬유염색시설, 그 밖에 대통령령으로 정하는 폐수배출시설을 설치하는 자; ③ 사업이 재개되거나 사업장이 증설되는 등 대통령령으로 정하는 경우가 발생하여 ① 또는 ②에 해당되는 자(제53조 제1항). 그러나 사안의 경우 乙 경마공원이 여기의 일정한 자에 해당되지 않기 때문에 동조항이 적용되지 않는다.

Ⅳ. 배출 등의 금지

물환경보전법에서는 누구든지 정당한 사유 없이 공공수역에 특정수질유해물질 등을 누출 · 유출하거나 버리는 행위를 하여서는 아니 된다고 규정하고 있다(제15조 제1항 제1호). 이를 위반한 자에 대하여는 벌칙이 부과된다(제77조). 여기에서 乙 경마공원의 염화칼슘 살포행위를 위 조항 소정의 누출 또는 유출행위로 볼 수 있는지 문제가 될 수 있다. 이 조항은 제15조의 조문, 이를 위반한 경우에 벌칙이 부과되는 점 등을 고려할 때 특정수질유해물질을 직접 누출 · 유출하는 행위를 규제하는 것으로 이해하는 것이 합리적이라고 할 것이다. 사안과 같이 특정수질유해물질인 구리를 용출시키는 간접물질을 누출 또는 유출한 경우에는 여기에 해당하지 않는다고 보아야 한다(이와 관련해서는 반대견해가 있을 수 있음).

Ⅴ. 결 론

결국 관할관청인 환경부장관이 취할 수 있는 조치는 종합대책의 수립, 관리지역의 지정이다. 그러나 현실적으로 관리지역 지정이 극히 저조한 상태에서 이러한 사안에서 실제 관리지역이 지정될지는 의문이다. 한편, 시 · 도지사가 취할 수 있는 조치는 시행계획의 수립이다.

56

폐기물의 개념

사 례

甲이 소유·운영하는 비료 생산공장에서 원료로서 보관 중인 액체비료에 빗물이 들어차 아미노산발효부산비료 및 침출수 등이 공장 인근의 농경지로 흘러들어 토양을 오염시켰다. 乙은 위 공장 부지에 아파트를 건축할 목적으로 이러한 사실을 알고 甲으로부터 매수하였는데, 이러한 점을 고려하여 매매대금은 시가의 50% 정도로 하였다. 乙은 건축허가를 받을 때까지만 공장 가동을 하기로 하였는데, 그 과정에서 액체비료가 야적, 방치되었다. 환경부장관은 乙에게 빗물 등이 들어올 수 없도록 차단시설 등을 설치할 것을 명하는 처분을 내렸다. 이러한 처분에 대하여 乙은 위 액체비료가 폐기물이 아니라고 하면서 그 처분이 부당하다고 이의를 제기하였다. 토양정밀조사의 결과 토양오염우려기준을 초과하는 카드뮴, 수은 등이 검출되었다. 이에 환경부장관은 토양환경보전법상의 정화책임 규정을 근거로 甲 또는 乙에게 정화조치책임을 지울 것을 검토하고 있다. 이러한 사안에서 다음의 질문에 답하시오.

문 1. 위 액체비료가 폐기물인지 여부를 살피면서 차단시설 등의 설치처분의 당부를 논하라.

문 2. 甲 또는 乙이 정화조치책임을 지는지 여부를 그 이유를 들어 답하시오.

해 설

문 1. 위 액체비료가 폐기물인지 여부를 살피면서 차단시설 등의 설치처분의 당부를 논하라.

I. 문제의 소재

사안의 액체비료가 폐기물에 해당하는지 여부에 따라 폐기물관리법상 조치명령(제48조)의 일환인 설치처분의 타당성 여부가 결정될 것이다.

Ⅱ. 폐기물이란?

1. 폐기물의 표지: '필요성'

폐기물관리법은 '폐기물'을 "쓰레기 · 연소재 · 오니 · 폐유 · 폐산 · 폐알카리 · 동물의 사체 등으로서 사람의 생활이나 사업활동에 필요하지 아니하게 된 물질"로 정의하고 있다(제2조 제1호). 이와 같이 동법은 폐기물의 표지로 '필요성'을 제시하고 있는데, 문제는 생활이나 사업활동에 필요하지 않다는 것을 어떻게 판단할 것인가이다. 판례는 배출자의 주관적 의사와 물건의 객관적 성상 등을 함께 고려하고 있다.

2. 판 례

판례는 사안과 같이 액체비료가 유출된 사안에서 "액체비료가 본래 위 공장의 원료로서 보관하던 것이라 하더라도 그것이 일단 저장탱크로부터 유출되어 더 이상 위 생산 목적에 사용하기 어렵게 된 이상은 사람의 생활이나 사업활동에 필요하지 아니하게 된 물질로서 폐기물에 해당한다고 보아야 할 것이다"고 판시한 바 있다(대법원 2009. 1. 30. 선고 2008도8971 판결).

3. 사안에의 적용

위 판례에 따를 경우 문제의 액체비료는 '사람의 생활이나 사업활동에 필요하지 아니하게 된 물질'로서 폐기물에 해당한다고 보아야 할 것이다.

Ⅲ. 조치명령

1. 요 건

환경부장관, 시 · 도지사 또는 시장 · 군수 · 구청장은 부적정처리폐기물(제13조에 따른 폐기물의 처리 기준과 방법 또는 제13조의2에 따른 폐기물의 재활용 원칙 및 준수사항에 맞지 아니하게 처리되거나 제8조 제1항 또는 제2항을 위반하여 버려지거나 매립되는 폐기물을 말함)이 발생하면 조치명령대상자에게 기간을 정하여 폐기물의 처리방법 변경, 폐기물의 처리 또는 반입 정지 등 필요한 조치를 명할 수 있다(제48조).

2. 대상자

조치명령의 대상자는 부적정처리폐기물을 발생시킨 자, 부적정처리폐기물의 처리를 위탁한 사업장폐기물배출자, 부적정처리폐기물을 직접 처리하거나 다른 사람에게 자기 소유의 토지 사용을 허용한 경우 부적정처리폐기물이 버려지거나 매립된 토지의 소유자 등이다.

3. 조치 내용

조치명령의 내용으로 동법은 처리방법 변경, 폐기물의 처리 또는 반입정지 등을 예시하고 있으나, 예시한 방법 외에도 필요한 조치에는 폐기물처리시설의 개선 등 방지조치, 불법처리된 폐기물의 제거 등 시정과 오염된 지하수·지표수 또는 토양의 정화조치 등이 광범위하게 포함된다 할 것이다.

4. 사안에의 적용

동법은 조치명령을 내릴 수 있는 경우의 하나로 폐기물이 "제8조 제1항 또는 제2항을 위반하여 버려지거나 매립되는 경우"를 들고 있다. 사안에서 乙이 폐기물인 액체비료를 야적, 방치한 행위는 제8조 제1항을 위반하였으므로 환경부장관은 부적정처리폐기물을 발생시킨 자인 乙에게 조치명령을 내릴 수 있다. 환경부장관이 乙에게 차단시설을 설치할 것을 명한 것은 이러한 조치명령의 내용에 포함된다.

Ⅳ. 결 론

사안의 액체비료는 유출된 이상, 사업활동에 필요하지 아니하게 된 물질이므로 폐기물로 봄이 타당하고, 乙은 제48조 제1항 제1호에 의하여 조치명령의 대상자가 된다 할 것이므로 환경부장관의 차단시설 등의 설치를 명한 처분은 타당하다.

문 2. 甲 또는 乙이 정화조치책임을 지는지 여부를 그 이유를 들어 답하시오.

Ⅰ. 문제의 소재

사안에서 甲 또는 乙이 정화조치책임을 지는지 여부는 토양환경보전법 제10조의4에서 정하고 있는 정화책임자의 범위에 의하여 결정될 것이므로 이에 대한 검토가 필요하다.

Ⅱ. 정화책임자

1. 근거 규정

토양환경보전법은 제10조의4 제1항에서 다음의 어느 하나에 해당하는 자를 정화책임자로 정하고 있다: ① 토양오염물질의 누출 · 유출 · 투기(投棄) · 방치 또는 그 밖의 행위로 토양오염을 발생시킨 자; ② 토양오염의 발생 당시 토양오염의 원인이 된 토양오염관리대상시설의 소유자 · 점유자 또는 운영자; ③ 합병 · 상속이나 그 밖의 사유로 제1호 및 제2호에 해당되는 자의 권리 · 의무를 포괄적으로 승계한 자; ④ 토양오염이 발생한 토지를 소유하고 있었거나 현재 소유 또는 점유하고 있는 자.

2. 사안에의 적용

동항 제1호에서는 "토양오염물질의 누출 · 유출 · 투기(投棄) · 방치 또는 그 밖의 행위로 토양오염을 발생시킨 자"를, 제2호에서는 "토양오염의 발생 당시 토양오염의 원인이 된 토양오염관리대상시설의 소유자 · 점유자 또는 운영자" 정화책임자로 특정하고 있는바, 甲, 乙은 액체비료를 유출하였고, 토양오염관리대상시설인 비료생산공장을 운영하고 있었는바, 위 조항들에 의하여 정화조치책임을 진다고 할 것이다.

Ⅲ. 결 론

甲과 乙은 제10조의4 제1항에 의하여 정화책임자가 되므로 환경부장관은 甲, 乙 모두에게 정화조치를 명할 수 있다.

참조판례

대법원 2009. 1. 30. 선고 2008도8971 판결

※ 주의사항

폐기물관리법상 조치명령의 대상이 되기 위해서는 대상 물질이 폐기물에 해당되어야 함.

57

폐기물의 속성이 상실되는 시점

사 례

甲은 건설공사 등으로 발생한 나무뿌리와 가지를 사업장 앞마당에 적치하였다. 위 공사를 하면서 발생된 나무뿌리 등은 6톤 정도에 이르렀는데, 특별한 차단막이 없이 비에 그대로 노출되었다. 그 결과 일부는 썩고, 침출수(沈出水)가 유출되었다. 또한 곤충이 발생하고 악취가 발생하면서 급기야 인근 주민으로부터 민원이 제기되었다. 이에 도지사 乙은 주변 지역의 오염사실을 확인하고 그에 상응하는 조치를 취하고자 하고 있다. 甲은 나무뿌리와 가지를 제거한 줄기 부분이 목재성형제품 등을 만드는 원료로 제공된다면서 위 조치에 반발하고 있다. 이러한 사안에서 다음의 질문에 답하시오.

문 1. 나무뿌리와 가지가 사업장폐기물에 해당하는가?
문 2. 도지사 乙이 폐기물관리법에 기해 취할 수 있는 조치에는 어떠한 것이 있는가?

해 설

문 1. 나무뿌리와 가지가 사업장폐기물에 해당하는가?

I. 문제의 소재

사업장폐기물에 해당하기 위해서는 우선 폐기물에 해당하여야 한다. 폐기물관리법은 폐기물의 표지로 '필요성'을 제시하고 있는바, 사안의 나무뿌리와 가지가 '필요성' 요건을 충족하는지가 문제된다.

Ⅱ. 폐기물의 개념

1. 폐기물의 표지: '필요성'

폐기물관리법은 '폐기물'을 "쓰레기 · 연소재 · 오니 · 폐유 · 폐산 · 폐알카리 · 동물의 사체 등으로서 사람의 생활이나 사업활동에 필요하지 아니하게 된 물질"로 정의하고 있다(제2조 제1호). 이와 같이 동법은 폐기물의 표지로 '필요성'을 제시하고 있는데, 문제는 생활이나 사업활동에 필요하지 않다는 것을 어떻게 판단할 것인가이다. 판례는 배출자의 주관적 의사와 물건의 객관적 성상 등을 함께 고려하고 있다.

2. 판　　례

사안과 같이 제품의 생산과정에서 부수적으로 발생한 물질 또는 폐기된 물질이 타 공정의 원료로 이용될 수 있는 경우 이를 폐기물로 보아야 할 것인지가 문제될 수 있다. 법원은 당해 사업장에서 폐기된 물질이 재활용 원료로 공급된다는 사정만으로 폐기물의 성질을 상실한다고 볼 것은 아니라고 판단하고 있다. 또한 폐기물을 재활용하는 경우 폐기물의 속성이 상실되는 시점으로 객관적으로 사람의 생활이나 사업활동에 필요하다고 사회통념상 승인될 정도에 이른 시점을 제시하고 있다.

3. 사업장폐기물이란?

폐기물관리법은 발생원을 기준으로 폐기물을 생활폐기물과 사업장폐기물로 구분하고 그 관리체계를 달리하고 있다. '사업장폐기물'이라 함은 오염물질배출시설을 설치 · 운영하는 사업장, 폐수종말처리시설을 설치 · 운영하는 사업장, 공공하수처리시설을 설치 · 운영하는 사업장, 분뇨처리시설을 설치 · 운영하는 사업장, 가축분뇨공공처리시설을 설치 · 운영하는 사업장, 폐기물처리시설을 설치 · 운영하는 사업장, 지정폐기물을 배출하는 사업장, 폐기물을 1일 평균 300㎏ 이상 배출하는 사업장, 건설산업기본법 제2조 제4호에 따른 건설공사로 폐기물을 5톤 이상(공사를 착공한 때부터 마칠 때까지 발생되는 폐기물 양을 말함) 배출하는 사업장, 일련의 공사 또는 작업으로 폐기물을 5톤 이상 배출하는 사업장에서 발생되는 폐기물을 말한다(제2조 제3호, 시행령 제2조).

4. 사안에의 적용

자연환경 및 생활환경에 중대한 영향을 미칠 우려가 있는 폐기물의 배출을 엄격히 규제하여 환경보전과 국민생활의 질적 향상을 도모하려는 폐기물관리법의 취지에 비추어 보면, 해당 사업장에서 배출되는 쓰레기, 연소재, 임목폐기물 등의 물질이 해당 사업장의 사업활동에 필요하지 않게 된 이상 그 물질은 폐기물로 보아야 하며, 해당 사업장에서 폐기된 물질이 재활용 원료로 공급된다고 해서 폐기물로서의 성질을 상실하는 것은 아니라 할 것이므로 건설공사 등으로 발생한 나무뿌리와 가지를 제거한 나무줄기 부분이 해당 사업장의 사업활동에 필요하지 않게 된 것이라면 폐기물에 해당한다고 볼 수밖에 없으며, 비록 나무뿌리와 가지를 제거한 줄기 부분만이 목재성형제품 등을 만드는 원료로 제공된다는 사실만으로 폐기물로서의 성질을 상실하는 것은 아니라 할 것이다. 한편, 사안의 경우 건설공사로 폐기물을 6톤 정도 발생함으로써 "5톤 이상 배출하는 사업장에서 발생되는 폐기물" 요건을 충족하므로 해당 폐기물은 사업장폐기물이라 할 것이다.

문 2. 도지사 乙이 폐기물관리법에 기해 취할 수 있는 조치에는 어떠한 것이 있는가?

I. 문제의 소재

사안의 나무뿌리와 가지는 폐기물관리법상의 사업장폐기물에 해당하는바, 그 처리를 위하여 도지사가 어떠한 명령을 할 수 있는지가 문제된다.

Ⅱ. 조치명령

1. 요 건

환경부장관, 시 · 도지사 또는 시장 · 군수 · 구청장은 부적정처리폐기물(제13조에 따른 폐기물의 처리 기준과 방법 또는 제13조의2에 따른 폐기물의 재활용 원칙 및 준수사항에 맞지 아니하게 처리되거나 제8조 제1항 또는 제2항을 위반하여 버려지거나 매립되는 폐기물을 말함)이 발생하면 조치명령대상자에게 기간을 정하여 폐기물의 처리방법 변경, 폐기물의 처리 또는 반입 정지 등 필요한 조치를 명할 수 있다(제48조).

2. 대상자

조치명령의 대상자는 부적정처리폐기물을 발생시킨 자, 부적정처리폐기물의 처리를 위탁한 사업장폐기물배출자, 부적정처리폐기물을 직접 처리하거나 다른 사람에게 자기 소유의 토지 사용을 허용한 경우 부적정처리폐기물이 버려지거나 매립된 토지의 소유자 등이다.

3. 사안에의 적용

사안의 나무뿌리와 가지들은 제13조에 따른 폐기물의 처리 기준과 방법(시행령 제7조 제2호) 또는 제8조 제1항, 제2항을 위반하여 버려진 것이므로, 도지사 乙은 제48조에 따라 甲에 대하여 위 폐기물의 처리방법 변경, 폐기물의 처리 또는 반입 정지 등 필요한 조치를 명할 수 있을 것이다.

Ⅲ. 과징금 등

제48조에 따른 조치명령의 실효성을 확보한다는 차원에서 동법은 환경부장관 등으로 하여금 조치명령대상자가 폐기물을 부적정하게 처리함으로써 얻은 부적정처리이익의 3배 이하에 해당하는 금액과 폐기물의 제거 및 원상회복에 드는 비용을 과징금으로 부과할 수 있도록 하고 있다(제48조의5). 또한 동법은 환경부장관, 시 · 도지사 또는 시장, 군수, 구청장(대집행기관)으로 하여금 부적정처리폐기물을 발생시킨 자 등이 제48조에 따른 조치명령을 이행하지 아니하면 행정대집행법에 따라 대집행을 하고 그 비용을 조치명령을 받은 자로부터 징수할 수 있도록 하고 있다(제49조).

Ⅳ. 결 론

사안의 나무뿌리와 가지들은 사업장 폐기물에 해당한다고 할 것이므로 乙 도지사는 부적정처리폐기물을 발생시킨 자인 甲에 대하여 제48조에 근거한 조치명령을 내릴 수 있을 것이다. 나아가 경우에 따라 과징금 부과, 대집행 등을 할 수 있다.

참조판례

대법원 2002. 12. 26. 선고 2002도3116 판결

58

폐토사의 성질과 형사책임

사 례

A사는 비철금속의 제련, 제조공장에서 발생된 사업장폐기물을 소각한 후 자신의 토지인 서울시 소재 X토지에 매립하였다. 관할 행정청인 서울시는 A사에 대하여 X토지에 대한 토양정밀조사를 명하였고, 이에 A사는 전문기관에 토양정밀조사를 의뢰하였는데, 그 조사 결과 X토지에서 채취한 시료 전체에서 토양오염우려기준을 초과하는 각종 유해물질이 검출되었다. A사의 관리부장인 乙은 철거·토목 공사를 전문으로 하는 B사와 사이에 X토지의 사업장폐기물처리공사에 관한 도급계약을 체결하였다. 그 후 B사의 대표이사인 丙은 토양정화업자가 아닌 그러나 지정폐기물처리업 허가를 받은 C사, 건설폐기물처리업 허가를 받은 D사와 사이에 폐기물처리 도급계약을 체결하고, B사 소속 인부들과 보유 포크레인 등 중장비를 동원하여 X토지에 있는 폐토사 8,700톤가량을 굴착하고, 육안으로 볼 때 그 색상이 검은 것은 지정폐기물로, 조금 양호한 것을 건설폐기물로 분류한 다음 지정폐기물로 분류된 2,900톤은 공사현장의 차량이 진입할 수 있는 장소에 옮겼다가 C사에서 보낸 차량에, 나머지 5,800톤은 D사에서 보낸 차량에 각 직접 상차하였다. 이러한 사안에서 다음의 질문에 답하시오.

문 1. 서울시가 A사와 B사에 대하여 폐기물관리법 또는 토양환경보전법에 기초하여 어떠한 조치를 취할 수 있는지 법적 근거를 들어 답하시오.

문 2. A사와 乙, B사와 丙이 폐기물관리법 또는 토양환경보전법상 어떠한 범죄에 해당하는지 검토하시오.

해 설

문 1. 서울시가 A사와 B사에 대하여 폐기물관리법 또는 토양환경보전법에 기초하여 어떠한 조치를 취할 수 있는지 법적 근거를 들어 답하시오.

I. 문제의 소재

사안의 경우 먼저 폐토사(오염토양)가 폐기물인지 여부를 판단하고, 그에 따라 적용되는 법에 따른 서울시의 조치를 검토하여야 한다.

Ⅱ. 오염토양의 폐기물성

판례는 "토양은 폐기물 기타 오염물질에 의하여 오염될 수 있는 대상일 뿐 오염토양이라 하여 동산으로서 '물질'인 폐기물에 해당한다고 할 수 없고, 나아가 오염토양은 법령상 절차에 따른 정화 대상이 될 뿐 법령상 금지되거나 그와 배치되는 개념인 투기나 폐기 대상이 된다고 할 수 없다"고 판시하고 있다(대법원 2011. 5. 26. 선고 2008도2907 판결). 이러한 판례의 입장에 따를 경우 오염토양 자체의 규율에 관하여는 폐기물관리법에서 처리를 위한 별도의 근거 규정을 두고 있지 아니한 이상 폐기물관리법의 규정은 성질상 적용될 수 없다. 따라서 A는 폐기물관리법상 아무런 책임도 지지 아니하며, 토양환경보전법상의 책임이 문제될 수 있다.

Ⅲ. 토양환경보전법상 책임

1. 정화책임자

토양환경보전법은 '정화책임자'가 제11조 제3항, 제14조 제1항, 제15조 제1항 · 제3항 또는 제19조 제1항에 따라 토양정밀조사, 오염토양의 정화 또는 오염토양 개선사업의 실시(토양정화 등)를 하여야 한다면서 다음의 어느 하나에 해당하는 자를 정화책임자로 정하고 있다: ① 토양오염물질의 누출 · 유출 · 투기(投棄) · 방치 또는 그 밖의 행위로 토양오염을 발생시킨 자; ② 토양오염의 발생 당시 토양오염의 원인이 된 토양오염관리대상시설의 소유자 · 점유자 또는 운영자; ③ 합병 · 상속이나 그 밖의 사유로 제1호 및 제2호에 해당되는 자의 권리 · 의무를 포괄적으로 승계한 자; ④ 토양오염이 발생한 토지를 소유하고 있었거나 현재 소유 또는 점유하고 있는 자(제10조의4 제1항).

2. 사안에의 적용

(1) A사

사안의 A사는 비철금속의 제련, 제조공장에서 발생한 사업장폐기물을 소각한 후 자신의 토지인 X토지에 매립하였으므로, 토양오염물질의 투기로 토양오염을 발생시킨 자에 해당하여 제1호의 행위책임을 질 것이다.

(2) B사

사안의 B사는 A사와 사이에 위 X토지의 사업장폐기물의 처리공사에 관한 도급계약을 체결한 자로서 이를 운반한 자에 불과하므로 위 규정상 어디에도 해당되는 자가 아니므로 정화책임자로는 볼 수 없다고 봄이 타당하다(명시적 규정이 없어 논란이 있을 수 있음).

Ⅳ. 결　　론

따라서 서울시는 토양환경보전법에 따라 A사에 대해 정화조치명령을 할 수 있다.

문 2. A사와 乙, B사와 丙이 폐기물관리법 또는 토양환경보전법상 어떠한 범죄에 해당하는지 검토하시오.

Ⅰ. 문제의 소재

사안의 경우 A사와 乙, B사와 丙이 토양환경보전법상 어떠한 범죄에 해당하는지 검토가 요구된다.

Ⅱ. A사와 乙

법 제15조의4 제1호에서는 오염토양을 버리거나 매립하는 행위를 하여서는 아니된다고 규정하고 있는바, 사안의 A사는 사업장폐기물을 소각한 후 자신의 토지인 X토지에 매립하였으므로 이를 위반하였다고 할 수 있다. 또한 제15조의3 제2항에서는 오염토양은 토양정화업자에게 위탁하여 정화하여야 한다고 규정하고 있는바, 사안의 A사의 관리부장 乙은 토양정화업자가 아닌 철거, 토목 공사를 전문으로 하는 B사와 사이에 X토지의 사업장폐기물 처리에 관한 도급계약을 체결하여 위탁하였으므로 그 위반이 있다(제29조 제4호, 제15조의3 제2항).

한편, 제31조에서는 법인의 대표자나 법인 또는 개인의 대리인, 사용인, 그 밖의 종업원이 그 법인 또는 개인의 업무에 관하여 위 위반행위를 하면 그 행위자를 벌하는 외에 그 법인 또는 개인에게도 해당 조문의 벌금형을 과한다. 따라서 A사의 관리부장 乙이 법인의 대표자로 인정되어 위 양벌규정 또한 적용될 수 있다.

Ⅲ. B사와 丙

법 제23조의7 제1항에서는 토양정화업을 하려는 자는 대통령령으로 정하는 바에 따라 시설, 장비 및 기술인력 등을 갖추어 시 · 도지사에게 등록하여야 한다고 규정하고 있다. 사안의 丙은 토양정화업의 등록을 하지 않은 채 이를 영위하였으므로 위 규정의 위반이 된다.

한편, 제31조에서는 법인의 대표자나 법인 또는 개인의 대리인, 사용인, 그 밖의 종업원이 그 법인 또는 개인의 업무에 관하여 위 위반행위를 하면 그 행위자를 벌하는 외에 그 법인 또는 개인에게도 해당 조문의 벌금형을 과한다. 사안의 丙은 B사의 대표이사이므로 위 양벌규정이 적용되어 그 법인인 B사 또한 벌금형이 과해질 수 있다.

Ⅳ. 폐기물이라고 할 경우 책임

1. 폐기물로 볼 수 있는지 여부

판례는 횡배수관 관로준설공사를 시행한 후 발생하는 토사가 폐기물에 해당하고, 피고인들이 설령 유실된 고속도로의 법면 보수공사에 사용하려 하였다 하더라도 폐기물로서의 성질을 상실하지 않는다고 판시한 바 있다(대법원 2011. 5. 11. 선고 2008도2907 판결). 이에 따르면 사안의 폐토사는 폐기물로 볼 수 있는 여지가 있다. 폐기물로 볼 경우 폐기물관리법에 따른 서울시의 조치를 검토하여야 한다.

2. 폐기물관리법 제8조 위반

폐기물관리법 제8조에서는 누구든지 시설의 관리자가 폐기물의 수집을 위하여 마련한 장소나 설비 외의 장소에 폐기물을 버려서는 안된다고 규정하고 있는바, 사안의 경우 당사자 모두 이를 위반한 것으로 볼 수 있다.

3. 폐기물관리법 제13조 위반

폐기물관리법 제13조에서는 누구든지 폐기물을 처리하려는 자는 대통령령으로 정하는 기준과 방법을 따라야 한다고 규정하고, 동법 시행령 제7조에서 그 기준을 두고 있는바, 사안의 당사자 모두 무단투기, 처리함으로서 이를 위반하였다고 볼 수 있다.

V. 결 론

따라서 사안의 경우 문제의 폐토사를 폐기물로 볼 것인지, 오염토양으로 볼 것인지에 따라 근거 법규가 폐기물관리법 또는 토양환경보전법으로 달라지지만(최근 판례에 따르면 토양환경보전법으로 의율될 가능성이 많음) 어느 쪽으로 보든 A사와 乙, B사와 丙는 모두 위반 사실이 있다고 판단된다.

참조판례

대한전선 사건: 대법원 2011. 5. 26. 선고 2008도2907 판결(판례 [29])

59

폐기물과 조치명령

(2013년도 제2회 변호사시험)

사 례

甲은 2012. 3. 자신의 사업장에서 배출되는 오니를 포함한 공정잔해물(이하 '오니 등'이라 한다)을 폐기물 중간재활용업을 하고 있는 乙에게 처리를 위탁하였다. 乙은 수거해 온 오니 등의 일부를 1년 전 자신에게 토지사용을 승낙한 바 있는 丙이 소유하고 있는 토지 위에 적치하였고, 나머지 오니 등은 2012. 5.부터 파쇄, 선별, 풍화, 혼합 및 숙성의 방법으로 가공하여 A라는 물질을 만들어 판매해 오고 있다. A물질은 재생벽돌 및 도로포장재 등의 제품을 만드는 원료로 사용되고 있다. A물질은 한 동안 수요가 증가하였으나 더 값싼 대체물질이 개발되자 수요가 감소하였고, 乙은 판매하지 못하고 남아 있던 A물질을 자신의 사업장에 노상적치하여 놓았다. 그런데 乙사업장 부지 주변에서 악취가 발생하고 있다는 인근 주민의 민원이 제기되자 관할 행정청에서는 원인조사에 들어갔다. 관할 행정청은 악취의 원인이 노상적치되어 있는 A물질이 흩날리거나 노출되는 과정에서 발생하는 것이라는 사실을 알게 되었다. 이에 일정한 조치를 강구하고 있다. 한편, 2012. 9. 근저당권이 설정되어 있던 甲 소유의 사업장과 부속건물 등에 대하여 일괄 경매가 실시되었고, 丁이 이를 경락받아 소유권을 취득하였다. 그런데 甲의 사업장 지상에는 2012. 3.부터 오니 등이 처리되지 않고 적치되어 있었다. 이에 관할 행정청은 丁에게 지상에 적치되어 있는 오니 등을 일정한 기간을 정하여 처리할 것을 명령하였다.

문 1. 관할 행정청은 乙이 A물질을 폐기물관리법상의 처리기준에 반하여 보관하고 있다는 이유로 고발하였고, 검찰은 乙을 폐기물관리법 위반으로 기소하였다. 이에 乙은 동법을 위반하지 않았다고 주장하고 있다. 乙 주장의 당부에 대하여 검토하시오.

문 2. 丙의 토지에 폐기물처리기준에 반하여 오랜 기간 적치되어 있는 오니 등으로 인하여 주변 환경이 심각하게 오염되고 있다. 관할 행정청은 환경오염정화를 위하여 신속하게 오니 등을 처리하기 위한 조치를 강구하고 있다. 관할 행정청이 어떠한 조치 등을 취할 수 있는지 폐기물관리법에 근거하여 검토하시오.

문 3. 관할 행정청이 경락받은 사업장에 적치되어 있는 오니 등을 처리할 것을 丁에게 명령한 것이 적법한지와 丁이 甲에 대하여 오니 등을 수거하고 해당 부지를 인도하라는 소송상 청구의 인용가능성에 대하여 각각 검토하시오.

해 설

문 1. 관할 행정청은 乙이 A물질을 폐기물관리법상의 처리기준에 반하여 보관하고 있다는 이유로 고발하였고, 검찰은 乙을 폐기물관리법 위반으로 기소하였다. 이에 乙은 동법을 위반하지 않았다고 주장하고 있다. 乙 주장의 당부에 대하여 검토하시오.

I. 문제의 소재

사안에서 가공된 A물질이 폐기물관리법상 폐기물인지 여부에 따라 乙이 동법을 위반하였는지 여부가 결정된다. 따라서 가공된 A물질이 폐기물인지를 검토해야 한다.

Ⅱ. 폐기물의 개념

1. 폐기물의 표지: 필요성

폐기물관리법은 '폐기물'을 "쓰레기 · 연소재 · 오니 · 폐유 · 폐산 · 폐알카리 · 동물의 사체 등으로서 사람의 생활이나 사업활동에 필요하지 아니하게 된 물질"로 정의하고 있다(제2조 제1호). 이와 같이 동법은 폐기물의 표지로 '필요성'을 제시하고 있는데, 문제는 생활이나 사업활동에 필요하지 않다는 것을 어떻게 판단할 것인가이다. 판례는 배출자의 주관적 의사와 물건의 객관적 성상 등을 함께 고려하고 있다.

2. 관련 판례

법원은 당해 사업장에서 폐기된 물질이 재활용 원료로 공급된다는 사정만으로 폐기물의 성질을 상실한다고 볼 것은 아니라고 판단하고 있다(대법원 2001. 6. 1. 선고 2001도

70 판결). 한편, 판례는 "위와 같은 물질을 공급받은 자가 이를 파쇄, 선별, 풍화, 혼합 및 숙성의 방법으로 가공한 후 완제품을 생산하는 경우에 있어서는 그 물질을 공급받는 자의 의사, 그 물질의 성상 등에 비추어 아직 완제품에 이르지 아니하였다고 하더라도 위와 같은 가공과정을 거쳐 객관적으로 사람의 생활이나 사업활동에 필요하다고 사회통념상 승인될 정도에 이르렀다면 그 물질은 그 때부터는 폐기물로서의 속성을 잃고 완제품 생산을 위한 원료물질로 바뀌었다고 할 것이어서 그 물질을 가리켜 사업활동에 필요하지 아니하게 된 폐기된 물질, 즉 폐기물에 해당한다고 볼 수 없다"고 판시함으로써(대법원 2012. 4. 13. 선고 2010도16314 판결), 폐기물을 재활용하는 경우 폐기물의 속성이 상실되는 시점으로 객관적으로 사람의 생활이나 사업활동에 필요하다고 사회통념상 승인될 정도에 이른 시점을 제시하고 있다.

Ⅲ. 사안에의 적용

A물질은 재생벽돌 및 도로포장재 원료로서 보관하던 것이라고 하더라도 노상 적치하여 흩날리거나 노출되어 더 이상 사업활동에 필요하지 아니하게 되었으므로 폐기물에 해당하고 동법 제13조 제1항, 시행령 제7조 제1항 제2호의 처리 방법과 기준을 위반하였으므로 乙의 주장은 부당하다(A물질은 일련의 가공과정을 거쳐 객관적으로 사람의 생활이나 사업활동에 필요하다고 사회통념상 승인될 정도에 이르렀으므로 폐기물로서의 속성을 잃었다고 할 것이므로 폐기물에 해당하지 않는다는 견해도 있을 수 있음).

문 2. 丙의 토지에 폐기물처리기준에 반하여 오랜 기간 적치되어 있는 오니 등으로 인하여 주변 환경이 심각하게 오염되고 있다. 관할 행정청은 환경오염정화를 위하여 신속하게 오니 등을 처리하기 위한 조치를 강구하고 있다. 관할 행정청이 어떠한 조치 등을 취할 수 있는지 폐기물관리법에 근거하여 검토하시오.

I. 문제의 소재

폐기물관리법 제48조에 따른 조치명령의 대상자가 누구인지, 위 조항에 근거한 조치명령의 요건 및 그 내용을 검토하여야 한다.

Ⅱ. 조치명령

1. 요 건

환경부장관, 시·도지사 또는 시장·군수·구청장은 부적정처리폐기물(제13조에 따른 폐기물의 처리 기준과 방법 또는 제13조의2에 따른 폐기물의 재활용 원칙 및 준수사항에 맞지 아니하게 처리되거나 제8조 제1항 또는 제2항을 위반하여 버려지거나 매립되는 폐기물을 말함)이 발생하면 조치명령대상자에게 기간을 정하여 폐기물의 처리방법 변경, 폐기물의 처리 또는 반입 정지 등 필요한 조치를 명할 수 있다(제48조).

2. 대상자

조치명령의 대상자는 부적정처리폐기물을 발생시킨 자, 부적정처리폐기물의 처리를 위탁한 사업장폐기물배출자, 부적정처리폐기물을 직접 처리하거나 다른 사람에게 자기 소유의 토지 사용을 허용한 경우 부적정처리폐기물이 버려지거나 매립된 토지의 소유자 등이다.

3. 사안에의 적용

(1) 甲

부적정처리폐기물의 처리를 위탁한 사업장폐기물배출자는 제17조 제1항 제3호(제13조에 따른 폐기물의 처리 기준과 방법 또는 제13조의2에 따른 폐기물의 재활용 원칙 및 준수사항에 맞게 이루어지고 있는지를 확인하는 등 필요한 조치를 취하여야 할 의무) 또는 제18조의2 제3항(유해성 정보자료의 작성·제공 의무)에 따른 의무를 위반하거나 그 밖의 귀책사유가 있다고 인정되는 경우에만 조치명령의 대상이 된다(동조 제1항 제3호). 사안의 경우 분명치 않지만 폐기물의 처리 기준과 방법에 맞게 이루어지고 있는지를 확인하지 아니한 것으로 보이므로 조치명령의 대상자가 된다고 할 있다.

(2) 乙

시행령 제7조 제1항 제6호에 따르면 폐기물을 처분 또는 재활용하는 자가 폐기물을 보관하는 경우에는 그 폐기물 처분시설 또는 재활용시설과 같은 사업장에 있는 보관시설에 보관하여야 하는데, 乙은 이에 반하여 불법으로 오니 등을 적치하고 있으므로 제48조 제1항 제1호의 부적정처리폐기물을 발생시킨 자에 해당한다.

(3) 丙

丙은 乙에게 자기 소유의 토지 사용을 허용한 경우이므로 동항 제9호에 해당한다.

다만, 불법처리 사실을 알고 있었는가가 문제될 수 있는데 불법처리의 예방 및 조치명령의 실효성을 확보한다는 차원에서 다른 사람에게 폐기물의 투기 또는 매립을 허용하였는지 여부를 떠나 해당 토지소유자를 불법처리된 폐기물에 대한 조치명령의 대상자로 이해하여야 할 것이다.

Ⅲ. 조치명령의 내용

조치명령의 내용으로 동법은 처리방법 변경, 폐기물의 처리 또는 반입정지 등을 예시하고 있으나, 필요한 조치에는 폐기물처리시설의 개선 등 방지조치, 불법처리된 폐기물의 제거 등 시정과 오염된 지하수 · 지표수 또는 토양의 정화조치 등이 광범위하게 포함된다 할 것이다.

Ⅳ. 과징금

제48조에 따른 조치명령의 실효성을 확보한다는 차원에서 동법은 환경부장관 등으로 하여금 조치명령대상자가 폐기물을 부적정하게 처리함으로써 얻은 부적정처리이익의 3배 이하에 해당하는 금액과 폐기물의 제거 및 원상회복에 드는 비용을 과징금으로 부과할 수 있도록 하고 있다(제48조의5). 따라서 경우에 따라 환경부장관 등은 과징금 부과를 할 수 있다.

Ⅴ. 대집행

기본적으로 불법처리된 폐기물에 대한 처리는 법에 명시된 처리책임자가 행하여야 하지만 급박한 경우 또는 처리책임자가 조치를 취하기 어려운 경우 등에는 공익 차원에서 관계행정청이 조치를 취하여야 할 것이다. 제49조는 환경부장관, 시 · 도지사 또는 시장, 군수, 구청장으로 하여금 폐기물을 처리한 자 또는 그 처리를 위탁한 자 또는 소유자 등이 폐기물의 위법처리에 대한 조치명령을 이행하지 아니하면 행정대집행법에 따라 대집행을 하고 그 비용을 조치명령을 받은 자로부터 징수할 수 있도록 하고 있다. 따라서 甲, 乙, 丙이 조치명령에 응하지 않을 경우 환경부장관은 대집행을 할 수 있다.

Ⅵ. 폐기물처리업자 등에 대한 폐기물 처리명령

환경부장관 또는 시 · 도지사는 폐기물처리업자에 대하여 제27조 제2항 제2호에 따른 허가취소 또는 영업정지를 명하거나, 폐기물처리 신고자에 대하여 제46조 제7항에 따른 폐쇄명령 또는 처리금지명령을 하려는 경우에는 폐기물처리업자 또는 폐기물처리 신고자에게 기간을 정하여 보관하는 폐기물의 처리를 명하여야 한다(제39조의3). 따라서 환경부장관은 폐기물처리업자인 乙에 대하여 위와 같은 조치를 할 수 있다.

문 3. 관할 행정청이 경락받은 사업장에 적치되어 있는 오니 등을 처리할 것을 丁에게 명령한 것이 적법한지와 丁이 甲에 대하여 오니 등을 수거하고 해당 부지를 인도하라는 소송상 청구의 인용가능성에 대하여 각각 검토하시오.

I. 문제의 소재

공법상 조치의무와 사법상 청구권 행사는 구분되는 것이므로 丁이 공법상 조치의무를 진다고 하여 사법상 의무까지 승계받았다고 할 수는 없다. 따라서 사안을 해결하기 위하여 丁에 대한 처리명령의 근거를 검토하여야 하고 이와는 별개로 丁의 방해배제청구의 인용가능성을 검토하여야 한다.

Ⅱ. 丁에 대한 처리명령의 적법 여부

1. 처리의무의 승계

폐기물관리법 제17조 제9항에 의하면 민사집행법에 따른 경매, 채무자회생및파산에 관한법률에 따른 환가(換價)나 국세징수법 · 관세법 또는 지방세기본법에 따른 압류재산의 매각, 그 밖에 이에 준하는 절차에 따라 사업장폐기물배출자의 사업장 전부 또는 일부를 인수한 자는 그 사업장폐기물과 관련한 권리와 의무를 승계한다. 따라서 丁은 위 규정에 의하여 위 조치명령의 대상자가 된다.

처리의무승계와 구별해야 할 것으로 제33조의 허가 · 승인 또는 신고에 따른 권리 · 의무의 승계규정이 있는데, 이 규정은 사업장폐기물배출자의 사업양도가 아니라 '폐기물처리업 또는 폐기물처리시설의 양도' 등 주체변경이 있는 경우에 적용되는 것으로 이해함이 타당하므로 사안에는 적용되지 않는다.

2. 화선키메탈 사건

법원은 화선키메탈 사건(대법원 1997. 8. 22. 선고 95누17724 판결)에서 경락받은 후 공장을 관리하면서 실제 폐기물 배출까지 하였을 경우 담보권자인 대주도 조치명령의 대상자가 될 수 있음을 밝히면서, 제48조 제1항 제1호상의 폐기물처리자의 개념을 넓게 해석하였다.

3. 사안에의 적용

결국 관할 행정청은 제17조 제9항에 따라 丁에게 오니 등을 처리할 것을 명하는 조치명령을 내릴 수 있다. 또한 앞의 판례에 따를 경우 제48조 제1항 제1호에 따라 오니 등을 처리할 것을 명할 수 있을 것이다.

Ⅲ. 방해배제청구의 인용 가능성

1. 사업장폐기물과 관련한 권리 · 의무의 승계

동법 제17조 제9항에 따라 해당 인수자가 사업장폐기물 배출자의 사법상 권리 · 의무까지 당연히 승계하는 것인지 여부가 문제된다. 판례는 "위 제17조 제9항의 승계규정은 방치되는 폐기물의 발생을 예방하기 위하여 오염원인자 책임원칙을 확장한 것으로서 위와 같은 인수자가 사업장폐기물배출자의 공법상 권리 · 의무를 승계한다는 취지일 뿐이고, 이로써 사업장폐기물배출자의 사법상 권리 · 의무까지 당연히 승계되는 것은 아니라고 보아야 한다"고 판시하고 있다(대법원 2002. 10. 22. 선고 2002다46331 판결).

2. 사안에의 적용

사안에서 폐기물 배출자인 甲이 오니 등을 이 사건 공장 대지 위에 적치함으로써 丁의 소유권을 방해하고 있으므로 丁이 甲에 대하여 방해배제를 청구할 수 있고, 甲은 특별한 사정이 없는 한 위 방해배제를 구하는 丁에 대하여 폐기물을 취거하고 그 부분 대지를 인도할 의무가 있다.

Ⅳ. 결 론

관할 행정청은 제17조 제9항과 제48조 제1항 제1호에 따라 丁에게 오니 등을 처리할 것을 명하는 조치명령을 내릴 수 있고, 제17조 제7항에 의하여 승계되는 것은 공법상 권리 · 의무에 한한다 할 것이므로 특별한 사정이 없는 한 丁의 방해배제청구는 인용될 것으로 보인다.

60

사업장폐기물과 처리업에 대한 규제

(법전원협의회 2015년도 제3차 변호사시험 모의시험)

사 례

甲은 A시가 조성한 산업단지에서 주물사(molding sand, 鑄物砂)를 이용하여 금속제품을 만드는 금속공장을 운영하고 있다. 甲의 공장에서는 월 평균 10톤 정도의 폐주물사가 배출되고 있다. 甲은 배출된 폐주물사를 乙(폐주물사를 재활용하여 공사장 성토용 재료를 만드는 업체)에게 ㎏당 100원에 폐주물사 8,000㎏를 넘기는 계약을 체결하였다.

한편, 甲은 乙에게 넘기고 남은 폐주물사 2,000㎏을 스스로 처리할 능력이 되지 않자 폐기물처리업자 丙에게 처리를 위탁하였다. 甲은 丙이 매우 저렴한 가격에 폐기물을 처리해주겠다는 말만 듣고 위탁계약을 체결하였다. 그런데 위탁받은 폐주물사를 제대로 처리할 능력이 되지 않던 丙은 결국 폐주물사 2,000㎏ 중 1,000㎏은 자신의 사업장 내에 그대로 쌓아 두었고, 나머지 1,000㎏은 인근 주민 丁의 토지 위에 쌓아 놓았다. 丙은 1년 전 폐기물 보관을 목적으로 丁과 토지 임대차 계약을 체결한 바 있다.

丁 토지 위에 쌓여 있는 폐주물사는 관계법령상 처리기준에 적합하지 않은 채로 적치되어 있는 결과 인근 지역의 토양오염이 급속히 진행되고 있고, 인근 주민들이 식수원으로 사용하는 지하수도 오염될 위험에 처해 있다. 이에 인근 주민들은 A시에 일정한 조치를 해 줄 것을 요구하고 있다.

문 1. A시장은 甲이 폐주물사를 배출하면서 배출신고를 하지 않았다는 이유로 폐기물관리법에 근거하여 과태료를 부과하였다. 이에 甲은 과태료 부과는 잘못되었다고 주장한다. 이 주장의 당부에 대하여 검토하시오.

문 2. A시장은 丁 토지 위의 폐주물사 처리를 위하여 어떠한 조치를 취할 수 있는지 검토하시오.

문 3. A시의 실태조사 결과 丙이 인력 및 장비 등을 제대로 갖추지 않은 채 부정한 방법으로 폐기물처리업 허가를 받아 폐기물처리업을 행해온 사실이 드러났다. 이에 A시장은 丙의 폐기물처리업 허가를 취소하려고 한다. 이 경우 A시장은 丙에게 어떠한 조치를 취해야 하는지 폐기물관리법을 근거로 검토하시오.

문 4. A시는 지역 내의 환경보전과 폐기물 관리 문제의 개선을 위하여 甲을 포함한 지역 내 사업자들과 자율환경협약을 체결하였다. 이 협약에서 지역 내 사업자들은 폐기물 문제의 해결을 위하여 아래와 같은 3가지 사항을 중점적으로 고려하여 사업장을 운영하기로 결의하였다. 폐기물관리법상 폐기물 관리의 기본원칙을 고려할 때, 甲을 포함한 지역 내 사업자는 아래 3가지 사항 중 우선순위를 어떻게 정하는 것이 타당한지 답하시오.

- 아 래 -

㉠ 소각 및 매립시설의 확충
㉡ 재활용제품 사용 확대 및 재활용 기술 개발
㉢ 포장폐기물 발생 억제

해 설

문 1. A시장은 甲이 폐주물사를 배출하면서 배출신고를 하지 않았다는 이유로 폐기물관리법에 근거하여 과태료를 부과하였다. 이에 甲은 과태료 부과는 잘못되었다고 주장한다. 이 주장의 당부에 대하여 검토하시오.

Ⅰ. 문제의 소재

폐주물사가 사업장폐기물에 해당하는 경우 배출자는 폐기물관리법(제17조 제2항)에 따라 배출신고를 하여야 하고, 이를 하지 않은 경우 과태료가 부과될 수 있으므로 폐주물사가 폐기물인지 여하가 우선 검토되어야 한다.

Ⅱ. 폐기물이란?

1. 폐기물의 표지: '필요성'

폐기물관리법은 '폐기물'을 "쓰레기 · 연소재 · 오니 · 폐유 · 폐산 · 폐알카리 · 동물의 사체 등으로서 사람의 생활이나 사업활동에 필요하지 아니하게 된 물질"로 정의하고 있다(제2조 제1호). 이와 같이 동법은 폐기물의 표지로 '필요성'을 제시하고 있는데, 문제는 생활이나 사업활동에 필요하지 않다는 것을 어떻게 판단할 것인가이다. 판례는 배출자의 주관적 의사와 물건의 객관적 성상 등을 함께 고려하고 있다.

2. 판 례

사안과 같이 제품의 생산과정에서 부수적으로 발생한 물질 또는 폐기된 물질이 타 공정의 원료로 이용될 수 있는 경우 이를 폐기물로 보아야 할 것인지가 문제될 수 있다. 폐기물관리법은 폐기물일 것을 재활용의 전제로서 요구하고, 재활용을 폐기물처리의 일종으로 파악하고 있으므로(제2조 제7호) 재활용이 가능하다고 하여 폐기물이 아니라고 단정할 수 없다. 법원도 당해 사업장에서 폐기된 물질이 재활용 원료로 공급된다는 사정만으로 폐기물의 성질을 상실한다고 볼 것은 아니라고 판단하고 있다. 또한 폐기물을 재활용하는 경우 폐기물의 속성이 상실되는 시점으로 객관적으로 사람의 생활이나 사업활동에 필요하다고 사회통념상 승인될 정도에 이른 시점을 제시하고 있다.

3. 사업장폐기물이란?

폐기물관리법은 발생원을 기준으로 폐기물을 생활폐기물과 사업장폐기물로 구분하고 그 관리체계를 달리하고 있다. '사업장폐기물'이라 함은 오염물질배출시설을 설치·운영하는 사업장, 폐수종말처리시설을 설치·운영하는 사업장, 공공하수처리시설을 설치·운영하는 사업장, 분뇨처리시설을 설치·운영하는 사업장, 가축분뇨공공처리시설을 설치·운영하는 사업장, 폐기물처리시설을 설치·운영하는 사업장, 지정폐기물을 배출하는 사업장, 폐기물을 1일 평균 300kg 이상 배출하는 사업장, 건설산업기본법 제2조 제4호에 따른 건설공사로 폐기물을 5톤 이상(공사를 착공한 때부터 마칠 때까지 발생되는 폐기물 양을 말함) 배출하는 사업장, 일련의 공사 또는 작업으로 폐기물을 5톤 이상 배출하는 사업장에서 발생되는 폐기물을 말한다(제2조 제3호, 시행령 제2조).

4. 사안에의 적용

甲이 배출한 폐주물사의 경우 배출자의 의사는 폐기물로 버리려고 한 것은 아니더라도, 객관적으로 더 이상 사업활동에 필요하지 않게 되었다고 볼 수 있으므로 폐기물에 해당한다고 보아야 할 것이다. 또한 폐주물사가 재활용의 원료로 재활용 원료로 공급된다는 사정만으로 폐기물의 성질을 상실한다고 볼 것은 아니다. 또한, 甲이 폐주물사를 1일 평균 300kg 이상 배출하였으므로 해당 폐주물사는 사업장 폐기물에 해당한다.

결국 사업장폐기물을 배출하면서 신고를 하지 않은 甲은 폐기물관리법 제17조 제2항을 위반한 것이고, 이를 하지 않은 경우 A시장은 동법 제68조 제1항1의 3호에 따라 과태료를 부과할 수 있다. 결국 A시장이 과태료를 부과한 것은 동법에 따른 적법한 처분이므로, 甲의 주장은 타당하지 않다.

문 2. A시장은 丁 토지 위의 폐주물사 처리를 위하여 어떠한 조치를 취할 수 있는지 검토하시오.

Ⅰ. 문제의 소재

사안에서 丁 토지 위의 폐주물사가 관계법령상 처리기준에 적합하지 않은 채로 적치되어 있는 결과 인근 지역의 토양오염이 급속히 진행되고 있으므로, A시장은 폐기물관리법 제48조의 조치를 강구할 수 있다. 이에 폐기물관리법 제48조에 따른 조치명령의 대상자가 누구인지, 위 조항에 근거한 조치명령의 요건 및 그 내용을 검토하여야 한다.

Ⅱ. 조치명령

1. 요 건

환경부장관, 시 · 도지사 또는 시장 · 군수 · 구청장은 부적정처리폐기물(제13조에 따른 폐기물의 처리 기준과 방법 또는 제13조의2에 따른 폐기물의 재활용 원칙 및 준수사항에 맞지 아니하게 처리되거나 제8조 제1항 또는 제2항을 위반하여 버려지거나 매립되는 폐기물을 말함)이 발생하면 조치명령대상자에게 기간을 정하여 폐기물의 처리방법 변경, 폐기물의 처리 또는 반입 정지 등 필요한 조치를 명할 수 있다(제48조). 丁 토지 위에 폐주물사가 관계법령상 처리기준에 적합하지 않은 채로 적치되어 있다는 점을 볼 때, 동조의 요건에 해당하는 것으로 보인다.

2. 대상자

조치명령의 대상자는 부적정처리폐기물을 발생시킨 자, 부적정처리폐기물의 처리를 위탁한 사업장폐기물배출자, 부적정처리폐기물을 직접 처리하거나 다른 사람에게 자기 소유의 토지 사용을 허용한 경우 부적정처리폐기물이 버려지거나 매립된 토지의 소유자 등이다.

3. 사안에의 적용

(1) 甲

부적정처리폐기물의 처리를 위탁한 사업장폐기물배출자는 제17조 제1항 제3호(제13조에 따른 폐기물의 처리 기준과 방법 또는 제13조의2에 따른 폐기물의 재활용 원칙 및 준수사항에 맞게 이루어지고 있는지를 확인하는 등 필요한 조치를 취하여야 할 의무) 또는 제18조의2 제3항(유해성 정보자료의 작성 · 제공 의무)에 따른 의무를 위반하거나 그 밖의 귀책사유가 있다고 인정되는 경우에만 조치명령의 대상이 된다(동조 제1항 제3호). 사안의 경우 甲은 매우 저렴한 가격에 폐기물을 처리해주겠다는 丙의 말만 듣고 폐기물처리 위탁계약을 체결하였다는 점에서 여기에 해당한다고 볼 수 있다.

(2) 丙

폐기물을 처리할 능력이 되지 않던 丙은 폐주물사를 丁의 토지 위에 쌓아 놓았다는 점에서 법령상의 폐기물처리기준에 반하여 불법으로 적치하였다고 볼 수 있으므로 동항 제1호의 부적정처리폐기물을 발생시킨 자에 해당한다.

(3) 丁

丁은 丙과 폐기물 보관을 목적으로 토지 임대차 계약을 체결한 바 있으므로, 자기 소유의 토지 사용을 허용한 경우로 볼 수 있고, 따라서 동항 제9호에 해당한다. 다만, 불법처리 사실을 알고 있었는가가 문제될 수 있는데 불법처리의 예방 및 조치명령의 실효성을 확보한다는 차원에서 다른 사람에게 폐기물의 불법처리를 허용하였는지 여부를 떠나 해당 토지소유자를 불법처리된 폐기물에 대한 조치명령의 대상자로 이해하여야 할 것이다.

Ⅲ. 조치명령의 내용

조치명령의 내용으로 동법은 처리방법 변경, 폐기물의 처리 또는 반입정지 등을 예시하고 있으나, 필요한 조치에는 폐기물처리시설의 개선 등 방지조치, 불법처리된 폐기물의 제거 등 시정과 오염된 지하수 · 지표수 또는 토양의 정화조치 등이 광범위하게 포함된다 할 것이다.

Ⅳ. 과징금

제48조에 따른 조치명령의 실효성을 확보한다는 차원에서 동법은 환경부장관 등으

로 하여금 조치명령대상자가 폐기물을 부적정하게 처리함으로써 얻은 부적정처리이익의 3배 이하에 해당하는 금액과 폐기물의 제거 및 원상회복에 드는 비용을 과징금으로 부과할 수 있도록 하고 있다(제48조의5). 따라서 A시장은 경우에 따라 과징금 부과를 할 수 있다.

Ⅴ. 대집행

기본적으로 불법처리된 폐기물에 대한 처리는 법에 명시된 처리책임자가 행하여야 하지만 급박한 경우 또는 처리책임자가 조치를 취하기 어려운 경우 등에는 공익 차원에서 관계행정청이 조치를 취하여야 할 것이다. 제49조는 환경부장관, 시 · 도지사 또는 시장, 군수, 구청장으로 하여금 부적정처리폐기물을 발생시킨 자 또는 그 처리를 위탁한 자 또는 소유자 등이 폐기물의 위법처리에 대한 조치명령을 이행하지 아니하면 행정대집행법에 따라 대집행을 하고 그 비용을 조치명령을 받은 자로부터 징수할 수 있도록 하고 있다. 따라서 甲, 乙, 丙이 조치명령에 응하지 않을 경우 환경부장관은 대집행을 할 수 있다.

문 3. A시의 실태조사 결과 丙이 인력 및 장비 등을 제대로 갖추지 않은 채 부정한 방법으로 폐기물처리업 허가를 받아 폐기물처리업을 행해온 사실이 드러났다. 이에 A시장은 丙의 폐기물처리업 허가를 취소하려고 한다. 이 경우 A시장은 丙에게 어떠한 조치를 취해야 하는지 폐기물관리법을 근거로 검토하시오.

Ⅰ. 문제의 소재

폐기물관리법상 허가취소 등 폐기물처리업에 대한 규제 내용을 검토하여야 한다.

Ⅱ. 허가취소

동법 제27조 제1항 제1호에서는 속임수나 그 밖의 부정한 방법으로 허가를 받은 경우를 필요적 허가취소사유로 정하고 있다. 사안에서 丙은 부정한 방법으로 폐기물처리업 허가를 받았으므로 A시장은 丙에 대하여 허가취소처분을 하여야 한다.

Ⅲ. 丙사업장 내에 방치되어 있는 폐주물사에 대한 조치

동법 제39조의3은 시 · 도지사로 하여금 폐기물처리업자에 대하여 허가취소를 하려는 경우에는 폐기물처리업자에게 기간을 정하여 보관하는 폐기물의 처리를 명하도록 하고 있다. 이에 근거하여 A시장은 丙의 폐기물처리업 허가를 취소하는 경우 동법 제39조의3에 따라 丙에게 일정한 기간을 정하여 보관하고 있는 폐기물의 처리를 명하여야 한다.

Ⅳ. 형사고발

거짓이나 그 밖의 부정한 방법으로 폐기물처리업 허가를 받은 자에 대해서는 벌칙이 부과되므로(제64조 제5호), A시장은 丙을 형사고발할 수 있을 것이다.

문 4. A시는 지역 내의 환경보전과 폐기물 관리 문제의 개선을 위하여 甲을 포함한 지역 내 사업자들과 자율환경협약을 체결하였다. 이 협약에서 지역 내 사업자들은 폐기물 문제의 해결을 위하여 아래와 같은 3가지 사항을 중점적으로 고려하여 사업장을 운영하기로 결의하였다. 폐기물관리법상 폐기물 관리의 기본원칙을 고려할 때, 甲을 포함한 지역 내 사업자는 아래 3가지 사항 중 우선 순위를 어떻게 정하는 것이 타당한지 답하시오.

- 아 래 -

㉠ 소각 및 매립시설의 확충 ㉡ 재활용제품 사용 확대 및 재활용 기술 개발 ㉢ 포장폐기물 발생 억제

Ⅰ. 문제의 소재

동법의 입법취지와 폐기물 관리의 기본원칙 규정(제3조의2)을 통해 폐기물 발생 억제 또는 감소, 재사용(reuse), 재활용, 에너지회수(energy recovery), 소각, 매립 등 폐기물관리방식의 순위를 도출하고, 사안에 어떻게 적용해야 할지 검토하여야 한다.

Ⅱ. 폐기물 관리의 기본원칙

동법은 제3조의2에서 폐기물 관리의 6대 기본원칙을 제시하고 있다. 이는 자원순환형 사회 전환 촉진을 위한 기본 원칙이면서 폐기물 관리의 우선 순위에 해당된다고 할 수 있다. 특히 동조 제1항에서는 "사업자는 제품의 생산방식 등을 개선하여 폐기물의 발생을 최대한 억제하고, 발생한 폐기물을 스스로 재활용함으로써 폐기물의 배출을 최소화하여야 한다"를, 동조 제6항에서는 "폐기물은 소각, 매립 등의 처분을 하기보다는 우선적으로 재활용함으로써 자원생산성의 향상에 이바지하도록 하여야 한다"를 선언하고 있다.

Ⅲ. 우선순위

제3조의2 제1항, 제6항을 통하여 폐기물 발생 억제 또는 감소→재활용→처리(소각·매립)의 순으로 폐기물관리방식의 순위를 정할 수 있을 것이다. 이를 사안에 적용할 경우 ① 포장폐기물 발생 억제 ② 재활용제품 사용 확대 및 재활용 기술 개발 ③ 소각 및 매립시설의 확충의 우선 순위를 정할 수 있을 것이다.

최근에는 '자원순환' 개념에 맞추어 효율적 생산·소비→물질재활용→에너지회수→처리선진화 등으로 자원순환형 사회를 지향하는 정책 패러다임의 전환이 강조되고 있다. 자원순환형 사회는 우선적으로 폐기물의 발생을 최대한 억제하고, 발생한 폐기물은 하나의 자원으로서 재활용할 수 있는 것은 최대한 재활용하며, 재활용이 불가능한 경우에는 최종적으로 처리대상으로 하는 정책 방향을 지향하고 있다. 이러한 자원순환형 사회에서의 폐기물은 쓸모가 없어서 소각, 매립 등 폐기 처분해야 하는 대상이 아니라 다시 이용하거나 재활용의 대상이 되는 유용한 '자원'이 된다. 앞서 살펴본 우선순위는 이러한 자원순환형 사회에 부합한다고 할 수 있다.

※ 주의사항

폐기물관리법 제48조(조치명령)는 폐기물관리법 관련 문제의 단골메뉴임.

61

폐기물처리업에 대한 규제와 피해구제

사 례

甲은 환경부장관 乙의 허가를 받아 지정폐기물을 대상으로 하는 폐기물처리업을 하고 있는데, 영업을 영위하는 과정에서 카드뮴 등을 폐기물관리법에 따라 처리하지 아니 한 채 큰 백에 포장된 상태로 영업장 대지 위에 적치하였다. 환경부 폐기물 담당과는 이를 알고 甲에 대해서 폐기물의 불법처리를 시정할 것을 권고하였다. 甲은 몇 차례 권고에도 불구하고 계속해서 공장대지 위에 이를 야적, 방치하였다. 위 영업장으로부터 100m 떨어져 살고 있는 주민들은 지하수의 오염뿐만 아니라 악성중피종, 폐암 등의 발병 가능성을 제기하였으며, 검사결과 오염이 확인되었다. 영업장에 인접한 토지에서 농작물을 재배 · 판매해 오던 丙은 오염이 확인됨에 따라 농작물의 생산을 포기하게 되었다. 이러한 사안에서 다음의 질문에 답하시오.

문 1. 환경부장관 乙은 甲에 대하여 행정상 어떠한 대응조치를 취하는 것이 가능한가?
문 2. 丙이 자신이 입은 피해와 관련해서 甲과 환경부장관 乙에 구할 수 있는 구제책에 대하여 논하시오.

해 설

문 1. 환경부장관 乙은 甲에 대하여 행정상 어떠한 대응조치를 취하는 것이 가능한가?

I. 문제의 소재

폐기물관리법 제48조 제1항에 따른 조치명령 및 그 밖의 환경부장관 乙의 가능한 대응조치에 무엇이 있는지 문제된다.

Ⅱ. 조치명령 등

1. 조치명령

(1) 요 건

환경부장관, 시 · 도지사 또는 시장 · 군수 · 구청장은 부적정처리폐기물(제13조에 따른 폐기물의 처리 기준과 방법 또는 제13조의2에 따른 폐기물의 재활용 원칙 및 준수사항에 맞지 아니하게 처리되거나 제8조 제1항 또는 제2항을 위반하여 버려지거나 매립되는 폐기물을 말함)이 발생하면 조치명령대상자에게 기간을 정하여 폐기물의 처리방법 변경, 폐기물의 처리 또는 반입 정지 등 필요한 조치를 명할 수 있다(제48조).

(2) 대상자

조치명령의 대상자는 부적정처리폐기물을 발생시킨 자, 부적정처리폐기물의 처리를 위탁한 사업장폐기물배출자, 부적정처리폐기물을 직접 처리하거나 다른 사람에게 자기 소유의 토지 사용을 허용한 경우 부적정처리폐기물이 버려지거나 매립된 토지의 소유자 등이다.

(3) 사안에의 적용

사안에서 폐기물처리업자인 甲은 동법상 폐기물의 처리 기준과 방법에 따른 조치를 하지 않은 것으로 보이는바, 환경부장관은 부적정처리폐기물을 발생시킨 자인 甲에게 조치명령을 내릴 수 있다. 조치명령의 내용으로 동법은 처리방법 변경, 폐기물의 처리 또는 반입정지 등을 예시하고 있으나, 필요한 조치에는 폐기물처리시설의 개선 등 방지조치, 불법처리된 폐기물의 제거 등 시정과 오염된 지하수 · 지표수 또는 토양의 정화조치 등이 광범위하게 포함된다 할 것이다.

2. 폐기물처리업의 취소

동법은 폐기물처리허가제도의 이행을 확보하기 위하여 환경부장관이나 시 · 도지사에게 일정한 경우 폐기물처리업허가의 취소를 할 수 있게 하고 있다(제27조 제2항 제2호). 사안에서 甲은 제13조의 처리기준을 준수하지 않았다고 할 것인 바, 환경부장관 乙은 甲의 폐기물처리업허가를 취소할 수 있다.

3. 영업의 정지와 과징금

환경부장관 乙은 甲에 대하여 6개월 이내의 기간을 정하여 영업의 전부 또는 일부를 정지하게 할 수 있으며(제27조), 영업의 정지를 명령하려는 때 그 영업의 정지가 해당 폐기물처리업자가 보관 중인 폐기물이나 그 영업의 이용자가 보관 중인 폐기물의 적체에 따른 환경오염으로 인하여 인근지역 주민의 건강에 위해가 발생되거나 발생될 우려가 있는 경우 등 일정한 경우에 해당한다고 인정되면 그 영업의 정지를 갈음하여 1억원 이하의 과징금을 부과할 수 있다(제28조).

4. 과징금

제48조에 따른 조치명령의 실효성을 확보한다는 차원에서 동법은 환경부장관 등으로 하여금 조치명령대상자가 폐기물을 부적정하게 처리함으로써 얻은 부적정처리이익의 3배 이하에 해당하는 금액과 폐기물의 제거 및 원상회복에 드는 비용을 과징금으로 부과할 수 있도록 하고 있다(제48조의5). 따라서 환경부장관 乙은 甲에게 경우에 따라 과징금 부과를 할 수 있다.

5. 대집행

환경부장관 乙은 甲이 제48조에 따른 조치명령을 이행하지 않을 경우 제49조에 근거하여 행정대집행법에 따라 대집행을 하고 그 비용을 징수할 수 있다(제49조).

6. 폐기물 처리명령

환경부장관 乙은 甲에 대하여 제27조에 따른 허가취소 또는 영업정지를 명하려는 경우에는 폐기물처리업자에게 기간을 정하여 보관하는 폐기물의 처리를 명하여야 한다(제39조의3). 또한 乙은 甲에 대하여 제40조에 근거하여 방치폐기물을 처리할 것도 명할 수 있다.

Ⅲ. 결　　론

환경부장관 乙은 甲에 대하여 조치명령을 내릴 수 있고, 영업 전부 또는 일부의 정지를 명할 수도 있으며 방치폐기물에 대한 처리명령도 내릴 수 있다. 또한 경우에 따라 과징금 부과를 하고, 조치명령에 응하지 않을 시 대집행을 하고 그 비용을 甲으로부터 징수할 수 있다.

문 2. 丙이 자신이 입은 피해와 관련해서 甲과 환경부장관 乙에 구할 수 있는 구제책에 대하여 논하시오.

I. 문제의 소재

사안에서 丙은 甲에 대하여는 불법행위에 기한 손해배상청구를 구할 수 있고, 乙에 대하여는 국가배상법에 따른 국가배상을 구할 수 있다. 이에 대한 법적 근거 및 각 요건 등에 대한 검토가 필요하다.

Ⅱ. 甲에 대하여: 불법행위에 기한 손해배상

민법 제750조에 기한 손해배상책임을 묻기 위하여 ① 가해자의 고의·과실, ② 가해행위의 위법성, ③ 가해행위와 손해 사이의 인과관계, ④ 손해의 발생의 요건을 충족하여야 하는바, 사안에서 丙은 토양환경보전법 10조의3 및 환경정책기본법 제44조에 따른 무과실책임 규정의 적용을 주장함으로써, 甲의 고의·과실을 입증할 필요가 없으며, 甲이 폐기물관리법상 처리 기준과 방법에 위반하여 폐기물을 적치한 행위의 위법성이 인정되고 그로 인하여 오염이 발생된 바 丙은 농작물의 경작을 중단하는 손해를 입었으므로 ②, ③, ④의 요건도 충족되었다 할 것이다.

Ⅲ. 乙에 대하여: 국가배상

1. 요 건

丙은 환경부장관 乙의 부작위로 인하여 손해가 발생하였다고 주장하면서 국가배상청구를 검토할 수 있다. 국가배상법 제2조는 국가 또는 지방자치단체로 하여금 공무원이 그 직무를 집행함에 당하여 고의 또는 과실로 법령에 위반하여 타인에게 손해를 가한 때 그 손해를 배상하도록 하고 있다. 이에 따르면 국가배상이 인정되기 위해서는 ① 공무원, ② 직무집행, ③ 고의 또는 과실, ④ 법령 위반이라는 요건을 충족되어야 한다. 사안의 경우 ① 내지 ③ 요건은 쉽게 인정될 수 있을 것이다. 문제는 환경부장관이 폐기물의 불법처리에 대한 시정을 권고하였을 뿐 적절한 조치를 취하지 않은 경우 작위의무를 위반한 것인지, 즉 위법성이 크게 다투어질 수 있다. 환경부장관의 의무가 명시적이지 않고 행정청이 적극적인 행위를 하지 않았기 때문이다.

2. 작위의무의 존재

(1) 재량행위에 대한 작위의무의 존부

관할 행정청이 폐기물관리법에 따른 조치명령 등의 조치를 취하지 않은 것이 위법한지가 문제된다. 관련 규정들은 "할 수 있다"라고 규정하여 행정청의 재량을 인정하고 있다. 재량권이 인정되는 경우에는 공무원에게 행정권 발동 여부를 결정할 재량이 있으므로 공무원의 작위의무를 바로 인정할 수 없고 따라서 공무원의 부작위가 그 자체로 위법이라 할 수 없다.

(2) 재량권 0으로의 수축 법리

예외적인 상황에서는 재량이 수축, 소멸하여 행정의 자유가 의무로 되는 경우가 있을 수 있다는 것이 학설, 판례의 경향인데, 이러한 이론을 흔히 '재량권의 0으로의 수축 이론'이라고 한다. 예외적인 상황으로는 ① 사람의 생명, 신체 및 재산 등에 중대하고 급박한 위험이 존재하고, ② 그러한 위험이 행정권의 발동에 의해 제거될 수 있는 것으로 판단되며, ③ 피해자의 개인적인 노력으로는 권익침해의 방지가 충분하게 이루어질 수 없다고 인정되는 경우 등이 들어지고 있다. 이에 더하여 결과의 예견가능성 · 회피가능성도 작위의무의 요소로 고려될 수 있다. 위와 같은 요건을 충족하여 공무원에게 작위의무가 발생하면 재량행위라 하더라도 부작위는 위법한 것이 된다.

사안의 경우 오염의 발생으로 인하여 폐암 등을 유발할 위험이 있는 바, 이는 생명 · 신체에 대한 중대하고 급박한 피해 및 위험이 존재한다고 할 수 있고, 乙은 폐기물관리법상 조치명령, 폐기물처리명령 등의 규제권한을 발동하여 이러한 피해를 막을 수 있다고 보인다. 그렇다면 乙의 재량권은 0으로 수축하여 乙에게는 작위의무가 인정된다. 따라서 아무런 조치를 취하지 않은 乙의 부작위는 위법하다.

3. 직무상 의무의 사익보호성

판례는 상당인과관계설의 입장에서 사익보호성을 요구한다. 즉, 공무원이 고의 또는 과실로 그에게 부과된 직무상 의무를 위반하였을 경우라고 하더라도 국가는 그러한 직무상의 의무 위반과 피해자가 입은 손해 사이에 상당인과관계가 인정되는 범위 내에서만 배상책임을 지는 것이고, 이 경우 상당인과관계가 인정되기 위하여는 공무원에게 부과된 직무상 의무의 내용이 단순히 공공 일반의 이익을 위한 것이거나 행정기관 내부의 질서를 규율하기 위한 것이 아니고 전적으로 또는 부수적으로 사회구성원 개인의 안전과 이익을 보호하기 위하여 설정된 것이어야 한다.

여기에서 조치명령 등 직무행위가 사익보호성 요건을 충족하는지 검토할 필요가 있다. 폐기물관리법은 폐기물 발생의 억제 및 환경보전뿐만 아니라 국민생활의 질적 향상에도 그 목적이 있다고 할 것인바(제1조 참조), 조치명령 등 규정은 공공 일반의 이익만을 위한 것이 아니라 개인의 이익을 부수적으로나마 보호하고 있다고 볼 수 있으므로 이 요건은 충족되었다고 볼 것이다.

Ⅲ. 결 론

丙은 甲에 대하여 민법상 불법행위로 인한 손해배상청구가 가능하다. 한편, 폐기물의 처리등과 관련하여 환경부장관 乙의 재량권은 0으로 수축하여 乙에게는 작위의무가 인정되는 상황으로 보이므로 乙의 부작위는 위법하고 丙의 국가에 대한 국가배상청구소송은 인용될 가능성이 있다.

62

부적합통보의 법적 성격, 권리·의무의 승계

(법전원협의회 2018년도 제2차 변호사시험 모의시험)

사 례

甲은 2017. 12. 4. A광역시 B구청장에게 업종을 폐기물수집·운반업, 영업대상 폐기물을 생활폐기물, 영업구역을 B구로 하는 폐기물처리사업계획서(이하 '이 사건 사업계획서'라 한다)를 제출하였다. B구청장은 현재 B구의 생활폐기물 발생량 등의 변동이 거의 없을 것으로 예상하고, 기존의 생활폐기물처리허가업자인 乙이 보유하고 있는 인력과 장비로 충분히 그 처리가 이루어지고 있어 별도의 신규허가는 불필요하다고 보고 있다. 따라서 B구청장은 향후 여건변동이 있을 때 신규허가에 대한 타당성을 검토하여 신문 공고 및 공개 추첨 등의 방법으로 업체를 선정하고자 한다는 이유로 甲에게 이 사건 사업계획서가 부적합하다는 내용의 통보를 하였다.

丙은 사업장폐기물인 오니를 배출하는 사업장으로써 오니를 스스로 적법하게 처리하며 사업장을 운영해 오고 있었으나, 사업장에서 발생한 오니를 저렴하게 처리해 주겠다고 乙이 제안을 하자, 이를 받아드려 그에게 처리를 위탁하였다. 乙은 수거해 온 오니 일부를 2014. 6.부터 자신에게 사용을 승낙한 丁소유의 토지(이하 '사건토지'라 한다) 위에 적치하였다. 2015. 12월 경 발생한 여러 차례의 지진으로 오니를 담고 있던 용기가 파괴되어 오니가 유출되자 戊를 비롯한 주민들은 B구청장에게 乙과 丙에 대하여 조치명령을 발하여 줄 것을 요청하였다. 그러나, B구청장은 어떠한 조치도 하지 않았다. 유출된 오니는 인근 공유수면인 강(이하 '위 사건의 강'라 한다)에 유입되었으며, 그 결과 위 사건의 강에서 戊(무)가 양식 중이던 민물장어는 폐사하였으며 양식장에서 작업을 하던 자들에게 피부병 등의 질환이 발생하였다. 이후 戊 등은 역학조사를 통하여 민물장어 폐사와 피부병 원인은 오니에 포함된 오염물질때문이라는 사실을 알게 되었다.

한편, 2017.1 근저당권이 설정되어 있던 丙소유의 사업장과 부속건물 등에 대하여 일괄경매가 실시되었고, 己(기)가 이를 경락받아 소유권을 취득하였다. 그런데 丙의 사업장 지상에는 오니 등이 처리되지 않고 적치되어 있었다. 이에 B구청장은 지상에 적치되어 있는 오니 등을 일정한 기간을 정하여 처리할 것을 己에게 명령하였다.

문 1. (1) B구청장은 폐기물처리업 허가에 관한 폐기물처리사업계획서가 적합한지를 심사하면서 폐기물관리법 제25조 제2항 각 호에서 열거한 사항 외의 사유로 부적합통보를 할 수 있는가?

(2) 甲은 이 사건 사업계획서가 부적합하다는 B구청장의 통보를 취소하여 달라는 청구를 할 수 있는가?

문 2. (1) B구청장은 戊를 포함한 주민들의 피해사실을 신문기사를 통해 접한 후에야 그 심각성을 깨닫고 오염정화를 위하여 신속하게 오니 등을 처리하기 위한 조치를 강구하고 있다. B구청장이 폐기물관리법을 근거로 하여 취할 수 있는 조치를 검토하시오.

(2) 한편 戊는 B구청장이 적절한 조치를 적시 취하지 아니하여 피해가 발생 또는 가중되었다면서 B구청장을 상대로 국가배상청구소송을 제기하고자 한다. 이 경우 예상되는 쟁점과 그 인용가능성에 대하여 검토하시오.

문 3. B구청장이 己에게 경락받은 사업장에 적치되어 있는 오니 등에 대한 처리 명령을 한 경우 그 적법성을 검토하고, 己가 丙에 대하여 오니 등을 수거하고 해당 부지를 인도하라는 소를 제기하는 경우 그 인용가능성에 대하여 검토하시오.

해 설

문 1. (1) B구청장은 폐기물처리업 허가에 관한 폐기물처리사업계획서가 적합한지를 심사하면서 폐기물관리법 제25조 제2항 각 호에서 열거한 사항 외의 사유로 부적합통보를 할 수 있는가?

Ⅰ. 문제의 소재

폐기물관리법 제25조 제2항에 근거한 부적합통보가 기속행위 혹은 재량행위인지 여부가 문제된다.

Ⅱ. 부적합통보의 법적 성질

폐기물관리법 제25조 제2항은 "환경부장관이나 시 · 도지사는 제1항에 따라 제출된 폐기물 처리사업계획서를 다음 각 호의 사항에 관하여 검토한 후 그 적합 여부를 폐기물처리사업계획서를 제출한 자에게 통보하여야 한다"고 규정하여 위 문언만으로는 기속행위인지 재량행위인지의 구별이 모호하다.

판례는 "구 폐기물관리법(2010. 7. 23. 개정 전)의 입법목적과 규정사항, 폐기물처리업 허가의 성격, 사업계획서적합통보제도의 취지와 함께 폐기물의 원활하고 적정한 처리라는 공익을 책임지고 실현하기 위한 행정의 합목적성 등을 종합하여 볼 때, 폐기물처리사업계획서의 적합 여부를 심사함에 있어서 법 제25조 제2항 각 호에서 열거된 사항을 검토한 결과 이에 저촉되거나 문제되는 사항이 없다고 하더라도 폐기물의 수집 · 운반 · 처리에 관한 안정적이고 효율적인 책임행정의 이행 등 공익을 해칠 우려가 있다고 인정되는 경우에는 이를 이유로 사업계획서의 부적합통보를 할 수 있다고 볼 것이다"(대법원 2011. 11. 10. 선고 2011두12283 판결)라고 판시함으로써, 사업계획서의 부적합통보가 재량행위에 해당하며, 폐기물관리법 제25조 제2항이 예시조항임을 밝히고 있다.

생각건대 폐기물처리사업계획서의 적합 여부 통보는 폐기물 처리업의 공익적 성격에 비추어 환경부장관이나 시 · 도지사가 열거된 규정 외에도 공익과 관련하여 다양한 요건들을 검토할 수 있는 것으로서, 광범위한 재량권을 갖는다고 봄이 타당하다.

Ⅲ. 사안에의 적용

판례에 따르면 폐기물처리사업계획서의 부적합통보는 재량행위에 해당하며, 제25조 제2항에 열거된 사유 이외의 사유를 이유로 부적합통보를 할 수 있다. 따라서 B구청장은 현재 B구의 생활폐기물 발생량 및 기존의 생활폐기물처리허가업자가 보유하고 있는 인력과 장비로 충분히 그 처리가 이루어지고 있는지 등을 고려하여 甲에게 이 사건 사업계획서가 부적합하다는 내용의 통보를 할 수 있다.

문 1. (2) 甲은 이 사건 사업계획서가 부적합하다는 B구청장의 통보를 취소하여 달라는 청구를 할 수 있는가?

Ⅰ. 문제의 소재

폐기물관리법 제25조 제2항에 근거한 사업계획서에 대한 부적합통보의 취소를 구하기 위해서는 부적합통보의 처분성 여부가 문제된다.

Ⅱ. 처분성

1. 처분이란?

항고소송의 대상은 행정소송법 제2조 제1항 제1호에 따라 처분성을 가져야 한다. 행정소송법은 '처분 등'을 "행정청이 행하는 구체적 사실에 관한 법집행으로서의 공권력의 행사 또는 그 거부와 그 밖에 이에 준하는 행정작용 및 행정심판에 대한 재결"이라고 정의하고 있다(제2조 제1항 제1호). 이때의 처분성은 국민의 구체적인 권리 · 의무에 직접적 변동을 초래하는 행위로 볼 것이다.

2. 부적합통보의 처분성

판례는 부적합통보의 처분성을 인정하고 있다(대법원 1998. 4. 28. 선고 97누21086 판결). 생각건대 폐기물 처리 사업계획서를 제출한 자는 부적합통보로 인하여 장차 폐기물처리업의 허가를 받을 수 없게 되므로 부적합통보 자체가 상대방인 국민의 권리 · 의무에 직접 영향을 끼치게 되며, 부적합통보의 단계에서 처분성을 인정하여 국민의 권리 · 의무에 대하여 공법상으로 구제받을 수 있도록 함이 신속한 구제로써 바람직하다.

Ⅲ. 결 론

결국 사업계획서가 부적합하다는 B구청장의 통보는 처분에 해당하므로 甲은 부적합통보에 대한 취소소송을 제기할 수 있다.

문 2. (1) B구청장은 戊를 포함한 주민들의 피해사실을 신문기사를 통해 접한 후에야 그 심각성을 깨닫고 오염정화를 위하여 신속하게 오니 등을 처리하기 위한 조치를 강구하고 있다. B구청장이 폐기물관리법을 근거로 하여 취할 수 있는 조치를 검토하시오.

Ⅰ. 문제의 소재

폐기물관리법 제48조에 따른 조치명령의 요건 및 그 내용을 검토하여야 한다.

Ⅱ. 조치명령

1. 요 건

환경부장관, 시 · 도지사 또는 시장 · 군수 · 구청장은 부적정처리폐기물(제13조에 따른 폐기물의 처리 기준과 방법 또는 제13조의2에 따른 폐기물의 재활용 원칙 및 준수사항에 맞지 아니하게 처리되거나 제8조 제1항 또는 제2항을 위반하여 버려지거나 매립되는 폐기물을 말함)이 발생하면 조치명령대상자에게 기간을 정하여 폐기물의 처리방법 변경, 폐기물의 처리 또는 반입 정지 등 필요한 조치를 명할 수 있다(제48조).

2. 대상자

조치명령의 대상자는 부적정처리폐기물을 발생시킨 자, 부적정처리폐기물의 처리를 위탁한 사업장폐기물배출자, 부적정처리폐기물을 직접 처리하거나 다른 사람에게 자기 소유의 토지 사용을 허용한 경우 부적정처리폐기물이 버려지거나 매립된 토지의 소유자 등이다.

3. 조치 내용

조치명령의 내용으로 동법은 처리방법 변경, 폐기물의 처리 또는 반입정지 등을 예시하고 있으나, 예시한 방법 외에도 필요한 조치에는 폐기물처리시설의 개선 등 방지조치, 불법처리된 폐기물의 제거 등 시정과 오염된 지하수 · 지표수 또는 토양의 정화조치 등이 광범위하게 포함된다 할 것이다.

Ⅲ. 사안에의 적용

1. 乙

사안의 경우 乙이 丙으로부터 수거해 온 오니 일부를 2014. 6.부터 사건토지 위에 적치하였고 2015. 12월 경 발생한 여러 차례의 지진으로 위 오니를 담고 있던 용기가 파괴되어 오니가 유출되었으므로, 폐기물관리법 제13조 제1항 및 동법 시행령 제7조 제1항 제2호의 '보관의 과정에서 폐기물이 누출되지 아니하도록 하여야' 하는 처리기준에 위반되었다. 따라서 폐기물이 제13조에 따른 폐기물의 처리기준과 방법에 맞지 아니하게 처리되었으므로 乙은 동법 제48조 제1항 제1호의 조치명령 대상자에 해당한다.

2. 丙

丙소유의 사업장 지상에는 오니 등이 처리되지 않고 적치되어 있었다. 따라서 丙은 폐기물관리법 제8조 제1항에 위반하여 폐기물을 버렸으므로, 동법 제48조 제1항 제1호의 부적정처리폐기물을 발생시킨 자에 해당한다.

한편, 부적정처리폐기물의 처리를 위탁한 사업장폐기물배출자는 제13조에 따른 폐기물의 처리 기준과 방법 또는 제13조의2에 따른 폐기물의 재활용 원칙 및 준수사항에 맞게 이루어지고 있는지를 확인하는 등 필요한 조치를 취하여야 할 의무를 위반하거나 그 밖의 귀책사유가 있다고 인정되는 경우 조치명령의 대상이 되는바(제48조 제1항 제3호). 丙은 오니를 저렴하게 처리해주겠다는 乙의 제안을 받아들여 이러한 확인을 하지 아니한 채 乙에게 위탁하였으므로 조치명령 대상자에 해당한다(乙이 '동법 제4조 및 제5조의 폐기물처리시설을 설치 · 운영하는 자'에 해당하여 丙이 폐기물관리법 제17조 제1항 제3호의 단서에 따라 위 규정에 따른 확인을 하지 아니하여도 되는 예외에 해당하는지 여부가 문제될 수 있으나 乙은 생활폐기물처리업자에 불과하고, 폐기물의 처리기준과 방법에 맞게 이루어지는지를 확인하지 않았으므로 결론이 달라지지 않을 것이다).

3. 丁

丁이 乙에게 丁소유의 토지 사용을 허용하였고 그 토지 위에 폐기물이 적치되어 있었으므로, 丁은 폐기물관리법 제48조 제1항 제9호에 따른 조치명령 대상자에 해당한다. 판례는 "법문의 해석상 용도를 불문하고 타인에게 자신의 토지의 사용을 허용한 경우를 모두 포함한다고 해석함이 상당하다"고 판단하고 있는바(부산고법 2003. 10. 24. 선고 2003누2731 판결), 사안의 경우 丁이 乙에게 용도로 정하여 토지를 임대하였는지 여부가 분명하지 않으나, 토지의 용도를 불문하고 조치명령 대상자에 해당한다고 봄이 타당하다. 丁이 불법처리 사실을 알고 있었는가가 문제될 수 있는데 불법처리의 예방 및 조치명령의 실효성을 확보한다는 차원에서 다른 사람에게 폐기물의 투기 또는 매립을 허용하였는지 여부를 떠나 해당 토지소유자인 丁을 불법처리된 폐기물에 대한 조치명령의 대상자로 이해하여야 할 것이다.

Ⅳ. 과징금

제48조에 따른 조치명령의 실효성을 확보한다는 차원에서 동법은 환경부장관 등으로 하여금 조치명령대상자가 폐기물을 부적정하게 처리함으로써 얻은 부적정처리이익의 3배 이하에 해당하는 금액과 폐기물의 제거 및 원상회복에 드는 비용을 과징금으로 부과할 수 있도록 하고 있다(제48조의5). 따라서 B구청장은 경우에 따라 과징금 부과를 할 수 있다.

Ⅴ. 대집행

폐기물관리법 제49조는 "환경부장관, 시 · 도지사 또는 시장 · 군수 · 구청장은 제48조에 따른 명령을 받은 자가 그 명령을 이행하지 아니하면 행정대집행법에 따라 대집행을 하고 그 비용을 징수할 수 있다"라고 규정하고 있는바, 이에 의하면 동법 제48조의 조치명령 대상자인 乙, 丙, 丁이 그 명령을 이행하지 아니하면 대집행을 할 수 있을 것이다.

Ⅵ. 결 론

B구청장은 乙, 丙, 丁에게 조치명령을 내릴 수 있으며, 경우에 따라 과징금 부과를 할 수 있다. 그 명령을 이행하지 않을 경우에는 동법 제49조에 따라 대집행을 명할 수도 있다.

문 2. (2) **한편 戊는 B구청장이 적절한 조치를 적시 취하지 아니하여 피해가 발생 또는 가중되었다면서 B구청장을 상대로 국가배상청구소송을 제기하고자 한다. 이 경우 예상되는 쟁점과 그 인용가능성에 대하여 검토하시오.**

Ⅰ. 문제의 소재

공무원의 부작위로 인하여 피해가 발생 또는 가중되었다면 국가배상법 제2조에 따른 국가배상책임이 성립하는지 살펴보아야 하고, 이때 폐기물관리법 제48조에 근거한 조치명령과 관련하여 작위의무의 존부가 문제된다.

Ⅱ. 국가배상

1. 요 건

국가배상법 제2조는 국가 또는 지방자치단체로 하여금 공무원이 그 직무를 집행함에 당하여 고의 또는 과실로 법령에 위반하여 타인에게 손해를 가한 때 그 손해를 배상하도록 하고 있다. 이에 따르면 국가배상이 인정되기 위해서는 ① 공무원, ② 직무집행, ③ 고의 또는 과실, ④ 법령 위반이라는 요건을 충족되어야 한다. 사안의 경우 ① 내지 ③ 요건은 쉽게 인정될 수 있을 것이다. 사안은 B구청장이 적절한 조치를 취하지 아니하여 피해가 발생 또는 가중되는 상황에 있으므로 국가가 작위의무를 위반한 것인지, 즉 위법성이 크게 다투어질 수 있다.

2. 작위의무의 존재

(1) 재량행위에 대한 작위의무의 존부

B구청장이 폐기물관리법 제48조에 따른 필요한 조치명령을 취하지 않은 것이 위법한지가 문제된다. 폐기물관리법 제48조는 "환경부장관등은 (…) 폐기물의 처리방법 변경, 폐기물의 처리 또는 반입정지 등 필요한 조치를 명할 수 있다"고 규정하여 행정청의 재량을 인정하고 있다. 재량권이 인정되는 경우에는 공무원에게 행정권 발동 여부를 결정할 재량이 있으므로 공무원의 작위의무를 바로 인정할 수 없고 따라서 공무원의 부작위가 그 자체로 위법이라 할 수 없다.

(2) 재량권 0으로의 수축

예외적인 상황에서 재량이 수축, 소멸하여 행정의 자유가 의무로 되는 경우가 있을 수 있다는 것이 통설과 판례의 경향인데, 이러한 이론을 흔히 '재량권의 0으로의 수축 이론'이라고 한다. 예외적인 상황으로는 ① 사람의 생명, 신체 및 재산 등에 중대하고 급박한 위험이 존재하고, ② 그러한 위험이 행정권의 발동에 의해 제거될 수 있는 것으로 판단되며, ③ 피해자의 개인적인 노력으로는 권익침해의 방지가 충분하게 이루어질 수 없다고 인정되는 경우 등이 들어지고 있다. 이에 더하여 결과의 예견가능성 · 회피가능성도 작위의무의 요소로 고려될 수 있다. 위와 같은 요건을 충족하여 공무원에게 작위의무가 발생하면 재량행위라 하더라도 부작위는 위법한 것이 된다.

사안의 경우 지진으로 오니를 담고 있던 용기가 파괴되어 오니가 유출되었고, 유출된 오니는 인근 공유수면인 강에 유입되어 그 결과 戊가 양식 중이던 민물장어는 폐사하였으며 양식장에서 작업을 하던 자들에게 피부병 등의 질환이 발생하였다. 따라서 ①

戊의 재산 및 위 양식장에서 작업을 하던 자들의 생명, 신체에 중대하고 급박한 위험이 존재하고, ② B구청장이 행정권을 발동하여 조치명령을 취한 경우에는 위 위험이 방지, 감소될 수 있었으며, ③ 피해자들의 개인적인 노력으로는 권익침해의 방지가 충분하게 이루어질 수 없고, ④ B구청장의 예견가능성 · 회피가능성 역시 인정다고 보이므로 재량권이 0으로 수축되는 경우라고 봄이 타당하다. 따라서 작위의무가 인정되고 이러한 조치를 취하지 않은 관할 행정청의 행위는 위법한 것이 된다. 따라서 아무런 조치를 취하지 않은 B구청장의 부작위는 위법하다.

3. 직무상 의무의 사익보호성

판례는 상당인과관계설의 입장에서 사익보호성을 요구한다. 즉, 공무원이 고의 또는 과실로 그에게 부과된 직무상 의무를 위반하였을 경우라고 하더라도 국가는 그러한 직무상의 의무 위반과 피해자가 입은 손해 사이에 상당인과관계가 인정되는 범위 내에서만 배상책임을 지는 것이고, 이 경우 상당인과관계가 인정되기 위하여는 공무원에게 부과된 직무상 의무의 내용이 단순히 공공 일반의 이익을 위한 것이거나 행정기관 내부의 질서를 규율하기 위한 것이 아니고 전적으로 또는 부수적으로 사회구성원 개인의 안전과 이익을 보호하기 위하여 설정된 것이어야 한다.

여기에서 폐기물관리법에 따른 조치명령(제48조)의 직무행위가 사익보호성 요건을 충족하는지 검토할 필요가 있다. 동법은 환경보전과 국민생활의 질적 향상에 이바지 하는 것을 목적으로 하고 있고(제1조), 누구든지 폐기물을 배출하는 경우에는 주변 환경이나 주민의 건강에 위해를 끼치지 아니하도록 사전에 적절한 조치를 취하여야 하는바(제3조의2 제2항), 위와 같은 관계 규정과 종합하여 볼 때 폐기물관리법 제48조의 조치명령 규정은 공공 일반의 이익만을 위한 것이 아니라 주민들의 깨끗한 폐기물로부터의 자유라는 환경이익을 부수적으로나마 보호하고 있다고 볼 수 있으므로 이 요건은 충족되었다고 볼 것이다.

Ⅲ. 결　　론

戊의 B구청장에 대한 국가배상청구소송은 공무원, 고의 · 과실, 위법한 직무행위, 인과관계, 손해의 발생 등 국가배상법 제2조의 요건을 모두 갖추고 있으므로 인용될 것이다.

문 3. B구청장이 己에게 경락받은 사업장에 적치되어 있는 오니 등에 대한 처리 명령을 한 경우 그 적법성을 검토하고, 己가 丙에 대하여 오니 등을 수거하고 해당 부지를 인도하라는 소를 제기하는 경우 그 인용가능성에 대하여 검토하시오.

Ⅰ. 문제의 소재

폐기물관리법 제17조 제9항의 사업장폐기물에 관한 권리 · 의무승계규정을 근거로 사법상 의무도 승계하는지 여부가 문제된다.

Ⅱ. 권리 · 의무의 승계

1. 관련 규정

폐기물관리법 제17조 제9항에 따르면 민사집행법에 따른 경매, 채무자 회생 및 파산에 관한 법률에 따른 환가(換價)나 국세징수법 · 관세법 또는 지방세징수법에 따른 압류재산의 매각, 그 밖에 이에 준하는 절차에 따라 사업장폐기물배출자의 사업장 전부 또는 일부를 인수한 자는 그 사업장폐기물과 관련한 권리와 의무를 승계한다.

2. 사안에의 적용

己는 2017. 1. 근저당권이 설정되어 있던 丙 소유의 사업장을 경락받아 소유권을 취득하였으므로 폐기물관리법 제17조 제9항에 의하여 丙의 사업장 전부를 인수한 己는 그 사업장폐기물과 관련한 권리와 의무를 승계한다. 그러므로 관할 행정청은 己에게 위 사업장에 적치되어 있는 오니 등을 처리할 것을 명하는 조치명령을 내릴 수 있다.

Ⅲ. 공법상 권리 · 의무의 승계

1. 판 례

판례는 "폐기물관리법 제24조 제5항 후문에 의하면, 민사집행법(구 민사소송법)에 의한 경매, 파산법에 의한 환가나 국세징수법 · 관세법 또는 지방세법에 의한 압류재산의 매각 기타 이에 준하는 절차에 따라 사업장폐기물배출자의 사업을 인수한 자는 당해 사업장폐기물과 관련한 권리 · 의무를 승계한다고 규정되어 있는바, 폐기물관리법이 폐기물을 적정하게 처리하여 자연환경 및 생활환경을 청결히 함으로써 환경보전과 국민생활의 질적 향상에 이바지함을 목적으로 하고(제1조), 환경정책기본법 제7조 및 폐기물관리법 제24조 제1항, 제25조가 오염원인자 책임원칙을 규정하고 있는 점에 비추어 보면, 위 승계규정은 방치되는 폐기물의 발생을 예방하기 위하여 오염원인자 책임원칙을 확장한 것으로서 위와 같은 인수자가 사업장폐기물배출자의 공법상 권리 · 의무를 승계한다는 취지일 뿐이고, 이로써 사업장폐기물배출자의 사법상 권리 · 의무까지 당연히 승계되는 것은 아니라고 보아야 한다"(대법원 2002. 10. 22. 선고 2002다46331 판결)라고 판시한 바 있다.

2. 사안에의 적용

판례에 따르면 사안에서 己가 폐기물관리법 제17조 제9항에 의하여 丙의 공법상 권리 · 의무를 승계한다고 하여도 사법상 권리 · 의무까지 승계하는 것은 아니다. 따라서 폐기물 배출자인 丙이 오니 등을 사업장 위에 적치함으로써 己의 소유권을 방해하고 있으므로 己가 丙에 대하여 방해배제를 청구할 수 있고, 丙은 특별한 사정이 없는 한 위 방해배제를 구하는 己에 대하여 폐기물을 취거하고 그 부분 대지를 인도할 의무가 있다.

Ⅳ. 결 론

B구청장이 己에게 경락받은 사업장에 적치되어 있는 오니 등에 대한 처리 명령을 한 것은 폐기물관리법 제17조 제9항에 근거하여 적법하고, 이와는 별개로 己가 丙에 대하여 오니 등을 수거하고 해당 부지를 인도하라는 소를 제기하는 경우 위 방해배제청구는 인용될 것이다.

참조판례

1. 권리 · 의무의 승계효과: 대법원 2002. 10. 22. 선고 2002다46331 판결(판례 [30])

※ 주의사항

1. 2019. 11. 26. 개정 법은 부적정처리폐기물 개념을 도입하고, 조치명령대상자의 범위를 대폭 확대하였음.
2. 권리 · 의무의 승계 규정은 다른 법에도 등장하는데, 공법상 권리 · 의무를 승계한다는 판례는 이들 법 해석 · 적용에도 유효할 것임.

63

적합통보와 개발행위허가

(법전원협의회 2022년도 제2차 변호사시험 모의시험)

사 례

甲은 A시 소재 토지의 소유자로서 관할 유역환경청장 B로부터 폐기물처리사업계획서 적합통보(1일 처리능력 91.2t)를 받은 다음, A시의 시장(이하 'A시장'이라 한다)에게 폐기물처분(소각)시설을 설치하기 위한 건축허가(「국토의 계획 및 이용에 관한 법률」 제56조에 따른 개발행위허가 포함)를 신청하였다.

A시는 전국면적의 약 1%를 차지하고 있으나 환경부 통계에 따르면 폐기물소각시설 용량은 전국 시설용량의 약 18%로 과도하게 밀집되어 있으며, A시에 위치한 6개의 소각업체 중 3개 업체가 甲의 신청지역 인접지역에서 운영 중이다. 소각시설 밀집으로 인한 A시 주민의 환경피해 및 주민건강 위협 사항에 대하여 현재 환경부의 '주민건강역학조사'가 추진되고 있다.

문 1. 甲의 사업예정지로부터 2㎞ 정도 떨어진 곳에 거주하고 있는 주민 丙이 B를 상대로 이 사건 폐기물처리사업계획서 적합통보에 대하여 취소소송을 제기하는 경우 원고적격 및 항고소송의 대상적격을 검토하시오.

문 2. 甲은 자신이 환경부로부터 「폐기물관리법」상 폐기물처리사업계획서에 대한 적합통보를 받았으므로 A시장은 개발행위허가 처분을 하여야 한다고 주장한다. 甲의 주장의 타당성을 검토하시오.

참조조문

국토의 계획 및 이용에 관한 법률 제56조 (개발행위의 허가)

① 다음 각 호의 어느 하나에 해당하는 행위로서 대통령령으로 정하는 행위(이하 "개발행위"라 한다)를 하려는 자는 특별시장 · 광역시장 · 특별자치시장 · 특별자치도지사 · 시장 또는 군수의 허가(이하 "개발행위허가"라 한다)를 받아야 한다. 다만, 도시 · 군계획사업(다른 법률에 따라 도시 · 군계획사업을 의제한 사업을 포함한다)에 의한 행위는 그러하지 아니하다.

1. 건축물의 건축 또는 공작물의 설치

제57조(개발행위허가의 절차) ① 개발행위를 하려는 자는 그 개발행위에 따른 기반시설의 설치나 그에 필요한 용지의 확보, 위해(危害) 방지, 환경오염 방지, 경관, 조경 등에 관한 계획서를 첨부한 신청서를 개발행위허가권자에게 제출하여야 한다. 이 경우 개발밀도관리구역 안에서는 기반시설의 설치나 그에 필요한 용지의 확보에 관한 계획서를 제출하지 아니한다. 다만, 제56조 제1항 제1호의 행위 중 「건축법」의 적용을 받는 건축물의 건축 또는 공작물의 설치를 하려는 자는 「건축법」에서 정하는 절차에 따라 신청서류를 제출하여야 한다.

제58조(개발행위허가의 기준) ① 특별시장 · 광역시장 · 특별자치시장 · 특별자치도지사 · 시장 또는 군수는 개발행위허가의 신청 내용이 다음 각 호의 기준에 맞는 경우에만 개발행위허가 또는 변경허가를 하여야 한다.

4. 주변지역의 토지이용실태 또는 토지이용계획, 건축물의 높이, 토지의 경사도, 수목의 상태, 물의 배수, 하천 · 호소 · 습지의 배수 등 주변환경이나 경관과 조화를 이룰 것

국토의 계획 및 이용에 관한 법률 시행령 제56조 (개발행위허가의 기준)

① 법 제58조제3항에 따른 개발행위허가의 기준은 별표 1의2와 같다.

별표 1의2 제1호 (라)목 (2)항 개발행위로 인하여 당해 지역 및 그 주변지역에 대기오염 · 수질오염 · 토질오염 · 소음 · 진동 · 분진 등에 의한 환경오염 · 생태계파괴 · 위해발생 등이 발생할 우려가 없을 것. 다만, 환경오염 · 생태계파괴 · 위해발생 등의 방지가 가능하여 환경오염의 방지, 위해의 방지, 조경, 녹지의 조성, 완충지대의 설치 등을 허가의 조건으로 붙이는 경우에는 그러하지 아니하다.

해 설

문 1. 甲의 사업예정지로부터 2㎞ 정도 떨어진 곳에 거주하고 있는 주민 乙이 B를 상대로 이 사건 폐기물처리사업계획서 적합통보에 대하여 취소소송을 제기하는 경우 원고적격 및 항고소송의 대상적격을 검토하시오.

Ⅰ. 문제의 소재

제3자인 인근 주민에게 원고적격이 인정되는지, 적합통보의 법적 성질과 처분성 여부에 대한 검토가 필요하다.

Ⅱ. 원고적격

1. 근거 규정

행정소송법 제12조은 "취소소송은 처분 등의 취소를 구할 법률상 이익이 있는 자가 제기할 수 있다"라고 규정하고 있으므로, 항고소송에 있어서 소를 제기할 수 있는 자격(원고적격)이 인정되기 위하여는 위 규정상의 "법률상 이익이 있는 자"이어야 한다.

2. 법률상 이익이 있는 자

행정소송법 제12조에서 말하는 '법률상 이익'이 '법이 실체법적으로 보호하고 있는 이익'만을 의미한다는 법률상 이익구제설, '법이 보호할 가치가 있는 이익'을 의미한다는 보호가치 이익구제설이 대립하고 있다. 더 나아가 '법률상 이익'에서 말하는 '법률'이 단지 실체요건법규만을 의미하는 것인지, 아니면 절차요건 법규 또는 헌법상의 환경권 또는 환경이익을 포함하는지에 대하여도 다툼이 계속되고 있다.

판례는 법률상 이익의 개념에 관하여 "당해 처분의 근거법규 및 관련법규에 의하여 보호되는 개별적 · 직접적 · 구체적 이익이 있는 경우를 말하고, 다만 공익보호의 결과로 국민 일반이 공통적으로 가지는 일반적 · 간접적 · 추상적 이익과 같이 사실적 · 경제적 이해관계를 가지는데 불과한 경우는 여기에 포함되지 아니한다"고 판시해 옴으로써, 이른바 '법률상 이익구제설'을 취하고 있다.

당해 행정처분의 근거 법규 또는 관련 법규에 그 처분으로써 이루어지는 행위등 사업으로 인하여 환경상 침해를 받으리라고 예상되는 영향권의 범위가 구체적으로 규정되어 있는 경우 그 영향권 내의 주민들에 대하여는 당해 처분으로 인하여 직접적 이고 중대한 환경피해를 입으리라고 예상할 수 있고, 이와 같은 환경상의 이익은 주민개개인에 대하여 개별적으로 보호되는 직접적, 구체적 이익으로서 그들에 대하여는 특단의 사정이 없는 한 환경상 이익에 대한 침해 또는 침해 우려가 있는 것으로 사실상 추정되어 법률상 보호되는 이익으로 인정됨으로써 원고적격이 인정된다.

그러나 그 영향권 밖의 주민들은 당해 처분으로 인하여 그 처분 전과 비교하여 수인한도를 넘는 환경피해를 받거나 받을 우려가 있다는 자신의 환경상 이익에 대한 침해 또는 침해 우려가 있음을 증명하여야만 법률상 보호되는 이익으로 인정되어 원고적격이 인정된다(대법원 2009. 9. 24. 선고 2009두2825 판결 참조).

3. 사안에의 적용

폐기물처리사업계획서 적합통보의 근거법령은 폐기물관리법 제25조 제2항이다. 이에 따르면 행정청은 폐기물 처리사업계획서를 검토할 때 폐기물처리시설의 설치 운영으로 상수원보호구역의 수질이 악화되거나 환경기준의 유지가 곤란하게 되는 등 사람의 건강이나 주변 환경에 영향을 미치는지 여부 등을 검토한 후 그 적합 여부를 통보하여야 한다.

이 규정의 취지는 폐기물처리시설이 설치됨으로써 대기오염물질 등으로 인하여 직접적으로 중대한 환경상 피해를 입을 것으로 예상되는 주민들이 환경상 침해를 받지 아니한 채 쾌적하고 안전하게 생활할 수 있는 개별적 이익까지 구체적, 직접적으로 보호하려는 것이다.

동 법령에는 처분에 따른 사업의 시행으로 인하여 발생할 것으로 예상되는 환경상 침해 영향권의 예상 범위가 구체적으로 규정되어 있지 아니하므로, 사업예정지 인근의 주민은 당해 처분으로 인하여 그 처분 전과 비교하여 수인한도를 넘는 환경피해를 받거나 받을 우려가 있다는 점을 입증하여야만 원고적격을 인정받을 수 있을 것이다.

폐기물처분(소각)시설이 추가로 설치될 경우, 이미 폐기물소각장의 난립으로 환경오염이 악화되어 환경부에서 주민건강역학조사까지 추진 중에 있는 점을 고려해 보았을 때, 甲이 얻고자 하는 폐기물처리업의 허가와 그 사전절차로서 진행하고 있는 사업계획서 적합통보는 甲의 사업부지에서 불과 2km 정도 떨어진 곳에 거주하는 乙에게 수인한도를 넘는 환경피해를 야기할 우려가 있다고 볼 수 있다. 따라서 乙의 원고적격이 인정될 수 있을 것이다.

Ⅲ. 항고소송의 대상적격

1. 처분성

항고소송의 대상은 행정소송법 제2조 제1항 제1호에 따라 처분성을 가져야 한다. 행정소송법은 '처분 등'을 "행정청이 행하는 구체적 사실에 관한 법집행으로서의 공권력의 행사 또는 그 거부와 그 밖에 이에 준하는 행정작용 및 행정심판에 대한 재결"이라고 정의하고 있다(제2조 제1항 제1호). 이때의 처분성은 국민의 구체적인 권리 · 의무에 직접적 변동을 초래하는 행위로 볼 것이다.

2. 적합통보제도의 의의와 효력

폐기물의 처리를 업으로 하려는 자는 폐기물처리 사업계획서를 환경부장관이나 시·도지사에게 제출하고(동법 제25조 제1항), 환경부장관 등은 적합여부를 통보하여야 한다(동조 제2항). 이 제도는 본 허가거부 시 폐기물처리업자가 입게 될 경제적·시간적 손실을 사전에 방지하고 본 허가신청 전에 사전에 사업의 적합여부를 심사함으로써 허가단계에서는 나머지 허가요건만을 심사하여 신속하게 업무를 처리하고자 하는 데에 있다(대법원 2011. 11. 10. 선고 2011두12283 판결).

판례는 폐기물처리사업계획서에 대한 부적합통보에 대하여는 일관되게 처분성을 인정해 오고 있다. 즉 폐기물처리업의 허가를 받기 위하여는 먼저 사업계획서를 제출하여 허가권자로부터 사업계획에 대한 적정통보를 받아야 하고 그 적정통보를 받은 자만이 허가신청을 할 수 있으므로, 만일 부적합통보를 받았다면 허가자체를 신청할 수 없고 나아가 폐기물처리업을 할 수 없으므로 부적합통보는 개인의 권리 내지 법률상의 이익을 개별적이고 구체적으로 규제하고 있어 행정처분에 해당한다(대법원 1998. 4. 28. 선고 97누21086 판결).

3. 사안에의 적용

적합통보의 경우에도, 허가신청으로 나아갈 수 있는 법률효과가 발생하고 허가여부는 시설, 장비, 기술능력, 자본금 등을 갖추었는지 여부만을 보아 결정되므로, 처리업허가로 신속히 나아갈 가능이 크므로 인근 주민 乙에게 침익적 효과를 가져온다고 할 것이다. 결국 적합통보는 취소소송의 대상인 처분성을 인정할 수 있을 것이다.

문 2. **甲은 자신이 환경부로부터 「폐기물관리법」상 폐기물처리사업계획서에 대한 적합통보를 받았으므로 A시장은 개발행위허가 처분을 하여야 한다고 주장한다. 甲의 주장의 타당성을 검토하시오.**

I. 문제의 소재

폐기물관리법상 폐기물처리업허가 사업계획서 적합통보를 받은 후에도 A시장이 개발행위허가를 거부할 수 있는지 여하가 검토되어야 한다. 이를 위해서는 국토의 계획 및 이용에 관한 법률(국토계획법) 개발행위허가의 요건 및 성질 등에 대한 검토가 요구된다.

Ⅱ. 국토계획법상 개발행위허가의 요건 및 성질

국토계획법 제58조 제1항 제4호와 그 위임에 따른 국토계획법 시행령 제56조 제1항 [별표 1의2] 제1호 (라)목 (2)항은 '환경오염 등이 발생할 우려가 없을 것'을 개발행위허가기준으로 규정하고 있는데, 국토계획법령의 입법목적이 공공복리를 증진시키고 국민의 삶의 질을 향상시키는 데 있는 점을 고려하면 개발행위로 인하여 발생할 수 있는 환경오염 등을 방지하는 것은 외형적 · 미(美)적 어울림 등 다른 허가기준과 비교하더라도 가장 중요한 공익에 해당하므로 다른 허가기준과 비교하여 부차적인 허가기준에 불과하다고 볼 수 없다.

Ⅲ. 폐기물처리업 사업계획서 적합통보와 개발행위허가의 관계

폐기물처리사업계획 적합 통보는 폐기물처리시설의 입지가 관련 법률에 저촉되는지 여부만을 심사하여 이루어지는 것일 뿐, 관련 법률이 행정청에 부여한 재량권을 어떻게 행사할 것인지 여부까지 심사하여 이루어지는 것이 아니다. 따라서 폐기물관리법상 폐기물처리사업계획 적합 통보가 있었다고 하더라도 행정청은 '환경오염 발생 우려' 등 개발행위허가기준에 부합하는지 여부를 판단함에 있어 재량권을 행사할 수 있다.

나아가 '환경오염 발생 우려'와 같이 장래에 발생할 불확실한 상황과 파급효과에 대한 예측이 필요한 요건에 관한 행정청의 재량적 판단은 폭넓게 존중될 필요가 있고, 폐기물관리법 및 통합환경법과 국토계획법은 각기 입법목적과 취지, 규율대상을 달리하고 있으므로, 폐기물관리법상 폐기물처리시설의 설치 승인이 의제되는 통합환경법상 통합허가를 별도로 받아야 한다고 하여 국토계획법상 개발행위허가기준이 완화되어야 한다고 볼 수 없다(대전고법 2021. 7. 21. 선고 2020누1149 판결 참조).

Ⅳ. 결 론

결국 甲의 주장은 타당하지 않다.

참조판례

대전고법 2021. 7. 21. 선고 2020누1149 판결(상고 기각, 확정)

64

폐기물처리업에 대한 규제

(2020년도 제3차 변호사시험 모의시험)

사 례

염료제조공장을 경영하는 甲은 2015. 3. 이래 자신의 사업장에서 배출되는 오니를 포함한 공정잔해물(이하 '오니 등'이라 한다)을 폐기물 중간재활용업을 운영하고 있는 乙에게 위탁처리하였다. 한편, 최근 근저당권이 설정되어 있던 甲 소유의 공장 사업장과 부속건물 등에 대하여 일괄 경매가 실시되었고, 물류창고업자 丙이 이를 경락받아 소유권을 취득하였다. 그런데 甲의 사업장 지상에는 오니 등이 처리되지 않은 채 적치되어 있었다. 이에 관할 행정청은 丙에게 적치되어 있는 오니 등을 일정한 기간을 정하여 처리할 것을 명령하였다.

폐기물 중간재활용업자로서 은 甲 등의 사업장으로부터 수거해 온 오니 등을 자신의폐기물처리를 보증하는 보험에 가입한 乙 처리시설 부지 위에 적치한 채, 선별, 풍화, 혼합, 숙성의 과정을 거쳐 가공하여 재생골재를 만들어 판매하였다. 재생골재는 도로포장재 등의 제품을 만드는 원료로 사용되는데, 한 동안 수요가 증가하였으나 더 값싼 대체물질이 개발되자 수요가 감소하였고, 乙은 판매하고 남은 재생골재를 자신의 부지 저지대 매립에 사용하였다.

그런데 乙의 사업장 부지 주변에서 악취가 발생하고 있다는 인근 주민의 민원이 제기되자 관할 행정청에서는 원인조사에 들어갔다. 관할 행정청은 악취의 원인이 乙의 사업장에 적치되어 있는 오니에서 발생하는 것이라는 사실을 알게 되었다. 이에 관할 행정청은 일정한 조치를 강구하고 있다.

문 1. 관할 행정청이 丙에게 오니 등의 처리를 명령한 것이 적법한지 검토하시오.

문 2. 乙의 폐기물처리(중간재활용) 영업과 관련된 아래 질문에 답하시오.

(1) 乙이 이 사건 재생골재를 자신의 사업장에 매립한 행위의 형사처벌 가능

성을 검토하시오.

(2) 乙이 환경부령이 정한 보관량 및 보관기간을 초과하여 오니 등 폐기물을 보관한 경우, 관할 행정청이 취할 수 있는 조치를 검토하시오.

(3) 乙이 오니 등 폐기물을 자신의 사업장에 방치한 채 35일이 넘도록 휴업하는 경우, 관할 행정청이 방치폐기물의 처리와 관련하여 취할 수 있는 조치를 검토하시오.

(4) 丁이 압류재산 매각 절차에 따라 乙의 폐기물처리시설 부지를 인수하였다면, 관할 행정청은 丁에게 당해 폐기물처리시설에 대한 개선명령 및 방치폐기물의 처리명령을 내릴 수 있는지 검토하시오.

해 설

문 1. 관할 행정청이 丙에게 오니 등의 처리를 명령한 것이 적법한지 검토하시오.

Ⅰ. 문제의 소재

공법상 조치의무의 승계규정과 그 해석 및 적용이 문제된다.

Ⅱ. 처리명령의 근거규정

1. 사업장폐기물과 관련한 권리·의무의 승계

폐기물관리법 제17조 제9항은 "민사집행법에 따른 경매, 채무자 회생 및 파산에 관한 법률에 따른 환가(換價)나 국세징수법·관세법 또는 지방세기본법에 따른 압류재산의 매각, 그 밖에 이에 준하는 절차에 따라 사업장폐기물배출자의 사업장 전부 또는 일부를 인수한 자는 그 사업장폐기물과 관련한 권리와 의무를 승계한다"고 규정함으로써 사업장의 양수인, 상속인 등에게 사업장폐기물의 처리의무를 승계시키고 있다.

2. 폐기물 처리에 대한 조치명령

환경부장관, 시·도지사 또는 시장·군수·구청장은 부적정처리폐기물(제13조에 따른 폐기물의 처리 기준과 방법 또는 제13조의2에 따른 폐기물의 재활용 원칙 및 준수사항에 맞지 아니하게 처리되거나 제8조 제1항 또는 제2항을 위반하여 버려지거나 매립되는 폐기물을 말한다)이 발생하면 제1호부터 제6호까지의 사업장폐기물배출자에 대하여 제17조 제8항 또는

제9항에 따라 권리 · 의무를 승계한 자에게 기간을 정하여 폐기물의 처리방법 변경, 폐기물의 처리 또는 반입 정지 등 필요한 조치를 명할 수 있다(동법 제48조 제1항 제7호).

Ⅲ. 결 론

폐기물관리법 제48조 제1항 제7호 및 제17조 제9항에 근거하여 관할 행정청이 丙에게 오니 등의 처리를 명령한 것은 적법하다(사안에서 분명치 아니하나 丙이 제13조에 따른 폐기물의 처리 기준과 방법으로 정한 보관기간을 초과하여 폐기물을 보관하는 경우에는 관할 행정청이 동법 제39조의2에 근거하여 일정한 기간을 정하여 폐기물의 처리를 명할 수 있을 것이다).

문 2. (1) 乙이 이 사건 재생골재를 자신의 사업장에 매립한 행위의 형사처벌 가능성을 검토하시오.

Ⅰ. 문제의 소재

폐기물무단매립죄에 해당하는지 문제가 되는데, 그 전제로 해당 재생골재가 폐기물인지 여부를 검토하여야 한다.

Ⅱ. 폐기물의 개념

1. 폐기물의 표지: 필요성

폐기물관리법은 '폐기물'을 "쓰레기 · 연소재 · 오니 · 폐유 · 폐산 · 폐알카리 · 동물의 사체 등으로서 사람의 생활이나 사업활동에 필요하지 아니하게 된 물질"로 정의하고 있다(제2조 제1호). 이와 같이 동법은 폐기물의 표지로 '필요성'을 제시하고 있는데, 문제는 생활이나 사업활동에 필요하지 않다는 것을 어떻게 판단할 것인가이다. 판례는 배출자의 주관적 의사와 물건의 객관적 성상 등을 함께 고려하고 있다.

2. 폐기물의 속성이 상실되는 시점

법원은 당해 사업장에서 폐기된 물질이 재활용 원료로 공급된다는 사정만으로 폐기물의 성질을 상실한다고 볼 것은 아니라고 판단하고 있다(대법원 2001. 6. 1. 선고 2001도70 판결). 한편, 판례는 "위와 같은 물질을 공급받은 자가 이를 파쇄, 선별, 풍화, 혼합 및 숙성의 방법으로 가공한 후 완제품을 생산하는 경우에 있어서는 그 물질을 공급받는 자의 의사, 그 물질의 성상 등에 비추어 아직 완제품에 이르지 아니하였다고 하더라도 위와 같은 가공과정을 거쳐 객관적으로 사람의 생활이나 사업활동에 필요하다고 사회통념상 승인될 정도에 이르렀다면 그 물질은 그 때부터는 폐기물로서의 속성을 잃고 완제품 생산을 위한 원료물질로 바뀌었다고 할 것이어서 그 물질을 가리켜 사업활동에 필요하지 아니하게 된 폐기된 물질, 즉 폐기물에 해당한다고 볼 수 없다"고 판시함으로써(대법원 2012. 4. 13. 선고 2010도16314 판결), 폐기물을 재활용하는 경우 폐기물의 속성이 상실되는 시점으로 객관적으로 사람의 생활이나 사업활동에 필요하다고 사회통념상 승인될 정도에 이른 시점을 제시하고 있다.

Ⅲ. 결　론

누구든지 이 법에 따라 허가 또는 승인을 받거나 신고한 폐기물처리시설이 아닌 곳에서 폐기물을 매립하거나 소각하여서는 아니 된다(제8조 제2항). 이를 위반한 자에 대하여는 벌칙이 부과된다(제63조). 결국 乙이 매립한 재생골재가 가공과정을 거쳐 객관적으로 사람의 생활이나 사업활동에 필요하다고 사회통념상 승인될 정도에 이르러 폐기물로서의 속성을 잃었는지 여부가 관건인데, 폐기물로서의 속성을 잃었다고 할 수 있으므로 폐기물무단매립죄는 성립할 수 없다(반대 견해가 있을 수 있음).

문 2. (2) 乙이 환경부령이 정한 보관량 및 보관기간을 초과하여 오니 등 폐기물을 보관한 경우, 관할 행정청이 취할 수 있는 조치를 검토하시오.

Ⅰ. 문제의 소재

폐기물처리업자의 준수사항 위반 여부 및 이에 대한 행정청의 조치권한이 문제가 된다.

Ⅱ. 폐기물처리업자의 준수사항

폐기물관리법 제25조 제9항 제2호에 따르면 폐기물처리업자는 환경부령으로 정하는 양 또는 기간을 초과하여 폐기물을 보관하지 말아야 한다. 시행규칙에서는 폐기물 중간재활용업자가 폐기물을 보관하는 경우 양은 1일 처리용량의 30일분 보관량 이하, 기간은 30일 이내로 정하고 있다(제31조 제1항 제4호).

Ⅲ. 행정청의 조치 권한

1. 허가 취소 등과 과징금 부과

환경부장관이나 시·도지사는 폐기물처리업자가 제25조 제9항을 위반하여 폐기물을 보관하거나 준수사항을 위반한 경우에 해당하면 그 허가를 취소하거나 6개월 이내의 기간을 정하여 영업의 전부 또는 일부의 정지를 명령할 수 있으며(제27조 제2항 제8호), 제27조에 따라 폐기물처리업자에게 영업의 정지를 명령하려는 때 그 영업의 정지가 천재지변이나 그 밖의 부득이한 사유로 해당 영업을 계속하도록 할 필요가 있다고 인정되는 경우 등 일정한 경우에 해당한다고 인정되면 그 영업의 정지를 갈음하여 대통령령으로 정하는 매출액에 100분의 5를 곱한 금액을 초과하지 아니하는 범위에서 과징금을 부과할 수 있다(제28조).

2. 폐기물 처리명령

환경부장관 또는 시·도지사는 폐기물처리업자에 대하여 제27조에 따른 허가취소 또는 영업정지를 명하려는 경우에는 폐기물처리업자에게 기간을 정하여 보관하는 폐기물의 처리를 명하여야 하며(제39조의3), 명령을 받은 자가 그 명령을 이행하지 아니하면 행정대집행법에 따라 대집행을 하고 그 비용을 징수할 수 있다(제49조).

3. 형사고발

제25조 제9항에 따른 준수사항을 지키지 아니한 자에 대하여 벌칙이 부과되는바(제66조 제9호), 이를 위하여 관할 행정청은 형사고발할 수 있다.

Ⅳ. 결　　론

결국 관할 행정청은 폐기물관리법 제25조 제9항 제2호를 위반한 乙에 대하여 허가취소 또는 영업정지, 폐기물 처리명령, 형사고발 조치 등을 할 수 있다.

문 2. (3) 乙이 오니 등 폐기물을 자신의 사업장에 방치한 채 35일이 넘도록 휴업하는 경우, 관할 행정청이 방치폐기물의 처리와 관련하여 취할 수 있는 조치를 검토하시오.

Ⅰ. 문제의 소재

방치폐기물의 처리와 관련한 행정청의 조치권한이 문제된다

Ⅱ. 방치폐기물에 대한 행정청의 조치권한

1. 방치폐기물의 처리명령 등

방치폐기물처리 보증제도에 따라 환경부장관 또는 시·도지사는 폐기물처리업자가 대통령령으로 정하는 기간을 초과하여 휴업을 하거나 폐업 등으로 조업을 중단(허가취소·영업정지 또는 폐쇄명령·처리금지명령에 따른 조업 중단은 제외)하면 기간을 정하여 그 폐기물처리업자에게 그가 보관하고 있는 폐기물의 처리를 명할 수 있다(제40조 제2항), 시행령에서는 폐기물의 처리명령 대상이 되는 조업중단 기간으로 1개월을 들고 있는바(시행령 제20조 제3호), 사안에서 乙이 1개월을 초과하여 35일 휴업으로 조업을 중단하는 경우 관할 행정청은 기간을 정하여 乙에게 폐기물의 처리를 명할 수 있을 것이다. 이 명령을 받은 자가 그 명령을 이행하지 아니하면 그가 보관하고 있는 방치폐기물의 처리에 관하여 다음의 조치를 할 수 있다: ① 폐기물처리공제조합에 분담금을 납부한 경우에는 폐기물처리공제조합에 대한 방치폐기물의 처리명령; ② 폐기물의 처리를 보증하는 보험에 가입한 경우에는 방치폐기물의 처리와 보험사업자에게서 보험금 수령(제40조 제4항).

2. 허가취소

환경부장관이나 시·도지사는 乙이 제40조 제2항에 따른 명령을 이행하지 아니한 경우에는 그 허가를 취소하여야 한다(제27조 제18호).

3. 대집행

관할 행정청은 제40조 제2항에 따른 명령을 받은 자가 그 명령을 이행하지 아니하면 행정대집행법에 따라 대집행을 하고 그 비용을 징수할 수 있다(제49조).

4. 형사고발

제40조 제2항에 따른 준수사항을 지키지 아니한 자에 대하여 벌칙이 부과되는바(제65조 제21호), 이를 위하여 관할 행정청은 형사고발할 수 있다.

Ⅲ. 결 론

결국 관할 행정청은 폐기물관리법 제40조 제2항을 위반한 乙에 대하여 폐기물 처리명령, 명령 불이행시 행정청의 처리 및 보험금 수령, 허가취소, 대집행, 형사고발 조치 등을 할 수 있다.

문 2. (4) 丁이 압류재산 매각 절차에 따라 乙의 폐기물처리시설 부지를 인수하였다면, 관할 행정청은 丁에게 당해 폐기물처리시설에 대한 개선명령 및 방치폐기물의 처리명령을 내릴 수 있는지 검토하시오.

Ⅰ. 문제의 소재

압류재산 매각절차를 통해 폐기물처리시설의 부지를 인수한 자가 폐기물처리업자의 의무를 승계하는지 여부가 문제된다.

Ⅱ. 폐기물처리업자의 권리 · 의무의 승계

1. 허가 등에 따른 권리 · 의무의 승계

폐기물처리업자로부터 폐기물처리업, 폐기물처리시설을 양수하거나 민사집행법에 따른 경매, 채무자 회생 및 파산에 관한 법률에 따른 환가(換價)나 국세징수법 · 관세법 또는 지방세징수법에 따른 압류재산의 매각, 그 밖에 이에 준하는 절차에 따라 인수하는 경우에 해당 양수인 또는 인수인은 폐기물처리업등의 허가 · 승인 · 등록 또는 신고에 따른 권리 · 의무를 승계한다(제33조 제1항). 폐기물처리시설 부지를 인수한 경우도 폐기물처리시설을 인수한 것에 포함되는지 여부가 문제되나, 폐기물처리업을 인수한 경우로 한정하지 않고 시설 등을 인수한 경우도 규율하고 있으므로 부지도 시설에 포함하는 것으로 볼 수 있다. 그 결과 폐기물처리시설을 인수한 丁은 허가 등에 따른 권리 · 의무를 승계하는바, 관할 행정청은 동 조항에 근거하여 따라 처리명령을 내릴 수 있다.

2. 폐기물처리시설의 유지 · 관리의무

폐기물처리시설을 설치 · 운영하는 자는 환경부령으로 정하는 관리기준에 따라 그 시설을 유지 · 관리하여야 한다(제31조 제1항). 환경부장관은 폐기물처리시설의 설치 또는 유지 · 관리가 관리기준에 맞지 아니한 경우에는 그 시설을 설치 · 운영하는 자에게 기간을 정하여 그 시설의 개선을 명하거나 그 시설의 사용중지를 명할 수 있다(동조 제4항).

3. 인수인에 대한 방치폐기물처리 명령

환경부장관 또는 시 · 도지사는 제40조 제2항에 따라 폐기물처리업자에게 처리명령을 하였음에도 불구하고 처리되지 아니한 폐기물이 있으면 제33조 제1항부터 제3항까지에 따라 권리 · 의무를 승계한 자에게 기간을 정하여 폐기물의 처리를 명할 수 있다(제40조 제3항).

Ⅲ. 결　　론

관할 행정청은 丁에게 제33조 제1항에 따른 처리명령, 제31조 제1항에 따른 개선명령, 제40조 제3항에 따른 방치폐기물처리 명령 등이 가능하다.

65

방치폐기물 (1)

(법전원협의회 2016년도 제1차 변호사시험 모의시험)

사 례

甲은 대형 자동차 정비사업장을 운영하는 사업자이고, 이 사업장에서는 월 평균 10톤 가량의 폐타이어가 배출되고 있다. 乙은 폐타이어 재활용을 주된 영업대상으로 하는 폐기물 종합재활용업자로서, A 광역시가 조성한 산업단지에서 폐타이어를 재활용하여 공사용 충전재, 매트, 바닥재 등을 만드는 영업을 하고 있다. 甲은 乙과 폐타이어의 처리를 위한 위탁계약을 체결하였고, 乙은 甲의 사업장에서 폐타이어 10톤을 운반하여 자신의 사업장 부지에 적치하였다.

한편 乙은 국내에서 재활용을 위한 폐타이어 공급이 부족하자 환경부에 수입신고를 하고 B국으로부터 폐타이어 20톤을 수입하여 자신의 사업장 부지에 적치하였다. 그런데 매스컴 등을 통하여 B국으로부터 방사능에 오염된 폐기물이 수입되었다는 보도가 있자, A 광역시에서는 실태조사에 나섰고, 조사결과 乙이 수입한 폐타이어 일부에서 방사능오염물질이 검출되었다.

이에 인근 주민들이 乙의 사업장 폐쇄 등을 요구하고 나섰고, 설상가상으로 오랫동안 지속된 불경기로 사업이 어려워지자 乙은 휴업을 하였고 1개월 넘게 영업을 중단한 상태에 있다. 현재 乙 사업장 부지에는 甲 사업장에서 수거한 폐타이어 10톤, B국에서 수입한 폐타이어 20톤이 쌓여 있고, 부지 한쪽에는 건축폐기물이 5톤 정도 쌓여 있다. 이들 폐기물은 폐기물관리법 제13조 및 제13조의2에 따른 처리기준에 맞게 보관되어 왔다. 그리고 乙은 폐기물재활용공제조합 丙에 분담금을 납부하고 회원사로 가입해 있다.

문 1. 현재 乙 사업장 부지에 적치되어 있는 폐타이어의 처리를 위하여 관계 행정청이 취할 수 있는 조치에 대하여 폐기물관리법을 근거로 검토하시오.

문 2. A 광역시장은 공제조합 丙에게 乙의 폐기물 허용보관량을 2배 이상 초과하는 폐기물의 처리를 명하였고, 乙의 사업장 부지 한쪽에 방치되어 있던 건축폐기물의 처리도 명하였다. 이에 丙은 A 광역시장이 처리를 명한 폐기물의 양이 너무 많고, 또한 건축폐기물은 乙의 영업대상 폐기물이 아니므로 이를 처리할 의무가 없다고 주장하고 있다. 이 주장의 당부에 대하여 검토하시오.

문 3. 만일 乙이 휴업 후 丁에게 폐기물처리업을 양도한 경우, A 광역시장이 丁에게 乙 사업장 부지에 적치되어 있는 폐타이어의 처리를 명하는 것이 가능한지 폐기물관리법을 근거로 검토하시오.

해 설

문 1. 현재 乙 사업장 부지에 적치되어 있는 폐타이어의 처리를 위하여 관계 행정청이 취할 수 있는 조치에 대하여 폐기물관리법을 근거로 검토하시오.

Ⅰ. 문제의 소재

폐기물처리업자 乙이 사업장 부지에 적치한 폐기물의 처리가 문제된다. 여기에서 방치폐기물의 처리와 관련해서는 방치폐기물처리 보증제도(폐기물관리법 제40조)에 대한 이해가 필요하다. 나아가 수입폐기물의 처리와 관련해서는 제24조의3의 적용을 검토할 필요가 있다.

Ⅱ. 방치폐기물의 처리

1. 관련 규정

동법은 방치폐기물의 처리를 위한 폐기물처리의 보증 방법으로 폐기물처리업자로 하여금 폐기물처리공제조합에의 분담금 납부와 보험가입 두 가지를 들고 있다(제40조 제1항). 이러한 방치폐기물처리 보증제도에 따라 환경부장관 또는 시·도지사는 폐기물처리업자가 대통령령으로 정하는 기간을 초과하여 휴업을 하거나 폐업 등으로 조업을 중단(허가취소·영업정지 또는 폐쇄명령·처리금지명령에 따른 조업 중단은 제외)하면 기간을 정하여 그 폐기물처리업자에게 그가 보관하고 있는 폐기물의 처리를 명할 수 있으며(제40조 제2항), 이 명령을 받은 자가 그 명령을 이행하지 아니하면 그가 보관하고 있는 방치폐기물의 처리에 관하여 다음의 조치를 할 수 있다: ① 폐기물공제조합에 분담금을 납부한 경우에는 폐기물처리공제조합에 대한 방치폐기물의 처리명령; ② 폐기물의 처리를 보증하는 보험에 가입한 경우에는 방치폐기물의 처리와 보험사업자에게서 보험금 수령(제40조 제4항).

2. 사안에의 적용

(1) 乙

환경부장관 또는 A 광역시장은 제40조 제2항에 따라 기간을 정하여 폐기물처리업자 乙에게 폐기물의 처리를 명할 수 있다.

(2) 丙

환경부장관 또는 A 광역시장은 제40조 제4항에 따라 乙이 폐기물 처리명령을 받고서 이를 이행하지 아니하고 보관하는 폐기물(방치폐기물)을 공제조합 丙이 처리하도록 명할 수 있다.

3. 대집행

환경부장관 또는 A 광역시장은 제40조 제2항에 따른 명령을 받은 자(乙)가 그 명령을 이행하지 아니하면 행정대집행법에 따라 대집행을 하고 그 비용을 징수할 수 있다(제49조).

문 2. A 광역시장은 공제조합 丙에게 乙의 폐기물 허용보관량을 2배 이상 초과하는 폐기물의 처리를 명하였고, 乙의 사업장 부지 한쪽에 방치되어 있던 건축폐기물의 처리도 명하였다. 이에 丙은 A 광역시장이 처리를 명한 폐기물의 양이 너무 많고, 또한 건축폐기물은 乙의 영업대상 폐기물이 아니므로 이를 처리할 의무가 없다고 주장하고 있다. 이 주장의 당부에 대하여 검토하시오.

Ⅰ. 문제의 소재

A 광역시장이 丙에게 처리를 명할 수 있는 방치폐기물의 처리량의 기준, A 광역시장이 丙에게 조합원의 영업대상 폐기물이 아닌 방치폐기물에 대하여도 제40조 제4항에 따른 방치폐기물 처리명령을 할 수 있는지 여부가 문제된다.

Ⅱ. 방치폐기물의 처리량 기준

1. 관련 규정

법 제40조 제11항에서는 환경부장관 또는 시·도지사가 폐기물처리공제조합에 방치폐기물의 처리를 명할 때에는 처리량과 처리기간에 대하여 대통령령으로 정하는 범위 안에서 할 수 있도록 명하여야 한다고 규정하고, 시행령 제23조 제1항에서는 법 제40조 제11항에 따라 폐기물처리 공제조합에 처리를 명할 수 있는 방치폐기물의 처리량을 그 폐기물처리업자의 폐기물 허용보관량의 1.5배 이내로 정하고 있다.

2. 사안에의 적용

폐기물 종합재활용업을 하는 乙은 폐기물처리업자이고, 따라서 동법 시행령 제23조 제1항에 따라 A 광역시장은 乙의 폐기물 허용보관량의 1.5배 이내에서 처리를 명할 수 있다. 따라서 A 광역시장이 丙에게 乙의 폐기물 허용보관량의 2배에 해당하는 폐기물의 처리를 명한 것은 타당하지 않다.

Ⅲ. 영업대상 폐기물이 아닌 방치폐기물에 대하여도 처리명령을 할 수 있는지 여부

1. 판 례

법원은 "조합원들의 방치폐기물에 대한 적정하고 신속한 처리를 위하여 설립된 폐기물처리공제조합(공제조합)이 처리하여야 할 폐기물들에 관하여 구 폐기물관리법(2003. 5. 29. 개정 전의 것) 제43조의2 제3항, 제43조의3 제1항이 그 영업대상폐기물로 제한하고 있지 아니하며, 공제조합의 설립목적이나 취지에 비추어 보아도 공제조합의 조합원이 방치한 폐기물이면 그 종류 여하를 불문하고 공제조합이 이를 먼저 처리한 후 폐기물을 방치한 조합원에게 그 비용을 구상할 수 있는 것으로 해석함이 상당하므로 공제조합에게 조합원의 영업대상폐기물이 아닌 방치폐기물에 대하여도 같은 법 제43조의2 제3항 제1호의 방치폐기물 처리명령을 할 수 있다고 한 원심의 판단은 정당하다"고 판단하고 있다(대법원 2006. 5. 26. 선고 2004두4574 판결).

2. 사안에의 적용

이러한 판례에 따를 경우 공제조합 丙에게 乙의 영업대상 폐기물이 아닌 건축폐기물에 대하여 방치폐기물 처리명령을 할 수 있다고 보는 것이 타당하다.

문 3. 만일 乙이 휴업 후 丁에게 폐기물처리업을 양도한 경우, A 광역시장이 丁에게 乙 사업장 부지에 적치되어 있는 폐타이어의 처리를 명하는 것이 가능한지 폐기물관리법을 근거로 검토하시오.

Ⅰ. 문제의 소재

乙이 휴업 후 丁에게 폐기물처리업을 양도한 사안에서 폐기물처리업자 등의 허가·승인 또는 신고에 따른 권리·의무의 승계규정(동법 제33조)의 적용 여하가 문제된다.

Ⅱ. 관련 규정

동법 제33조 제1항은 "폐기물처리업자, 제29조에 따른 폐기물처리시설의 설치승인을 받거나 신고를 한 자, 폐기물처리 신고자 또는 전용용기 제조업자가 폐기물처리업, 폐기물처리시설, 제46조 제1항에 따른 시설 또는 전용용기 제조업을 양수하거나 「민사집행법」에 따른 경매, 「채무자 회생 및 파산에 관한 법률」에 따른 환가(換價)나 「국세징수법」·「관세법」 또는 「지방세징수법」에 따른 압류재산의 매각, 그 밖에 이에 준하는 절차에 따라 인수하는 경우에 해당 양수인 또는 인수인은 환경부장관 또는 시·도지사의 허가를 받아야 한다. 이 경우 허가를 받은 양수인 또는 인수인은 폐기물처리업등의 허가·승인·등록 또는 신고에 따른 권리·의무를 승계한다"고 규정함으로써, 폐기물처리업자 등의 허가·승인 또는 신고에 따른 권리·의무의 승계규정을 두고 있다.

Ⅲ. 사안에의 적용

이 규정은 '폐기물처리업' 등 주체변경이 있는 경우 자칫 발생할 수 있는 관리의 공백과 관리책임의 소재가 불분명해지면서 발생하는 분쟁을 예방하고 폐기물처리업이나 폐기물처리시설이 제대로 가동되지 않는 결과를 방지하기 위한 것으로 이해된다. 그 결과 丁이 乙로부터 폐기물처리업을 양수받은 사안에서 A 광역시장은 丁에게 乙 사업장 부지에 적치되어 있는 폐타이어의 처리를 명하는 것이 가능할 것이다.

나아가 환경부장관 또는 시·도지사는 제40조 제2항 또는 제39조의3에 따라 폐기물처리업자나 폐기물처리 신고자에게 처리명령을 하였음에도 불구하고 처리되지 아니한 폐기물이 있으면 제33조 제1항부터 제3항까지에 따라 권리·의무를 승계한 자에게 기간을 정하여 폐기물의 처리를 명할 수 있으므로(제40조 제3항) A 광역시장은 경우에 따라 (사안에서 乙에 대한 처리명령이 이루어졌는지 분명하지 않음) 위 제40조 제3항에 따라 丁에게 폐타이어의 처리를 명할 수 있을 것이다.

참조판례

대법원 2006. 5. 26. 선고 2004두4574 판결

66

방치폐기물 (2)

(2016년도 제5회 변호사시험)

사 례

甲은 A시에서 화학제품을 제조하는 사업장을 운영하고 있다. 甲의 사업장에서는 주변 환경을 오염시킬 수 있는 폐유가 월 평균 20톤씩 배출되고 있다. 乙주식회사(이하 '乙'이라 한다)는 2014. 4. 30. 관할 행정청으로부터 각종 폐유의 폐기물 중간처리업 허가를 받아 5,000㎡ 면적의 X 토지 위에 폐유처리시설, 폐유저장고, 탱크로리 3대 등의 시설을 갖추고 폐기물처리업을 운영하였다. 乙은 영업을 시작하기 전에 폐기물처리공제조합 丙(이하 '丙'이라 한다)에게 분담금을 납부하였다. 그런데 乙은 2015. 2. 15. 경영악화로 인하여 휴업을 한 채 폐유저장고에 있던 1,000리터의 폐유를 방치하였다. 또한 X 토지 위에는 乙이 수거해 온 TV, 냉장고 등 가전폐기물도 10톤이 쌓여 있다. 한편, 丁은 폐기물 중간처리업을 하기 위하여 2015. 9. 10. 乙로부터 X 토지 및 폐기물처리시설 등을 양수하였다.

문 1. 甲은 乙에게 폐유의 처리를 위탁하려고 한다. 甲이 폐유를 위탁처리하기 전에 취하여야 할 폐기물관리법상의 조치는 무엇인지 검토하시오.

문 2. 乙의 X 토지 내 폐유저장고에 있는 폐유의 처리를 위하여 관할 행정청은 누구에게 어떠한 조치를 취할 수 있는지 폐기물관리법을 근거로 검토하시오.

문 3. 관할 행정청이 丙에게 폐유뿐만 아니라 X 토지 위에 쌓여 있던 가전폐기물의 처리를 함께 명하였다. 이에 丙은 가전폐기물을 영업대상 폐기물이 아니므로 이를 처리할 의무가 없다고 주장하고 있다. 이 주장의 당부에 대하여 검토하시오.

참조조문

폐기물관리법 시행령 [별표 1] 지정폐기물의 종류(제3조 관련)

1. 특정시설에서 발생되는 폐기물
2. 부식성 폐기물
3. 유해물질함유 폐기물(환경부령으로 정하는 물질을 함유한 것으로 한정한다)
4. 폐유기용제
5. 폐페인트 및 폐래커
6. 폐유
7. 폐석면
8. 폴리클로리네이티드비페닐 함유 폐기물
9. 폐유독물질
10. 의료폐기물
11. 그 밖에 주변환경을 오염시킬 수 있는 유해한 물질로서 환경부장관이 정하여 고시하는 물질

해 설

문 1. 甲은 乙에게 폐유의 처리를 위탁하려고 한다. 甲이 폐유를 위탁처리하기 전에 취하여야 할 폐기물관리법상의 조치는 무엇인지 검토하시오.

Ⅰ. 문제의 소재

甲이 폐유를 위탁처리하기 전에 취해야 하는 법상 조치가 무엇인지를 묻고 있으므로 우선 폐유가 지정폐기물인지 검토할 필요가 있다. 지정폐기물에 해당할 경우에는 특별히 폐기물관리법상 어떠한 규제가 이루어지는지 검토할 필요가 있다.

Ⅱ. 지정폐기물

폐기물관리법상 甲 사업장에서 배출되는 폐유는 사람의 활동에 필요하지 아니하게 된 물질로 폐기물에 해당하고(제2조 제1호), 지정폐기물에 해당한다(제2조 제4호, 시행령 제3조). 이는 사업장 폐기물의 한 종류이다.

Ⅲ. 甲이 취해야 할 조치

폐유가 지정폐기물로서 사업장폐기물에 해당하기 때문에 사업장폐기물에 적용되는 배출자의 의무규정(제17조)이 적용되며, 특별히 지정폐기물을 위탁하려고 하는 경우 별도의 강한 규제가 이루어진다. 즉 폐기물의 처리를 위탁하려면 사업장폐기물배출자는 폐기물의 처리과정이 제13조에 따른 폐기물의 처리 기준과 방법 또는 제13조의2에 따른 폐기물의 재활용 원칙 및 준수사항에 맞게 이루어지고 있는지를 확인하는 등 필요한 조치를 취하여야 한다(제17조 제1항 제3호). 또한 지정폐기물을 배출하는 사업자는 그 지정폐기물을 제18조 제1항에 따라 처리하기 전에 폐기물처리계획서, 폐기물분석결과서, 지정폐기물의 처리를 위탁하는 경우에는 수탁처리자의 수탁확인서 등을 환경부장관에게 제출하여 확인을 받아야 한다(동조 제5항).

Ⅳ. 사안에의 적용

결국 甲은 폐기물의 처리 기준과 방법에 맞게 이루어지고 있는지를 확인한 후 乙에게 위탁하여야 하며, 폐기물처리계획서 등을 환경부장관에게 제출하여 확인을 받아야 한다.

문 2. 乙의 X 토지 내 폐유저장고에 있는 폐유의 처리를 위하여 관할 행정청은 누구에게 어떠한 조치를 취할 수 있는지 폐기물관리법을 근거로 검토하시오.

Ⅰ. 문제의 소재

X 토지 내 폐유저장고에 있는 폐유가 우선 폐기물관리법상 방치폐기물에 해당하는지를 살피고, 해당할 경우 방치폐기물의 처리를 위한 동법상의 조치 내용을 검토하여야 한다.

Ⅱ. 방치폐기물이란?

폐기물관리법에서는 방치폐기물에 대한 일반적인 개념 정의를 하고 있지 않고 방치폐기물처리 보증제도와 관련하여 간접적으로 좁게 정의하고 있다. 즉 방치폐기물처리 보증제도상 '방치폐기물'이란, 동법 제40조 제2항에 의하면 환경부장관 또는 시·도지사는 폐기물처리업자나 폐기물처리 신고자가 대통령령으로 정하는 기간을 초과하여 휴업을 하거나 폐업 등으로 조업을 중단(허가취소 · 영업정지 또는 폐쇄명령 · 처리금지명령에 따른 조업 중단은 제외)하면 기간을 정하여 그 폐기물처리업자나 폐기물처리 신고자(또는 제33조 제1항 또는 제2항에 따라 권리 · 의무를 승계한자)에게 그가 보관하고 있는 폐기물의 처리를 명할 수 있는데, 이러한 명령을 받은 자가 그 명령을 이행하지 아니하고 보관하고 있는 폐기물을 의미한다(제40조 제4항).

사안에서 乙은 경영악화로 휴업을 한 상태에 있으므로 문제의 폐유는 제40조 제2항상 방치폐기물이라고 할 수 있다.

Ⅲ. 방치폐기물 처리

1. 관련 규정

환경부장관 또는 시 · 도지사는 폐기물처리업자가 대통령령으로 정하는 기간을 초과하여 휴업을 하거나 폐업 등으로 조업을 중단(허가취소 · 영업정지 또는 폐쇄명령 · 처리금지명령에 따른 조업 중단은 제외)하면 기간을 정하여 그 폐기물처리업자에게 그가 보관하고 있는 폐기물의 처리를 명할 수 있으며(제40조 제2항), 제2항 또는 제39조의3에 따라 폐기물처리업자에게 처리명령을 하였음에도 불구하고 처리되지 아니한 폐기물이 있으면 제33조 제1항부터 제3항까지에 따라 권리 · 의무를 승계한 자에게 기간을 정하여 폐기물의 처리를 명할 수 있다(동조 제3항). 이 명령을 받은 자가 그 명령을 이행하지 아니하면 그가 보관하고 있는 방치폐기물의 처리에 관하여 다음의 조치를 할 수 있다: ① 폐기물공제조합에 분담금을 납부한 경우에는 폐기물처리공제조합에 대한 방치폐기물의 처리명령; ② 폐기물의 처리를 보증하는 보험에 가입한 경우에는 방치폐기물의 처리와 보험사업자에게서 보험금 수령(제40조 제4항). 이에 따르면 방치폐기물처리 명령은 그 대상자의 관점에서 볼 때, 기본적으로 방치행위자, 승계인, 공제조합(또는 보험사업자)의 순서로 이루어지게 된다.

2. 사안에의 적용

(1) 乙

관할 행정청인 A 시장은 제40조 제2항에 따라 기간을 정하여 폐기물처리업자 乙에게 폐기물의 처리를 명할 수 있다.

(2) 丁

丁은 X 토지 및 폐기물처리시설 등을 양수한 자이므로 乙에 대해 처리명령이 이루어졌으나(사안에서 乙에 대한 처리명령이 이루어졌는지 분명하지 않음) 처리되지 않은 폐기물이 있는 경우 A 시장은 제40조 제3항에 따라 丁에게 그 처리를 명할 수 있을 것이다(제33조의 권리 · 의무의 승계 규정에 의해 양수인인 丁이 처리의무를 승계한다고 할 수 있으며, 이 경우에는 제40조 제2항에 따라 丁에게 그 처리를 명할 수 있다고 할 수 있을 것이다).

(3) 丙

A 시장은 제40조 제4항에 따라 乙 또는 丁이 폐기물 처리명령을 받고서 이를 이행하지 아니하고 보관하는 폐기물(방치폐기물)을 공제조합 丙이 처리하도록 명할 수 있다.

Ⅳ. 대집행

A 시장은 제40조 제2항, 제40조 제3항에 따른 명령을 받은 자(乙 또는 丁)가 그 명령을 이행하지 아니하면 행정대집행법에 따라 대집행을 하고 그 비용을 징수할 수 있다(제49조).

Ⅴ. 결 론

A 시장은 기본적으로 방치행위자(乙), 승계인(丁), 공제조합(丙)의 순서로 방치폐기물의 처리를 명할 수 있다.

문 3. 관할 행정청이 丙에게 폐유뿐만 아니라 X 토지 위에 쌓여 있던 가전폐기물의 처리를 함께 명하였다. 이에 丙은 가전폐기물을 영업대상 폐기물이 아니므로 이를 처리할 의무가 없다고 주장하고 있다. 이 주장의 당부에 대하여 검토하시오.

Ⅰ. 문제의 소재

A 시장이 丙에게 조합원의 영업대상 폐기물이 아닌 방치폐기물에 대하여도 제40조 제4항에 따른 방치폐기물 처리명령을 할 수 있는지 여부가 문제된다.

Ⅱ. 영업대상 폐기물이 아닌 방치폐기물에 대하여도 처리명령을 할 수 있는지 여부

1. 판 례

법원은 "조합원들의 방치폐기물에 대한 적정하고 신속한 처리를 위하여 설립된 폐기물처리공제조합(공제조합)이 처리하여야 할 폐기물들에 관하여 구 폐기물관리법(2003. 5. 29. 개정 전의 것) 제43조의2 제3항, 제43조의3 제1항이 그 영업대상폐기물로 제한하고 있지 아니하며, 공제조합의 설립목적이나 취지에 비추어 보아도 공제조합의 조합원이 방치한 폐기물이면 그 종류 여하를 불문하고 공제조합이 이를 먼저 처리한 후 폐기물을 방치한 조합원에게 그 비용을 구상할 수 있는 것으로 해석함이 상당하므로 공제조합에게 조합원의 영업대상폐기물이 아닌 방치폐기물에 대하여도 같은 법 제43조의2 제3항 제1호의 방치폐기물 처리명령을 할 수 있다고 한 원심의 판단은 정당하다"고 판단하고 있다(대법원 2006. 5. 26. 선고 2004두4574 판결).

2. 사안에의 적용

이러한 판례에 따를 경우 A 시장은 공제조합 丙에게 乙의 영업대상 폐기물이 아닌 가전폐기물에 대하여 방치폐기물 처리명령을 할 수 있다고 보는 것이 타당하다.

Ⅲ. 결 론

결국 관할 행정청의 가전폐기물 처리명령에 대하여 처리의무가 없다는 丙의 주장은 타당하지 않다.

67

방치폐기물 (3)

(2019년도 제2차 변호사시험 모의시험)

사 례

甲은 비철금속의 제련 · 제조 · 가공 및 광섬유 등을 제조하는 자로서 제조과정에서 「폐기물관리법」상 지정폐기물에 해당하는 산업폐기물을 발생시켰다. 甲은 발생한 폐기물을 처리하기 위해 사업장폐기물처리업자인 乙에게 1일 50톤씩 위탁하였고, 나머지 폐기물은 「폐기물관리법」상 보관기간을 초과하여 사업장 내에 보관하고 있었다. 이 후 甲은 丙에게 자신의 사업을 양도하였다.

한편, 사업장폐기물처리업자인 乙은 폐기물처리공제조합에 분담금을 납부하는 자로서 1일 처리용량을 50톤으로 하고, 처리할 폐기물의 종류는 건설폐기물로 하여 처리업허가를 받았다. 그런데 乙은 사업장의 1일 처리능력이 실제로 30톤 밖에 되지 아니하였음에도 불구하고, 甲으로부터 1일 50톤씩 허가 받지 아니한 지정폐기물의 처리를 위탁받았다. 乙은 위탁받은 폐기물의 처리를 감당하기 어려워 일시적으로 폐기물의 일부를 임의로 소각하여 토지에 매립하였다. 이후, 乙은 매립한 소각재가 혼합된 토양을 수거하여 임의로 다른 토지에 투기하였는데, 이 토양에는 지정폐기물을 구성하는 오염물질인 폴리클로리네이티드비페닐(PCBs)이 법정기준치 이상 함유되어 있었다. 관할 행정청은 乙의 위와 같은 일련의 행위에 대해 「폐기물관리법」 제8조, 제13조 등의 위반을 이유로 영업정지 3개월의 처분을 하였다. 영업정지기간이 만료된 후 영업을 재개한 乙은 경영악화로 2개월 이상 조업을 중단한 상태에서 丁에게 폐기물처리업을 양도하였는데, 이 당시 乙의 사업장에는 甲으로부터 위탁받은 지정폐기물 200톤이 방치되어 있었다.

문 1. 甲의 사업장에 보관기간을 초과하여 보관된 폐기물에 대해 행정청이 취할 조치에 대해 기술하시오.

문 2. 甲 등이 폐기물관리법상 처리기준과 방법 등을 위반하여 폐기물을 처리한 경우 행정청이 필요한 조치를 명할 대상자를 검토하시오.

문 3. 乙이 폐기물을 소각하여 매립한 후 소각재가 혼합된 오염토양을 수거하여 다른 토지에 투기한 행위가 폐기물관리법 제8조 제1항에 위반되는지 여부를 검토하시오.

문 4. 乙의 사업장에 방치된 200톤의 지정폐기물의 처리와 관련하여 다음 설문에 답하시오.

(1) 관할 행정청이 지정폐기물의 처리를 위해 조치명령을 내린다면 대상은 누구이며, 근거는 무엇인지 기술하시오.

(2) 관할 행정청이 폐기물처리공제조합에 乙의 사업장에 방치된 200톤의 지정폐기물의 처리를 명한 경우 이 명령은 적법한지 검토하시오.

해 설

문 1. 甲의 사업장에 보관기간을 초과하여 보관된 폐기물에 대해 행정청이 취할 조치에 대해 기술하시오.

Ⅰ. 문제의 소재

폐기물의 처리 기준과 방법으로 정한 보관기간을 초과하여 폐기물을 보관하는 경우 폐기물관리법에 따라 행정청이 처리명령을 할 수 있는지, 누구를 상대로 할 수 있는지 등이 문제된다.

Ⅱ. 행정청의 조치

1. 관련 규정

누구든지 폐기물을 처리하려는 자는 대통령령으로 정하는 기준과 방법을 따라야 한다(동법 제13조). 환경부장관 또는 시 · 도지사는 사업장폐기물배출자가 제13조에 따른 폐기물의 처리 기준과 방법으로 정한 보관기간을 초과하여 폐기물을 보관하는 경우에는 사업장폐기물배출자에게 기간을 정하여 폐기물의 처리를 명할 수 있으며(제39조의2 제1항), 위 처리명령을 하였음에도 불구하고 처리되지 아니한 폐기물이 있으면 제17조 제8항 또는 제9항에 따라 권리와 의무를 승계한 자에게 기간을 정하여 폐기물의 처리를 명할 수 있다(동조 제2항).

2. 처리명령

(1) 甲에 대해

제39조의2 제1항에 근거하여 환경부장관 또는 시 · 도지사는 사업장폐기물배출자인 甲이 정해진 보관기간을 초과하여 보관하는 경우에는 기간을 정하여 폐기물의 처리를 명할 수 있다.

(2) 丙에 대해

동조 제2항에 근거하여 환경부장관 또는 시 · 도지사는 甲에게 처리를 명하였음에도 불구하고 처리되지 아니한 폐기물이 있으면, 동법 제17조 제8항에 의해 甲의 사업을 양수한 丙에게 처리를 명할 수 있다.

Ⅲ. 결 론

결국 관할 행정청은 사업장폐기물배출자인 甲과 그 사업을 양수한 丙에게 처리를 명할 수 있다.

문 2. 甲 등이 폐기물관리법상 처리기준과 방법 등을 위반하여 폐기물을 처리한 경우 행정청이 필요한 조치를 명할 대상자를 검토하시오.

Ⅰ. 문제의 소재

폐기물관리법 제48조에 따른 조치명령의 대상자가 누구인지, 위 조항에 근거한 조치명령의 요건 및 그 내용을 검토하여야 한다.

Ⅱ. 조치명령

1. 요 건

환경부장관, 시 · 도지사 또는 시장 · 군수 · 구청장은 부적정처리폐기물(제13조에 따른 폐기물의 처리 기준과 방법 또는 제13조의2에 따른 폐기물의 재활용 원칙 및 준수사항에 맞지 아니하게 처리되거나 제8조 제1항 또는 제2항을 위반하여 버려지거나 매립되는 폐기물을 말한다)이 발생하면 부적정처리폐기물을 발생시킨 자 등에게 기간을 정하여 폐기물의 처리방법 변경, 폐기물의 처리 또는 반입 정지 등 필요한 조치를 명할 수 있다(제48조).

2. 대상자

조치명령의 대상자는 부적정처리폐기물을 발생시킨 자, 폐기물처리시설의 설치 또는 운영을 위탁한 자, 배출자, 토지의 소유자 등이다.

3. 사안에의 적용

(1) 甲

부적정처리폐기물의 처리를 위탁한 사업장폐기물배출자는 조치명령대상자가 된다. 다만, 폐기물의 처리를 위탁한 자가 제17조 제1항 제3호 또는 제18조의2 제3항에 따른 의무를 위반하거나 그 밖의 귀책사유가 있다고 인정되는 경우로 한정된다(제48조 제1항 제1호). 제17조 제1항 제3호에 따르면 폐기물의 처리를 위탁하려면 사업장폐기물배출자는 환경부령으로 정하는 위탁 · 수탁의 기준 및 절차를 따라야 하며, 해당 폐기물의 처리과정이 제13조에 따른 폐기물의 처리 기준과 방법에 맞게 이루어지고 있는지를 환경부령으로 정하는 바에 따라 확인하는 등 필요한 조치를 취하여야 한다.

사안의 경우 甲이 폐기물의 처리 기준과 방법에 맞게 이루어지고 있는지를 확인하는 등 필요한 조치를 취하였는지 분명치 않으나 이러한 조치를 취하지 않고 위탁하였다면 조치명령대상자가 된다고 할 것이다.

한편, 판례는 "폐기물관리법령에서 말하는 '처리능력'이란, 물적 시설의 경우에 있어서는 '허가된 매립용량'을 의미하는 것이 아니라, '당해 매립시설 자체에 의하여 처리할 수 있는 능력'을 의미하는 것이라고 봄이 상당하므로, 허가된 매립시설로써 허가된 매립용량만큼 매립할 수 없다면, 허가된 매립시설에 의하여 매립할 수 있는 용량만큼 매립할 수 있을 뿐이고, 허가된 매립시설에 대한 변경허가 등을 받지 않고도 당초 허가된 매립용량만큼 매립할 수 있는 것은 아니다"고 판시하고 있다. 이에 따르면 乙은 처리능력을 넘어서 허가받지 않은 폐기물을 처리고 있는 바, 甲이 이러한 점을 알고 乙에게 위탁하는 등 귀책사유가 있다고 인정될 경우 조치명령대상자가 될 수 있을 것이다.

(2) 乙

사안에서 乙은 위탁받은 폐기물 중 일부를 임의로 소각하여 토지에 매립하였으며, 소각재가 포함된 토양을 수거하여 다른 토지에 투기하였으므로 법 제8조 제2항을 위반하였다. 나아가 乙은 법 제48조 제1항 제1호에 따른 부적정처리폐기물을 발생시킨 자에 해당하므로 조치명령의 대상이 된다.

Ⅲ. 결　　론

결국 행정청은 甲, 乙에게 기간을 정하여 폐기물의 처리방법 변경, 폐기물의 처리 또는 반입 정지 등 필요한 조치를 명할 수 있다.

문 3. 乙이 폐기물을 소각하여 매립한 후 소각재가 혼합된 오염토양을 수거하여 다른 토지에 투기한 행위가 폐기물관리법 제8조 제1항에 위반되는지 여부를 검토하시오.

Ⅰ. 문제의 소재

오염토양이 폐기물인지 여부와 이 오염토양의 투기가 폐기물관리법상 폐기물 무단투기에 해당하는지 여부가 문제된다.

Ⅱ. 오염토양의 폐기물성

판례는 "토양은 폐기물 기타 오염물질에 의하여 오염될 수 있는 대상일 뿐 오염토양이라 하여 동산으로서 '물질'인 폐기물에 해당한다고 할 수 없고, 나아가 오염토양은 법령상 절차에 따른 정화 대상이 될 뿐 법령상 금지되거나 그와 배치되는 개념인 투기나 폐기 대상이 된다고 할 수 없다"고 판시하고 있다(대법원 2011. 5. 26. 선고 2008도2907 판결). 이러한 판례의 입장에 따를 경우 오염토양 자체의 규율에 관하여는 폐기물관리법에서 처리를 위한 별도의 근거 규정을 두고 있지 아니한 이상 폐기물관리법의 규정은 성질상 적용될 수 없다. 따라서 乙은 폐기물관리법상 아무런 책임도 지지 아니하며, 토양환경보전법상의 책임이 문제될 수 있다.

Ⅲ. 결　　론

따라서 乙의 행위는 토양환경보전법의 위반에 해당함은 별론으로 하고, 폐기물관리법을 위반하였는지 여하를 더 나아가 검토할 이유가 없다.

문 4. (1) 관할 행정청이 지정폐기물의 처리를 위해 조치명령을 내린다면 대상은 누구이며, 근거는 무엇인지 기술하시오.

Ⅰ. 문제의 소재

폐기물처리업자 乙이 사업장 부지에 적치한 폐기물의 처리가 문제된다. 여기에서 방치폐기물의 처리와 관련해서는 방치폐기물처리 보증제도(폐기물관리법 제40조)에 대한 이해가 필요하다. 특히 방치폐기물처리 보증제도상 의무대상자와 방치폐기물 처리방법이 문제된다.

Ⅱ. 방치폐기물의 처리

1. 관련 규정

동법은 방치폐기물의 처리를 위한 폐기물처리의 보증 방법으로 폐기물처리업자로 하여금 폐기물처리공제조합에의 분담금 납부와 보험가입 두 가지를 들고 있다(제40조 제1항). 이러한 방치폐기물처리 보증제도에 따라 환경부장관 또는 시 · 도지사는 폐기물처리업자가 대통령령으로 정하는 기간을 초과하여 휴업을 하거나 폐업 등으로 조업을 중단(허가취소 · 영업정지 또는 폐쇄명령 · 처리금지명령에 따른 조업 중단은 제외)하면 기간을 정하여 그 폐기물처리업자에게 그가 보관하고 있는 폐기물의 처리를 명할 수 있으며(제40조 제2항), 이 명령을 받은 자가 그 명령을 이행하지 아니하면 그가 보관하고 있는 방치폐기물의 처리에 관하여 다음의 조치를 할 수 있다: ① 폐기물공제조합에 분담금을 납부한 경우에는 폐기물처리공제조합에 대한 방치폐기물의 처리명령; ② 폐기물의 처리를 보증하는 보험에 가입한 경우에는 방치폐기물의 처리와 보험사업자에게서 보험금 수령(동조 제4항).

환경부장관 또는 시 · 도지사는 폐기물처리업자나 폐기물처리 신고자에게 처리명령을 하였음에도 불구하고 처리되지 아니한 폐기물이 있으면 제33조 제1항 또는 제2항에 따라 권리 · 의무를 승계한 자에게 기간을 정하여 폐기물의 처리를 명할 수 있다(제40조 제3항).

2. 사안에의 적용

(1) 乙

사안에서 폐기물처리업자 乙이 대통령령으로 정하는 기간(15일부터 1개월. 시행령 제20조 제1항 제1호부터 제3호)을 초과하여 조업을 중단한 경우이므로 관할 행정청은 제40조 제2항에 따라 기간을 정하여 乙에게 폐기물의 처리를 명할 수 있다.

(2) 丁

양수인 폐기물처리업자 乙에 의해 처리되지 아니한 폐기물이 있는 경우, 관할 행정청은 권리 · 의무 승계규정(제33조)에 의해 승계한 丁에게 폐기물의 처리를 명할 수 있다(제40조 제3항).

(3) 폐기물처리공제조합

사안에서 폐기물처리업자 乙이 폐기물처리공제조합에 분담금을 납부한 경우인데, 폐기물처리업자 乙이나 승계인 丁에 의해 처리되지 아니한 경우, 관할 행정청은 폐기물처리공제조합에 대한 방치폐기물의 처리명령을 할 수 있다(제40조 제4항 제1호).

Ⅲ. 결 론

관할 행정청은 기본적으로 방치행위자(乙), 승계인(丁), 폐기물처리공제조합의 순서로 조치명령을 내릴 수 있다.

문 4. (2) **관할 행정청이 폐기물처리공제조합에 乙의 사업장에 방치된 200톤의 지정폐기물의 처리를 명한 경우 이 명령은 적법한지 검토하시오.**

Ⅰ. 문제의 소재

폐기물처리처리업자가 허가받은 폐기물 외의 폐기물을 방치한 경우에도 폐기물처리공제조합이 책임을 지는지 여부, 허가 받은 처리용량을 초과한 방치폐기물에 대한 폐기물처리공제조합의 책임 한도 등이 문제된다.

Ⅱ. 처리명령의 위법성

폐기물처리공제조합에 처리를 명할 수 있는 방치폐기물의 처리량은 폐기물처리업자가 방치한 폐기물의 경우에는 그 폐기물처리업자의 폐기물 허용보관량의 1.5배 이내이다(시행령 제23조 제1항). 처리명령 대상 폐기물은 조합원의 영업대상 폐기물로 제한되지 않으며, 조합원이 방치한 폐기물이면 그 종류 여하를 불문한다(대법원 2006. 5. 26. 선고 2004두4574 판결). 이와 같이 폐기물의 종류가 중요한 것은 아니므로 乙이 허가받은 건설폐기물이 아닌 지정폐기물에 대한 처리명령은 적법하다. 그러나 乙이 허가받은 50톤을 초과한 처리의 한계는 허용보관량의 1.5배인바, 사안에서 처리용량 1.5배를 넘어서 방치된 폐기물의 총량인 200톤에 대한 처리명령은 위법하다.

Ⅲ. 결 론

처리명령의 대상은 적정하나 처리용량의 1.5배를 넘어서 이루어졌기 때문에 결국 위 처리명령은 위법하다.

참조판례

대법원 2002. 6. 28. 선고 2000두8967 판결

68

조치명령과 권리·의무의 승계

(법전원협의회 2012년도 제3차 변호사시험 모의시험)

사 례

서울에 거주하는 甲은 A군에 3,000㎡의 나대지를 소유하고 있다. A군에 거주하는 乙은 2010년 5월 甲과 상기 나대지를 2년간 임대하는 부동산임대차계약을 체결하였다. 임대차계약체결 과정에서 甲은 乙에게 해당 부지의 임대차 계약의 목적을 물어보았으며, 乙은 폐기물처리업을 할 의사를 명시하였다. 이후 乙은 A군으로부터 적법하게 폐기물처리업 허가를 얻어, 폐기물처리업을 수행하여 왔다. 2011년 5월 乙은 유해화학물질제조공장을 운영하여 사업장폐기물을 배출하는 丙과 연간 20톤 이상의 폐기물처리를 위탁하는 계약을 체결하였다. 丙은 기존에 타 업체와 폐기물처리위탁계약을 유지하고 있었으나 계약이 종료될 시점에 乙로부터 기존 계약보다 절반 가격에 폐기물을 처리할 수 있다는 제안을 받고 비용절감차원에서 계약을 체결하였다. 丙은 해당계약을 체결하기 전에 A군으로부터 발급받은 사업허가서만을 확인하고, 乙이 실제로 해당 폐기물을 적절히 처리할 수 있는지는 확인하지 않았다. 2012년 3월 乙이 운영하는 폐기물처리업장의 지역주민들은 영업장으로부터의 악취, 인근 지천의 수질 오염 및 인접 토지의 토양오염 등으로부터 고통을 받고, A군에 집단민원을 제기하였다. A군 공무원들이 현장을 방문하여 조사한 결과, 乙은 丙으로부터 수거한 폐기물을 포함하여 대부분의 폐기물들을 폐기물관리법에 따라 적절히 처리하지 않고, 상당부분 법에 위반하여 땅에 매립한 사실과 이러한 것이 지역주민들의 피해원인임을 확인하였다.

문 1. A군 군수는 폐기물관리법에 따라 폐기물 처리 조치명령을 내리고자 한다. 해당 조치명령의 대상자는 누구인지 검토하시오.

문 2. 만일 사실관계에서 乙이 2012년 1월 丁에게 폐기물처리업을 양도한 경우, 丁 역시 조치명령대상자가 되는지 그리고 丁의 자구책은 무엇인지 답하시오.

문 3. A군이 조치명령을 내리는 과정에서 취하여야 할 행정절차 및 조치명령을 내렸음에도 불구하고 아무런 조치가 이루어지지 않은 경우 폐기물관리법에 따라 A군 군수가 취할 수 있는 대안을 제시하시오.

해 설

문 1. A군 군수는 폐기물관리법에 따라 폐기물 처리 조치명령을 내리고자 한다. 해당 조치명령의 대상자는 누구인지 검토하시오.

Ⅰ. 문제의 소재

폐기물이 매립된 토지의 소유자인 甲, 폐기물을 처리한 乙, 폐기물처리를 위탁한 丙이 폐기물관리법 제48조에 따른 조치명령의 대상자가 될 수 있는지가 문제된다.

Ⅱ. 조치명령

1. 요 건

환경부장관, 시 · 도지사 또는 시장 · 군수 · 구청장은 부적정처리폐기물(제13조에 따른 폐기물의 처리 기준과 방법 또는 제13조의2에 따른 폐기물의 재활용 원칙 및 준수사항에 맞지 아니하게 처리되거나 제8조 제1항 또는 제2항을 위반하여 버려지거나 매립되는 폐기물을 말함)이 발생하면 조치명령대상자에게 기간을 정하여 폐기물의 처리방법 변경, 폐기물의 처리 또는 반입 정지 등 필요한 조치를 명할 수 있다(제48조).

2. 대상자

조치명령의 대상자는 부적정처리폐기물을 발생시킨 자, 부적정처리폐기물의 처리를 위탁한 사업장폐기물배출자, 부적정처리폐기물을 직접 처리하거나 다른 사람에게 자기 소유의 토지 사용을 허용한 경우 부적정처리폐기물이 버려지거나 매립된 토지의 소유자 등이다.

3. 사안에의 적용

(1) 甲

甲은 乙과 부동산임대차계약을 통해 해당 토지의 사용을 허용하였던바, 동법 제48조 제1항 제9호의 '다른 사람에게 자기 소유의 토지 사용을 허용한 경우 폐기물이 버려지거나 매립된 토지의 소유자'에 해당하므로 조치명령의 대상이 될 수 있다.

(2) 乙

乙은 폐기물처리업 허가를 얻어 해당 부지에서 폐기물처리를 하는 과정에서 법에 따라 적절히 처리하지 않았고, 상당 부분을 법에 위반하여 땅에 매립하였으므로 동법 제48조 제1항 제1호 및 시행령 제7조에 따라 조치명령의 대상자가 될 수 있다.

(3) 丙

丙은 사업장폐기물배출자로서 乙에게 폐기물 처리를 위탁하였는바, 동법에 따르면 사업장폐기물배출자는 폐기물의 처리과정이 폐기물관리법 제13조에 따른 폐기물의 처리기준과 방법에 맞게 이루어지고 있는지를 확인한 후 위탁하여야 한다(제17조 제1항 제3호). 丙은 乙이 A군으로부터 받은 사업허가서만 확인했을 뿐 乙이 실제로 해당 폐기물을 적절히 처리하고 있는지를 확인하지 않은 바, 동법 제48조 제1항 제3호에 따라 조치명령의 대상자가 된다.

Ⅲ. 결 론

결국 A군은 甲에 대해서는 동법 제48조 제1항 제9호에 따라, 乙에 대해서는 동항 제1호에 따라, 丙에 대해서는 동항 제3호에 따라 조치명령을 내릴 수 있다.

문 2. **만일 사실관계에서 乙이 2012년 1월 丁에게 폐기물처리업을 양도한 경우, 丁 역시 조치명령대상자가 되는지 그리고 丁의 자구책은 무엇인지 답하시오.**

Ⅰ. 문제의 소재

폐기물관리법 제33조에 따르면 폐기물처리업자가 폐기물처리업을 양도한 경우 양수인은 허가받은 바에 따른 권리 의무를 승계하도록 되어있는데, 양도인이 부적법하게 처리하지 않은 폐기물이 있는 경우 양수인도 조치명령의 대상자가 되는지 여부가 문제된다. 즉, 폐기물관리법상의 권리 · 의무의 승계규정이 공법상 권리의무에도 적용되는지 여부가 문제된다고 할 수 있다.

Ⅱ. 권리 · 의무의 승계

1. 관련 규정

동법 제33조 제1항은 "폐기물처리업자, 제29조에 따른 폐기물처리시설의 설치승인을 받거나 신고를 한 자 또는 폐기물처리 신고자가 폐기물처리업, 폐기물처리시설 또는 제46조 제1항에 따른 시설을 양수하거나 「민사집행법」에 따른 경매, 「채무자 회생 및 파산에 관한 법률」에 따른 환가(換價)나 「국세징수법」·「관세법」 또는 「지방세징수법」에 따른 압류재산의 매각, 그 밖에 이에 준하는 절차에 따라 인수하는 경우에 해당 양수인 또는 인수인은 환경부장관 또는 시·도지사의 허가를 받아야 한다. 이 경우 허가를 받은 양수인 또는 인수인은 폐기물처리업등의 허가·승인·등록 또는 신고에 따른 권리·의무를 승계한다"고 규정하고 있다.

2. 규정의 해석

"허가·승인 또는 신고에 따른 권리·의무를 승계한다"는 문언의 의미가 분명하지 아니하므로 그 의미를 해석하는 것이 문제된다. 학설은 '허가 등에 따른 권리·의무'를 '허가에 따른 공법상의 효력'으로 이해하는 학설, 허가에 붙여진 조건을 의미한다고 해석하는 학설 등으로 나뉜다.

동 규정의 입법취지는 폐기물처리업 또는 폐기물처리시설의 양도 등 주체변경이 있는 경우 자칫 발생할 수 있는 관리의 공백과 관리책임의 소재가 불분명해지면서 발생하는 분쟁을 예방하고 폐기물처리업이나 폐기물처리시설이 지대로 가동되지 않는 결과를 방지하기 위한 것이라 보아야 할 것이다. 그렇다면 "허가·승인 또는 신고에 따른 권리·의무를 승계한다"는 문언은 '허가 등에 따른 공법상의 효력을 승계한다'고 보는 것이 해석상 보다 자연스럽고 입법취지에도 부합한다고 생각된다.

3. 사안에의 적용

위와 같이 폐기물관리법 제33조상의 "허가·승인 또는 신고에 따른 권리·의무를 승계한다"는 규정의 의미를 '허가 등에 따른 공법상의 효력을 승계한다'로 해석한다면 사안에서 양수인인 丁은 乙의 폐기물처리업을 양도받은 이상 공법상의 의무를 인수하므로 허가를 발급한 A군의 행정상 의무 역시 양수하였다고 보아야 할 것이므로 조치명령의 대상자가 된다.

Ⅲ. 丁의 자구책

공법상의 권리 · 의무 승계규정이 있다 하여 사법상의 권리 · 의무까지 승계되는 것은 아니라는 것이 판례의 입장이므로(대법원 2002. 10. 22. 선고 2002다46331 판결) 丁은 乙에게 구상권을 행사하여 조치명령을 통해 발생한 비용을 청구할 수 있으며 나아가 계약매매에 따른 채무불이행 책임을 묻거나 하자담보책임을 물을 수 있을 것이다.

문 3. A군이 조치명령을 내리는 과정에서 취하여야 할 행정절차 및 조치명령을 내렸음에도 불구하고 아무런 조치가 이루어지지 않은 경우 폐기물관리법에 따라 A군 군수가 취할 수 있는 대안을 제시하시오.

Ⅰ. 문제의 소재

조치명령이 내려진 이후 실질적인 조치가 이루어지지 않을 경우 그 실효성을 확보하기 위해 행정청이 취할 수 있는 조치에는 어떤 것들이 있는지가 문제된다.

Ⅱ. 폐기물관리법상 A군 군수가 취할 수 있는 조치

1. 과징금

제48조에 따른 조치명령의 실효성을 확보한다는 차원에서 동법은 환경부장관 등으로 하여금 조치명령대상자가 폐기물을 부적정하게 처리함으로써 얻은 부적정처리이익의 3배 이하에 해당하는 금액과 폐기물의 제거 및 원상회복에 드는 비용을 과징금으로 부과할 수 있도록 하고 있다(제48조의5). 따라서 A군 군수는 경우에 따라 과징금 부과를 할 수 있다.

2. 행정대집행

폐기물관리법 제49조에 의하면 환경부장관, 시 · 도지사 또는 시장 · 군수 · 구청장은 제48조에 따른 명령을 받은 자가 그 명령을 이행하지 아니하면 행정대집행법에 따라 대집행을 하고 그 비용을 징수할 수 있다고 규정하고 있으므로 A군 군수는 대집행을 하여 폐기물을 처리한 후 甲, 乙, 丙, 丁 등 조치명령 대상자에게 비용을 징수할 수 있다.

3. 형사고발

폐기물관리법 제65조에 따르면 동법 제48조의 조치명령을 받고도 이행하지 아니한 자는 3년 이하의 징역이나 30,000,000원 이하의 벌금에 처하도록 되어있으므로 A군수는 甲, 乙, 丙, 丁 등 조치명령 대상자들을 형사고발할 수도 있을 것이다.

참조판례

1. 소유자의 의미: 부산고법 2003. 10. 24. 선고 2003누2731 판결(확정)(판례 [31])
2. 권리 · 의무의 승계효과: 대법원 2002. 10. 22. 선고 2002다46331 판결(판례 [30])

69

폐기물 투기금지와 조치명령

(법전원협의회 2022년도 제1차 변호사시험 모의시험)

사 례

甲은 A시 관내에서 주변 축산농가로부터 반입한 액체비료의 원료인 가축의 분뇨(이하 '액비원료'라 함)를 가공하여 액체비료를 생산하는 비료생산업자이다. 그런데 반입한 '액비원료'가 모두 액체비료로 생산되지는 못하였고, 甲의 공장에서는 1일 400kg이상의 '액비원료'가 액체비료 생산에 필요 없게 되어 처리를 위해 보관 중이었다. 2017. 8. 31.경 처리를 위해 보관 중인 액비원료 1,000kg에 대해 빗물 등이 들어올 수 없도록 차단시설 등을 하지 않아 침출수 등이 위 공장 인근의 농경지로 흘러들게 하여 주변환경을 오염시켰다. 이후 甲은 보관 중인 위 액비원료를 처리하기 위해 2017. 9. 15. 폐기물처리업허가를 받은 처리업자 乙에게 처리를 위탁하였는데, 甲은 乙에게 위탁하면서 「폐기물관리법」 제17조 제1항 제3호에 따른 위탁기준을 따르지 아니하였다. 甲으로부터 액비원료처리를 수탁한 乙은 폐기물처리비용을 절감하기 위해 적정한 폐기물처리절차에 따르지 아니하고 액비원료의 일부를 자신이 임차하여 사용 중인 丁의 토지에 무단으로 매립하였다.

한편, 관할 행정청인 A시의 시장(이하 '시장'이라 함)은 인근주민들의 민원에 따라 丁의 토지를 조사하여 다량의 액비원료가 적정하게 처리되지 아니한 채 매립되어 토양과 지하수를 오염시키고 악취를 발산하고 있음을 확인한 후, 2017. 10. 25. 丁에 대해 「폐기물관리법」 제48조에 따라 토지에 무단으로 매립되어 있는 액비원료를 제거하라는 조치명령을 하였다. 2017. 10. 31. 甲의 비료생산업체는 丙에게 양도되었고, 2017. 11. 2. 丁의 토지는 戊(무)에게 양도되었는데 丁과 乙간의 임대차관계는 戊에게 승계되었다. '시장'은 해당 토지에 여전히 액비원료가 제거되지 아니한 것을 확인하고 2017. 11. 15. 戊에 대해 「폐기물관리법」 제8조 제3항 및 A시의 조례에 따라 액비원료를 제거하라는 조치명령을 하였다. 또한 '시장'은 2017. 8. 31.의 침출수 등 유출과 관련하여 「폐기물관리법」 제66조 제1호의 따라 제13조에 의해 폐기물을 처리하려는 자가 준수할 사항을 위반하였다는 이유로 甲을 고발하였다.

문 1. 甲에 대한 '시장'의 고발과 관련하여 다음 설문에 답하시오.

(1) 액비원료의 폐기물성과 甲의 「폐기물관리법」 제13조 위반여부를 검토하시오.

(2) 甲은 "액비원료가 공장에서 흘러나간 것이어서 생활폐기물이라고 할 수 없고, 위 공장은 폐기물을 배출하는 사업장이 아니어서 이를 사업장폐기물로도 볼 수 없으므로, 액비원료는 「폐기물관리법」상의 폐기물에 해당하지 않아 자신은 「폐기물관리법」을 위반하지 않았다"라고 주장한다. 甲의 위 주장이 타당한지 검토하시오.

문 2. 戊(무)는 '시장'이 동일한 토지의 동일한 폐기물인 액비원료에 대해 이미 丁에 대해 「폐기물관리법」 제48조에 따른 조치명령을 하였음에도 불구하고 다시 자신에게 「폐기물관리법」 제8조 제3항에 따른 조치명령을 한 것은 위법하다며 '시장'의 폐기물제거조치명령취소소송을 제기하였다. 戊에 대한 조치명령이 「폐기물관리법」 제48조와 제8조 제3항의 관계에 비추어 적법한지 검토하시오. ※ 조치명령의 절차적 요건이나 취소소송의 적법요건 등은 검토하지 않음.

문 3. 戊(무)의 토지에 매립된 폐기물에 대해 '시장'이 「폐기물관리법」 제48조에 의해 조치명령을 내릴 경우 명령의 대상자와 대상이 되는 사유 및 근거 조항을 적시하시오.

해 설

문 1. (1) 액비원료의 폐기물성과 甲의 「폐기물관리법」 제13조 위반여부를 검토하시오 (15점).

Ⅰ. 문제의 소재

사안의 액비원료가 폐기물에 해당하는지 여부에 따라 폐기물관리법상 처리기준의 적용 여부가 결정될 것이다. 이를 위해서는 액비원료를 보관하고 있는 것이 폐기물처리에 해당하는지 여부에 대한 검토가 이루어져야 한다.

Ⅱ. 폐기물이란?

1. 폐기물의 표지: '필요성'

폐기물관리법은 '폐기물'을 "쓰레기 · 연소재 · 오니 · 폐유 · 폐산 · 폐알카리 · 동물의 사체 등으로서 사람의 생활이나 사업활동에 필요하지 아니하게 된 물질"로 정의하고 있다(제2조 제1호). 이와 같이 동법은 폐기물의 표지로 '필요성'을 제시하고 있는데, 문제는 생활이나 사업활동에 필요하지 않다는 것을 어떻게 판단할 것인가이다. 판례는 배출자의 주관적 의사와 물건의 객관적 성상 등을 함께 고려하고 있다.

2. 판 례

판례는 액체비료가 유출된 사안에서 "액체비료가 본래 위 공장의 원료로서 보관하던 것이라 하더라도 그것이 일단 저장탱크로부터 유출되어 더 이상 위 생산 목적에 사용하기 어렵게 된 이상은 사람의 생활이나 사업활동에 필요하지 아니하게 된 물질로서 폐기물에 해당한다고 보아야 할 것이다"고 판시한 바 있다(대법원 2009. 1. 30. 선고 2008도8971 판결).

3. 사안에의 적용

사안에서 액비원료는 액체비료의 원료이지만, 액체비료의 생산에 필요 없게 되어 처리를 위해 보관되고 있으므로, 이는 사람의 생활이나 사업활동에 필요하지 아니하게 된 물질로서 폐기물에 해당한다.

Ⅲ. 처리기준 위반여부

동법 제13조 제1항은 "누구든지 폐기물을 처리하려는 자는 대통령령으로 정하는 기준과 방법을 따라야 한다."라고 규정하고 있다. 이 경우 폐기물의 '처리'는 폐기물의 수집, 운반, 보관, 재활용, 처분을 말하므로(제2조 제5호의3), 甲이 액비원료를 '보관'하는 것도 '처리'에 해당하므로 대통령령으로 정하는 기준과 방법을 따라야 한다.

사안의 甲이 처리를 위해 보관 중인 액비원료에 대해 제대로 차단시설 등을 하지 않은 것은 대통령령이 정하는 기준과 방법에 따르지 않은 것으로서 제13조, 시행령 제7조 제1항 2호의 위반에 해당한다.

문 1. (2) 甲은 "액비원료가 공장에서 흘러나간 것이어서 생활폐기물이라고 할 수 없고, 위 공장은 폐기물을 배출하는 사업장이 아니어서 이를 사업장폐기물로도 볼 수 없으므로, 액비원료는 「폐기물관리법」상의 폐기물에 해당하지 않아 자신은 「폐기물관리법」을 위반하지 않았다"라고 주장한다. 甲의 위 주장이 타당한지 검토하시오.

Ⅰ. 문제의 소재

폐기물관리법상 폐기물의 의미와 함께 그 분류와 관련하여 생활폐기물과 사업장폐기물 중 어디에 해당하는지 검토가 필요하다.

Ⅱ. 폐기물의 분류

동법은 발생원을 기준으로 폐기물을 생활폐기물과 사업장폐기물로 구분하고 그 관리체계를 달리하고 있다. '사업장폐기물'이라 함은 오염물질배출시설을 설치 · 운영하는 사업장, 공공폐수처리시설을 설치 · 운영하는 사업장, 공공하수처리시설을 설치 · 운영하는 사업장, 분뇨처리시설을 설치 · 운영하는 사업장, 가축분뇨공공처리시설을 설치 · 운영하는 사업장, 폐기물처리시설을 설치 · 운영하는 사업장, 지정폐기물을 배출하는 사업장, 폐기물을 1일 평균 300㎏ 이상 배출하는 사업장, 「건설산업기본법」 제2조 제4호에 따른 건설공사로 폐기물을 5톤 이상(공사를 착공한 때부터 마칠 때까지 발생되는 폐기물 양을 말함) 배출하는 사업장, 일련의 공사 또는 작업으로 폐기물을 5톤 이상 배출하는 사업장에서 발생되는 폐기물을 말한다(제2조 제3호, 시행령 제2조). '생활폐기물'이라 함은 사업장폐기물 외의 폐기물을 말한다(동조 제2호).

Ⅲ. 사안에의 적용

사안의 경우 甲의 사업장은 1일 400kg이상의 액비원료가 액체비료의 생산에 필요없게 되었으므로, 1일 300kg이상 폐기물을 배출하는 사업장에 해당하고 이곳에서 배출되는 액비원료는 사업장폐기물이다. 결국 甲의 사업장에서 차단시설을 제대로 하지 않아 액비원료가 빗물에 의해 인근 농경지로 흘러가게 한 것은 폐기물관리법 위반에 해당하므로 甲의 주장은 타당하지 않다.

문 2. 戊(무)는 '시장'이 동일한 토지의 동일한 폐기물인 액비원료에 대해 이미 丁에 대해 「폐기물관리법」 제48조에 따른 조치명령을 하였음에도 불구하고 다시 자신에게 「폐기물관리법」 제8조 제3항에 따른 조치명령을 한 것은 위법하다며 '시장'의 폐기물제거조치명령취소소송을 제기하였다. 戊에 대한 조치명령이 「폐기물관리법」 제48조와 제8조 제3항의 관계에 비추어 적법한지 검토하시오. ※ 조치명령의 절차적 요건이나 취소소송의 적법요건 등은 검토하지 않음.

I. 문제의 소재

폐기물관리법 제48조는 부적정처리폐기물에 대한 조치명령에 대한 규정이고, 제8조 제3항은 제7조 제2항의 일반국민의 청결유지의무위반에 대한 조치명령이다. 丁과 戊는 타인에게 자기 소유 토지 사용을 허용한 경우로서 폐기물이 무단으로 매립된 토지의 소유자인데, 동일한 사안에 대해 근거 조항을 달리하여 丁과 戊에 대해 별도의 조치명령을 할 수 있는지 여부가 문제된다.

Ⅱ. 양 조항의 의미 및 관계

폐기물관리법 제8조 제3항에 따른 조치명령은 제7조 제2항에서 정한 토지소유자 등의 청결유지의무 이행을 확보하기 위한 수단으로서, 이를 위반하면 폐기물관리법 제68조 제3항 제2호에 따라 100만 원 이하의 과태료를 부과한다. 반면, 폐기물관리법 제48조에 따른 조치명령은 제8조 제1항에서 정한 폐기물 무단투기금지 등 폐기물관리법에서 정한 폐기물의 처리 기준·방법이 준수되도록 하기 위한 수단으로서 이를 위반하면 폐기물관리법 제65조 제23호에 따라 3년 이하의 징역이나 3천만 원 이하의 벌금에 처한다.

Ⅲ. 사안에의 적용

폐기물관리법 제8조 제3항에 따른 조치명령과 폐기물관리법 제48조에 따른 조치명령은 규율의 대상, 처분의 상대방과 요건, 위반 시의 효과 등이 서로 다른 별개의 제도이다. 따라서 A시장은 폐기물관리법 제48조에 따른 폐기물 처리에 대한 조치명령과는 별도로 폐기물관리법 제8조 제3항 및 그 위임에 따른 A시의 조례에 따라 '필요한 조치'로서 폐기물 제거 조치명령을 할 수 있다.

문 3. 戊(무)의 토지에 매립된 폐기물에 대해 '시장'이 「폐기물관리법」 제48조에 의해 조치명령을 내릴 경우 명령의 대상자와 대상이 되는 사유 및 근거 조항을 적시하시오.

I. 문제의 소재

폐기물관리법 제48조에 따른 조치명령의 대상자가 누구인지, 위 조항에 근거한 조치명령의 요건 및 그 내용을 검토하여야 한다.

Ⅱ. 조치명령

1. 요 건

환경부장관, 시·도지사 또는 시장·군수·구청장은 부적정처리폐기물(제13조에 따른 폐기물의 처리 기준과 방법 또는 제13조의2에 따른 폐기물의 재활용 원칙 및 준수사항에 맞지 아니하게 처리되거나 제8조 제1항 또는 제2항을 위반하여 버려지거나 매립되는 폐기물을 말함)이 발생하면 조치명령대상자에게 기간을 정하여 폐기물의 처리방법 변경, 폐기물의 처리 또는 반입 정지 등 필요한 조치를 명할 수 있다(제48조).

2. 대상자

조치명령의 대상자는 부적정처리폐기물을 발생시킨 자, 부적정처리폐기물의 처리를 위탁한 사업장폐기물배출자, 부적정처리폐기물을 직접 처리하거나 다른 사람에게 자기 소유의 토지 사용을 허용한 경우 부적정처리폐기물이 버려지거나 매립된 토지의 소유자 등이다.

3. 사안에의 적용

(1) 甲

甲은 사업장폐기물배출자이고, 이에 따라 법 제18조 제1항에 따라 폐기물의 처리를 위탁하려면 사업장폐기물배출자는 환경부령으로 정하는 위탁·수탁의 기준 및 절차를 따라야 하는데(법 제17조 제1항 제3호, 제3호 단서) 이를 위반하였으므로 조치명령의 대상자이다(제48조 제1항 제3호). 또한 위탁전에 침출수 등(여기에는 폐기물인 액비원료가 포함된 것으로 보임)이 무단 배출되었으므로 부적정처리폐기물을 발생시킨 자로서도 조치명령의 대상자가 될 수 있다(동항 제1호).

(2) 乙

乙은 법 제8조 제2항에 위반하여 폐기물을 매립한 자로서 부적정처리폐기물을 발생시킨 자(제48조 제1항 제1호), 부적정처리폐기물의 발생부터 최종처분에 이르기까지 배출, 수집 · 운반, 보관, 재활용 및 처분과정에 관여한 자로서(동항 제4호) 조치명령의 대상자이다.

(3) 丙

丙은 법 제17조 제8항에 따라 甲의 사업을 양수한 자로서 사업장폐기물배출자인 甲의 사업장폐기물과 관련한 권리 · 의무를 승계하므로 조치명령의 대상자이다(동항 제7호).

(4) 丁

丁은 乙에게 자기 소유의 토지 사용을 허용한 경우이므로 동항 제9호에 해당한다.

(5) 戊

戊는 丁의 토지를 양수하였으므로 자신의 토지를 乙에게 임대한 자로서 자기 소유의 토지를 다른 사람에게 사용하도록 허용한 자에 해당하여 조치명령의 대상자이다(동항 제9호).

참조판례

대법원 2009. 1. 30. 선고 2008도8971 판결(판례 [26])

70

폐기물처리업 등

(법전원협의회 2013년도 제3차 변호사시험 모의시험)

사 례

甲은 토지소유자 乙로부터 토지를 임차하여 공장건물을 건축한 뒤 동식물성 음식물쓰레기를 파쇄와 탈수를 거쳐 발효·숙성시킨 다음 비료(퇴비)를 생산하여 판매하는 회사를 운영하고 있다. 甲은 인근의 대형 음식점(1일 평균 400킬로그램 이상 폐기물을 배출)들에서 발생한 음식물류폐기물을 어느 정도 파쇄와 탈수과정을 거친 채 가져와서 사업장에서 발효와 숙성을 시켜 최종 퇴비를 만들어 왔다. 甲의 공장 인근에 거주하는 주민들은 악취 및 인근하천의 오염으로 인한 피해를 호소하며 해당 군청에 민원을 제기해 왔다. 관할 A군 환경담당공무원은 甲의 공장에 대한 현장단속을 실시하는 과정에서 甲의 공장 앞 공터에 비료원료라고 하는 물질 약 200㎥가 야적되어 있는 것을 발견하였다. 해당 물질은 겉으로 봤을 때 그 안에 동물성 잔재물이나 음식물 폐기물이 있는지 명확히 확인할 수 없을 정도로 퇴비화가 진행된 상태였으나, 심한 악취가 났고 그 물질 안에는 동물의 뼈가 섞여 있는 것을 볼 수 있었다. 甲은 위 물질에 빗물이 스며들어 발생한 액체를 인근 배수로를 통해 유출되도록 하여 공공수역인 인근 하천에 유입되도록 하였다. 그 후 甲은 회사의 경영이 어려워지자 1개월 이상 휴업을 하다가 자신의 시설과 사업을 丙에게 양도하였다.

문 1. 甲의 영업은 폐기물관리법상 인허가를 받아야 하는 영업인지 여부를 검토하시오.

문 2. 甲이 공장 앞 공터에 비료의 원료물질을 야적해 놓은 행위와 원료물질로부터 침출된 액체를 하천에 유입시킨 행위가 폐기물관리법 및 물환경보전법에 위반하는지 여부를 검토하시오.

문 3. 인근 주민들이 악취 및 하천오염이 지속되는 것을 이유로 민원을 제기하는 경우 관련 행정청이 甲에 대하여 취할 수 있는 행정상 조치권한은 무엇인지 검토하시오.

문 4. 甲이 휴업이후 공장 및 그 부지에 방치한 음식물류 폐기물에 대하여 행정청이 취할 수 있는 조치는 무엇인지 검토하시오.

문 5. 甲이 방치한 음식물류 폐기물에 대하여 乙 또는 丙이 부담하게 될 공법상 책임에 대하여 검토하시오.

해 설

문 1. 甲의 영업은 폐기물관리법상 인허가를 받아야 하는 영업인지 여부를 검토하시오.

Ⅰ. 문제의 소재

甲은 음식물류폐기물을 원료로 사용하여 비료 등을 만드는 사업자인바, 이러한 영업이 폐기물관리법 중 어떤 조항의 적용 대상이 되는지 여부 및 폐기물관리법상 인허가 대상이 되는지가 문제된다.

Ⅱ. 甲의 영업의 성격: 폐기물처리업

甲은 파쇄와 탈수과정을 거친 음식물류폐기물을 가져와 이를 바탕으로 비료를 제조하는 영업을 하고 있다. 따라서 이는 폐기물을 재사용·재생이용하거나 재사용·재생이용할 수 있는 상태로 만드는 활동이므로 폐기물관리법 제2조 제7호에 따른 재활용이라 할 것이다. 따라서 甲은 폐기물을 재활용하여 비료를 제조하고 있으므로 동법 제13조의2에 따른 용도로 재활용하는 영업(폐기물 최종재활용업)에 해당한다(제25조 제5항).

한편, 동법 제25조는 폐기물의 수집·운반, 재활용 또는 처분을 업(폐기물처리업)으로 하려는 자는 환경부령으로 정하는 바에 따라 지정폐기물을 대상으로 하는 경우에는 폐기물 처리 사업계획서를 환경부장관에게 제출하고, 그 밖의 폐기물을 대상으로 하는 경우에는 시·도지사에게 제출하여야 한다고 규정하면서 동조 제3항에서 환경부령으로 정하는 기준에 따른 시설·장비 및 기술능력을 갖추어 업종, 영업대상 폐기물 및 처리분야별로 지정폐기물을 대상으로 하는 경우에는 환경부장관의, 그 밖의 폐기물을 대상으로 하는 경우에는 시 · 도지사의 허가를 받아야 한다고 규정하고 있다. 따라서 甲의 영업은 폐기물관리법상 시 · 도지사의 허가대상이라고 보아야 할 것이다.

Ⅲ. 사안에의 적용

따라서 甲은 이미 파쇄와 탈수과정을 거친 음식물류폐기물을 가져와 이를 바탕으로 비료를 제조하는 영업을 하고 있으므로 甲의 영업은 폐기물처리업 중 폐기물 최종재활용업에 해당하며, 폐기물관리법 제25조 제3항에 따라 시 · 도지사의 허가 대상이 된다.

문 2. 甲이 공장 앞 공터에 비료의 원료물질을 야적해 놓은 행위와 원료물질로부터 침출된 액체를 하천에 유입시킨 행위가 폐기물관리법 및 물환경보전법에 위반하는지 여부를 검토하시오.

Ⅰ. 문제의 소재

甲이 공장 앞 공터에 비료의 원료물질을 야적해 놓은 행위가 폐기물관리법 위반이 되는지와 관련하여 비료의 원료물질이 폐기물인지 여부가 가장 큰 쟁점이 될 것이다. 한편 원료물질로부터 침출된 액체가 하천에 유입된 경우에도 폐기물관리법이나 '물환경보전법' 위반이 되는지도 검토하여야 한다.

Ⅱ. 폐기물의 개념

1. 폐기물의 표지: 필요성

폐기물관리법은 '폐기물'을 "쓰레기 · 연소재 · 오니 · 폐유 · 폐산 · 폐알카리 · 동물의 사체 등으로서 사람의 생활이나 사업활동에 필요하지 아니하게 된 물질"로 정의하고 있다(제2조 제1호). 이와 같이 동법은 폐기물의 표지로 '필요성'을 제시하고 있는데, 문제는 생활이나 사업활동에 필요하지 않다는 것을 어떻게 판단할 것인가이다. 판례는 배출자의 주관적 의사와 물건의 객관적 성상 등을 함께 고려하고 있다.

2. 관련 판례

법원은 당해 사업장에서 폐기된 물질이 재활용 원료로 공급된다는 사정만으로 폐기물의 성질을 상실한다고 볼 것은 아니라고 판단하고 있다. 한편, 판례는 "위와 같은 물질을 공급받은 자가 이를 파쇄, 선별, 풍화, 혼합 및 숙성의 방법으로 가공한 후 완제품을 생산하는 경우에 있어서는 그 물질을 공급받는 자의 의사, 그 물질의 성상 등에 비추어 아직 완제품에 이르지 아니하였다고 하더라도 위와 같은 가공과정을 거쳐 객관적으로 사람의 생활이나 사업활동에 필요하다고 사회통념상 승인될 정도에 이르렀다면 그 물질은 그 때부터는 폐기물로서의 속성을 잃고 완제품 생산을 위한 원료물질로 바뀌었다고 할 것이어서 그 물질을 가리켜 사업활동에 필요하지 아니하게 된 폐기된 물질, 즉 폐기물에 해당한다고 볼 수 없다"고 판시함으로써(대법원 2012. 4. 13. 선고 2010도16314 판결), 폐기물을 재활용하는 경우 폐기물의 속성이 상실되는 시점으로 객관적으로 사람의 생활이나 사업활동에 필요하다고 사회통념상 승인될 정도에 이른 시점을 제시하고 있다.

3. 사안에의 적용

위와 같은 판례의 입장에 따른다면 甲의 사업장에 야적된 물질이 재활용 원료로부터 만들어졌다는 점만으로는 폐기물이 아니라고 볼 수 없다. 다만 재활용 과정에서 사람의 생활이나 사업활동에 필요하다고 사회통념상 승인될 정도로 퇴비화가 진행되었다면 폐기물로 볼 수 없다고 할 것이다. 사안에서 악취가 심하고 아직 뼈가 남아있다는 점 등을 보면 비료를 제조하는 진행과정 중에 있었을 뿐이고 가공과정을 거쳐 비료의 제조를 위한 원료물질로 바뀐 상태에는 이르지 아니하였으며 폐기물의 성질을 잃어버리지 않았다고 볼 수 있다(해당 물질은 겉으로 봤을 때 그 안에 동물성 잔재물이나 음식물 폐기물이 있는지 명확히 확인할 수 없을 정도로 퇴비화가 진행된 상태라는 점에서는 폐기물의 속성을 잃어버렸다고 볼 수도 있을 것이다).

Ⅲ. 폐기물관리법 위반 여부

폐기물관리법 제13조 및 동법 시행령 제7조에 의하면 누구든지 폐기물을 수집, 운반, 보관, 처리하려는 자는 대통령령으로 정하는 기준과 방법에 따라 수집, 운반, 보관의 과정에서 폐기물이 흩날리거나 누출되지 아니하도록 하고, 침출수가 유출되지 아니하도록 하여야 할 뿐만 아니라 음식물류 폐기물을 재활용하는 자는 악취가 나거나 오수가 흘러나오지 아니하도록 밀폐된 보관용기 또는 보관 시설에 보관하는 등으로 주변 환경을 오염시켜서는 아니 된다고 규정하고 있는 바, 甲은 음식물류폐기물이 포함된 물질을 자신의 공장 앞 공터에 무단 야적하여 환경에 유출시켰으며 침출수를 환경에 유출시켰고 악취가 나거나 오수가 나도록 방치함으로써 폐기물관리법 제13조를 위반하였다.

Ⅳ. 물환경보전법 위반 여부

1. 관련 규정

물환경보전법 제15조 제1항 제2호는 공공수역에 폐기물을 버리는 행위를 금지하고 있으며, 동조 제2항은 공공수역에 대한 오염 방지 및 방제조치를 해야 할 의무를 규정하고 있다.

2. 사안에의 적용

야적되어 있는 비료원료 물질이 앞에서 본 바와 같이 폐기물인바, 마찬가지로 위 물질에 스며들어 발생한 액체도 그것이 사람의 생활이나 사업활동에 사용하기 어려운 상태에 있는 이상 폐기물이라고 할 것이다(대법원 2012. 4. 13. 선고 2010도16314 판결). 甲은 폐기물인 공장 밖으로 유출된 액체(폐기물)가 공공수역인 하천에 흘러들어가도록 방치한 바, 이는 공공수역에 폐기물을 버리는 행위라 할 것이며 따라서 동법 제15조의 배출 등의 금지 규정을 위반하였다고 할 것이다.

Ⅴ. 결 론

결국 甲은 폐기물관리법 제13조와 물환경보전법 제15조를 위반하였다.

문 3. 인근 주민들이 악취 및 하천오염이 지속되는 것을 이유로 민원을 제기하는 경우 관련 행정청이 甲에 대하여 취할 수 있는 행정상 조치권한은 무엇인지 검토하시오.

Ⅰ. 문제의 소재

위에서 살펴본 바와 같이 甲의 폐기물관리법 및 물환경보전법을 위반 행위에 대해 행정청이 취할 수 있는 조치에는 어떠한 것이 있는지가 문제된다.

Ⅱ. 폐기물관리법상의 조치

1. 조치명령

폐기물관리법 제48조에 의하면 환경부장관, 시 · 도지사 또는 시장 · 군수 · 구청장은 부적정처리폐기물(제13조에 따른 폐기물의 처리 기준과 방법 또는 제13조의2에 따른 폐기물의 재활용 원칙 및 준수사항에 맞지 아니하게 처리되거나 제8조 제1항 또는 제2항을 위반하여 버려지거나 매립되는 폐기물을 말함)이 발생하면 조치명령대상자에게에게 기간을 정하여 폐기물의 처리방법 변경, 폐기물의 처리 또는 반입 정지 등 필요한 조치를 명할 수 있다고 하고 있으므로, A 군수는 위 규정에 따라 甲에 대하여 조치명령을 발할 수 있을 것이다.

2. 과징금

제48조에 따른 조치명령의 실효성을 확보한다는 차원에서 동법은 환경부장관 등으로 하여금 조치명령대상자가 폐기물을 부적정하게 처리함으로써 얻은 부적정처리이익의 3배 이하에 해당하는 금액과 폐기물의 제거 및 원상회복에 드는 비용을 과징금으로 부과할 수 있도록 하고 있다(제48조의5). 따라서 A 군수는 경우에 따라 과징금 부과를 할 수 있다.

3. 행정대집행

만약 위 규정에 따른 조치명령을 甲이 이행하지 않는다면 A 군수는 행정대집행을 한 후 甲에게 비용을 징수할 수 있다(제49조).

4. 형사고발

甲이 조치명령을 이행하지 아니한 경우(동법 제65조 제1항 제10호), 폐기물의 처리기준과 방법에 맞지 않게 폐기물을 버려 주변 환경을 오염시킨 경우(동법 제66조 제1호)에는 벌칙이 부과되므로 A군수는 甲을 형사고발하는 조치를 취할 수 있다.

Ⅲ. 물환경보전법상의 조치

1. 방제조치 이행명령 및 대집행

동법 제15조 제3항은 시 · 도지사에게 공공수역을 오염시킨 행위자 등이 방제조치를 하지 아니하는 경우에는 그 행위자 등에게 방제조치의 이행을 명할 수 있는 권한을 부여하고 있으며, 동조 제4항은 시 · 도지사는 방제조치만으로는 수질오염의 방지 또는 제거가 곤란하다고 인정되는 경우나 제3항에 따른 방제조치 명령을 받은 자가 그 명령을 이행하지 아니하는 경우 혹은 제3항에 따른 방제조치 명령을 받은 자가 이행한 방제조치만으로는 수질오염의 방지 또는 제거가 곤란하다고 인정되는 경우, 그리고 긴급한 방제조치가 필요한 경우로서 행위자 등이 신속히 방제조치를 할 수 없는 경우에는 시장, 군수, 구청장에게 대집행을 하도록 하고 있으므로 관할 시 · 도지사는 방제조치 이행명령 및 대집행 등을 명할 수 있다.

2. 형사고발

甲의 행위는 물환경보전법 제78조 제3호 위반으로 형사처벌의 대상이 되므로 시·도지사 또는 A 군수는 검찰에 고발조치 할 수 있다.

문 4. 甲이 휴업이후 공장 및 그 부지에 방치한 음식물류 폐기물에 대하여 행정청이 취할 수 있는 조치는 무엇인지 검토하시오.

Ⅰ. 문제의 소재

甲이 휴업 이후 공장 및 그 부지에 폐기물을 방치한 경우 위 물질이 방치폐기물인지 여부 및 만약 방치폐기물이라면 행정청이 그에 대해 어떠한 조치를 취할 수 있는지가 문제된다.

Ⅱ. 방치폐기물의 의의

폐기물관리법에서는 방치폐기물에 대한 일반적인 개념 정의를 하고 있지 않고 방치폐기물처리 보증제도와 관련하여 간접적으로 좁게 정의하고 있다. 즉 제40조 제2항에 의하면 '방치폐기물'이란 환경부장관 또는 시·도지사는 폐기물처리업자나 폐기물처리 신고자가 대통령령으로 정하는 기간을 초과하여 휴업을 하거나 폐업 등으로 조업을 중단(허가취소·영업정지 또는 폐쇄명령·처리금지명령에 따른 조업 중단은 제외)하면 기간을 정하여 그 폐기물처리업자나 폐기물처리 신고자에게 그가 보관하고 있는 폐기물의 처리를 명할 수 있는데, 이러한 명령을 받은 자가 그 명령을 이행하지 아니하고 보관하고 있는 폐기물을 의미한다(동조 제4항).

甲은 폐기물처리업자에 해당하며 1개월 이상 휴업을 하면서 조업을 중단하였으므로 甲의 사업장에서 보관하고 있는 폐기물은 방치폐기물에 해당한다.

Ⅲ. 방치폐기물에 대한 행정청의 조치

1. 폐기물처리 명령

환경부장관 또는 시·도지사는 폐기물처리업자 또는 폐기물처리 신고자가 조업을 중단하면 그 폐기물처리업자 또는 폐기물처리 신고자에게 그가 보관하고 있는 폐기물의 처리를 명할 수 있다(제40조 제2항).

2. 폐기물처리 명령

환경부장관 또는 시·도지사는 위 명령을 받은 자가 그 명령을 이행하지 아니하면 그가 보관하고 있는 방치폐기물의 처리에 관하여 다음의 조치를 할 수 있다: ① 폐기물공제조합에 분담금을 납부한 경우에는 폐기물처리공제조합에 대한 방치폐기물의 처리명령; ② 폐기물의 처리를 보증하는 보험에 가입한 경우에는 방치폐기물의 처리와 보험사업자에게서 보험금 수령(동조 제4항).

3. 형사고발

폐기물관리법 제65조에 따르면 동법 제40조 제2항의 이행명령을 이행하지 아니한 경우 형사처벌을 받도록 규정하고 있으므로, 만약 甲이 이행명령을 이행하지 않는 경우 환경부장관이나 시·도지사는 甲을 형사고발할 수도 있다.

문 5. 甲이 방치한 음식물류 폐기물에 대하여 乙 또는 丙이 부담하게 될 공법상 책임에 대하여 검토하시오.

Ⅰ. 문제의 소재

사안에서 乙은 폐기물이 방치된 토지의 소유자이며 丙은 甲의 폐기물처리업의 양수인인 바 토지소유자 및 양수인이 폐기물과 관련하여 져야 할 공법상 책임이 무엇인지가 문제된다.

Ⅱ. 乙의 공법상 책임

환경부장관, 시·도지사 또는 시장·군수·구청장은 폐기물이 제13조에 따른 폐기물의 처리 기준과 방법을 위반하여 처리되면 부적정처리폐기물을 발생시킨 자, 부적정처리폐기물의 처리를 위탁한 사업장폐기물배출자, 부적정처리폐기물을 직접 처리하거나 다른 사람에게 자기 소유의 토지 사용을 허용한 경우 부적정처리폐기물이 버려지거나 매립된 토지의 소유자 등에게 기간을 정하여 폐기물의 처리방법 변경, 폐기물의 처리 또는 반입 정지 등 필요한 조치를 명할 수 있다(제48조).

폐기물이 제13조에 따른 처리 기준과 방법(시행령 제7조에 따르면 폐기물이 수집 · 운반 · 보관 중에 침출수가 유출되지 않도록 하여야 함)을 위반하여 처리되었고, 乙은 폐기물이 적치된 토지 소유자로서 甲과 부동산임대차계약을 통해 자기 소유의 사용을 허용하였으므로 동조 제1항 제9호에 따라 조치명령의 대상자가 된다. 사안에서 분명하지 않지만 乙이 폐기물이 아닌 비료의 원료물질이 일시 적치되는 것으로 알고 토지의 사용을 허용하였다고 하더라도 조치명령의 대상자가 될 수 있다. 불법처리의 예방 및 조치명령의 실효성을 확보한다는 차원에서 다른 사람에게 폐기물의 투기 또는 매립을 허용하였는지 여부를 떠나 해당 토지소유자를 불법처리된 폐기물에 대한 조치명령의 대상자로 이해하여야 하기 때문이다. 이와 관련해서 "법문의 해석상 용도를 불문하고 타인에게 자신의 토지의 사용을 허용한 경우를 모두 포함한다고 해석함이 상당하다"면서 토지사용을 허용한 자를 대상자로 본 하급심 판례 판례가 있다(부산고등법원 2003. 10. 24. 선고 2003누2731 판결).

Ⅲ. 丙의 공법상 책임

1. 권리 · 의무의 승계

(1) 관련 규정

동법 제33조 제1항은 "폐기물처리업자, 제29조에 따른 폐기물처리시설의 설치승인을 받거나 신고를 한 자 또는 폐기물처리 신고자가 폐기물처리업, 폐기물처리시설 또는 제46조 제1항에 따른 시설을 양수하거나 「민사집행법」에 따른 경매, 「채무자 회생 및 파산에 관한 법률」에 따른 환가(換價)나 「국세징수법」 · 「관세법」 또는 「지방세징수법」에 따른 압류재산의 매각, 그 밖에 이에 준하는 절차에 따라 인수하는 경우에 해당 양수인 또는 인수인은 환경부장관 또는 시 · 도지사의 허가를 받아야 한다. 이 경우 허가를 받은 양수인 또는 인수인은 폐기물처리업등의 허가 · 승인 · 등록 또는 신고에 따른 권리 · 의무를 승계한다"고 규정하고 있다.

"허가 · 승인 또는 신고에 따른 권리 · 의무를 승계한다"는 문언의 의미가 분명하지 아니하므로 그 의미를 해석하는 것이 문제된다. 학설은 '허가 등에 따른 권리, 의무'를 '허가에 따른 공법상의 효력'으로 이해하는 학설, 허가에 붙여진 조건을 의미한다고 해석하는 학설 등으로 나뉜다.

동 규정의 입법취지는 폐기물처리업 또는 폐기물처리시설의 양도 등 주체변경이 있는 경우 자칫 발생할 수 있는 관리의 공백과 관리책임의 소재가 불분명해지면서 발생하는 분쟁을 예방하고 폐기물처리업이나 폐기물처리시설이 지대로 가동되지 않는 결과를 방지하기 위한 것이라 보아야 할 것이다. 그렇다면 "허가 · 승인 또는 신고에 따른 권리 · 의무를 승계한다"는 문언은 '허가 등에 따른 공법상의 효력을 승계한다'고 보는 것이 해석상 보다 자연스럽고 입법취지에도 부합한다고 생각된다.

(2) 사안에의 적용

위와 같이 폐기물관리법 제33조상의 "허가 · 승인 또는 신고에 따른 권리 · 의무를 승계한다"는 규정의 의미를 '허가 등에 따른 공법상의 효력을 승계한다'로 해석한다면 사안에서 양수인인 丙은 甲의 폐기물처리업을 양도받은 이상 공법상의 의무를 인수하므로 甲이 부담하는 방치폐기물 처리 의무 역시 양수하였다고 보아야 할 것이다.

2. 방치폐기물 처리 책임

폐기물관리법 제40조 제3항에 의하면 환경부장관 또는 시 · 도지사는 제2항 또는 제39조의3에 따라 폐기물처리업자나 폐기물처리 신고자에게 처리명령을 하였음에도 불구하고 처리되지 아니한 폐기물이 있으면 제33조 제1항에 따라 권리 · 의무를 승계한 자에게 기간을 정하여 폐기물의 처리를 명할 수 있다고 하고 있으므로 丙은 폐기물관리법 제40조 제3항에 따라 방치폐기물 처리명령의 대상이 된다.

Ⅳ. 결 론

시장 · 군수 · 구청장 등은 폐기물관리법 제48조 제1항 제9호에 따라 乙에 대하여 기간을 정하여 폐기물의 처리방법 변경, 폐기물의 처리 또는 반입 정지등 필요한 조치를 명할 수 있으므로 乙은 이러한 행정청의 조치명령에 따라 필요한 조치를 해야 할 의무를 지며, 환경부장관 또는 시 · 도지사는 폐기물처리업자에게 처리명령을 하였음에도 불구하고 처리되지 않은 폐기물이 있는 경우, 제33조 및 제40조 제3항에 따라 권리 · 의무를 승계한 丙에게 기간을 정하여 폐기물의 처리를 명할 수 있으므로, 丙은 이러한 처리명령에 따라야 할 의무를 진다.

참조판례

대법원 2012. 4. 13. 선고 2010도16314 판결

71

특정토양오염관리대상시설에 대한 규제

사　　례

甲은 오랫동안 A시 ○○동 소재 부지에서 석유류 저장시설(2만5천ℓ)이 딸린 정유공장을 운영하다가 자금난으로 부도위기를 맞자 이를 폐쇄하고, 그 공장 및 부지를 乙에게 매각하였다. 乙은 그 부지에 아파트를 지어 분양할 계획을 가지고 있었으며 매수 당시에 甲에게 그러한 사정을 알렸다. 그 후 위 부지 인근 주민들로부터 이 지하수가 오염된 것 같다면서 A시 시장에게 법에 따른 적절한 조치를 취해 줄 것을 요구하였다. 여기에 대해 A시 시장은 감독권을 발동할 사유가 없다는 회신을 하였다. 다만, A시 시장은 오염실태조사를 하였는데, 그 결과 토양오염우려기준을 초과하는 카드뮴, 수은 등이 검출되었다. 이러한 사안에서 다음의 질문에 답하시오.

문 1. A시 시장은 甲, 乙에 대하여 어떠한 조치를 취할 수 있는가?

문 2. A시 시장이 특별한 조치를 취하지 않는 경우 주민들이 취할 수 있는 조치는 어떠한 것이 있는가?

참조조문

토양환경보전법 시행규칙 제1조의3 [별표 2] (특정토양오염관리대상시설)

종 류	대상범위
1. 석유류의 제조 및 저장시설	○ 「위험물안전관리법 시행령」 별표 1의 제4류 위험물 중 제1 · 제2 · 제3 · 제4석유류에 해당하는 인화성액체의 제조 · 저장 및 취급을 목적으로 설치한 저장시설로서 총 용량이 2만리터 이상인 시설(이동탱크저장시설을 제외한다)
2. 유해화학물질의 제조 및 저장시설	○ 「화학물질관리법」 제28조에 따른 유해화학물질 영업의 허가를 받은 자가 설치한 저장시설 중 별표 1에 따른 토양오염물질을 저장하는 시설[유기용제류의 경우는 트리클로로에틸렌(TCE), 테트라클로로에틸렌(PCE) 저장시설에 한정한다]
3. 송유관시설	○ 「송유관 안전관리법」 제2조 제2호의 규정에 의한 송유관시설 중 송유용 배관 및 탱크
4. 기타 위 관리대상시설과 유사한 시설로서 특별히 관리할 필요가 있다고 인정되어 환경부장관이 관계중앙행정기관의 장과 협의하여 고시하는 시설	

(비고 생략)

해 설

문 1. A시 시장은 甲, 乙에 대하여 어떠한 조치를 취할 수 있는가?

Ⅰ. 문제의 소재

정유공장이 토양환경관리법상 토양오염관리대상시설인지, 만약 그렇다면 어떠한 규제조치가 가능한지가 문제된다. 또한 甲, 乙이 동법 제10조의4에 따른 정화책임자인지가 문제된다.

Ⅱ. 특정토양오염관리대상시설

토양환경보전법은 '토양오염관리대상시설'을 "토양오염물질의 생산 · 운반 · 저장 · 취급 · 가공 또는 처리 등으로 토양을 오염시킬 우려가 있는 시설 · 장치 · 건물 · 구축물(構築物) 및 그 밖에 환경부령으로 정하는 것을 말한다"라고 정의하고 있다(제2조 제3호). 토양오염관리대상시설을 한정하지 않고 포괄적으로 토양을 오염시킬 우려가 있는 시설, 장치, 건축물 등으로 규정하고 있기 때문에 화학공장은 토양오염관리대상시설에 포함될 수 있을 것이다.

한편, 동법은 환경부령에서 특정토양오염관리대상시설을 정하도록 하고 있는데, 여기에는 석유류의 제조 및 저장시설(2만ℓ 이상), 유독물의 제조 및 저장시설, 송유관시설, 기타 위 관리대상시설과 유사한 시설로서 특별히 관리할 필요가 있다고 인정되어 환경부장관이 관계중앙행정기간의 장과 협의하여 고시하는 시설 등이 포함된다. 사안에서 저장시설이 2만5천ℓ 규모이므로 특정토양오염관리대상시설에 해당한다.

Ⅲ. 특정토양오염관리대상시설에 대한 규제

1. 정화조치, 사용중지 등 명령

특별자치도지사 · 시장 · 군수 · 구청장은 특정토양오염관리대상시설의 설치자가 다음의 어느 하나에 해당하면 대통령령으로 정하는 바에 따라 기간을 정하여 토양오염방지시설의 설치 또는 개선이나 그 시설의 부지 및 주변지역에 대하여 토양관련전문기관에 의한 토양정밀조사 또는 오염토양의 정화 조치를 할 것을 명할 수 있다: ① 토양오염방지시설을 설치하지 아니하거나 그 기준에 맞지 아니한 경우; ② 제13조 제3항에 따른 토양오염도검사 결과 우려기준을 넘는 경우; ③ 제13조 제3항에 따른 누출검사 결과 오염물질이 누출된 경우(제14조 제1항). 또한 특별자치도지사 · 시장 · 군수 · 구청장은 특정토양오염관리대상시설의 설치자가 이 명령을 이행하지 아니하거나 그 명령을 이행하였더라도 그 시설의 부지 및 그 주변지역의 토양오염의 정도가 정화기준 이내로 내려가지 아니한 경우에는 그 특정토양오염관리대상시설의 사용중지를 명할 수 있다(동조 제3항).

2. 정화조치 명령

동법 제15조에 따르면 시 · 도지사 또는 시장 · 군수 · 구청장은 상시측정, 토양오염실태조사 또는 토양정밀조사의 결과 우려기준을 넘는 경우에는 대통령령으로 정하는 바에 따라 기간을 정하여 토양오염관리대상시설의 개선 또는 이전, 해당 토양오염물질의 사용제한 또는 사용중지, 오염토양의 정화 중 어느 하나에 해당하는 조치를 하도록 정화책임자에게 명할 수 있으므로 A시 시장은 토양정밀조사 결과 우려기준을 넘은 사안의 경우 정화책임자에게 조치를 취하도록 명할 수 있다. 사안에서 甲, 乙이 동법상 정화책임자인지가 문제된다.

(1) 정화책임자

사안에서 甲, 乙이 동법 정화책임자인지가 문제된다. 토양환경보전법은 제10조의4에서 '정화책임자'를 특정하고 있다. 여기에는 ① 토양오염물질의 누출 · 유출 · 투기(投

棄)·방치 또는 그 밖의 행위로 토양오염을 발생시킨 자, ② 토양오염의 발생 당시 토양오염의 원인이 된 토양오염관리대상시설의 소유자·점유자 또는 운영자, ③ 합병·상속이나 그 밖의 사유로 제1호 및 제2호에 해당되는 자의 권리·의무를 포괄적으로 승계한 자, ④ 토양오염이 발생한 토지를 소유하고 있었거나 현재 소유 또는 점유하고 있는 자가 포함된다(동조 제1항).

(2) 사안에의 적용

사안에서 토양오염물질을 누출·유출·투기한 자 또는 토양오염관리대상시설의 소유자였던 甲(제10조의4 제1항 제1호, 제2호)과 토양오염관리대상시설의 소유자인 乙(동항 제2호)은 정화책임자라고 할 수 있다(공장 부지의 과거 소유자인 甲과, 현재 소유자인 乙이 동항 제4호에 따른 정화책임자가 될 여지도 있으나 이 경우에는 10조의4 제2항에 따라 면책 가능성 여하를 별도로 따져 보아야 하기 때문에 A시 시장 입장에서는 크게 논할 실익이 없어 보인다). 그 결과 A시 시장은 甲과 乙에게 토양오염관리대상시설의 개선 또는 이전, 해당 토양오염물질의 사용제한 또는 사용중지, 오염토양의 정화 등의 조치를 하도록 명할 수 있을 것이다.

3. 행정대집행

토양환경보전법 제24조에 의하면 특별자치도지사·시장·군수·구청장은 제13조 제1항에 따라 토양오염검사를 받아야 하는 특정토양오염관리대상시설의 설치자나 제15조 제3항에 따른 오염토양의 정화조치 등 명령을 받은 자가 토양오염검사를 받지 아니하거나 그 명령을 이행하지 아니하는 경우에는 행정대집행법에서 정하는 바에 따라 대집행(代執行)을 하고 그 비용을 명령위반자로부터 징수할 수 있다. 사안에서 甲은 무자력자이므로 A시 시장은 대집행을 고려할 수 있을 것이다.

4. 형사고발

만약 토양정밀조사, 사용중지 등 명령(제14조), 정화조치 명령(제15조)이 이행되지 않는다면 벌칙이 부과되는바(제29조), A시 시장은 甲이나 乙에 대한 형사고발도 고려할 수 있을 것이다.

Ⅳ. 결　　론

A시 시장은 甲과 乙에 대해서는 토양환경보전법 제14조의 정화조치, 사용중지 등 명령을 하거나 동법 제15조의 정화조치 명령을 내릴 수 있으며, 동법 제24조에 따른 행

정대집행도 가능할 것이다. 만약 조치명령을 甲, 乙이 이행하지 않을 경우 A시 시장은 형사고발도 고려할 수 있다.

문 2. A시 시장이 특별한 조치를 취하지 않는 경우 주민들이 취할 수 있는 조치는 어떠한 것이 있는가?

Ⅰ. 문제의 소재

A시 시장이 정화조치 명령 등을 취하지 않는 경우, 행정청의 규제권이 재량권 0으로 수축되는 경우에 해당하여 주민들이 거부처분취소소송 등을 제기할 수 있는지 문제된다.

Ⅱ. 재량권 0으로의 수축이론

행정청이 토양환경보전법상 정화조치 명령 등의 조치를 취하지 않은 것이 위법한지가 문제된다. 정화조치 명령 등을 규정하고 있는 법조문들은 "할 수 있다"라고 규정하여 행정청의 재량을 인정하고 있다. 재량권이 인정되는 경우에는 공무원에게 행정권 발동 여부를 결정할 재량이 있으므로 공무원의 작위의무를 바로 인정할 수 없고 따라서 공무원의 부작위가 그 자체로 위법이라 할 수 없다. 그러나 예외적인 상황에서는 재량이 수축, 소멸하여 행정의 자유가 의무로 되는 경우가 있을 수 있다는 것이 학설, 판례의 경향인데, 이러한 이론을 흔히 '재량권의 0으로의 수축이론'이라고 한다. 예외적인 상황으로는 ① 사람의 생명, 신체 및 재산 등에 중대하고 급박한 위험이 존재하고, ② 그러한 위험이 행정권의 발동에 의해 제거될 수 있는 것으로 판단되며, ③ 피해자의 개인적인 노력으로는 권익침해의 방지가 충분하게 이루어질 수 없다고 인정되는 경우 등이 들어지고 있다. 이에 더하여 결과의 예견가능성 · 회피가능성도 작위의무의 요소로 고려될 수 있다. 위와 같은 요건을 충족하여 공무원에게 작위의무가 발생하면 재량행위라 하더라도 부작위는 위법한 것이 된다.

사안의 경우 카드뮴, 수은 등 중금속으로 오염된 토양이 인근 주민들의 생명, 신체 등에 심각한 피해를 입힐 것으로 우려되고 있어 피해 및 위험이 중대하고 급박하며, 개인의 노력으로는 이러한 피해 및 위험을 회피할 수 없다고 보이고, 관할 행정청의 조치로 이러한 피해를 막을 수 있다고 보이므로 재량권이 0으로 수축되는 경우라고 봄이 타당하다. 따라서 작위의무가 인정되고 이러한 조치를 취하지 않은 관할 행정청의 행위는 위법한 것이 된다.

Ⅲ. 주민들이 취할 수 있는 조치

1. 의무이행심판

주민들은 행정심판법 제4조 제3항에 따른 의무이행심판을 제기할 수 있을 것이다. 의무이행심판은 행정청의 위법 또는 부당한 거부처분 또는 부작위로 인하여 권익의 침해를 당한 자의 청구에 의하여 일정한 처분을 하도록 하는 심판이다(행정심판법 제5조 제3호).

2. 거부처분취소소송

(1) 요 건

A시 시장이 감독권을 발동할 수 없다는 회신을 항고소송의 대상인 거부처분으로 볼 수 있는지가 문제된다. 거부행위가 처분성을 갖기 위한 요건으로는 ① 신청의 내용이 공권력의 행사일 것, ② 신청인에게 법령상·조리상 신청권이 있을 것, ③ 거부로 인하여 국민의 권리나 법적 이익에 직접 영향을 미치는 것일 것이 요구된다. 주민들이 신청한 감독권의 발동이 공권력의 행사라는 점, 감독권 발동의 거부가 주민들의 환경상·건강상 이익에 직접 영향을 미친다는 점은 쉽게 인정된다. 그렇다면 주민들에게 감독권한의 발동을 요구할 수 있는 신청권이 인정되는지 여하가 민원회신의 거부처분성을 인정하는 관건이 될 것이다.

(2) 사안에의 적용

사안의 경우 정화조치 명령 등 행정권의 발동이 이루어지지 않을 경우 자칫 주민들의 건강에 큰 위험을 초래할 가능성을 배제할 수 없는 점, 건강피해를 입을 위험이 높은 개인으로서는 행정권의 발동으로 그 위험이 해소될 수 있는데, 이를 거부하는 행위는 실질적으로 개인의 건강상 이익을 침해하는 결과에 이를 수 있는 점, 앞에서 본 바와 같이 A시 시장의 재량권은 0으로 수축하여 A시 시장에게는 작위의무가 인정된다는 점 등의 여러 사정에 비추어 보면 지역주민들에게는 건강상 이익을 보호하기 위하여 행정권의 발동과 관련한 조리상의 신청권이 있다고 할 것이다. 따라서 거부처분취소의 소는 적법하다.

3. 국가배상청구

(1) 작위의무의 존재

국가배상법 제2조는 국가 또는 지방자치단체로 하여금 공무원이 그 직무를 집행함에 당하여 고의 또는 과실로 법령에 위반하여 타인에게 손해를 가한 때 그 손해를 배상하도록 하고 있다. 이에 따르면 국가배상이 인정되기 위해서는 ① 공무원, ② 직무집행, ③ 고의 또는 과실, ④ 법령 위반이라는 요건을 충족되어야 한다. 사안의 경우 ① 내지 ③ 요건은 쉽게 인정될 수 있을 것이다. 사안은 A시가 토양오염 상황을 방치하고 있으므로 A시가 작위의무를 위반한 것인지, 즉 위법성이 크게 다투어질 수 있다. 사안의 경우 앞에서 본 바와 같이 감독권의 발동이 재량권 0으로 수축하는 경우이기 때문에 A시의 작위의무는 존재한다고 할 수 있다.

(2) 직무상 의무의 사익보호성

판례는 상당인과관계설의 입장에서 사익보호성을 요구한다. 즉, 공무원이 고의 또는 과실로 그에게 부과된 직무상 의무를 위반하였을 경우라고 하더라도 국가는 그러한 직무상의 의무 위반과 피해자가 입은 손해 사이에 상당인과관계가 인정되는 범위 내에서만 배상책임을 지는 것이고, 이 경우 상당인과관계가 인정되기 위하여는 공무원에게 부과된 직무상 의무의 내용이 단순히 공공 일반의 이익을 위한 것이거나 행정기관 내부의 질서를 규율하기 위한 것이 아니고 전적으로 또는 부수적으로 사회구성원 개인의 안전과 이익을 보호하기 위하여 설정된 것이어야 한다.

토양환경보전법상 행정청의 정화조치 명령(제15조 제3항) 등은 공공 일반의 이익뿐만 아니라 국민 개개인의 건강 및 쾌적한 환경에서 생활할 권리를 보호하고 있는 것으로 사익보호성은 인정된다 할 것이다.

(3) 사안에의 적용

사안의 경우 앞에서 본 바와 같이 감독권의 발동이 재량권 0으로 수축하는 경우이기 때문에 A시의 작위의무는 존재한다고 할 수 있다. 또한 정화조치 명령 등의 사익보호성도 인정되기 때문에 추후 주민들에게 손해가 발생한다면 주민들은 A시를 상대로 국가배상청구를 제기할 수 있을 것이다.

Ⅳ. 결 론

사안과 같이 주민들의 신체, 생명에 중대하고 급박한 위험이 존재하는 등 사유로 재량권이 0으로 수축되는 경우 주민들은 의무이행심판, 거부처분취소소송 등을 통해 다룰 수 있고, 실제 피해가 발생한 경우 국가배상청구 등을 통해 행정청의 부작위를 다툴 수 있을 것이다.

72

토양오염과 불법행위책임

(법전원협의회 2017년 제2차 변호사시험 모의고사)

사 례

甲사는 1981년경부터 자신이 소유한 경기도 A시 소재 부지 20,000여㎡ 지상에서 15년간 비철금속제련공장을 운영하였다. 비철금속제련공정 과정에서 납, 아연 등 각종 부산물이 발생하였으며 甲사는 그러한 부산물들을 부지 내 공터에 일부 매립하였다. 甲사는 1997. 12.경 乙사에 이 부지를 매도하고 소유권이전등기를 마쳤다. 丙사는 1999. 1. 乙사로부터 위 비철금속제련공장의 철거, 부지의 복토 및 아스팔트콘크리트 피복 등 아파트 부지 조성공사를 도급받아 이 부지 지상의 건물을 철거하고 폐콘크리트 등 건설폐기물을 지하에 매립한 다음 복토 및 아스팔트콘크리트 피복 작업을 진행하여 공사를 마쳤다. 乙사는 이 공사과정에서 丙사로 하여금 이 부지에 건설폐기물의 매립을 지시하였다. 乙사는 자금사정 등의 이유로 아파트 사업계획을 접고 이 부지를 자재 창고로 사용하였다. 이 지역에서 오랫동안 사업하여 왔던 丁사는 이 부지에 복합전자유통센터를 신축·분양할 계획을 가지고 2011. 12. 17. 乙사로부터 이 부지를 시가보다 싸게 매수하여 소유권이전등기를 마쳤다.

최근 이 부지의 지표면으로부터 최대 지하 7m까지 납, 아연 등으로 오염된 토양이 존재하고, 또한 지표면으로부터 지하 1m 부근에 콘크리트 조각, 폐슬레이트 등의 폐기물이 이 부지의 대부분에 걸쳐 인위적으로 매립되어 있는 것으로 밝혀졌다(소급적용 문제는 논외로 함).

문 1. 이 사안과 관련된 회사들의 폐기물관리법 위반 여부를 밝히고, A시 시장이 이들을 상대로 취할 수 있는 법적 조치를 검토하시오.

문 2. A시가 토양환경보전법상 누구를 상대로 어떠한 조치를 취할 수 있는지 검토하시오.

문 3. 丁사가 그 후 건축물 사업 부지에 존재하는 오염토양에 관하여 관련 업체에게 그 처리업무를 도급주어 처리비용을 지급하였다고 할 경우, 甲를 상대로 손해배상책임을 물을 수 있는지 검토하시오.

해 설

문 1. 이 사안과 관련된 회사들의 폐기물관리법 위반 여부를 밝히고, A시 시장이 이들을 상대로 취할 수 있는 법적 조치를 검토하시오.

Ⅰ. 문제의 소재

폐기물관리법 제48조에 근거한 조치명령의 요건 및 그 요건을 구성하는 동법 제8조 및 제13조 위반 여부가 문제된다.

Ⅱ. 폐기물관리법 위반여부

1. 甲사

甲사는 이 부지에서 15년간 비철금속제련공장을 경영하면서 공정에서 발생하는 폐기물을 무단 매립하거나 방치한 것으로 보인다. 그러므로 甲사는 허가 또는 승인을 받거나 신고한 폐기물처리시설 내지 처분시설이 아닌 곳에서 폐기물을 매립하였으므로 폐기물관리법 제8조 제2항 및 제13조 제1항 및 동법 시행령 제7조 제1항 제5호, 제9호를 위반하였다.

2. 乙사

부지의 양수인으로서 乙사가 부지의 복토 및 콘크리트아스팔트 건설과정에서 폐기물의 존재를 알면서 수급인 丙에게 폐기물을 매립하도록 하였다면, 乙사 역시 폐기물관리법 제8조 제2항, 제13조 제1항 위반이 될 수 있다. 한편, 사업장폐기물배출자가 폐기물의 처리를 위탁하려면 사업장 폐기물배출자는 폐기물의 처리과정이 제13조에 따른 폐기물의 처리 기준과 방법에 맞게 이루어지고 있는지를 확인하는 등 필요한 조치를 하여야 하는데(폐기물관리법 제17조 제1항 제3호, 제18조), 乙사가 丙사에게 건설폐기물의 매립을 지시하는 방법으로 폐기물의 처리를 위탁하였고, 이 때 폐기물의 처리 기준과 방법에 맞게 폐기물처리가 이루어지고 있는지 확인을 거치치 아니한 채 처리를 지시하였다면 동법 제17조 제1항 제3호 및 제18조를 위반하였다고 할 수 있다.

3. 丙사

丙사는 甲사와 乙사로부터 철거 및 공사를 수급 받은 건설업체로서 공사현장에서 발생한 건설폐기물 등을 부지에 매립한 것으로 보인다. 丙사는 허가 또는 승인을 받거나 신고한 폐기물처리시설 내지 처분시설이 아닌 곳에서 폐기물을 매립하였으므로 폐기물관리법 제8조 제2항 및 제13조 제1항 및 동법 시행령 제7조 제1항 제5호, 제9호를 위반하였다.

4. 丁사

丁사는 부지를 乙사로부터 양수한 자로서 폐기물관리법 위반행위는 존재하지 않는다.

Ⅲ. 조치명령

1. 요 건

환경부장관, 시·도지사 또는 시장·군수·구청장은 부적정처리폐기물(제13조에 따른 폐기물의 처리 기준과 방법 또는 제13조의2에 따른 폐기물의 재활용 원칙 및 준수사항에 맞지 아니하게 처리되거나 제8조 제1항 또는 제2항을 위반하여 버려지거나 매립되는 폐기물을 말함)이 발생하면 조치명령대상자에게 기간을 정하여 폐기물의 처리방법 변경, 폐기물의 처리 또는 반입 정지 등 필요한 조치를 명할 수 있다(제48조).

2. 대상자

조치명령의 대상자는 부적정처리폐기물을 발생시킨 자, 부적정처리폐기물의 처리를 위탁한 사업장폐기물배출자, 부적정처리폐기물을 직접 처리하거나 다른 사람에게 자기 소유의 토지 사용을 허용한 경우 부적정처리폐기물이 버려지거나 매립된 토지의 소유자 등이다.

3. 조치 내용

조치명령의 내용으로 동법은 처리방법 변경, 폐기물의 처리 또는 반입정지 등을 예시하고 있으나, 예시한 방법 외에도 필요한 조치에는 폐기물처리시설의 개선 등 방지조치, 불법처리된 폐기물의 제거 등 시정과 오염된 지하수·지표수 또는 토양의 정화조치 등이 광범위하게 포함된다 할 것이다.

4. 사안에의 적용

(1) 甲사 및 丙사

甲사와 丙사는 폐기물관리법 제8조 제2항 및 제13조 제1항에 위반하여 부적정처리 폐기물을 발생시킨 자이므로 폐기물관리법 제48조 제1항 제1호에 의거하여 A시장은 甲사 및 丙사에게 부지에 불법 매립된 폐기물의 처리를 명할 수 있다.

(2) 乙사

乙사의 경우, 폐기물이 불법매립된 부지를 양수한 자에 해당하나, 丙사에게 도급을 주어 복토 및 아스팔트콘크리트 건설과정에서 丙사로 하여금 이 부지에 건설폐기물의 매립을 지시하였다. 따라서 폐기물을 직접처리한 자로써 폐기물관리법 제48조 제1항 제1호에 해당되거나 폐기물이 매립된 토지의 소유자로서 동항 제9호에 해당되어 처리명령의 대상이 될 수 있다.

한편 乙사의 경우, 폐기물관리법 제17조 제8항 또는 제9항에 따라 甲의 사업장폐기물과 관련한 권리 · 의무를 승계하는지 문제될 수 있다. "사업장폐기물과 관련한 권리와 의무"에는 불법처리 폐기물에 대한 공법상의 처리의무가 포함된다.

제8항에 따라 사업을 양수한 자로서 영업의 동일성이 인정되는 경우 양수인은 양도인의 책임을 승계한다. 그러나 乙사의 경우에는 사업을 양수한 것이 아니라 甲사의 자산(부지)을 양수한 경우에 해당하므로 제8항에 따라 권리 · 의무를 승계하지는 않는다.

제9항의 경우는 경매, 환가, 압류재산의 매각, 그 밖에 이에 준하는 절차에 따라 사업장폐기물배출자의 사업장의 전부 또는 일부를 인수한 자로 한정하고 있으므로 乙과 같이 일반적인 매매절차를 통해 부지를 양수한 경우 이에 포함하지 않는 것으로 보아야 할 것이다. 그러므로 결국 乙은 법률 제17조 제8항 또는 제9항에 근거한 책임은 부담하지 않는다.

(3) 丁사

丁사의 경우, 제48조 제1항 각호 어디에도 포함되지 않고 사업의 양수인(제17조 제8항)이나 사업장의 인수인(제17조 제9항)도 아니므로 처리명령의 대상이 되지 않는다.

Ⅳ. 과징금

제48조에 따른 조치명령의 실효성을 확보한다는 차원에서 동법은 환경부장관 등으로 하여금 조치명령대상자가 폐기물을 부적정하게 처리함으로써 얻은 부적정처리이익의

3배 이하에 해당하는 금액과 폐기물의 제거 및 원상회복에 드는 비용을 과징금으로 부과할 수 있도록 하고 있다(제48조의5). 따라서 A시장은 경우에 따라 과징금 부과를 할 수 있다.

Ⅴ. 대집행

환경부장관, 시 · 도지사 또는 시장 · 군수 · 구청장은 제48조에 따른 명령을 받은 자가 그 명령을 이행하지 아니하면 행정대집행법에 따라 대집행을 하고 그 비용을 징수할 수 있다(제49조).

Ⅵ. 형사고발

폐기물관리법 제8조에 위반하여 사업장폐기물을 버린 자는 폐기물관리법 제63조에 의하여 7년 이하의 징역이나 7천만원 이하의 벌금에 처한다. 한편, 동법 제13조에 위반하여 폐기물을 매립한 자는 동법 제65조에 의하여 3년 이하의 징역이나 3천만원 이하의 벌금에 처한다.

Ⅶ. 결　　론

A시장은 甲, 乙, 丙에 대하여 폐기물관리법 제48조에 근거하여 조치명령을 발할 수 있고, 경우에 따라 과징금을 부과할 수 있다. 또한 이 명령을 이행하지 않는 경우 동법 제49조에 의하여 대집행을 할 수 있으며, 위와 별개로 형사고발할 수 있다.

문 2. A시가 토양환경보전법상 누구를 상대로 어떠한 조치를 취할 수 있는지 검토하시오.

Ⅰ. 문제의 소재

토양환경보전법 제10조의4에 따른 정화책임자의 범위, 정화책임자에게 취할 수 있는 조치 등에 대한 검토가 필요하다.

Ⅱ. 정화책임자

1. 근거 규정

토양환경보전법은 제10조의4 제1항에서 다음의 어느 하나에 해당하는 자를 정화책임자로 정하고 있다: ① 토양오염물질의 누출·유출·투기(投棄)·방치 또는 그 밖의 행위로 토양오염을 발생시킨 자; ② 토양오염의 발생 당시 토양오염의 원인이 된 토양오염관리대상시설의 소유자·점유자 또는 운영자; ③ 합병·상속이나 그 밖의 사유로 제1호 및 제2호에 해당되는 자의 권리·의무를 포괄적으로 승계한 자; ④ 토양오염이 발생한 토지를 소유하고 있었거나 현재 소유 또는 점유하고 있는 자.

2. 사안에의 적용

(1) 甲사

甲사가 비철금속제련공장을 운영하면서 공정 과정에서 납, 아연 등 각종 부산물이 발생하자 그러한 부산물을 부지 내 공터에 일부 매립하였고, 그로 인하여 위 부지의 지표면으로부터 최대 지하 7m까지 납, 아연 등으로 오염된 토양이 존재하는바, 甲사는 토양오염물질을 누출·유출·투기·방치 등으로 토양오염을 발생시킨 자이므로 토양환경보전법 제10조의4 제1항 제1호의 정화책임자에 해당한다. 한편, 甲사는 비철금속제련공장을 운영하는 과정에서 납, 아연을 발생시켰으므로 토양오염관리대상시설을 소유·운영하고 있었다고 보인다. 따라서 토양오염의 발생 당시 토양오염의 원인이 된 토양오염관리대상시설 소유자·점유자·운영자로써 제2호의 정화책임자에도 해당한다.

(2) 乙사

乙사는 甲으로부터 1997. 12. 경 부지를 매수하였고, 2011. 12. 17. 丁사에게 이를 매도하였으므로 토양오염이 발생한 토지를 소유하고 있었던 자로써 토양환경보전법 제10조의4 제1항 제4호의 정화책임자에 해당한다.

(3) 丙사

丙사는 乙의 지시를 받아 건설폐기물을 이 부지에 매립하였다. 그러나 매립한 폐기물이 토양오염물질이 아니라면 정화책임이 문제되지 않을 수 있다. 또한 공장의 철거, 복토 및 콘크리트 피복 공사를 수급 받은 자로서 현장에서 발생한 폐콘크리트 등 건설폐기물을 매립한 경우로서 이 부지에서 발견된 토양오염물질(납, 아연 등)의 확산 누출을 초래한 바 없다면, 제1항 제1호에 해당되지 않으므로 정화책임자에서 제외된다. 그러나 철거공사 과정에서 甲사가 부지에 방치한 토양오염물질의 누출 및 유출을 초래했다면 제1항 제1호에 해당되어 정화책임자에 해당될 수 있을 것이다.

(4) 丁사

丁사는 토양오염이 발생한 토지를 현재 소유하고 있는 자이므로 동항 제4호의 정화책임자에 해당한다. 한편, 토양환경보전법 제10조의4 제2항 제3호에 의하면 토양오염이 발생한 토지를 양수할 당시 토양오염 사실에 대하여 선의이며 과실이 없는 경우는 정화책임을 지지 않는다(제4호). 따라서 丁의 선의·무과실 면책 가능성을 검토할 필요가 있다. 동법 제10조의2에 의하면 토양환경평가를 실시하고 그 결과 오염정도가 우려기준 이하인 것을 확인한 경우에는 토양오염 사실에 대하여 선의·무과실이 추정된다. 그러나 丁사는 乙로부터 위 부지를 매수하기 이전에 토양환경평가를 실시한 바가 없으며, 여기에 더하여 오랫동안 지역에 거주해 온 점, 이 부지를 시가보다 저렴하게 매수한 점 등을 종합하여 볼 때 선의·무과실을 인정하기 어려워 보인다. 따라서 제3호에 따른 면책은 인정되지 않는다.

Ⅲ. 조치의 내용

1. 토양정밀조사 및 오염토양의 정화조치 명령

토양환경보전법 제11조 제3항은 오염도조사결과, 오염도가 우려기준을 넘는 토양(오염토양)에 대하여 기간을 정하여 정화책임자에게 토양정밀조사의 실시, 오염토양의 정화조치를 할 것을 명할 수 있다. 따라서 A시 시장은 甲, 乙, 丙 또는 丁에 대하여 토양정밀조사 및 오염토양의 정화조치 명령을 내릴 수 있다.

2. 상시측정 및 토양오염사고에 따른 토양정밀조사 및 오염토양의 정화조치명령

A시 시장은 상시측정, 토양오염실태조사 또는 토양정밀조사의 결과 우려기준을 넘는 경우 기간을 정하여 토양오염관리대상시설의 개선 또는 이전, 해당 토양오염물질의 사용제한 또는 사용중지, 오염토양의 정화 중 어느 하나에 해당하는 조치를 하도록 정화책임자인 甲, 乙, 丙 또는 丁에게 명할 수 있다(제15조 제3항).

3. 토양보전대책지역에서의 오염토양 개선사업 실시명령, 비용부담 명령

A시 시장은 피해주민에 대한 지원 대책에 소요되는 비용의 일부를 그 정화책임자인 甲, 乙, 丙 또는 丁에게 부담하게 할 수 있다(제18조 제3항). A시장은 대책계획 중 오

염토양 개선사업의 전부 또는 일부의 실시를 그 정화책임자에게 명할 수 있다. 이 경우 A시장은 토양보전을 위하여 필요하다고 인정하면 환경부령으로 정하는 토양전문기관으로 하여금 오염토양 개선사업을 지도 · 감독하게 할 수 있다(제19조 제1항).

Ⅳ. 결 론

A시는 甲, 乙, 丙, 또는 丁을 상대로 토양오염 상시측정 및 토양정밀조사 및 오염토양의 정화조치명령, 토양보전대책지역에서의 오염토양 개선사업 실시명령, 비용부담명령 등을 취할 수 있다.

문 3. 丁사가 그후 건축물 사업 부지에 존재하는 오염토양에 관하여 관련 업체에게 그 처리업무를 도급주어 처리비용으로 지급하였다고 할 경우, 甲을 상대로 손해배상 책임을 물을 수 있는지 검토하시오.

Ⅰ. 문제의 소재

오염토양 유발자가 토지의 전전 매수인(전득자)에 대하여 불법행위책임을 지는지 여부가 문제된다.

Ⅱ. 불법행위책임

최근 전원합의체 판결에서 다수의견은 토양이 오염되어 있음에도 쉽게 드러나지 아니하는 토지 환경오염의 특수성과 손해의 공평한 부담에 착안하면서, 토지 소유자가 토양오염물질을 토양에 누출 · 유출하거나 투기 · 방치함으로써 토양오염을 유발하였음에도 오염토양을 정화하지 않은 상태에서 오염토양이 포함된 토지를 거래에 제공함으로써 유통되게 하거나, 토지에 폐기물을 불법으로 매립하였음에도 처리하지 않은 상태에서 토지를 거래에 제공하는 등으로 유통되게 한 경우, 거래 상대방 및 토지를 전전 취득한 현재의 토지 소유자에 대한 위법행위로서 불법행위가 성립할 수 있다고 보고 있다(대법원 2016. 5. 19. 선고 2009다66549 전원합의체 판결).

그러나 이와 관련해서 자신의 토지에 폐기물을 매립하거나 토양을 오염시켜 토지를 유통시킨 경우는 물론 타인의 토지에 그러한 행위를 하여 토지가 유통된 경우라 하더라도, 행위자가 폐기물을 매립한 자 또는 토양오염을 유발시킨 자라는 이유만으로 자신과 직접적인 거래관계가 없는 토지의 전전 매수인에 대한 관계에서 폐기물 처리비용이나 오염정화비용 상당의 손해에 관한 불법행위책임을 부담한다고 볼 수는 없다는 견해도 만만치 않다.

Ⅲ. 결 론

토지를 매수한 현재의 토지 소유자(丁)가 자신의 토지소유권을 완전하게 행사하기 위하여 폐기물 처리비용을 지출하였다면 위법행위로 인하여 폐기물 처리비용의 지출이라는 손해의 결과가 현실적으로 발생하였다고 할 것이다. 결국 판례의 다수의견에 따르면 위 처리비용 상당의 손해에 대하여 丁은 甲을 상대로 손해배상책임을 물을 수 있다.

73

조치명령과 토양오염에 대한 사법상 구제

(2020년도 제9회 변호사시험)

사 례

「대기환경보전법」에 따른 배출시설을 설치·운영하는 사업장을 가지고 있는 甲 회사는 자신의 매출을 증가시키기 위하여 첨단 신소재 매트리스 침대를 전략상품으로 개발해서 판매를 시작하였다. 甲 회사의 침대가 전국적인 인기를 얻게 되자 매출이 저감된 乙 회사는 甲 회사 침대의 인기비결과 특수성을 검토하기 위하여 비밀리에 甲 회사의 침대를 분해하여 실험하던 중, 매트리스에 카드뮴, 벤젠, 크실렌 등이 법령상 허용치의 5배 이상 들어 있다는 사실을 발견하고 시민단체와 언론사에 제보하였다. 지난 1년 사이에 甲 회사의 침대를 구매한 수십만 명의 소비자들이 이 소식에 크게 놀라서 대책을 요구하자, 정부는 甲 회사에 대해 문제된 제품의 긴급수거조치를 권고하였다. 甲 회사는 전국에 판매된 수십만 개의 매트리스의 일부를 폐기하기 위하여 긴급수거하였고, 생산 중이던 제품의 생산을 전면 중단하였다. 甲 회사는 수거된 매트리스와 생산 후 판매되지 않은 매트리스를 서울 구로구(상세 주소 생략) 등 30여 필지 35,011㎡에 소재한 자신 소유의 본사 창고와 공장하역장(이하 '이 사건 부지'라고 함)에 기존 사업장폐기물과 분리하지 않고 적치하였고, 그 상태가 1년 이상 지속되고 있었다. 이 소식을 알게 된 본사 인근 주민들이 관할 행정청에게 필요한 조치를 요구하고 있다.

문 1. 甲 회사가 이 사건 부지에 적치한 매트리스가 폐기물관리법상 폐기물에 해당하는지 여부에 대해 검토하시오.

문 2. 설문의 사안에서 관할 행정청이 甲 회사에 대하여 폐기물관리법상 취할 수 있는 조치에 대해 검토하시오.

문 3. 甲 회사가 수거된 매트리스와 생산 후 판매되지 않은 매트리스 등을 이 사건 부지에 적치해둔 사이에 이 사건 부지는 매트리스 제조과정에서 사용되었던 카드뮴, 벤젠, 크실렌 등과 같은 토양오염물질로 인해 오염되었다. 오염된 이 사건 부지는 丙 회사를 거쳐서 丁 회사에게 순차로 매매되었다. 丙 회사로부터 매수 당시 이 사건 부지의 오염여부를 몰랐던 丁 회사는 그 후 이 사건 부지에 복합전자유통센터를 만드는 사업을 진행하기 위해 관련 처리업체에 오염된 부지의 처리를 의뢰하였고 그 처리비용으로 10억원을 지출하였다. 이와 같은 사실관계에서 丁 회사가 甲 회사와 丙 회사를 상대로 취할 수 있는 사법상 구제수단(유지청구는 논외로 한다)에 관해 검토하시오.

해 설

문 1. 甲 회사가 이 사건 부지에 적치한 매트리스가 폐기물관리법상 폐기물에 해당하는지 여부에 대해 검토하시오.

Ⅰ. 문제의 소재

사안의 매트리스가 폐기물에 해당하는지 여부에 따라 폐기물관리법상 조치명령(제48조)의 타당성 여부가 결정될 것이다.

Ⅱ. 폐기물이란?

1. 폐기물의 표지: '필요성'

폐기물관리법은 '폐기물'을 "쓰레기 · 연소재 · 오니 · 폐유 · 폐산 · 폐알카리 · 동물의 사체 등으로서 사람의 생활이나 사업활동에 필요하지 아니하게 된 물질"로 정의하고 있다(제2조 제1호). 이와 같이 동법은 폐기물의 표지로 '필요성'을 제시하고 있는데, 문제는 생활이나 사업활동에 필요하지 않다는 것을 어떻게 판단할 것인가이다. 판례는 배출자의 주관적 의사와 물건의 객관적 성상 등을 함께 고려하고 있다.

2. 판 례

판례는 액체비료가 유출된 사안에서 "액체비료가 본래 위 공장의 원료로서 보관하던 것이라 하더라도 그것이 일단 저장탱크로부터 유출되어 더 이상 위 생산 목적에 사용하기 어렵게 된 이상은 사람의 생활이나 사업활동에 필요하지 아니하게 된 물질로서 폐기물에 해당한다고 보아야 할 것이다"고 판시한 바 있다(대법원 2009. 1. 30. 선고 2008도8971 판결).

Ⅲ. 결 론

위 판례에 따를 경우 문제의 매트리스는 '사람의 생활이나 사업활동에 필요하지 아니하게 된 물질'로서 폐기물에 해당한다고 보아야 할 것이다.

문 2. 설문의 사안에서 관할 행정청이 甲 회사에 대하여 폐기물관리법상 취할 수 있는 조치에 대해 검토하시오.

Ⅰ. 문제의 소재

매트리스를 기존 사업장폐기물과 분리하지 않고 적치한 경우 관할 행정청의 조치권한에 대한 검토가 필요하다.

Ⅱ. 조치명령

1. 요 건

환경부장관, 시 · 도지사 또는 시장 · 군수 · 구청장은 부적정처리폐기물(제13조에 따른 폐기물의 처리 기준과 방법 또는 제13조의2에 따른 폐기물의 재활용 원칙 및 준수사항에 맞지 아니하게 처리되거나 제8조 제1항 또는 제2항을 위반하여 버려지거나 매립되는 폐기물을 말한다)이 발생하면 부적정처리폐기물을 발생시킨 자 등에게 기간을 정하여 폐기물의 처리방법 변경, 폐기물의 처리 또는 반입 정지 등 필요한 조치를 명할 수 있다(제48조).

2. 대상자

조치명령의 대상자는 부적정처리폐기물을 발생시킨 자, 폐기물처리시설의 설치 또는 운영을 위탁한 자, 배출자, 토지의 소유자 등이다.

3. 사안에의 적용

동법은 조치명령을 내릴 수 있는 경우로 제13조에 따른 폐기물의 처리 기준과 방법에 맞지 아니하게 처리되는 폐기물(부적정처리폐기물) 발생한 경우를 들고 있다. 제13조에서는 폐기물이 처리 기준과 방법을 시행령에서 정하도록 하고 있는바, 시행령에서는 폐기물의 종류와 성질 · 상태별로 재활용 가능성 여부, 가연성이나 불연성 여부 등에 따라 구분하여 수집 · 운반 · 보관할 것을 그 하나로 들고 있다(제7조 제1호). 사안에서 甲 회사가 폐기물인 메트리스를 기존 사업장 폐기물과 분리하지 않고 적치한 행위는 제13조 제1항을 위반하였으므로 환경부장관은 부적정처리폐기물을 발생시킨 자(제48조 제1항 제1호) 또는 토지의 소유자(동항 제9호)인 甲 회사에게 조치명령을 내릴 수 있다.

Ⅲ. 대집행

환경부장관, 시 · 도지사 또는 시장 · 군수 · 구청장은 제48조에 따른 명령을 받은 자가 그 명령을 이행하지 아니하면 행정대집행법에 따라 대집행(代執行)을 하고 그 비용을 징수할 수 있다(제49조).

Ⅳ. 폐기물처리명령

환경부장관 또는 시 · 도지사는 사업장폐기물배출자가 제13조에 따른 폐기물의 처리 기준과 방법으로 정한 보관기간을 초과하여 폐기물을 보관하는 경우에는 사업장폐기물배출자에게 기간을 정하여 폐기물의 처리를 명할 수 있다(제39조의2). 그러나 사안의 경우 해당 요건에 부합하는 사항이 없으므로 동조에 따른 폐기물처리명령은 더 나아가 살펴볼 필요가 없다.

Ⅴ. 형사고발

제13조를 위반하여 폐기물을 처리한 자에게는 벌칙이 부과되는바(제66조 제1호), 관할 행정청은 형사고발 조치할 수 있다.

Ⅵ. 결 론

관할 행정청은 제48조에 따른 조치명령뿐만 아니라 대집행, 형사고발 등을 할 수 있다.

문 3. 甲 회사가 수거된 매트리스와 생산 후 판매되지 않은 매트리스 등을 이 사건 부지에 적치해둔 사이에 이 사건 부지는 매트리스 제조과정에서 사용되었던 카드뮴, 벤젠, 크실렌 등과 같은 토양오염물질로 인해 오염되었다. 오염된 이 사건 부지는 丙

회사를 거쳐서 丁 회사에게 순차로 매매되었다. 丙 회사로부터 매수 당시 이 사건 부지의 오염여부를 몰랐던 丁 회사는 그 후 이 사건 부지에 복합전자유통센터를 만드는 사업을 진행하기 위해 관련 처리업체에 오염된 부지의 처리를 의뢰하였고 그 처리비용으로 10억원을 지출하였다. 이와 같은 사실관계에서 丁 회사가 甲 회사와 丙 회사를 상대로 취할 수 있는 사법상 구제수단(유지청구는 논외로 한다)에 관해 검토하시오.

Ⅰ. 문제의 소재

직접 매도인에 대해서는 어떤 청구를 할 수 있으며 그 근거는 무엇인지 문제가 된다. 또한 오염토양 유발자가 토지의 전전 매수인(전득자)에 대하여 불법행위책임을 지는지 여부가 문제된다.

Ⅱ. 丙 회사를 상대로 취할 수 있는 사법상 구제수단

1. 불법행위책임

토양환경보전법은 "토양오염으로 인하여 피해가 발생한 경우 그 오염을 발생시킨 자는 그 피해를 배상하고 오염된 토양을 정화하는 등의 조치를 하여야 한다"고 규정함으로써(제10조의3 제1항 본문), 토양오염의 피해에 대한 무과실책임을 인정하고 있다. 丁 회사가 丙 회사에 대하여 민법 제750조에 따른 손해배상청구를 하기 위해서는 고의 · 과실, 위법성, 인과관계, 피해 등 요건이 충족되어야 한다(위법성, 인과관계 등 요건에 대하여 자세한 내용은 148 내지 150면 참조). 丁 회사는 丙 회사가 토양오염 사실을 고지하지 않은 점 들을 들어 일반 불법행위책임을 물을 수 있으나 토양환경보전법 제10조의3에 따른 무과실책임을 물을 수도 있을 것이다.

이 규정이 환경정책기본법상 원인자의 무과실책임 규정, 즉 "환경오염 또는 환경훼손으로 피해가 발생한 경우에는 해당 환경오염 또는 환경훼손의 원인자가 그 피해를 배상하여야 한다(제44조 제1항)"는 규정에 대하여 특별법적 지위를 갖는가에 대하여는 논란이 제기될 수 있다. 토양환경보전법은 환경오염의 피해 원인을 '토양오염'에 국한하고, '토양오염물질'을 한정하고 있다. 다시 말하면 토양오염은 환경정책기본법 제44조상 환경오염의 한 유형이고, 토양오염을 발생시킨 자는 환경정책기본법 제44조상 '원인자'에 포섭될 수 있기 때문에 토양환경보전법상 무과실책임 규정의 구제범위는 환경정책기본법상 원인자의 무과실책임 규정의 구제범위보다 제한적이라고 할 수 있다. 결국 피해자는 입증부담을 덜기 위하여 토양환경보전법 제10조의3 제1항이 적용될 수 있는 경우에도 이 규정에 의하지 않고 구제범위가 보다 넓은 환경정책기본법 제44조에 기한 책임을 물을 가능성이 있다. 그러나 토양환경보전법 제10조의3은 피해자로 하여금 손해배상뿐만 아니라 '정화'책임도 물을 수 있도록 하기 때문에 정화를 위한 구제수단으로 여전히 의미가 있다고 할 수 있다.

2. 채무불이행책임

매수자로 하여금 폐기물처리비용 상당의 손해를 입게 하였다면 매도인은 불완전이행으로서 채무불이행으로 인한 손해배상책임 부담할 수 있다(민법 제390조). 한편 채무불이행으로 손해배상책임은 하자담보책임과 경합적으로 인정된다(대법원 2004. 7. 22. 선고 2002다51586 판결).

3. 하자담보책임

민법 제580조에 의하면 매매의 목적물에 하자가 있는 때에는 매수인은 목적물의 하자로 말미암아 매매의 목적을 달성할 수 없는 경우 계약을 해제하고 아울러 손해배상을 청구할 수 있다. 예컨대, 토양의 오염정도가 토양환경보전법상의 우려기준을 초과하는 경우 매수인이 토양환경보전법상의 오염방지조치를 행할 의무를 지게 될 가능성이 있으며, 경우에 따라서는 일정기간 토지사용이 제한될 수도 있다는 점에서 매도인이 하자담보책임을 지게 될 가능성이 있게 된다. 사안의 경우 역시 토양오염으로 인해 토지지가의 하락 및 매수인이 지게 될 의무 등을 고려하면 하자담보책임이 인정될 것이다.

Ⅲ. 甲 회사를 상대로 취할 수 있는 사법상 구제수단

1. 전득자에 대한 불법행위책임

최근 전원합의체 판결에서 다수의견은 토양이 오염되어 있음에도 쉽게 드러나지 아니하는 토지 환경오염의 특수성과 손해의 공평한 부담에 착안하면서, 토지 소유자가 토양오염물질을 토양에 누출·유출하거나 투기·방치함으로써 토양오염을 유발하였음에도 오염토양을 정화하지 않은 상태에서 오염토양이 포함된 토지를 거래에 제공함으로써 유통되게 하거나, 토지에 폐기물을 불법으로 매립하였음에도 처리하지 않은 상태에서 토지를 거래에 제공하는 등으로 유통되게 한 경우, 거래 상대방 및 토지를 전전 취득한 현재의 토지 소유자에 대한 위법행위로서 불법행위가 성립할 수 있다고 보고 있다(대법원 2016. 5. 19. 선고 2009다66549 전원합의체 판결).

그러나 이와 관련해서 자신의 토지에 폐기물을 매립하거나 토양을 오염시켜 토지를 유통시킨 경우는 물론 타인의 토지에 그러한 행위를 하여 토지가 유통된 경우라 하더라도, 행위자가 폐기물을 매립한 자 또는 토양오염을 유발시킨 자라는 이유만으로 자신과 직접적인 거래관계가 없는 토지의 전전 매수인에 대한 관계에서 폐기물 처리비용이나 오염정화비용 상당의 손해에 관한 불법행위책임을 부담한다고 볼 수는 없다는 견해도 만만치 않다.

2. 불법행위에 기한 손해배상

(1) 근　　거

丁 회사는 甲 회사가 매트리스 등을 폐기물 처리기준에 맞지 않게 적치함으로써 매트리스 제조과정에서 사용되었던 카드뮴, 벤젠, 크실렌 등과 같은 토양오염물질로 인해 이 사건 부지를 오염시킨 점을 들어 일반 불법행위책임을 물을 수 있으나 토양환경보전법 제10조의3 또는 환경정책기본법 제44조에 따른 무과실책임을 물을 수도 있을 것이다.

(2) 성립 요건

丁 회사가 甲 회사에 대하여 손해배상청구를 하기 위해서는 고의 · 과실(토양환경보전법 제10조의3 또는 환경정책기본법 제44조에 근거할 경우에는 입증 불요), 위법성, 인과관계, 피해 등 요건이 충족되어야 한다.

Ⅳ. 결　　론

丁 회사는 丙 회사에게 불법행위책임, 하자담보책임, 채무불이행책임으로 인한 손해배상 청구를 할 수 있을 것이다. 한편, 丁 회사는 甲 회사에게 불법행위로 인한 손해배상청구를 할 수 있을 것이다.

참조판례

대법원 2016. 5. 19. 선고 2009다66549 전원합의체 판결(판례 [39])

74

오염토양의 폐기물성

(법전원협의회 2015년도 제1차 변호사시험 모의시험)

사　례

전선을 제작하는 회사인 A는 그가 소유하고 있던 경기도 평택시 소재 대지 2,177㎡의 토지(이하 '이 사건 토지')에 산업폐기물을 매립해왔고, 이 사건 토지는 2000. 12. 1. 주택회사인 B에 매도하였다. 이후 B는 국민임대주택을 건설하기 위해 토양정밀조사를 실시했는데 그 결과 니켈, 카드뮴, 구리, 비소, 납 등 각종 유해물질이 토양환경보전법상의 우려기준을 넘는 수준으로 검출되었다.

이 사건 토지의 가액은 50억원 정도로 평가되고 있고, 이 사건 토지상의 토양오염을 정화하는데 소요되는 비용은 100억원 정도의 비용이 들 것으로 전문가들은 보고 있다. A는 이 사건 토지를 철강회사인 C로부터 1990년경에 매입을 했는데, C는 1970년대와 1980년대에 걸쳐 이 사건 토지상에서 금속제련업을 운영한 바 있다.

관할행정청인 평택시장 甲이 A 등에게 정화책임을 명할 것을 검토하고 있다는 정보를 입수하고서 과다한 정화비용을 우려한 A는 이 사건 토지에 있는 폐토사를 굴착하여 정화할 비용을 절감하고자 폐기물처리업의 허가를 받지 아니한 D에게 폐기물처리를 위탁하여 폐토사 8,700톤 상당을 현장에서 지정폐기물 2,900톤과 건설폐기물 5,800톤을 육안으로 구분하여 임의로 분리 · 선별하는 방법으로 처리하게 하였다.

문 1. A의 토양환경보전법 또는 폐기물관리법상의 책임에 대하여 검토하시오(형사책임은 제외함).

문 2. 그 이후 2005. 3. 1. 이 사건 토지를 E가 양수하여, 매년 50억 이상의 순수익을 내는 기업을 운영하던 중 우려기준을 넘는 토양오염이 밝혀졌다고 가정하자. 이때 E가 양수하는 과정에서 이 사건 토지에 대한 토양환경평가를 실시한 경우와 그렇지 않은 경우의 E의 책임에 대하여 검토하시오.

문 3. 甲 시장이 정화책임을 검토하고 있는 과정에서, B는 토양오염에 대한 직접적인 원인을 제공한 바가 없는 그에게 토양환경보전법이 책임을 묻게 된다면 이는 위헌이라고 주장한다. 또한, C의 경우 오래 전에 매도하여 더 이상 자신과 관계없는 이 사건 토지상의 책임을 묻는 법률이 있다면 마찬가지로 위헌이라고 주장한다. B, C의 위헌시비 주장의 당부를 검토하시오.

해 설

문 1. A의 토양환경보전법 또는 폐기물관리법상의 책임에 대하여 검토하시오(형사책임은 제외함).

Ⅰ. 문제의 소재

사안의 굴착된 폐토사가 오염토양인지, 폐기물인지 여하에 따라 토양환경보전법이 적용되는지, 폐기물관리법이 적용되는지 달라지므로 우선 사안의 폐토사의 성격을 규명할 필요가 있다.

Ⅱ. 오염토양의 폐기물성

판례는 "토양은 폐기물 기타 오염물질에 의하여 오염될 수 있는 대상일 뿐 오염토양이라 하여 동산으로서 '물질'인 폐기물에 해당한다고 할 수 없고, 나아가 오염토양은 법령상 절차에 따른 정화 대상이 될 뿐 법령상 금지되거나 그와 배치되는 개념인 투기나 폐기 대상이 된다고 할 수 없다"고 판시하고 있다(대법원 2011. 5. 26. 선고 2008도2907 판결). 이러한 판례의 입장에 따를 경우 오염토양 자체의 규율에 관하여는 폐기물관리법에서 처리를 위한 별도의 근거 규정을 두고 있지 아니한 이상 폐기물관리법의 규정은 성질상 적용될 수 없다. 따라서 A는 폐기물관리법상 아무런 책임도 지지 아니하며, 토양환경보전법상의 책임이 문제될 수 있다.

Ⅲ. A의 토양환경보전법상 책임

1. 관련 규정

(1) 정화책임자

토양환경보전법은 '정화책임자'가 제11조 제3항, 제14조 제1항, 제15조 제1항 · 제3항 또는 제19조 제1항에 따라 토양정밀조사, 오염토양의 정화 또는 오염토양 개선사업의 실시(토양정화 등)를 하여야 한다면서 다음의 어느 하나에 해당하는 자를 정화책임자로 정하고 있다: ① 토양오염물질의 누출 · 유출 · 투기(投棄) · 방치 또는 그 밖의 행위로 토양오염을 발생시킨 자; ② 토양오염의 발생 당시 토양오염의 원인이 된 토양오염관리대상시설의 소유자 · 점유자 또는 운영자; ③ 합병 · 상속이나 그 밖의 사유로 제1호 및 제2호에 해당되는 자의 권리 · 의무를 포괄적으로 승계한 자; ④ 토양오염이 발생한 토지를 소유하고 있었거나 현재 소유 또는 점유하고 있는 자(제10조의4 제1항).

(2) 책임의 내용

정화책임자가 지는 책임의 내용은 제11조 제3항, 제14조 제1항, 제15조 제1항 · 제3항 또는 제19조 제1항에 따른 토양정밀조사, 오염토양의 정화 또는 오염토양 개선사업의 실시(토양정화 등)이다.

(3) 면 책

나아가 동법은 제10조의4 제1항에도 불구하고 1996년 1월 5일 이전에 양도 또는 그 밖의 사유로 해당 토지를 소유하지 아니하게 된 경우 등 일정한 경우에는 같은 항 제4호('토지'의 소유자 · 점유자)에 따른 정화책임자로 보지 아니한다고 규정함으로써, 면책을 인정하고 있다(제10조의4 제2항).

(4) 정화비용의 지원

국가는 정화책임자가 토양정화 등을 하는 데 드는 비용이 자신의 부담부분을 현저히 초과하거나 해당 토양오염관리대상시설의 소유 · 점유 또는 운영을 통하여 얻었거나 향후 얻을 수 있을 것으로 기대되는 이익을 현저히 초과하는 경우 등 일정한 경우에는 토양정화 등을 하는 데 드는 비용(제10조의4 제4항에 따른 구상권 행사를 통하여 상환받을 수 있는 비용 및 토양정화 등으로 인한 해당 토지 가액의 상승분에 상당하는 금액은 제외)의 전부 또는 일부를 대통령령으로 정하는 바에 따라 지원할 수 있다(제10조의4 제5항).

2. 사안에의 적용

A는 이 사건 토지에 산업폐기물을 매립해왔으므로 제10조의4 제1항 제1호상의 토양오염물질의 누출·유출·투기(投棄)·방치 또는 그 밖의 행위로 토양오염을 발생시킨 자라고 할 수 있다.

제4호상의 정화책임자에 해당하는지는 면책규정과 함께 보다 세밀한 검토가 필요하다. 토양오염이 발생한 토지의 소유자였으므로 일응 제4호상의 정화책임자에 해당할 수 있으나, C로부터 1990년 매입하였으므로 제10조의4 제2항 제2호에 따라 1996. 1. 5. 이전에 양수한 자에 해당하여 면책되어 결과적으로 제4호의 정화책임자는 아니라고 할 수 있다.

다만, A의 경우 정화책임자가 토양정화 등을 하는 데 드는 비용이 자신의 부담부분을 현저히 초과할 여지가 있으므로 제10조의4 제5항 제1호에 따라 국가로부터 토양정화 등을 하는 데 드는 비용의 일부를 지원받을 가능성이 있다.

Ⅳ. 결 론

결국 甲은 제10조의4 제1항 제1호에 다른 정화책임자로서 토양정밀조사, 오염토양의 정화 또는 오염토양 개선사업의 실시(토양정화 등) 등 책임을 부담할 수 있다.

문 2. 그 이후 2005. 3. 1. 이 사건 토지를 E가 양수하여, 매년 50억 이상의 순수익을 내는 기업을 운영하던 중 우려기준을 넘는 토양오염이 밝혀졌다고 가정하자. 이때 E가 양수하는 과정에서 이 사건 토지에 대한 토양환경평가를 실시한 경우와 그렇지 않은 경우의 E의 책임에 대하여 검토하시오.

Ⅰ. 문제의 소재

정화책임과 관련해서 토양환경평가(제10조의2)의 법적 의미가 무엇인지 검토가 필요하다.

Ⅱ. E의 정화책임

1. 관련 규정

토양오염의 우려가 있는 토지를 양도·양수 또는 임대·임차하는 경우에 양도인·

양수인 · 임대인 또는 임차인은 해당 부지와 그 주변지역, 그 밖에 토양오염의 우려가 있는 토지에 대하여 토양환경평가기관으로부터 토양오염에 관한 평가(토양환경평가)를 받을 수 있다(제10조의2 제1항). 토양오염관리대상시설이 설치되어 있거나 설치되어 있었던 부지, 그 밖에 토양오염의 우려가 있는 토지를 양수한 자가 양수 당시 같은 항에 따라 토양환경평가를 받고 그 부지 또는 토지의 오염 정도가 우려기준 이하인 것을 확인한 경우에는 토양오염 사실에 대하여 선의이며 과실이 없는 것으로 추정한다(동조 제2항).

2. 사안에의 적용

사안에서 E는 토양오염이 발생한 토지를 현재 소유 또는 점유하고 있는 자로서 일응 제10조의4 제1항 제4호상의 정화책임자이다. 한편, 동법은 제10조의4 제1항에도 불구하고 토양오염이 발생한 토지를 양수할 당시 토양오염 사실에 대하여 선의이며 과실이 없는 경우에는 같은 항 제4호('토지'의 소유자 · 점유자)에 따른 정화책임자로 보지 아니한다고 규정함으로써(제10조의4 제2항 제3호), 선의 · 무과실 면책 규정을 두고 있다. 여기에서 E에게 선의 · 무과실 면책 규정이 적용될 수 있는지 문제될 수 있다. 사안에서 E가 양수 당시 토양환경평가를 받고 토지의 오염 정도가 우려기준 이하인 것을 확인한 경우(사안에서는 오염 정도가 우려기준 이하인 것을 확인하였는지가 불분명함) 토양오염 사실에 대하여 선의 · 무과실이 추정되므로(제10조의2 제2항) 선의 · 무과실 반증이 없는 한 면책을 받을 수 있을 것이다. 나아가 E는 제10조의4 제5항 제3호(2002년 1월 1일 이후에 해당 토지를 양수한 자가 제1항 제4호의 정화책임자로서 토양정화 등을 하는 데 드는 비용이 해당 토지의 가액 및 토지의 소유 또는 점유를 통하여 얻었거나 향후 얻을 수 있을 것으로 기대되는 이익을 현저히 초과하는 경우)에 따라 국가의 정화비용지원을 받을 여지도 있다.

Ⅲ. 결 론

E가 토양환경평가를 실시한 경우에는 토양환경평가의 선의 · 무과실 추정 규정(제10조의2 제2항)과 선의 · 무과실 면책 규정(제10조의4 제2항 제3호)에 의해 책임이 면책될 가능성이 많지만, 실시하지 않은 경우에는 추정 규정이 적용되지 않음으로써 정화책임자로서 책임을 부담할 가능성이 많다.

문 3. 甲 시장이 정화책임을 검토하고 있는 과정에서, B는 토양오염에 대한 직접적인 원인을 제공한 바가 없는 그에게 토양환경보전법이 책임을 묻게 된다면 이는 위헌이라고 주장한다. 또한, C의 경우 오래 전에 매도하여 더 이상 자신과 관계없는 이 사건 토지상의 책임을 묻는 법률이 있다면 마찬가지로 위헌이라고 주장한다. B, C의 위헌시비 주장의 당부를 검토하시오.

Ⅰ. 문제의 소재

B는 토양오염에 대한 직접적인 원인을 제공하지 않았음에도 엄한 책임을 지는 부당하다는 취지의 주장을 하고 있는바, 이른바 과잉금지원칙 위반을 주장한다고 할 수 있으며, C는 소급효 문제를 제기하고 있는바, 이들 쟁점에 대한 검토와 함께 현행 정화책임자 조항의 위헌성 여하를 검토할 필요가 있다.

Ⅱ. B의 책임과 과잉금지원칙 위반 여하

B는 이 사건 토지를 A로부터 매수하여 E에게 양도한 자이므로 법 제10조의4 제1항 제4호에 따른 "토양오염이 발생한 토지를 소유하고 있었던 자"에 해당된다. B는 토양오염에 대한 직접적인 원인을 제공하지 않았음에도 엄한 책임을 지는 부당하다는 취지의 주장을 하고 있는바, 이른바 과잉금지원칙 위반을 주장한다고 할 수 있다.

이른바 마산주유소 사건(헌재 2012. 8. 23. 선고 2010헌바167 결정)에서는 오염원인자(현행 정화책임자) 조항의 과잉금지원칙 위반 여하가 큰 쟁점이었는데, 헌법재판소는 "토양오염관리대상시설의 소유자 · 점유자 · 운영자에게 '토양오염을 유발시킨 자'(구법 제10조의3 제3항 제1호)의 책임에 대한 보충책임을 부담시키는 방법, 토양오염 발생에 관하여 선의 · 무과실이고 그 책임으로 돌릴 수 없는 경우에 한하여 면책하는 방법, 토양오염 발생에 대하여 선의 · 무과실인 토양오염관리대상시설의 소유자 · 점유자 · 운영자의 책임을 당해 토양오염관리대상시설의 시가 범위 내로 제한하거나, 일반적인 책임한도제를 도입하는 방법 등으로 침해를 최소화할 수 있고, 위와 같은 수단들을 도입함으로 인하여 발생할 수 있는 손해배상 및 토양정화 등 책임의 공백 또는 그 책임 이행의 지연 문제는 환경손해보험 및 토양정화기금 등과 같은 제도로 보완될 수 있으며, 구상권의 존재는 이 사건 오염원인자 조항으로 인하여 토양오염관리대상시설의 소유자 · 점유자 · 운영자가 받게 되는 침해를 완화하기에 부족하다"고 결정하였다.

2014. 3. 24. 개정 법은 이러한 점을 인식하고 면책의 확대(제10조의4 제2항), 복수

의 정화책임자의 선택(동조 제3항), 구상권의 인정(동조 제4항), 정화비용의 지원(동조 제5항) 등의 규정을 두어 위헌 문제를 해소하려고 하고 있다.

Ⅲ. C의 책임과 소급효 문제

C는 오래 전에 매도하여 더 이상 자신과 관계없는 이 사건 토지상의 책임을 묻는 법률이 있다면 위헌이라고 주장함으로써, 소급효 문제를 제기하고 있다. 관련 규정의 제·개정이 정책의 변경이 아니라 지식이나 평가의 변경에 따라 이루어진, 이른바 '부진정 소급'의 문제로 보는 입장에서는 소급책임을 인정할 가능성이 많다. 또한 개정 법령이 사실 또는 법률관계가 아직 종료되지 않은 토양오염문제를 다루는 것으로 이해할 경우(부진정 소급입법) 소급효가 인정될 가능성이 있다. 부영 사건(헌재 2012. 8. 23. 선고 2010헌바28 결정)에서 헌법재판소는 해석을 통해 부진정 소급입법이라는 결론을 도출하고 있다.

2014. 3. 24. 개정 법은 소급효 문제를 인식하고 면책규정을 두면서 기준 시점을 토양환경보전법(1995. 1. 5. 제정)의 시행일인 1996년 1월 6일로 하고, 그 이전에 토지를 양도·양수한 경우 면책을 하고 있는바(제10조의4 제2항 제1호), 그 규정 형식은 면책이지만 2014. 3. 24. 개정 법을 기준으로 할 경우에는 토지의 소유자에게 사실상 소급책임(다만, 기준 시점 이전에는 소급효가 제한됨)을 인정하고 있다.

참조판례

1. 대한전선 사건: 대법원 2011. 5. 26. 선고 2008도2907 판결(판례 [29])
2. 마산주유소 사건: 헌재 2012. 8. 23. 선고 2010헌바167 결정(판례 [36])
3. 부영 사건: 헌재 2012. 8. 23. 선고 2010헌바28 결정(판례 [37])

75

정화기준 및 정화방법

(법전원협의회 2019년도 제3차 변호사시험 모의시험)

사 례

甲은 A시 소재 공장부지(이하 '이 사건 부지'라 한다)에서 40년간 화학공장을 경영하다가 조업을 중단하고 이 사건 부지를 2013. 9. 乙에게 매도하였다. 乙은 이 사건 부지에서 도시개발사업으로 154만6792㎡ 규모에 약 1조9230억원을 투입해 공동주택 1만1304세대와 단독주택 240세대 등 총 1만3149세대(계획인구 3만3540명)를 건립하고 사업지구 내 미술관과 방송국 건물 등을 살려 문화가 있는 단지를 조성할 계획을 수립하였다. A시는 환경영향평가 협의를 거쳐 2018. 10. 乙의 도시개발사업 실시계획을 인가하였고 乙은 바로 철거 등 공사에 착공하였다. 한편 A시가 환경부와 협의한 환경영향평가서에는 〈오염토양 정화대책〉으로 "평가서에 제시한 바와 같이 사업 착공 전 사업지구 전반에 토양정밀조사를 실시하여 토양 오염여부를 확인하고 토양오염 발견시 적정 토양오염정화대책을 수립 후 사업을 시행하여야 함."이라고 명시하고 있다. 환경영향평가서초안을 작성하기 위한 환경현황 조사에서 이 사건 부지는 불소, 수은, 납, 아연 등이 검출되었는데, 불소는 942mg/kg, 수은은 22.93mg/kg, 구리는 295.3 mg/kg이 검출되었다.

문 1. 이 사건 부지의 토양오염과 관련하여, A시장이 토양정화명령을 내리는 경우 토양정화기준은 무엇인지 검토하시오.

문 2. 乙이 사건 부지에서 오염토양을 반출하여 정화하려고 오염토양반출정화계획서를 작성하여 반출정화를 신청하는 경우, A시장은 이를 허용해 주어야 하는지 검토하시오.

참조조문

토양환경보전법 시행규칙 제1조의5 [별표 3]

토양오염우려기준(제1조의5 관련)

(단위: mg/kg)

물질	1지역	2지역	3지역
카드뮴	4	10	60
구리	150	500	2,000
비소	25	50	200
수은	4	10	20
납	200	400	700
6가크롬	5	15	40
아연	300	600	2,000
니켈	100	200	500
불소	400	400	800
…			

※ 비고

1. 1지역: 「공간정보의 구축 및 관리 등에 관한 법률」에 따른 지목이 전 · 답 · 과수원 · 목장용지 · 광천지 · 대(「공간정보의 구축 및 관리 등에 관한 법률 시행령」 제58조 제8호 가목 중 주거의 용도로 사용되는 부지만 해당한다) · 학교용지 · 구거(溝渠) · 양어장 · 공원 · 사적지 · 묘지인 지역과 「어린이놀이시설 안전관리법」 제2조 제2호에 따른 어린이 놀이시설(실외에 설치된 경우에만 적용한다) 부지
2. 2지역: 「공간정보의 구축 및 관리 등에 관한 법률」에 따른 지목이 임야 · 염전 · 대(1지역에 해당하는 부지 외의 모든 대를 말한다) · 창고용지 · 하천 · 유지 · 수도용지 · 체육용지 · 유원지 · 종교용지 및 잡종지(「공간정보의 구축 및 관리 등에 관한 법률 시행령」 제58조 제28호 가목 또는 다목에 해당하는 부지만 해당한다)인 지역
3. 3지역: 「공간정보의 구축 및 관리 등에 관한 법률」에 따른 지목이 공장용지 · 주차장 · 주유소용지 · 도로 · 철도용지 · 제방 · 잡종지(2지역에 해당하는 부지 외의 모든 잡종지를 말한다)인 지역과 「국방 · 군사시설 사업에 관한 법률」 제2조 제1호 가목부터 마목까지에서 규정한 국방 · 군사시설 부지

(…)

6. 법 제11조 제3항, 제14조 제1항, 제15조 제1항 및 같은 조 제3항 각 호에 따른 토양정밀조사의 실시나 오염토양의 정화 등을 명하는 경우 토양오염우려기준은 조치명령 당시의 지목을 기준으로 한다. 다만, 정밀조사 기간 또는 정화 기간이 완료되기 전에

지목이 변경된 경우에는 변경된 지목을, 다음 각 목의 어느 하나에 해당하여 지목변경이 예정된 경우에는 변경 예정 지목을 기준으로 한다.

가. 「국토의 계획 및 이용에 관한 법률」 등 관계 법령에 따라 개발행위 허가 또는 실시계획 인가 등을 받고 토지의 형질변경 등의 공사가 착공된 경우

나. 건축물의 용도변경을 위하여 「건축법」에 따라 용도변경 허가를 받았거나 신고한 후 공사가 착공된 경우

다. 다른 법령에 따라 지목변경 사유에 해당하는 공사가 착공된 경우

해 설

문 1. 이 사건 부지의 토양오염과 관련하여, A시장이 토양정화명령을 내리는 경우 토양정화기준은 무엇인지 검토하시오.

Ⅰ. 문제의 소재

오염토양의 정화기준인 토양오염우려기준의 구체적 적용이 문제된다.

Ⅱ. 정화기준

1. 토양오염우려기준

오염토양은 대통령령으로 정하는 정화기준 및 정화방법에 따라 정화하여야 한다(동법 제15조의3 제1항), 동법 시행령에서는 오염토양의 정화기준을 토양오염우려기준으로 하고 있으며(제10조), 동법 시행규칙에서는 구체적으로 토양오염우려기준을 정하고 있다(제1조의5, 별표 3).

2. 사안에의 적용

시행규칙 제1조의5(별표 3) 비고 제6호 가목에서는 원칙적으로 토양오염우려기준은 조치명령 당시의 지목을 기준으로 하되 「국토의 계획 및 이용에 관한 법률」 등 관계 법령에 따라 개발행위 허가 또는 실시계획 인가 등을 받고 토지의 형질변경 등의 공사가 착공된 경우에 해당하여 지목변경이 예정된 경우에는 변경 예정 지목을 기준으로 한다고 규정하고 있다. 사안에서 乙이 도시개발사업 실시계획을 인가받은 후 철거 등 공사에 착공하였으므로 토양오염우려기준은 변경 예정지목을 기준으로 하여야 한다.

Ⅲ. 위해성평가

환경부장관, 시 · 도지사, 시장 · 군수 · 구청장 또는 정화책임자는 위해성평가기관으로 하여금 오염물질의 종류 및 오염도, 주변 환경, 장래의 토지이용계획과 그 밖에 필요한 사항을 고려하여 해당 부지의 토양오염물질이 인체와 환경에 미치는 위해의 정도를 평가(위해성평가)하게 한 후 그 결과를 토양정화의 범위, 시기 및 수준 등에 반영할 수 있다(제15조의5 제1항). 위해성평가는 토양정화의 기준이나 방법을 예외적으로 달리 정하여 적용하는 것이므로 그 실시하는 경우는 5개로 한정된다. 사안의 경우는 이에 해당되지 않으므로 위해성평가를 실시하고 그 결과를 정화 수준에 반영할 수 있는 여지는 없다고 할 수 있다.

Ⅳ. 결 론

결국 정화책임자는 지목이 대에 적용되는 1지역 기준으로 정화하여야 한다.

문 2. 乙이 사건 부지에서 오염토양을 반출하여 정화하려고 오염토양반출정화계획서를 작성하여 반출정화를 신청하는 경우, A시장은 이를 허용해 주어야 하는지 검토하시오.

Ⅰ. 문제의 소재

현장에서의 정화 원칙에 대한 예외로서 반출정화의 요건에 대한 검토 및 적용이 필요하다.

Ⅱ. 반출정화

1. 반출정화대상

오염토양은 대통령령으로 정하는 정화방법에 따라 정화하여야 한다(제15조의3 제1항). 오염토양을 정화할 때에는 원칙적으로 오염이 발생한 해당 부지에서 정화하여야 한다. 다만, 부지의 협소 등 환경부령으로 정하는 불가피한 사유로 그 부지에서 오염토양의 정화가 곤란한 경우에는 토양정화업자가 보유한 시설(제23조의7 제1항에 따라 오염토양을 반입하여 정화하기 위하여 등록한 시설)로 반출하여 정화할 수 있다(동조 제3항). 이와 같이 해당 부지 내 처리를 원칙으로 하고 있는 것은 불법투기와 누출·유출의 우려, 토양 본래의 식생훼손 방지 등을 고려한 것이다. 이에 시행규칙은 반출절차 및 방법 등을 엄격히 정하고 있다(제19조의2). 시행규칙에서는 반출정화대상을 구체적으로 정하고 있다. 여기에는 ① 「국토의 계획 및 이용에 관한 법률」에 의한 도시지역안의 건설공사 현장 등 환경부장관이 정하여 고시하는 경우; ② 토양오염물질 운송차량의 전복 등 긴급한 사고로 인한 오염토양으로서 즉시 처리하여야 하는 경우; ③ 오염토양의 양이 5세제곱미터 미만으로서 현장에서 정화하는 때에는 정화효율이 현저하게 저하되는 경우; ④ 정화 조치명령을 받은 자가 오염토양 정화공사를 시행하였으나 오염물질의 종류, 오염정도 및 기술적 한계 등으로 최초 조치명령기간 내에 이를 완료하지 못한 경우로서 토양오염조사기관의 정화과정 검증결과 반출하여 정화할 필요가 있다고 인정한 경우; ⑤ 토양정화업자가 오염부지 중 어느 한 곳에 설치한 시설을 이용하여 한꺼번에 정화하는 경우; ⑥ 오염토양을 연구목적으로 이용하려는 경우 등이 포함된다(시행규칙 제19조).

2. 적정통보

오염토양을 반출하여 정화하려는 자는 오염토양반출정화계획서를 관할 특별자치시장·특별자치도지사·시장·군수·구청장에게 제출하여 적정통보를 받아야 한다(제15조의3 제4항). 적정통보는 법령에서 반출정화 적정 여부에 대하여 일률적으로 확정하여 규정하지 않고 있어 반출정화의 적정 여부에 대하여 재량의 여지를 두고 있다는 점에서 행정청의 재량행위로 이해된다.

Ⅲ. 결　론

사안의 경우 시행규칙 제19조에서 열거하고 있는 경우에 해당하는지 분명치 않다. 동조 제1호상의 "도시지역안의 건설공사 현장" 요건에 해당할 여지가 있어 보이나 적정통보 여하가 행정청의 재량행위로 이해되는 한 A시장은 이를 반드시 허용해 주어야 하는 것은 아니다.

76

정화책임자 (1)

(2017년도 제6회 변호사시험)

사 례

甲은 1990. 3. 1.부터 A시에 소재한 X토지를 토지소유자인 乙로부터 임차하여 폐기물처리시설을 설치하고 폐기물최종처분업을 운영하였다. 그 후 乙은 X토지의 매도를 용이하게 하기 위하여 甲으로 하여금 폐기물처리시설을 철거하도록 한 뒤 甲과의 임대차 계약을 해지하였다. 그리고 복합쇼핑몰을 건축하려고 하는 丙에게 1995. 2. 4. X토지를 매도하였다. 그러나 丙은 갑작스럽게 경제상황이 악화되어 예정대로 건축공사에 착수하지 못하고 X토지를 2000. 12. 1. 丁에게 매도하였다.

폐기물처리시설이 철거된 이후 X토지 주변의 다수 주민들은 토양오염에서 비롯된 질병으로 고생하고 있다. 이에 2013. 1. 15. A시 시장은 X토지에 대하여 토양오염도 조사를 하였는데, 그 결과 X토지에서는 아연, 구리, 비소 등 각종 유해물질이 「토양환경보전법」상의 우려기준 이상으로 검출되고 있음이 확인되었다. 추가 조사에서는 과거 甲이 폐기물최종처분업을 운영할 때 X토지 지하에 설치한 폐기물처리탱크에서 배관 불량으로 폐기물 침출수의 누수가 발생하였음이 밝혀졌다. 현재 인근 주민들은 A시 시장에게 「토양환경보전법」상의 적절한 조치를 취해줄 것을 강력히 요구하고 있다.

문 1. 甲, 乙, 丙, 丁이 토양환경보전법상의 정화책임자인지 여부에 대하여 검토하시오.

문 2. A시 시장이 丁에 대하여 X토지에 대한 정화조치명령을 내리자, 丁은 자신이 우선순위가 아니라고 주장하고 있다. 그 주장의 타당성을 토양환경보전법령을 근거로 검토하시오.

문 3. 인근 주민들이 토양환경보전법상의 적절한 조치를 요구하였으나 A시 시장이 이에 대하여 아무런 대응을 하지 않을 경우, 그 요구를 행정소송에서 어떻게 실현할 수 있는지 검토하시오.

해 설

문 1. 甲, 乙, 丙, 丁이 토양환경보전법상의 정화책임자인지 여부에 대하여 검토하시오.

Ⅰ. 문제의 소재

토양환경보전법 제10조의4에 따라 정화책임을 지는 자의 범위가 문제된다.

Ⅱ. 정화책임자

1. 근거 규정

토양환경보전법은 제10조의4 제1항에서 다음의 어느 하나에 해당하는 자를 정화책임자로 정하고 있다: ① 토양오염물질의 누출 · 유출 · 투기(投棄) · 방치 또는 그 밖의 행위로 토양오염을 발생시킨 자; ② 토양오염의 발생 당시 토양오염의 원인이 된 토양오염관리대상시설의 소유자 · 점유자 또는 운영자; ③ 합병 · 상속이나 그 밖의 사유로 제1호 및 제2호에 해당되는 자의 권리 · 의무를 포괄적으로 승계한 자; ④ 토양오염이 발생한 토지를 소유하고 있었거나 현재 소유 또는 점유하고 있는 자. 그러나 ④에 해당하는 토지의 소유자 · 점유자는 선의 · 무과실 등 일정한 경우에는 면책된다(동조 제2항).

2. 사안에의 적용

(1) 甲

甲은 1990. 3. 1.부터 X토지 지상에 폐기물처리시설을 설치하고 폐기물최종처분업을 운영하였고, 甲이 X토지 지하에 설치한 폐기물처리탱크에서 폐기물 침출수의 누수가 발생하여 토양오염을 발생시켰으므로 정화책임자에 해당한다(제1호, 행위책임). 한편, 甲은 X토지의 오염 발생 당시 토양오염의 원인이 된 폐기물처리시설을 소유 · 점유 · 운영하고 있었으므로 정화책임자에 해당한다(제2호, 상태책임).

그러나 토양환경보전법 제10조의4 제1항 제1호 및 제2호의 소급효 문제를 검토할 필요가 있다. 위 규정에 대하여 무제한 소급효를 인정하자는 견해가 있을 수 있으나 이러한 경우 정화책임자가 예상할 수 없었던 책임을 지우게 되어 신뢰보호의 원칙에 위반될 여지가 있으므로 타당하지 않다고 생각된다. 제한적 소급효를 인정할 경우 적어도 동법이 시행된 1996. 1. 6. 이후로만 소급 적용되는 것으로 해석함이 합리적이라고 생각한다. 이에 따를 경우 사안에서 甲은 乙이 丙에게 X토지를 매도한 1995. 2. 4. 이전에 토양오염의 원인이 된 토양오염관리대상시설인 폐기물처리시설을 철거하고 더 이상 토양오염물질을 유출하지 않았으므로 소급효가 제한되어 제1호 및 제2호의 정화책임자에 해당하지 않는다.

(2) 乙

乙은 오염이 발생한 X토지를 소유하고 있었던 자로써, 일응 제10조의4 제1항 제4호의 정화책임자에 해당한다. 그러나 동조 제2항 제1호는 1996. 1. 5. 이전에 양도하여 해당 토지를 소유하지 아니하게 된 경우에는 제1항 제4호에 따른 정화책임자로 보지 아니한다고 규정하고 있는바, 사안의 경우, 乙은 1996. 1. 5. 이전인 1995. 2. 4. X토지를 丙에게 매도하였으므로 면책된다. 결국 乙은 정화책임자에 해당하지 않는다.

(3) 丙

丙은 X토지를 乙로부터 매수하였다가 丁에게 매도한 바, 토양오염이 발생한 토지를 소유하고 있었던 자로서 일응 제10조의4 제1항 제1항 제4호의 정화책임자에 해당한다. 다만, 乙로부터 1995. 2. 4. X토지를 매수하였으므로, 1996. 1. 5. 이전에 양수한 경우에 해당하여 면책된다(동조 제2항 제2호). 결국 丙은 정화책임자에 해당하지 않는다.

(4) 丁

丁은 丙으로부터 X토지를 매수하여 현재 소유하고 있으므로 제1항 제4호의 정화책임자에 해당한다. 丁은 1996. 1. 5. 이후인 2000. 12. 1.에 양수한 바, 제2항 제2호의 면책사유에 해당할 여지가 없으며, 매수 당시 토양환경영향평가를 받고 그 토지의 오염정도가 우려기준 이하인 것을 확인하여 토양오염 사실에 대하여 선의이며 과실이 없는 경우로 추정되는 경우도 아니므로(동법 제10조의2 제2항) 선의 · 무과실 면책이 인정되기 어렵다. 결국 丁은 제4호의 정화책임자에 해당한다.

Ⅲ. 결 론

甲(소급책임이 인정될 경우), 丁이 정화책임자에 해당한다.

문 2. A시 시장이 丁에 대하여 X토지에 대한 정화조치명령을 내리자, 丁은 자신이 우선순위가 아니라고 주장하고 있다. 그 주장의 타당성을 토양환경보전법령을 근거로 검토하시오.

Ⅰ. 문제의 소재

정화책임자가 둘 이상인 경우 정화책임이 순위와 관련하여 보충책임을 인정하고 있는 토양환경보전법 제10조의4 제3항, 시행령 제5조의3 제1항에 대한 검토가 필요하다.

Ⅱ. 정화책임자의 순위

1. 복수의 정화책임자의 선택

동법은 복수의 정화책임자가 존재하는 경우 정화책임자간 우선순위를 정하고 있다. 즉 시·도지사 또는 시장·군수·구청장은 토양정화등을 명할 수 있는 정화책임자가 둘 이상인 경우에는 대통령령이 정하는 바에 따라 각 정화책임자이 귀책정도, 신속하고 원활한 토양정의 가능성 등을 고려하여 토양정화등을 정하여야 한다(제10조의4 제3항 전문). 그 판단이 곤란한 경우에는 토양정화자문위원회에 자문할 수 있다(동항 후문).

2. 정화책임자의 순위

시행령에서는 다음의 순서에 따라 정화책임을 명하도록 정하고 있다: ① 토양오염을 발생시킨 자와 그의 권리·의무를 포괄적으로 승계한 자; ② 토양오염관리대상시설의 점유자 또는 운영자와 그의 권리·의무를 포괄적으로 승계한 자; ③ 토양오염관리대상시설의 소유자와 그의 권리·의무를 포괄적으로 승계한 자; ④ 토양오염이 발생한 토지를 현재 소유 또는 점유하고 있는 자; ⑤ 토양오염이 발생한 토지를 소유하였던 자(제5조의3 제1항).

이는 행위책임자에게 상태책임자보다 우선하여 정화책임을 부여하는 형태라고 이해할 수 있다. 시행령에서 '명하여야 한다'고 규정하고 있는 것은 정화책임자들간의 연대책임을 사실상 포기한 것으로 이른바 '보충책임'을 받아들인 것으로 이해된다.

3. 사안에의 적용

위 시행령 규정에 의하면 토양오염이 발생한 토지를 현재 소유하고 있는 丁은 차순위(제4호)이며, 토양오염을 발생시킨 동시에 토양오염관리대상시설의 소유자였던 甲은 丁보다 선순위(제1호 및 제2호)에 해당한다. 따라서 丁은 甲에게 먼저 정화조치명령을 내릴 것을 주장할 수 있다.

Ⅲ. 결 론

丁은 甲에게 먼저 정화조치명령을 내릴 것을 주장할 수 있다(다만 甲에게 소급책임을 인정할 수 없다는 입장에서는 이러한 丁의 주장은 인정되기 어려울 것이다).

문 3. 인근 주민들이 토양환경보전법상의 적절한 조치를 요구하였으나 A시 시장이 이에 대하여 아무런 대응을 하지 않을 경우, 그 요구를 행정소송에서 어떻게 실현할 수 있는지 검토하시오.

Ⅰ. 문제의 소재

행정개입청구권의 실현 수단으로서 부작위위법확인소송을 제기할 수 있는지 검토가 필요하다.

Ⅱ. 부작위위법확인소송

1. 의 의

행정소송법 제4조 제3호에 규정된 부작위위법 확인의 소는 행정청이 당사자의 법규상 또는 조리상의 권리에 기한 신청에 대하여 상당한 기간 내에 처분을 하여야 할 법률상 응답의무가 있음에도 불구하고 이를 하지 아니하는 경우 부작위가 위법하다는 것을 확인함으로써 소극적 위법상태를 제거하는 것을 목적으로 한다.

2. 소송요건

부작위위법확인소송의 대상은 '부작위'로서 이는 행정청이 당사자의 신청에 대하여 상당한 기간 내에 일정한 처분을 하여야 할 법률상 의무가 있음에도 불구하고 이를 하지 아니하는 것을 말한다(행정소송법 제2조 제1항 제2호).

결국 부작위위법확인소송이 인정되기 위해서는 ① 신청인에게 법규상 또는 조리상 신청권이 있을 것(판례), ② 행정청에 일정한 처분을 할 법률상 의무가 있을 것, ③ 상당한 기간이 경과하였을 것, ④ 행정청이 아무런 처분도 하지 않을 것이 요구된다. 사안에서 크게 문제가 될 수 있는 것은 조리상 신청권 및 작위의무가 있는지일 것이다.

3. 작위의무

(1) 오염토양의 정화 조치 등의 법적 성격

토양환경보전법 제11조 제3항, 제15조 제1항, 제3항 등 관련 규정은 "특별자치시장 · 특별자치도지사 · 시장 · 군수 · 구청장은 (…) 토양정밀조사의 실시, 오염토양의 정화 조치를 할 것을 명할 수 있다"고 규정하여 행정청의 재량을 인정하고 있다. 재량권이 인정되는 경우에는 공무원에게 행정권 발동 여부를 결정할 재량이 있으므로 공무원의 작위의무를 바로 인정할 수 없고 따라서 공무원의 부작위가 그 자체로 위법이라 할 수 없다.

(2) 재량권의 0으로 수축

예외적인 상황에서 재량이 수축, 소멸하여 행정의 자유가 의무로 되는 경우가 있을 수 있다는 것이 통설과 판례이다. 예외적인 상황으로는 ① 사람의 생명, 신체 및 재산 등에 중대하고 급박한 위험이 존재하고, ② 그러한 위험이 행정권의 발동에 의해 제거될 수 있는 것으로 판단되며, ③ 피해자의 개인적인 노력으로는 권익침해의 방지가 충분하게 이루어질 수 없다고 인정되는 경우 등이 들어지고 있다. 이에 더하여 예견가능성 · 회피가능성도 작위의무의 요소로 고려되고 있다. 위와 같은 요건을 충족하여 공무원에게 작위의무가 발생하면 재량행위라 하더라도 부작위는 위법한 것이 된다.

4. 조리상의 신청권

판례는 신청권이 없는 경우 '부작위'와 '원고적격' 모두를 부정한다. 행정권 발동이 이루어지지 않을 경우 건강에 큰 위험을 초래할 가능성을 배제할 수 없는 점, 건강피해를 입을 위험이 높은 개인으로서는 행정권의 발동으로 그 위험이 해소될 수 있는데 이를 거부하는 행위는 실질적으로 개인의 건강상 이익을 침해하는 결과에 이를 수 있는 점, 재량이 0으로 수축하여 작위의무가 인정된다는 점, 환경상 피해는 돌이킬 수 없다는 점 등 여러 사정에 비추어 보면 인근 주민들에게 조리상의 신청권이 있다.

5. 사안에의 적용

사안의 경우 폐기물 침출수의 누수가 발생하였음이 밝혀졌고, 위 누수가 하천수로 유입되거나 주변 토양으로 오염이 확산될 위험이 있다 보인다. 따라서 토양환경보전법상 오염토양 정화 조치 명령 등은 재량행위이나, 긴급하고 중대한 법익의 침해, 회피가능성 및 예견가능성이 인정되는바, 재량권이 0으로 수축하여 공무원에게 작위의무가 발생하면 인근 주민들은 행정청에 대하여 제3자에 대하여 행정권 발동하여 줄 것을 요구할 수 있는 행정개입청구권을 갖는다.

Ⅲ. 결 론

X토지 인근 주민들에게 조리상의 신청권이 인정되고, 행정청에 일정한 처분을 할 법률상의 의무가 있으며, 상당한 기간이 경과하도록 A시 시장이 아무런 대응을 하고 있지 않으므로 인근주민들은 부작위위법확인소송을 제기할 수 있다.

※ 주의사항

1. 정화책임자 문제는 토양환경보전법 관련 단골메뉴임.
2. 토양환경보전법 제10조의4 제1항 제1호 및 제2호와 관련해서는 소급효 논란이 있음 (이를 언급할 경우 가점이 있을 수 있음).
3. 부작위위법확인소송에서 크게 다투어지는 쟁점은 작위의무, 조리상의 신청권 유무임.

77

정화책임자 (2)

사 례

甲은 1970년대 초반부터 부산시 소재의 대규모 철강공장을 운영하다가 자금난을 견디지 못하고 매각하기로 하였다. 2007. 5. 경 乙는 공장을 폐쇄하고 아파트 건축을 할 생각으로 공장을 인수하였다. 甲은 처분 당시 공장 부지 내 폐기물의 매립 및 그로 인한 토양오염의 가능성은 알리지 아니하였다. 乙은 구입 시 토양환경영향평가를 거치지 않았다. 乙은 구입 후 1년 정도 공장을 가동하다가 본격적으로 아파트 분양사업을 하기 위하여 공장을 철거하고 택지를 조성하였다. 그 후 乙은 급속히 자금 압박을 받기 시작하였고 택지를 처분하기로 하였다. 마침 오래 전부터 아파트 건축업을 해오던 丙은 그 택지에 대형 아파트를 지어 분양하면 많은 수익이 생길 것이라고 생각하고 그 택지 매입을 고려하였다. 2008. 6. 경 丙은 택지의 토양오염 가능성을 제기하면서 시장가격보다 저렴한 가격으로 택지를 구입하였다. 2008. 여름 인근 주민들로부터 지하수에서 냄새가 심하게 난다는 민원이 제기되었으며, 토양정밀조사의 결과 토양오염우려기준을 초과하는 카드뮴, 수은 등이 검출되었다. 그 발생원은 위 택지로 밝혀졌다. 이러한 사안에서 다음의 질문에 답하시오.

문 1. 부산시장이 토양환경보전법상 관련 당사자에 대하여 어떠한 조치를 취할 수 있는가?

문 2. 乙은 甲에 대하여 어떠한 청구를 할 수 있는가?

해 설

문 1. 부산시장이 토양환경보전법상 관련 당사자에 대하여 어떠한 조치를 취할 수 있는지 당사자가 제기할 유력한 항변을 검토하면서 답하시오.

Ⅰ. 문제의 소재

토양환경보전법 제10조의4에 따른 정화책임자의 범위는 어디까지이며 정화책임자에게 취할 수 있는 조치는 무엇인지, 그리고 정화책임이 면책되는 경우는 언제인지가 문제된다.

Ⅱ. 정화책임자

1. 근거 규정

토양환경보전법은 '정화책임자'가 제11조 제3항, 제14조 제1항, 제15조 제1항 · 제3항 또는 제19조 제1항에 따라 토양정밀조사, 오염토양의 정화 또는 오염토양 개선사업의 실시(토양정화 등)를 하여야 한다면서 다음의 어느 하나에 해당하는 자를 정화책임자로 정하고 있다: ① 토양오염물질의 누출 · 유출 · 투기(投棄) · 방치 또는 그 밖의 행위로 토양오염을 발생시킨 자; ② 토양오염의 발생 당시 토양오염의 원인이 된 토양오염관리대상시설의 소유자 · 점유자 또는 운영자; ③ 합병 · 상속이나 그 밖의 사유로 제1호 및 제2호에 해당되는 자의 권리 · 의무를 포괄적으로 승계한 자; ④ 토양오염이 발생한 토지를 소유하고 있었거나 현재 소유 또는 점유하고 있는 자(제10조의4 제1항). 그러나 ④에 해당하는 토지의 소유자 · 점유자는 선의 · 무과실 등 일정한 경우에는 면책된다(동조 제2항).

2. 사안에의 적용

(1) 甲

甲이 운영했던 공장이 대규모 화학공장이므로 이는 토양환경보전법 제2조 제3호상의 토양오염관리대상시설이다. 甲은 토양오염관리대상시설을 운영하면서 토양오염물질을 누출 · 유출 · 투기(投棄) · 방치함으로써 토양오염을 발생시킨 자라 할 수 있으므로 동항 제1호 내지 제2호의 정화책임자라고 할 수 있다(甲이 공장 부지의 과거 소유자라는 점에서 동항 제4호에 따른 정화책임자가 될 여지도 있으나 동항 제1호, 제2호의 정화책임자가 되는 마당에 논의의 필요성은 많지 않아 보인다). 甲은 해당 조항에 (부진정)소급효를 인정하는 것은 당사자에게 지나치게 가혹한 것으로 책임원칙과 형평의 원칙에 반한다면서 토양정화 등 책임을 지지 않는다고 주장할 가능성이 있다. 특히 제2호와 관련해서 법문이 "발생 당시"로 규정되어 과거 토양오염이 발생되었던 시점을 포함한다고 해석할 수 있으나 명시적인 규정이 없는 한 원칙적으로 여기에서의 "발생 당시"는 동 조항의 시행(2002. 1.

1.) 이후에 토양오염이 발생된 시점으로 이해하는 것이 합리적인 해석이며, 설령 이 조항이 '부진정 소급입법'이라고 하더라도 종래의 법적 상태를 신뢰한 자에 대한 신뢰보호 문제는 여전히 남는다면서 소급효 인정에 회의적인 견해가 있다. 이에 반해 제1호는 유발자에 대한, 제2호는 어떠한 형태로든 토양오염에 기여한 토양오염관리대상시설에 대한 책임 규정이며, 비용지원(제10조의4 제5항), 구상권(동조 제4항) 등을 고려할 때 신뢰이익의 침해는 발생하지 않는다는 견해가 있다(이하에서는 이 조항에 소급효가 인정된다는 입장에서 서술함).

(2) 乙

乙 또한 한동안 공장을 운영하였으므로 토양오염물질을 누출 · 유출 · 투기(投棄) · 방치한 자이고, 토양오염의 발생 당시 토양오염의 원인이 된 토양오염관리대상시설의 소유자 · 점유자 또는 운영자였으므로 동항 제1호 내지 제2호의 정화책임자라고 할 수 있다. 그러나 乙은 甲과 마찬가지로 소급효 책임이 인정될 수 없다고 주장할 가능성이 있다. 한편, 乙은 토양오염이 발생한 토지를 소유하고 있었기 때문에 동항 제4호의 정화책임자라고 할 수 있다. 乙은 동법 제10조의4 제2항에 따라 토지를 양수할 당시 토양오염 사실에 대하여 선의이며 과실이 없는 경우 면책된다고 주장할 수 있으나 사안에서 토양환경영향평가를 거치지 않았으므로 위와 같은 면책 주장은 받아들여지기 힘들 것이다.

(3) 丙

丙은 토양오염이 발생한 토지를 현재 소유 또는 점유하고 있는 자이므로 동항 제4호에 따른 정화책임자라 할 것이다. 토양환경보전법 제10조의4 제2항에 의하면 토양오염이 발생한 토지를 양수할 당시 토양오염 사실에 대하여 선의이며 과실이 없는 경우는 정화책임을 지지 않으므로 丙은 토지를 양수할 당시 토양오염사실에 대해 선의이며 과실이 없다는 이유로 들어 토양정화 등 책임을 지지 않는다고 주장할 수 있을 것이다. 그러나 사안에서 丙이 이미 토양오염의 위험 등을 이유로 저가에 토지를 매수한 사실이 보이므로 위와 같은 면책 주장이 받아들여지기는 힘들 것이다.

Ⅲ. 부산시장의 조치

1. 정화조치명령 등

부산시장은 상시측정, 토양오염실태조사 또는 토양정밀조사의 결과 우려기준을 넘는 경우에는 기간을 정하여 토양오염관리대상시설의 개선 또는 이전, 해당 토양오염물질의 사용제한 또는 사용중지, 오염토양의 정화 중 어느 하나에 해당하는 조치를 하도록 정화책임자인 甲, 乙, 丙에게 명할 수 있다(제15조 제3항).

2. 대집행 및 형사고발

부산시장은 정화조치명령을 받은 자가 그 명령을 이행하지 아니하는 경우에는 행정대집행법에서 정하는 바에 따라 대집행을 하고 그 비용을 명령위반자로부터 징수할 수 있다(제24조). 한편, 동법은 조치명령을 이행하지 아니한 자에 대해 2년 이하의 징역 또는 20,000,000원 이하의 벌금에 처하도록 하고 있는바(제29조), 부산시장은 만약 甲, 乙, 丙이 조치명령을 이행하지 아니할 경우 형사고발을 할 수 있다.

Ⅳ. 결 론

부산시장은 甲, 乙, 丙에 대하여 토양환경보전법 제15조 제3항에 따른 정화조치명령을 발할 수 있을 것이다.

문 2. 乙은 甲에 대하여 어떠한 청구를 할 수 있는가?

Ⅰ. 문제의 소재

오염된 토양으로 인해 손해를 입었거나 입을 가능성이 있는 사인이 가해자에 대해 어떤 청구를 할 수 있으며 그 근거는 무엇인지 문제가 된다.

Ⅱ. 불법행위에 기한 손해배상

乙이 甲에 대하여 민법 제750조에 따른 손해배상청구를 하기 위해서는 고의 · 과실, 위법성, 인과관계(개연성), 피해 등 요건이 충족되어야 한다. 乙은 甲이 토양에 폐기물을 불법으로 매립하고서도 이를 乙에게 고지하지 않은 점 들을 들어 불법행위 책임을 물을 수 있으나 토양환경보전법 제10조의3에 따른 무과실책임을 물을 수도 있을 것이다.

토양환경보전법은 "토양오염으로 인하여 피해가 발생한 경우 그 오염을 발생시킨 자는 그 피해를 배상하고 오염된 토양을 정화하는 등의 조치를 하여야 한다"고 규정함으로써(제10조의3 제1항 본문), 토양오염의 피해에 대한 무과실책임을 인정하고 있다. 동법 제10조의4(오염토양의 정화책임)가 공법상의 책임을 규정하고 있다면 제10조의3은 사법상의 책임을 규정하고 있다고 이해된다.

甲이 철강공장을 가동하면서 부지 내에 폐기물을 매립하여 그로 인하여 乙에게 토양오염피해가 발생하였으므로 甲은 그 피해의 원인자로서 과실 여부를 떠나 토양환경보전법 제10조3 제1항에 따라 손해배상 및 오염된 토양의 정화책임을 부담하게 된다. 사안의 경우 행정청(부산시장)의 정화조치명령으로 인해 손해가 현실화된 이후에 乙은 불법행위에 기한 손해배상청구를 할 수 있을 것이다. 한편, 乙에게도 오염사실을 알았을 가능성이 많고, 토양환경영향평가를 하지 않았다는 등의 과실이 있으므로 손해액을 산정할 경우 감액될 가능성이 있다.

Ⅲ. 하자담보책임

민법 제580조에 의하면 매매의 목적물에 하자가 있는 때에는 매수인은 목적물의 하자로 말미암아 매매의 목적을 달성할 수 없는 경우 계약을 해제하고 아울러 손해배상을 청구할 수 있다. 예컨대, 토양의 오염정도가 토양환경보전법상의 우려기준을 초과하는 경우 매수인이 토양환경보전법상의 오염방지조치를 행할 의무를 지게 될 가능성이 있으며, 경우에 따라서는 일정기간 토지사용이 제한될 수도 있다는 점에서 매도인이 하자담보책임을 지게 될 가능성이 있게 된다. 사안의 경우 역시 토양오염으로 인해 토지지가의 하락 및 매수인이 지게 될 의무 등을 고려하면 하자담보책임이 인정될 것이다.

그런데 하자담보책임과 관련해서 일반적인 토지 매매의 경우 10년의 제척기간이 적용되므로 기간의 도과가 문제될 것은 없으나, 사안에서 분명하지 않지만 乙이 상인인 경우는 문제될 수 있다. 상법 제69조 제1항(매수인의 목적물의 검사와 하자 통지의무)은 "상인간의 매매에 있어서 매수인이 목적물을 수령한 때에는 지체없이 이를 검사하여야 하며 하자 또는 수량의 부족을 발견한 경우에는 즉시 매도인에게 그 통지를 발송하지 아니하면 이로 인한 계약해제, 대금감액 또는 손해배상을 청구하지 못하며, 매매의 목적물에 즉시 발견할 수 없는 하자가 있는 경우에 매수인이 6월 내에 이를 발견한 때에도 같다"고 규정하고 있으므로 6개월이 훨씬 지난 사안의 경우 하자담보책임기간이 도과되었다고 볼 수 있기 때문이다. 그러나 상법 동조 제2항에 의하면 이 규정이 매도인이 악의인 경우에는 적용되지 않는다고 하고 있고, 사안에서 매도인인 甲이 직접 폐기물을 매립하였음에도 그 사실을 乙에게 말하지 않아 악의를 인정할 수 있으므로 결국 乙은 甲에게 하자담보책임을 추궁할 수 있을 것이다.

Ⅳ. 채무불이행책임으로 인한 손해배상책임

매수자로 하여금 폐기물처리비용 상당의 손해를 입게 하였다면 매도인은 불완전이행으로서 채무불이행으로 인한 손해배상책임 부담할 수 있다(민법 제390조). 한편 채무불이행으로 손해배상책임은 하자담보책임과 경합적으로 인정된다(대법원 2004. 7. 22. 선고 2002다51586 판결).

Ⅴ. 결　　론

乙은 甲에게 불법행위로 인한 손해배상청구, 하자담보책임, 채무불이행으로 인한 손해배상 청구 등을 할 수 있을 것이다. 이 경우 乙의 과실이 고려되어 손해배상액이 감경될 가능성이 있다.

참조판례

1. 대법원 2016. 5. 19. 선고 2009다66549 전원합의체 판결(판례 [39])
2. 채무불이행책임과 하자담보책임: 대법원 2004. 7. 22. 선고 2002다51586 판결(판례 [38])

※ 주의사항

공법상 책임은 토양환경보전법 제10조의4, 사법상 책임은 동법 제10조의3.

78

정화책임자 (3)

사 례

2002년 A사의 자회사인 B사는 부지를 매입하여 화학제품을 제조하기 시작하였다. 초창기 B사는 공장에서 발생한 유해 폐기물을 드럼통에 저장·보관하였다. 2005년 B사 부사장 겸 현장관리인인 甲은 B사 대표인 乙에게 드럼통이 찼다는 사실을 알렸고, 乙은 甲에게 문제해결을 위해 새로운 해결방안을 강구하라고 지시하였다. 甲은 부지 뒤편에 저장소를 파고 그 안에 드럼통을 보관하였다. 이러한 형태의 폐기물 처리는 2007년 폐쇄 시까지 여러 해 계속되었다. 그 후 B사는 위 부지를 매도할 계획으로 저장소를 매립하고 그 위에 잔디를 심었다. 2008년 C사는 위 부지를 매입하여, 창고로 사용하였다. C사는 매수 당시 B사가 위 부지상에서 화학제품을 제조한 사실은 알고 있었으나 위 부지에서 이루어진 폐기물 처리에 대하여는 알지 못하였다. 그 후 D사는 창고업을 하기 위하여 위 부지를 C사로부터 매수하였다. D사는 이전 주인이 B사이고, 화학제품을 제조한 회사라는 사실을 알지 못하였다. 또한 D사는 해당 부지가 창고 이외의 용도로 사용된 사실을 알지 못하였으며, 매수 후에 계속하여 창고로 사용하였다. 최근에 부지 인근 주민들로부터 지하수가 오염된 것 같다는 민원이 제기되었으며, 확인 결과 지하수와 토양에 B사로부터 발생한 화학물질이 발견되었다. 관할 행정청은 토양환경보전법상의 정화책임 규정을 근거로 관련 당사자에게 정화조치책임을 지울 것을 검토하고 있다. 이러한 사안에서 다음의 질문에 답하시오.

문 1. 관할 행정청은 누구에게 토양환경보전법상의 정화책임을 물을 수 있는가?

문 2. C사가 B사에게 토양환경보전법에 기초하여 피해배상과 정화책임을 물을 수 있는가?

해 설

문 1. 관할 행정청은 누구에게 토양환경보전법상의 정화책임을 물을 수 있는가?

Ⅰ. 문제의 소재

토양환경보전법상의 제10조의4에 따라 정화책임을 지는 자의 범위가 문제된다.

Ⅱ. 정화책임자

1. 근거 규정

토양환경보전법은 '정화책임자'가 제11조 제3항, 제14조 제1항, 제15조 제1항 · 제3항 또는 제19조 제1항에 따라 토양정밀조사, 오염토양의 정화 또는 오염토양 개선사업의 실시(토양정화 등)를 하여야 한다면서 다음의 어느 하나에 해당하는 자를 정화책임자로 정하고 있다: ① 토양오염물질의 누출 · 유출 · 투기(投棄) · 방치 또는 그 밖의 행위로 토양오염을 발생시킨 자; ② 토양오염의 발생 당시 토양오염의 원인이 된 토양오염관리대상시설의 소유자 · 점유자 또는 운영자; ③ 합병 · 상속이나 그 밖의 사유로 제1호 및 제2호에 해당되는 자의 권리 · 의무를 포괄적으로 승계한 자; ④ 토양오염이 발생한 토지를 소유하고 있었거나 현재 소유 또는 점유하고 있는 자(제10조의4 제1항). 그러나 ④에 해당하는 토지의 소유자 · 점유자는 선의 · 무과실 등 일정한 경우에는 면책된다(동조 제2항).

2. 사안에의 적용

(1) A사

실제 오염 발생자인 B사가 정화책임자인 것은 당연하나, 그의 모회사인 A사 역시 정화책임을 지게 되는지가 문제된다. 이에 대해 명확한 판례는 없으나, 모회사가 자회사의 운영에 실제적으로 참여하고 통제하거나 광범위한 통제를 한 경우 모회사에게 실질적인 오염에의 책임이 있다고 보아야 할 것이므로 그러한 경우에는 모회사에게도 무과실책임을 물을 수 있다고 보아야 할 것이다.

(2) B사

B사는 토양오염물질을 누출 · 유출 · 투기(投棄) · 방치하였고, 토양오염의 발생 당시 토양오염의 원인이 된 토양오염관리대상시설의 소유 · 점유 또는 운영하였으므로 동항 제1호 내지 제2호의 정화책임자라고 할 수 있다. 실제 현장에서 결탁해서 토양오염을

유발한 행위를 한 자인 B사의 부사장이자 현장관리인인 甲과 B사 대표인 乙에게도 B사와 별도로 제1호에 다른 정화책임을 물을 수 있을 것이다.

(3) C사

C사는 토양오염이 발생한 토지를 소유하고 있었기 때문에 동항 제4호의 정화책임자라고 할 수 있다.

(4) D사

D사는 토양오염이 발생한 토지를 소유하고 있었기 때문에 동항 제4호의 정화책임자라고 할 수 있다. 그러나 토양오염이 발생한 토지의 이전 소유자와 그 소유자가 화학제품을 제조한 회사인지를 몰랐고, 해당 토지가 창고로 사용된 것으로 알고 있었고 현재도 창고로만 사용하고 있기 때문에 토양오염이 발생한 토지를 양수할 당시 토양오염 사실에 대하여 선의이며 과실이 없는 경우(제10조의4 제2항 제3호) 또는 해당 토지를 소유 또는 점유하고 있는 중에 토양오염이 발생한 경우로서 자신이 해당 토양오염 발생에 대하여 귀책사유가 없는 경우(동항 제4호)에 해당하여 책임이 면책될 가능성이 있다.

Ⅲ. 결 론

관할 행정청은 A사, B사, C사에 대해 토양환경보전법상 정화조치명령을 내릴 수 있을 것이다. D사에 책임을 묻는 것은 어려워 보인다.

문 2. C사가 B사에게 토양환경보전법에 기초하여 피해배상과 정화책임을 물을 수 있는가?

I. 문제의 소재

C사가 B사를 상대로 토양오염피해에 대하여 토양환경보전법 제10조의3에 따른 무과실책임을 물을 수 있는지가 문제된다.

Ⅱ. 토양환경보전법 제10조의3에 따른 무과실책임

1. 관련 규정

토양환경보전법은 "토양오염으로 인하여 피해가 발생한 경우 그 오염을 발생시킨 자는 그 피해를 배상하고 오염된 토양을 정화하는 등의 조치를 하여야 한다"(제10조의3

제1항 본문)고 규정함으로써 토양오염의 피해에 대한 무과실책임을 인정하고 있다. 동법 제10조의4(오염토양의 정화책임)가 공법상의 책임을 규정하고 있다면 제10조의3은 사법상의 책임을 규정하고 있다고 이해된다.

2. 요 건

(1) 오염을 발생시킨 자

책임주체는 토양오염을 발생시킨 자(원인자)이다. 동법은 무과실책임을 지는 '원인자'에 대한 별도의 개념규정을 두고 있지 않아 구체적인 경우에는 논란이 있을 수 있으나 사안의 경우 B사를 토양오염을 발생시킨 자로 보는 데에는 무리가 없을 것이다.

(2) 토양오염피해

'토양오염'이란 사업활동이나 그 밖의 사람의 활동에 의하여 토양이 오염되는 것으로서 사람의 건강·재산이나 환경에 피해를 주는 상태를 말한다(제2조 제1호). 토양오염은 동법이 '토양오염물질'을 "토양오염의 원인이 되는 물질로서 환경부령으로 정하는 것을 말한다"고 정의하고 있음(제2조 제2호)에 비추어 토양오염은 토양오염물질로 인한 오염으로 이해된다. 폐기물에 토양오염물질이 포함되어 있다는 전제에서 폐기물로 토양오염이 이루어졌고 그로 인해 피해가 발생하였으므로 토양오염피해도 인정할 수 있을 것이다.

3. 책임의 내용

토양환경보전법 제10조의3 제1항은 손해배상과 오염된 토양의 정화를 그 책임으로 인정하고 있다. 이는 원인자의 과실 여부를 떠나 인정되는 무과실책임이다.

4. 사안에의 적용

C사는 사법상 권리로써 오염을 발생시킨 B사에 대하여 토양환경보전법 제10조의3에 따라 손해배상과 오염된 토양의 정화를 구할 수 있을 것이다. 한편, C사는 토지 지상에 화학공장이 있었다는 사실을 알고 있었기 때문에 그로 인해 토양오염물질이 배출되었음을 알고 있을 것이라고 짐작할 수 있는바, 그 과실이 있으므로 손해액을 산정할 경우 감액될 가능성이 있다.

79

정화책임자 (4)

(법전원협의회 2011년도 변호사시험 모의시험)

사 례

정부는 1962년 중화학공업 육성정책의 일환으로 "J제련소"를 준공하여 운영하였는데, 1971년 민영화가 추진되어 "주식회사丙"(이하, "丙")이 설립되었고 이후 동회사가 "J제련소"를 계속 운영하였다. 그런데 1986년 "J제련소" 인근 부지에서 토양오염의 의심이 제기되고 이듬해 조사를 실시한 결과 "J제련소"가 그 오염원으로 판정되어 1989. 6. 30.까지 용광로를 폐쇄하였다. 丙은 정부의 명령에 따라 공법을 용광로 제련공법에서 오염발생이 없는 전기동 정련공법으로 전환한 후, "J제련소" 부지에서는 전기동 정련작업만을 수행하였다.

한편 丙은 1999. 4. "주식회사"(이하, "甲")에 흡수 합병되었고, 2005. 9. "주식회사"(이하, "乙")이 "J제련소"내에 남아 있는 전기동 정련시설과 해당 부지를 양수하여 전기동정련사업을 영위하였다. 乙은 양수 당시, 국내 최고의 권위를 자랑하는 토양오염 조사업체 "K컨설팅"은 해당 부지가 우려할만한 수준의 토양오염에 이르지 않는다는 내용의 조사결과를 보고한 바 있다.

한편 용광로 폐쇄 후에도 이미 오염된 제련소 부지 및 주변지역에 대한 처리문제가 계속 이슈화되다가 급기야는 주변지역 토양오염으로 농작물이 중금속에 오염되고 주민 50여 명이 암으로 사망하거나 고통을 겪고 있으며, 그 밖에 원인을 알 수 없는 질병으로 시달리고 있다는 민원이 접수되기에 이르렀다. 해당 지방자치단체의 장인 "군수 A"(이하, "A")가 해당 지역을 조사한 결과, "토양오염 우려기준"을 초과하는 것으로 나타났다. 그리고 오염된 토양의 정화비용은 대략 2,000억원 정도로 추정되고 있다.

甲과 乙은 제련소 부지 및 주변지역에 대한 주된 오염원은 1989. 6. 폐쇄된 용광로에서 배출되었던 분진이며, 용광로가 폐쇄된 이후로 추가로 토양오염을 일으킬 만한 사정은 없었다고 주장한다.

문 1. 해당 토지를 정화하기 위하여 A가 甲과 乙에 대하여 취할 수 있는 토양환경보전법상의 조치에 관하여 검토하고, 그 법적 근거를 밝히시오(참고로 제련소는 동법 시행규칙 별표상의 특정 토양오염관리대상시설에는 포함되지 않음).

문 2. 甲, 乙은 2,000억원 상당의 토양오염 정화비용 전부를 부담하여야 하는지에 대하여 검토하시오.

해 설

문 1. 해당 토지를 정화하기 위하여 A가 甲과 乙에 대하여 취할 수 있는 토양환경보전법상의 조치에 관하여 검토하고, 그 법적 근거를 밝히시오(참고로 제련소는 동법 시행규칙 별표상의 특정 토양오염관리대상시설에는 포함되지 않음).

Ⅰ. 문제의 소재

甲과 乙이 토양환경보전법 제10조의4에 따른 정화책임자인지, 정화책임자에 대해 어떤 조치가 가능한지가 문제된다.

Ⅱ. 토양환경보전법 제10조의4에 따른 정화책임

1. 정화책임자

(1) 근거 규정

토양환경보전법은 '정화책임자'가 제11조 제3항, 제14조 제1항, 제15조 제1항·제3항 또는 제19조 제1항에 따라 토양정밀조사, 오염토양의 정화 또는 오염토양 개선사업의 실시(토양정화 등)를 하여야 한다면서 다음의 어느 하나에 해당하는 자를 정화책임자로 정하고 있다: ① 토양오염물질의 누출·유출·투기(投棄)·방치 또는 그 밖의 행위로 토양오염을 발생시킨 자; ② 토양오염의 발생 당시 토양오염의 원인이 된 토양오염관리대상시설의 소유자·점유자 또는 운영자; ③ 합병·상속이나 그 밖의 사유로 제1호 및 제2호에 해당되는 자의 권리·의무를 포괄적으로 승계한 자; ④ 토양오염이 발생한 토지를 소유하고 있었거나 현재 소유 또는 점유하고 있는 자(제10조의4 제1항).

(2) 사안에의 적용

(가) 甲사

甲사는 합병으로 토양오염을 발생시킨 자(동항 제1호)이면서 토양오염관리대상시설의 소유자였던 丙(동항 제2호)의 권리 · 의무를 포괄적으로 승계한 자이므로 동항 제3호에 따른 정화책임자이다.

(나) 乙사

乙사는 토양오염의 발생 당시 토양오염의 원인이 된 토양오염관리대상시설의 소유자 · 점유자 또는 운영자로서, 일응 동항 제2호에 따른 정화책임자라고 할 수 있다.

판례는 토양오염관리대상시설의 소유자 · 점유자 · 운영자가 책임을 지기 위해서는 "토양오염관리대상시설이라는 유체물과의 인과관계가 요구되고 소유 · 점유 또는 운영하고 있는 자와의 인과관계는 요구되지 않는다(대법원 2012. 1. 26. 선고 2009다76546 판결)"고 판시하고 있다. 이에 따르면 사안에서 토양오염관리대상시설(전기동 정련시설)과 토양오염 간의 관련성이 인정될 수 없기 때문에 乙에게 정화책임을 물을 수 없을 것이다. 현재의 토지소유자로서 동항 제4호에 따른 정화책임자도 생각해 볼 수 있으나 양수 당시 해당 부지가 우려할 만한 수준의 토양오염에 이르지 않는다는 보고서 내용을 확인하였다는 점에서 제10조의4 제2항 제3호에 따른 선의 · 무과실 면책이 인정될 가능성이 있다.

2. 군수 A가 취할 수 있는 조치

(1) 토양정밀조사 실시

사안에서 A는 해당 지역의 토양오염 여부에 대하여 조사하였고, 그 결과 토양오염 우려기준을 초과하는 것으로 나타났으므로, A는 토양환경보전법 제11조 제3항에 따라 기간을 정하여 정화책임자인 甲, 乙에게 토양관련전문기관에 의한 토양정밀조사의 실시, 오염토양의 정화조치를 할 것을 명할 수 있다.

(2) 오염토양의 정화조치명령 등

A는 해당지역이 제5조 제4항 제2호에 해당하는 지역, 즉 토양오염실태조사의 결과 우려기준을 넘는 지역일 경우에는 정화책임자인 甲, 乙에 대하여 기간을 정하여 토양관련전문기관으로부터 토양정밀조사를 받도록 명할 수 있다(제15조 제1항).

또한 A는 상시측정, 토양오염실태조사 또는 토양정밀조사의 결과 우려기준을 넘는 경우에는 기간을 정하여 토양오염관리대상시설의 개선 또는 이전, 해당 토양오염물질의 사용제한 또는 사용중지, 오염토양의 정화 등 조치를 하도록 甲, 乙에게 명할 수 있다

(제15조 제3항).

(3) 오염토양의 개선사업의 실시 명령

A는 오염토양 개선사업의 전부 또는 일부의 실시를 甲과 乙 에게 명할 수 있다(제19조 제1항).

Ⅲ. 결 론

군수 A는 정화책임자인 甲과 乙에 대하여 토양정밀조사 실시 및 정화조치 명령, 오염토양 개선사업 실시 명령 등의 조치를 취할 수 있다.

문 2. 甲, 乙은 2,000억원 상당의 토양오염 정화비용 전부를 부담하여야 하는지에 대하여 검토하시오.

I. 문제의 소재

정화책임자 규정과 관련해서는 정화책임자들 간에 우선순위를 정하고 있지 않기 때문에 유발자(1호)가 있음에도 소유자 등(2호)이 정화책임을 질 수 있어 소유자 등에게 지나치게 과중한 책임을 물을 수 있고, 오염기여도가 적은 당사자에게 오히려 더 큰 책임을 묻게 될 수도 있다. 이에 정화책임자들이 연대책임을 부담하는지, 부담하는 경우 책임 강화에 따른 문제점을 완화하기 위한 현행법상의 조치가 어떠한 것이 있는지 문제가 된다.

Ⅱ. 비용부담

동법은 복수의 정화책임자가 존재하는 경우 정화조치명령 발동에 관한 재량권의 행사 기준을 정하고 있다. 즉 토양정화 등을 명할 수 있는 정화책임자가 둘 이상인 경우에는 대통령령으로 정하는 바에 따라 해당 토양오염에 대한 각 정화책임자의 귀책 정도, 신속하고 원활한 토양정화의 가능성 등을 고려하여 토양정화 등을 명하여야 하며, 필요한 경우에는 제10조의9에 따른 토양정화자문위원회에 자문할 수 있다(제10조의4 제3항).

시행령에서는 다음의 순서에 따라 명하도록 하고 있다: ① 토양오염을 발생시킨 자와 그의 권리·의무를 포괄적으로 승계한 자; ② 토양오염관리대상시설의 점유자 또는 운영자와 그의 권리·의무를 포괄적으로 승계한 자; ③ 토양오염관리대상시설의 소유자와 그의 권리·의무를 포괄적으로 승계한 자; ④ 토양오염이 발생한 토지를 현재 소유 또는 점유하고 있는 자; ⑤ 토양오염이 발생한 토지를 소유하였던 자(시행령 제5조의3 제1항). 나아가 동법은 구상권 행사에 관한 근거를 두어 토양정화 등의 명령을 받은 정화책임자가 자신의 비용으로 토양정화 등을 한 경우에는 다른 정화책임자의 부담부분에 관하여 구상권을 행사할 수 있도록 하고 있다(동조 제4항).

한편, 동법은 과잉금지원칙 위반 상태의 해소를 위하여 정화비용의 지원에 관한 근거를 마련하고 있다. 이에 따르면 국가는 제10조의4 제1항 제1호 · 제2호(乙사의 경우) 또는 제3호(甲사의 경우)의 정화책임자가 토양정화 등을 하는 데 드는 비용이 자신의 부담부분을 현저히 초과하거나 해당 토양오염관리대상시설의 소유 · 점유 또는 운영을 통하여 얻었거나 향후 얻을 수 있을 것으로 기대되는 이익을 현저히 초과하는 경우 토양정화 등을 하는 데 드는 비용의 전부 또는 일부를 대통령령으로 정하는 바에 따라 지원할 수 있다(제10조의5 제1호). 이에 따르면 甲, 乙은 경우에 따라 정화비용 전부를 부담하지 않을 가능성도 있다.

참조판례

대법원 2012. 1. 26. 선고 2009다76546 판결

80

정화책임자 (5)

(법전원협의회 2015년도 제2차 변호사시험 모의시험)

사 례

A는 2004년 10월 16일, B로부터 그 소유인 경상북도 경주시 소재 대지 131.01제곱미터 외 2필지(이하 '이 사건 토지'라 한다)를 임차하여 2004년 11월 1일부터 '행복석유'라는 상호로 주유소(이하 '이 사건 주유소'라 한다)를 운영하였다. A와 B 간의 토지임대차계약서에는 이 사건 토지상에서 주유소영업을 한다는 내용은 없고, 단지 이 토지를 임차하여 사용한다는 내용만이 약정되어 있다. 이 사건 토지의 소유자인 B는 2000년 12월 1일 C로부터 이 사건 토지를 매수하여 소유해 왔다. 이 사건 주유소에 대하여 2010년 6월 21일자로 실시한 토양오염도 누출검사 결과 이 사건 토지의 지하에 설치된 유류저장탱크에 연결된 배관 중 실내등유 4번 주유배관이 불량한 것으로 판명되었다. 그리고 이 사건 토지의 토양오염실태를 조사한 결과, 토양오염물질인 아연의 농도가 토양환경보전법상의 우려기준인 300mg/kg을 초과한 것으로 확인되었다.

문 1. A, B, C가 각각 토양환경보전법상의 정화책임자인지 여부에 대하여 검토하시오.

문 2. 위의 문제와 관련하여, 정화책임자가 복수인 경우에 정화책임문제와 관련하여 쟁점이 될 수 있는 사항을 검토하시오.

문 3. 정화책임자에게 관할 행정청은 어떠한 조치를 명할 수 있는지를 우려기준을 초과한 경우와, 대책기준을 초과한 경우로 나누어 검토하시오.

해 설

문 1. A, B, C가 각각 토양환경보전법상의 정화책임자인지 여부에 대하여 검토하시오.

I. 문제의 소재

토양환경보전법상의 제10조의4에 따라 정화책임을 지는 자의 범위가 문제된다.

Ⅱ. 정화책임자

1. 근거 규정

토양환경보전법은 '정화책임자'가 제11조 제3항, 제14조 제1항, 제15조 제1항 · 제3항 또는 제19조 제1항에 따라 토양정밀조사, 오염토양의 정화 또는 오염토양 개선사업의 실시(토양정화 등)를 하여야 한다면서 다음의 어느 하나에 해당하는 자를 정화책임자로 정하고 있다: ① 토양오염물질의 누출 · 유출 · 투기(投棄) · 방치 또는 그 밖의 행위로 토양오염을 발생시킨 자; ② 토양오염의 발생 당시 토양오염의 원인이 된 토양오염관리대상시설의 소유자 · 점유자 또는 운영자; ③ 합병 · 상속이나 그 밖의 사유로 제1호 및 제2호에 해당되는 자의 권리 · 의무를 포괄적으로 승계한 자; ④ 토양오염이 발생한 토지를 소유하고 있었거나 현재 소유 또는 점유하고 있는 자(제10조의4 제1항). 그러나 ④에 해당하는 토지의 소유자 · 점유자는 선의 · 무과실 등 일정한 경우에는 면책된다(동조 제2항).

2. 사안에의 적용

(1) A

토양오염관리대상시설인 이 사건 주유소가 토양오염의 원인이 되었고, A가 이 시설의 운영자이므로 A는 제2호의 정화책임자가 된다. 또한 토양오염이 발생한 토지를 현재 점유하고 있는 자이기 때문에 제4호의 정화책임자이기도 하다. 배관의 불량은 토양오염물질의 누출 등을 추인케 하지만 사안에서 토양오염물질의 누출 · 유출 · 투기(投棄) · 방치 또는 그 밖의 행위가 있었는지가 분명하지 않기 때문에 A가 토양오염을 발생시킨 자(제1호)인지 여부를 단정할 수 없다.

(2) B

B는, 제10조의4 제1항 제4호에 따라, 토양오염이 발생한 토지를 현재 소유하고 있는 자로서 정화책임자가 될 수 있다. 제10조의4 제2항 단서에 따르면 1996. 1. 6. 이후에 제1항 제1호, 제2호의 정화책임자에게 자기 소유 토지의 사용을 허용한 경우에는 면책규정이 적용되지 아니하는데, B의 경우 A에게 그 토지사용을 허용한 경우이며, 이때 토지사용의 허용은 반드시 토양오염관리대상시설의 사용의 허용에 한정되는 것은 아니

라고 보아야 하므로(부산고법 2003. 10. 24. 선고 2003누2731 판결 참조), 면책 규정은 적용되지 않는다고 할 것이다. 가사 면책 규정이 적용된다고 하더라도 B는 C로부터 2000. 12. 1. 이 사건 토지를 매수하였으므로 1996. 1. 5. 이전에 양수한 경우가 아니어서 제10조의4 제2항 제2호의 면책 규정이 적용될 수 없다.

(3) C

C는 토양오염이 발생한 토지를 소유하고 있었던 자로서 제10조의4 제1항 제4호에 따른 정화책임자이다. C는 양도로 인하여 더 이상 토지를 소유하지 않지만, B에게로의 양도가 2000. 12. 1. 이루어졌으므로, 1996. 1. 5. 이전에 양도 또는 그 밖의 사유로 해당 토지를 소유하지 아니하게 된 경우가 아니어서 제10조의4 제2항 제1호의 면책규정이 적용될 수 없다.

Ⅲ. 결 론

A는 제10조의4 제1항 제2호 및 제4호에 따라, B와 C는 동항 제4호에 정화책임자가 된다.

문 2. 위의 문제와 관련하여, 정화책임자가 복수인 경우에 정화책임문제와 관련하여 쟁점이 될 수 있는 사항을 검토하시오.

Ⅰ. 문제의 소재

토양환경보전법 제10조의4 제3항 따른 복수 정화책임자 책임 규정 해석과 관련해서 정화책임자들간 책임 우선순위를 검토하여야 한다.

Ⅱ. 복수의 정화책임자의 선택

동법은 복수의 정화책임자가 존재하는 경우 정화책임자간 우선순위를 정하고 있다. 즉 시·도지사 또는 시장·군수·구청장은 토양정화 등을 명할 수 있는 정화책임자가 둘 이상인 경우에는 대통령령으로 정하는 바에 따라 해당 토양오염에 대한 각 정화책임자의 귀책정도, 신속하고 원활한 토양정화의 가능성 등을 고려하여 토양정화 등을 명하여야 한다(제10조의4 제3항 전문). 그 판단이 곤란한 경우에는 토양정화자문위원회에 자문할 수 있다(동항 후문).

시행령에서는 다음의 순서에 따라 명하도록 하고 있다: ① 토양오염을 발생시킨 자와 그의 권리 · 의무를 포괄적으로 승계한 자; ② 토양오염관리대상시설의 점유자 또는 운영자와 그의 권리 · 의무를 포괄적으로 승계한 자; ③ 토양오염관리대상시설의 소유자와 그의 권리 · 의무를 포괄적으로 승계한 자; ④ 토양오염이 발생한 토지를 현재 소유 또는 점유하고 있는 자; ⑤ 토양오염이 발생한 토지를 소유하였던 자(시행령 제5조의3 제1항).

이는 행위책임자에게 상태책임자보다 우선하여 정화책임을 부여하는 형태라고 이해할 수 있다. 모법에서는 재량권 행사의 기준 또는 고려요소를 제시하는 데 그치고 있는데, 시행령에서는 정화책임자간 우선순위를 정하고 있다. 시행령에서 '명하여야 한다'고 규정하고 있는 것은 정화책임자들간의 연대책임을 사실상 포기한 것으로 헌법재판소에서 위헌성을 해소한다는 차원에서 제안한 바 있는 '보충책임'을 받아들인 것으로 이해된다.

Ⅲ. 구상권

토양정화 등의 명령을 받은 정화책임자가 자신의 비용으로 토양정화 등을 한 경우에는 다른 정화책임자의 부담부분에 관하여 구상권을 행사할 수 있다(제10조의4 제4항).

Ⅳ. 사안에의 적용

시행령 제5조의3 제1항에 따라 관할 행정청은 시설의 운영자(A), 토지의 현재 소유자(B), 토지의 과거 소유자(C) 순으로 정화책임을 물을 수 있을 것이다. 정화책임자로 지목되어 토양정화 등 명령을 받은 자는 자신이 정화책임자가 아니라는 점 또는 다른 선순위자가 있음을 주장 · 입증함으로써 책임을 면할 수 있을 것이다.

문 3. 정화책임자에게 관할 행정청은 어떠한 조치를 명할 수 있는지를 우려기준을 초과한 경우와, 대책기준을 초과한 경우로 나누어 검토하시오.

Ⅰ. 문제의 소재

토양오염의 우려기준과 대책기준에 따른 정화책임 내용상의 차이를 법적 근거와 함께 검토하여야 한다.

Ⅱ. 우려기준을 초과한 경우

관할 행정청은 정화책임자에게 다음과 같은 조치를 할 수 있다.

1. 토양정밀조사

토양오염도조사를 한 결과 오염도가 우려기준을 넘는 토양에 대하여는 정화책임자에게 토양관련전문기관에 의한 토양정밀조사의 실시, 오염토양의 정화 조치를 할 것을 명할 수 있다(제11조 제3항).

2. 오염토양의 정화

정화책임자가 특정토양오염관리대상시설의 설치자인 경우 토양오염방지시설의 설치 또는 개선이나 그 시설의 부지 및 주변지역에 대하여 토양관련전문기관에 의한 토양정밀조사 또는 오염토양의 정화 조치를 할 것을 명할 수 있다(제14조 제1항).

3. 토양정밀조사

제5조 제4항 제1호 또는 제2호에 해당하는 지역의 정화책임자에 대하여 토양관련전문기관으로부터 토양정밀조사를 받도록 명할 수 있다(제15조 제1항).

4. 오염토양의 정화 등

토양오염관리대상시설의 개선 또는 이전, 해당 토양오염물질의 사용제한 또는 사용중지, 오염토양의 정화를 명할 수 있음(제15조 제3항).

Ⅲ. 대책기준을 초과한 경우

대책기준 초과 시 관할 행정청은 정화책임자에게 다음과 같은 조치를 할 수 있다.

1. 오염토양 개선사업의 실시

대책지역에 대한 대책계획(제18조 제2항 제1호)에 따른 오염토양 개선사업의 전부 또는 일부의 실시를 명할 수 있다(제19조 제1항).

2. 비용부담

피해주민에 대한 지원 대책(제19조 제2항 제4호)에 소요되는 비용의 일부를 정화책임자에게 부담하게 할 수 있다(제18조 제3항).

81

정화책임자 (6)

(2019년도 제8회 변호사시험)

사 례

甲은 1978년부터 A시 내에 있는 甲 소유의 토지(이하 '이 사건 부지'라 함)에서 주물제조공장을 운영하면서 토양오염물질을 무단으로 투기·매립해 왔고, 그 후 주물제조공장을 철거한 뒤, 1997. 1. 30. 乙에게 이 사건 부지를 매도하였다. 乙은 이 사건 부지를 소유하다가 2000. 1. 3. 丙에게 매도하였다. 丙은 이 사건 부지를 주거용으로 이용하다가, 2015. 3. 1. 농공단지로 개발하려는 丁에게 매도하였다. 丁은 관련 인허가를 모두 받은 후 2016. 9. 1.부터 공사를 진행하던 중 이 사건 부지의 일부가 오염된 사실을 알게 되어 A시장에게 신고하였고, A시장이 조사를 의뢰한 결과 이 사건 부지가 지표면으로부터 지하 6m의 범위까지 아연, 니켈, 구리로 심하게 오염되어 토양오염우려기준을 초과하는 것으로 밝혀졌다.

A시장은 정화명령을 검토하면서 다음과 같은 관련자들의 주장을 청취하였다.

- 甲: 「토양환경보전법」의 제정·시행일(1996. 1. 6.) 이전에 이루어졌던 자신의 토양오염행위에 대해서는 책임을 질 수 없다.
- 乙: 토양오염의 원인이 되는 어떠한 행위도 하지 않았을 뿐만 아니라, 이 사건 부지의 매수 당시 토양오염사실을 전혀 알지 못했기에 책임이 없다.
- 丙: 2001. 12. 31. 이전에 이 사건 부지를 매수했고, 이 사건 부지 정화비용이 거의 토지 매매가액에 근접하는 정도여서 책임의 면제 또는 정화비용 지원이 이루어져야 한다.
- 丁: 이 사건 부지 정화비용이 거의 토지 매매가액에 근접하는 정도일 뿐만 아니라, 개인적으로 지고 있는 과다한 채무 등으로 정화비용을 마련할 여력이 없어 책임의 면제 또는 정화비용 지원이 이루어져야 한다.

문 1. 甲, 乙, 丙, 丁의 주장이 토양환경보전법상 타당한지에 대하여 각각 검토하시오(위헌문제는 논외로 함).

문 2. A시장이 정화명령을 한 경우 정화책임자는 토양환경보전법상 토양정화업자에게 위탁하지 않고 직접 정화할 수 있는지, 그리고 오염토양을 이 사건 부지로부터 반출하여 정화할 수 있는지에 대하여 각각 검토하시오(시행규칙의 내용은 논외로 함).

문 3. 丁은 甲이 불법행위자로서 민사상 손해배상책임이 있다고 주장하는 데 대하여, 甲은 자신과 직접적인 거래관계가 없는 丁에 대해 그러한 책임이 없다고 주장한다. 甲의 주장은 타당한가? (소멸시효문제는 논외로 함)

해 설

문 1. 甲, 乙, 丙, 丁의 주장이 토양환경보전법상 타당한지에 대하여 각각 검토하시오(위헌문제는 논외로 함).

Ⅰ. 문제의 소재

토양환경보전법 제10조의4에 따른 정화책임자의 범위 및 면책사유 등이 문제된다.

Ⅱ. 정화책임자

1. 근거 규정

토양환경보전법은 제10조의4 제1항에서 다음의 어느 하나에 해당하는 자를 정화책임자로 정하고 있다: ① 토양오염물질의 누출 · 유출 · 투기(投棄) · 방치 또는 그 밖의 행위로 토양오염을 발생시킨 자; ② 토양오염의 발생 당시 토양오염의 원인이 된 토양오염관리대상시설의 소유자 · 점유자 또는 운영자; ③ 합병 · 상속이나 그 밖의 사유로 제1호 및 제2호에 해당되는 자의 권리 · 의무를 포괄적으로 승계한 자; ④ 토양오염이 발생한 토지를 소유하고 있었거나 현재 소유 또는 점유하고 있는 자. 다만 ④에 해당하는 토지의 소유자 · 점유자는 선의 · 무과실 등 일정한 경우에는 면책된다(동조 제2항).

2. 사안에의 적용

(1) 甲

甲은 이 사건 부지에서 주물제조공장을 운영하면서 토양오염물질을 무단으로 투기 · 매립하였으므로 제10조의4 제1항 제1호의 정화책임자에 해당한다.

한편, 甲은 이 사건 부지에서 주물제조공장을 운영하였으므로 토양오염의 발생 당시 토양오염의 원인이 된 토양오염관리대상시설을 소유하였을 것으로 보이는 바, 제10조의4 제1항 제2호의 정화책임자에도 해당한다.

제10조의4 제1항 제1호 · 제2호 규정에 대하여 무제한 소급효를 인정하자는 견해가 있을 수 있으나 이러한 경우 정화책임자가 예상할 수 없었던 책임을 지우게 되어 신뢰보호의 원칙에 위반될 여지가 있으므로 타당하지 않다고 생각된다. 제한적 소급효를 인정할 경우 적어도 동법이 시행된 1996. 1. 6. 이후로만 소급 적용되는 것으로 해석함이 합리적이라고 생각한다. 이에 따를 경우 사안에서 甲이 이 사건 부지를 乙에게 매도한 시점이 1996. 1. 6. 이후인 1997. 1. 30.이고, 명확치 아니하나 그 때 즈음에 공장이 철거된 것으로 보이는바, 그 때까지 토양오염물질의 배출이 이루어진 것으로 보인다는 점에서 법 제정 · 시행일 이전에 이루어졌던 자신의 토양오염행위에 대해서는 책임을 질 수 없다는 甲의 주장은 타당하지 않다.

(2) 乙

乙은 토양오염이 발생한 토지를 소유하였던 자이므로 동법 제10조의4 제1항 제4호의 정화책임자에 해당한다. 이에 대하여 乙은 선의 · 무과실이므로 책임이 없다고 주장하는바, 동조 제2항 제3호에 근거하는 것으로 보인다. 그러나 매수 당시 토양환경영향평가를 받고 그 토지의 오염 정도가 우려기준 이하인 것을 확인하여 토양오염 사실에 대하여 선의이며 과실이 없는 경우로 추정되는 경우도 아니므로(동법 제10조의2 제2항) 선의 · 무과실 면책이 인정되기 어려워 보인다.

(3) 丙

丙 역시 토양오염이 발생한 토지를 소유하였던 자이므로 동법 제10조의4 제1항 제4호의 정화책임자에 해당한다. 이에 대하여 丙은 면책을 주장하고 있으나, 제10조의4 제2항에서 들고 있는 면책 사유, 즉 ① 해당 토지를 1996. 1. 5. 이전에 양도하였거나, ② 1996. 1. 5. 이전에 양수하였거나, ③ 토양오염이 발생한 토지를 양수할 당시 토양오염 사실에 대하여 선의 · 무과실이거나, ④ 토양오염 발생에 대하여 귀책사유가 없는 경우 어디에도 해당하지 않으므로, 면책은 어렵다.

한편, 丙이 2001. 12. 31. 이전에 이 사건 부지를 매수하였으므로 국가 및 지방자치단체의 정화비용 지원이 문제될 수 있는데, 정화비용이 이 사건 부지의 매매가액에 근접할 뿐 그 가액을 초과하지 않으므로 정화비용지원 대상에도 해당하지 않는다(제10조의4 제5항 제2호). 또한 동조 제5항 제4호에서는 그 밖에 토양정화 등의 비용 지원이 필요한 경우로서 "대통령령으로 정하는 경우"를 들고 있고, 시행령 제5조의4 제5항 제1호에서는 "2001년 12월 31일 이전에 해당 토지를 양수하고 2002년 1월 1일 이후에 해당 토지를 양도 또는 그 밖의 사유로 소유하지 아니하게 된 자가 법 제10조의4 제1항 제4호의 정화책임자로서 토양정화 등을 하는 데 드는 비용이 해당 토지 가액을 초과하는 경우"를 들고 있는바, 사안의 경우 丙의 정화비용이 이 사건 부지의 가액을 초과하지 않으므로, 여기에도 해당한다고 볼 수 없다. 결국 丙의 면책 또는 정화비용지원 주장 모두 타당하지 않다.

(4) 丁

丁은 토양오염이 발생한 이 사건 부지를 현재 소유하고 있으므로, 제10조의4 제1항 제4호의 정화책임자에 해당한다. 丁은 1996. 1. 5. 이전에 이 사건 부지를 양도·양수한 것도 아니며(제10조의4 제2항 제1호 및 제2호), 매수당시 토양환경평가를 하지 않았으므로 선의·무과실로 추정된다고 볼 수도 없고(동항 제3호), 귀책사유가 없다고 볼 수도 없으므로(동항 제4호) 丁의 면책 주장은 타당성이 없다.

다만 丁에 대하여는 동조 제5항 제3호에 따른 비용 지원이 문제될 수 있는데, 정화비용이 거의 토지 매매가액에 근접하는 정도라는 이유만으로는 정화비용이 해당 토지의 가액 및 기대이익을 현저히 초과한다고 볼 수 없으므로 위 규정에 해당되지 않는다. 결국 정화비용 지원을 주장하는 丁의 주장은 타당하지 않다.

Ⅲ. 결 론

甲, 乙, 丙, 丁의 주장은 모두 타당하지 않다.

문 2. A시장이 정화명령을 한 경우 정화책임자는 토양환경보전법상 토양정화업자에게 위탁하지 않고 직접 정화할 수 있는지, 그리고 오염토양을 이 사건 부지로부터 반출하여 정화할 수 있는지에 대하여 각각 검토하시오(시행규칙의 내용은 논외로 함).

Ⅰ. 문제의 소재

토양환경보전법 제15조의3에 의한 오염토양 정화방법의 해석, 적용이 문제된다.

Ⅱ. 직접 정화

오염토양은 토양정화업자에게 위탁하여 정화하여야 하지만, 유기용제류(有機溶劑類)

에 의한 오염토양 등 대통령령으로 정하는 종류와 규모에 해당하는 오염토양은 정화책임자가 직접 정화할 수 있다(제15조의3 제2항). 시행령에서는 다음 어느 하나에 해당하는 오염토양에 대하여는 정화책임자가 토양정화업자에게 위탁하지 아니하고 직접 정화할 수 있도록 하고 있다: ① 「국방 · 군사시설 사업에 관한 법률」에 의한 군부대시설안의 오염토양 또는 군사활동으로 인한 오염토양으로서 그 양이 50세제곱미터 미만인 것; ② 유기용제 또는 유류에 의한 오염토양으로서 그 양이 5세제곱미터 미만인 것(제11조).

Ⅲ. 반출정화

오염토양을 정화할 때에는 오염이 발생한 해당 부지에서 정화하여야 한다. 다만, 부지의 협소 등 환경부령으로 정하는 불가피한 사유로 그 부지에서 오염토양의 정화가 곤란한 경우에는 토양정화업자가 보유한 시설(제23조의7 제1항에 따라 오염토양을 반입하여 정화하기 위하여 등록한 시설을 말한다)로 환경부령으로 정하는 바에 따라 오염토양을 반출하여 정화할 수 있다(제15조의3 제3항). 제3항 단서에 따라 오염토양을 반출하여 정화하려는 자는 환경부령으로 정하는 바에 따라 오염토양반출정화계획서를 관할 특별자치시장 · 특별자치도지사 · 시장 · 군수 · 구청장에게 제출하여 적정통보를 받아야 한다(동조 제4항).

Ⅳ. 사안에의 적용

사안의 경우 A시 내에 있는 이 사건 부지는 丁이 농공단지로 개발하려 관련 인허가를 모두 받았으므로, 군부대시설 안의 오염토양에 해당하지 않으며(시행령 제11조 제1호), 아연, 니켈, 구리 등으로 오염되었으므로 유기용제 또는 유류에 의한 오염토양이라 볼 수도 없다(동조 제2호). 따라서 정화책임자가 직접 정화할 수 없고, 동법 제15조의3 제2항 본문에 따라 토양정화업자에게 위탁하여 정화하여야 한다.

한편, 부지의 협소 등의 사유로 오염토양의 정화가 발생한 해당 부지에서 정화하는 것이 곤란하다고 보이지도 않으므로 반출정화할 수 없고, 오염이 발생한 이 사건 부지에서 정화하여야 한다.

문 3. 丁은 甲이 불법행위자로서 민사상 손해배상책임이 있다고 주장하는 데 대하여, 甲은 자신과 직접적인 거래관계가 없는 丁에 대해 그러한 책임이 없다고 주장한다. 甲의 주장은 타당한가? (소멸시효문제는 논외로 함)

Ⅰ. 문제의 소재

현재의 토지 소유자가 자기 소유 토지에 토양오염을 유발한 자(전전 매도인)에 대하여 불법행위책임을 물을 수 있는지 여부가 문제된다.

Ⅱ. 불법행위책임

최근 전원합의체 판결에서 다수의견은 토양이 오염되어 있음에도 쉽게 드러나지 아니하는 토지 환경오염의 특수성과 손해의 공평한 부담에 착안하면서, 토지 소유자가 토양오염물질을 토양에 누출·유출하거나 투기·방치함으로써 토양오염을 유발하였음에도 오염토양을 정화하지 않은 상태에서 오염토양이 포함된 토지를 거래에 제공함으로써 유통되게 하거나, 토지에 폐기물을 불법으로 매립하였음에도 처리하지 않은 상태에서 토지를 거래에 제공하는 등으로 유통되게 한 경우, 거래 상대방 및 토지를 전전 취득한 현재의 토지 소유자에 대한 위법행위로서 불법행위가 성립할 수 있다고 보고 있다(대법원 2016. 5. 19. 선고 2009다66549 전원합의체 판결).

그러나 이와 관련해서 자신의 토지에 폐기물을 매립하거나 토양을 오염시켜 토지를 유통시킨 경우는 물론 타인의 토지에 그러한 행위를 하여 토지가 유통된 경우라 하더라도, 행위자가 폐기물을 매립한 자 또는 토양오염을 유발시킨 자라는 이유만으로 자신과 직접적인 거래관계가 없는 토지의 전전 매수인에 대한 관계에서 폐기물 처리비용이나 오염정화비용 상당의 손해에 관한 불법행위책임을 부담한다고 볼 수는 없다는 견해도 만만치 않다.

Ⅲ. 결 론

결국 판례의 다수의견에 따르면 甲의 자신과 직접적인 거래관계가 없는 丁에 대해 손해배상책임이 없다는 주장은 타당하지 않다.

참조판례

대법원 2016. 5. 19. 선고 2009다66549 전원합의체 판결(판례 [39])

82

정화책임자 (7)

(법전원협의회 2023년도 제1차 변호사시험 모의시험)

사 례

甲 공단은 A시 북구 산촌동 97번지에 철도차량 정비시설과 경유저장시설을 갖춘 차량사업소를 두고 있다. 甲 공단은 정부의 공기업 경영합리화 계획에 따라 해당 부지를 매각하기로 하였으며, 乙은 공매를 통해 이를 매입하였다. 乙은 그 부지에 복합쇼핑몰을 건설하려고 하였으나 경기침체로 인해 개발이 어려워지자 이를 건설·건축자재업을 영위하는 丙에게 임대하였다. 丙은 해당 부지에 토양오염관리대상시설인 건설·건축자재보관 시설을 설치하고 철강재를 포함한 자재 및 콘테이너를 보관해왔다. 해당 품목 중에는 납성분이 함유되어 있는 것들이 있다.

한편, A시장은 A시 주택난이 심화되자 대규모의 주택공급 지역을 물색하던 중 乙 소유부지를 포함한 산촌동 일대를 도시계획을 통해 주택공급지역으로 결정·고시하였다. A시 도시개발공사(이하 '丁')는 乙이 소유한 부지를 협의 취득하고 실시계획 승인을 받은 후 형질변경을 포함한 택지조성공사를 완료하고, 아파트 건축을 위한 터파기 공사를 시작하였다. 丁은 공사도중 토양오염이 발생한 사실을 알게 되어 A시장에게 신고하였다. 이에 A시장이 소속 공무원으로 하여금 오염도 조사를 한 결과 석유계탄화수소(THP)가 850mg/kg 검출되고 납성분이 520mg/kg 검출되었다.

문 1. 甲, 乙, 丙, 丁의 정화책임을 논하시오.

문 2. 정화책임자가 A시장의 정화명령에도 불구하고 정화를 이행하지 않을 경우 「토양환경보전법」상 A시장이 취할 수 있는 조치에 대하여 기술하시오.

문 3. 만약 丁이 해당 토양에 대한 정화를 실시하였다면 甲에 대하여 '토양오염에 대한 민사상 손해배상청구'를 할 수 있는지 검토하시오.

참조조문

토양환경보전법 시행규칙 제1조의5 [별표 3] (토양오염우려기준)

물질	오염기준 (단위: mg/kg, 다이옥신의 경우에는 pg-TEQ/g)		
	1지역	2지역	3지역
5. 납	200	400	700
18. 석유계총탄화수소(TPH)	500	800	2000

※ 비고

1. 1지역: 공간정보의 구축 및 관리 등에 관한 법률에 따른 지목이 전 · 답 · 과수원 · 목장용지 · 광천지 · 대(공간정보의 구축 및 관리 등에 관한 법률 시행령 제58조 제8호 가목 중 주거의 용도로 사용되는 부지만 해당한다) · 학교용지 · 구거 · 양어장 · 공원지역과 어린이 놀이시설 안전관리법 제2조 제2호에 따른 어린이 놀이시설(실외에 설치된 경우에만 적용한다) 부지
2. 2지역: 공간정보의 구축 및 관리 등에 관한 법률에 따른 지목이 임야 · 염전 · 대(1지역에 해당하는 부지 외의 모든 대를 말한다) · 창고용지 · 하천 · 유지 · 수도용지 · 체육용지 · 유원지 · 종교용지 및 잡종지(공간정보의 구축 및 관리등에 관한 법률 시행령 제58조 제28호 가목 또는 바목에 해당하는 부지만 해당한다)인 지역
3. 3지역: 공간정보의 구축 및 관리 등에 관한 법률에 따른 지목이 공장용지 · 주차장 · 주유소용지 · 도로 · 철도용지인 지역과 국방 · 군사시설 사업에 관한 법률 제2조 제1호 가목부터 마목까지에서 규정한 국방 · 군사시설 부지

(중략)

6. 법 제11조 제3항, 제14조 제1항, 제15조 제1항 및 같은 조 제3항 각 호에 따른 토양정밀조사의 실시나 오염토양의 정화 등을 명하는 경우 토양오염우려기준은 조치명령 당시의 지목을 기준으로 한다. 다만, 정밀조사 기간 또는 정화기간이 완료되기 전에 지목이 변경된 경우에는 변경된 지목을, 다음 각 목의 어느 하나에 해당하여 지목변경이 예정된 경우에는 변경예정 지목을 기준으로 한다.
   가. 국토의 계획 및 이용에 관한 법률 등 관계 법령에 따라 개발행위 허가 또는 실시계획인가 등을 받고 토지의 형질변경 등의 공사가 착공된 경우
   나. 건축물의 용도변경을 위하여 건축법에 따라 용도변경 허가를 받았거나 신고한 후 공사가 착공된 경우
   다. 다른 법령에 따라 지목변경 사유에 해당하는 공사가 착공된 경우

해 설

문 1. 甲, 乙, 丙, 丁의 정화책임을 논하시오.

Ⅰ. 문제의 소재

오염토양의 정화기준인 토양오염우려기준의 구체적 적용과 토양환경보전법 제10조의4에 따라 정화책임을 지는 자의 범위가 문제된다.

Ⅱ. 정화기준

1. 토양오염우려기준

오염토양은 대통령령으로 정하는 정화기준 및 정화방법에 따라 정화하여야 한다(동법 제15조의3 제1항), 동법 시행령에서는 오염토양의 정화기준을 토양오염우려기준으로 하고 있으며(제10조), 동법 시행규칙에서는 구체적으로 토양오염우려기준을 정하고 있다(제1조의5, 별표 3). 이에 따르면 원칙적으로 토양오염우려기준은 조치명령 당시의 지목을 기준으로 하되 지목이 변경된 경우에는 변경된 지목을, 「국토의 계획 및 이용에 관한 법률」 등 관계 법령에 따라 개발행위 허가 또는 실시계획 인가 등을 받고 토지의 형질변경 등의 공사가 착공된 경우 등에 해당하여 지목변경이 예정된 경우에는 변경 예정 지목을 기준으로 한다(비고 제6호 가목).

2. 사안에의 적용

사안에서 원칙적으로 적용되는 정화기준은 경유저장시설이 있는 등 3지역이나 조치명령 당시 지목이 주거용지 부지인 '대'로 변경되었다고 볼 수 있으므로(혹은 「국토의 계획 및 이용에 관한 법률」에 따른 도시계획결정에 의해 주택공급지구로 지정되었으므로 지목 변경 예정으로도 볼 수 있음) 1지역이다. 이에 따르면 사안에서 검출된 납과 석유계총탄화수소는 1지역 우려기준(납 200mg/kg, 석유계탄화수소 500mg/kg)을 넘었으므로 정화대상이 된다.

Ⅲ. 정화책임자

1. 근거 규정

토양환경보전법은 제10조의4 제1항에서 다음의 어느 하나에 해당하는 자를 정화책임자로 정하고 있다: ① 토양오염물질의 누출 · 유출 · 투기(投棄) · 방치 또는 그 밖의 행위로 토양오염을 발생시킨 자; ② 토양오염의 발생 당시 토양오염의 원인이 된 토양오염관리대상시설의 소유자 · 점유자 또는 운영자; ③ 합병 · 상속이나 그 밖의 사유로 제1호 및 제2호에 해당되는 자의 권리 · 의무를 포괄적으로 승계한 자; ④ 토양오염이 발생한 토지를 소유하고 있었거나 현재 소유 또는 점유하고 있는 자. 그러나 ④에 해당하는 토지의 소유자 · 점유자는 선의 · 무과실 등 일정한 경우에는 면책된다(동조 제2항).

2. 사안에의 적용

(1) 甲

甲은 토양오염물질의 누출 · 유출 · 투기 · 방치 또는 그 밖의 행위로 토양오염을 발생시킨 자이고(동항 제1호), 토양오염의 원인이 된 토양오염관리대상시설의 소유자 또는 운영자였으며(동항 제2호), 토양오염이 발생한 토지를 소유하고 있었던 자(동항 제4호)이므로 정화책임자에 해당한다.

(2) 乙

乙은 토양오염이 발생한 토지를 소유하고 있었으므로 동항 제4호의 정화책임자에 해당한다. 다만 乙이 해당 토지를 양수할 당시 토양오염사실에 대하여 선의이며 과실이 없는 경우에는 정화책임자로 보지 않을 수 있으나(제2항 제3호) 사안에서는 그러한 사실이 보이지 않는다. 결국 乙은 정화책임자에 해당한다.

(3) 丙

丙이 해당 부지를 임차하여 철강재 야적장으로 사용하면서 당시에 납성분 오염이 이루어졌다면 토양오염을 발생시킨 행위자이자(제1항 제1호) 토양오염관리대상시설(건설 · 건축자재보관 시설)을 점유했던 자로서(동항 제2호), 정화책임자에 해당한다.

(4) 丁

丁은 丙으로부터 해당 토지를 매수하여 현재 소유하고 있으므로 제1항 제4호의 정화책임자에 해당한다.

문 2. 정화책임자가 A시장의 정화명령에도 불구하고 정화를 이행하지 않을 경우 「토양환경보전법」상 A시장이 취할 수 있는 조치에 대하여 기술하시오.

Ⅰ. 문제의 소재

정화책임자가 정화명령에도 불구하고 이를 이행하지 않을 경우 관할 행정청이 어떠한 조치를 취할 수 있는지 문제된다.

Ⅱ. 대집행의 실시

특별자치시장 · 특별자치도지사 · 시장 · 군수 · 구청장은 제13조 제1항에 따라 토양오염검사를 받아야 하는 자나 제11조 제3항 및 제14조 제1항에 따른 명령 등을 받은 자가 토양오염검사를 받지 아니하거나 그 명령을 이행하지 아니하는 경우에는 「행정대집행법」에서 정하는 바에 따라 대집행(代執行)을 하고 그 비용을 명령위반자로부터 징수할 수 있다(법 제24조 제1호). 동법 제11조 제3항에서는 오염도에 관한 조사를 한 결과 오염도가 우려기준을 넘는 토양에 대하여는 기간을 정하여 정화책임자에게 토양관련전문기관에 의한 토양정밀조사의 실시, 오염토양의 정화조치를 할 것을 명할 수 있다고 규정하고 있다. 결국 A시장은 이러한 규정에 근거하여 甲, 乙, 丙, 丁이 정화명령에 응하지 않을 경우 대집행을 할 수 있다.

Ⅲ. 형사고발

동법 제29조에서는 제11조 제3항 또는 제14조 제1항에 따른 정화 조치명령을 이행하지 아니한 자에 대한 벌칙 규정을 두고 있다. 따라서 A시장은 정화명령을 이행하지 않은 정화책임자를 형사고발을 할 수 있다.

Ⅳ. 결 론

A시장은 정화조치명령을 받은 자가 그 명령을 이행하지 아니하는 경우에는 행정대집행법에서 정하는 바에 따라 대집행을 하고 그 비용을 명령위반자로부터 징수할 수 있는 한편, 형사고발을 할 수 있다.

문 3. 만약 丁이 해당 토양에 대한 정화를 실시하였다면 甲에 대하여 '토양오염에 대한 민사상 손해배상청구'를 할 수 있는지 검토하시오.

I. 문제의 소재

토양오염을 야기시켰음에도 불구하고 해당 토지를 거래에 제공하여 유통되게 한 자가 그 토지를 전전취득한 현재의 토지소유자에 대해 불법행위책임을 지는지 여부가 문제된다.

Ⅱ. 불법행위책임

최근 전원합의체 판결에서 다수의견은 토양이 오염되어 있음에도 쉽게 드러나지 아니하는 토지 환경오염의 특수성과 손해의 공평한 부담에 착안하면서, 토지 소유자가 토양오염물질을 토양에 누출·유출하거나 투기·방치함으로써 토양오염을 유발하였음에도 오염토양을 정화하지 않은 상태에서 오염토양이 포함된 토지를 거래에 제공함으로써 유통되게 하거나, 토지에 폐기물을 불법으로 매립하였음에도 처리하지 않은 상태에서 토지를 거래에 제공하는 등으로 유통되게 한 경우, 거래 상대방 및 토지를 전전 취득한 현재의 토지 소유자에 대한 위법행위로서 불법행위가 성립할 수 있다. 그리고 토지를 매수한 현재의 토지 소유자가 오염토양 또는 폐기물이 매립되어 있는 지하까지 토지를 개발·사용하게 된 경우 등과 같이 자신의 토지소유권을 완전하게 행사하기 위하여 오염토양 정화비용이나 폐기물 처리비용을 지출하였거나 지출해야만 하는 상황에 이르렀다거나 구 토양환경보전법에 의하여 관할 행정관청으로부터 조치명령 등을 받음에 따라 마찬가지의 상황에 이르렀다면 위법행위로 인하여 오염토양 정화비용 또는 폐기물 처리비용의 지출이라는 손해의 결과가 현실적으로 발생하였으므로, 토양오염을 유발하거나 폐기물을 매립한 종전 토지 소유자는 오염토양 정화비용 또는 폐기물 처리비용 상당의 손해에 대하여 불법행위자로서 손해배상책임을 진다는 입장이다(대법원 2016. 5. 19. 선고 2009다66549 전원합의체 판결).

그러나 이와 관련해서 자신의 토지에 폐기물을 매립하거나 토양을 오염시켜 토지를 유통시킨 경우는 물론 타인의 토지에 그러한 행위를 하여 토지가 유통된 경우라 하더라도, 행위자가 폐기물을 매립한 자 또는 토양오염을 유발시킨 자라는 이유만으로 자신과 직접적인 거래관계가 없는 토지의 전전 매수인에 대한 관계에서 폐기물 처리비용이나 오염정화비용 상당의 손해에 관한 불법행위책임을 부담한다고 볼 수는 없다는 견해도 만만치 않다.

Ⅲ. 결　　론

결국 판례의 다수의견에 따르면 甲의 자신과 직접적인 거래관계가 없는 丁에 대해 손해배상책임이 없다는 주장은 타당하지 않다.

참조판례

대법원 2016. 5. 19. 선고 2009다66549 전원합의체 판결(판례 [39])

※ 주의사항

결론을 다르게 도출하더라도 논리적으로 이유를 제시하는 경우 점수가 부여될 수 있음.

83

정화책임자 (8)

(법전원협의회 2022년도 제3차 변호사시험 모의시험)

사 례

甲은 「공간정보의 구축 및 관리 등에 관한 법률」에 따른 지목이 공장용지인 이 사건 토지를 1990년 6월 2일 乙로부터 양수하여 2015년 6월 3일 주식회사 丙에게 임대하였다. 丙은 「화학물질관리법」에 따른 유해화학물질 제조영업 허가를 받은 자로서 이 사건 토지에 유해화학물질 저장시설을 설치하였다. 이 저장시설에서는 토양오염물질인 '트리클로로에틸렌(TCE)'을 저장하고 있는데, 저장시설의 노후로 인해 'TCE'가 누출되었을 것으로 의심되어 관계기관의 조사결과 이 사건 토지의 토양에서 150mg/kg의 'TCE'가 검출되었고 이로 인해 토양이 오염된 사실이 확인되었다. 이 사건 토지의 인근 지역에 거주하는 주민들은 관할 행정청에 대해, 정화책임자에게 오염토양의 정화조치를 명할 것을 요구하였으나 관할 행정청은 정화조치를 명하지 않았다.

이후 관할 행정청은 이 사건 토지와 주변지역을 「토양환경보전법」상 토양보전대책지역으로 지정한 후, 丙에게 저장시설의 철거를 명하였으나 丙이 이에 응하지 않자 명령불이행을 이유로 丙을 고발하였다.

문 1. 사례에서 관련된 자들의 「토양환경보전법」상 정화책임 해당여부와 책임의 순위 및 법적 근거를 제시하시오.

문 2. 관할 행정청의 고발에 따라 丙이 「토양환경보전법」에 따라 처벌받을 가능성이 있는지 검토하시오.

참조조문

[별표 2] 토양환경보전법 시행규칙 제1조의3 (특정토양오염관리대상시설)

종류	대상범위
1. 유해화학물질의 제조 및 저장시설	「화학물질관리법」 제28조에 따른 유해화학물질 영업의 허가를 받은 자가 설치한 저장시설 중 별표 1에 따른 토양오염물질을 저장하는 시설[유기용제류의 경우는 트리클로로에틸렌(TCE), 테트라클로로에틸렌(PCE), 1,2-디클로로에탄 저장시설에 한정한다]

[별표 3] 토양환경보전법 시행규칙 제1조의5 (토양오염우려기준)

(단위: mg/kg)

물질	1지역	2지역	3지역
트리클로로에틸렌(TCE)	8	8	40

※ 비고
1. 1지역: 「공간정보의 구축 및 관리 등에 관한 법률」에 따른 지목이 전 · 답 · 과수원 · 목장용지 등
2. 2지역: 「공간정보의 구축 및 관리 등에 관한 법률」에 따른 지목이 임야 · 염전 · 대 · 창고용지 · 하천 등
3. 3지역: 「공간정보의 구축 및 관리 등에 관한 법률」에 따른 지목이 공장용지 · 주차장 · 주유소용지 · 도로 · 철도용지 · 제방 · 잡종지 등

[별표 7] 토양환경보전법 시행규칙 제1조의5 (토양오염대책기준)

(단위: mg/kg)

물질	1지역	2지역	3지역
트리클로로에틸렌(TCE)	24	24	120

※ 비고
1. 1지역: 「공간정보의 구축 및 관리 등에 관한 법률」에 따른 지목이 전 · 답 · 과수원 · 목장용지 등
2. 2지역: 「공간정보의 구축 및 관리 등에 관한 법률」에 따른 지목이 임야 · 염전 · 대 · 창고용지 · 하천 등
3. 3지역: 「공간정보의 구축 및 관리 등에 관한 법률」에 따른 지목이 공장용지 · 주차장 · 주유소용지 · 도로 · 철도용지 · 제방 · 잡종지 등

해 설

문 1. 사례에서 관련된 자들의 「토양환경보전법」상 정화책임 해당여부와 책임의 순위 및 법적 근거를 제시하시오.

Ⅰ. 문제의 소재

정화책임의 성립요건을 검토한 후에 토양환경보전법 제10조의4에 따른 정화책임자의 범위와 정화책임자가 둘 이상인 경우 정화책임이 순위와 관련하여 보충책임을 인정하고 있는 토양환경보전법 제10조의4 제3항, 시행령 제5조의3 제1항에 대한 검토가 필요하다.

Ⅱ. 정화책임의 성립요건

「토양환경보전법 시행규칙」 별표 2에 따르면 丙의 저장시설은 특정토양오염관리대상시설에 해당하며, 특정토양오염관리대상시설은 토양을 현저하게 오염시킬 우려가 있는 토양오염관리대상시설을 말하므로(제2조 제4호), 동법 제10조의4 제1항 제2호에 따라 정화책임을 지는 대상 시설이 될 수 있다.

한편, 별표 3 비고 3호에 따르면 사안의 공장용지의 경우 '3지역'에 해당하여 토양오염우려기준은 40mg/kg이다. 그런데 丙의 저장시설 인근 토지의 토양에서는 토양오염물질인 트리클로로에틸렌이 150mg/kg 검출되어 토양오염대책기준을 초과하였으므로, 「토양환경보전법」 제10조의4에 따른 토양정화책임이 적용될 수 있다.

Ⅲ. 정화책임자

1. 근거 규정

토양환경보전법은 '정화책임자'가 제11조 제3항, 제14조 제1항, 제15조 제1항 · 제3항 또는 제19조 제1항에 따라 토양정밀조사, 오염토양의 정화 또는 오염토양 개선사업의 실시(토양정화 등)를 하여야 한다면서 다음의 어느 하나에 해당하는 자를 정화책임자로 정하고 있다: ① 토양오염물질의 누출 · 유출 · 투기(投棄) · 방치 또는 그 밖의 행위로 토양오염을 발생시킨 자; ② 토양오염의 발생 당시 토양오염의 원인이 된 토양오염관리대상시설의 소유자 · 점유자 또는 운영자; ③ 합병 · 상속이나 그 밖의 사유로 제1호 및 제2호에 해당되는 자의 권리 · 의무를 포괄적으로 승계한 자; ④ 토양오염이 발생한 토지를 소유하고 있었거나 현재 소유 또는 점유하고 있는 자(제10조의4 제1항). 그러나 ④에 해당하는 토지의 소유자 · 점유자는 선의 · 무과실 등 일정한 경우에는 면책된다(동조 제2항).

2. 사안에의 적용

(1) 甲

甲은 토양오염이 발생한 토지를 현재 소유하고 있는 자이나(동조 제1항 제4호) 1996년 1월 5일 이전에 해당 토지를 양수한 자에 해당하여 정화책임자에 해당하지 아니한다(동조 제2항 제2호). 그러나 2015년 6월 3일 주식회사 丙에게 임대함으로써, 1996년 1월 6일 이후에 토양오염을 발생시킨 자 또는 토양오염관리대상시설의 소유자 · 점유자 또는 운영자에게 토지의 사용을 허용한 경우에 해당하여 정화책임을 진다(동항 단서).

(2) 乙

토양오염이 발생한 토지를 소유하고 있었던 자이나(동조 제1항 제4호) 1996년 1월 5일 이전에 양도 또는 그 밖의 사유로 해당 토지를 소유하지 아니하게 된 경우에 해당하여 정화책임을 지지 아니한다(동조 제2항 제1호).

(3) 丙

토양오염물질인 트리클로로에틸렌을 누출 · 유출 · 투기(投棄) · 방치 또는 그 밖의 행위로 토양오염을 발생시킨 자(제10조의4 제1항 제1호) 또는 토양오염발생 당시 토양오염의 원인이 된 토양오염관리대상시설인 저장시설의 소유자, 점유자 또는 운영자로서 정화책임자에 해당한다(동항 제2호). 또한 토양오염이 발생한 토지를 현재 점유하고 있는 자로서 정화책임자에 해당한다(동항 제4호).

Ⅳ. 정화책임자의 순위

1. 복수의 정화책임자의 선택

동법은 복수의 정화책임자가 존재하는 경우 정화책임자간 우선순위를 정하고 있다. 즉 시 · 도지사 또는 시장 · 군수 · 구청장은 토양정화등을 명할 수 있는 정화책임자가 둘 이상인 경우에는 대통령령이 정하는 바에 따라 각 정화책임자이 귀책정도, 신속하고 원활한 토양정의 가능성 등을 고려하여 토양정화등을 정하여야 한다(제10조의4 제3항 전문). 그 판단이 곤란한 경우에는 토양정화자문위원회에 자문할 수 있다(동항 후문).

2. 정화책임자의 순위

시행령에서는 다음의 순서에 따라 정화책임을 명하도록 정하고 있다: ① 토양오염을 발생시킨 자와 그의 권리 · 의무를 포괄적으로 승계한 자; ② 토양오염관리대상시설의 점유자 또는 운영자와 그의 권리 · 의무를 포괄적으로 승계한 자; ③ 토양오염관리대상시설의 소유자와 그의 권리 · 의무를 포괄적으로 승계한 자; ④ 토양오염이 발생한 토지를 현재 소유 또는 점유하고 있는 자; ⑤ 토양오염이 발생한 토지를 소유하였던 자(제5조의3 제1항).

이는 행위책임자에게 상태책임자보다 우선하여 정화책임을 부여하는 형태라고 이해할 수 있다. 시행령에서 '명하여야 한다'고 규정하고 있는 것은 정화책임자들간의 연대책임을 사실상 포기한 것으로 이른바 '보충책임'을 받아들인 것으로 이해된다.

3. 사안에의 적용

(1) 1순위: 丙

丙은 토양오염물질의 누출 · 유출 · 투기(投棄) · 방치 또는 그 밖의 행위로 토양오염을 발생시킨 자로서, 정화책임 1순위자에 해당한다(시행령 제5조의3 제1항 제1호).

(2) 2순위: 甲

甲은 토양오염이 발생한 토지를 현재 소유하고 있는 자로서, 2순위자에 해당한다(시행령 제5조의3 제1항 제4호의 책임자(동항 제4호)).

문 2. **관할 행정청의 고발에 따라 丙이 「토양환경보전법」에 따라 처벌받을 가능성이 있는지 검토하시오.**

Ⅰ. 문제의 소재

토양보전대책지역에서 행위제한과 그 위반에 대한 처벌이 문제된다.

Ⅱ. 토양보전대책지역에서 행위제한과 처벌

누구든지 대책지역에서는 그 지정목적을 해할 우려가 있다고 인정되는 일정한 시설(대책지역 지정의 주요원인이 된 오염물질을 배출하는 시설, 오염물질이 함유된 원료를 사용하는 시설 또는 오염물질이 함유된 제품을 생산하는 시설)을 설치해서는 아니 되고(제21조 제2항, 시행령 제16조), 관할 행정청은 시설의 설치로 인하여 토양이 오염되었거나 오염될 우려가 있다고 인정하는 경우에는 해당 시설의 설치자에게 토양오염물질의 제거나 시설의 철거 등을 명할 수 있다(제21조 제2항). 이 명령을 이행하지 않을 경우 2년 이하의 징역 또는 2천만원 이하의 벌금에 처한다(제29조 제6호).

Ⅲ. 사안에의 적용

해당 지역이 토양보전대책지역으로 지정되었고, 丙이 설치가 금지된 TCE 배출시설을 설치한 후 관할 행정청의 철거명령을 이행하지 않았으므로 처벌대상이 된다.

84

토양오염대책기준 초과에 따른 조치

(2021년도 제10회 변호사시험)

사 례

甲은 2014. 10. 서울특별시 A구 소재 35,000㎡ 규모의 부지(이하 '이 사건 토지'라 한다)를 복합쇼핑몰 신축을 위해 乙로부터 매입하였다. 그런데 2019년 甲이 공사를 위해 이 사건 토지를 조사하는 과정에서 이 사건 토지가 불소, 아연, 니켈, 구리 등 토양오염물질로 「토양환경보전법」상 토양오염대책기준을 초과하여 오염되었음이 밝혀졌다. 甲은 A구청에 이를 신고했고, A구청 소속 공무원이 이 사건 토지에 출입하여 오염 원인을 수차례 조사한 결과 이 토양오염은 1998년부터 2000년 사이에 이 사건 토지 인근에서 철강공장을 운영하던 丙에 의해 발생한 것으로 乙에게는 이 사건 토지를 소유하던 중에 해당 토양오염 발생에 귀책사유가 없음이 확인되었다.

한편 이 사건 토지의 인근에는 반환 예정 미군기지부지(이하 '이 사건 미군기지부지'라 한다)가 일부 포함되어 있는데, 환경조사 결과 이 사건 미군기지부지가 우려기준을 넘는 토양오염물질 외에 「잔류성유기오염물질 관리법」 제2조 제1호에 따른 잔류성유기오염물질로도 함께 오염되어 있음이 밝혀졌다. 이 사건 미군기지부지의 환경오염에 대해서는 법률의 효력이 있는 대한민국과 미합중국 간에 체결된 협정에 따라 대한민국 국방부장관이 정화책임을 지는 것으로 되어 있다.

문 1. 甲, 乙, 丙 각각의 토양환경보전법상 정화책임자 해당 여부와, 그 정화책임자가 국가의 정화비용 지원을 받을 수 있는 요건을 검토하시오(복수책임자 간 우선순위는 논외로 함).

문 2. 이 사건 토지의 오염에 대하여,

(1) 환경부장관 및 관할 지방자치단체의 장이 토양환경보전법상 할 수 있는

조치를 검토하시오.

(2) 중대한 건강 피해를 우려하는 인근 주민 B에게 환경부장관에 대하여 조치를 요구할 권리가 있는지를 검토하시오.

문 3. 국방부장관이 이 사건 미군기지부지 및 그 주변지역의 오염을 정화하기 위하여 토양환경보전법상 해야 할 조치를 검토하시오.

해 설

문 1. 甲, 乙, 丙 각각의 토양환경보전법상 정화책임자 해당 여부와, 그 정화책임자가 국가의 정화비용 지원을 받을 수 있는 요건을 검토하시오(복수책임자 간 우선순위는 논외로 함).

Ⅰ. 문제의 소재

토양환경보전법 제10조의4 제1항에 따라 정화책임을 지는 자의 범위와 동조 제5항에 따라 국가의 정화비용 지원 여하가 문제된다.

Ⅱ. 정화책임자

1. 근거 규정

토양환경보전법은 제10조의4 제1항에서 다음의 어느 하나에 해당하는 자를 정화책임자로 정하고 있다: ① 토양오염물질의 누출 · 유출 · 투기(投棄) · 방치 또는 그 밖의 행위로 토양오염을 발생시킨 자; ② 토양오염의 발생 당시 토양오염의 원인이 된 토양오염관리대상시설의 소유자 · 점유자 또는 운영자; ③ 합병 · 상속이나 그 밖의 사유로 제1호 및 제2호에 해당되는 자의 권리 · 의무를 포괄적으로 승계한 자; ④ 토양오염이 발생한 토지를 소유하고 있었거나 현재 소유 또는 점유하고 있는 자. 그러나 ④에 해당하는 토지의 소유자 · 점유자는 선의 · 무과실 등 일정한 경우에는 면책된다(동조 제2항).

2. 사안에의 적용

(1) 甲

甲은 오염이 발생한 이 사건 토지의 소유자로써, 제10조의4 제1항 제4호의 정화책임자에 해당한다. 동조 제2항 제2호는 해당 토지를 1996. 1. 5. 이전에 양수한 경우에는 제1항 제4호에 따른 정화책임자로 보지 아니한다고 규정하고 있는바, 사안의 경우, 甲은 1996. 1. 5. 이후인 2014. 10. 이 사건 토지를 매입하였으므로 면책되지 않는다. 또한 토양환경평가를 받은 바가 없는 등 동항 제3호의 선의 · 무과실 면책도 인정되기 어렵다.

(2) 乙

乙은 오염이 발생한 이 사건 토지를 소유하고 있었던 자로써, 일응 제10조의4 제1항 제4호의 정화책임자에 해당한다. 그러나 이 사건 토지를 소유하는 중에 해당 토양오염 발생에 귀책사유가 없으므로 동조 제2항 제4호에 따라 면책된다.

(3) 丙

丙은 1998년부터 2000년 사이에 철강공장을 운영하면서 토양오염을 발생시켰으므로 정화책임자에 해당한다(제10조의4 제1항 제1호, 행위책임). 한편, 丙은 이 사건 토지의 오염 발생 당시 토양오염의 원인이 된 토양오염관리대상시설(철강공장)을 소유 · 점유 · 운영하고 있었으므로 정화책임자에 해당한다(동항 제2호, 상태책임).

Ⅲ. 국가의 비용지원

1. 근거 규정

2014. 3. 24. 개정 법은 과잉금지원칙 위반 상태를 해소, 완화하기 위하여 정화비용의 지원에 관한 근거를 두고 있다. 즉 국가 및 지방자치단체는 다음의 어느 하나에 해당하는 경우에는 토양정화등을 하는 데 드는 비용(제10조의4 제4항에 따른 구상권 행사를 통하여 상환받을 수 있는 비용 및 토양정화등으로 인한 해당 토지 가액의 상승분에 상당하는 금액은 제외)의 전부 또는 일부를 대통령령으로 정하는 바에 따라 지원할 수 있다:

① 제1항 제1호 · 제2호 또는 제3호의 정화책임자가 토양정화등을 하는 데 드는 비용이 자신의 부담부분을 현저히 초과하거나 해당 토양오염관리대상시설의 소유 · 점유 또는 운영을 통하여 얻었거나 향후 얻을 수 있을 것으로 기대되는 이익을 현저히 초과하는 경우;

② 2001년 12월 31일 이전에 해당 토지를 양수하였거나 양도 또는 그 밖의 사유로 소유하지 아니하게 된 자가 정화책임자로서 토양정화등을 하는 데 드는 비용이 해당 토지의 가액을 초과하는 경우;

③ 2002년 1월 1일 이후에 해당 토지를 양수한 자가 정화책임자로서 토양정화등을 하는 데 드는 비용이 해당 토지의 가액 및 토지의 소유 또는 점유를 통하여 얻었거나

향후 얻을 수 있을 것으로 기대되는 이익을 현저히 초과하는 경우

④ 그 밖에 토양정화등의 비용 지원이 필요한 경우로서 대통령령으로 정하는 경우(동조 제5항).

2. 사안에의 적용

(1) 甲

甲은 2002년 1월 1일 이후인 2014. 10. 이 사건 토지를 양수한 자로서 정화책임자에 해당되는바, 제10조의4 제5항 제3호상의 요건(정화비용이 해당 토지의 가액 및 토지의 소유 또는 점유를 통하여 얻었거나 향후 얻을 수 있을 것으로 기대되는 이익을 현저히 초과하는 경우)을 충족할 경우 국가의 정화비용 지원을 받을 수 있을 것이다.

(2) 丙

제10조의4 제1항 제1호 · 제2호의 정화책임자인 丙은 제10조의4 제5항 제1호 요건(정화비용이 자신의 부담부분을 현저히 초과하거나 해당 토양오염관리대상시설의 소유 · 점유 또는 운영을 통하여 얻었거나 향후 얻을 수 있을 것으로 기대되는 이익을 현저히 초과하는 경우) 충족할 경우 국가의 정화비용 지원을 받을 수 있을 것이다.

Ⅳ. 결 론

甲, 丙은 정화책임자에 해당하며, 제10조의4 제5항 제3호 · 제1호 요건을 충족 시 국가 비용지원 대상이 될 수 있다.

문 2. (1) **환경부장관 및 관할 지방자치단체의 장이 토양환경보전법상 할 수 있는 조치를 검토하시오.**

Ⅰ. 문재의 소재

토양오염대책기준(대책기준) 초과에 따른 관할 행정청의 조치가 문제된다.

Ⅱ. 대책기준 초과에 따른 조치

1. 토양보전대책지역의 지정

환경부장관은 대책기준을 넘는 지역이나 제2항에 따라 특별자치시장 · 특별자치도

지사 · 시장 · 군수 · 구청장이 요청하는 지역에 대해서는 관계 중앙행정기관의 장 및 관할 시 · 도지사와 협의하여 토양보전대책지역(대책지역)으로 지정할 수 있다(제17조).

2. 대책계획의 수립 · 시행

특별자치시장 · 특별자치도지사 · 시장 · 군수 · 구청장은 대책지역에 대하여는 토양보전대책에 관한 계획(대책계획)을 수립하여 관할 시 · 도지사와의 협의를 거친 후 환경부장관의 승인을 받아 시행하여야 하며(제18조), 대책계획의 시행 결과를 환경부장관에게 보고하여야 한다(제18조의2).

3. 오염토양 개선사업

특별자치시장 · 특별자치도지사 · 시장 · 군수 · 구청장은 오염토양 개선사업의 전부 또는 일부의 실시를 그 정화책임자에게 명할 수 있다(제19조).

4. 토지이용 등의 제한

특별자치시장 · 특별자치도지사 · 시장 · 군수 · 구청장장은 대책지역에서는 그 지정 목적을 해할 우려가 있다고 인정되는 토지의 이용 또는 시설의 설치를 대통령령으로 정하는 바에 따라 제한할 수 있다(제20조).

Ⅲ. 결 론

토양오염대책기준을 초과하는 지역에 대하여는 필요 시 토양보전대책지역으로 지정한 후 대책계획을 수립 · 시행하고, 오염토양개선사업을 시행한다.

문 2. (2) **중대한 건강 피해를 우려하는 인근 주민 B에게 환경부장관에 대하여 조치를 요구할 권리가 있는지를 검토하시오.**

Ⅰ. 문제의 소재

동법은 환경부장관으로 하여금 대책기준을 넘는 지역에 대해서 토양보전대책지역(대책지역)을 지정할 수 있도록 하고 있는바(제17조 제1항), 이에 근거하여 주민 B가 행정권의 발동을 청구할 수 있는 권리(행정개입청구권)가 있는지가 문제되므로 그 성립요건 등에 대한 검토가 필요하다.

Ⅱ. 성립요건

1. 개입의무

행정개입청구권이 성립되기 위해서는 행정청의 행정권 발동에 대한 의무의 발생이 필요하다. 그 결과 행정청에게 행정권 발동에 대한 재량권이 0으로 수축되는 경우에는 일정한 행위를 하여야 할 개입의무를 지게 되며 이 경우 사인은 행정개입청구권을 갖게 된다. 문제는 어떠한 경우에 재량권이 0으로 수축되었다고 보아 개입의무를 인정할 것인가에 있다. 예외적인 상황에서는 재량이 수축, 소멸하여 행정의 자유가 의무로 되는 경우가 있을 수 있다는 것이 학설, 판례의 경향인데, 예외적인 상황으로는 ① 사람의 생명, 신체 및 재산 등에 중대하고 급박한 위험이 존재하고, ② 그러한 위험이 행정권의 발동에 의해 제거될 수 있는 것으로 판단되며, ③ 피해자의 개인적인 노력으로는 권익침해의 방지가 충분하게 이루어질 수 없다고 인정되는 경우 등이 들어지고 있다. 이에 더하여 결과의 예견가능성 · 회피가능성도 개입의무의 요소로 고려될 수 있다.

2. 사익보호성

행정개입청구권이 성립하기 위해서는 관계법규의 목적이 공익뿐만 아니라 사익도 보호법익으로 하고 있어야 한다.

3. 사안에의 적용

동법 제17조 제1항은 "할 수 있다"라고 규정하여 행정청의 재량을 인정하고 있다. 사안의 경우에 재량권이 0으로 수축되었다고 할 수 있는지가 문제되는바, 분명치 않으나 주민 B의 건강 및 생활환경이 각심한 피해를 입을 것으로 우려되고 있어 피해 및 위험이 중대하고 급박하다고 인정될 경우 재량권이 0으로 수축된다고 할 수 있다. 나아가 동법에 따른 대책지역 지정행위가 사익보호성 요건을 충족하는지 검토할 필요가 있다. 토양환경보전법은 국민건강 및 환경상의 위해를 예방하고, 오염된 토양을 정화하는 등 토양을 적정하게 관리 · 보전함으로써 모든 국민이 건강하고 쾌적한 삶을 누릴 수 있게 하는 것을 목적으로 하는 바(제1조), 대책지역 지정은 공공 일반의 이익만을 위한 것이 아니라 주민들의 깨끗한 토양환경을 향유할 이익을 부수적으로나마 보호하고 있다고 볼 수 있으므로 이 요건은 충족되었다고 볼 것이다.

Ⅲ. 결 론

행정개입청구권의 성립요건이 충족되므로 인근 주민 B는 환경부장관에게 대책지역의 지정을 청구할 수 있는 권리를 갖는다.

문 3. 국방부장관이 이 사건 미군기지부지 및 그 주변지역의 오염을 정화하기 위하여 토양환경보전법상 해야 할 조치를 검토하시오.

Ⅰ. 문제의 소재

우려기준을 넘는 토양오염물질 외에 잔류성오염물질로도 함께 오염이 발생한 경우(복합적 토양오염) 제15조의8(잔류성오염물질 등에 의한 토양오염)에 따른 정화책임이 있는 국방부장관의 조치가 문제된다.

Ⅱ. 토양오염정화자의 조치

1. 정화계획안 작성 및 지역주민의 의견청취

토양오염이 발생한 해당 부지 및 그 주변지역이 우려기준을 넘는 토양오염물질 외에 잔류성오염물질로도 함께 오염이 발생한 경우, 토양오염정화자(국방부장관)로 하여금 오염토양의 정화기준 및 정화방법 등이 포함된 정화계획안을 작성해 해당 지역주민의 의견을 들어야 한다(제15조의8 제1항).

2. 정화계획의 수립

토양오염정화자는 지역주민의 의견을 반영한 정화계획안에 대하여 환경부장관과의 협의를 거쳐 정화계획을 수립하여야 한다(동조 제2항).

3. 정화 및 검증

토양오염정화자는 정화계획에 따라 오염된 토양을 정화하는 경우에는 토양정화업자에게 위탁하여 정화하여야 하며, 지정을 받은 토양오염조사기관으로 하여금 정화과정 및 정화완료에 대한 검증을 하게 하여야 한다(동조 제3항).

85

토양오염과 행정개입청구권

(2020년도 제2차 변호사시험 모의시험)

사 례

甲공항공사(이하 '甲'이라 한다)는 「공항시설법」에 따른 공항개발 실시계획의 승인을 받아 A시에서 2015년부터 2025년까지 총 사업비 5조원을 투입, 공유수면 매립, 활주로부지 110만 5,000㎡ 조성, 여객터미널 38만 4,000㎡, 여객터미널 사이의 철도 6.4km 및 진입도로 공사 등 공항 건설사업(이하 '이 사건 사업'이라 한다)을 진행하고 있다. 甲은 이 사건 사업을 추진하기 위해 2015. 10. 丙이 자동차운전학원으로 사용하던 토지 85,000㎡(지목: 잡종지)를 丙으로부터 협의매수하였다. 甲은 2019. 1.경 乙 주식회사(이하 '乙'이라 한다)와 공유수면매립 및 활주로부지 조성 계약을 체결하였다. 乙은 2019. 3.경부터 공유수면 매립 및 활주로부지 조성공사를 실시하였고 2021. 10.경 조성공정을 완료할 예정이다.

乙이 조성공사를 하던 도중, 甲이 丙으로부터 협의매수한 토지 일부에서 불소가 502.3㎎/㎏의 농도로 검출되자, 乙은 甲에게 이 사실을 통보하였다. 甲은 乙에게 불소에 오염된 표층토 1,599㎥를 공사 현장에서 2km 가량 떨어진 적치장으로 운반하게 하였다. 한편, 그 후 乙은 위 적치장에 야적되어 있던 불소에 오염된 표층토를 포함하여 16,809㎥ 상당의 토사를 25톤 덤프트럭으로 1,293회에 걸쳐 운반, 공유수면 매립 및 활주로부지 안정화 작업을 위해 사용하였다. 매립된 공유수면은 아직 지목이 등록되지 않았으며, 토사의 운반 및 매립과정에서 오염지역 및 오염토사의 부피는 확대되었으나 오염토사의 불소농도는 크게 변화하지 않았다.

A시 소속 담당 공무원들은 이와 같은 사실은 모르고 있다가 한 시민단체의 제보로 언론이 널리 보도하자 비로소 이 사실을 알게 되었다. A시 시장은 토양환경보전법 제11조에 근거하여 소속 공무원으로 하여금 이 사건 사업부지의 오염원인과 오염도를 조사하게 하였다. 그 결과 丙이 자동차운전학원을 경영하던 중 자동차 정비 및 세차 과정에서 토양이 불소로 오염된 것으로 밝혀졌다. 불소는 과다 노출되면 피부 · 폐 등에 손상을 주는 것으로 알려져 있다.

문 1. 甲과 乙이 이 사건 사업부지에서 토양오염 사실을 확인했음에도 불구하고 적절히 조치하지 않은 점에 대하여 A시 시장이 취할 수 있는 조치를 검토하시오. (오염토양의 정화와 관련된 사항은 제외함)

문 2. A시 시장이 이 사건 사업부지 토양오염의 정화에 관하여 甲, 乙, 丙에 대하여 토양환경보전법상 취할 수 있는 조치와 관련된 쟁점을 검토하시오.

문 3. A시 시장이 이 사건 사업이 국책사업이라는 이유로 아무런 행정조치를 취하지 않고 있다고 가정하자. 이 사건 사업부지 인근주민들은 불소검출로 인한 건강피해를 우려하며 A시 시장을 상대로 1) 토양정밀조사의 실시 2) 토양정밀조사결과의 공개 3) 토양보전대책지역의 지정 등의 행정조치를 취하여 줄 것을 요구할 수 있는지 여부와 행정쟁송상의 구제수단을 검토하시오.

참조조문

「토양환경보전법 시행규칙」 [별표 3]

토양오염우려기준(제1조의5 관련)

(단위: mg/kg)

물질	1지역	2지역	3지역
불소	400	400	800

※ 비고

1. 1지역: 「공간정보의 구축 및 관리 등에 관한 법률」에 따른 지목이 전 · 답 · 과수원 · 목장용지 · 광천지 · 대(「공간정보의 구축 및 관리 등에 관한 법률 시행령」 제58조 제8호가목 중 주거의 용도로 사용되는 부지만 해당한다) · 학교용지 · 구거(溝渠) · 양어장 · 공원 · 사적지 · 묘지인 지역과 「어린이놀이시설 안전관리법」 제2조 제2호에 따른 어린이 놀이시설(실외에 설치된 경우에만 적용한다) 부지
2. 2지역: 「공간정보의 구축 및 관리 등에 관한 법률」에 따른 지목이 임야 · 염전 · 대(1지역에 해당하는 부지 외의 모든 대를 말한다) · 창고용지 · 하천 · 유지 · 수도용지 · 체육용지 · 유원지 · 종교용지 및 <u>잡종지(「공간정보의 구축 및 관리 등에 관한 법률 시행령」 제58조 제28호 가목 또는 다목에 해당하는 부지만 해당한다)인 지역</u>
3. 3지역: 「공간정보의 구축 및 관리 등에 관한 법률」에 따른 지목이 공장용지 · 주차장 · 주유소용지 · 도로 · 철도용지 · 제방 · <u>잡종지(2지역에 해당하는 부지 외의 모든 잡종지를 말한다)인 지역</u>과 「국방 · 군사시설 사업에 관한 법률」 제2조 제1호 가목부터 마목까지에서 규정한 국방 · 군사시설 부지

6. 법 제11조 제3항, 제14조 제1항, 제15조 제1항 및 같은 조 제3항 각 호에 따른 토양정밀조사의 실시나 오염토양의 정화 등을 명하는 경우 토양오염우려기준은 조치명령 당시의 지목을 기준으로 한다. 다만, 정밀조사 기간 또는 정화 기간이 완료되기 전에 지목이 변경된 경우에는 변경된 지목을, 다음 각 목의 어느 하나에 해당하여 지목변경이 예정된 경우에는 변경 예정 지목을 기준으로 한다.
   가. 「국토의 계획 및 이용에 관한 법률」 등 관계 법령에 따라 개발행위 허가 또는 실시계획 인가 등을 받고 토지의 형질변경 등의 공사가 착공된 경우
   나. 건축물의 용도변경을 위하여 「건축법」에 따라 용도변경 허가를 받았거나 신고한 후 공사가 착공된 경우
   다. 다른 법령에 따라 지목변경 사유에 해당하는 공사가 착공된 경우
7. 「공간정보의 구축 및 관리 등에 관한 법률」에 따른 지목이 등록되어 있지 않은 토지에 대하여 법 제11조 제3항, 제14조 제1항, 제15조 제1항 또는 같은 조 제3항 각 호에 따른 토양정밀조사의 실시나 오염토양의 정화 등을 명하는 경우 토양오염우려기준은 「국토의 계획 및 이용에 관한 법률」, 「공유수면 관리 및 매립에 관한 법률」 등 관계 법령에 따른 개발행위 허가 또는 실시계획 인가 등의 관계 서류를 통하여 확인할 수 있는 토지의 용도에 부합하는 지목을 기준으로 한다. 다만, 관계 서류를 통하여 그 용도를 확인할 수 없는 경우에는 1지역에 해당하는 지목을 기준으로 한다.

「토양환경보전법 시행규칙」 [별표 7]

토양오염대책기준(제20조 관련)

(단위: mg/kg)

물질	1지역	2지역	3지역
불소	800	800	2,000

「공간정보의 구축 및 관리 등에 관한 법률 시행령」

제58조(지목의 구분) 법 제67조 제1항에 따른 지목의 구분은 다음 각 호의 기준에 따른다.

(…)

28. 잡종지

다음 각 목의 토지. 다만, 원상회복을 조건으로 돌을 캐내는 곳 또는 흙을 파내는 곳으로 허가된 토지는 제외한다.
   가. 갈대밭, 실외에 물건을 쌓아두는 곳, 돌을 캐내는 곳, 흙을 파내는 곳, 야외시장, 비행장, 공동우물
   나. 영구적 건축물 중 변전소, 송신소, 수신소, 송유시설, 도축장, 자동차운전학원, 쓰레기 및 오물처리장 등의 부지

다. 다른 지목에 속하지 않는 토지

해 설

문 1. 甲과 乙이 이 사건 사업부지에서 토양오염 사실을 확인했음에도 불구하고 적절히 조치하지 않은 점에 대하여 A시 시장이 취할 수 있는 조치를 검토하시오. (오염토양의 정화와 관련된 사항은 제외함)

Ⅰ. 문제의 소재

토양오염 사실을 확인하고도 적절한 조치를 취하지 않은 경우 토양환경보전법 위반 여부 및 행정조치의 권한이 문제된다.

Ⅱ. 토양오염의 신고의무

토지의 소유자 또는 점유자가 그 소유 또는 점유 중인 토지가 오염된 사실을 발견한 경우, 관할 시장에게 신고하여야 한다(제11조 제1항 제3호). 甲과 乙은 각각 소유자와 점유자로서 신고의무를 부담하는바, A시 시장에게 토양오염 사실을 신고하지 않았으므로 신고의무를 위반하였다. 여기에 대해 관할 행정청은 과태료를 부과할 수 있다(제32조 제1항 제1호).

Ⅲ. 오염토양의 투기 금지의무

누구든지 오염토양을 버리거나 매립하는 행위 또는 보관, 운반 및 정화 등의 과정에서 오염토양을 누출·유출하는 행위를 하여서는 아니 된다(제15조의4 제1호, 제2호). 甲은 乙에게 오염된 토양을 현장에서 2km나 떨어진 곳으로 유출하게 하였으므로 제2호 위반에 해당하며, 乙은 오염토양을 공유수면 매립에 사용함으로써 제1호를 위반하였다. 여기에 대하여 벌칙이 부과될 수 있는바(제30조 제8호, 제29조 제5호), A시 시장은 형사고발을 취할 수 있다.

Ⅳ. 결 론

A시 시장은 甲, 乙에 대하여 과태료 및 형사고발 조치할 수 있다.

문 2. A시 시장이 이 사건 사업부지 토양오염의 정화에 관하여 甲, 乙, 丙에 대하여 토양환경보전법상 취할 수 있는 조치와 관련된 쟁점을 검토하시오.

Ⅰ. 문제의 소재

토양환경보전법상의 토양오염우려기준을 초과하는 경우 토양정화 등 조치가 이루어지는바 지목이 없는 경우에 적용할 토양오염우려기준과 이 사건 부지의 불소오염이 그 기준을 넘었는지 여부가 문제된다. 나아가 토양환경보전법 제10조의4 제1항에 따라 정화책임을 지는 자의 범위와 행정청의 토양오염에 대한 정화조치 명령 권한 여하가 문제된다.

Ⅱ. 토양오염우려기준의 초과 여부

1. 지목변경이 예정된 경우 적용할 토양오염우려기준

토양정밀조사의 실시나 오염토양의 정화 등을 명하는 경우 토양오염우려기준은 조치명령당시의 지목을 기준으로 한다. 그러나 "다른 법령에 따라 지목변경 사유에 해당하는 공사가 착공된 경우에는 변경 예정 지목을 기준으로 한다"(토양환경보전법 시행규칙 별표 3 제6호).

이에 따르면 토양오염이 발견된 당시 해당 부지의 지목은 공간정보구축 및 관리 등에 관한 법률 시행령 제58조 제28호 나목에 의한 자동차운전학원 용도의 잡종지였으므로 3지역에 해당한다. 그러나 비행장 용도의 잡종지로 지목이 변경될 예정이므로 丙으로부터 협의매수한 부지에 적용될 기준은 2지역에 해당한다. 결국 사안 부지에 적용될 불소에 대한 토양오염우려기준은 400mg/kg이고 해당 부지에서 검출된 불소농도는 502.3mg/kg이었으므로 토양오염우려기준을 넘은 것이다.

2. 지목이 없는 공유수면에 적용할 토양오염우려기준

공유수면을 매립하여 비행장으로 사용하려는 경우, 매립단계의 부지에 대하여 아직 지목이 등록될 수 없으므로 토양오염우려기준이 문제될 수 있다. 토양환경보전법 시행규칙 별표3 제7호에 따르면 공간정보의 구축 및 관리 등에 관한 법률에 따른 지목이 등록되어 있지 않은 토지에 대하여 토양정밀조사의 실시나 오염토양의 정화 등을 명하는 경우 토양오염우려기준은 관계 법령에 따른 개발행위 허가 또는 실시계획 인가 등의 관계 서류를 통하여 확인할 수 있는 토지의 용도에 부합하는 지목을 기준으로 하도록 하고 있다.

사안의 경우 공항시설법에 따라 공항개발사업 실시계획이 승인된 경우이므로 해당 토지의 용도는 비행장에 해당하며, 비행장에 대한 지목은 공간정보구축 및 관리 등에 관한 법률 시행령 제58조 제28호 가목에 의한 비행장 용도의 잡종지이므로 토양환경보전법 시행규칙 별표 3 비고 2에 따라 2지역에 해당한다. 따라서 공유수면 매립지역에서 400㎎/㎏을 초과하는 농도가 발견되는 경우, 역시 토양환경보전법상의 조치 대상이 된다.

Ⅲ. 토양정화책임에 관한 행정청의 조치

1. 정화책임자

(1) 근거 규정

토양환경보전법은 제10조의4 제1항에서 다음의 어느 하나에 해당하는 자를 정화책임자로 정하고 있다: ① 토양오염물질의 누출 · 유출 · 투기(投棄) · 방치 또는 그 밖의 행위로 토양오염을 발생시킨 자; ② 토양오염의 발생 당시 토양오염의 원인이 된 토양오염관리대상시설의 소유자 · 점유자 또는 운영자; ③ 합병 · 상속이나 그 밖의 사유로 제1호 및 제2호에 해당되는 자의 권리 · 의무를 포괄적으로 승계한 자; ④ 토양오염이 발생한 토지를 소유하고 있었거나 현재 소유 또는 점유하고 있는 자.

(2) 사안에의 적용

(가) 甲

토양오염우려기준을 초과하는 오염토양을 무단 반출하여 다른 지역의 토양을 오염시킨 경우, 토양오염을 발생시킨 자에 해당될 수 있는지 여부가 문제될 수 있다. 동조 제1호가 “토양오염물질의 누출 · 유출 · 투기 · 방치 또는 그 밖의 행위로 토양오염을 발생시킨 자”라고 매우 폭넓게 규율하고 있는 것을 볼 때, 오염토양을 무단 처리하여 다른 토지를 오염시켰다면, 여기에서 말하는 토양오염을 발생시킨 경우에 해당한다고 해석할 수 있을 것이다. 사안의 경우 甲은 토양오염사실을 알면서도 오염토사를 무단 반출하여 토양오염을 확대시켰으므로 甲은 제1호의 정화책임자에 해당한다(甲이 현재의 토지소유자라는 점에서 제4호에 해당하는 정화책임자가 될 수 있으나 제1호에 따른 정화책임자가 되는 마당에 논의의 필요성은 많지 않아 보인다).

(나) 乙

乙은 甲과 함께 토양오염사실을 알면서도 오염토사를 무단 반출하여 토양오염을 확대시켰으므로 제1호의 정화책임자에 해당한다.

(다) 丙

丙이 운영했던 자동차운전학원시설은 토양환경보전법 제2조 제3호상의 토양오염관리대상시설이다. 丙은 토양오염관리대상시설을 운영하면서 토양오염물질을 누출·유출·투기(投棄)·방치함으로써 토양오염을 발생시킨 자라 할 수 있으므로 동항 제1호 내지 제2호의 정화책임자라고 할 수 있다(丙이 이 사건 부지의 과거 소유자라는 점에서 동항 제4호에 따른 정화책임자가 될 여지도 있으나 동항 제1호, 제2호의 정화책임자가 되는 마당에 논의의 필요성은 많지 않아 보인다).

2. 행정청의 조치

관할 행정청은 기간을 정하여 정화책임자에 해당하는 정화책임자에 대하여 토양정밀조사의 실시, 오염토양의 정화조치를 할 것을 명할 수 있다(제11조 제3항). 이 때 행정청은 토양환경보전법 시행령 제5조의3이 정한 순서에 따라 제1호의 정화책임자에게 우선 명하여야 한다(제10조의4 제3항). 결국 사안에서 A시 시장은 甲, 乙, 丙 모두 제1호에 해당하는 정화책임자에 해당하므로 법률 제10조의4 제3항에 따라 귀책정도, 신속하고 원활한 토양정화의 가능성 등을 고려하여 우선순위를 정하여 정화명령을 하여야 한다. 명령을 받은 자가 그 명령을 이행하지 아니하는 경우에는 대집행을 할 수 있다(제24조).

문 3. A시 시장이 이 사건 사업이 국책사업이라는 이유로 아무런 행정조치를 취하지 않고 있다고 가정하자. 이 사건 사업부지 인근주민들은 불소검출로 인한 건강피해를 우려하며 A시 시장을 상대로 1) 토양정밀조사의 실시 2) 토양정밀조사결과의 공개 3) 토양보전대책지역의 지정 등의 행정조치를 취하여 줄 것을 요구할 수 있는지 여부와 행정쟁송상의 구제수단을 검토하시오.

Ⅰ. 문제의 소재

이 사건 사업부지 인근주민들이 행정권의 발동을 청구할 수 있는 권리(행정개입청구권)가 있는지가 문제되므로 그 성립요건, 적용 및 정쟁송상 구제수단 등에 대한 검토가 필요하다.

Ⅱ. 행정개입청구권

1. 의　의

행정권의 위법한 불행사(부각위)에 대하여 적정한 권력발동을 청구할 수 있는 권리를 행정개입청구권이라 한다.

2. 성립요건

(1) 개입의무

행정개입청구권이 성립되기 위해서는 행정청의 행정권 발동에 대한 의무의 발생이 필요하다. 그 결과 행정청에게 행정권 발동에 대한 재량권이 0으로 수축되는 경우에는 일정한 행위를 하여야 할 개입의무를 지게 되며 이 경우 사인은 행정개입청구권을 갖게 된다. 문제는 어떠한 경우에 재량권이 0으로 수축되었다고 보아 개입의무를 인정할 것인가에 있다. 예외적인 상황에서는 재량이 수축, 소멸하여 행정의 자유가 의무로 되는 경우가 있을 수 있다는 것이 학설, 판례의 경향인데, 예외적인 상황으로는 ① 사람의 생명, 신체 및 재산 등에 중대하고 급박한 위험이 존재하고, ② 그러한 위험이 행정권의 발동에 의해 제거될 수 있는 것으로 판단되며, ③ 피해자의 개인적인 노력으로는 권익침해의 방지가 충분하게 이루어질 수 없다고 인정되는 경우 등이 들어지고 있다. 이에 더하여 결과의 예견가능성 · 회피가능성도 개입의무의 요소로 고려될 수 있다.

(2) 사익보호성

행정개입청구권이 성립하기 위해서는 관계법규의 목적이 공익뿐만 아니라 사익도 보호법익으로 하고 있어야 한다.

3. 행정개입청구권의 실현수단

행정권발동 요구 후, 요구에 대한 거부처분이나 부작위가 있으면 이에 대하여, 행정심판(의무이행심판, 임시처분 포함) 또는 행정소송(예컨대, 부작위위법확인소송, 거부처분 취소소송) 등을 제기할 수 있다.

Ⅲ. 토양정밀조사의 실시를 요구할 수 있는지 여부

행정청이 토양정밀조사를 직접 스스로 실시하여야 할 의무가 있는지 여하가 문제될 수 있다. 행정청은 토양오염사고가 발생한 지역으로서 시장이 우려기준을 넘을 가능성이 크다고 인정하는 지역에 대하여 시장은 토양정밀조사를 할 수 있다(제5조 제4항 제3호 가목). 동 조항은 '할 수 있다'고 규정하여 행정청에게 재량을 부여하고 있다. 사안의 경우에 재량권이 0으로 수축되었다고 할 수 있는지가 문제되는바, 불소 토양오염우려기준을 초과한 오염토양을 공유수면 매립 및 활주로부지 안정화 작업에 사용하는 것이 인근 주민들의 건강에 어떠한 영향을 미칠 것인지 알 수 없으며, 인근주민들이 오염토양에의 노출경로를 증명하지 못하는 한, 이 사건 사업부지로 인해 인근주민들의 생명, 신체, 건강 등에 중대하고 급박한 위험이 있다고 보기 어렵다고 할 수 있다.

한편, 동 조항에 따른 토양정밀조사의 실시가 사익보호성 요건을 충족하는지 살펴보면, '토양오염'이란 '사업활동이나 그 밖의 사람의 활동에 의하여 토양이 오염되는 것으로서 사람의 건강 재산이나 환경에 피해를 주는 상태'를 말하며(제2조 제1호), '토양정밀조사'란 '우려기준을 넘거나 넘을 가능성이 크다고 판단되는 지역에 대하여 오염물질의 종류, 오염의 정도 및 범위 등을 조사하는 것'을 말한다(동항 제6호). 토양오염은 인근 주민들이 호흡기를 통하거나 지하수오염을 유발하여 지하수를 이용하는 주민들에게 피해를 야기할 수 있으므로 토양오염이 일어난 지역 및 인근주민들에게 악영향을 미칠 우려가 크다고 할 수 있다. 이러한 점을 고려할 때 토양환경보전법 제5조 제4항에서 토양오염사고가 발생한 지역에 대하여 관할 행정청으로 하여금 토양정밀조사를 실시할 수 있도록 규율한 것은 인근주민들의 환경상이익을 보호하기 위한 것으로 볼 여지가 크다고 할 수 있다. 그 결과 동 조항의 사익보호성은 인정된다고 할 수 있다.

결국 토양환경보전법 제5조 제4항의 사익보호성은 인정되나 A시 시장에게 토양정밀조사를 실시하는 데 있어 재량권이 인정되므로 인근주민들에게 행정개입청구권이 인정되기는 힘들어 보인다.

Ⅳ. 토양정밀조사결과의 공개를 요구할 수 있는지 여부

동법 제5조 제5항에서는 토양정밀조사의 결과는 공개하여야 한다고 규율하고 있으므로 A시 시장에게 공개의무가 있다. 한편, 동조항은 오염토양 인근주민들의 환경상이익을 보호하는 취지를 담고 있으므로, A시 시장이 토양정밀조사를 실시한 경우, 인근주민들은 그 공개를 신청할 수 있으며, 이를 거부하는 경우, 위에서 언급한 바와 같은 행정심판 또는 행정소송을 제기할 수 있을 것이다. 나아가 공공기관의 정보공개에 관한 법률에 근거하여 정보공개를 청구할 수도 있을 것이다.

Ⅴ. 토양보전대책지역의 지정을 요구할 수 있는지 여부

동법은 환경부장관으로 하여금 대책기준을 넘는 지역에 대해서 토양보전대책지역(대책지역)을 지정할 수 있도록 하고 있다(제17조 제1항). 이와 같이 토양보전대책지역의 지정권한은 환경부장관에게 있고, 시장은 특히 토양보전이 필요하다고 인정하는 지역에 대하여 환경부장관에게 지정을 요청할 수 있을 뿐이다(동조 제2항). 이에 따르면 토양보전대책지정의 대상지역은 대책기준을 넘는 지역이나 '특히 토양보전이 필요하다고 인정하는 지역'이다.

이 사건 사업부지의 경우, 불소 오염농도가 502.3mg/kg으로 대책기준(800mg/kg)을 넘지 않는다. 한편, 행정청에게는 '특히 토양보전이 필요하다고 인정' 여부를 결정함에 있어 재량권이 부여되어 있다고 보여지므로 위 규정으로부터 바로 행정청에게 행정권발동 의무가 부여되어 있다고 보여지지 않는다. 위에서 이미 살펴본 바와 같이 토양오염이 심각하고 인근 주민들이 이에 노출되어 급박하고 중대한 피해가 초래되고 있지 않은 한, 행정청의 재량이 영으로 수축되는 경우로 보기도 어려워 보인다. 결국 인근주민들이 A시 시장에게 대책지역의 지정을 청구할 수 있는 권리를 없다고 할 수 있다.

86

폐기물에 대한 조치명령과 토양정화조치

사　례

1990년대 초 염료, 안료를 만드는 5개 공장에서 다양한 폐기물을 함유하고 있는 폐드럼이 다량 배출되었다. 위 폐드럼은 농사를 짓고 있던 甲 소유의 농장 부지로 보내졌다. 甲은 그 부지를 乙에게 임대하였는데, 乙은 폐기물처리를 업으로 하면서 이들 공장으로부터 폐드럼을 수거하여 위 부지에 단순 매립하거나 적치하였다. 2010년 초순경부터 폐드럼이 유출하면서 인근 丙의 농장의 토양과 지하수를 오염시켰다. 이러한 사실을 알고 丙은 관할 시장 丁에게 위 부지를 정화하고 더 이상의 오염이 확산되지 않도록 하는 어떠한 조치를 취할 것을 요구하고 있다. 丁이 오염실태조사를 한 결과 해당 지역이 우려기준을 초과하는 것으로 나타났다. 이러한 사안에 대하여 다음의 질문에 답하시오.

문 1. 시장 丁이 취할 수 있는 조치는 어떠한 것이 있는가?
문 2. 丙은 甲, 乙에게 토양환경보전법에 따라 정화책임을 물을 수 있는가?

해　설

문 1. 시장 丁이 취할 수 있는 조치는 어떠한 것이 있는가?

Ⅰ. 문제의 소재

폐기물로 인해 토양오염이 발생한 사안이므로 폐기물관리법뿐만 아니라 토양환경보전법상의 규제조치에는 어떠한 것이 있는지 문제된다.

Ⅱ. 폐기물관리법상 조치

1. 甲

甲은 乙에게 토지를 임대하여 주었고 乙이 그 토지에 폐기물을 매립하고 적치하였는바 甲이 제48조 제1항 제9호의 대상자에 해당하는가가 문제된다. 이와 관련해서 "법문의 해석상 용도를 불문하고 타인에게 자신의 토지의 사용을 허용한 경우를 모두 포함한다고 해석함이 상당하다"면서 토지사용을 허용한 자를 대상자로 본 하급심 판례 판례가 있다(부산고등법원 2003. 10. 24. 선고 2003누2731 판결). 이러한 판례에 따를 경우 甲은 조치명령의 대상자가 된다. 따라서 丁은 甲에 대하여 기간을 정하여 폐기물의 처리방법 변경, 폐기물의 처리 또는 반입 정지 등 필요한 조치를 명할 수 있다.

2. 乙

(1) 조치명령

乙은 부적정처리폐기물을 발생시킨 자에 해당하는바, 丁은 제48조 제1항 제1호에 따라 乙에 대하여 기간을 정하여 폐기물의 처리방법 변경, 폐기물의 처리 또는 반입 정지 등 필요한 조치를 명할 수 있다.

(2) 허가취소, 영업정지

乙은 폐기물처리업자로서 폐기물을 단순히 적치, 매립하였는바, 이 경우 丁은 제27조 제2항 제2호에 따라 乙의 폐기물처리업 허가를 취소하거나 6개월 이내의 기간을 정하여 영업 전부 혹은 일부의 정지를 명할 수 있다.

(3) 폐기물처리업자에 대한 폐기물처리명령

丁은 허가취소나 영업정지를 명하는 경우 제39조의3에 의하여 乙에 대하여 방치된 폐드럼의 처리를 명하여야 한다.

Ⅲ. 토양환경보전법상 조치

1. 문제의 소재

폐드럼이 적치 및 매립되어 있는 토지의 소유자, 점유자와 인근 오염된 토지 소유자가 토양환경보전법 제10조의4에 따른 정화책임자인지 문제된다.

2. 정화책임자

토양환경보전법은 제10조의4에서 '정화책임자'를 특정하고 있다. 여기에는 ① 토양오염물질의 누출 · 유출 · 투기(投棄) · 방치 또는 그 밖의 행위로 토양오염을 발생시킨 자, ② 토양오염의 발생 당시 토양오염의 원인이 된 토양오염관리대상시설의 소유자 · 점유자 또는 운영자, ③ 합병 · 상속이나 그 밖의 사유로 제1호 및 제2호에 해당되는 자의 권리 · 의무를 포괄적으로 승계한 자, ④ 토양오염이 발생한 토지를 소유하고 있었거나 현재 소유 또는 점유하고 있는 자가 포함된다(동조 제1항). 그러나 ④에 해당하는 토지의 소유자 · 점유자는 선의 · 무과실 등 일정한 경우에는 면책된다(동조 제2항).

정화책임자는 제11조 제3항, 제14조 제1항, 제15조 제1항 · 제3항 또는 제19조 제1항에 따라 토양정밀조사, 오염토양의 정화 또는 오염토양 개선사업의 실시(토양정화 등)를 하여야 한다.

3. 사안에의 적용

(1) 甲

甲은 부지의 소유자로써 제10조의4 제4호의 정화책임자이다. 따라서 丁은 제15조 제3항에 따라 정화책임자인 甲에게 기간을 정하여 오염토양의 정화조치를 명할 수 있다.

(2) 乙

乙은 부지의 점유자로써 제10조의4 제4호의 정화책임자이다. 따라서 丁은 제15조 제3항에 따라 정화책임자인 乙에게 기간을 정하여 오염토양의 정화조치를 명할 수 있다.

(3) 丙

丙은 인근 오염된 농장 부지의 소유자로써 제10조의4 제4호의 정화책임자이다. 그러나 해당 토양오염 발생에 대하여 귀책사유가 없는 경우에 해당되어 면책되므로 丁은 丙에 대하여 정화조치를 명할 수 없다.

Ⅳ. 결 론

丁는 甲에 대하여는 폐기물관리법에 따른 조치명령(제48조)과 토양환경보전법에 따른 정화조치명령(토양환경보전법 제15조 제3항)을 취할 수 있고, 乙에 대하여는 폐기물관리법에 따른 조치명령(제48조), 허가취소, 영업정지(제27조), 폐기물처리명령(39조의3) 등을 할 수 있고, 토양환경보전법에 따라 정화조치명령을 취할 수 있을 것이다.

문 2. 丙은 甲, 乙에게 토양환경보전법에 따라 정화책임을 물을 수 있는가?

I. 문제의 소재

丙이 甲, 乙을 상대로 토양오염피해에 대하여 토양환경보전법 제10조의3에 따른 무과실책임을 물을 수 있는지가 문제된다.

Ⅱ. 토양환경보전법 제10조의3에 따른 무과실책임

1. 관련 규정

토양환경보전법은 "토양오염으로 인하여 피해가 발생한 경우 그 오염을 발생시킨 자는 그 피해를 배상하고 오염된 토양을 정화하는 등의 조치를 하여야 한다"(제10조의3 제1항 본문)고 규정함으로써 토양오염의 피해에 대한 무과실책임을 인정하고 있다. 동법 제10조의4(오염토양의 정화책임)가 공법상의 책임을 규정하고 있다면 제10조의3은 사법상의 책임을 규정하고 있다고 이해된다.

2. 요　　건

(1) 오염을 발생시킨 자

책임주체는 토양오염을 발생시킨 자(원인자)이다. 동법은 무과실책임을 지는 '원인자'에 대한 별도의 개념규정을 두고 있지 않아 구체적인 경우에는 논란이 있을 수 있으나 사안의 경우 甲, 乙을 토양오염을 발생시킨 자로 보는 데에는 무리가 없을 것이다.

(2) 토양오염피해

'토양오염'이란 사업활동이나 그 밖의 사람의 활동에 의하여 토양이 오염되는 것으로서 사람의 건강·재산이나 환경에 피해를 주는 상태를 말한다(제2조 제1호). 토양오염은 동법이 '토양오염물질'을 "토양오염의 원인이 되는 물질로서 환경부령으로 정하는 것을 말한다"고 정의하고 있음(제2조 제2호)에 비추어 토양오염은 토양오염물질로 인한 오염으로 이해된다. 사안에서 폐드럼에 토양오염물질이 포함되어 있다는 전제에서 폐드럼으로 토양오염이 이루어졌고 그로 인해 피해가 발생하였으므로 토양오염피해도 인정할 수 있을 것이다.

3. 책임의 내용

토양환경보전법 제10조의3 제1항은 손해배상과 오염된 토양의 정화를 그 책임으로 인정하고 있다. 이는 원인자의 과실 여부를 떠나 인정되는 무과실책임이다.

4. 공동불법행위책임

동조 제2항은 토양오염을 발생시킨 자가 둘 이상인 경우에 어느 자에 의하여 제1항의 피해가 발생한 것인지를 알 수 없을 때에는 각자가 연대하여 배상하고 오염된 토양을 정화하는 등의 조치를 하도록 하고 있는바, 사안에서 甲, 乙은 토양오염을 발생시킨 자이고 둘 중 어느 자에 의해 피해가 발생한 것인지 알 수 없는 것으로 보이므로 甲, 乙은 토양오염에 의한 피해에 대해 연대책임을 지게 된다.

5. 사안에의 적용

丙은 사법상 권리로써 오염을 발생시킨 甲, 乙에 대하여 토양환경보전법 제10조의3에 따라 연대하여 정화조치를 할 것을 청구할 수는 있다.

※ 주의사항

폐기물은 토양오염과 밀접한 관련이 있음. 그 결과 폐기물관리법과 토양환경보전법이 적용될 수 있음.

87

정화책임과 사법상 구제

사 례

1990년대 A사는 X토지로부터 다소 떨어져서 자신이 운영하는 비철금속의 제련, 제조공장에서 발생된 사업장폐기물을 소각한 후 X토지에 매립하였다. 당시 X토지는 일인회사인 A사의 대표이사이던 망 甲의 소유였는데, 1994년 3월 乙에게 이를 매도되었다. 그 후 X토지가 丙공사에서 시행하는 국민임대주택건설 사업지구에 편입되자 丙공사는 2010년 2월 경, 乙로부터 X토지를 협의취득하였다. 취득 당시 시일의 촉박함 등으로 토양환경평가는 하지 않았지만 문제가 되는 경우 乙이 책임지기로 약정하였다. 그 후 B시는 당시 X토지의 소유자이던 丙공사에 대하여 X토지에 대한 토양정밀조사를 명하였고, 이에 丙공사는 2013년경 농업기반공사에 3천여 만원을 들여 X토지에 대한 토양정밀조사를 의뢰하였는데, 그 조사 결과 X토지에서 채취한 시료 전체에서 토양오염우려기준을 초과하여 아연, 니켈, 카드뮴, 구리, 비소, 납, PCB(폴리염화 비페닐) 등 각종 유해물질이 검출되었고, X토지의 토양은 광범위하게 오염되었으며, 처리대상 지정폐기물의 양은 1만5천톤 정도이며, 위탁처리비용은 운반비 등을 포함하여 15억원 정도에 달하는 것으로 확인되었다. 이러한 사안에서 다음의 질문에 답하시오.

문 1. B시는 누구에게 X 토지를 정화할 것을 명할 수 있는가?
문 2. 丙공사의 자구책은 무엇인가?

해 설

문 1. B시는 누구에게 X 토지를 정화할 것을 명할 수 있는가?

Ⅰ. 문제의 소재

토양환경보전법 제10조의4의 정화책임자의 범위 및 정화책임 우선순위가 문제된다.

Ⅱ. 정화책임자

1. 근거 규정

토양환경보전법은 제10조의4 제1항에서 다음의 어느 하나에 해당하는 자를 정화책임자로 정하고 있다: ① 토양오염물질의 누출 · 유출 · 투기(投棄) · 방치 또는 그 밖의 행위로 토양오염을 발생시킨 자; ② 토양오염의 발생 당시 토양오염의 원인이 된 토양오염관리대상시설의 소유자 · 점유자 또는 운영자; ③ 합병 · 상속이나 그 밖의 사유로 제1호 및 제2호에 해당되는 자의 권리 · 의무를 포괄적으로 승계한 자; ④ 토양오염이 발생한 토지를 소유하고 있었거나 현재 소유 또는 점유하고 있는 자. 다만 ④에 해당하는 토지의 소유자 · 점유자는 선의 · 무과실 등 일정한 경우에는 면책된다(동조 제2항).

2. 사안에의 적용

(1) 정화책임자의 범위

(가) A사

A사는 사업장폐기물을 소각한 후 X토지에 매립하였으므로, 토양오염물질을 투기하여 토양오염을 발생시킨 자이므로 제10조의4 제1항 제1호의 정화책임자에 해당한다.

(나) 甲의 상속인, 포괄승계인

甲은 일인회사인 A사의 대표이사로서 토양오염물질을 투기함으로써 토양오염을 발생시킨 자로 볼 수 있으나(제10조의4 제1항 제1호) 이미 사망하였으므로, 甲의 상속인 또는 포괄승계인은 甲의 권리 · 의무를 포괄적으로 승계하는바 제10조의4 제1항 제3호에 따른 정화책임자에 해당한다.

甲이 과거의 소유자로서 4호의 정화책임자에 해당하는지 여부가 문제될 수 있으나, 甲은 1994. 3. 乙에게 X토지를 매도하였으므로, 동조 제2항 제1호에 의하여 면책된다. 따라서 甲이 4호의 책임을 부담하지는 않는다. 그러므로 승계인이 제4호 책임을 부담한다고 볼 수는 없다.

(다) 乙

乙은 1994. 3. X토지를 甲으로부터 매수하여 2010. 2. 丙공사가 협의취득으로 소유권을 취득하기 전까지 X토지를 소유하였던 자이므로 과거의 토지 소유자로서 정화책임자에 해당한다(제10조의4 제1항 제4호).

(라) 丙공사

丙공사는 2010. 2. 乙로부터 X토지를 협의취득하여 현재 소유하고 있으므로 정화책임자에 해당한다(제10조의4 제1항 제4호).

(2) 甲 등의 항변

(가) A사 또는 甲의 상속인

제10조의4 제1항 제1호 규정에 대하여 무제한 소급효를 인정하자는 견해가 있을 수 있으나 이러한 경우 정화책임자가 예상할 수 없었던 책임을 지우게 되어 신뢰보호의 원칙에 위반될 여지가 있으므로 타당하지 않다고 생각된다. 제한적 소급효를 인정할 경우 적어도 동법이 시행된 1996. 1. 6. 이후로만 소급 적용되는 것으로 해석함이 합리적이라고 생각한다. 이에 따를 경우 사안에서 A사의 X토지에의 폐기물 매립행위는 甲이 乙에게 X토지를 매도한 법 시행 이전인 1994. 3. 이전에 이루어진 것이므로, A사 및 甲의 상속인은 제10조의4 제1항 제1호의 소급효가 1996년 이후로만 제한 적용되어야 한다는 면책 주장이 가능할 것이다.

(나) 乙

乙은 1996. 1. 5. 이전인 1994. 3.에 甲으로부터 X토지를 양수하였으므로, 제10조의4 제2항 제2호에 의하여 면책된다고 주장할 수 있다.

(다) 丙공사

① 선의 · 무과실 면책

丙공사가 같은 조 제2항 제3호의 선의 · 무과실 면책에 해당하는지 문제될 수 있다. 제10조의2 제2항은 토양오염의 우려가 있는 토지를 양수한 자가 양수 당시 같은 항에 따라 토양환경평가를 받고 그 부지 또는 토지의 오염 정도가 우려기준 이하인 것을 확인한 경우에는 토양오염 사실에 대하여 선의이며 과실이 없는 것으로 추정한다고 정하고 있다. 그러나 丙공사는 협의취득 당시 토양환경평가를 하지 않았으므로, 선의 · 무과실 면책은 인정될 가능성이 적다.

② 정화책임의 우선순위

시 · 도지사 등은 정화책임자가 둘 이상인 경우에는 대통령령이 정하는 바에 따라 각 정화책임자의 귀책정도, 신속하고 원활한 토양정화의 가능성 등을 고려하여 토양정화등을 정하여야 한다(동법 제10조의4 제3항). 이에 따라 시행령 제5조의3 제1항은 아래와 같이 우선순위를 정하고 있다: ① 법 제10조의4 제1항 제1호의 정화책임자와 그 정화책임자의 권리 · 의무를 포괄적으로 승계한 자; ② 법 제10조의4 제1항 제2호의 정화책임자 중 토양오염관리대상시설의 점유자 또는 운영자와 그 점유자 또는 운영자의 권리 · 의무를 포괄적으로 승계한 자; ③ 법 제10조의4 제1항 제2호의 정화책임자 중 토양오염관리대상시설의 소유자와 그 소유자의 권리 · 의무를 포괄적으로 승계한 자; ④ 법 제10조의4 제1항 제4호의 정화책임자 중 토양오염이 발생한 토지를 현재 소유 또는 점유하고 있는 자; ⑤ 법 제10조의4 제1항 제4호의 정화책임자 중 토양오염이 발생한 토지를 소유하였던 자

사안에서 丙공사는 A사 및 甲의 승계인의 위 소급효 제한 면책 주장이 받아들여지지 않는다고 주장하면서, A사 및 甲의 승계인은 시행령 제5조의3 제1항 제1호에 해당하여 제4호인 丙공사보다 우선순위이므로 A사 및 甲의 승계인에게 우선적으로 정화명령을 내릴 것을 주장할 수 있다.

Ⅲ. 결 론

A사 및 甲의 승계인의 정화책임 소급효 제한 주장이 인정되는 경우에는 B시는 丙공사에게 정화명령을 내려야 하나, 위 소급효 제한 주장이 인정되지 않는 경우에는 丙공사의 항변이 받아들여질 수 있어 B시는 A사 및 甲의 승계인에 우선적으로 정화명령을 내려야 한다.

문 2. 丙공사의 자구책은 무엇인가?

Ⅰ. 문제의 소재

오염된 토양으로 인해 손해를 입었거나 입을 가능성이 있는 사인이 가해자에 대해 어떤 청구를 할 수 있으며 그 근거는 무엇인지 문제가 된다.

Ⅱ. 근 거

1. 일반불법행위책임

丙공사가 乙에 대하여 불법행위에 기한 손해배상청구를 하기 위해서는 고의 · 과실, 위법성, 인과관계(개연성), 피해 등 요건이 충족되어야 한다. 사안에서 乙은 甲으로부터

위 토지를 매수하여서 소유하였을 뿐, 토양오염발생에 대하여 고의·과실이 있다고 볼 수 없으므로, 丙공사는 乙에 대하여는 불법행위 손해배상책임을 물을 수 없다. 다만 오염토양을 전전매도한 甲에 대하여 불법행위손해배상책임을 물을 수 있는지는 문제될 수 있다.

최근 전원합의체 판결에서 다수의견은 토양이 오염되어 있음에도 쉽게 드러나지 아니하는 토지 환경오염의 특수성과 손해의 공평한 부담에 착안하면서, 토지 소유자가 토양오염물질을 토양에 누출·유출하거나 투기·방치함으로써 토양오염을 유발하였음에도 오염토양을 정화하지 않은 상태에서 오염토양이 포함된 토지를 거래에 제공함으로써 유통되게 하거나, 토지에 폐기물을 불법으로 매립하였음에도 처리하지 않은 상태에서 토지를 거래에 제공하는 등으로 유통되게 한 경우, 거래 상대방 및 토지를 전전 취득한 현재의 토지 소유자에 대한 위법행위로서 불법행위가 성립할 수 있다고 보고 있다(대법원 2016. 5. 19. 선고 2009다66549 전원합의체 판결).

甲의 승계인은 망 甲과 직접적인 거래관계가 없는 丙공사에 대해 손해배상책임이 없다고 주장할 여지가 있으나 위 판례에 따르면 甲의 승계인은 丙공사에 대하여 불법행위책임을 부담한다.

2. 하자담보책임

민법 제580조에 의하면 매매의 목적물에 하자가 있는 때에는 매수인은 목적물의 하자로 말미암아 매매의 목적을 달성할 수 없는 경우 계약을 해제할 수 있고 아울러 손해배상을 청구할 수 있다. 예컨대, 토양의 오염정도가 토양환경보전법 상의 우려기준을 초과하는 경우 매수인이 토양환경보전법상의 오염방지조치를 행할 의무를 지게 될 가능성이 있으며, 경우에 따라서는 일정기간 토지사용이 제한될 수도 있다는 점에서 매도인이 하자담보책임을 지게 될 가능성이 있게 된다. 사안의 경우 역시 토양오염으로 인해 토양정밀조사를 의뢰하였고, 조사 결과 토양 오염이 발견되어 처리대상 지정폐기물의 위탁처리비용으로 15억원 정도에 달하는 것으로 확인되었다. 따라서 토양오염으로 인하여 매수인이 지게된 의무 및 예상되는 비용지출 등을 고려하면 하자담보책임이 인정될 것이다.

그런데 하자담보책임과 관련해서는 매수인이 그 사실을 안날로부터 6월내에 행사하여야 하는바(민법 제582조), 사안의 경우 丙공사는 B시의 토양정밀조사 명령을 받아 2013년경 토양정밀조사를 의뢰하여 그 조사 결과 X토지 전체가 광범위하게 오염되어 있었음을 확인한 사실이 인정되는바, 조사결과를 알게 된 날로부터 2015. 8. 현재 6월의 제척기간이 경과하였으므로 丙공사는 乙에게 하자담보책임을 물을 수 없다.

3. 불완전이행책임

매수자로 하여금 토양정화비용 상당의 손해를 입게 하였다면 매도인은 불완전이행으로서 채무불이행으로 인한 손해배상책임을 부담할 수 있다(민법 제390조). 한편 채무불이행으로 손해배상책임은 하자담보책임과 경합적으로 인정된다(대법원 2004. 7. 22. 선고 2002다51586 판결). 결국 丙공사는 乙에게 불완전이행책임을 물을 수 있을 것이다.

Ⅲ. 손해배상

丙공사는 甲(불법행위 손해배상청구) 및 乙(불완전이행 채무불이행 손해배상청구)을 상대로 위탁처리비용 및 농업기반공사에게 지급한 토양정밀조사비용 등의 지급을 구하는 손해배상청구소송을 할 수 있을 것이다.

Ⅳ. 구상권 행사

토양정화의 명령을 받은 정화책임자가 자신의 비용으로 토양정화를 한 경우에는 다른 정화책임자의 부담부분에 관하여 구상권을 행사할 수 있다(법 제10조의4 제4항). 따라서 丙공사는 정화책임자인 A사 및 甲의 승계인(소급효 제한 적용 주장이 인정되지 않는 경우), 乙 등을 상대로 위탁처리비용에 대하여 구상권을 행사할 수 있다.

Ⅴ. 국가의 정화비용지원

국가 및 지방자치단체는 다음의 어느 하나에 해당하는 경우에는 토양정화등을 하는 데 드는 비용의 전부 또는 일부를 대통령령으로 정하는 바에 따라 지원할 수 있다: ① 제1항 제1호 · 제2호 또는 제3호의 정화책임자가 토양정화등을 하는 데 드는 비용이 자신의 부담부분을 현저히 초과하거나 해당 토양오염관리대상시설의 소유 · 점유 또는 운영을 통하여 얻었거나 향후 얻을 수 있을 것으로 기대되는 이익을 현저히 초과하는 경우; ② 2001년 12월 31일 이전에 해당 토지를 양수하였거나 양도 또는 그 밖의 사유로 소유하지 아니하게 된 자가 제1항 제4호의 정화책임자로서 토양정화등을 하는 데 드는 비용이 해당 토지의 가액을 초과하는 경우; ③ 2002년 1월 1일 이후에 해당 토지를 양수한 자가 제1항 제4호의 정화책임자로서 토양정화등을 하는 데 드는 비용이 해당 토지의 가액 및 토지의 소유 또는 점유를 통하여 얻었거나 향후 얻을 수 있을 것으로 기대되는 이익을 현저히 초과하는 경우; ④ 그 밖에 토양정화등의 비용 지원이 필요한 경우로서 대통령령으로 정하는 경우(제10조의4 제5항).

사안에서 丙공사는 2010. 2월 경 乙로부터 X토지를 양수하였으므로 2002. 1. 1. 이후 양수하였고, X토지에 매립된 폐기물의 위탁처리비용이 15억원 정도에 이르는 것으로 확인되었으므로 토양정화 등을 하는 데 드는 비용이 해당토지의 가액 및 그 소유로 향후 얻을 수 있는 것으로 기대되는 이익을 현저히 초과한다고 볼 수 있으므로 국가에 정화비용지원을 청구할 수 있다(동항 제3호).

Ⅵ. 계약상 책임

丙공사는 2010. 2월 경, 乙로부터 X토지를 협의취득하면서, 취득 당시 토양환경평가는 하지 않았지만 문제가 되는 경우 乙이 책임지기로 약정하였다. 따라서 丙공사는 위 특약에 기하여 乙에게 책임을 추궁할 수 있다.

Ⅶ. 결　　론

丙공사는 甲의 승계인을 상대로 불법행위에 기한 손해배상책임을, 乙을 상대로 불완전이행으로 인한 손해배상책임 및 계약상 책임을 추궁할 수 있고, 甲의 승계인 및 A사를 상대로 구상권을 행사할 수 있으며, 국가에 정화비용지원을 청구할 수 있다.

참조판례

대법원 2011. 5. 26. 선고 2008도2907 판결(대한전선 사건)

※ 주의사항

1. 토양환경분쟁에서는 불법행위책임 외에도 하자담보책임이 종종 문제가 됨.
2. 망(亡)인이 있는 경우에는 상속인이 있다는 사실을 잊지 말 것.

88

정화책임과 공법상 구제

(2012년도 제1회 변호사시험)

사　　례

甲은 자신이 소유하는 토지 위에서 철물을 주조 · 가공하는 공장을 운영하면서 다량의 철강슬래그 등을 장기간에 걸쳐 매립하여 왔다. 그러나 불황으로 철강공장의 운영이 어려워진 甲은 폐업을 결정했고, 공장을 철거한 후 공장부지(이하 "이 사건 토지"라 한다)를 乙에게 매도하였다. 이 사건 토지를 인도받은 乙은 이 사건 토지에 업무용 빌딩을 건축하기로 하였다. 그런데 위 철강공장이 가동된 이후 질병으로 고생하는 인근 주민들이 유달리 많아졌음을 이상하게 생각한 인근 주민 丙은 관할 행정청 A시장에게 토양환경보전법상의 적절한 조치를 취해줄 것을 요구했다. 이에 A시장은 토양오염실태조사를 실시한 바, 그 결과 토양환경보전법 제2조 제2호 및 같은 법 시행규칙 제1조의2 [별표 1]에서 규정하는 토양오염물질인 구리, 비소, 수은 및 납이 같은 법 제4조의2 및 같은 법 시행규칙 제1조의5 [별표 3]에서 규정하는 토양오염우려기준을 초과하는 것으로 나타났다. 이에 A시장은 甲과 乙에 대하여 토양환경보전법상의 조치를 취할 것인지를 검토하고 있다.

문 1. A시장이 甲과 乙에 대하여 토양정밀조사의 실시 및 오염토양의 정화를 명할 수 있는지에 대하여 검토하시오.

문 2. 丙에게 'A시장이 乙에 대하여 토양정밀조사, 오염토양정화를 명할 것을 요구할 권리'가 있는지, 만일 있다면 丙이 행정소송이나 국가배상소송에서 이를 어떻게 실현할 수 있는지에 대하여 검토하시오.

문 3. 만일 A시장의 조치를 염려한 乙이 이 사건 토지로부터 오염토양을 분리하여 폐기물처리업허가를 받지 못한 공사업체에 이 분리된 오염토양을 폐기물로 처리하도록 위탁했다면, 乙을 폐기물관리법에 따라 처벌할 수 있는지를 검토하시오.

해 설

문 1. A시장이 甲과 乙에 대하여 토양정밀조사의 실시 및 오염토양의 정화를 명할 수 있는지에 대하여 검토하시오.

Ⅰ. 문제의 소재

토양환경보전법에 따르면 토양오염실태조사의 결과 우려기준을 넘는 경우 정화책임자에 대하여 토양정밀조사를 명할 수 있고(제15조 제1항), 오염토양의 정화를 명할 수 있는바(동조 제3항), 甲과 乙이 동법 제10조의4의 정화책임자의 범위에 해당하는지 여부가 문제가 된다.

Ⅱ. 정화책임자

1. 근거 규정

토양환경보전법은 '정화책임자'가 제11조 제3항, 제14조 제1항, 제15조 제1항 · 제3항 또는 제19조 제1항에 따라 토양정밀조사, 오염토양의 정화 또는 오염토양 개선사업의 실시(토양정화 등)를 하여야 한다면서 다음의 어느 하나에 해당하는 자를 정화책임자로 정하고 있다: ① 토양오염물질의 누출 · 유출 · 투기(投棄) · 방치 또는 그 밖의 행위로 토양오염을 발생시킨 자; ② 토양오염의 발생 당시 토양오염의 원인이 된 토양오염관리대상시설의 소유자 · 점유자 또는 운영자; ③ 합병 · 상속이나 그 밖의 사유로 제1호 및 제2호에 해당되는 자의 권리 · 의무를 포괄적으로 승계한 자; ④ 토양오염이 발생한 토지를 소유하고 있었거나 현재 소유 또는 점유하고 있는 자(제10조의4 제1항). 그러나 ④에 해당하는 토지의 소유자 · 점유자는 선의 · 무과실 등 일정한 경우에는 면책된다(동조 제2항).

2. 사안에의 적용

(1) 甲

甲은 이 사건 토지 위에서 철물을 주조, 가공하는 공장을 운영하면서 다량의 철강 슬래그 등을 장기간에 걸쳐 매립하여 왔으므로 토양환경보전법 제10조의4 제1항 제1호의 정화책임자이다. 또한 사안의 철강공장은 법 제2조 제3호의 토양오염관리대상시설(토양오염물질의 생산 · 운반 · 저장 · 취급 · 가공 또는 처리 등으로 토양을 오염시킬 우려가 있는 시설 · 장치 · 건물 · 구축물 및 그 밖에 환경부령으로 정하는 것)로 볼 수 있고, 甲은 토양오염의 발생 당시 토양오염의 원인이 된 이러한 토양오염관리대상시설을 소유 · 점유 또는 운영하고 있는 자로 볼 수 있어 甲은 법 제10조의4 제2호에 의해서도 정화책임을 진다.

(2) 乙

乙은 공장부지를 양수함으로써 현재 토양오염이 발생한 토지의 소유자인바 동법 제10조의4 제1항 제4호에 따른 정화책임자라고 할 수 있다. 한편, 현재 토양오염이 발생한 토지의 소유자임에도 토양오염이 발생한 토지를 양수할 당시 토양오염 사실에 대하여 선의이며 과실이 없는 경우에 해당할 경우 책임이 면책될 가능성이 있다(제10조의4 제2항 제3호). 사안의 경우 분명하지 않지만 乙은 甲이 장기간 철강공장을 운영한 사실을 알았고 그 부지를 양수하는 과정에서 토양오염이 있었을 것을 충분히 예상할 수 있었다고 보이므로 토지를 양수하는 과정에서 토양오염이 있었던 것을 몰랐던 점에 대해 적어도 과실은 있다고 할 수 있으므로 선의 · 무과실 면책주장은 받아들여질 수 없을 것이다.

Ⅲ. 결 론

甲, 乙은 토양환경보전법상 정화책임자이므로 A시장은 甲, 乙에 대해 토양정밀조사의 실시 및 오염토양의 정화를 명할 수 있을 것이다.

문 2. 丙에게 **'A시장이 乙에 대하여 토양정밀조사, 오염토양정화를 명할 것을 요구할 권리'가 있는지, 만일 있다면 丙이 행정소송이나 국가배상소송에서 이를 어떻게 실현할 수 있는지에 대하여 검토하시오.**

Ⅰ. 문제의 소재

A시장이 토양오염에 대해 특별한 조치를 취하지 않는 경우 주민 丙이 취할 수 있는 조치와 관련하여 특히 재량권이 0으로 수축되는 경우에 해당하는지 나아가 거부처분취소소송, 부작위위법확인소송, 국가배상청구소송 등이 가능한지 문제된다.

Ⅱ. 재량권 0으로의 수축이론

행정청이 토양환경보전법상 정화조치 명령 등의 조치를 취하지 않은 것이 위법한지가 문제된다. 동법상 정화조치 명령 등을 규정하고 있는 법조문들(제11조 제3항, 제14조 제1항, 제15조 제1항 · 제3항)은 "할 수 있다"라고 규정하여 행정청의 재량을 인정하고 있다. 재량권이 인정되는 경우에는 공무원에게 행정권 발동 여부를 결정할 재량이 있으므로 공무원의 작위의무를 바로 인정할 수 없고 따라서 공무원의 부작위가 그 자체로 위법이라 할 수 없다. 그러나 예외적인 상황에서는 재량이 수축, 소멸하여 행정의 자유가 의무로 되는 경우가 있을 수 있다는 것이 학설, 판례의 경향인데, 이러한 이론을 흔히 '재량권의 0으로의 수축이론'이라고 한다. 예외적인 상황으로는 ① 사람의 생명, 신체 및 재산 등에 중대하고 급박한 위험이 존재하고, ② 그러한 위험이 행정권의 발동에 의해 제거될 수 있는 것으로 판단되며, ③ 피해자의 개인적인 노력으로는 권익침해의 방지가 충분하게 이루어질 수 없다고 인정되는 경우 등이 들어지고 있다. 이에 더하여 결과의 예견가능성 · 회피가능성도 작위의무의 요소로 고려될 수 있다. 위와 같은 요건을 충족하여 공무원에게 작위의무가 발생하면 재량행위라 하더라도 부작위는 위법한 것이 된다.

사안의 경우 구리, 비소, 수은, 납 등 중금속으로 오염된 토양이 인근 주민들의 생명, 신체 등에 심각한 피해를 입을 것으로 우려되고 있어 피해 및 위험이 중대하고 급박하며, 개인의 노력으로는 이러한 피해 및 위험을 회피할 수 없다고 보이고, 관할 행정청의 조치로 이러한 피해를 막을 수 있다고 보이므로 재량권이 0으로 수축되는 경우라고 봄이 타당하다. 따라서 행정청의 작위의무가 인정되고 이러한 조치를 취하지 않은 관할 행정청의 행위는 위법한 것이 된다.

Ⅲ. 주민들이 취할 수 있는 조치

1. 거부처분취소소송

(1) 요 건

사안은 분명하지 않지만 A시 시장이 감독권을 발동할 수 없다고 거부한 경우 丙이 거부처분취소송을 제기할 수 있는지 문제된다. 거부행위가 처분성을 갖기 위한 요건으로는 ① 신청의 내용이 공권력의 행사일 것, ② 신청인에게 법령상 · 조리상 신청권이 있을 것, ③ 거부로 인하여 국민의 권리나 법적 이익에 직접 영향을 미치는 것일 것이 요구된다. 특히 주민 丙에게 감독권한의 발동을 요구할 수 있는 신청권이 인정되는지 여하가 거부처분성을 인정하는 관건이 될 것이다.

(2) 사안에의 적용

사안의 경우 분명하지 않지만 丙이 정화조치 명령 등 행정권의 발동이 이루어지지 않을 경우 자칫 주민들의 건강에 큰 위험을 초래할 가능성을 배제할 수 없는 점, 건강피해를 입을 위험이 높은 개인으로서는 행정권의 발동으로 그 위험이 해소될 수 있는데, 이를 거부하는 행위는 실질적으로 개인의 건강상 이익을 침해하는 결과에 이를 수 있는 점, A시 시장의 재량권은 0으로 수축하여 A시 시장에게는 작위의무가 인정된다는 점 등의 여러 사정을 입증하여 주민들에게 건강상 이익을 보호하기 위하여 행정권의 발동과 관련한 조리상의 신청권이 있다고 인정받는다면 거부처분취소의 소는 적법하게 될 것이다.

2. 부작위위법확인소송

(1) 의 의

행정소송법 제4조 제3호에 규정된 부작위위법확인의 소는 행정청이 당사자의 법규상 또는 조리상의 권리에 기한 신청에 대하여 상당한 기간 내에 처분을 하여야 할 법률상 응답의무가 있음에도 불구하고 이를 하지 아니하는 경우 부작위가 위법하다는 것을 확인함으로써 소극적 위법상태를 제거하는 것을 목적으로 한다.

(2) 소송요건

부작위위법확인소송의 대상은 '부작위'로서 이는 행정청이 당사자의 신청에 대하여 상당한 기간 내에 일정한 처분을 하여야 할 법률상 의무가 있음에도 불구하고 이를 하지 아니하는 것을 말한다(행정소송법 제2조 제1항 제2호).

결국 부작위위법확인소송이 인정되기 위해서는 ① 신청인에게 법규상 또는 조리상 신청권이 있을 것(판례), ② 행정청에 일정한 처분을 할 법률상 의무가 있을 것, ③ 상당한 기간이 경과하였을 것, ④ 행정청이 아무런 처분도 하지 않을 것이 요구된다.

(3) 사안에의 적용

사안에서 문제가 될 수 있는 것은 조리상의 신청권 및 작위의무가 있는지이다. 앞에서 본 바와 같이 재량권이 0으로 수축되는 경우 주민들은 행정청에 대해 그 행위발동을 요구할 조리상 신청권 및 작위의무가 있다고 볼 수 있을 것이다. 따라서 丙은 A시 시장의 정화조치 명령 등의 불행사에 대해 부작위위법확인소송을 제기할 수 있을 것이다.

3. 국가배상청구

(1) 작위의무의 존재

국가배상법 제2조는 국가 또는 지방자치단체로 하여금 공무원이 그 직무를 집행함에 당하여 고의 또는 과실로 법령에 위반하여 타인에게 손해를 가한 때 그 손해를 배상하도록 하고 있다. 이에 따르면 국가배상이 인정되기 위해서는 ① 공무원, ② 직무집행, ③ 고의 또는 과실, ④ 법령 위반이라는 요건을 충족되어야 한다. 사안의 경우 ① 내지

③ 요건은 쉽게 인정될 수 있을 것이다. 사안은 A시가 토양오염 상황을 방치하고 있으므로 A시가 작위의무를 위반한 것인지, 즉 위법성이 크게 다투어질 수 있다. 앞에서 본 바와 같이 감독권의 발동이 재량권 0으로 수축하는 경우라면 A시의 작위의무는 존재한다고 할 수 있다.

(2) 직무상 의무의 사익보호성

판례는 상당인과관계설의 입장에서 사익보호성을 요구한다. 즉, 공무원이 고의 또는 과실로 그에게 부과된 직무상 의무를 위반하였을 경우라고 하더라도 국가는 그러한 직무상의 의무 위반과 피해자가 입은 손해 사이에 상당인과관계가 인정되는 범위 내에서만 배상책임을 지는 것이고, 이 경우 상당인과관계가 인정되기 위하여는 공무원에게 부과된 직무상 의무의 내용이 단순히 공공 일반의 이익을 위한 것이거나 행정기관 내부의 질서를 규율하기 위한 것이 아니고 전적으로 또는 부수적으로 사회구성원 개인의 안전과 이익을 보호하기 위하여 설정된 것이어야 한다.

토양환경보전법상 행정청의 정화조치 명령(제15조 제3항) 등은 공공 일반의 이익뿐만 아니라 국민 개개인의 건강 및 쾌적한 환경에서 생활할 권리를 보호하고 있는 것으로 사익보호성은 인정된다 할 것이다.

(3) 사안에의 적용

앞에서 본 바와 같이 감독권의 발동이 재량권 0으로 수축하는 경우라면 A시의 작위의무는 존재한다고 할 수 있다. 또한 정화조치 명령 등의 사익보호성도 인정되기 때문에 추후 丙에게 손해가 발생한다면 丙은 A시를 상대로 국가배상청구를 제기할 수 있을 것이다.

Ⅳ. 결　　론

따라서 丙은 A시장에게 정화조치 등을 명할 것을 청구할 권리가 인정되며, 신청권이 인정되는 이상 甲시장의 부작위에 대해 거부처분취소소송, 부작위위법확인소송 등을 통해 다툴 수 있으며, 甲시장의 부작위에 의해 피해를 입은 경우 국가나 지방자치단체에 대해 국가배상청구도 가능할 것이다.

문 3. 만일 A시장의 조치를 염려한 乙이 이 사건 토지로부터 오염토양을 분리하여 폐기물처리업허가를 받지 못한 공사업체에 이 분리된 오염토양을 폐기물로 처리하도록 위탁했다면, 乙을 폐기물관리법에 따라 처벌할 수 있는지를 검토하시오.

Ⅰ. 문제의 소재

분리된 오염토양이 폐기물에 해당하는지, 乙을 폐기물관리법에 따라 처벌할 수 있는지 여하가 문제된다.

Ⅱ. 오염토양이 폐기물인지 여하

오염된 토양의 폐기물 여부와 관련하여 ① 오염된 토양 자체는 폐기물이 아니나, 오염된 토양을 파내어 처리하는 경우에는 폐기물에 해당한다는 견해, ② 원칙적으로 오염된 토양은 지하에 방치되어 있든 지상으로 옮겨졌든 폐기물로 보지 않되, 예외적으로 불법매립·투기된 폐기물로 인하여 직접 오염된 토양에 한하여 폐기물로 보아야 한다는 견해가 있다.

판례는 "토양은 폐기물 기타 오염물질에 의하여 오염될 수 있는 대상일 뿐 오염토양이라 하여 동산으로서 '물질'인 폐기물에 해당한다고 할 수 없고, 나아가 오염토양은 법령상 절차에 따른 정화 대상이 될 뿐 법령상 금지되거나 그와 배치되는 개념인 투기나 폐기 대상이 된다고 할 수 없다. 따라서 오염토양 자체의 규율에 관하여는 '사람의 생활이나 사업 활동에 필요하지 아니하게 된 물질'의 처리를 목적으로 하는 구 폐기물관리법에서 처리를 위한 별도의 근거 규정을 두고 있지 아니한 이상 구 폐기물관리법의 규정은 성질상 적용될 수 없고, 이는 오염토양이 구 폐기물관리법상의 폐기물이나 구성요소인 오염물질과 섞인 상태로 되어 있다거나 그 부분 오염토양이 정화작업 등의 목적으로 해당 부지에서 반출되어 동산인 '물질'의 상태를 일시 갖추게 되었더라도 마찬가지이다"고 판시하여 오염토양은 폐기물로 볼 수 없다는 입장이다(대법원 2011. 5. 26. 선고 2008도2907 판결).

Ⅲ. 결　　론

만약 오염토양을 폐기물로 볼 경우 폐기물관리법 제18조 제1항 및 같은 법 제65조에 따라 처벌할 수 있겠으나, 오염토양을 폐기물로 보지 않을 경우 乙을 폐기물관리법상 처벌할 수 없을 것이다.

89

환경분쟁조정과 소송의 관계 및 효력

(법전원협의회 2019년도 제1차 변호사시험 모의시험 · 2020년도 제2차 변호사시험 모의시험)*

사　례

甲주택조합(이하 "甲"이라 한다)은 A시 000동 000번지 일대 80,000㎡ 부지에 6개동 612세대 아파트 건축을 시작하였다. 乙은 아파트공사 현장에 인접한 단독주택에 거주하면서 문구점을 운영하고 있다. 해당 지역은 학교, 단독주택, 상가 등이 혼재되어 있고 토지이용계획상 제2종 일반주거지역이다. 乙의 주택은 甲의 아파트 건물의 북쪽 방향으로 약 30m 이격되어 있다.

乙은 甲 공사현장의 각종 건설 중장비의 사용으로 인한 진동이 집까지 전달되고, 공사장에서 발생한 먼지 때문에 창문을 열지 못하고 빨래를 밖에 널지 못해서 실내공기가 항상 탁하여 집에서 편히 쉴 수 없는 피해를 호소하고 있다.

甲의 공사장은 비산먼지 신고대상 사업장으로서 甲은 공사기간 중 「대기환경보전법」에 따라 방진대책으로 분진막을 설치하였고, 이동식 살수기 · 스프링클러 등을 설치 운영하였고 乙이 제기한 민원에 의해 A시 소속공무원이 甲의 공사장을 지도점검(소음 · 진동, 먼지)하였으나 행정처분은 없이 행정지도로 종결되었다.

乙이 전문기관에 의뢰하여 소음 및 진동의 정도를 측정한 결과, 장비로 인한 소음도는 최대 69dB(A), 진동도는 최대 58dB(V)로 나타났다. 甲의 아파트 건물골조완성이후 乙의 주택의 일조시간은 동짓날 기준 (11:36∽17:40)에서 (11:36∽14:23)으로 감소하였다.

문 1. 乙이 민사소송 이외에 甲을 상대로 취할 수 있는 법령상의 피해구제수단에는 무엇이 있는지 서술하고 소송과의 관계를 검토하시오.

※ 두 차례의 모의시험 문제를 변형해서 하나의 문제로 구성하였음.

문 2. 乙이 환경분쟁조정법상 지방재정위원회에 책임재정을 신청하거나 중앙재정위원회에 원인재정을 신청하여 재정결정을 받은 경우 그 효력에 관하여 논하시오.

참조조문

「소음진동관리법 시행규칙」 [별표 8]
생활소음 규제기준: 주거지역의 공사장 – 주간 65dB(A) 이하, 야간 50dB(A) 이하
생활진동 규제기준: 주거지역 – 주간 65dB(V) 이하, 야간 60dB(V) 이하

해 설

문 1. 乙이 민사소송 이외에 甲을 상대로 취할 수 있는 법령상의 피해구제수단에는 무엇이 있는지 서술하고 소송과의 관계를 검토하시오.

Ⅰ. 문제의 소재

사안과 같이 소음 · 진동으로 인한 피해는 민사소송의 대안으로서 환경분쟁조정대상이 되는바, 환경분쟁조정법상의 환경분쟁조정제도를 통한 분쟁해결을 위해서는 동제도의 유형(알선, 조정, 재정, 중재), 환경분쟁조정과 소송과의 관계 등에 대한 검토가 필요하다.

Ⅱ. 환경분쟁조정의 의의

환경오염피해를 둘러싼 분쟁을 신속하고 효과적으로 처리할 수 있는 소송외적 분쟁처리절차가 주목을 받고 있다. 소송 전 단계로써 행정기관이 지니고 있는 전문성과 과학적 지식을 활용하여 분쟁을 신속하게 해결하는 방법을 모색해 볼 수 있는데, 환경분쟁조정법상의 환경분쟁조정위원회라는 행정기관을 통한 환경분쟁조정방식이 그것이다.

환경분쟁조정제도는 행정기관의 전문성을 활용하면서도 사법기관에 의한 공평타당한 분쟁해결방식을 추구한다는 점에서 행정상 준사법절차로 이해할 수 있으며, 저렴한 비용과 유연성 있고 간단한 절차를 통한 신속한 분쟁해결, 피해사실 입증에 있어서의 기술적 · 경제적 부담 경감, 전문성과 과학적인 지식 · 정보의 충분한 활용, 직권주의를 활용한 증거수집의 용이 등의 장점을 갖는다.

Ⅲ. 환경분쟁조정의 유형

1. 알 선

알선은 알선위원이 당사자간의 분쟁이 자주적으로 해결되도록 교섭장소의 제공, 자료의 제시 및 쟁점의 정리 등 교섭을 지원하고 촉진함으로써 화해를 유도하여 합의가 원활하게 진행되도록 중개하는 절차를 말한다. 알선은 당사자의 자주성을 존중하고 당사자간의 자주적 해결을 원조함으로써, 분쟁해결을 도모하는 것이므로 본격적인 증거조사는 이루어지지 않는다.

2. 조 정

조정은 제3자인 조정위원회가 특정한 분쟁사건에 관하여 양 당사자의 주장을 들어보고 쟁점이 되는 사실을 조사하여 상당한 이유가 있다고 인정되는 경우에는 조정안을 작성하여 당사자간에 일정 기간을 정하여 수락을 권고함으로써 분쟁을 해결하는 절차이다. 조정은 앞서 살펴본 알선과 달리 사실조사가 이루어진다. 즉 조정위원회는 분쟁의 조정을 위하여 필요하다고 인정할 때에는 조정위원회의 위원 또는 심사관으로 하여금 당사자가 점유하고 있는 공장, 사업장 또는 그 밖에 사건과 관련이 있는 장소에 출입하여 관계 문서 또는 물건을 조사·열람 또는 복사하도록 하거나 참고인의 진술을 들을 수 있도록 할 수 있다(제32조 제1항).

3. 재 정

재정은 제3자인 재정위원회가 서로 대립하는 당사자간의 분쟁에 대하여 사실조사 및 심문 등의 절차를 거쳐 법률적인 판단(재정결정)으로 분쟁을 해결하는 준사법적 쟁송절차이다. 재정에는 ① 환경피해를 발생시키는 행위와 환경피해 사이의 인과관계 존재여부를 결정하는 재정(원인재정), ② 환경피해에 대한 분쟁 당사자 간의 손해배상 등의 책임의 존재와 그 범위 등을 결정하는 재정(책임재정)이 있다(제35조의3). 동법은 재정위원회로 하여금 분쟁의 재정을 위하여 필요하다고 인정할 때에는 당사자의 신청에 의하여 또는 직권으로 당사자 또는 참고인에 대한 출석 요구·질문 및 진술 청취, 감정인의 출석 및 감정의 요구, 사건과 관계있는 문서 또는 물건의 열람·복사·제출 요구 및 유치, 사건과 관계있는 장소의 출입·조사 등의 행위를 할 수 있도록 함으로써 사실조사 등에 직권주의를 가미하고 있다(제38조 제1항). 대심구조와 당사자의 구술변론권이 보장된 준사법적 절차라는 점에서 알선 및 조정과는 구별된다.

4. 중 재

중재는 분쟁의 당사자 쌍방이 법원에서의 재판을 받을 권리를 포기하고, 분쟁의 해결을 중재위원회에 맡기고 그 판단에 따르겠다는 약속(중재합의)을 함으로써 중재위원회에서 내리는 판정에 의해 분쟁을 최종적으로 해결하는 절차이다. 당사자 사이에 중재합의가 반드시 필요하다는 점, 분쟁을 강행적으로 해결한다는 점에서 당사자 사이의 합의로 이루어지는 임의성이 강한 조정, 재정 등과 구별된다.

중재위원회의 심문, 조사권, 증거보전, 중재의 방식 및 원상회복 등에 관하여는 제37조부터 제41조까지의 규정을 준용한다(제45조의3). 즉 당사자간 중재합의를 근거로, 당사자 일방 또는 쌍방으로부터 신청이 있는 경우 중재위원회는 당사자 및 참고인, 감정인을 심문하는 등으로 다툼의 원인이 되는 사실관계를 탐지하고 중재판정을 한다. 한편, 중재와 관련된 절차에 관하여는 이 법에 특별한 규정이 있는 경우를 제외하고는 중재법을 준용한다(제45조의4 제2항).

Ⅳ. 환경분쟁조정과 소송의 관계

1. 조정의 종결과 소송

환경분쟁조정위원회는 조정이 종결되었을 때에는 그 사실을 당사자에게 통지하여야 하는데, 통지를 받은 당사자가 통지를 받은 날부터 30일 이내에 소송을 제기한 경우 시효의 중단 및 제소기간의 계산에 있어서는 조정의 신청을 재판상의 청구로 본다(제35조 제5항).

2. 재정의 효력

재정위원회가 책임재정을 한 경우에 재정문서의 정본이 당사자에게 송달된 날부터 60일 이내에 당사자 양쪽 또는 어느 한쪽으로부터 그 재정의 대상인 환경피해를 원인으로 하는 소송이 제기되지 아니하거나 그 소송이 철회된 경우 또는 제1항에 따른 신청이 되지 아니한 경우에는 그 재정문서는 재판상 화해와 동일한 효력이 있다

3. 시효의 중단 등

당사자가 책임재정에 불복하여 소송을 제기한 경우 시효의 중단 및 제소기간의 계산에 있어서는 책임재정의 신청을 재판상의 청구로 본다(제44조).

4. 재정과 소송절차의 중지

재정이 신청된 사건에 대한 소송이 진행 중일 때에는 수소법원(受訴法院)은 재정이 있을 때까지 소송절차를 중지할 수 있다(제45조 제1항). 재정위원회는 소송절차의 중지가 없는 경우에는 해당 사건의 재정절차를 중지하여야 한다(동조 제2항). 재정위원회는 재정이 신청된 사건과 같은 원인으로 다수인이 관련되는 같은 종류의 사건 또는 유사한 사건에 대한 소송이 진행 중인 경우에는 결정으로 재정절차를 중지할 수 있다(동조 제3항). 환경분쟁에 대한 소송과 관련하여 수소법원은 분쟁의 인과관계 여부를 판단하기 위하여 필요한 경우에는 중앙조정위원회에 원인재정을 촉탁할 수 있다. 이 경우 당사자의 조정 신청이 있는 것으로 본다(동조 제4항).

문 2. 乙이 환경분쟁조정법상 지방재정위원회에 책임재정을 신청하거나 중앙재정위원회에 원인재정을 신청하여 재정결정을 받은 경우 그 효력에 관하여 논하시오.

Ⅰ. 문제의 소재

환경분쟁조정법상 재정의 종류(원인재정과 책임재정)와 효력 등에 대한 검토가 필요하다.

Ⅱ. 환경분쟁조정법상 재정

1. 재정의 의의

환경분쟁조정법 제4절 제35조의3 이하에 규정된 재정은 제3자인 재정위원회가 서로 대립하는 당사자 간의 분쟁에 대하여 사실조사 및 심문 등의 절차를 거쳐 법률적인 판단(재정결정)으로 분쟁을 해결하는 준사법적 쟁송절차이다.

2. 종류(원인재정과 책임재정)

재정에는 ① 환경피해를 발생시키는 행위와 환경피해 사이의 인과관계 존재 여부를 결정하는 재정(원인재정), ② 환경피해에 대한 분쟁 당사자 간의 손해배상 등의 책임의 존재와 그 범위 등을 결정하는 재정(책임재정)이 있다(제35조의3).

Ⅲ. 재정결정의 효력

1. 지방재정위원회의 책임재정

지방조정위원회의 재정위원회가 한 책임재정에 불복하는 당사자는 재정문서의 정본이 당사자에게 송달된 날부터 60일 이내에 중앙조정위원회에 책임재정을 신청할 수 있다(제42조 제1항). 재정위원회가 책임재정을 한 경우에 재정문서의 정본이 당사자에게 송달된 날부터 60일 이내에 당사자 양쪽 또는 어느 한쪽으로부터 그 재정의 대상인 환경피해를 원인으로 하는 소송이 제기되지 아니하거나 그 소송이 철회된 경우 또는 지방조정위원회의 재정위원회가 한 책임재정에 대하여 중앙조정위원회에 불복 신청이 되지 아니한 경우에는 그 재정문서는 '재판상 화해'와 동일한 효력이 있다. 다만, 당사자가 임의로 처분할 수 없는 사항에 관한 것은 그러하지 아니하다(동조 제3항).

당사자가 책임재정에 불복하여 소송을 제기한 경우 시효의 중단 및 제소기간의 계산에 있어서는 책임재정의 신청을 재판상의 청구로 본다(제44조). 재정이 신청된 사건에 대한 소송이 진행 중일 때에는 수소법원은 재정이 있을 때까지 소송절차를 중지할 수 있으며, 재정위원회는 소송절차의 중지가 없는 경우에는 해당 사건의 재정절차를 중지하여야 한다(제45조 제1항 · 제2항). 환경분쟁에 대한 소송과 관련하여 수소법원은 분쟁의 인과관계 여부를 판단하기 위하여 필요한 경우에는 중앙조정위원회에 원인재정을 촉탁할 수 있다(제45조 제4항).

2. 중앙재정위원회의 원인재정

원인재정을 하여 재정문서의 정본을 송달받은 당사자는 알선, 조정, 책임재정 및 중재를 신청할 수 있다(제42조 제2항). 재정이 신청된 사건에 대한 소송이 진행 중일 때에는 수소법원(受訴法院)은 재정이 있을 때까지 소송절차를 중지할 수 있는데, 재정위원회는 소송절차의 중지가 없는 경우에는 해당 사건의 재정절차를 중지하여야 한다. 다만, 원인재정을 하는 경우는 제외된다(제45조 제2항 단서).

부록 1

환경구제 체계도

환경구제 수단

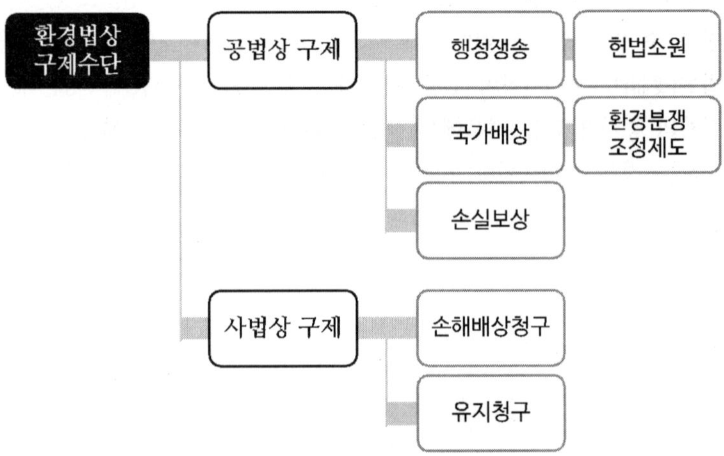

행정쟁송 수단

- 행정쟁송
  - 행정소송
    - 취소소송
      1) 처분성
      2) 원고적격
         - 처분의 근거법규
         - 개별적·직접적·구체적 이익
      3) 위법성
         - 재량권 0으로의 수축
    - 무효등확인소송
      - 중대·명백
    - 부작위위법 확인소송
      - 법규상·조리상 신청권
      - 부작위
    - 집행정지
      1) 부정지원칙
      2) 요건
         - 회복하기 어려운 손해
         - 긴급한 필요
  - 행정심판

국가배상

- 국가배상
  - 국가배상법 제2조
    - 공무원 불법행위로 인한 손해배상
      1) 작위의무
      2) 직무상 의무의 사익보호성
  - 국가배상법 제5조
    - 영조물 설치·관리상 하자로 인한 손해배상
      1) 하자(영조물의 설치 및 관리에 불완전한 점, 통상 갖추어야 할 객관적 안전성을 갖추지 못한 상태)
      2) 기능적 하자
         - 수인한도론

손해배상

불법행위 손해배상청구

고의 · 과실	예견가능설(일반, 보통인의 주의): 민법 제750조 환경정책기본법 제44조: 무과실책임(구체적 효력 있음)
위법성	수인한도론-공법적 규제(환경기준)의 위반 여부, 피해의 정도, 피해이익 성질, 사회적 평가, 가해건물의 용도, 지역성, 토지이용 선후, 피해방지 및 회피가능성 등
인과관계	개연성이론: 3단계(배출, 도달, 피해발생)→인과관계추정?/배출에 원인물질의 부존재, 안전농도내, 다른 원인에 의한 것임을 피고가 반증해야 역학적 인과관계: 사람에게만 적용/비특이성 질환의 경우 한계 자연력의 기여
손해	재산적 손해: 적극적 손해와 소극적 손해 정신적 손해: 위자료 위험에의 접근이론-위험으로 인한 피해를 용인하였다고 볼 수 없는 경우 감액
청구권자	생활이익 침해자 예) 일조침해 시 소유자, 지상권자, 전세권자, 임차인은 청구가능하나 일시 이용하는 사람은 불가
소멸시효	손해를 안 날 3년: 손해의 발생사실뿐 아니라 그 행위가 불법행위라는 것까지 알아야 불법행위를 한 날 10년: 가해자의 위법행위로 인한 손해의 발생이 현실화되어 그 손해가 발생하는 것이 확정적으로 된 날

유지청구

법적근거	물권적청구권설(판례) 환경권설
요건	금전적 평가가 곤란 피해가 계속적
위법성 2단계설	손해배상청구에서의 수인한도 기준보다 더욱 엄격
추상적 유지청구	"50dB을 초과하는 소음을 도달하게 하여서는 아니 된다."

부록 2

환경법 판례

1. 낙동강 물 사건: 대법원 2001. 10. 23. 선고 99다36280 판결

일반적으로 국가 또는 지방자치단체(아래에서는 '국가 등'이라고 한다)가 권한을 행사할 때에는 국민에 대한 손해를 방지하여야 하고, 국민의 안전을 배려하여야 하며, 국가 등의 소속 공무원이 전적으로 또는 부수적으로라도 국민 개개인의 안전과 이익을 보호하기 위하여 법령에서 정한 직무상의 의무에 위반하여 국민에게 손해를 가하면 상당인과관계가 인정되는 범위 안에서 국가 등이 배상책임을 부담한다. 그러나 공무원이 직무를 수행하면서 그 근거되는 법령의 규정에 따라 구체적으로 의무를 부여받았어도 그것이 국민의 이익과는 관계없이 순전히 행정기관 내부의 질서를 유지하기 위한 것이거나, 또는 국민의 이익과 관련된 것이라도 직접 국민 개개인의 이익을 위한 것이 아니라 전체적으로 공공 일반의 이익을 도모하기 위한 것이라면 그 의무에 위반하여 국민에게 손해를 가하여도 국가 등은 배상책임을 부담하지 아니한다(대법원 1993. 2. 12. 선고 91다43466 판결, 1998. 5. 8. 선고 97다36613 판결, 2000. 6. 9. 선고 98다55949 판결 등 참조).

이 사건에서 원고들은, 헌법 제10조, 제35조, 환경정책기본법, 수질환경보전법, 수도법과 그 시행령 등의 관련 규정에 따라 피고들은 상수원으로 사용되는 하천수를 환경정책기본법시행령 제2조 [별표 1]에서 정한 상수원수 3급 이상의 수질이 유지되게 하여 그 기준에 미달한 상수원수로 생산한 수돗물이 공급되지 아니하도록 하고, 또한 수돗물 공급자인 피고 부산광역시는 상수원수 2급에 미달하는 상수원수를 취수하여 수돗물을 생산할 경우에는 고도의 정수처리를 하여야 함에도 불구하고, 피고들이 이러한 의무에 위반하여 수질기준에 미달하는 낙동강 하천수를 취수하여 수돗물을 생산·공급하거나, 상수원수 2급에 미달하는 하천수를 일반적 정수처리 후 수돗물을 생산·공급함으로써, 이를 마신 원고들이 정신적 고통을 입었으므로, 피고들은 불법행위책임을 부담하여야 한다고 주장한다.

그런데 상수원수의 수질을 환경기준에 따라 유지하도록 규정하고 있는 관련 법령의 취지·목적·내용과 그 법령에 따라 국가 등이 부담하는 의무의 성질 등을 고려할 때, 피고들에게 일정한 기준에 따라 상수원수의 수질을 유지하여야 할 의무를 부과하고 있는 법령의 규정은 국민들에게 양질의 수돗물이 공급되게 함으로써 국민 일반의 건강을 보호하여 공공 일반의 전체적인 이익을 도모하기 위한 것이지, 국민 개개인의 안전과 이익을 직접적으로 보호하기 위한 규정이 아니다. 따라서 원고들에게 공급된 수돗물의 상수원의 수질이 수질기준에 미달한 경우가 있고, 이로 말미암아 원고들이 법령에 정하여진 수질기준에 미달한 상수원수로 생산된 수돗물을 마심으로써 건강상의 위해 발생에 대한 염려 등에 따른 정신적 고통을 받았다고 하더라도, 이러한 사정만으로는 피고들이 원고들에게 손해배상책임을 부담하지 아니한다.

또한, 상수원수 2급에 미달하는 상수원수는 고도의 정수처리 후 사용하여야 한다는 환경정책기본법령상의 의무 역시 위에서 본 수질기준 유지의무와 같은 성질의 것이므로, 피고 부산광역시가 상수원수의 수질기준에 미달하는 낙동강 하천수를 취수하거나 상수원수 3급 이하의 하천수를 취수하여 고도의 정수처리가 아닌 일반적 정수처리 후 수돗물을 생산·공급하였다고 하더라도, 그렇게 공급된 수돗물이 음용수 기준에 적합하고 몸에 해로운 물질이 포함되어 있지 아니한 이상, 피고 부산광역시의 위와 같은 수돗물 생산·공급행위가 원고들에 대한 불법행위가 되지 아니한다.

2. 도로소음과 '참을 한도': 대법원 2015. 9. 24. 선고 2011다91784 판결

공법상 기준으로서 환경정책기본법의 환경기준은 국민의 건강을 보호하고 쾌적한 환경을 조성하기 위하여 유지되는 것이 바람직한 기준, 즉 환경행정에서 정책목표로 설정된 기준인 점, 위 환경기준은 도로법이나 도로교통법에 규정된 도로의 종류와 등급, 차로의 수, 도로와 주거의 선후관계를 고려하지 아니한 채 오로지 적용 대상지역에 따라 일정한 기준을 정하고 있을 뿐이어서 모든 상황의 도로에 구체적인 규제의 기준으로 적용될 수 있는 것으로 보기 어려운 점, 2층 이상의 건물에 미치는 도로교통소음이 환경정책기본법의 환경기준을 준수하였는지는 소음·진동공정시험기준(환경부고시 제2010-142호)에 규정된 측정방법에 따라 소음피해지점에서 소음원 방향으로 창문·출입문 또는 건물벽 밖의 0.5~1m 떨어진 지점에서 측정된 실외소음에 의해 판정하도록 되어 있으나, 공동주택에 거주하는 사람들에 대하여는 일상생활이 실제 이루어지는 실내에서 측정된 소음도에 따라 '참을 한도' 초과 여부를 판단함이 타당한 점 등을 고려하면, 도로변 지역의 소음에 관한 환경정책기본법의 소음환경기준을 초과하는 도로소음이 있다고 하여 바로 민사상 '참을 한도'를 넘는 위법한 침해행위가 있다고 단정할 수 없다.

이른바 도로소음으로 인한 생활방해를 원인으로 제기된 사건에서 공동주택에 거주하는 사람들이 참을 한도를 넘는 생활방해를 받고 있는지는 특별한 사정이 없는 한 일상생활이 실제 주로 이루어지는 장소인 거실에서 도로 등 소음원에 면한 방향의 모든 창호를 개방한 상태로 측정한 소음도가 환경정책기본법상 소음환경기준 등을 초과하는지에 따라 판단하는 것이 타당하다.

3. 환경정책기본법 제44조 제1항의 구체적 효력: 대법원 2017. 2. 15. 선고 2015다23321 판결

이 사건 소음 · 진동이 1차적으로는 열차로부터 발생하지만, 열차의 운행에는 철로가 필수적이고 소음과 진동이 철로를 통해서 생긴다. 이 사건 철로를 통한 열차 운행으로 소음 · 진동이 생긴 경우에 피고 공단과 피고 공사는 구 환경정책기본법 제31조 1항의 사업자와 환경정책기본법 제44조 제1항에서 정한 오염원인자에 해당하여 그 손해를 배상할 책임이 있다.

4. 환경정책기본법 제44조와 원인자: 대법원 2018. 9. 13. 선고 2016다35802 판결

환경정책기본법 제44조 제1항은 민법의 불법행위 규정에 대한 특별 규정으로서(대법원 2008. 9. 11. 선고 2006다50338 판결 등 참조), 환경오염 또는 환경훼손의 피해자가 그 원인을 발생시킨 자(이하 '원인자'라 한다)에게 손해배상을 청구할 수 있는 근거규정이다. 위에서 본 규정 내용과 체계에 비추어 보면, 환경오염 또는 환경훼손으로 인한 책임이 인정되는 경우는 사업장에서 발생되는 것에 한정되지 않고, 원인자는 사업자인지와 관계없이 그로 인한 피해에 대하여 환경정책기본법 제44조 제1항에 따라 귀책사유를 묻지 않고 배상할 의무가 있다(대법원 2017. 2. 15. 선고 2015다23321 판결 등 참조).

방사능에 오염된 고철은 원자력안전법 등의 법령에 따라 처리되어야 하고 유통되어서는 안 된다. 사업활동 등을 하던 중 고철을 방사능에 오염시킨 자는 원인자로서 관련 법령에 따라 고철을 처리함으로써 오염된 환경을 회복 · 복원할 책임을 진다. 이러한 조치를 취하지 않고 방사능에 오염된 고철을 타인에게 매도하는 등으로 유통시킴으로써 거래 상대방이나 전전 취득한 자가 방사능오염으로 피해를 입게 되면 그 원인자는 방사능오염 사실을 모르고 유통시켰더라도 환경정책기본법 제44조 제1항에 따라 피해자에게 피해를 배상할 의무가 있다.

5. 환경정책기본법상 무과실책임 규정과 석명의무: 대법원 2008. 9. 11. 선고 2006다50338 판결

환경정책기본법 제31조 제1항은 불법행위에 관한 민법 규정의 특별 규정이라고 할 것이므로 환경오염으로 인하여 손해를 입은 자가 <u>환경정책기본법에 의하여 손해배상을 주장하지 않았다고 하더라도 법원은 민법에 우선하여 환경정책기본법을 적용하여야 하지만</u>, 이 사건 원심 변론종결 당시까지 당사자 사이에는 건축주인 피고 1 주식회사가 위 지하 터파기 및 흙막이 공사의 도급 또는 지시에 관하여 중대한 과실이 있거나, 원심공동피고 주식회사를 구체적으로 지휘 · 감독함에 따른 사용자 책임이 있는지 여부에 대하여만 다투어졌을 뿐, 피고 1 주식회사가 환경정책기본법 제31조 제1항에 의한 책임을 지는지 여부에 대하여는 당사자 사이에 전혀 쟁점이 된 바가 없었고 원심도 그에 대하여 피고 1 주식회사에 의견진술의 기회를 주거나 석명권을 행사한 바 없음을 알 수 있다.

그럼에도, 원심이 피고 1 주식회사에 대하여 환경정책기본법 제31조 제1항에 의한 손해배상책임을 인정한 것은 당사자가 전혀 예상하지 못한 법률적인 관점에 기한 예상 외의 재판으로서 당사자에게 불의의 타격을 가하였을 뿐 아니라 석명의무를 다하지 아니하여 심리를 제대로 하지 아니한 것이라 할 것이고, 이러한 위법은 판결 결과에 영향을 미쳤음이 분명하다.

6. 연접개발과 총량적 · 누적적 영향평가: 대법원 2006. 12. 22. 선고 2006두14001 판결

사전환경성검토 대상면적 미만으로 이미 허가를 받은 개발사업지역과 연접한 지역에 추가로 개발사업을 하고자 하는 경우(연접개발)의 사전환경성검토협의 대상사업 해당 여부와 관련하여 기존 개발사업과 추가 개발사업 사이에 그 사업주체나 사업시기가 동일한 경우에만 협의 대상사업에 해당한다고 볼 수 있는지에 관하여 살펴보면, 법문의 문리적 해석상 반드시 동일 사업자가 추가로 허가를 받아 개발하는 경우에 한정하여 적용된다고 해석할 근거가 없는 점, '사전환경성검토협의' 제도는 '환경기준의 적정성 유지' 및 '자연환경의 보전' 등을 위하여 환경에 영향을 미치는 행정계획 및 개발사업을 그 대상으로 하고 있는 점, 연접개발의 경우를 규정한 (환경정책기본법 시행령 제7조 제1항, 별표 2 '사전환경성검토협의대상 및 협의시기'의) 비고 제7항은 소규모 개발사업의 누적적 환경영향의 발생에 대비한 사전 검토, 즉 개별 단위사업이 사전환경성검토협의 대상사업이 아니라 하더라도 각 사업이 한 곳에 집중하게 되면 총량적 · 누적적으로 그 지역의 환경용량을 초과하여 환경에 악영향을 초래할 우려가 있다면 이를 사전에 검토하여 그 불합리를 방지하고자 함에 그 취지가 있는 것으로 보이므로, 사업주체가 동일인인 경우에 한정하여 이를 적용한다면 그 규범적 실효성이 크게 떨어질 것으로 예상되는 점 등의 각 사정에 비추어 볼 때, 위 연접개발에 관하여 규정한 비고 제7항은 사업주체가 동일한 경우는 물론 <u>사업주체나 사업시기를 달리하는 경우에도</u> 그 적용이 있다고 해석함이 상당하다(대법원 1999. 12. 10. 선고 87두2881 판결, 대법원 2005. 10. 27. 선고 2005두7600 판결, 대법원 2006. 11. 23. 선고 2006두13954 판결 등 참조).

7. 의견수렴(공청회): 대법원 2009. 4. 23. 선고 2007두13159 판결

구 환경영향평가법 시행령 제9조 제4항은 "공청회가 사업자가 책임질 수 없는 사유로 2회에 걸쳐 개최되지 못하거나 개최는 되었으나 정상적으로 진행되지 못한 경우에는 공청회를 생략할 수 있다. 이 경우 사업자는 공청회를 생략하게 된 사유와 공청회시 의견을 제출하고자 한 자의 의견제출의 시기 및 방법 등에 관한 사항을 제2항의 규정을 준용하여 공고하고, 다른 방법으로 주민의 의견을 듣도록 노력하여야 한다"고 규정하고 있다.

위 규정은 천재지변이나 사업을 반대하는 세력에 의한 공청회의 개최 또는 진행 방해 등 사업자가 책임질 수 없는 사유로 인해 공청회를 개최 또는 진행하는 것이 불가능할 경우에는 공청회를 생략하고, 다른 방법으로 주민의 의견을 들을 수 있도록 하는 데 그 취지가 있다. 그러므로 1회의 공청회가 개최 또는 정상 진행되지 못한 경우에도 공청회가 개최 또는 진행되지 못한 사유 등에 비추어 차후의 공청회 역시 개최 또는 정상 진행되지 못할 것이 확실한 경우에는 위 규정의 취지에 비추어 반드시 2회 공청회를 개최할 필요는 없다.

8. 사전공사 시행과 처분의 효력: 대법원 2014. 3. 13. 선고 2012두1006 판결

환경영향평가법 제16조 제1항, 제28조 제1항 본문, 제3항, 제51조 제1호 및 제52조 제2항 제2호의 내용, 형식 및 체계에 비추어 보면, 환경영향평가법 제28조 제1항 본문이 환경영향평가절차가 완료되기 전에 공사시행을 금지하고, 제51조 제1호 및 제52조 제2항 제2호가 그 위반행위에 대하여 형사처벌을 하도록 한 것은 환경영향평가의 결과에 따라 사업계획 등에 대한 승인 여부를 결정하고, 그러한 사업계획 등에 따라 공사를 시행하도록 하여 당해 사업으로 인한 해로운 환경영향을 피하거나 줄이고자 하는 환경영향평가제도의 목적을 달성하기 위한 데에 입법 취지가 있다. 따라서 사업자가 이러한 사전 공사시행 금지규정을 위반하였다고 하여 승인기관의 장이 한 사업계획 등에 대한 승인 등의 처분이 위법하게 된다고는 볼 수 없다.

9. 새만금 사건: 대법원 2006. 3. 16. 선고 2006두330 전원합의체 판결

공유수면매립면허처분과 농지개량사업시행인가처분의 근거 법규 또는 관련 법규가 되는 구 공유수면매립법(1997. 4. 10. 개정 전), 구 농촌근대화촉진법(1994. 12. 22. 개정 전), 구 환경보전법(1990. 8. 1. 폐지 전), 구 환경보전법 시행령(1991. 2. 2. 폐지 전), 구 환경정책기본법(1993. 6. 11. 개정 전), 구 환경정책기본법 시행령(1992. 8. 22. 개정 전)의 각 관련 규정의 취지는, 공유수면매립과 농지개량사업시행으로 인하여 직접적이고 중대한 환경피해를 입으리라고 예상되는 환경영향평가 대상지역 안의 주민들이 전과 비교하여 수인한도를 넘는 환경침해를 받지 아니하고 쾌적한 환경에서 생활할 수 있는 개별적 이익까지도 이를 보호하려는 데에 있다고 할 것이므로, 위 주민들이 공유수면매립면허처분 등과 관련하여 갖고 있는 위와 같은 환경상의 이익은 주민 개개인에 대하여 개별적으로 보호되는 직접적·구체적 이익으로서 그들에 대하여는 특단의 사정이 없는 한 환경상의 이익에 대한 침해 또는 침해우려가 있는 것으로 사실상 추정되어 공유수면매립면허처분 등의 무효확인을 구할 원고적격이 인정된다고 할 것이다.

한편, 환경영향평가 대상지역 밖의 주민이라 할지라도 공유수면매립면허처분 등으로 인하여 그 처분 전과 비교하여 수인한도를 넘는 환경피해를 받거나 받을 우려가 있는 경우에는, 공유수면매립면허처분 등으로 인하여 환경상 이익에 대한 침해 또는 침해우려가 있다는 것을 입증함으로써 그 처분 등의 무효확인을 구할 원고적격을 인정받을 수 있다고 할 것이다.

10. 제주 풍력발전소 사건: 대법원 2009. 9. 24. 선고 2009두2825 판결

환경상 이익에 대한 침해 또는 침해 우려가 있는 것으로 사실상 추정되어 원고적격이 인정되는 사람에는 환경상 침해를 받으리라고 예상되는 영향권 내의 주민들을 비롯하여 그 영향권 내에서 농작물을 경작하는 등 현실적으로 환경상 이익을 향유하는 사람도 포함된다. 그러나 단지 그 영향권 내의 건물·토지를 소유하거나 환경상 이익을 일시적으로 향유하는 데 그치는 사람은 포함되지 않는다.

11. 사전환경성검토대상지역과 원고적격: 대법원 2006. 12. 22. 선고 2006두14001 판결

기록에 의하면 원고들이 거주하는 ○○아파트의 부지와 이 사건 각 임야의 경계를 기준으로 가장 가까운 거리는 71m에 불과하고, 실제 공장시설과 가장 근접한 ○○아파트 제104동의 각 직선거리 및 사거리 역시 최소 144m 내지 최대 301m에 불과한 사실 또한 알 수 있으므로, 비록 피고 주장의 반대 사정, 즉 각 공장 부지에서 ○○아파트가 육안으로 보이지 아니하는 점, 공장 부지가 아파트 바로 위쪽이 아닌 다른 능선 쪽에 위치하고 있는 점, 피고 시내에 참가인들의 공장과 같은 동종업체가 다수 있는 점 등의 사정을 참작한다 하더라도, 위와 같은 지형적 사실에 앞에서 살핀 참가인들의 각공장 업종, 그리고 최근 이루어지고 있는 사전환경성검토협의 대상지역의 통상적 범위 등의 사정을 더하여 보면, 원고들이 거주하는 ○○아파트는 사전환경성검토협의 대상지역 내에 포함될 개연성이 충분하다고 할 것이다.

그렇다면, 위 사전환경성검토협의 대상지역 내에 포함될 개연성이 충분하다고 보이는 주민들인 원고들에 대하여는 그 환경상 이익에 대한 침해 또는 침해 우려가 있는 것으로 추정할 수 있고 이는 법률상 보호되는 이익에 해당한다고 해석함이 상당하다.

12. 정비창 사건: 대법원 2001. 6. 29. 선고 99두9902 판결

구 환경영향평가법(1997. 3. 7. 개정 전) 제4조에서 환경영향평가를 실시하여야 할 사업을 정하고, 그 제16조 내지 제19조에서 대상사업에 대하여 반드시 환경영향평가를 거치도록 한 취지 등에 비추어 보면, 같은 법에서 정한 환경영향평가를 거쳐야 할 대상사업에 대하여 그러한 환경영향평가를 거치지 아니하였음에도 승인 등 처분을 하였다면 그 처분은 위법하다 할 것이나, 그러한 절차를 거쳤다면, 비록 그 환경영향평가의 내용이 다소 부실하다 하더라도, 그 부실의 정도가 환경영향평가제도를 둔 입법 취지를 달성할 수 없을 정도이어서 환경영향평가를 하지 아니한 것과 다를 바 없는 정도의 것이 아닌 이상 그 부실은 당해 승인 등 처분에 재량권 일탈·남용의 위법이 있는지 여부를 판단하는 하나의 요소로 됨에 그칠 뿐, 그 부실로 인하여 당연히 당해 승인 등 처분이 위법하게 되는 것이 아니다.

13. 생태·자연도 등급변경과 원고적격: 대법원 2014. 2. 21. 선고 2011다29052 판결

생태·자연도의 작성 및 등급변경의 근거가 되는 구 자연환경보전법(2011. 7. 28. 개정 전) 제34조 제1항 및 그 시행령 제27조 제1, 2항에 의하면, 생태·자연도는 토지이용 및 개발계획의 수립이나 시행에 활용하여 자연환경을 체계적으로 보전·관리하기 위한 것일 뿐,

1등급 권역의 인근 주민들이 가지는 생활상 이익을 직접적이고 구체적으로 보호하기 위한 것이 아님이 명백하고, 1등급 권역의 인근 주민들이 가지는 이익은 환경보호라는 공공의 이익이 달성됨에 따라 반사적으로 얻게 되는 이익에 불과하므로, 인근 주민에 불과한 원고는 피고 환경부장관이 이 사건 지역의 생태·자연도 등급권역을 1등급에서 일부는 2등급으로, 일부는 3등급으로 변경한 결정의 무효확인을 구할 원고적격이 없다.

14. 건축행위 제한 규정의 위헌성 여부(소극): 헌재 2006. 1. 26. 선고 2005헌바18 전원재판부 결정

[다수 의견]

자연환경지구에서 건축행위를 제한하는 것은 자연보존지구의 완충공간으로 보전할 필요가 있는 지역을 자연환경지구로 지정한 취지에 부합하는 것으로 자연생태계와 자연 및 문화경관의 보전 및 지속 가능한 이용을 도모하기 위한 것이므로 그 입법목적의 정당성과 방법의 적절성을 인정할 수 있다. 그리고 자연공원은 그 성격상 보호, 관리와 자연재난으로부터 탐방객의 안전도모가 필수적으로 요구되므로 이를 위해 필요한 경우 공원구역에 대한 출입제한이나 금지 조치를 취할 수 있도록 한 것은 그 입법목적이 정당할 뿐 아니라, 그 방법 역시 적절하다.

또한, 자연환경지구에서 건축물 건축의 가능성이 전면적으로 배제되는 것이 아니라 자연환경지구에서 허용되는 행위의 기준에 부합하는 등 자연공원법 제23조 제2항의 요건을 갖추면 공원관리청의 허가를 받아 증·개축, 재축 및 이축행위를 할 수 있고, 출입의 제한이나 금지는 아무런 제한 없이 이루어질 수 있는 것이 아니라 일정 기간, 일정 지역이라는 시간적, 장소적 제한을 필요로 하므로 이 사건 법률조항들은 최소침해성원칙에도 부합한다.

토지를 종래의 목적으로 사용할 수 있는 경우에 있어서 자연환경지구에 대한 건축행위의 제한이나 공원구역의 출입제한 또는 일시적인 출입금지는 재산권에 내재하는 사회적 제약의 범위 내라 할 것이므로, 이 사건 법률조항들이 실현하고자 하는 공익의 비중과 그로 인하여 발생하는 토지재산권의 침해 사이에 법익균형성이 충족된다 할 것이고, 토지를 종래의 목적으로 사용할 수 없거나 또는 더 이상 법적으로 허용된 토지이용방법이 없어서 실질적으로 사용 및 수익을 전혀 할 수 없는 경우, 즉 자연환경지구 내 토지에서의 건축행위 제한과 공원구역의 출입제한·금지로 인한 재산권 제한이 사회적 제약의 한계를 초과하는 경우에 대하여는 자연공원법이 공원사업에 들어가는 토지와 그 토지에 정착된 물건에 대한 소유권 등 권리의 수용·사용과 이에 대한 손실보상 및 환매권 규정(제22조), 협의에 의한 토지 등의 매수에 관한 규정(제76조), 매수청구권 규정(제77조, 제78조) 등 적절한 보상적 조치를 마련하고 있으므로, 이 사건 법률조항들에 관하여 그를 통하여 달성하려고 하는 공익과 그로 인하여 침해되는 사익 사이에 적절한 균형이 이루어져 있다 할 것이다.

따라서 이 사건 법률조항들은 비례의 원칙에 반하여 청구인의 재산권을 침해한다고 볼 수 없다.

15. 자동차대기오염 사건: 대법원 2014. 9. 4. 선고 2011다7437 판결

역학이란 집단현상으로서의 질병의 발생, 분포, 소멸 등과 이에 미치는 영향을 분석하여 여러 자연적 · 사회적 요인과의 상관관계를 통계적 방법으로 규명하고 그에 의하여 질병의 발생을 방지 · 감소시키는 방법을 발견하려는 학문이다. 역학은 집단현상으로서의 질병에 관한 원인을 조사하여 규명하는 것이고 그 집단에 소속된 개인이 걸린 질병의 원인을 판명하는 것이 아니다. 따라서 어느 위험인자와 어느 질병 사이에 역학적으로 상관관계가 있다고 인정된다 하더라도 그로부터 그 집단에 속한 개인이 걸린 질병의 원인이 무엇인지가 판명되는 것은 아니고, 다만 어느 위험인자에 노출된 집단의 질병 발생률이 그 위험인자에 노출되지 않은 다른 일반 집단의 질병 발생률보다 높은 경우 그 높은 비율의 정도에 따라 그 집단에 속한 개인이 걸린 질병이 그 위험인자로 인하여 발생하였을 가능성이 얼마나 되는지를 추론할 수 있을 뿐이다.

한편 특정 병인에 의하여 발생하고 원인과 결과가 명확히 대응하는 '특이성 질환'과 달리, 이른바 '비특이성 질환'은 그 발생 원인 및 기전이 복잡다기하고, 유전 · 체질 등의 선천적 요인, 음주, 흡연, 연령, 식생활습관, 직업적 · 환경적 요인 등 후천적 요인이 복합적으로 작용하여 발생하는 질환이다. 이러한 비특이성 질환의 경우에는 특정 위험인자와 그 비특이성 질환 사이에 역학적으로 상관관계가 있음이 인정된다 하더라도, 그 위험인자에 노출된 개인 또는 집단이 그 외의 다른 위험인자에도 노출되었을 가능성이 항시 존재하는 이상, 그 역학적 상관관계는 그 위험인자에 노출되면 그 질병에 걸릴 위험이 있거나 증가한다는 것을 의미하는 데 그칠 뿐, 그로부터 그 질병에 걸린 원인이 그 위험인자라는 결론이 도출되는 것은 아니다.

따라서 비특이성 질환의 경우에는 특정 위험인자와 비특이성 질환 사이에 역학적 상관관계가 인정된다 하더라도, 어느 개인이 그 위험인자에 노출되었다는 사실과 그 비특이성 질환에 걸렸다는 사실을 증명하는 것만으로 양자 사이의 인과관계를 인정할 만한 개연성이 증명되었다고 볼 수 없다. 이러한 경우에는 그 위험인자에 노출된 집단과 노출되지 않은 다른 일반 집단을 대조하여 역학조사를 한 결과 그 위험인자에 노출된 집단에서 그 비특이성 질환에 걸린 비율이 그 위험인자에 노출되지 않은 집단에서 그 비특이성 질환에 걸린 비율을 상당히 초과한다는 점을 증명하고, 그 집단에 속한 개인이 위험인자에 노출된 시기와 노출 정도, 발병시기, 그 위험인자에 노출되기 전의 건강상태, 생활습관, 질병 상태의 변화, 가족력 등을 추가로 증명하는 등으로 그 위험인자에 의하여 그 비특이성 질환이 유발되었을 개연성이 있다는 점을 증명하여야 한다.

16. 공공수역에 배출 등의 금지: 인천지법 1997. 1. 16. 선고 96누1932 판결

관련 각 조문의 문언 및 형량, 조문의 위치, 구 법(1995. 12. 29. 개정 전)과 달리 허가를 받지 아니하고 폐수배출시설을 설치하여 조업하는 행위를 따로 규정하여 형을 가중한 취지 등을 종합하면, 법 제15조 제1항(현행 제38조)은 사업자, 즉 법 제10조 제1항(현행 제35조 제1

항)의 규정에 의하여 배출시설의 설치 또는 변경에 대한 허가를 받은 자가 수질오염물질을 배출하는 경우를 규제하는 것이고, 사업자 이외의 자의 행위는 공공수역에 특정수질유해물질등을 배출한 경우에 한하여 법 제56조의3(현행 제15조)의 규제를 받는다고 해석할 것이다.

17. 배출부과금 부과처분의 성질

배출부과금 부과처분은 법령에 정해진 산정기준에 의거하여 부과하는 기속행위이므로 그 감액은 할 수 없다.[2] 또한 개선명령이나 조업정지명령 등과 같은 행정제재적 명령과 별개의 목적과 법적 근거에 따라 이루어지는 독립처분이다.[3]

18. 개선작업을 사실상 완료한 날: 대법원 1998. 4. 10. 선고 98두1406 판결

개선명령이 있기 전에 스스로 개선을 완료한 경우에는 사업자가 개선사실을 보고할 법적인 근거가 없음에도 불구하고, 그러한 사업자로 하여금 개선명령을 받은 후 개선완료사실을 보고하도록 하여 그 보고한 날까지를 배출기간으로 한 배출부과금을 부과한다면, 사업자는 실제로 배출허용기준을 초과하는 오염물질을 배출하지 아니한 기간에 대하여도 배출부과금을 부담하게 되는 부당한 결과가 되는 점을 고려하여, 이러한 경우에는 장차 있을 개선명령의 내용대로 개선작업을 사실상 완료한 때까지를 배출기간으로 보아 배출부과금을 산정하여야 한다.

19. 수질오염 피해와 관련한 손해배상청구 사건

(1) 대법원 1991. 12. 27. 선고 90다카5198 판결(백합 양식장에서 백합의 대량폐사에 관련된 기생충 감염의 기여도를 15%로, 생태학적 환경요인의 기여도를 나머지 85%로 판단한 원심의 조치를 수긍한 사례)

(2) 대법원 1997. 6. 27. 선고 95다2692 판결(현대자동차 폐수배출 사건, 공사장에서 배출되는 황토 등이 양식어장에 유입되어 농어가 폐사한 경우, 개연성이론에 의하여 인과관계가 증명되었다고 본 사례)

(3) 대법원 2004. 11. 26. 선고 2003다2123 판결(여천공단 사건, 여천공단 내 공장들의 폐수배출과 재첩 양식장에 발생한 손해 사이에 인과관계가 인정된다고 한 사례)

(4) 대법원 2012. 1. 12. 선고 2009다84608 판결(어민 갑 등이 수도권매립지관리공사를 상대로 수질오염으로 인한 손해배상을 구한 사안에서, 감정인의 감정 결과 등에 의하면 갑 등이 조업하는 어장에 발생한 피해는 공사가 배출한 침출처리수에 포함된 오염물질이 해양생물에 작용함으로써 발생하였다는 상당한 개연성이 인정되므로 공사의 오염물질 배출과 어장의 피해 사이에 인과관계가 일응 증명되었고, 인과관계를 부정하기 위한 반증도 인정되지 않으며, 그 손해는 수인한도를 넘는 것이어서 위법성이 인정된다고 한 사례)

---

2) 서울고법 1997. 10. 9. 선고 96구21975 판결(도산 위기에 있는 영세업체에게 과도한 배출부과금 부과처분이 재량권을 남용한 것이라는 원고 주장을 배척한 사례).

3) 부산고법 1996. 4. 17. 선고 94구2640 판결(개선명령이 취소되더라도 배출부과금 부과처분의 효력이 당연히 상실되지 않는다고 한 사례).

20. 교통소음과 분양회사의 도로 설치·관리상의 하자로 인한 불법행위책임(소극): 대법원 2008. 8. 21. 선고 2008다9358 판결

(1) 차량이 통행하는 도로에서 유입되는 소음 때문에 인근 주택의 거주자에게 사회통념상 일반적으로 수인할 정도를 넘어서는 침해가 있는지 여부는, 주택법 등에서 제시하는 주택건설기준보다는 환경정책기본법 등에서 설정하고 있는 환경기준을 우선적으로 고려하여 판단하여야 한다.

(2) 도로에서 유입되는 소음 때문에 인근 주택의 거주자에게 사회통념상 수인한도를 넘는 생활이익의 침해가 발생하였다고 하더라도, 그 주택을 건축하여 분양한 분양회사는 도로의 설치·관리자가 아니고 그 주택의 건축으로 인하여 소음이 발생하였다고 볼 수도 없으므로, 주택의 거주자들이 분양회사를 상대로 소음 때문에 발생한 생활이익의 침해를 원인으로 하는 불법행위책임을 물을 수는 없다. 다만 분양회사는 주택의 공급 당시에 주택법상의 주택건설기준 등 그 주택이 거래상 통상 소음 방지를 위하여 갖추어야 할 시설이나 품질을 갖추지 못한 경우에 집합건물의 소유 및 관리에 관한 법률 제9조 또는 민법 제580조의 담보책임을 부담하거나, 수분양자와의 분양계약에서 소음 방지 시설이나 조치에 관하여 특약이 있는 경우에 그에 따른 책임을 부담하거나, 또는 분양회사가 수분양자에게 분양하는 주택의 소음 상황 등에 관한 정보를 은폐하거나 부정확한 정보를 제공하는 등 신의칙상의 부수의무를 게을리한 경우에 그 책임을 부담할 뿐이다.

21. 도로소음과 '참을 한도': 대법원 2015. 9. 24. 선고 2011다91784 판결

1) 이 사건 고속도로는 이미 1970. 7.경 왕복 4차로로 개설된 도로로 1998. 3.경 왕복 8차로로 확장하는 내용의 '확장공사구간 지정결정'이 고시되었는데, 그 후인 1998. 5. 6.이 ○○아파트가 위치한 '○○○○ 2지구 택지개발사업지구'가 택지개발예정지구로 지정되어 1999. 7. 30.부터 2004. 12. 31.까지 택지개발사업이 시행된 점, 2) 위 고속도로 확장공사는 1998. 4.경부터 2003. 12.경까지 시행되었는데, 이 ○○아파트는 고속도로 확장공사가 거의 완성되었을 무렵인 2003. 10.경 착공되어 2005. 12.경에야 준공된 점, 3) 도시화·산업화 및 이로 인한 주거의 과밀화로 인하여 도시에 거주하는 대부분의 거주자는 어느 정도의 소음이 존재하는 상황에서 특정 장소에 거주를 시작하게 될 것인데, 거주자가 고요하고 평온한 상태에서 쾌적한 일상생활을 누릴 수 있는 생활이익은 원칙적으로 그가 거주를 시작한 때 그 장소에서의 소음도를 기초로 형성되기 시작하는 것이고, 피고들이 이 ○○아파트에 거주할 당시 이 사건 고속도로로 인하여 일정한 정도의 도로소음의 발생과 증가를 알았거나 알 수 있었던 것으로 보이는 점, 4) 원심은 제1심 감정인이 소음·진동공정시험방법에 규정된 측정방법에 따라 소음측정기의 마이크로폰을 이 ○○아파트 베란다 창문으로부터 0.5~1m 돌출시켜 이 사건 고속도로 방향으로 설치하여 측정한 소음도 및 이에 기초하여 산정한 실외소음도를 그대로 받아들여 원고의 방음대책이행의무를 인정하였으나, 피고들이 거주하는 이 ○○아파트 101동의 7층 이상 세대, 102동의 5층 이상

세대에서 위 실외소음도를 피고들이 일상생활을 주로 하는 지점의 소음도로 보기는 어렵고, 피고들의 일상생활이 실제 주로 이루어지는 장소인 거실에서 도로 등 소음원에 면한 방향의 모든 창호를 개방한 상태로 측정한 소음도를 기준으로 환경정책기본법상 소음환경기준 등을 초과하는지 여부를 판단하는 것이 타당한 점, 5) 공동주택에 거주하는 사람들의 생활이익이 중요함은 물론이지만, 자동차 교통망의 중요한 축을 이루고 있는 이 사건 고속도로는 국민경제 전반의 기반을 공고히 하고, 전체 국민 생활의 질을 향상시키는 등 그 공공성과 사회적 가치가 매우 클 뿐만 아니라, 국가를 대신하여 고속국도를 관리하는 주체인 원고로서는 동등한 피해상황에 있는 국민 전체를 기준으로 도로소음 방지조치의 내용을 결정할 수밖에 없고, 따라서 그 방지조치도 기술적 · 경제적으로 한계를 지닐 수밖에 없으므로, 방지청구의 당부를 판단함에 있어서 청구가 허용될 경우 그로 인해 당사자들이 받게 될 영향을 비교 · 교량해야 함에도, 원심은 원고가 부담해야 할 방음대책 이행의무의 구체적인 내용을 전혀 특정하지 않았고, 원고의 방음대책 이행의무가 피고들과 이 사건 고속도로의 이용자들에게 미칠 이익 · 불이익에 대한 비교 · 교량을 행하지 아니한 결과, 원심이 인정한 65데시벨(dB)이하 소음도를 달성하기 위해서는 어떠한 조치나 공사가 필요한지, 그에 소요될 시간과 비용은 어떠한지, 고속도로의 정상적인 통행에 지장이 없는지 등을 전혀 알 수 없는 점 등의 사정을 알 수 있다.

이와 같은 사정들을 앞에서 본 법리에 따라 살펴보면, 이 사건 청구에서 원심 판시와 같은 사정만으로 바로 '참을 한도'를 넘는 생활방해가 인정되어 원고에게 방음대책 이행의무가 인정된다고 단정하기 어렵다.

22. 김포공항 사건: 대법원 2005. 1. 27. 선고 2003다49566 판결

국가배상법 제5조 제1항에 정하여진 '영조물의 설치 또는 관리의 하자'라 함은 공공의 목적에 공여된 영조물이 그 용도에 따라 갖추어야 할 안전성을 갖추지 못한 상태에 있음을 말하고(대법원 2002. 8. 23. 선고 2002다9158 판결 참조), 여기서 안전성을 갖추지 못한 상태, 즉 타인에게 위해를 끼칠 위험성이 있는 상태라 함은 당해 영조물을 구성하는 물적 시설 그 자체에 있는 물리적 · 외형적 흠결이나 불비로 인하여 그 이용자에게 위해를 끼칠 위험성이 있는 경우뿐만 아니라, 그 영조물이 공공의 목적에 이용됨에 있어 그 이용상태 및 정도가 일정한 한도를 초과하여 제3자에게 사회통념상 수인할 것이 기대되는 한도를 넘는 피해를 입히는 경우까지 포함된다고 보아야 할 것이다(대법원 2004. 3. 12. 선고 2002다14242 판결 참조). 그리고 수인한도의 기준을 결정함에 있어서는 일반적으로 침해되는 권리나 이익의 성질과 침해의 정도뿐만 아니라 침해행위가 갖는 공공성의 내용과 정도, 그 지역환경의 특수성, 공법적인 규제에 의하여 확보하려는 환경기준, 침해를 방지 또는 경감시키거나 손해를 회피할 방안의 유무 및 그 난이 정도 등 여러 사정을 종합적으로 고려하여 구체적 사건에 따라 개별적으로 결정하여야 할 것이다.

원심판결 이유에 의하면, 원심은 설령 피고가 김포공항을 설치 · 관리함에 있어 항공법령에 따른 항공기 소음기준 및 소음대책을 준수하려는 노력을 경주하였다고 하더라도, 김포공항이 항공기 운항이라는 공공의 목적에 이용됨에 있어 그와 관련하여 배출하는 소음 등의 침해가 인근 주민인 선정자들에게 통상의 수인한도를 넘는 피해를 발생하게 하였다면 김포공항의 설치·관리상에 하자가 있다고 보아야 할 것이라고 전제한 다음, 그 판시와 같은 여러 사정을 종합적으로 고려하면 이 사건 김포공항 주변지역의 소음과 관련하여서는 항공법시행규칙 제271조상의 공항소음피해예상지역(제3종구역)으로 분류되는 지역 중 85 WECPNL 이상의 소음이 발생하는 경우에는 사회생활상 통상의 수인한도를 넘는 것으로서 위법성을 띠는 것으로 봄이 상당하다고 할 것인데, 이 사건 선정자들의 거주지역이 이에 해당하므로 김포공항을 설치·관리하는 국가는 이에 대하여 손해를 배상할 책임이 있다고 판단하였다.

김포공항과 그 주변지역이 국내의 다른 민간공항이나 군용공항과 구별되는 특성을 기록에 비추어 살펴보면 원심이 구체적 사건인 김포공항 주변지역에 설정한 수인한도의 기준을 그 판시와 같이 정하고 이에 기하여 김포공항을 설치·관리하는 국가의 손해배상책임을 인정한 판단은 위 법리에 따른 것으로서 수긍이 가고, 거기에 상고이유에서 주장하는 바와 같이 영조물 설치·관리상의 하자에 관한 법리오해, 소음피해로 인한 수인한도에 관한 법리오해 등의 위법이 있다고 할 수 없다.

23. 추상적 유지청구: 대법원 2007. 6. 15. 선고 2004다37904 판결

고속도로로부터 발생하는 소음이 피해 주민들 주택을 기준으로 일정 한도를 초과하여 유입되지 않도록 하라는 취지의 유지청구는 소음발생원을 특정하여 일정한 종류의 생활방해를 일정 한도 이상 미치게 하는 것을 금지하는 것으로 청구가 특정되지 않은 것이라고 할 수 없고, 이러한 내용의 판결이 확정될 경우 민사집행법 제261조 제1항에 따라 간접강제의 방법으로 집행을 할 수 있으므로, 이러한 청구가 내용이 특정되지 않거나 강제집행이 불가능하여 부적법하다고 볼 수는 없다.

24. 비행장소음: 대법원 2015.10.15. 선고 2013다23914 판결(광주비행장 사건)

"대법원은 비행장 주변지역의 항공기소음을 원인으로 한 손해배상 사건에서 농촌지역에 위치한 서산공군비행장, 충주공군비행장, 군산공군비행장, 평택공군비행장의 경우 그 주변지역의 소음도가 80웨클(WECPNL) 이상인 경우 사회생활상 통상의 수인한도를 넘어 위법하다고 본 반면, 도시지역에 위치한 대구공군비행장이나 김포공항의 경우 그 주변지역의 소음도가 85웨클(WECPNL) 이상인 경우 사회생활상 통상의 수인한도를 넘어 위법하다고 보았다. 이는 비행장 주변지역이 당초 비행장이 개설되었을 때와는 달리 그 후 점차 도시화되어 인구가 밀집되는 등 도시지역으로서의 지역적, 환경적 특성이 있는 경우에는 농촌지역과 비교하여 통상 배경소음이 높다고 할 것이고, 배경소음이 낮은 농촌지역의 경우 도시지역과 비교하여 동일한 소음에 대하여 더 큰 불쾌감을 느낀다고 알려져 있으며 농촌지역 주민들의 옥외 활동의 비중이 높다는 사정 등을 고려한 것이라고 할 것이다."

25. 사업활동에 필요하지 아니하게 된 물질(소극): 대법원 2001. 12. 24. 선고 2001도4506 판결

경쟁입찰을 통하여 축산업협동조합과 1년 단위로 부산물판매계약을 체결하고 조합에게 보증금을 예치하고 돼지지육의 중량에 따른 단가를 정하여 계속적으로 공급받아 돼지가죽에서 기름을 제거하고 염장처리하는 등의 방법으로 가공한 후 가죽공장에 원자재로 납품하였다면 그 돼지가죽은 조합 공판장에서 상업적으로 매각하고 있으므로 이에 비추어 본 조합의 의사와 그 물건의 성상 등을 감안하면 이를 두고 사업활동에 필요하지 않게 된 폐기된 물질에 해당한다고 볼 수는 없다.

26. 유출된 비료(적극): 대법원 2009. 1. 30. 선고 2008도8971 판결

구 폐기물관리법(2007. 4. 11. 전부 개정된 것) 제2조 제1호는 폐기물을 '쓰레기 · 연소재 · 오니 · 폐유 · 폐산 · 폐알칼리 · 동물의 사체 등으로서 사람의 생활이나 사업활동에 필요하지 아니하게 된 물질'로 정의하고 있는바, 폐기물의 발생을 최대한 억제하고 발생한 폐기물을 적정하게 처리하여 환경보전과 국민생활의 질적 향상에 이바지하는 것을 목적으로 하는 구 폐기물관리법의 취지에 비추어 볼 때, 위 액체비료가 본래 위 공장의 원료로서 보관하던 것이라 하더라도 그것이 일단 저장탱크로부터 유출되어 더 이상 위 생산목적에 사용하기 어렵게 된 이상은 사람의 생활이나 사업활동에 필요하지 아니하게 된 물질로서 폐기물에 해당한다고 보아야 할 것이다.

27. 대법원 2001. 6. 1. 선고 2001도70 판결

자연환경 및 생활환경에 중대한 영향을 미칠 우려가 있는 폐기물의 배출을 엄격히 규제하여 환경보전과 국민생활의 질적 향상을 도모하려는 구 폐기물관리법(1999. 12. 31. 개정되기 전)의 취지에 비추어 같은 법 제2조 제1호, 제24조 제2항, 제25조 제1항, 제44조의2의 규정들의 내용을 종합하여 보면, 사업장에서 배출되는 쓰레기 · 연소재 · 오니 · 폐유 · 폐산 · 폐알카리 · 동물의 사체 등의 물질이 당해 사업장의 사업활동에 필요하지 아니하게 된 이상은 그 물질은 구 폐기물관리법에서 말하는 폐기물에 해당한다고 보아야 하며, 당해 사업장에서 폐기된 물질이 재활용 원료로 공급된다고 해서 폐기물로서의 성질을 상실한다거나 사업장폐기물배출자의 신고의무가 없어진다고 볼 것이 아니다.

28. 폐기물(적극): 대법원 2003. 2. 28. 선고 2002도6081 판결

원심은 그 채용증거들을 종합하여, 피고인이 피고인 경영의 공장 옆 부지에 매립한 이 사건 물질은 폐기물중간처리업을 영위하는 피고인이 사업장폐기물배출자들과의 사이에 체결한 폐수처리오니 처리계약 내지 일반폐기물 재활용계약에 따라 수거한 오니인데, 피고인 경영 공장에서 생산되는 물품인 비료 및 암반녹화식생토는 산업폐기물배출업자들로부터 수거한 오니를 공장 내에 야적하고 톱밥 및 발효제를 배합한 후 약 1주일간의 발효과정과 건조과정을 거쳐 선별된 것임에 반하여, 이 사건 물질은 폐기물배출업자들로부터 수거한 오니 그 자체이거나 혹은 오니에 흙을 섞은 것에 불과하고, 이를 비료 또는 암반녹화식생토로 만들기 위한 공정인 톱밥 및 발효제와 배합한 후 발효·건조시키는 공정을 거치지 않은 것인 사실을 인정한 다음, 비록 이 사건 물질이 장차 피고인에 의하여 피고인 경영의 공장에서 비료 내지 암반녹화식생토로 만들어지는 원료로 사용될 것이라는 사정만으로는 그 성상이 변경된 것으로 볼 수 없어 아직 폐기물로서의 속성을 상실하지 않았으므로 이 사건 물질은 여전히 폐기물에 해당한다고 판단하였는바, 위에서 본 법리 및 기록에 비추어 관계 증거를 살펴보면, 이와 같은 원심의 사실인정과 판단은 정당하고 거기에 상고이유에서 주장하는 바와 같이 채증법칙을 위배하여 사실을 오인하거나, 폐기물관리법에 있어서의 폐기물에 관한 법리를 오해한 위법이 있다고 할 수 없다.

29. 오염토양(소극): 대법원 2011. 5. 26. 선고 2008도2907 판결

구 폐기물관리법(2007. 4. 11. 개정 전)과 구 폐기물관리법 시행령(2007. 9. 6. 개정 전), 건설폐기물의 재활용촉진에 관한 법률과 그 시행령 및 토양환경보전법의 각 규정을 종합하면, 토양은 폐기물 기타 오염물질에 의하여 오염될 수 있는 대상일 뿐 오염토양이라 하여 동산으로서 '물질'인 폐기물에 해당한다고 할 수 없고, 나아가 오염토양은 법령상 절차에 따른 정화 대상이 될 뿐 법령상 금지되거나 그와 배치되는 개념인 투기나 폐기 대상이 된다고 할 수 없다. 따라서 오염토양 자체의 규율에 관하여는 '사람의 생활이나 사업 활동에 필요하지 아니하게 된 물질'의 처리를 목적으로 하는 구 폐기물관리법에서 처리를 위한 별도의 근거 규정을 두고 있지 아니한 이상 구 폐기물관리법의 규정은 성질상 적용될 수 없고, 이는 오염토양이 구 폐기물관리법상의 폐기물이나 구성요소인 오염물질과 섞인 상태로 되어 있다거나 그 부분 오염토양이 정화작업 등의 목적으로 해당 부지에서 반출되어 동산인 '물질'의 상태를 일시 갖추게 되었더라도 마찬가지이다.

30. 권리·의무의 승계효과: 대법원 2002. 10. 22. 선고 2002다46331 판결

폐기물관리법 제24조 제5항 후문에 의하면, 민사집행법(구 민사소송법)에 의한 경매, 파산법에 의한 환가나 국세징수법·관세법 또는 지방세법에 의한 압류재산의 매각 기타 이에 준하는 절차에 따라 사업장폐기물배출자의 사업을 인수한 자는 당해 사업장폐기물과 관련한 권리·의무를 승계한다고 규정되어 있는바, 폐기물관리법이 폐기물을 적정하게 처리하여 자연환경 및 생활환경을 청결히 함으로써 환경보전과 국민생활의 질적 향상에 이바지함을 목적으로 하고(제1조), 환경정책기본법 제7조 및 폐기물관리법 제24조 제1항, 제25조가 오염원인자 책임원칙을 규정하고 있는 점에 비추어 보면, 위 승계규정은 방치되는 폐기물의 발생을 예방하기 위하여 오염원인자 책임원칙을 확장한 것으로서 위와 같은 인수자가 사업장폐기물배출자의 공법상 권리·의무를 승계한다는 취지일 뿐이고, 이로써 사업장폐기물배출자의 사법상 권리 · 의무까지 당연히 승계되는 것은 아니라고 보아야 한다.

31. 소유자의 의미: 부산고법 2003. 10. 24. 선고 2003누2731 판결(확정)

원고가 이 사건 토지의 매매 당시 위 박○○ 등에게 재활용품 재생자재의 적치만을 승낙하였을 뿐, 산업폐기물 등을 버리는 것까지 승낙하거나 묵인한 바는 없는 사실은 인정되나, 그렇다 하더라도 폐기물관리법 제45조 제1항 제3호에서 폐기물처리에 대한 조치명령의 상대방으로 규정하고 있는 '다른 사람에게 자기 소유의 토지 사용을 허용한 경우 폐기물이 버려지거나 매립된 토지의 소유자'란 그 법문의 해석상 용도를 불문하고 타인에게 자신의 토지의 사용을 허용한 경우를 모두 포함한다고 해석함이 상당하고, 달리 이를 폐기물의 투기나 매립을 위한 토지사용을 허용한 소유자에 한정되는 것으로 해석할 아무런 근거가 없으므로, 그러한 한정해석을 전제로 한 원고의 위 주장도 받아들일 수 없다.

32. 화선키메탈 사건: 대법원 1997. 8. 22. 선고 95누17724 판결

기록과 관련 법령에 비추어 보면, 원심이 원고가 소외 회사에 대하여 금 14억원을 대출한 후 그에 상당하는 소외 회사 소유이던 이 사건 공장용지 및 그 지상 공장건물 등에 관하여 근저당권 설정등기를 경료한 후, 소외 회사가 부도나자 근저당권 실행을 위한 경매를 신청하여 공장에 납, 주석 등 이 사건 특정폐기물 중 일부가 야적, 매립, 방치되어 있는 상태에 있는 공장용지 등을 경락받았으며, 나아가 소외 회사의 부도 후 공장을 관리하여 오면서 종업원과 협의하여 공장을 일부 가동하고 원료에 대한 관리를 소홀히 함으로 말미암아 이 사건 특정폐기물 중 일부를 배출하여 공장에 야적, 방치하였으며, 그로 인하여 인근 상수원 등에 중대한 위해가 발생할 우려가 있다고 사실을 인정한 다음, 원고가 이 사건 특정폐기물의 처리를 한 자에 해당한다는 취지의 전제하에, 피고가 위와 같은 위해 발생의 방지를 위하여 원고에게 이 사건 특정폐기물처리에 대한 조치명령을 한 것은 적법하다고 판단한 것은 정당하다.

33. 택시 차고지 사건: 대법원 2010. 2. 11. 선고 2009두20137 판결

이 사건 토지에 대한 오염은 이 사건 토지가 택시 차고지로 사용된 1987년경 이래 원고가 점유 · 사용하고 있는 현재까지 계속되고 있다고 볼 것이므로, 원고는 토양오염의 발생 당시 토양오염의 원인이 된 도양오염관리대상시설을 점유 또는 운영하는 자로서 본 법 제10조의3 제3항 제2호의 오염원인자에 해당한다고 할 것이다.

34. 소유 · 점유 또는 운영하고 있는 자: 대법원 2012. 1. 26. 선고 2009다76546 판결

토양환경보전법 제10조의3 제3항(현행 제10조의4) 제1호에서 직접적인 행위로 토양오염을 유발시킨 자를 규정하고 이어서 제2호에서 '토양오염의 원인이 된 토양오염관리대상시설'이라고 규정한 문언적인 해석이나 법 제2조 제3호에서 단지 '토양을 오염시킬 우려가 있는 시설 · 장치 · 건물 · 구축물 및 장소 등'을 '토양오염관리대상시설'로 정의하고 있는 것과 대비하여 볼 때, 법 제10조의3 제3항 제2호는 토양오염관리대상시설을 소유 · 점유 또는 운영하고 있는 자의 직접적인 행위로 토양오염을 유발시킬 것을 요건으로 하지는 않지만 토양오염관리대상시설이 토양오염의 원인이 될 것을 요건으로 한다고 해석함이 타당하다. 즉 토양오염관리대상시설이라는 유체물(有體物)과의 인과관계가 요구되고 소유 · 점유 또는 운영하고 있는 자와의 인과관계는 요구되지 않는다.

35. 선의 · 무과실: 창원지법 2008. 12. 18. 선고 2007구합3204 판결(상고)

건설전문업체인 원고로서는 아파트 건설을 위하여 철강공장 부지였던 이 사건 토지를 매수함에 있어 더욱 신중하게 처리하는 것이 통상적일 것임에도, 법 제10조의2 제1항의 토양환경영향평가 등 토양오염실태에 대한 별다른 조사 없이 이 사건 매매계약을 체결한 점, 매수 당시 이 사건 토지 및 그 지상 공장시설의 상태, 원고가 위 매매계약 당시 한국○○과 사이에 이 사건 토지 지상, 지하의 폐기물에 대하여 자신이 책임지기로 약정하는 등 위 매매계약의 약정 내용, 그 밖의 이 사건 토지의 규모, 현황, 형성과정 등에 비추어 보면, 원고는 위 매매계약 당시 설령 이 사건 토지의 토양오염 상태 및 그 정도를 알지 못하였다 하더라도 거기에 과실이 있었다고 봄이 상당하다.

36. 마산주유소 사건: 헌재 2012. 8. 23. 선고 2010헌바167 결정

'토양오염관리대상시설을 소유 · 점유 또는 운영하고 있는 자' 조항(구법 제10조의3 제3항 제2호)은 신속하고 확실하게 토양오염에 대한 책임자를 특정하고 그에 따른 책임이행을 확보할 수 있도록 정화책임자의 범위를 토양오염관리대상시설의 소유자 · 점유자 · 운영자로 확장하여 이들에게 무과실의 책임을 부담시키고 있는데, 이러한 입법목적은 토양환경보전법의 목적에 비추어 정당하다. 한편, 토양오염관리대상시설의 소유자 · 점유자 · 운영자에게 손해배상책임 및 오염토양의 정화책임 등을 부과하는 것은 그러한 입법목적 달성에 적합한 수단이 된다.

그러나 토양오염관리대상시설의 소유자 · 점유자 · 운영자에게 '토양오염을 유발시킨 자'(구법 제10조의3 제3항 제1호, 현행 제10조의4 제1항 제1호)의 책임에 대한 보충책임을 부담시키는 방법, 토양오염 발생에 관하여 선의 · 무과실이고 그 책임으로 돌릴 수 없는 경우에 한하여 면책하는 방법, 토양오염 발생에 대하여 선의 · 무과실인 토양오염관리대상시설의 소유자 · 점유자 · 운영자의 책임을 당해 토양오염관리대상시설의 시가 범위 내로 제한하거나, 일반적인 책임한도제를 도입하는 방법 등으로 침해를최소화할 수 있으므로, 이 정화책임자 조항은 침해의 최소성 원칙에 반한다.

토양오염관리대상시설의 소유자 · 점유자 · 운영자는 사실상 면책이 불가능한 1차적인 무과실 책임을 부담하고, 경우에 따라서는 파산에 이를 정도로 거액에 이르기도 하는 비용을 그 범위의 제한 없이 전부 부담하여야 한다는 점에서, 이 정화책임자 조항으로 인하여 얻게 될 공익보다 토양오염관리대상시설의 소유자·점유자·운영자가 입게 되는 불이익이 더 클 수도 있다.

나아가, 토양오염관리대상시설의 양수자·인수자와는 달리, 토양오염관리대상시설의 소유자·점유자·운영자에게는 천재·지변, 전쟁으로 인한 면책만을 허용하고 다른 면책 사유 또는 책임 제한수단을 전혀 인정하지 않은 것은 합리적인 이유가 있다고 할 수 없다.

따라서 이 사건 정화책임자 조항은 토양오염관리대상시설 소유자·점유자·운영자의 재산권 및 평등권을 침해한다.

37. 부영 사건: 헌재 2012. 8. 23. 선고 2010헌바28 결정

(1) 토양오염이 과거에 시작되어 '토양오염관리대상시설을 양수한 자' 조항(구법 제10조의3 제3항 제3호)의 시행 당시 계속되고 있는 상태라면 이는 종료되지 않고 진행과정에 있는 사실에 해당하므로, 이 정화책임자 조항은 부진정 소급입법으로서 종래의 법적상태를 신뢰한 자들에 대한 신뢰보호의 문제를 발생시킬 뿐, 헌법 제13조 제2항이 규정하는 소급입법 금지원칙에 위배되지 않는다.

(2) 이 정화책임자 조항은 위 조항 시행 이전의 양수자에게까지 정화책임자의 인적범위를 시적으로 확장하여 토양오염을 신속하고 확실하게 제거·예방하고, 그로 인한 손해를 배상한다는 공익을 달성하고자 하는 것이다. 그런데 환경오염책임법제가 정비되기 이전의 토양오염에 대해서는 민법상의 불법행위규정에 의해서만 책임을 부담한다는 데 대한 일반적인 신뢰가 존재하고, 폐기물에 대한 공법적 규제가 시작된 1970년대 이전까지는 자신이 직접 관여하지 않은 토양오염에 대해서 공법상의 책임을 부담할 수 있음을 예측하기 어려웠다. 또, 2002. 1. 1. 이전에 토양오염관리대상시설을 양수한 자에 대해서는 선의이며 무과실인 양수자에 대한 면책규정이 사실상 의미가 없고, 사실상 우선 책임을 추궁당한 양수자가 손해배상 및 토양정화 책임을 무한책임으로서 부담하게 되는 경우도 많다. 이처럼 이 정화책임자 조항은 예측하기 곤란한 중대한 제약을 사후적으로 가하고 있으면서도, 그로 인한 침해를 최소화할 다른 제도적 수단을 마련하고 있지 않으므로, 이 정화책임자 조항이 2002. 1. 1. 이전에 이루어진 토양오염관리대상시설의 양수에 대해서 무제한적으로 적용되는 경우에는 이 정화책임자 조항이 추구하는 공익만으로는 신뢰이익에 대한 침해를 정당화하기 어렵다.

그러나 2002. 1. 1. 이후 토양오염관리대상시설을 양수한 자는 자신이 관여 하지 않은 양수 이전의 토양오염에 대해서도 책임을 부담할 수 있다는 사실을 충분히 인식할 수 있고, 토양오염사실에 대한 선의·무과실을 입증하여 면책될 수 있으므로, 보호가치 있는 신뢰를 인정하기 어렵다.

38. 채무불이행책임과 하자담보책임: 대법원 2004. 7. 22. 선고 2002다51586 판결

매도인이 성토작업을 기화로 다량의 폐기물을 은밀히 매립하고 그 위에 토사를 덮은 다음 도시계획사업을 시행하는 공공사업시행자와 사이에서 정상적인 토지임을 전제로 협의 취득절차를 진행하여 이를 매도함으로써 매수자로 하여금 그 토지의 폐기물처리비용 상당의 손해를 입게 하였다면 매도인은 이른바 불완전이행으로서 채무불이행으로 인한 손해배상책임을 부담하고, 이는 하자 있는 토지의 매매로 인한 민법 제580조 소정의 하자담보책임과 경합적으로 인정된다고 할 것이다.

한편, 피고가 스스로 법령에 의하여 요구되는 정도와 방법에 부합하도록 폐기물을 처리하여 판시 토지를 정상적으로 복구할 것을 기대하기 어려워 원고가 그 처리비용 상당의 손해배상을 구하는 이 사건에서 원고에게 피고가 스스로 폐기물을 처리할 것만을 청구하거나 손해배상청구에 앞서 이러한 청구를 먼저 행사하여야 할 의무는 없는 것이고, 나아가 폐기물처리비용이 매매대금을 초과한다는 사정은 원고의 손해배상청구권 행사에 아무런 장애가 되지 않는다고 할 것이다.

39. 대법원 2016. 5. 19. 선고 2009다66549 전원합의체 판결

[다수의견]

헌법 제35조 제1항, 구 환경정책기본법(2011. 7. 21. 개정 전), 구 토양환경보전법(2011. 4. 5. 개정 전) 및 구 폐기물관리법(2007. 1. 19. 개정 전)의 취지와 아울러 토양오염원인자의 피해배상의무 및 오염토양 정화의무, 폐기물 처리의무 등에 관한 관련 규정들과 법리에 비추어 보면, 토지의 소유자라 하더라도 토양오염물질을 토양에 누출·유출하거나 투기·방치함으로써 토양오염을 유발하였음에도 오염토양을 정화하지 않은 상태에서 오염토양이 포함된 토지를 거래에 제공함으로써 유통되게 하거나, 토지에 폐기물을 불법으로 매립하였음에도 처리하지 않은 상태에서 토지를 거래에 제공하는 등으로 유통되게 하였다면, 다른 특별한 사정이 없는 한 이는 거래의 상대방 및 토지를 전전 취득한 현재의 토지 소유자에 대한 위법행위로서 불법행위가 성립할 수 있다. 그리고 토지를 매수한 현재의 토지 소유자가 오염토양 또는 폐기물이 매립되어 있는 지하까지 토지를 개발·사용하게 된 경우 등과 같이 자신의 토지소유권을 완전하게 행사하기 위하여 오염토양 정화비용이나 폐기물 처리비용을 지출하였거나 지출해야만 하는 상황에 이르렀다거나 구 토양환경보전법에 의하여 관할 행정관청으로부터 조치명령 등을 받음에 따라 마찬가지의 상황에 이르렀다면 위법행위로 인하여 오염토양 정화비용 또는 폐기물 처리비용의 지출이라는 손해의 결과가 현실적으로 발생하였으므로, 토양오염을 유발하거나 폐기물을 매립한 종전 토지 소유자는 오염토양 정화비용 또는 폐기물 처리비용 상당의 손해에 대하여 불법행위자로서 손해배상책임을 진다.

[대법관 박보영, 대법관 김창석, 대법관 김신, 대법관 조희대의 반대의견] 자신의 토지에 폐기물을 매립하거나 토양을 오염시켜 토지를 유통시킨 경우는 물론 타인의 토지에 그러한 행위를 하여 토지가 유통된 경우라 하더라도, 행위자가 폐기물을 매립한 자 또는 토양오염을 유발시킨 자라는 이유만으로 자신과 직접적인 거래관계가 없는 토지의 전전 매

수인에 대한 관계에서 폐기물 처리비용이나 오염정화비용 상당의 손해에 관한 불법행위책임을 부담한다고 볼 수는 없다.

40. 새만금 사건(1심): 서울행정법원 2005. 2. 4. 선고 2001구33563 판결

행정소송법상 처분이라 함은 행정청이 행하는 구체적 사실에 관한 법집행으로서의 공권력의 행사 또는 그 거부와 그 밖에 이에 준하는 행정작용을 말하고(행정소송법 제2조 제1항 제1호), 국민의 적극적 행위신청에 대하여 행정청이 그 신청에 따른 행위를 하지 않겠다고 거부한 행위가 항고소송의 대상이 되는 행정처분에 해당하는 것이라고 하려면, 그 신청한 행위가 공권력의 행사 또는 이에 준하는 행정작용이어야 하고, 그 거부행위가 신청인의 법률관계에 어떤 변동을 일으키는 것이어야 하며, 그 국민에게 그 행위발동을 요구할 법규상 또는 조리상의 신청권이 있어야만 한다(대법원 2003. 4. 11. 선고 2001두9929 판결 등 참조).

공유수면매립법 등 관계 법령에 국민이 행정청에 대하여 제3자에 대한 공유수면매립등의 취소 등의 조치를 요구할 수 있다는 취지의 규정이 없고 공유수면매립법 제32조에서 소정의 사유가 있는 경우에 피고 농림부장관 등 처분청이 공유수면매립면허처분 등을 취소·변경하거나 공사의 중지, 물건의 개축 등 필요한 조치를 명할 수 있다고 규정하고 있을 뿐 피고 농림부장관 등에게 그 의무를 규정하고 있지는 않으나, 한편 앞서 본 바와 같이 공유수면매립면허와 관련하여 사전적으로는 환경 및 생태계변화, 경제성비교 등을 포함한 매립기본계획을 수립하고, 이에 대한 타당성을 5년마다 검토하여 폐지·변경 등을 하며, 매립면허부여 결정을 함에 있어 매립기본계획에 적합한 범위 안에서 하도록 하고 있고, 사후적으로는 일정한 사유가 있는 경우 매립면허를 취소·변경할 수 있도록 규정하고 있는데, 공유수면매립기본계획 및 그 범위 안에서 행하여져야 하는 매립면허처분은 장기성·종합성이 요구되는 영역이기는 하나, 공유수면매립은 일단 완료된 후에는 그 원상회복이 불가능하여 그 매립기본계획 및 매립면허처분에 대한 외부의 참여 또는 통제필요성이 절실하다는 점, 특히 환경 및 생태계변화는 그 성격상 위 매립기본계획을 수립할 때나 면허처분을 할 당시 도저히 예측하지 못한 상황으로 진행될 가능성이 높아 당초의 예측을 고정시켜 놓고 계속하여 사업을 진행하게 될 경우 자칫 환경 및 생태계변화에 더 큰 위험을 초래할 가능성을 배제할 수 없는 점, 또한 대규모의 간척사업에서 발생할 수 있는 막대한 환경피해에 관하여 전문성 등을 갖춘 개인이 행정절차에 참여할 필요성이 더욱 절실해지고 있는 현실상황에 있어서, 개인의 환경이익 보호요청을 행정청에 대한 직권발동촉구의 의미로 한정하여 볼 수는 없는 점, 환경 및 생태계의 변화, 기타 사정변경으로 인하여 당초에 예측하지 못한 환경피해를 입을 위험이 있는 개인으로서는 매립면허처분의 취소 등 행정권의 발동으로 위와 같은 환경상의 불이익이 해소될 수 있는데 이를 거부하는 행위는 실질적으로 그 개인의 환경상 이익을 침해하는 결과에 이를 수 있다는 점 등의 여러 사정에 비추어 보면, 적어도 환경영향평가대상지역 내의 주민들에 대하여는 환경상 이익을 보호하기 위하여 행정청에 공유수면매립법 제32조 소정의 취소 등의 처분과 관련한 조리상의 신청권이 있다고 할 것이다.

41. 법률상 보호되는 이익: 대법원 2004. 8. 16. 선고 2003두2175 판결

행정처분의 직접 상대방이 아닌 제3자라 하더라도 당해 행정처분으로 인하여 법률상 보호되는 이익을 침해당한 경우에는 취소소송을 제기하여 그 당부의 판단을 받을 자격이 있다 할 것이나, 여기에서 말하는 법률상 보호되는 이익이라 함은 당해 처분의 근거법규 및 관련법규에 의하여 보호되는 개별적 · 직접적 · 구체적 이익이 있는 경우를 말하고, 다만 공익보호의 결과로 국민 일반이 공통적으로 가지는 일반적 · 간접적 · 추상적 이익과 같이 사실적 · 경제적 이해관계를 가지는데 불과한 경우는 여기에 포함되지 아니한다고 할 것이며, 또 당해 처분의 근거법규 및 관련법규에 의하여 보호되는 법률상 이익이라 함은 당해 처분의 근거법규(근거법규가 다른 법규를 인용함으로 인하여 근거법규가 된 경우까지를 아울러 포함한다)의 명문규정에 의하여 보호받는 법률상 이익, 당해 처분의 근거법규에 의하여 보호되지는 아니하나 당해 처분의 행정목적을 달성하기 위한 일련의 단계적인 관련처분들의 근거법규(이하 관련법규라 한다)에 의하여 명시적으로 보호받는 법률상 이익, 당해 처분의 근거법규 또는 관련법규에서 명시적으로 당해 이익을 보호하는 명문의 규정이 없더라도 근거법규 및 관련법규의 합리적 해석상 그 법규에서 행정청을 제약하는 이유가 순수한 공익의 보호만이 아닌 개별적 · 직접적 · 구체적 이익을 보호하는 취지가 포함되어 있다고 해석되는 경우까지를 말한다.

42. 공설화장장 사건 – 상수원보호구역 설정과 원고적격(소극): 대법원 1995. 9. 26. 선고 94누14544 판결

상수원보호구역 설정의 근거가 되는 수도법 제5조 제1항 및 동 시행령 제7조 제1항이 보호하고자 하는 것은 상수원의 확보와 수질보전일 뿐이고, 그 상수원에서 급수를 받고 있는 지역주민들이 가지는 상수원의 오염을 막아 양질의 급수를 받을 이익은 직접적이고 구체적으로는 보호하고 있지 않음이 명백하여 위 지역주민들이 가지는 이익은 상수원의 확보와 수질보호라는 공공의 이익이 달성됨에 따라 반사적으로 얻게 되는 이익에 불과하므로 지역주민들에 불과한 원고들에게는 위 상수원보호구역변경처분의 취소를 구할 법률상의 이익이 없다.

43. 물금취수장 사건: 대법원 2010. 4. 15. 선고 2007두16127 판결

이 사건 공장설립승인처분의 근거 법규 및 관련 법규인 구 산업집적활성화 및 공장설립에 관한 법률(2005. 8. 4. 개정 전) 제8조 제4호가 산업자원부장관으로 하여금 관계 중앙행정기관의 장과 협의하여 '환경오염을 일으킬 수 있는 공장의 입지제한에 관한 사항'을 정하여 고시하도록 규정하고 있고, 이에 따른 산업자원부 장관의 공장입지기준고시(제2004-98호) 제5조 제1호가 '상수원 등 용수이용에 현저한 영향을 미치는 지역의 상류'를 환경오염을 일으킬 수 있는 공장의 입지제한지역으로 정할 수 있다고 규정하고, 국토의 계획 및 이용에 관한 법률 제58조 제3항의 위임에 따른 같은 법 시행령(2006. 8. 17. 개정 전) 제56조 제1항 [별표 1] 제1호 (라)목 (2)가 '개발행위로 인하여 당해 지역 및 그 주변 지역에 수질오염에 의한 환경오염이 발생할 우려가 없을 것'을 개발사업의 허가기준으로 규정하고 있는 취지는, 공장설립승인처분과 그 후속절차에 따라 공장이 설립되어 가동됨으로써 그 배출수 등으로 인한 수질오염 등으로 직접적이고도 중대한 환경상 피해를 입을 것으로 예상되는 주민들이 환경상 침해를 받지 아니한 채 물을 마시거나 용수를 이용하며 쾌적하고 안전하게 생활할 수 있는 개별적 이익까지도 구체적 · 직접적으로 보호하려는 데 있다고 할 것이다. 따라서 수돗물을 공급받아 이를 마시거나 이용하는 주민들로서는 위 근거 법규 및 관련 법규가 환경상 이익의 침해를 받지 않은 채 깨끗한 수돗물을 마시거나 이용할 수 있는 자신들의 생활환경상의 개별적 이익을 직접적 · 구체적으로 보호하고 있음을 증명하여 원고적격을 인정받을 수 있다.

원심이 적법하게 채택한 증거와 기록에 의하여 알 수 있는 다음과 같은 사정들, 즉 이 사건 공장 설립 예정지인 김해시 상동면 매리 산 140-40토지를 비롯한 그 일대 토지(이하 '이 사건 신청지'라 한다) 주변의 하천수는 소감천을 통해 낙동강에 합류하게 되는데, 상수원인 물금취수장은 소감천이 흘러 내려 낙동강 본류와 합류하는 지점에 근접하여 위치하고 있는 점, 이 사건 공장 설립에 따라 사전환경성검토협의를 위해 제출된 검토서에 물금취수장이 주요보호 대상시설물의 하나로 기재되어 있고, 이 사건 공장설립으로 인한 수질오염 등이 물금취수장에 미치는 영향이 분석되어 있는 점, 사전환경성검토협의를 한 낙동강유역환경청장은 이 사건 공장설립이 물금취수장에 미치는 영향 등을 이유로 '이 사건 신청지를 대상부지로 하는 공장설립은 바람직하지 않다'는 협의의견을 제시한 점 등을 종합하여 보면, 물금취수장은 이 사건 공장설립으로 인하여 그 근거 법규 및 관련 법규가 개별적 · 구체적 · 직접적인 환경상 이익으로서 보호하고 있는 '상수원 등 용수이용에 현저한 영향을 미치는 지역'이나 '수질오염에 의한 환경오염이 발생할 우려가 있는 개발행위의 주변 지역'에 위치한다고 볼 여지가 충분하고, 비록 나머지 원고들의 거주지역이 물금취수장으로부터 다소 떨어진 부산광역시 또는 양산시이기는 하나, <u>수돗물은 수도관 등 급수시설에 의해 공급되는 것이어서 수돗물을 공급받는 주민들이 가지게 되는 수돗물의 수질악화 등으로 인한 환경상 이익의 침해나 침해 우려는 그 거주 지역에 불구하고 그 수돗물을 공급하는 취수시설이 입게 되는 수질오염 등의 피해나 피해 우려와 동일하게 평가될 수 있다고 할 것이다.</u>

따라서 물금취수장에서 취수된 물을 수돗물로 공급받는 나머지 원고들로서는 이 사건 공장설립승인처분의 근거 법규 및 관련 법규에 의하여 개별적 · 구체적 · 직접적으로 보호되는 환경상 이익, 즉 법률상 보호되는 이익이 침해되거나 침해될 우려가 있는 주민으로서 원고적격이 인정될 수 있다고 할 것이다.

44. 황금박쥐 사건: 청주지법 2008. 11. 13. 선고 2007구합1212 판결(확정)

환경단체나 환경영향평가대상지역 외의 주민들에게 일정한 기준에 따라 원고적격을 부여하는 단체소송제도가 도입되는 등 별도의 입법적인 조치가 행하여지지 않는 이상, 이들에게 공익적 목적만을 위해 소를 제기할 법률상 이익을 인정할 수 없다.

45. 도롱뇽 사건(1심): 울산지법 2004. 4. 8. 선고 2003카합982 판결

민사상의 가처분은 그 가처분에 의해 보전될 권리관계가 존재하여야 하고, 그 권리관계는 민사소송에 의하여 보호를 받을 자격이 있어야 하는 것인바, 우리 민사소송법 제51조는 당사자능력에 관하여 민법과 그 밖의 법률에 따르도록 정하고 있고, 같은 법 제52조는 대표자나 관리인이 있는 경우 법인 아닌 사단이나 재단에 대하여도 소송상의 당사자능력을 인정하고 있으나, 자연물인 도롱뇽 또는 그를 포함한 자연 그 자체에 대하여는 현행법의 해석상 그 당사자능력을 인정할 만한 근거를 찾을 수 없다. 그렇다면, 신청인 '도롱뇽'의 이 사건 가처분 신청은 부적합하다.

46. 재량권 0으로의 수축: 헌재 2007. 10. 25. 선고 2006헌마869 결정

경찰권의 행사 여부는 원칙적으로 재량처분으로 인정되고 있으나, <u>목전의 상황이 매우 중대하고 긴박한 것이거나, 그로 인하여 국민의 중대한 법익이 침해될 우려가 있는 경우</u>에는, 재량권이 영으로 수축하여 경찰권을 발동할 의무가 있다. 따라서 사람이 바다에서 조난을 당하여 인명이 경각에 달린 경우에 해양경찰관으로서는 그 직무상 즉시 출동하여 인명을 구조할 의무가 있다.

47. 매향리사격장 사건: 대법원 2004. 3. 12. 선고 2002다14242 판결

국가배상법 제5조 제1항에 정하여진 '영조물의 설치 또는 관리의 하자'라 함은 공공의 목적에 공여된 영조물이 그 용도에 따라 갖추어야 할 안전성을 갖추지 못한 상태에 있음을 말하고(대법원 2002. 8. 23. 선고 2002다9158 판결 참조), 여기서 안전성을 갖추지 못한 상태, 즉 타인에게 위해를 끼칠 위험성이 있는 상태라 함은 당해 영조물을 구성하는 물적 시설 그 자체에 있는 물리적 · 외형적 흠결이나 불비로 인하여 그 이용자에게 위해를 끼칠 위험성이 있는 경우뿐만 아니라 그 <u>영조물이 공공의 목적에 이용됨에 있어 그 이용상태 및 정도가 일정한 한도를 초과하여 제3자에게 사회통념상 참을 수 없는 피해를 입히는 경우까지 포함된다고 보아야 할 것</u>이고, 사회통념상 참을 수 있는 피해인지의 여부는 그 영조물의 공공성, 피해의 내용과 정도, 이를 방지하기 위하여 노력한 정도 등을 종합적으로 고려하여 판단하여야 할 것이다.

48. 대법원 2000. 5. 16. 선고 98다56997 판결

사회통념상 수인한도를 넘었는지의 여부는 피해의 정도, 피해이익의 성질 및 그에 대한 사회적 평가, 가해건물의 용도, 지역성, 토지이용의 선후관계, 가해방지 및 피해회피의 가능성, 공법적 규제의 위반여부, 교섭경과 등 모든 사정을 종합적으로 고려하여 판단하여야 한다.

49. 환경기준과 수인한도(나전모방 사건): 대법원 1991. 7. 23. 선고 89다카1275 판결

피고공장에서 배출된 아황산가스의 농도가 환경보전법에 의하여 허용된 <u>기준치 이내라</u>

하더라도 그 유해의 정도가 수인한도를 넘어 원고 농장의 관상수를 고사케 하는 한 원인이 된 이상 그 배출행위로 인한 손해배상책임을 면치 못한다.

50. 여천공단 사건: 신개연성이론과 증명책임의 분배: 대법원 2004.11.26. 선고 2003다2123 판결

공해로 인한 손해배상청구소송에 있어서는 가해행위와 손해발생 사이의 인과관계의 고리를 모두 자연과학적으로 증명하는 것은 곤란 내지 불가능한 경우가 대부분이고, 가해기업은 기술적 · 경제적으로 피해자보다 원인조사가 용이할 뿐 아니라 자신이 배출하는 물질이 유해하지 않다는 것을 입증할 사회적 의무를 부담한다고 할 것이므로, 가해기업이 배출한 어떤 물질이 피해 물건에 도달하여 손해가 발생하였다면 가해자 측에서 그 무해함을 입증하지 못하는 한 책임을 면할 수 없다고 봄이 사회 형평의 관념에 적합하다.

따라서 수질오염으로 인한 공해소송인 이 사건에서 1) 피고들 공장이 위치한 여천공단에서 재첩 양식에 악영향을 줄 수 있는 폐수가 배출되고, 2) 그 폐수 중 일부가 물의 흐름에 따라 이 사건 재첩 양식장에 도달하였으며, 3) 그 후 재첩에 피해가 있었다는 사실이 각 모순 없이 증명되면 여천공단 공장들의 폐수배출과 재첩 양식이 폐사함으로 발생한 손해 사이의 인과관계가 일응 증명되었다고 할 것이므로, 피고들이 반증으로 1) 피고들이 배출하는 폐수 중에는 재첩의 생육에 악영향을 끼칠 수 있는 원인물질이 들어 있지 않으며, 2) 원인물질이 들어 있다 하더라도 안전농도 범위 내에 속한다는 사실을 입증하거나, 간접반증으로 재첩 양식장의 피해는 피고 공장들이 배출한 폐수가 아닌 다른 원인이 전적으로 작용하여 발생한 것임을 입증하지 못하는 이상 피고들은 그 책임을 면할 수 없다고 할 것이다.

51. 자연력 기여분의 제한: 대법원 2003.6.27. 선고 2001다734 판결

불법행위에 기한 손해배상 사건에 있어서 피해자가 입은 손해가 자연력과 가해자의 과실행위가 경합되어 발생된 경우 가해자의 배상범위는 손해의 공평한 부담이라는 견지에서 손해발생에 대하여 자연력이 기여하였다고 인정되는 부분을 공제한 나머지 부분으로 제한하여야 함이 상당하고, 다만 피해자가 입은 손해가 통상의 손해와는 달리 특수한 자연적 조건 아래 발생한 것이라 하더라도 가해자가 그와 같은 자연적 조건이나 그에 따른 위험의 정도를 미리 예상할 수 있었고 또 과도한 노력이나 비용을 들이지 아니하고도 적절한 조치를 취하여 자연적 조건에 따른 위험의 발생을 사전에 예방할 수 있었다면, 그러한 사고방지 조치를 소홀히 하여 발생한 사고로 인한 손해배상의 범위를 정함에 있어서의 기여분을 인정하여 가해자의 배상범위를 제한할 것은 아니다.

52. 김포공항 사건: 대법원 2005.1.27. 선고 2003다49566 판결

소음 등을 포함한 공해 등의 위험지역으로 이주하여 들어가서 거주하는 경우와 같이 위험의 존재를 인식하면서 그로 인한 피해를 용인하며 접근한 것으로 볼 수 있는 경우에,

그 피해가 직접 생명이나 신체에 관련된 것이 아니라 정신적 고통이나 생활방해의 정도에 그치고 그 침해행위에 고도의 공공성이 인정되는 때에는, 위험에 접근한 후 실제로 입은 피해 정도가 위험에 접근할 당시에 인식하고 있었던 위험의 정도를 초과하는 것이거나 위험에 접근한 후에 그 위험이 특별히 증대하였다는 등의 특별한 사정이 없는 한 가해자의 면책을 인정하여야 하는 경우도 있을 수 있을 것이나(대법원 2004. 3. 12. 선고 2002다14242 판결 참조), 일반인이 공해 등의 위험지역으로 이주하여 거주하는 경우라고 하더라도 위험에 접근할 당시에 그러한 위험이 존재하는 사실을 정확하게 알 수 없는 경우가 많고, 그 밖에 위험에 접근하게 된 경위와 동기 등의 여러 가지 사정을 종합하여 그와 같은 위험의 존재를 인식하면서 굳이 위험으로 인한 피해를 용인하였다고 볼 수 없는 경우에는 손해배상액의 산정에 있어 형평의 원칙상 과실상계에 준하여 감액사유로 고려하는 것이 상당하다.

53. 부산대 사건: 대법원 1995. 9. 15. 선고 95다23378 판결

환경권에 관한 헌법 제35조의 규정이 개개의 국민에게 직접으로 구체적인 사법상의 권리를 부여한 것이라고 보기는 어렵고, 사법상의 권리로서의 환경권이 인정되려면 그에 관한 명문의 법률규정이 있거나 관계 법령의 규정취지 및 조리에 비추어 권리의 주체, 대상, 내용, 행사방법 등이 구체적으로 정립될 수 있어야 함은 소론이 주장하는 바와 같다(당원 1995. 5. 23. 선고 94마2218 결정 참조).

54. 대법원 2019. 7. 10. 선고 2016다205540 판결

이 사건 토지 지하에 매립된 생활쓰레기는 매립된 후 30년 이상 경과하였고, 그 사이 오니류와 각종 생활쓰레기가 주변 토양과 뒤섞여 토양을 오염시키고 토양과 사실상 분리하기 어려울 정도로 혼재되어 있다면, 이러한 상태는 과거 피고의 위법한 쓰레기매립행위로 인하여 생긴 결과로서 토지 소유자인 원고가 입은 손해에 불과할 뿐 생활쓰레기가 현재 원고의 소유권에 대하여 별도의 침해를 지속하고 있는 것이라고 볼 수 없으므로 원고의 방해배제청구는 인용될 수 없다.

시험 직전 꼭 외워두면 좋은 표현들

1. 처분성 – 공권력의 행사: 행정청의 공법상 행위로서 특정 사항에 대한 법규에 의한 권리설정 의무부담 등 국민의 구체적 권리의무에 직접적 변동을 주는 행위(직접 관련성)
* 거부처분이 행정처분이 되기 위해서는 국민이 행정청에 대해 신청에 따른 행정행위를 해줄 것을 요구할 수 있는 법규상 또는 조리상 권리가 있어야 한다.

2. 원고적격

(1) 법률상 이익: 판례는 당해 처분의 근거법률에 의해 보호되는 개별적·직접적·구체적 이익이 있는 경우를 말한다(법률상 이익구제설). 법규의 보호목적 기준으로 처분의 근거 법규가 공익보호뿐 아니라 개인의 이익도 보호하고 있다고 판단해야함.
* 행정처분의 직접 상대방이 아닌 제3자의 원고적격: 주관적 공권의 성립 여부를 그 기준, 공권은 행정청의 특정의무를 규정하는 객관적인 법규범이 존재하고 그 법규범이 공익뿐 아니라 사익의 보호도 의식하고 있는 경우.

(2) 처분의 근거법규: 처분의 직접 근거법규 + 일련의 관련처분의 근거법규 + 처분의 근거가 되는 법규가 원용하고 있는 법규, 환경영향평가와 관련한 법률까지도 처분의 근거법규로 보고 환경영향평가 대상지역 안의 주민에게도 원고적격 인정(사실상 추정/수인한도를 넘는 환경피해). 근거법규 등의 취지, 목적, 침해되는 이익의 내용 성질, 태양 등 종합하여 개별적으로 판단해야.

3. 위법성

(1) 재량/기속 구별 : 판례는 해당행위의 근거법규의 문언, 해당 행위의 성질, 해당 행위가 속하는 행정분야의 주된 목적과 특징 등을 모두 고려하여 사안에 따라 개별적으로 판단해야 한다고 한다.

(2) 재량권 0으로의 수축: 1) 사람의 생명, 신체 및 재산 등에 중대하고 급박한 위험이 존재하고 2) 그러한 위험이 행정권의 발동에 의해 제거될 수 있는 것으로 판단되며 3) 피해자의 개인적인 노력으로는 권익침해의 방지가 불충분한 경우 재량권이 0으로 수축되어 의무이행심판, 부작위위법확인소송, 거부처분취소소송, 국

가배상 등이 가능해진다.

4. 영조물의 하자

'영조물의 설치 또는 관리의 하자'라 함은 공공의 목적에 공여된 영조물이 그 용도에 따라 갖추어야 할 안전성을 갖추지 못한 상태, 즉 타인에게 위해를 끼칠 위험성이 있는 상태라 함은 당해 영조물을 구성하는 물적 시설 그 자체에 있는 물리적·외형적 흠결이나 불비로 인하여 그 이용자에게 위해를 끼칠 위험성이 있는 경우뿐만 아니라(물리적 하자), 그 영조물이 공공의 목적에 이용됨에 있어 그 이용상태 및 정도가 일정한 한도를 초과하여 제3자에게 사회통념상 수인할 것이 기대되는 한도를 넘는 피해를 입히는 경우(기능적 하자)까지 포함된다고 보아야 한다.

5. 위법성 – 수인한도의 판단기준

수인한도를 넘었는지 여부는 피해의 정도, 피해이익의 성질 및 그에 대한 사회적 평가, 가해 건물의 용도, 지역성, 토지이용의 선후관계, 가해 방지 및 피해 회피의 가능성, 공법적 규제의 위반 여부, 교섭 경과 등 모든 사정을 종합적으로 고려하여 판단

6. 개연성이론

피해자측이 원인물질의 배출, 도달, 손해의 발생을 입증하면 가해자측에서 배출물질에 원인물질이 없다거나, 있다 하더라도 안전농도 내라거나 전적으로 다른 원인에 의해 손해가 발생하였다는 것을 입증하지 못한다면 인과관계를 인정하자는 이론

7. 역학적 인과관계

인간을 집단적으로 관찰하여 해당 오염물질과 그 질병 사이에 역학적으로 인과관계가 있음을 밝히는 이론.

원인과 결과가 명확히 대응하지 않는 '비특이성 질환'의 경우에는 그 위험인

자에 노출된 집단과 노출되지 않은 다른 일반 집단을 대조하여 역학조사를 한 결과 그 위험인자에 노출된 집단에서 그 비특이성 질환에 걸린 비율이 그 위험인자에 노출되지 않은 집단에서 그 비특이성 질환에 걸린 비율을 상당히 초과한다는 점을 증명하고, 그 집단에 속한 개인이 위험인자에 노출된 시기와 노출 정도, 발병시기, 그 위험인자에 노출되기 전의 건강상태, 생활습관, 질병 상태의 변화, 가족력 등을 추가로 증명하는 등으로 그 위험인자에 의하여 그 비특이성 질환이 유발되었을 개연성이 있다는 점을 증명하여야 한다.

8. 유지청구

(1) 법적 근거: 물권적청구권(제217조), 환경권, 상린권, 불법행위, 인격권 등 학설 견해대립, 판례는 물권적청구권설

(2) 요건: 유지청구 위해서는 피해의 성질과 정도에 비추어 금전적 평가 곤란, 금전보상만으로 피해회복 어려움, 피해가 계속적이고 중대 명백, 피해가 발생할 우려 있는 경우도 가능

(3) 한계: 수인한도(위법성 2단계설) / 위법의 정도가 유지청구를 받아들일 정도로 위법한지 한 번 더 검토해 주는 것이 위법성 2단계설(유지청구에서 수인한도 기준은 손해배상청구에서 수인한도 기준과 다르다, 유지청구 시 가해자에게 발생할 손실 고려해야)

(4) 추상적 유지청구: '일정수치 이상 초과하는 오염물질이 도달하게 하여서는 아니 된다'

9. 위험에의 접근이론

피해자가 1) 위험의 존재를 인식하면서 그로 인한 피해를 용인, 2) 그 피해가 생명이나 신체에 관련된 것이 아니라 정신적 고통이나 생활방해의 정도에 그침, 3) 침해행위에 고도의 공공성이 인정되는 경우, 4) 위험에 접근한 후 실제로 입은 피해 정도가 위험에 접근할 당시에 인식하고 있었던 위험의 정도를 초과하는 것이거나 위험에 접근한 후에 그 위험이 특별히 증대하였다는 등의 특별한 사정이 없는 경우 가해자의 면책이 가능할 수 있다. 하지만 판례는 대부분 일반인인

피해자가 피해를 용인했다고 볼 수 없다며 과실상계에 준하여 감액사유로 보고 있다.

10. 공법상 규제와 수인한도

공법적 규제에 의해 확보하고자 하는 이익은 원래 사법상 보호되는 이익을 공법적인 면에서도 가능한 한 보증하려는 것으로서 특별한 사정이 없는 한 사법상 보호되는 이익을 보호하기 위한 '최소한도의 기준'으로 봄이 상당하다. 그렇기 때문에 공법적 규제에 형식적으로 적합하다고 하더라도 현실적인 침해의 정도가 현저하게 커 사회통념상 수인한도를 넘은 경우에는 위법행위로 평가될 수 있다.

[저자약력]
고려대학교 법과대학 졸업
S. J. D., University of Wisconsin, Law School
제27회 사법시험 합격(연수원 18기)
(전) 한양대학교 법학전문대학원 교수
(전) 한국환경법학회 회장
법무법인(유) 광장 변호사
국제환경법 · 정책학회 회장
변호사시험 출제위원

[저서]
환경법
환경법 −문제 · 사례−
국제환경법
로스쿨환경법

제5판 환경법연습

2014년 8월 30일 초 판 발행
2016년 8월 25일 제2판 발행
2019년 5월 30일 제3판 발행
2021년 8월 20일 제4판 발행
2024년 3월 5일 제5판 발행

저 자 김 홍 균
발행인 임 권 규
발행처 弘 文 社

05855 서울시 송파구 송파대로 167 테라타워 B동 802호
등록 1993. 6. 24. 제1-1543호
TEL. 712-5311(代) FAX. 716-5311
Homepage : http://www.hongmoonsa.co.kr
E-mail : hongmoonsa@hanmail.net

값 43,000원

ISBN 978-89-7770-755-9 93360